中国石化员工培训教材

井下作业工艺技术

中国石化员工培训教材编审指导委员会　组织编写
本书主编　杨国圣

中国石化出版社

内容提要

《井下作业工艺技术》为《中国石化员工培训教材》系列之一。

本书共分11章。内容包括概述、完井工艺技术、试油工艺技术、常规作业工艺技术、储层改造工艺技术、大修工艺技术、侧钻工艺技术、特殊作业工艺技术、常见事故的预防、井下作业井控与H_2S防护、井下作业HSE基本要求等。全面、系统地介绍了井下作业工艺技术。

本书是井下作业工程技术人员进行员工岗位技能培训的必备教材，也是专业技术人员必备的参考书。

图书在版编目(CIP)数据

井下作业工艺技术/杨国圣主编.
—北京：中国石化出版社，2013.6(2023.9重印)
中国石化员工培训教材
ISBN 978-7-5114-2078-7

Ⅰ.①井… Ⅱ.①杨… Ⅲ.①井下作业-技术培训-教材 Ⅳ.①TE358

中国版本图书馆CIP数据核字(2013)第083552号

中国石化出版社出版发行

地址:北京市东城区安定门外大街58号
邮编:100011 电话:(010)57512500
发行部电话:(010)57512575
http://www.sinopec-press.com
E-mail:press@sinopec.com
北京科信印刷有限公司印刷

*

787×1092毫米 16开本 25印张 621千字
2013年6月第1版 2023年9月第3次印刷
定价:76.00元

序

中国石化是上中下游一体化能源化工公司，经营规模大、业务链条长、员工数量多，在我国经济社会发展中具有举足轻重的作用。公司的发展，基础在队伍，关键在人才，根本在提高员工队伍整体素质。员工教育培训是建设高素质员工队伍的先导性、基础性、战略性工程，是加强人才队伍建设的重要途径。

当前，我们已开启了建设世界一流能源化工公司的新航程，加快转变发展方式的任务艰巨而繁重，这对进一步做好员工教育培训工作提出了新的更高要求。我们要以中国特色社会主义理论为指导，紧紧围绕企业改革发展、队伍建设和员工成长需要，以提高思想政治素质为根本，以能力建设为重点，积极构建符合中国石化实际的培训体系，加大重点和骨干人才培训力度，深入推进全员培训，不断提高教育培训的质量和效益，为打造世界一流提供有力的人才保证和智力支持。

培训教材是员工学习的工具。加强培训教材建设，能够有效反映和传递公司战略思想和企业文化，推动企业全员学习，促进学习型企业建设。中国石化员工培训教材编审指导委员会组织编写的这套系列教材，较好地反映了集团公司经营管理目标要求，总结了全体员工在实践中创造的好经验好做法，梳理了有关岗位工作职责和工作流程，分析研究了面临的新技术、新情况、新问题等，在此基础上进行了完善提升，具有很强的实践性、实用性和较高的理论性、思想性。这套系列培训教材的开发和出版，对推动全体员工进一步加强学习，进而提高全体员工的理论素养、知识水平和业务能力具有重要的意义。

学习的目的在于运用，希望全体员工大力弘扬理论联系实际的优良学风，紧密结合企业发展环境的新变化、新进展、新情况，学好用好培训教材，不断提高解决实际问题、做好本职工作的能力，真正做到学以致用、知行合一，把学习培训的成果切实转变为推进工作、促进改革创新的实际行动，为建设世界一流能源化工公司作出积极的贡献。

二〇一二年七月十六日

前　言

根据中国石化发展战略要求，为加强培训资源建设、推进全员培训的深入开展，集团公司人事部组织梳理了近些年培训教材开发成果，调研了企业培训教材需求，开展了中国石化员工培训课程体系研究。在此基础上，按职业素养、综合管理、专业技术、技能操作、国际化业务、新员工等六类，组织编写覆盖石油石化主要业务的系列培训教材，初步构建起中国石化特色的培训教材体系。这套系列教材围绕中国石化发展战略、队伍建设和员工成长的需要，以提高全体员工履行岗位职责的能力为重点，把研究和解决生产经营、改革发展面临的新挑战、新情况、新问题作为重要目标，把全体员工在实践中创造的好经验好做法作为重要内容，具有较强的实践性、针对性。这套培训教材的开发工作由中国石化员工培训教材编审指导委员会组织，集团公司人事部统筹协调，总部各业务部门分工负责专业指导和质量把关，主编单位负责组织培训教材编写。在培训教材开发和编写的过程中，上下协同、团结合作，各级领导给予了高度重视和支持，许多管理专家、技术骨干、技能操作能手为培训教材编写贡献了智慧、付出了辛勤的劳动。

《井下作业工艺技术》为专业技术类型的培训教材，本书全面系统地介绍了油田开发过程中，井下作业工艺技术在油、气、水井维护、修理及储层改造等方面的应用情况。具体内容包括：完井工艺、试油气工艺、储层改造、大修侧钻、特殊作业、常见事故的预防、井控与H_2S防护、井下作业HSE基本要求等。

《井下作业工艺技术》教材由集团公司石油工程管理部、油田勘探开发事业部和江汉油田负责组织编写，主编：杨国圣，副主编：伍铁英、封柯、张国强（江汉油田），参加编写的人员有赵炜、李爱春、唐伟、谢超、赵鑫、王继强、王琴、万明等（江汉油田，第1、2、8、9章及附录1、附录2）；范连锐、范英彬、郭萍、王国防、邱天军、彭洪军、来庆良等（胜利油田，第6、7章）、潘朝军、郭耘、陈向文、宋晓荣、姚天华等（河南油田，第11章）、王永龙、张礼蜂、强用和等（江苏油田、第10章）、杜长全、毛国扬等（华东分公司，第4章）、李天聪、黄强、李士铭、祝清勇、张绪杰等（中原油田，第5章）、张会师、林振杰、李蜂进、王平、朱宏、冯春、马京虎等(华北分公司，第3章)；本教材已经集团公司人事部、石油工程管理部和油田勘探开发事业部审定通过，主审何青(华北分公司)，参加审定的人员有张兴权、张永春等，审定工作得到了华北石油局等单位的大力支持；中国石化出版社对教材的编写和出版工作给予了通力协作和配合，在此一并表示感谢。

由于本教材涵盖的内容较多，不同企业之间也存在着差别，编写难度较大，加之编写时间紧迫，不足之处在所难免，敬请各使用单位及个人对教材提出宝贵意见和建议，以便教材修订时补充更正。

目　录

第1章　概述

1.1　井下作业的定义

在油气田开发过程中，根据油气田调整、改造、完善、挖潜的需要，按照工艺、施工、地质设计要求，利用一套地面和井下设备、工具，对油、气、水井采取各种井下技术措施，达到提高注采量，改善储层渗流条件及油、气、水井技术状况，提高采收速度和最终采收率的目的。这一系列井下施工工艺技术统称为井下作业。

1.2　作业井的分类

① 按产液性质：油井、气井、水井。

② 按作用：探井、评价井、资料井、开发井、生产井、注水井、注气井、注汽井、观察井、检查井、调整井等。

③ 按井深：浅井、中深井、深井、超深井等。

④ 按井眼轨迹：直井、斜井、水平井、丛式井、多底井、斜直井等。

⑤ 按完井方式：射孔井、裸眼井、割缝衬管井等。

⑥ 按油质：稀油井、稠油井、高凝油井等。

⑦ 按地域：陆上、海上。

1.3　井下作业的基本任务

维护油水(气)井的正常生产，处理井下故障，改变生产层位或采收方式，提高储层的生产能力，延长生产井的免修周期(主要有维护、修理、储层改造等任务)。

1.4　井下作业的分类

1. 小修作业

① 新井作业包括：

a. 新油、气井投产。

b. 新注水井投注。

② 维护作业包括：

a. 检泵(测压)。

b. 检换封。

c. 检换油管、抽油杆。

d. 大修后下泵。

e. 注气后下泵。
f. 检泵、探、冲砂。
g. 稠油掺稀。
h. 生产井改观察井。
i. 弃井。
j. 水井检换管柱。
k. 水井探、冲砂。
l. 其他维护项目。
③ 措施作业包括：
a. 压裂、酸化。
b. 防砂。
c. 补孔。
d. 转抽。
e. 下大泵。
f. 泵挂加深。
g. 油、水井转气井作业。
h. 找水、卡(堵)水(封隔器卡水、化学堵水)分层或换层开采；
i. 改换举升方式。
j. 单井吞吐。
k. 热采。
l. 水井改层。
m. 分层注水。
n. 转注。
o. 调剖。
p. 常规工艺试验、解堵及以增油、增注为目的的其他措施作业。
④ 自由状态下的落物打捞和小修作业设备负荷允许下的解卡作业。

2. 大修作业

① 打捞解卡作业包括：
a. 打捞管类落物。
b. 打捞杆类落物。
c. 打捞绳类落物。
d. 打捞井下小工具。
e. 打捞小件落物。
f. 解除遇卡管柱。
② 修套作业包括：
a. 套管整形。
b. 套管封堵。
c. 套管补贴。
d. 换取套管。
e. 下小套管。

③ 特殊工艺井作业包括：

a. 对原井眼进行加深目的层的钻井。

b. 套管内进行侧向钻井。

c. 大斜度井（井斜在 45°~85°）水平井内事故的处理。

d. 小套管（套管直径在 127mm（含）以下）内复杂事故处理。

e. 深井（井深≥4500m）、超深井（井深≥6000m）措施作业。

1.5 井下作业的主要施工方式

① 起下作业：利用井架和修井机通过提升系统将井内管柱或杆柱进行起下施工。

② 循环冲洗、挤入：利用泵进行洗井、冲砂、压井或压裂、酸化、封堵等施工。

③ 旋转钻进：利用转盘和钻柱及井下工具进行套铣、磨铣、侧钻、钻水泥塞、造扣和倒扣等施工。

第2章　完井工艺技术

工程概念，一般都认为是钻井工程的最后一道工序，即钻完目的层后下套管，注水泥固井(或包括射孔)完井。但近年来随着油田开发中后期的到来，特殊油气藏开发井及特殊工艺井的增加，也研究开发了不同的完井方式和方法，从而提高了油气井完善程度。由于这方面的技术进步，其结果是提高了油气井的单井产量。完井工程已经不仅仅是下套管注水泥固井，而是与油气井产能息息相关，这是现代完井工程的新概念，从而拓宽了完井范畴。

2.1　井身结构及质量要求

2.1.1　油气井的类型

石油和天然气埋藏在地下几十米至几千米深的油、气层中，要把它开采出来，需要在地面和地下油、气层之间建立一条油气通道，这条通道就是井。为了开采石油和天然气，在油田勘探和开发过程中，凡是为了从地下获得油、气而钻的井，统称为油、气井。

为达到不同的勘探目的及适应油、气田开发的需要，在油、气田的不同部位上，分别打不同类型的井。按作用分类，主要类型有：探井、评价井、资料井、开发井、生产井、注水井、注气井、注汽井、观察井、检查井、调整井等。

① 探井：在经过地球物理勘探证实有希望的地质构造上，为探明地下构造及含油、气情况，寻找油气田而钻的井，称为探井。

② 评价井：为取得更多的油气层资料和储量计算参数，以综合评价储油(气)层、油(气)藏乃至油(气)田规模、产能及经济价值，为最终建立探明储量而钻的探井。

③ 资料井：为了取得编制油田开发方案所需要的资料而钻的井。这种井要求全部或部分取岩芯。

④ 开发井：开发井是处于开发建设状态的井。

⑤ 生产井：用来采油、采气的井，是处于开采生产状态的井。

⑥ 注水井：用来向油层内注水保持油层压力的井。

⑦ 注气井：在油田开发过程中，为保持地层压力或恢复地层压力，常常需要在油藏内部注气，这种专门用于注气的井，称为注气井。

⑧ 注汽井：是在稠油油藏开发过程中，用于向稠油油藏注入蒸汽的井。

⑨ 观察井：在油田开发过程中，专门用来观察油田地下动态的井，叫观察井。如观察各类油层的压力、含水变化规律和单层水淹规律等。观察井一般不承担生产任务。

⑩ 检查井：在油田开发过程中，为了检查油层开采效果而钻的井，称为检查井。

⑪ 调整井：在原有井网基础上，为改善油气田开发效果，而补充钻的一些零散井或成批成排的加密井。调整井用以扩大扫油面积，提高采油速度，改善开发效果。

2.1.2　井身结构及质量要求

井身结构是指由直径、深度和作用各不相同，且均以注水泥封固环形空间而形成的轴心线重合的一组套管与水泥环的组合，如图 2-1。

① 导管：井身结构中下入的第一层套管叫导管。

导管使钻井一开始就建立起钻井液循环，保护井口附近的地层，引导钻头正常钻进。下入深度取决于第一层较坚硬岩层所在的位置，通常为 2~40m。导管下部要用混凝土稳固地固定于坚硬的岩层上。所用的导管的直径尺寸一般有 450mm($17^{3}/_{4}$in)和 375mm($14^{3}/_{4}$in)等。

② 表层套管：井身结构中下入的第二层套管叫表层套管。

表层套管又叫地面套管、隔水层套管，它的作用是用来封隔地下水层，加固上部疏松岩层的井壁，保护井眼和安装封井器。其下入深度取决于上部疏松岩层的位置，一般在几十米到几百米之间。它的直径尺寸有 400mm($15^{3}/_{4}$in)和 324mm($12^{3}/_{4}$in)等。表层套管外的水泥返至地面。

③ 技术套管：表层套管与油层套管之间的套管叫技术套管。

技术套管又叫中间套管，用来保护和封隔油层上部难以控制的复杂地层。下入深度根据复杂层位置而定。它的直径尺寸一般有 335mm($13^{1}/_{4}$in)和 219mm($8^{5}/_{8}$in)等。技术套管外的水泥返高，一般都返至封隔的复杂地层顶部 100m 以上，对于高压气层，为了防止天然气窜漏，水泥浆要返至井口。

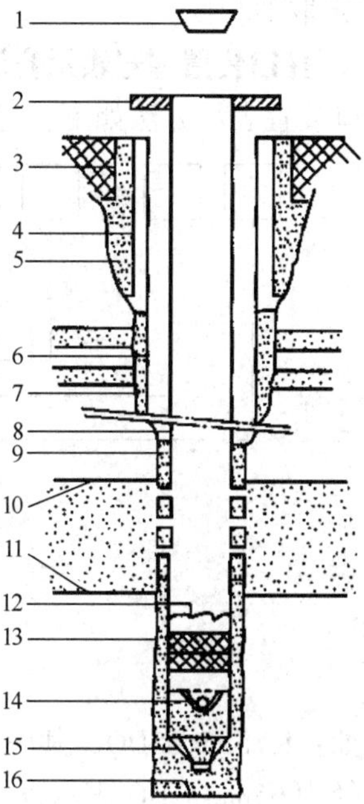

图 2-1　井身结构示意图

1—方补心；2—套管头；3—导管；4—表层套管；5—表层套管水泥环；6—技术套管；7—技术套管水泥环；8—油层套管；9—油层套管水泥环；10—油层顶界；11—油层底界；12—人工井底；13—胶木塞；14—承托环；15—套管鞋；16—完钻井底

④ 油层套管：井身结构中最内的一层套管叫油层套管。

油层套管其作用是保护井壁，形成油气通道，隔绝油、气、水层，下入深度是根据目的层的位置和不同完井方法来决定的。它的直径尺寸常用 114.3mm($4^{1}/_{2}$in)，127mm(5in)，140mm($5^{1}/_{2}$in)，146mm($5^{3}/_{4}$in)，168mm($6^{5}/_{8}$in)，178mm(7in)等几种。油层套管外环形空间水泥返高至最上部油层顶部 100m 以上。

2.2 井口装置

2.2.1 井口装置概述

井口装置，也称为采油(气)树，是油气井最上部的控制和调节油气生产的主要设备，主要由套管头、油管头和采油(气)树本体三部分组成。

2.2.1.1 井口装置的作用

① 连接井下的各层套管，密封各层套管环形空间，承挂套管部分重量。

② 悬挂油管及下井工具，承挂井内的油管柱的重量，密封油套环形空间。

③ 控制和调节油气井生产。

④ 保证各项井下作业施工，便于压井作业、起下作业等措施施工和进行测压、清蜡等

油井正常生产管理。

⑤ 录取油套压。

2.2.1.2 井口装置型号表示方法

井口装置表示方法如下：

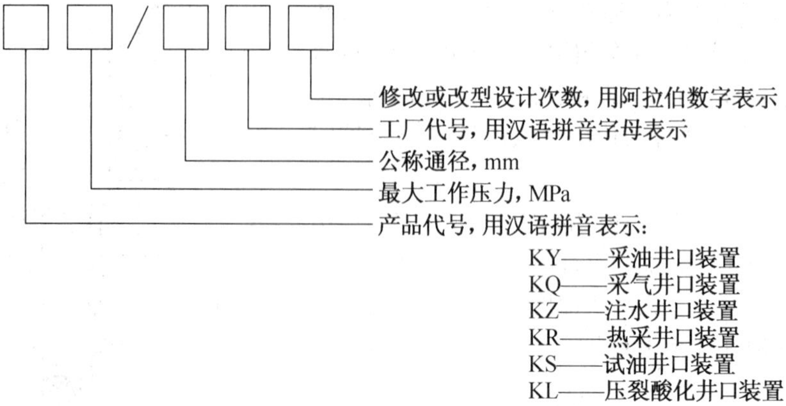

例如：KYS35/65DQ，其中 KYS 表示采油树，35 表示最大工作压力为 35MPa，65 表示公称通径为 65mm，DQ 表示设计单位为大庆油田。

2.2.1.3 井口装置各组成部分的作用

1. 套管头

套管头安装在整个采油树的最下端，其作用是把井内各层套管连接起来，使各层套管间的环形空间密封不漏。

套管头按与套管连接方式可以分为法兰式套管头、螺纹式套管头、卡箍式套管头三大类。

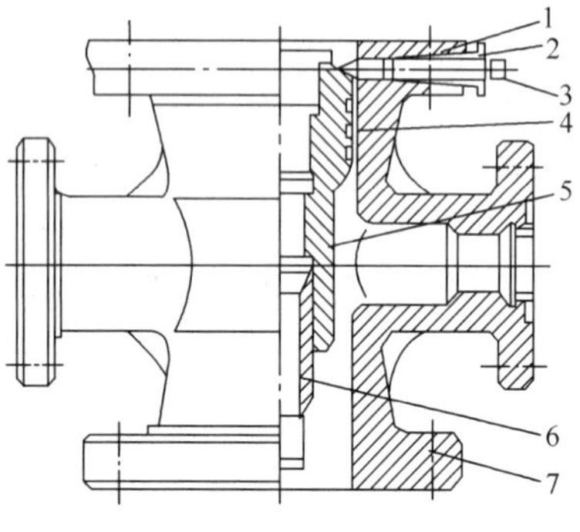

图 2-2　KQS25/65 型油管头

1—密封圈；2—压帽子；3—顶丝；4—“O”形密封圈；5—油管挂；6—油管短节；7—特殊四通

2. 油管头

油管头安装在套管头上面，主要由套管四通和油管悬挂器组成，其作用是悬挂井内的油管柱，密封油套环形空间。图 2-2 为一种型式的油管头。

油管头内锥面上可以承坐油管悬挂器，下端可以连接油层套管底法兰。上端在钻井或修井过程中分别连接所使用的控制器；油井投产时，在其上安装采油(气)树。

3. 采油(气)树

采油(气)树又称为井口闸。

采油(气)树主要由各类闸阀、四通、三通、节流器(或油嘴、针型阀等)组成，安装在油管头上部。其主要作用是控制和调节油、气流，合理地进行生产；确保顺利地实施压井、测试、打捞、注液等修井与采油气作业。

2.2.1.4 有关名词及术语

① 油补距(补心高差)：是钻井转盘上平面到油层套管四通上法兰面之间的距离。

② 套补距：是指钻井转盘上平面到油层套管短节法兰上平面之间的距离。

③ 联顶接方入：指钻井转盘上平面到第一根油层套管接箍上平面之间的距离。

④ 完钻井深：从转盘上平面到钻井完成时钻头所钻进的最后位置之间的距离。

⑤ 套管深度：从转盘上平面到套管鞋的深度。

⑥ 人工井底：钻井或试油时，设计的最下部油层下的阻流环或水泥塞面叫人工井底，其深度是从转盘上平面到人工井底之间的距离。

⑦ 水泥返高：指固井时，水泥浆沿套管与井壁之间的环形空间上返面到转盘上平面之间的距离。

2.2.1.5 采油(气)树的选择依据

油井井下工序完成后，还要安装好井口装置才能完成油井全部工作。自喷井井口装置主要由环形铁板、套管短节、法兰盘[上接采油(气)树底法兰]及采油(气)树组成。环形铁板是指两层套管之间加焊的圆形铁板，它的作用是把内层套管与外层套管相连接，使内层套管的重量坐于表层套管，把各层套管连成一个整体。套管短节是为了适应井所处位置和环境而加装的。法兰盘是为加装采油(气)树而设置的。采油(气)树是井口装置的主体部分。浅井和中深井多采用 KYS15/65DQ 型采油树、轻型采油树和 KYS25/65SL 型采油树等。在采气井上，多采用 KQS25/65 型采气树，其中抗硫化氢型采油(气)井口装置多采用 KQ65-35、KQ65-70 型采油(气)树。由于钻井工艺技术的发展以及多数油田的井中只下入油层套管，老式井口装置采油树油管头已经不用。目前矿场上井口装置通常只有油管头和采油树两大部分。

2.2.1.6 矿场采油(气)树的安装要求

① 采油(气)树到井场后，要对采油(气)树进行验收，检查零部件是否齐全，闸门开关是否灵活好用。

② 先从套管四通底法兰卸开，与套管头连接前必须把套管短节清洗干净，缠上密封胶带或涂上密封脂，对正扣、上紧、上齐采油(气)树各部件并调整方向。

③ 对采油(气)树进行密封性试压，一般油(气、水)井采油(气)树用清水试压，试压压力为采油(气)树额定工作压力，或采油(气)树的最高工作压力的 1.5 倍。经过 30min，压降不超过 0.3MPa 为合格(气井为 0.5MPa)。350 型和 600 型气井采气树先用压风机打压 12MPa 后，再用清水升压至工作压力，30min 无渗漏，压降不超过 0.3MPa 为合格。

2.2.2 井口装置规范

2.2.2.1 井口装置的型号

按其工作压力的不同，常用的井口装置可分为 250 型、350 型和 600 型三种。

2.2.2.2 井口装置连接的基本形式

按连接方式的不同，井口装置可分为法兰连接、螺纹连接和卡箍连接三种，其中法兰连接和卡箍连接最常用。

2.2.2.3 采油(气)树的基本形式

目前，油田上常用的采油树有 KYS 25/65 型、KYS 25/65SL 型和 KYS 15/65DQ 型等。采气井多用 KQS 25/65 型采气树。

1. 采油树

KYS25/65 型采油树的结构如图 2-3 所示，其主要特点是用油嘴来控制油井的压力和流量。油嘴孔眼每相差 0.5mm 为一级。一般油嘴孔眼直径为 2~20mm，当油嘴孔眼直径超过 20mm 以上者为特殊油嘴。该采油树耐压 250kg/cm^2，能够满足一般高压油井的要求。采用特殊四通与油管挂，能满足钻井、完井与修井的多种作业要求。采油树采用卡箍连接，结构简单、重量轻、体积小、拆装方便。

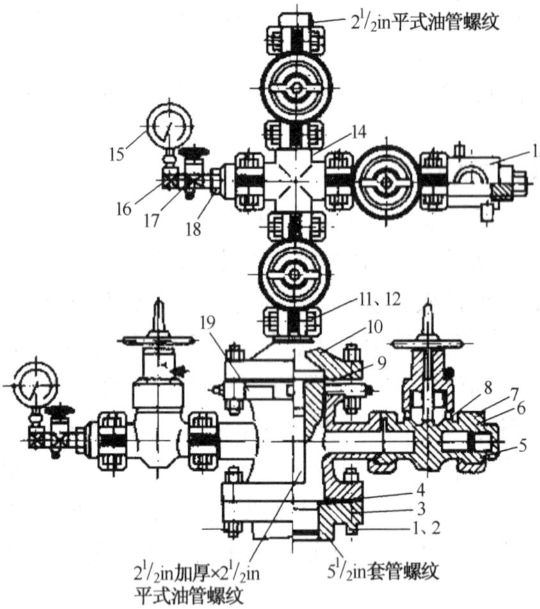

图 2-3　KYS25/65 型采油树

1、11—螺母；2、12—双头螺栓；3—套管法兰；4—锥座式油管头；5—卡箍短节；6—钢圈；7—卡箍；8—闸阀；9—钢圈；10—油管头上法兰；13—油嘴套；14—小四通；15—压力表；16—弯接头；17—压力表截止阀；18—接头；19—铭牌

另外，目前油田较多应用的采油树还有 KYS25/65SL 型采油树和 KYS15/65DQ 型采油树等，其结构分别如图 2-4 和图 2-5 所示。

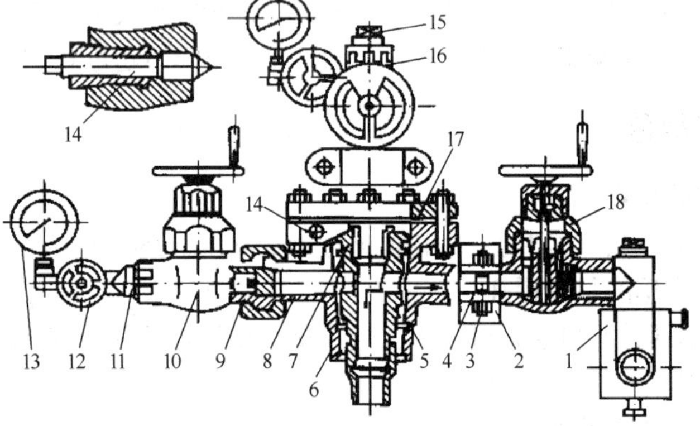

图 2-4　KYS25/65SL 型采油树

1—油嘴套；2—卡箍；3—螺帽；4—螺栓；5—“0”形密封；6—油管分流悬挂器；7—护丝；8—四通；9—单流阀；10—套管闸门；11—补心；12—压力表截止阀；13—压力表；14—顶丝；15—丝堵；16—清蜡闸门；17—钢圈；18—生产闸门

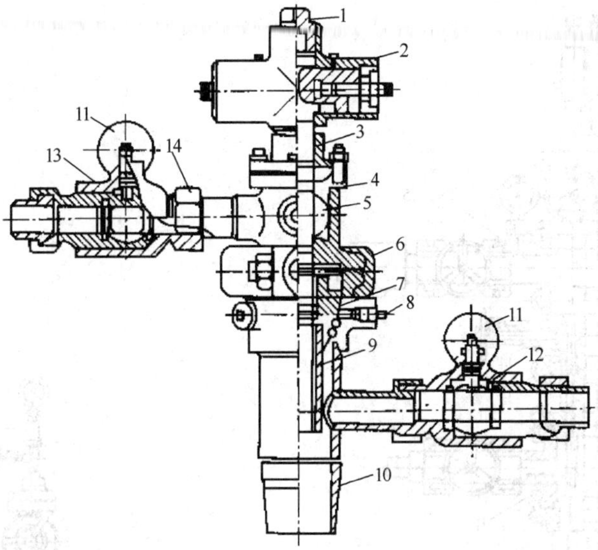

图 2-5　KYS15/65DQ 型采油树

1—丝堵；2—清蜡闸门；3—连接法兰；4—密封圈；5—球阀(总闸门)；6—卡箍；7—油管悬挂器；8—顶丝；9—油管挂短节；10—套管连接短节；11—压力表；12—球阀(套管闸门)；13—球阀(油管闸门)；14—活接头

由于采油工艺技术的发展和采油工艺技术措施的需要，目前也应用双管采油与多管采油，于是出现了相应的采油树结构形式。例如应用双管进行采油时(分层开采)，在油层套管内下入两根油管，下层油管上带一封隔器用来分隔两个油层，对两个油层进行分层采油。其采油树如图 2-6 所示。

2. 采气树

目前国内采气井广为使用的采气树是 KQS25/65 型采气树，其结构如图 2-7 所示。其特点是：采用锥形油管挂，密封性好；明杆式闸门，能明显看出开关情况；操作使用方便；采用特殊结构形式四通，其两旁的旁通管可以装单流阀(堵头)，配备有特殊的装卸工具，便于在不压井的条件下拆换套管闸门；具有良好的防硫化氢腐蚀性能等。

对于抽油井也需要装一套井口装置，才能够确保抽油井的正常生产及修井和采油工艺技术措施的实施。

抽油井井口装置的作用与自喷井井口装置类似，由于抽油井井口压力低，所以井口装置的结构比较简单。一般的抽油井井口装置可以利用自喷井井口加以改造，其基本组成为套管三通、油管三通和密封盒。其中套管三通和油管三通的作用主要是调节生产，便于修井和工艺技术措施的实施。密封盒的作用是密封光杆，使抽上来的原油进入输油管道，其结构主要有弹簧、胶皮密封、密封盒等，

由于各油田所采用的流程与供热保温条件不同，抽油井井口装置的构成与连接方法也有所不同。井口装置是由自喷井井口装置改装的，是双管流程蒸汽伴随条件下的抽油井井口装置。其中油套管连通闸门是收集天然气及冲净出油管线(即扫线)用的。还可以在油套管连通管线上装一个单流阀，以防止原油灌入套管。油、套管压力表用来观察油、套管压力，判断油井生产情况。

虽然抽油井井口可以根据实际情况来装，但是无论哪种形式的抽油井井口装置都必须满足如下的基本要求：测示功图、测动液面、取样、观察压力、操作方便、管理容易等。

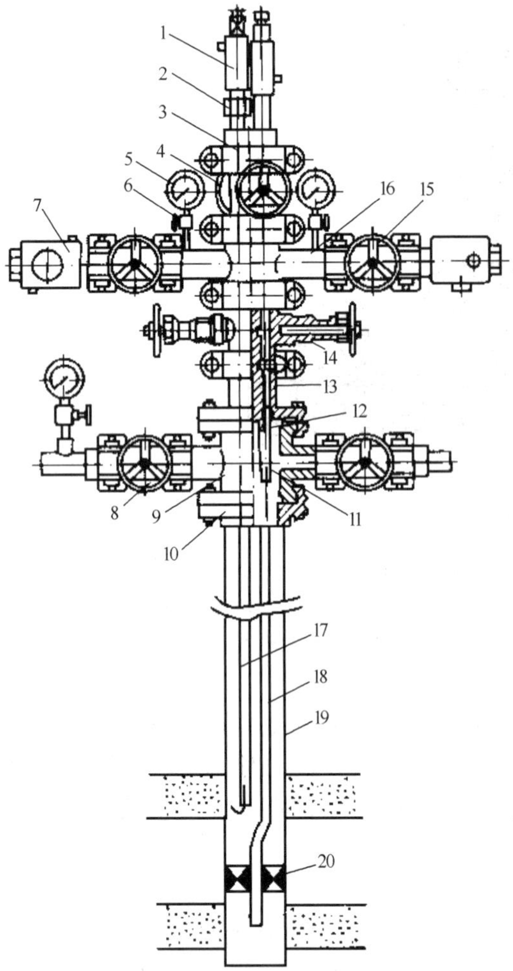

图 2-6　双管采油树

1—防喷管；2—高压活接头；3—卡箍；
4—清蜡闸门；5—压力表；6—四通；
7—油嘴套；8—套管闸；9—大四通；
10—底法兰；11—正反扣短节；12—油管挂；
13—上法兰；14—双孔阀；15—生产闸门；
16—双三通；17—上层油管；18—下层油管；
19—套管；20—封隔器

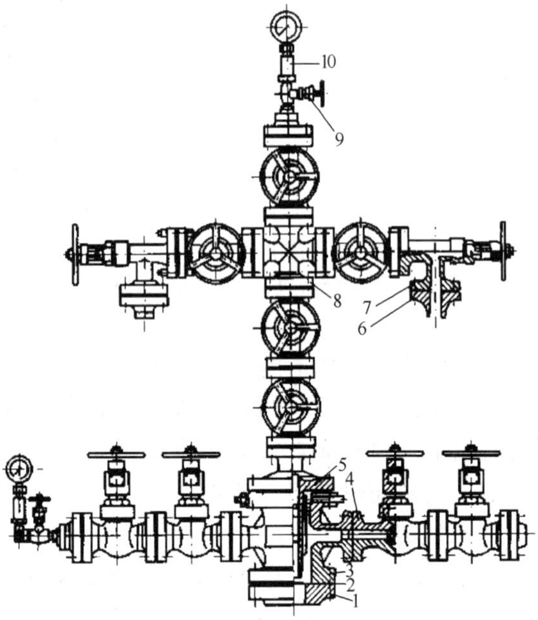

图 2-7　KQS 25/65 型采气树

1—底法兰；2—钢圈；3—油管头；4—闸阀；
5—上法兰；6—法兰接头；7—针阀；8—四通；
9—截止阀；10—压力表缓冲器

2.3　完井方式及方法

完井方式是油田开发中的一项重要工作，油藏开发方案和井下作业施工都要通过完井管柱来实现。目前完井方式有多种类型，但都有其各自的适用条件和局限性。只有根据油气藏类型和油气层的特性去选择最合适的完井方式，才能有效的开发油气田，延长油气井寿命和提高其经济效益。合理的完井方式应该根据油田开发方案的要求，做到充分发挥各油层段的潜力，油井管柱既能满足油井自喷采油的需要，又要考虑到后期人工举升采油的要求，同时还要为一些必要的井下作业施工创造良好条件，完井方式力求满足以下要求：

① 油、气层和井筒之间应保持最佳的连通条件，油、气层所受的伤害最小。
② 油、气层和井筒之间应具有尽可能大的渗流面积，油、气入井的阻力最小。
③ 应能有效地封隔油、气、水层，防止气窜或水窜，防止层间的相互干扰。
④ 应能有效地控制油层出砂，防止井壁坍塌，确保油井长期生产。
⑤ 油井管柱既能适应自喷采油的需要，又要考虑到与后期人工举升采油相适应。
⑥ 应具备进行分层注水、注气、分层压裂、酸化以及堵水、调剖等井下措施作业的条件。
⑦ 稠油开采能达到注蒸汽热采的要求。
⑧ 油气田开采后期具备侧钻的条件。
⑨ 施工工艺简单，经济效益好。

2.3.1 直、斜井完井方式

目前国内外最常见的完井方式有套管或尾管射孔完井、裸眼完井、割缝衬管完井、裸眼或套管砾石充填完井等。由于现有的各种完井方式都有其各自适用的条件(表 2-1)和局限性，因此，了解各种完井方式的特点是十分重要的。

表 2-1 各种完井方式适用条件

完井方式	适用的地质条件
射孔完井	① 有气顶，或有底水，或有含水夹层、易塌夹层等复杂地质条件，而又要求实施分隔层段的储层； ② 各分层之间存在压力、岩性等差异，而要求实施分层测试、分层采油、分层注水、分层处理的储层； ③ 要求实施水力压裂作业的低渗透储层； ④ 砂岩储层、碳酸盐岩孔隙性储层
裸眼完井	① 岩性坚硬致密，井壁稳定不坍塌的碳酸盐岩或裂缝型砂岩储层； ② 无气顶、无底水、无含水夹层及易塌夹层的储层； ③ 单一厚储层，或压力、岩性基本一致的储层； ④ 不准备实施分隔层段，选择性处理的储层
割缝衬管完井	① 无气顶、无底水、无含水夹层及易坍塌夹层的储层； ② 单一厚储层，或压力、岩性基本一致的多层储层； ③ 不准备实施分隔层段、选择性处理的储层； ④ 岩性较为疏松的中砂粒储层
裸眼砾石充填	① 无气顶，无底水，无含水夹层的储层； ② 单一厚储层，或压力、物性基本一致的储层； ③ 不准备实施分隔层段、选择性处理的储层； ④ 岩性疏松出砂严重的中、粗、细砂粒储层
套管砾石充填	① 有气顶，或有底水，或有含水夹层、易塌夹层等复杂地质条件，而要求实施分隔层段的储层； ② 各分层之间存在压力、岩性差异，而要求实施选择性处理的储层； ③ 岩性疏松出砂严重的中、粗、细砂粒储层
防砂滤管完井	① 无气顶、无底水、无含水夹层的储层； ② 单一厚储层，或压力、物性基本一致的多层储层； ③ 无法实施分段或分层处理，可防止粗、中、细砂； ④ 不能防止油层砂进入套管，但可防止进入套管的砂进入油管
化学固砂	① 适用套管射孔完成井，可避免射气顶、底水或水层； ② 单层处理厚度不大于 10m，若为多层，则应分层处理； ③ 固砂半径 0.5m 左右，应在油井未出砂前固砂，油层出砂形成了空穴后，防砂效果不好； ④ 化学固砂后，油层渗透率要下降，产能可能要降低 30%左右

2.3.1.1 射孔完井方式

射孔完井是国内外最为广泛和最主要使用的一种完井方式，其中包括套管射孔完井和尾管射孔完井。

1. 套管射孔完井

套管射孔完井是钻穿储层直至设计井深，然后下储层套管至储层底部注水泥固井，最后射孔，射孔弹射穿储层套管、水泥环并穿透储层某一深度，建立起油、气流的通道，如图 2-8所示。

套管射孔完井既可选择性地射开不同压力、不同物性的储层，以避免层间干扰，还可避开夹层水、底水和气顶，避免夹层的坍塌，具备实施分层注、采和选择性压裂或酸化等分层作业的条件。砂岩或碳酸盐岩油层均可使用此方式完井。

2. 尾管射孔完井

尾管射孔完井是在钻头钻至储层顶界后，下技术套管注水泥固井，然后用小一级的钻头钻穿油层至设计井深，用钻具将尾管送下并悬挂在技术套管上。尾管和技术套管的重合段一般不小于 50m，再对尾管注水泥固井然后射孔，如图 2-9 所示。尾管射孔完井由于在钻开储层以前上部地层已被技术套管封固，因此，可以采用与储层相配伍的钻井液以平衡压力、低平衡压力的方法钻开储层，有利于保护油层。此外，这种完井方式可以减少套管重力和油井水泥的用量，从而降低完井成本，目前较深的油、气井大多采用此方法完井。

射孔完井对多数油藏都能适用，其具体的使用条件见表 2-1。

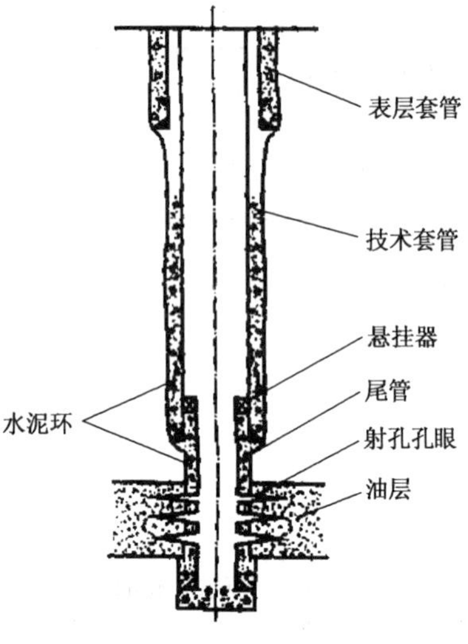

图 2-8　套管射孔完井示意图

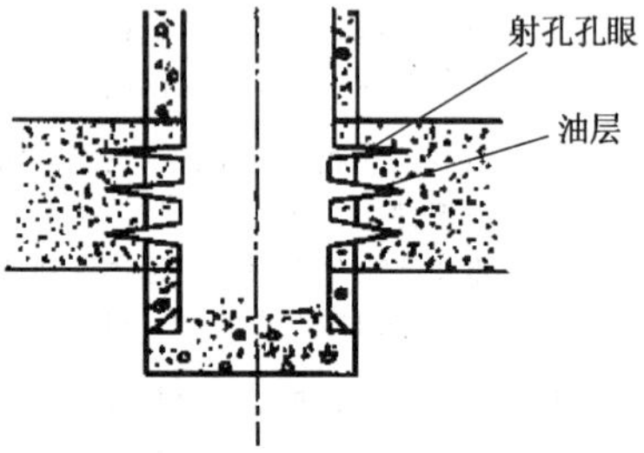

图 2-9　尾管射孔完井示意图

(1) 射孔完井法优点

① 能有效地防止层间干扰，便于分采分注，分层测试和分层改造。

② 能有效封隔和支撑疏松地层，加固井壁，防止地层坍陷。

③ 对于疏松地层，有利于采取各种防砂技术措施，控制油气井出砂。

④ 适用各种性质的地层。

(2) 射孔完井法缺点

① 由于射孔孔眼数目有限，油气层裸露面积少，油气流入井底的阻力大。

② 钻井和固井时钻井液浸泡时间长，油层伤害严重，井壁附近渗透率降低。

2.3.1.2 裸眼完井方式

裸眼完井方式有两种完井工序。

一是钻头钻至储层顶界附近后，下技术套管注水泥固井。水泥浆上返至预定的设计高度后，再从技术套管中下入直径较小的钻头，钻穿水泥塞，钻开储层至设计井深完井，称先期裸眼完井方式，如图 2-10 所示。

有的厚油层适合于裸眼完成，但上部有气顶或顶界邻近又有水层时，也可以将技术套管下过油气界面，使其封隔油层的上部分然后裸眼完井。必要时再射开其中的含油段，国外称为复合型完井方式，如图 2-11 所示。

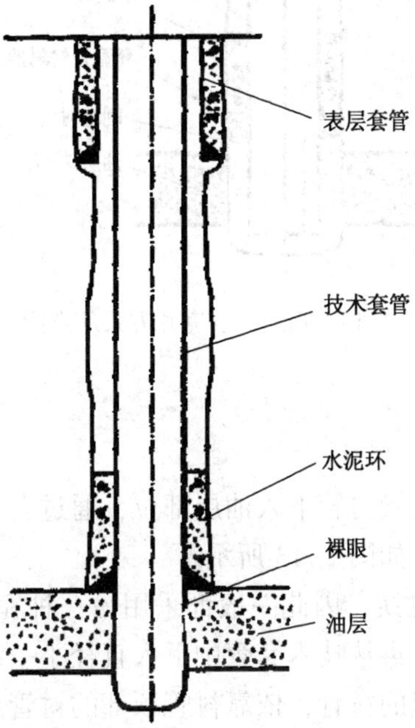

图 2-10　先期裸眼完井方式示意图

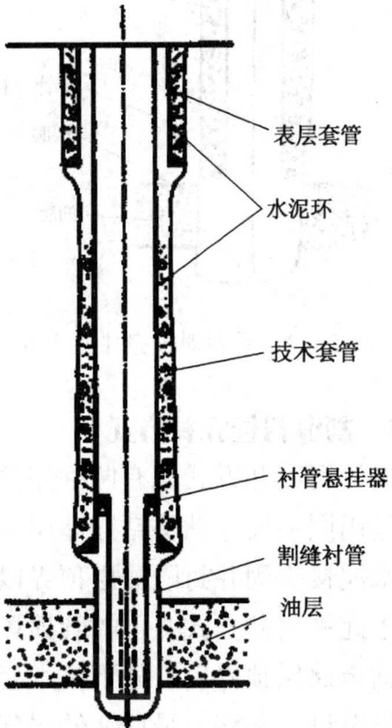

图 2-11　复合型完井方式示意图

裸眼完井的另一种工序是不更换钻头，直接钻穿油层至设计井深，然后下技术套管至储层顶界附近，注水泥固井，称为后期裸眼完井方式。固井时，为防止水泥浆伤害套管鞋以下的储层，通常在储层段垫砂或者替入低失水、高黏度的钻井液，以防止水泥浆下沉。或者在套管下部安装套管外封隔器和注水泥接头，以承托环形空间的水泥浆，防止其下沉，这种完井工序一般情况下不采用，见图 2-12 所示。

裸眼完井的最重要特点是储层完全裸露，因而储层具有很大的渗流面积。这种井称为水动力学完善井，其产能较高。裸眼完井虽然完善程度高，但使用局限较大。砂岩油、气、层，中、低渗透层大多需要压裂改造，裸眼完成则无法进行。同时，砂岩中大都有泥页岩夹层，遇水多易坍塌而堵塞井筒。碳酸盐岩油气层，包括裂缝性油、气层，如 20 世纪 70 年代中东的不少油田，中国华北任丘油田古潜山油藏，四川气田等大多使用裸眼完井。后因裸眼完井难以进行增产措施和控制底水锥进、堵水，以及射孔技术的进步，现多转变为套管射孔完井。水平井开展初期，20 世纪 80 年代初美国奥斯汀的白垩系碳酸盐岩垂直裂缝地层的水平井大多为裸眼完井，其他国家的一些水平井也有用裸眼完井，但 80 年代后期大多为割缝衬管或带管外封隔器的割缝衬管所代替。特别是当前水平井段加长或钻分支水平井，用裸眼完井就更少了。因为裸眼完井有许多技术问题难以解决。

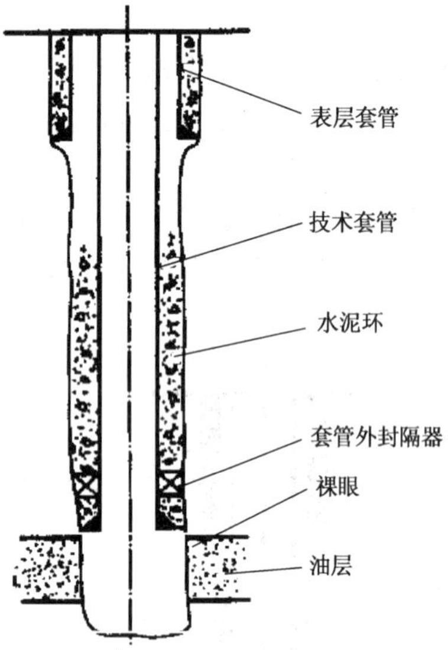

图 2-12　后期裸眼完井方式示意图

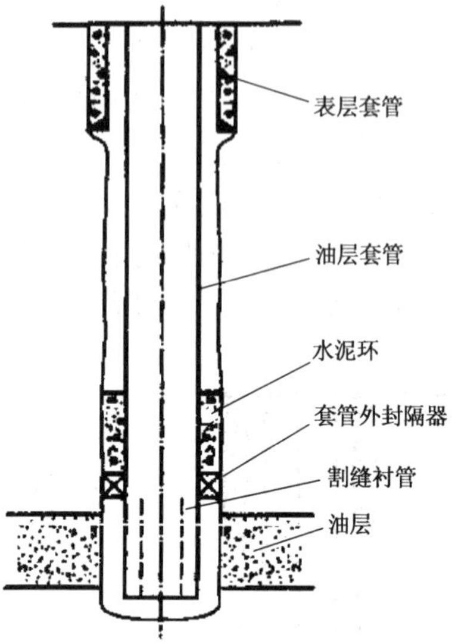

图 2-13　割缝衬管完井方式示意图

2.3.1.3　割缝衬管完井方式

割缝衬管完井方式也有两种完井工序。

一是用同一尺寸钻头钻穿储层后，套管柱下端连接衬管下入油层部位，通过套管外封隔器和注水泥接头固井封隔油层顶界以上的环形空间，如图 2-13 所示。

由于此种完井方式井下衬管损坏后无法修理或更换，因此一般都采用另一种完井工序，即钻头钻至储层顶界后，先下技术套管注水泥固井，再从技术套管中下入直径小一级的钻头钻穿油层至设计井深。最后在储层部位下入预先割缝的衬管，依靠衬管顶部的衬管悬挂器将衬管悬挂在技术套管上，并密封衬管和套管之间的环形空间，使油气通过衬管的割缝流入井筒，如图 2-14 所示。这种完井工序油层不会遭受固井水泥浆的伤害，可以采用与油层相配伍的钻井液或其他保护油层的钻井技术钻开油层，当割缝衬管发生磨损或失效时也可以起出修理或更换。

割缝衬管的防砂机理是允许一定大小的、能被原油携带至地面的细小砂粒通过，而把较大的砂粒阻挡在衬管外面，大砂粒在衬管外形成“砂桥”，达到防砂的目的，如图 2-15 所示。

由于“砂桥”处流速较高，小砂粒不能停留在其中。砂粒的这种自然分选使“砂桥”具有较好的流通能力，同时又起到保护井壁骨架砂的作用。割缝缝眼的形状和尺寸应根据骨架砂粒中值来确定。

割缝衬管完井方式是当前主要的完井方式之一，在砂岩或碳酸盐岩油层均可使用，它既起到裸眼完井的作用，又防止了裸眼井壁坍塌堵塞井筒，同时在一定程度上起到防砂的作用，由于这种完井方式工艺简单、操作方便、成本低，因而在一些出砂不严重的中粗砂粒油层中经常使用，特别在水平井中使用较普遍。割缝衬管的尺寸可根据技术套管的尺寸、裸眼井段的钻头直径确定，如表 2-2 所示。

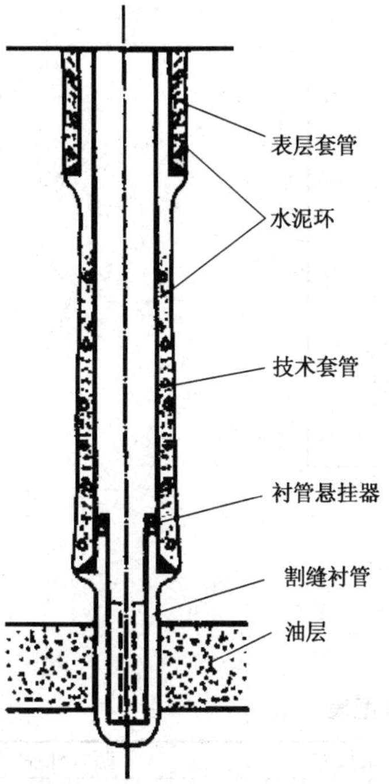

图 2-14　悬挂割缝衬管完井方式示意图

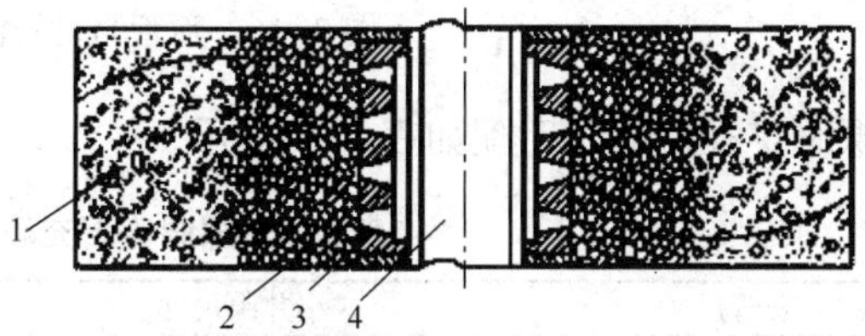

图 2-15　衬管外自然分选形成“砂桥”示意图

1—油层；2—砂桥；3—缝眼；4—井筒

表 2-2　割缝衬管完井时套管、钻头、衬管匹配表

技术套管		裸眼井段钻头		割缝衬管	
公称尺寸/in	套管外径/mm	公称尺寸/in	钻头外径/mm	公称尺寸/in	衬管外径/mm
7	177.8	6	152	$5\sim5^1/_2$	127~140
$8^5/_8$	219.1	$7^1/_2$	190	$5^1/_2\sim6^5/_8$	140~168
$9^5/_8$	244.5	$8^1/_2$	216	$6^5/_8\sim7^5/_8$	168~194
$10^3/_4$	273.1	$9^5/_8$	244.5	$7^5/_8\sim8^5/_8$	194~219

2.3.1.4　砾石充填完井方式

对于胶结疏松出砂严重的地层，一般应采用砾石充填完井方式。它是先将金属绕丝筛管下入井内储层部位，然后用充填液将在地面上预先选好的砾石泵送至绕丝筛管与井眼或绕丝筛管与套管之间的环形空间内，构成一个砾石充填层，以阻挡储层砂流入井筒，达到保护井壁、防砂之目的。砾石充填完井一般都使用不锈钢绕丝筛管而不用割缝衬管。其原因是筛管流通能力大大高于衬管。筛管及衬管流通能力对比见图 2-16。

为了适应不同油层特性的需要，裸眼完井和射孔完井都可以充填砾石，分别称为裸眼砾石和套管砾石充填。

1. 裸眼砾石充填完井方式

在地质条件允许使用裸眼而又需要防砂时，就应该采用裸眼砾石充填完井方式。其工序是钻头钻达储层顶界以上约 3m 后，下技术套管注水泥固井，再用直径小一级的钻头钻穿水泥塞，钻开储层至设计井深，然后更换扩大式钻头将储层部位的井径扩大到技术套管外径的 1.5~2 倍，以确保充填砾石时有较大的环形空间，增加防砂层的厚度，提高防砂效果。一般砾石层的厚度不小于 50mm。

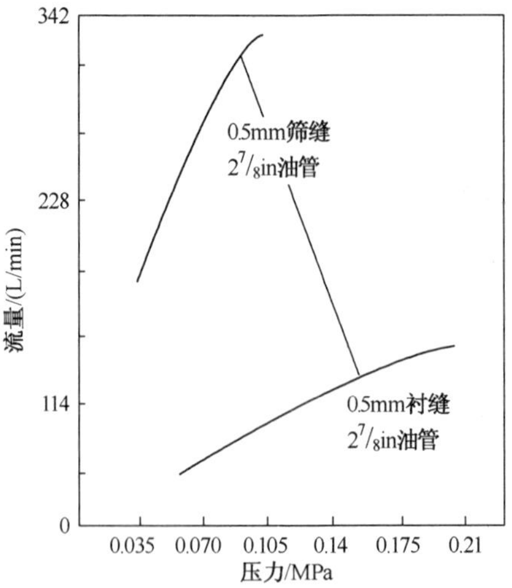

图 2-16 筛管与衬管流通能力对比图

裸眼扩径的尺寸匹配如表 2-3 所示。

表 2-3 裸眼砾石充填扩径尺寸匹配表

套管尺寸		小井眼尺寸		扩眼尺寸		筛管外径	
in	mm	in	mm	in	mm	in	mm
$5^1/_2$	139.7	$4^3/_4$	120.6	12	305	$2^7/_8$	87
$6^5/_8$~7	168.3~177.8	$5^7/_8$~$6^1/_8$	149.2~155.5	12~16	305~407	4~5	117~142
$7^5/_8$~$8^5/_8$	193.7~219.1	$6^1/_2$~$7^7/_8$	165.1~200	14~18	355.6~457.2	$5^1/_2$	155
$9^5/_8$	244.5	$8^3/_4$	222.2	16~20	407~508	$6^5/_8$	184
$10^3/_4$	273.1	$9^1/_2$	241.3	18~20	457.2~508	7	194

扩眼工序完成后，便可进行砾石充填工序，如图 2-17 所示。

2. 套管砾石充填完井方式

套管砾石充填的完井工序是：钻头钻穿储层至设计井深后，下油层套管与储层底部“口袋”，注水泥固井，然后对储层部分射孔，要求采用高孔密(20~30 孔/m，大于 7in 套管，可射 40 孔/m)、大孔径(20~25mm)射孔，以增大充填流通面积，有时还把套管外的储层砂冲掉，以便于向孔眼外的周围油层填入砾石，避免砾石和油层砂混合而增大渗流阻力。由于高密度充填(高黏充填液)紧实，充填效率高，防砂效果好，有效期长，故大多采用高密度充填。但近期发现高黏充填液对油层有伤害，有的已改用中黏或低黏充填液。套管砾石充填如图 2-18 所示。油层套管与绕丝筛管的匹配如表 2-4 所示。

表 2-4 套管砾石充填筛管匹配表

套管规格		筛管外径	
mm	in	mm	in
139.7	$5^1/_2$	74	$2^3/_8$
168.3	$6^5/_8$	87	$2^7/_8$
177.8	7	87	$2^7/_8$
193.7	$7^5/_8$	104	$3^1/_2$
219.1	$8^5/_8$	117	4
244.5	$9^5/_8$	130	$4^1/_2$
273.1	$10^3/_4$	142	5

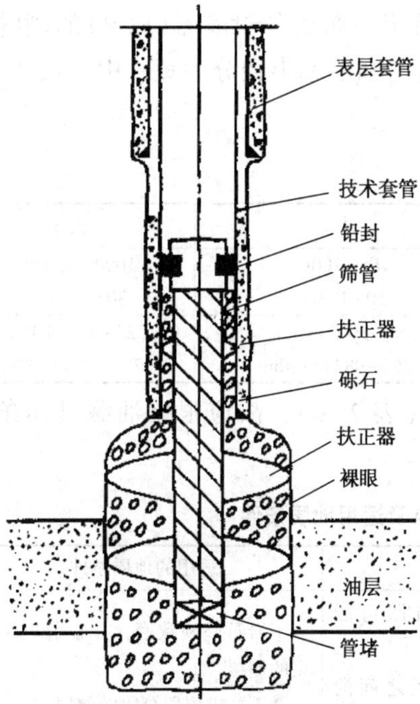

图 2-17　裸眼砾石充填完井方式示意图

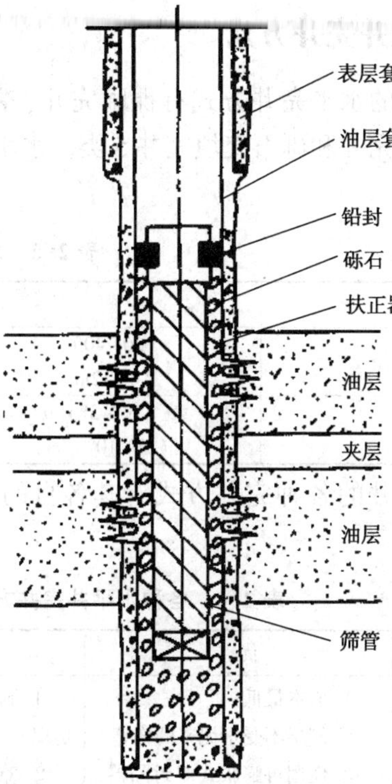

图 2-18　套管砾石充填完井方式示意图

虽然有裸眼砾石充填和套管砾石充填之分，但二者的防砂机理完全相同。充填在井底的砾石层起着滤砂器的作用，它只允许流体通过，而不允许地层砂粒通过。其防砂的关键是必须选择与出砂粒径匹配的绕丝筛管及油层岩石颗粒组成相匹配的砾石尺寸，选择原则是既要能阻挡油层出砂，又要使砾石充填层具有较好的渗透性能。因此，绕丝筛管、砾石的尺寸、砾石的质量、充填液的性能及充填施工质量是砾石充填完井防砂成功的技术关键。

2.3.1.5　防砂滤管完井

防砂滤管是油井防砂另一种方法，其防砂原理是采用不同介质做滤砂材料，只让油通过，而将砂挡在滤砂管外。由于其工艺简单，操作成本低，虽然油井完善程度不如砾石充填高，仍在油井出砂不严重、产液量不高的裸眼或套管完井中使用。防砂滤管种类很多，有预充填绕丝筛管(即在双层筛管中间充填石英砂或树脂包砂)，金属纤维、陶瓷、多孔粉末冶金、金属烧结模滤管等。

使用该防砂方法时油井产能低于井下砾石充填，防砂有效期不如砾石充填长。它不能像砾石充填那样能防止油层砂进入井筒，只能防止油层砂进入井筒后不再进入油管。但其工艺简单、成本低，在一些不具备砾石充填的出砂井，仍是一种有效方法。因而国外仍普遍采用，特别是在水平井中更常使用。

2.3.1.6　化学固砂完井

化学固砂是以各种材料(水泥浆、酚醛树脂等)为胶结剂，以轻质油为增孔剂，以各种硬质颗粒(石英砂、核桃壳等)为支撑剂，按一定比例拌合均匀后，挤入套管外堆集于出砂层位，靠油层温度凝固后形成具有一定强度和渗透性的人工井壁，防止油层出砂。或者不加支撑剂，直接将胶结剂挤入套管外出砂层中将疏松砂岩胶结牢固亦可。

2.3.2 水平井完井方式

目前常见的水平完井方式有裸眼完井、割缝衬管完井、带管外封隔器(ECP)的割缝衬管完井、射孔完井和砾石充填完井5类。水平井按其造斜和曲率半径分为短、中、长3类，如表2-5所示。

表2-5 水平井类型

标识	短	中	长
曲率半径	20~40ft 6~12m	165~700ft 50~123m	1000~3000ft 305~914m
造斜	(1.5°~3°)/ft (5°~10°)/m	(8°~30°)/100ft (26°~98°)/100m	(2°~6°)/100ft (7°~20°)/100m

由于水平井的各种完井方式有其各自的适用条件(表2-6)，故应根据油藏具体条件选用。

表2-6 各种水平井完井方式的优缺点及适用地质条件

完井方式	优点	缺点	适用的地质条件
裸眼完井	① 成本最低； ② 储层不受水泥浆的伤害 ③ 使用可膨胀式双封隔器，可以实施生产控制和分割层段的增产作业 ④ 使用转子流量计，可以实施生产检测	① 疏松储层，井眼可能坍塌 ② 难以避免层段之间的窜通 ③ 可选择的增产作业有限，如不能进行水力压裂作业 ④ 生产检测资料不可靠	①岩石坚硬致密，井壁稳定不坍塌的储层 ②不要求层段分隔的储层 ③天然裂缝性碳酸盐岩或硬质砂岩 ④ 短或极短曲率半径的水平井
割缝衬管完井	① 成本相对较低 ② 储层不受水泥浆的伤害 ③ 可防止井眼坍塌	① 不能实施层段的分隔，不可避免有层段之间的窜通 ② 无法进行选择性增产、增注作业 ③ 无法进行生产控制，不能获得可靠的生产测试资料	① 井壁不稳定，有可能发生井眼坍塌的储层 ② 不要求层段分隔的储层 ③ 天然裂缝性碳酸盐岩或硬质砂岩
带ECP割缝衬管完井	① 相对中等程度的完井成本 ② 储层不受水泥浆的伤害 ③ 依靠管外封隔器实施层段分隔，可以在一定程度上避免层段之间的窜通 ④ 可以进行生产控制、生产检测和选择性增产、增注作业	管外封隔器封隔层段的有效程度，取决于水平井眼的规则程度，封隔器的坐封和密封件耐压、耐温等因素	① 要求不用注水泥实施层段分隔的注水开发储层 ② 要求实施层段分隔，但不要求水力压裂的储层 ③ 井壁不稳定，有可能发生井眼坍塌的储层 ④ 天然裂缝性或非均质的碳酸盐岩或硬质砂岩
射孔完井	① 最有效的层段分隔，可以完全避免层段之间的窜通 ② 可以进行有效的生产控制、生产检测和包括水力压裂在内的任何选择性增产、增注作业	① 相对较高的完井成本 ② 储层受水泥浆的伤害 ③ 水平井的固井质量目前尚难保证 ④ 要求较高的射孔操作技术	① 要求实施高度层段分隔的注水开发储层 ② 要求实施水力压裂作业的储层 ③ 裂缝性砂岩储层

续表

完井方式	优点	缺点	适用的地质条件
裸眼预充填砾石完井	① 储层不受水泥浆的伤害 ② 可以防止疏松储层出砂及井眼坍塌 ③ 特别适宜于热采稠油油藏	① 不能实施层段的分隔，不可避免有层段之间的窜通 ② 无法进行选择性增产、增注作业 ③ 无法进行生产控制等	① 岩性胶结疏松，出砂严重的中、粗、细砂粒砂岩储层 ② 不要求分隔层段的储层 ③ 热采稠油储层
套管内预充填砾石完井	① 可以防止疏松储层出砂及井眼坍塌 ② 特别适宜于热采稠油油藏 ③ 可以实施选择性的射开层段	① 储层受水泥浆的伤害 ② 必须起出井下预充填砾石筛管后，才能实施选择性的增产、增注作业	① 岩性胶结疏松，出砂严重的中、粗、细砂粒砂岩储层 ② 热采稠油储层 ③ 裂缝性砂岩储层

2.3.2.1 裸眼完井方式

这是一种最简单的水平井完井方式，即：技术套管下至预定的水平段顶部，注水泥固井封隔，然后换小一级钻头钻水平井段至设计长度完井，如图 2-19 所示。

裸眼完井主要用于碳酸盐岩等坚硬不坍塌地层，特别是一些垂直裂缝地层，如美国奥斯汀白垩系地层，参见表 2-6。

2.3.2.2 衬管完井方式

完井工序是将割缝衬管悬挂在技术套管上，依靠悬挂封隔器封隔管外的环形空间。割缝衬管要加扶正器，以保证衬管在水平井眼中剧中，如图 2-20 所示。目前水平井发展到分支井及多底井，其完井方式也多采用割缝衬管完井。

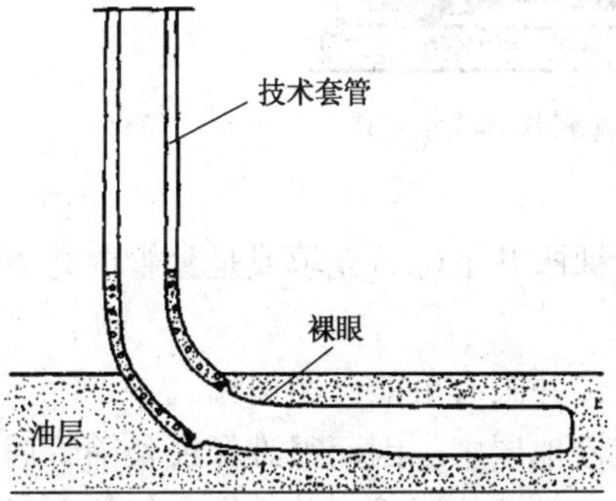

图 2-19　裸眼水平井完井方式示意图

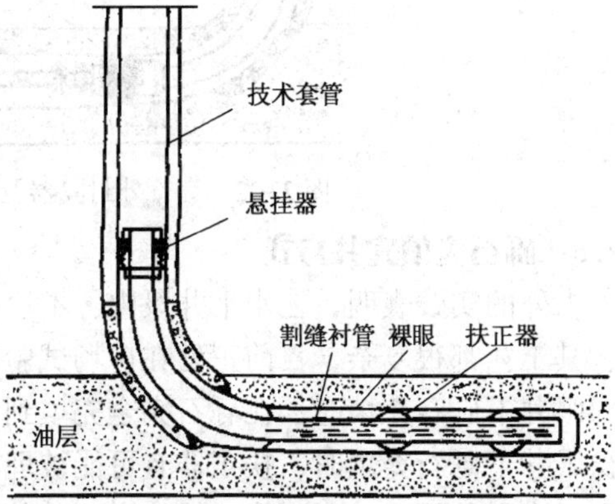

图 2-20　割缝衬管水平井完井方式示意图

割缝衬管完井主要用于不宜用套管射孔完井，又要防止裸眼完井时地层坍塌的井。因此完井方式简单，既可防止井塌，还可将水平井段分成若干段进行小型措施，当前水平井多采用此方式完井，其使用条件见表 2-6。

2.3.2.3 射孔完井方式

技术套管下过直井段注水泥固井后，在水平井段内下入完井尾管、注水泥固井。完井尾管和技术套管宜重合 100m 左右，最后在水平井段射孔，如图 2-21 所示。

这种完井方式将层段分隔开，可以进行分层增产及注水作业，可在稀油和稠油层中使用，是一种非常实用的方法，使用条件见表 2-6。

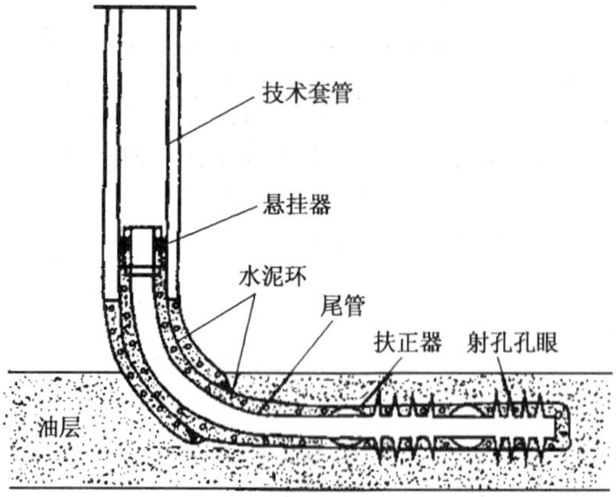

图 2-21　水平井射孔完井方式示意图

2.3.2.4　管外封隔器(ECP)完井方式

这种完井方式是依靠管外封隔器实施层段的分隔，可以按层段进行作业和生产控制，这对于注水开发的油田尤为重要。其使用条件见表 2-6。管外封隔器的完井方法，可以分成两种形式，见图 2-22、图 2-23。目前，国外普遍使用的水泥浆充填管外封隔器完井工艺技术，极大地提高了该种完井方式的应用范围。

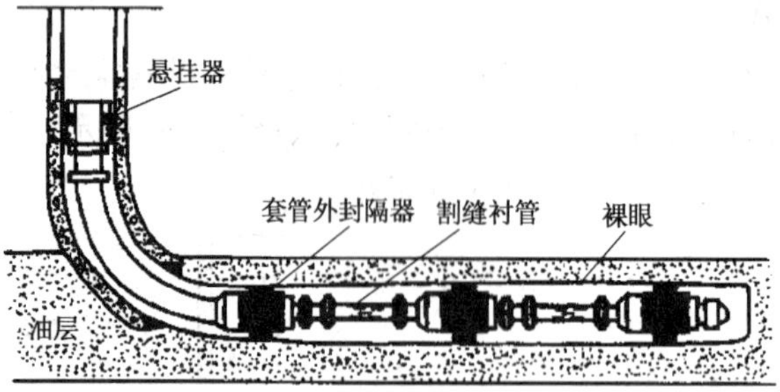

图 2-22　套管外封隔器及割缝衬管完井方式示意图

2.3.2.5　砾石充填完井方式

国内外的实践表明，在水平井段内，不论是进行裸眼井下砾石充填或是套管内井下砾石充填，其工艺都很复杂，目前正处在矿场试验阶段。

裸眼井下砾石充填时，在砾石完全充填到位之前，井眼有可能已经坍塌。

裸眼井下砾石充填时，扶正器有可能被埋置在疏松地层中，因而很难保证长筛管居中。

裸眼水平井预充填砾石绕丝筛管完井，其筛管结构及性能同垂直井一样，但使用时应加扶正器，以便使筛管在水平段居中如图 2-24 所示。

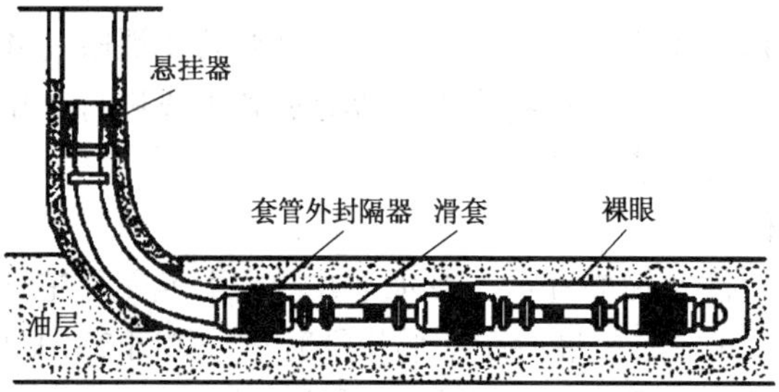

图 2-23　套管外封隔器及滑套完井方式示意图

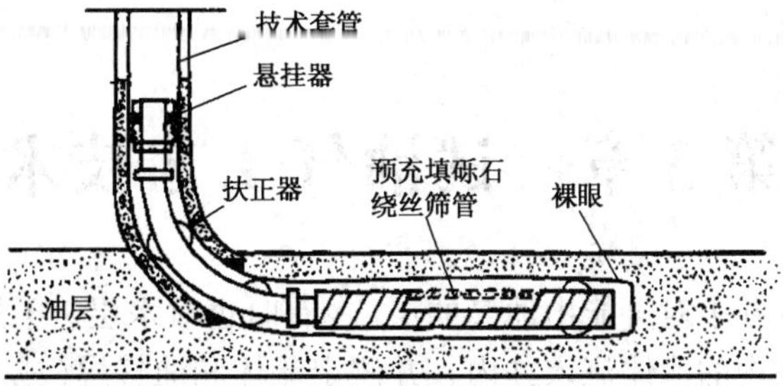

图 2-24　水平井裸眼预充填砾石绕丝筛管完井示意图

套管射孔水平井预充填砾石绕丝筛管完井如图 2-25 所示。

预充填砾石完井方式的优缺点及其条件见表 2-6。

水平井裸眼及套管完井井下砾石充填时，因井段太长，充填液的滤失量过大，充填过程中不仅易造成脱砂、砂堵而充填失败，而且会造成油层伤害，因而长井段水平井砾石充填一直处于试验阶段。近年来，国外在此方面有了技术改进，在钻井液中，加入暂堵剂将地层全部暂堵住，暂堵后渗透率均为零，做到无滤失，从而为砾石充填创造条件；充填液可采用盐水、$CaCl_2$水或低黏度充填液；砂比 240~480kg/m^3，充填长度可达 1000m 以上。在充填作业完成后，通过酸化或其他化学剂来解除暂堵堵塞。

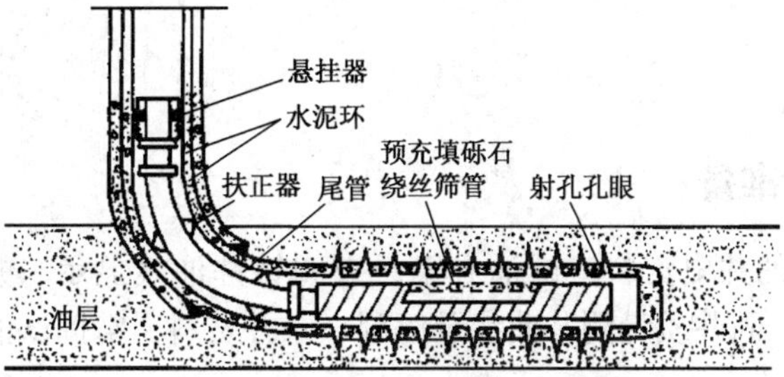

图 2-25　水平井套管内预充填砾石绕丝筛管完井示意图

虽然水平井砾石充填的技术问题可以解决，但工艺较复杂，成本高，因而水平井的防砂完井目前仍多采用预充填砾石筛管、金属纤维筛管或割缝衬管等方法完成。

第3章　试油气工艺技术

钻井完井后，在探井中对可能出油气的层位(有时也对水层、干层)进行射孔，降低井内的液柱压力，使地层中的流体流入井内，并测定流体和油气层(或水层)性质的工艺过程称为试油气工艺。

试油气工作是对井下油、气层和水层进行直接测试，并取得对应的相关数据和物理化学分析资料工艺施工过程。它是对油田静止的和运动的状态油气水层进行定性评价的一种基本手段。

试油(气)是对钻井、地球物理测井的前期工作的确认；是评价油气层产量的关键环节。试油气工作取得的有关地层流体的产量、温度、压力、物理化学性质及地层参数等资料是油气田开发的重要科学依据。油气田勘探开发的阶段不同，所钻井的种类也不尽相同，其试油气的工艺、目的和任务也不相同，常见的有：新区探井试油气(参数井)、预探井试油气、详探井试油气、资料井试油气、生产井试油气等。

3.1　前期准备

3.1.1　资料与设计准备

① 收集试油气井的井史资料、试油方案，查阅钻井油气显示、井身结构及油层套管、综合测井曲线及解释、固井质量测井曲线及解释、录井资料，掌握试油层的含油气性质及其地层参数；

② 根据试油气方案的要求，编写地质、工程设计及HSE应急方案，绘制井深结构图。

3.1.2　设施与工具准备

① 根据试油方案和地质工程设计的要求，准备作业机组、井口、封井器、防喷器和所需的管材及相关的设施，其规格规范应符合设计要求。

② 根据地质、工程设计要求、井深及其预测的地层压力、准备洗净液、压井液及压井、防喷、测试流程等。

③ 准备抽吸排液工具、各种容器和计量用具。

④ 根据井口位置确定好现场工种用具的摆放位置，并制作井场布置图。

3.1.2.1　设施

1. 设施布置要求

① 通井机、修井机应摆放在井口季节季风的上风方向，司钻视线不直视太阳。

② 井架立放在距井口不小于1.8m的季节季风的上风方向，同通井机、修井机摆放一致，井架基础的地基垫平夯实。立、放井架及吊装作业应与高压电等架空线路保持3m以上安全距离，并采取措施防止损害架空线路和伤害施工人员。

③ 在高压线下吊装高压管汇时，吊臂最高点距高压线应大于3m。

④ 防喷器液压控制源要摆放在距井口 25m 以上，方便操作，液压控制管线通过过道时要有过桥保护管或挖沟下埋。

⑤ 压井管汇、节流管汇分别安装在井口的两侧，距钻台 3~5m 之间，泥浆泵、泥浆循环罐距井口大于 20m，柴油机距井口大于 30m。

⑥ 作业值班房、工具房、发电房、消防房、锅炉房、测气节流管汇、分离器、油水计量罐距井口应大于 30m，且摆在上风向。

⑦ 分离器、锅炉、油水计量罐三者之间相距 30m 以上。

⑧ 放喷管线应用硬管线，火炬管距井口不小于 75m；测气口距分离器不小于 20m；放喷管线出口处 50m 内无任何设施、易燃物；火炬在井口下风向，且放喷管线每 10~15m 用地锚桩和"U"形卡加固。

⑨ 油管架和抽油杆架、钻杆架距地面大于 0.3m，管架上的管杆摆放整齐，每 10 根一出头，管、杆有损伤的要单独摆放并作好记号。

⑩ 修井、侧钻井场施工用的发电房、值班房与井口、储油罐的距离宜大于 30m，锅炉房处于盛行风向的上风侧。

⑪ 压裂酸化施工车辆离井口距离大于 9m。

⑫ 压裂酸化施工作业车辆、液罐应摆放在井口的上风方向，各种车辆摆放合理、整齐，保持间距，便于撤离。其他车辆应停放在上风向距井口 20m 以外，非施工人员应站在距离高压区 20m、距离井口 50m 以外。

⑬ 排污池应设在下风向，距井口 20m 以外。

⑭ 油基压裂罐应摆放在距井口 50m 以外，罐与混砂车应保持 5m 以上的距离，罐的四周应设高度不低于 0.5m 的防护堤与设备隔开。

⑮ 湿蒸汽发生器注汽施工时，发生器与原油罐距离大于 20m，与注汽井口间距大于 50m。

⑯ 井场设施摆放应留出通往紧急集合点的安全通道。

⑰ 井下作业(试油气)队营地距井口不小于 100m。

⑱营地环保，应满足以下要求：

a. 在满足需要的前提下，营地设置应尽量避开环境敏感地区，并尽量减少占地面积，达到减小环境影响的目的。

b. 营地应远离野生动物栖息、活动区，充分利用自然的和原有的开辟地，尽量减少对表层土壤和植被根茎的破坏。

c. 营地应内外整洁、美观、卫生，合理设置垃圾收集箱(桶)，营地外设垃圾处理站，工地垃圾应带回营地集中处理。

d. 营地应设置生活污水坑，应选择土壤吸收性好、地表水不能流入的地方，并定期消毒。

e. 对废弃物和垃圾进行分类处理，不可回收垃圾可采用深埋及送当地指定垃圾点等方法进行处理；基层队自己填埋时，所有垃圾应埋入不易侵蚀和污染地下水的地方，填埋深度应大于地表 1m；对处理、处置方式和位置实施登记。

f. 营区不得焚化任何垃圾和危险材料。

g. 在高于最高洪水水位线的地方设置营地或基地。

h. 作业过程、结束和撤离营地或基地时，应随时清除所有废物和垃圾，保持原有地貌。

i. 布置井场要掌握井场内地下各种流程管线的位置和走向，以免流程管线被损坏，污染环境；井口四周要根据井场情况围土堤，高度为0.3m。

j. 在抽油杆、油管桥四周应围高0.15m的土埂，应保持土埂平整，在特别区域要符合当地政府规定。

2. 安全环保标志

(1) 安全环保标志的设置应符合以下规定

① 应设在所指目标物附近的醒目地方。

② 应保证井下作业人员能识别出所指示的信息隶属于哪类对象物。

③ 应保证在昼夜均能清晰可辨、固定牢靠，安全标志牌的外形尺寸通常为40cm×50cm。

(2) 现场安全环保标志应符合以下规定

① 现场应根据施工情况设置"必须戴安全帽"、"禁止烟火"、"必须系安全带"、"当心触电"、"当心机械伤人"、"严禁非工作人员入内"、环境保护等标志。

② 井场应设置危险区域图、逃生路线图、紧急集合点以及两个以上的逃生出口，并有明显标识。

③ 控制系统闸门有"开、关"状态指示。

④ 电气设施在检修或维护时，应在断电处悬挂"有人工作、禁止合闸"标志。

⑤ 施工现场应设置风向标、风口袋，彩旗，现场周围应设置安全警示带。

3. 井控设施

① 现场应配备足够的压井液和压井液用料。

② 按设计要求进行压井。

③ 按设计要求安装井控设施并试压合格。

④ 井控设施应定期维修保养和送检。

4. 防雷防静电设施

① 井架和底座的接地或安装的防雷装置应完好、有效。

② 井场设备、值班房和营地用房均应有良好的防静电接地。接地电阻小于10Ω。

5. 消防设施

① 配备的灭火器、消防钩、消防钎、消防桶、消防砂等消防器材符合井场消防需求；在高油气比井进行特殊作业，现场配备消防车值班。

② 消防器材配置数量要求。

消防器材配备应符合井场消防需求：现场至少配备35kg干粉灭火器2具，8kg干粉灭火器4具，消防锹3把，消防桶2支，消防砂2m^3；分类摆放，实行专人挂牌管理，每月检查1次并做好记录。

③ 消防器材的摆放位置要求：

a. 井口至管汇之间摆放35kg干粉灭火器1具、8kg干粉灭火器1具。

b. 水套炉至分离器之间摆放35kg干粉灭火器1具、8kg干粉灭火器1具。

c. 防风罩下的燃烧池附近摆放8kg干粉灭火器1具、消防砂1m^3。

d. 值班房、营房至少摆放8kg干粉灭火器1具，厨房、发电机房至少摆放8kg干粉灭火器2具。

e. 消防钩、消防钎、消防桶摆放至消防房内备用。

④ 灭火器的存放应符合以下规定：

a. 灭火器应设置在明显、便于取用的地点；

b. 手提式灭火器应安放在挂钩、托架或专用箱内，露天设置时应有防雨、防尘、防潮措施。

c. 灭火器不得设置在温度超出其存放温度范围的地点。

d. 火险危险源评价记录，控制措施、义务消防组织、火灾应急预案、预案演练记录、消防设施台账完整、齐全，记录与实物相符。

e. 清洗设备应使用专用清洗工具和清洁剂，不应用汽油清洗设备和零部件。

6. 气防设施

① 在含硫化氢井施工现场应配有一套固定式或人均一套便携式硫化氢检测仪、防毒面具、防护服和冲眼器、清洗液等。

② 固定式检测仪每年检测 1 次，便携式检测仪每半年检测 1 次。

③ 在含硫化氢井施工现场应配备足够数量的正压式呼吸器、呼吸器充装器和专用空气压缩机。

④ 含硫井和气井应安装鼓风机。

7. 紧急逃生设施

① 大修井架的二层台上应安装逃生器。逃生器落地距离井口应大于 20m，与地面夹角小于 45°；落地点应在井口的上风方向。

② 钻台上应有逃生滑道。

③ 井架上宜安装上下井架时防坠落装置。

8. 生活设施

(1) 井下作业(试油气)队配备的办公设施应符合以下规定

① 配备办公室、供监督、管理人员、技术人员办公需要。

② 办公区应设置在施工现场安全地带。

③ 办公用房应搭设安全、牢固，符合房屋防火安全规范。

④ 办公用电设施应符合安全用电管理规定。

⑤ 办公区宜设置废物分类回收装置。

(2) 食堂应符合以下规定

① 食堂应具备卫生许可证，炊事人员应持有卫生防疫部门发放的健康证，每年进行 1 次健康检查。

② 食堂应距厕所、垃圾(场)箱大于 30m，且平整、清洁、无污水，食堂应设置通风、排气和污水排放设施。

③ 食堂墙壁及屋顶应严密，并在前后墙壁上各设置至少 1 扇可开启式窗户，窗户的面积与地面面积比不小于 1∶10，应设置纱门和纱窗，木门下端应安装金属防鼠板。

④ 食堂的灶台及其周边墙面 1.8m 以下应贴瓷砖，地面应采用混凝土硬化或铺地砖。

⑤ 食堂应采用机械通风，排风扇不少于 2 台。

⑥ 食堂应设置独立的操作间、库房和燃气罐存放间。

⑦ 操作间应设置专用的洗涤池、清洗池、消毒池，配备冷藏柜和消毒柜。

⑧ 操作间应做到生熟食品隔离加工和保管，存放成品、半成品应遮盖，食堂炊具放置

有序、及时消毒。

⑨ 食堂应设置密闭式泔水桶，剩余饭菜应倒入泔水桶中并及时清运。

⑩ 食堂宜使用清洁能源做燃料。

⑪ 食堂应设置简易有效的隔油池，由专人负责定期清理、掏油。有条件的地方，下水管线应与市政污水管线连接，保持排水通畅；

⑫ 库房内应有存放佐料和副食品的密闭器皿，并应设置距墙、地面各大于0.2m的粮食存放台；

⑬ 库房应有专用通风、防潮、防虫、防鼠等措施，禁止兼做它用；

⑭ 未设置食堂的工地，应设置文明卫生的就餐点。

(3)宿舍应符合以下规定

① 宿舍内应保证有必要的生活空间，室内净高不小于2.4m，通道宽度不小于0.9m，每间宿舍居住人员不超过16人。

② 施工现场宿舍应设置可开启式窗户，宿舍内的床铺不超过2层，禁止使用通铺。

③ 宿舍内应设置生活用品专柜，有条件的宿舍宜设置生活用品储藏室。

④ 宿舍内应设置垃圾桶，宿舍外宜设置鞋柜(鞋架)，生活区内应提供晾晒衣物的场地。

⑤ 夏(冬)季应采取降温(保温)措施。

(4)井下作业(试油气)队员工的职业卫生应符合以下规定

① 现场应备有急救箱，箱内宜配备经过医生批准的药物和急救器材，急救箱应能够随时取用。

② 应每年组织对员工进行职业健康体检，并建立员工健康档案。

③ 应配备持有有效证书的专(兼)职卫生员。

(5) 井下作业(试油气)队的饮食卫生应符合以下规定

① 应为员工提供符合国家食品卫生标准的食品和饮料。

② 建立厨房的卫生管理制度。

③ 为员工提供饮用水应符合国家卫生标准。

④ 炊事员、管理员执行食品卫生监督检查制度，预防食物中毒。

⑤ 炊事员、管理员应进行定期体检，持《健康合格证》上岗。

⑥ 炊事人员上岗应穿戴好工作服，保持个人卫生清洁。

⑦烹调用具、餐具应清洗干净，并消毒。

(6) 井下作业(试油气)队的劳动防护应符合以下规定

① 井下作业(试油气)队应按规定为员工配发合格的劳动防护用品，对员工进行劳动防护用品使用的培训。

② 员工上岗应按规定正确穿戴、使用劳动防护用品。

9. 环保设施

应配备专用生活垃圾桶和工业垃圾桶。现场配备废液回收罐或开挖防渗排污池。

3.1.2.2 设备准备

1. 井下作业吊具

① 检验合格的石油修井用吊具应附检验报告，在显著部位有检验合格标记。

② 吊环等长，无损伤、变形。

③ 吊卡手柄(活门)松紧适度，操纵灵活；吊卡销与吊卡规格应相匹配，并拴有保险绳；

月牙与吊卡规格相匹配，无磨损、无变形。

④ 吊卡开合应灵活，锁紧功能可靠，主体不应存在危及安全使用的变形、锈蚀、磨损、裂纹等缺陷，定期检验。

⑤ 抽油杆吊钩钢丝绳套直径大于16mm，缠绕不少于2圈，用相匹配绳卡卡牢；保险销灵活好用，无磨损、变形。

⑥ 对吊卡、吊环、游动滑车、大钩、吊环吊耳、水龙头提环或其他经过热处理的设备不应焊接。

2. 高压水龙带

① 外观无老化，无裸露钢丝。

②保险绳为钢丝绳，直径不小于9mm，两端各用2个绳卡固定，两端连接丝扣无泥砂。

3. 液压钳

① 悬吊液压钳钢丝绳直径不小于9mm，两端各用3个绳卡固定牢靠，尾绳用直径不小于16mm钢丝绳并用3个绳卡卡牢。

② 液压钳灵活好用，并安装防挤手装置。

③ 液压钳应安装扭矩表和压力表。

4. 井控设备

① 应按设计要求安装防喷器(万能防喷器)组。

② 防喷器组顶部应安装一个自封封井器(液压自封封井器)或防掉板。

③ 防喷器应安装手动锁紧加长杆至钻台底座外，固定牢靠，便于操作；并挂有开、关方向的标识牌。

④ 防喷器组应安装正确，两法兰之间应安装符合标准的钢圈，附件(闸门、压力表等)齐全。

⑤ 各法兰的连接螺栓、螺帽齐全，连接牢固，密封性好。

⑥ 防喷器组整体清洁无渗漏。

5. 远程控制系统

① 远程控制系统的检查应符合以下一般规定：

a. 远控房距井口应不小于25m，安装位置合理，便于操作。

b. 液压控制管线排列应整齐、连接紧固、无损坏、无泄漏，井口一端的液压控制管线应设置具有防火功能的设施加以保护。

c. 液压控制(气)管线铺设在地面，并应有过车通道埋管或过桥。

d. 油箱油面在规定范围内，保证系统在设定值范围内自动启动和停止。

e. 蓄能器压力应达到规定值并始终处于工作状态，满足防喷器组操作要求。

f. 各控制手柄应齐全、操作灵活(全封闸板已被限制)。

g. 仪表应齐全、准确、可靠。

h. 气源畅通，气动泵工作正常。

i. 照明、动力线应接专用电缆线。

② 压井/节流管汇及放喷管线的检查应符合以下规定：

a. 压井管汇、节流管汇及放喷管线配置齐全，安装规范；

b. 各处阀门手轮(柄)齐全完好，挂牌编号，有开、关方向标识。

c. 各个阀门、各分段管线均试压合格。

d. 表面无明显的龟裂和弯扁；法兰的螺栓、螺帽齐全。

e. 各处管线的连接位置正确，连接紧固，无破裂、无堵塞、无泄漏，试压合格。

f. 压井管汇、节流管汇分别安装有压力表和压力表截止阀。

g. 各处仪表齐全、灵敏，量程满足要求，仪表定期校验。

h. 放喷管线出口距离井口 50m(含硫油气井大于 100m)；转弯处使用角度大于 120°的铸(锻)钢弯头。

i. 放喷管线每 10~15m 用一个地锚，小于 7m 的管线和管线转弯处，每根(处)用一个地锚和穿“U”卡进行固定。

j. 放喷口用双地锚穿“U”卡进行固定，放喷管线出口应安装一个大于 120°的铸(锻)钢弯头，出口方向朝下；出口与罐体之间垫木板或胶板。

k. 放喷管线出口要有计量罐。

6. 井架

① 井架应干净整洁，完好无损，各部件连接紧固，无弯曲、变形、缺损和裂缝，定期对井架整体进行无损探伤检验，并记录存档。

② 二层操作台应平整完好无损；围栏应安全可靠；应配备有保险绳的逃生器；配备 2 副安全带；严禁存放任何杂物；保险绳应连接完好，系牢固。

③ 不应在井架上随意进行焊接、打孔和改造。

④ 井架地基应夯实水平，基础稳固、牢靠；底座相对应点(线)对齐无扭曲、无裂纹；地锚销必须紧固；地基松软时用水泥或钢打死垫子，垫子尺寸为 2.25m×1.5m×0.25m；垫木尺寸应不小于 0.3m×0.4m×0.8m，摆放平直，不得使用两块叠放或倾斜。

⑤ 天车转动灵活，轮缘完整，定期加注润滑油保养；挡绳器、护圈完好无损；天车操作台和护栏完好无损；中垂线与井口中心前后偏差不超过 0.05m、左右偏差应不超过 0.02m；应定期对天车进行无损探伤质量检测，并将质量检验报告存档。

⑥ 井架绷绳位置符合要求，松紧调整适当，各道绷绳受力均匀，牢固可靠；采用 BJ-18 型井架作业时设置 6 道绷绳，前 2 后 4；采用其他井架作业时设置 8~10 道，绷绳直径不小于 16mm，无打结、锈蚀、扁平等缺陷，每捻距断丝应不超过 6 丝。

⑦ 井架绷绳应用花篮螺栓或紧绳器调节松紧度，凡使用紧绳器的应加装保险绳，保险绳应绷紧受力；每道绷绳绳卡应不少于 3 个，绳卡型号与钢丝绳匹配，绳卡间距为 0.15~0.2m，绳卡压板卡在主绳上。

⑧ 钢丝绳死绳头端应悬挂在井架死绳固定器上或修井机专用死绳悬挂器上，死绳头悬挂环要盘绕 2 圈，用不少于 6 个相匹配绳卡固定牢靠，卡距应为 0.15~0.2m，绳卡压板卡在主绳上。死绳悬挂器应增加辅助保险绳；凡在死绳上悬挂拉力计或指重表传感器的应增加辅助保险绳。

⑨ BJ-18 型固定式作业井架在未过水地表干燥属硬质土层的井场上安装时，前后绷绳宜用麻花钻地锚固定；当施工井的井深超过 3000m 或者处理井下情况提升负荷超过 360kN 时，后头道绷绳，每道均用两个麻花钻地锚进行固定；旋入的深度不得小于 1.9m，旋入的地锚鼻子开口须与拉绷绳的方向相垂直；安装时，不得重复使用原有的旧地锚坑眼。

⑩ BJ-18 型固定式作业井架在泥泞沼泽地井场上安装时，所有绷绳应用水泥地锚进行固定；BJ-18 型固定式作业井架在土质为流砂松质土层的井场上安装时，所有绷绳应用水泥

地锚进行固定；在有流砂或地表为泥泞沼泽湿地的井场安装时，要用大块石头填实并灌注水泥浆进行加固。

7. 游动系统

① 游动系统各部件应连接紧固。

② 游动滑车、吊环、吊卡、大钩、水龙头系统工作状态的最大负荷不许超过它的额定负荷，定期检验并定期加注润滑油保养，并将检验报告存档。

③ 大钩应伸缩、转动灵活；缓冲弹簧、定位销、大钩保险销应完好无损、耳环须紧固；游车护罩、档绳器也应完好无损，须刷明显色标；提升钢丝绳直径不得小于0.025m，无打结、锈蚀、扁平等缺陷，每捻距断丝不超过6丝。

④ 水龙头转动灵活，水龙带工作时无渗漏；水龙带两端硫化部位0.8~1m处加保险卡或用ϕ12.7mm的钢丝绳缠绕好作保险绳，绳扣间距小于0.8m，两端分别用钢丝绳固定在水龙头鹅颈管支架和立管弯管上。

8. 发电房

① 发电房内无杂物，整洁无异味，地面应铺绝缘胶皮。

② 柴油机、发电机应固定牢靠，每个固定点都应用固定螺丝连接紧固；油水管线、阀件无渗漏，护罩齐全完好。

③ 电瓶外表清洁干燥，接线柱无电解液溢出，名牌清晰可见，并与连接部件接线牢靠。

④ 配电盘仪表无损坏，读数准确无误，操作手柄灵活。

⑤ 发电机外壳等须接地。

⑥ 在发电机机身部位应挂“已放水”、“防冻液”、“正在维修、禁止启动”等警示牌。

9. 石油通井机、修井机

① 传动系统各部件应连接紧固无松动，无异常现象，密封无渗漏。

② 气动系统各部件之间应联结紧固无泄漏，停机10min内压力下降不大于50kPa。

③ 撑角要支撑稳妥，固定销锁好。撑角下应垫好方木，撑角螺栓旋出长度不大于170mm。

④ 刹车系统应灵活可靠，刹车气压不低于0.6MPa；刹车钢带及两端销孔无变形、无裂纹、下面无油污；刹车毂应连接紧固，无严重龟裂；刹车气缸应连接可靠，无漏气现象，气缸下无杂物。

⑤ 游车放到井口时，滚筒上钢丝绳余绳不得少于15圈，活绳头固定牢靠。

⑥ 调整滚筒刹带时，应将游动滑车放到地面或钻台上。

⑦ 刹车装置应灵活可靠，刹车摘开后，刹车块与刹车毂应全部脱开，间隙为3±0.5mm。

⑧ 排档、离合器等装置操作灵活，安全可靠。

⑨ 猫头应加护罩

3.1.3 井场准备(现场标准化)

3.1.3.1 井场踏勘

① 接到生产施工任务书后，必须首先明确施工任务，调查井位，对照井位图和开发方案核实井号并调查落实施工井的有关资料等。带班干部、大班司机或班长随同现场调度人员

一同由搬迁地至搬迁井场进行路线勘查，要求所经路径必须确保施工所有车辆安全通过，道路勘查人员随时记录路径状况并对施工井场进行环境调查。

② 查勘搬迁道路是否穿越闹市区，是否有险桥、涵洞、高压电线，有路口或道路不明确路段，应标明路段里程或路口标志性建筑或其他设施。

③ 路况是否完好，是否需要搬前采取整改措施等。

④ 到达井场后，核对井号，记录井场地理位置，周边地形地貌；有无工业、民用建筑以及水利、电力设施；有无文物古迹及动植物保护区，施工井场是否有光缆穿越，周边是否有少数民族居住，有无特殊风俗禁忌及宗教信仰，有无地方病及传染病；及时了解井场周边可以满足基本急救的医疗机构和距井场最近的消防机构名称、电话。返回后及时把勘查情况通报给搬迁人员及其他相关人员。

3.1.3.2 井场交接

及时与生产调度联系，安排与钻井队(或采油、气厂)进行现场面对面交接。井口设备与井场设备逐点逐项交接，对于重点设备与项目，应当场试运转、试刹车等，对交接内容要有文字记录，经双方签字后各存一份，以备施工后的竣工交接。

交接内容应包括但不局限于以下方面：

钻井基本数据、井深结构与井内管柱、地面水源、井场边界、井场及生活区环保情况、前期生产情况、遗留的工农问题等。

3.1.3.3 搬迁上井

1. 搬前安全会

各岗人员按规定穿戴劳动防护用品，持证上岗，带班班长组织召开班前安全会，对人员进行分工明确职责、强调搬迁施工中的安全注意事项。

2. 搬迁前的检查和准备

① 对于重要的设备、物资必须固定牢靠，确保在搬迁过程中不损坏。

② 混合后易引起火灾、爆炸的液体分类放置。

③ 各种挂钩、绳套应安全、可靠。

④ 摩擦易引起火灾的危险化学品须进行防静电处理。

⑤ 门锁牢、窗户关闭牢靠。

⑥ 安排好吊车的吊装位置和运输车的进入秩序，做到有序施工。

3. 安全评估和应急预案

对吊装、行车的不安全因素进行评估：天气情况、能见度、周围环境、吊装物的重量、道路等情况进行分析，制定有效的防范和应急处置措施。

4. 吊装操作

① 带班干部或班长指挥搬迁车辆有序进入搬迁场地，起重机按规定停稳妥当。

② 带班干部、班长或专人发出信号，起重机放下吊钩。

③ 司索人员把两绳套中部位置挂在吊钩上，关好保险销。

④ 带班干部、班长或专人发出信号，指挥起重机上起至合适位置。

⑤ 其他人员分别持绳套一端，将绳套对角挂至重物起吊桩。

⑥ 带班干部、班长或专人查看各绳套挂桩，确认挂好后，发出信号，指挥起重机慢慢上起，使绳套处于绷紧状态。

⑦ 挂绳套人员撤离重物，持扶正钩扶正，当重物起吊至空中适当位置，四角人员持扶正钩控制重物旋转方向。

⑧ 带班干部或班长指挥卡车倒入装载位置。发出信号，指挥起重机慢慢下放重物距车厢 10cm 左右暂停下放，观察重物在车厢内装载位置，要求尽量位于车厢前部，左右距离等同，之后指挥起重机将重物下放至车厢内。

⑨ 待绳套卸去负荷处于松软状态后，司索人员上前摘取挂在吊桩上的绳套。

⑩ 带班干部或班长指挥起重机旋转吊臂移至下一个起重物。

⑪ 人员在车厢左右两侧，按对角方向用捆车绳把重物与车厢捆绑钩捆绑牢固。

⑫ 车厢后厢板收起，用绳索捆绑牢固，露出车辆牌照、刹车灯和转向灯。

5. 车辆行驶中

① 行驶过程中有专人跟车随时检查设备物资的固定情况，发现松动及时紧固。

② 押车人员携带绝缘挑线杆随同车辆前往搬迁井场，途中遇有较低的电线，应用绝缘挑线杆挑起，使车辆安全通过。

3.1.3.4 井场布置及场地要求

① 井场地面应平整，无积水和障碍物，井场长大于 60m、宽大于 30m、中心低于四周 10~15cm，排水沟应畅通，清污分流。

② 值班房、工具房、发电房、锅炉房距井口和土油池不小于 30m。

③ 井场应平坦坚实，井场及场内道路能承受大型车辆行驶。

④ 井场应满足修井设备布置及特殊作业的要求。

⑤ 井架绷绳坑锚位置，应按同类型修井机井架安装说明书执行。

⑥ 在草原、苇塘、林区布置井场时，应按照国家及地方有关防火、防爆、防污染等法规执行。

⑦ 在河床、海滩、湖泊、盐田、水库、水产养殖场等区内的井场，应设置防洪、防腐蚀、防污染等安全防护设施。

⑧ 农田内的井场，四周应挖沟或围土堤，与毗邻的农田隔开。井场内的污油、污水、钻井液等不得流入农田或水溪。

⑨ 在沙漠区内布置井场应注意防风、防砂。

3.1.3.5 生活区场地位置与面积

生活区场地位置，应置于距井口 300m 外的上风处。

① 生活区场地面积，活动房按分体式与整体式分类，分体式活动房场地面积 60m×60m，整体式活动房场地面积 70m×40m。

② 生活区场地地面，要求场地平整，洒水压实，砂石铺垫厚度为 0.15m。

③ 生活区排污池容积，应能容纳施工周期内全部生活废弃物。其位置符合生活区布置图。

3.1.3.6 井场设备基础

① 设备基础的平面布置及安全距：按各类型修井机设备基础平面位置摆放图及要求进行施工。

② 设备基础地基：地基承载力不小于 0.15MPa。遇不良地基应进行技术处理，达到其安全载荷要求。

③ 设备基础尺寸及载荷：应依据设备型号及组合基础图执行。

④ 设备基础类型：用混凝土浇铸或钢制活动基础。不超过 3mm。

⑤ 冻土地区现浇灌混凝土基础的地基，应埋入冻结线以下 250mm。

⑥ 设备基础顶面及水平偏差：设备基础顶面应高于场面 100mm。基础平面高差±3mm，其他基础为±5mm。

3.1.3.7 井场安全环保标志的设置(参见 3.1.2.5)

3.1.3.8 消防器材的配置(参见 3.1.2.5)

3.2 地面流程

在油、气井测试过程中，为求得地层流体的井口压力、温度、产量及物性等参数，需要建立一套临时生产流程。在一定的工作要求(油嘴)下，通过对流体流量、压力的控制并借助于分离器将流体各相(油、气、水)分离开，分别精确计量，最终求得该工作制度下油、气、水的产量。

3.2.1 试气地面流程安装及操作规程

3.2.1.1 流程管线安装

1. 井口管线安装

套管闸门出口管线不应少于一条，应满足放喷、观察压力、气举等要求。所有管线从井口接出来后必须直接落地固定牢靠，严禁使用水龙带、胶管等软管放喷、测试；在井口落地处、直角拐弯处严禁使用油管直角弯头，应使用铸铁直角三通，对着气流方向的截止面必须使用厚度不小于 12cm 的丝堵。

2. 节流管汇安装

管汇的安装应平稳，底座牢固可靠。管汇之前严禁使用油壬、卡箍连接，必须使用法兰连接(装油嘴)。

3. 管线安装

地面管线安装必须做到平稳正直，管线均应着地。在管线上尽量减少使用直角弯头，管线的直角拐弯处严禁使用油管直角弯头，应使用铸铁直角三通，对着气流方向的截止面必须使用厚度不小于 12cm 的丝堵。

4. 管线固定

管线落地后每间隔 10~15m 用水泥基墩地脚螺栓固定，出口及转弯处应用双卡卡牢，基墩应长大于 0.8m，宽大于 0.6m，深大于 0.8m。

图 3-1 为试气地面流程平面图。

3.2.1.2 水套炉安装及操作

1. 水套炉安装

① 基础验收：基础表面不得有裂纹、蜂窝、空洞等缺陷。

② 基础混凝土应达到强度要求；基础地脚螺栓中心孔距应符合使用说明书规定。

③ 水套炉找平后，横向水平度允许差不应大于 3mm，纵向水平度允许差不超过长度的 1/1000，且不大于 10mm；水套炉找正、找平后，应进行地脚螺栓的二次灌浆。

④ 附件的安装：烟囱的直径允许偏差不应超过±3mm、直线度允许偏差不应大于 10mm；

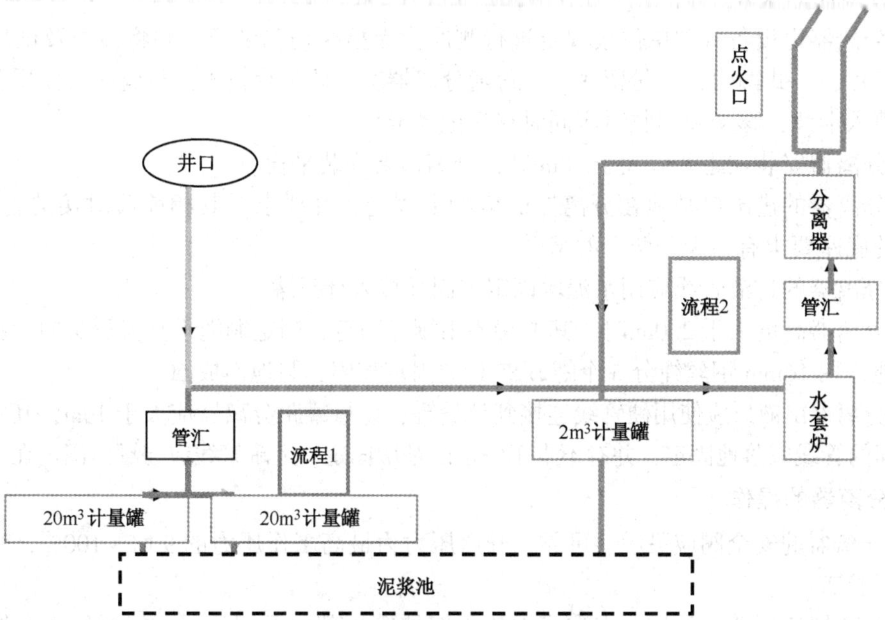

图 3-1　试气地面流程平面图

流程 1——主要用于井内的压裂完毕的前期排液，井内液体进入 $20m^3$ 计量罐计量后排入泥浆池；
流程 2——在含有天然气时，放喷口点火可燃，导入流程 2；主要用于测气；排出天然气经过水套炉、分离器、流量计至点火口燃烧；排出液体经过水套炉、分离器至 $2m^3$ 计量罐计量后排入泥浆池

烟筒法兰与支座法兰的端面斜度不应大于 2.5mm，法兰连接时，应加耐热石棉垫加以密封；烟筒拉绳与地面应成 60°角，三耳环 120°均布。

⑤ 燃烧器的安装：燃烧道中心与燃烧器喷嘴中心同心度允许差不大于 2mm；调风装置应调节灵活。

⑥ 加热水套炉距井口大于 20m。

⑦ 检查：水套炉安装是否按图纸要求；全面检查水套炉的安装质量；按相关要求检查压力表、液位计、温度计等相关附件。

2. 水套炉操作

① 使用过程中不得超温、超压运行，井口天然气及自耗燃料气进入水套炉前应设置超压自动放空装置，进入水套炉盘管内的天然气压力必须小于该水套炉的设计压力，以防超压造成事故及水套炉破坏，严禁频繁的突然升温、降温；

② 水套炉工作时液位计的最低液位读数为 360mm，应注意控制在正常范围，不得低限液位运行，严禁烧“干锅”；

③ 点火时将点火把插入燃烧器的点火孔内，慢慢地打开天然气管线上的供气阀，将燃气压力调定在 0.05~0.3MPa 之间，着火后再对供气阀和风门进行调整，以达到最佳燃烧状况，一般火焰颜色以蓝紫色为好；

④ 若点火失败，应立即关闭燃气阀门，开大二次风门将炉内可燃气体扫除干净，找到未着火的原因后，再进行下次点火，以免发生爆炸。点火时，火焰有可能从点火孔喷出，因此不要将头部靠近点火孔，以免烧伤。

3.2.1.3　分离器的安装及操作

1. 分离器的安装

① 分离器由设备管理单位按规定进行测厚、无损探伤和试压，并将检查及试压结果填入记录卡片，一式两份，一份留底，一份随分离器交井队工程技术人员验收，使用单位将使用情况填入卡片，移交及回收时应同时移交记录卡片。

② 分离器安装在距井口大于30m处，分离器要安装平稳。

③ 分离器的进出口必须在分离器的地脚上固定，并要求与其相前后对接的管线水平。分离器的底座要求有不少于两个的基墩。

④ 分离器的排液管线应用水泥墩固定牢固并接入计量罐。

⑤ 分离器高度大于2.0m时，其上端要用绷绳固定，固定绷绳垂直流程走向，在分离器两侧落地，用16mm钢丝绳分3个螺旋桩120°固定牢固，与地面成60°。

⑥ 分离器出液口应使用硬管线连接到计量罐，计量罐距分离器应大于10m，其中分离器到罐之间的管线应落地固定，并有不少于一个的基墩固定，上罐管线应与罐体固定在一起。

2. 分离器的操作

① 分离器的安全阀应灵敏、可靠，开启压力为最高工作压力的90%~100%，受压容器不得带压检查。

② 分离器使用前必须按要求在当地压力容器管理部门登记注册，按照压力容器的管理规定定期校检安全阀、检测壁厚等。

③ 分离器及闸门、流程管线应按分离器的工作压力试压。

④ 分离器通畅，扫线干净，分离器停用时应放掉其内和流程的液体，清水扫线干净后，再用空气把水排出直至无水为止。

⑤ 使用分离器，必须遵守先开、后关、不憋压的原则进行操作。

⑥ 分离器出液口的闸门不允许常开，在需要计量出液时缓慢打开出液闸门，严禁一次全开闸门，无液排出时应及时关闭出液闸门。

⑦ 值班人员在计量油、气产量时应同时记录分离器的压力，当发现其值与流量计的表值差别较大时，要立即检查其原因，并正确更换压力表。

⑧ 分离器的压力值不得超过其额定的工作压力，若出现超压现象，要立即采取关井或泄压等措施进行处理。

3.2.1.4 放喷管线安装

① 试气井放喷管线不应少于三条。两个生产闸门出口各接一条，其中一条放喷，一条测试。套管闸阀出口放喷管线不应少于一条，应能满足放喷、观察压力、回收完井液、气举等要求。

② 井场内放喷管线出口距井口应大于50m。

③ 放喷管线应平直，弯头角度不应小于120°，并落地固定，每隔10~15m用水泥基墩地脚螺栓固定，出口及弯角处应用2个水泥基墩地脚螺栓固定。

④ 放喷管线出口必须安装有缓冲器及防风装置。

⑤ 放喷口离地面垂直距离不应小于3m，并用1in钢丝绳分3个螺旋桩120°固定牢固，与地面成60°。

⑥ 注意不要污染农田、烧坏树木及其附近电线、电路等。

3.2.1.5 流量计安装

天然气的计量基本上是采用气体节流压差原理，在充满气体的管道内安装一节流装置（如测气孔版），当气体流经节流孔板时，便会形成局部收缩，使流速增加而造成该处静压的降低，气体挤过节流孔后，流速由于流通面积的变大而降低，在节流孔板前后形成压力差。气体流量愈大，产生的压差愈大。因此，通过压差的测量可推算出气体流量的大小。

节流压差的大小取决于气体流量、气体的组成和节流装置。目前所使用的节流装置有孔板、油嘴、文丘利管和文丘利喷嘴等几种形式。由于孔板简单、成本低、应用范围广。

天然气的计量方法有很多，其计量装置和手段也不尽相同。经常使用的有：临界速度流量计(孔板节流、精密压力表读数)；垫圈流量计(孔板节流，“U”形管加水或水银读数)；双波纹管压差计(孔板节流，双波纹管压差计的记录)、旋涡流量计。

国外的天然气计量装置普遍安装在分离器上，是双波纹管压差计的一种，采用丹尼尔孔板节流，巴顿记录仪自动记录数据。

按产气量选择流量计。

① 气产量大于 8000m^3/d 时采用临界速度流量计，根据气产量选择合适的孔板使得上流压力在压力表量程⅓～⅔范围内。

② 气产量在 8000m^3/d 以下使用垫圈流量计，根据气产量选择合适的孔板使得上流压力在压力表量程⅓～⅔范围内。

3.2.1.6 试气流程管线试压

管汇至井口的高压段试压 25MPa，管汇后、分离器及流量计前试压 6MPa，稳压 30min，压降小于 0.5MPa 为合格。

3.2.2 试油气流程安装及操作

在国内，地面计量技术伴随自喷井测试工艺的不断完善，经历国产、低压、低自动化程度的立式两相分离器到进口、高压、高自动化的卧式分离器的发展过程。目前，国内的服务公司大多具备这些较为先进的技术和装备，能适应下述要求：

① 由于试油的地面计量流程是临时的计量系统，所以此系统应便于运输、安装和拆卸。所有各部分可易于相互可靠的连接。各种设备、仪器和仪表能适应经常性的搬运和野外作业环境。

② 试油气中，地层流体压力、产能的不确定性，决定了系统在承压级别和处理量大小方面应具有较宽的适应范围。分离器的压力设置是按照一定标准设置，分离器的容积根据压力控制和预测的油气量来选择。高压三相分离器要求能承压 10MPa，最大处理液量 2000m^3/d(高液位)，最大气处理量 $120\times10^4m^3$/d(低液位)。

③ 地面计量流程除满足普通井的试油测试要求外，还应符合一些特殊的测试要求，如流体中含有 H_2S(10mg/L)，应选用全套的防 H_2S 设备；若流体中含砂则加装除砂器；高压(井口压力超过 20MPa)、高产(天然气产量超过 $50\times10^4m^3$/d，原油产量超过 $800\times10^4m^3$/d)井应考虑加装地面紧急关闭系统；稠油井和含水井(易生成天然气水化物，产生冰冻)要配备适合的加热器等。

④ 有时，处于经济上的考虑或对井的产能、液性已有初步的认识，可能会对流程进行取舍和简化。最简易的地面计量系统至少应具备有井口管汇(可更换油嘴)、地面流程和两相分离器。一般来讲，对于油气不大的井或油气产量虽高但无水产出的井，采用两相分离器；井口压力高时，可采用逐级节流系统；油、气、水同时出的井或油气产量过高的井采用三相分离器。

3.2.2.1 油气计量前的要求和条件

地面流程安装好后，投入使用前，必须进行试压。流程第一节节流管线水试压按预测井口压力的1.5倍进行试压，余者水试压按预测井口压力的80%进行试压，分离器现场试压直至打开安全阀。当流程试压结束后，再对分离器的计量仪表进行检查。合格后，即可投入工作。以三相分离器为例，首先应开井，当井内喷出的流体流到地面时，先打开三相分离器的旁通管诱喷，使液体从旁通管流走，不进分离器。在诱喷期间，每隔15min取一次油样，分析油样中砂的含量，当含砂量<0.2%，才使其进入三相分离器进行分离计量，否则不能进行分离。若流体的温度低或黏度大，则应先让流体通过环形换热器加热后，再进入三相分离器，以提高分离效果。

当流体从旁通管线进入分离器时，应先打开分离器的入口闸门，再缓慢关闭旁通闸门，以免流体对分离器的冲击，损坏分离器。另外，在流体进入三相分离器之前，天然气排放管线气控制阀要打开，以免进入分离器的流体压力过高而损坏仪表和闸门。

当流体进入三相分离器后，首先要调节排气管线的气控制阀来控制天然气的排放，使分离器的压力基本上处于稳定状态。然后通过板式液位计观察分离器液面的高度，当液面上升到容器的$^{1}/_{2}$或$^{3}/_{4}$(从容器底部算起)时，再调节油、水管线上的气控制阀，控制油、水的排量，使其液面控制在一个相对稳定的位置。这样依次通过调节各处闸阀，来控制油、气、水的排量，使分离器的压力和液面处于相对稳定的状态，从而具备了油、气、水计量的条件。

3.2.2.2 油气计量装置

油气计量是整个地面流程工艺中的一个关键环节，计量数据的精确与否是由所用的计量装置决定的，油气计量的方法有许多种，所用的计量装置也各不相同，这里介绍一些常用的油气计量装置。

1. 计量标定罐

这是一个简单准确的量油方法，从分离器中分离出来的原油直接进入计量标定罐中，通过外面的标尺直接读取数值。缺点是不便于数据的自动采集。

2. 刮板流量计

刮板流量计是容积式流量计的一种，主要由主体外壳、计量室、转子、断面法兰计量器五部分组成。流量计壳体内是一圆柱形空筒，转子上有三个互成120°排列的刮板，每个刮板一方各有一个活页销，中间装有一个带拔杆的弹簧用来使刮板和叶片相连接。这三个叶片均都可以在各自带拔杆弹簧的作用下，随着转子的的旋转，在流量计内腔中做上下伸缩运动，若一个叶片从其刮板上伸出，则另一个刮板上的叶片就要缩进去，当两个刮板上的叶片经过计量室都是同状态时，就形成了一个扇形空间计量室。当流体通过计量室的扇形空间排出后，刮板便离开了计量室，它随着转子的转动而使叶片慢慢地缩回去。与此同时，另一个刮板的叶片则慢慢地从其刮板上伸出进入计量室，而形成了新的扇形计量空间。液体通过流量计时，由于管线内压力差和流体动力的作用、使转子转动，刮板所形成的扇形计量空间不断地排出计量室的液体。因此，转子转完一周送出液体的体积是一定的，转子的转速通过变速齿轮传到计数器，从而实现对液体的计量。

3. 涡轮流量计

涡轮流量计是一种速度式流量仪表，有涡轮流量变送器、脉冲信号放大装置和数字累加机构三部分组成。涡轮流量变送器由涡轮、导向管、壳体、感应接收放大器组成。当流体通过叶片与管体之间的间隙，叶片前后的压差产生推力，推动叶片，使涡轮在叶片的带动下，做旋转运动，其角速度与流体速度成正比。涡轮旋转的同时，叶片周期性地切割电磁铁产生的磁力线，线圈内将感应出脉冲信号，此信号经放大送至累加显示机构，便得出流体通过涡轮流量计的流量值。如图 3-2。

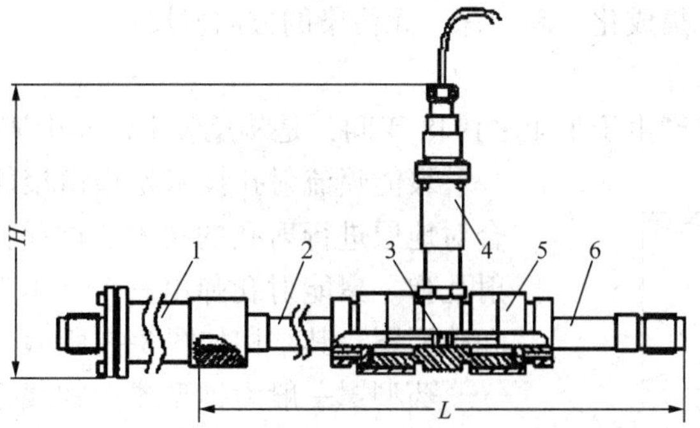

图 3-2 涡轮流量计内部结构简图

1—过滤器；2—前置管段；3—叶轮；4—前置放大器；
5—壳体；6—后置管段；

3.3 井眼准备

井眼准备是在对油气层进行射孔或压裂等改造前进行的准备工作，具体包括通井、刮管、洗井、试压工序(详见第 4 章常规作业工艺技术)。

3.4 射孔

3.4.1 射孔的作用与原理

3.4.1.1 简介

射孔完井是目前国内外在石油勘探开发中使用最广泛地完井方法。射孔技术是指将射孔器用专用仪器设备送入套管内，在深度上，对准油、气层部位，利用射孔器穿透套管壁及封固水泥环，沟通油气层至套管内的联通孔道，促使地层流体进入井内的工艺技术。它研究的主要内容有：射孔器、射孔工艺、射孔对油气井产能的影响、射孔评价以及射孔器材的检验等方面，涉及到包括数学、物理学、地质、钻井、测井、油藏工程、机械、火工等多学科的理论知识。所以，射孔是一门综合性比较强的石油工程技术。

自射孔被应用于各大油田油气井以来，从子弹式射孔器到聚能喷流式射孔器，从简单的电缆输送射孔到油管输送射孔，穿深从十几毫米到 1000mm 以上。射孔工艺技术自 20 世纪 70 年代以来，得到了比较快的发展。目前的射孔已不仅仅是沟通地层与井筒通道的工艺技术，它又增加了改造油气层、提高油气产量的任务。随着油气勘探开发难度的加大，油藏工程师们对射孔工艺技术的要求也越来越高，他们希望射孔对地层的穿透更深、对产层的伤害更小、完善系数高，能获得理想的产能。因而，改进射孔工艺、射孔优化设计是完井试油中的重要环节。

目前，世界各国的射孔技术按输送方式基本可分为两类：一是电缆输送射孔，二是油管(钻杆、连续油管)输送射孔；按其穿孔作用原理可分为子弹式射孔技术、聚能喷流式射孔技术、高压喷射式射孔技术、机械割缝(钻孔)式射孔技术、激光射孔技术及复合射孔技术。应用最广泛的是电缆输送和聚能喷流式射孔技术。

复合射孔技术因其独特的射孔增产机理而被越来越广泛地应用于现场。激光射孔技术也已完成初步试验，相信在不久的将来会成为一种有效的射孔工艺技术而被广泛应用。射孔技术的发展将向综合化、集成化、高穿深、无污染的方向发展。

3.4.1.2 射孔原理

聚能喷流射孔技术产生于1946~1948年间，是从反装甲武器中演变而来。

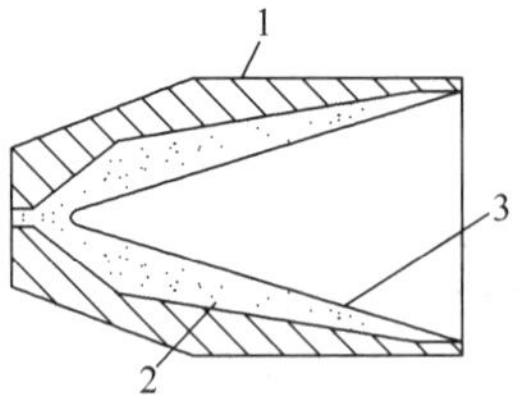

图3-3 聚能射孔弹结构示意图
1—弹壳；2—炸药；3—药型罩

聚能喷流射孔技术是指由聚能射孔弹与其他部件组合对地层进行射孔的技术。这项技术的关键单元是聚能射孔弹。聚能射孔弹由三个基本部分组成：弹壳、炸药和药型罩，其结构如图3-3所示。

药型罩一般为锥型或抛物线型，它是由拉制的铜合金或是由铜、铅、钨等金属粉末压制而成。制造弹壳的材料比较多，有纸、陶瓷、玻璃、金属等，金属弹壳是应用最广泛的弹壳材料。炸药是射孔弹穿孔的动力源，其技术参数直接影响到射孔弹的穿孔性能。射孔弹的炸药主要有RDX(黑索金)、HMX(奥克托金)、HNS(六硝基芪)、PYX(皮威克斯)、TACOT(塔考特)5种。

聚能射孔弹是利用聚能效应进行穿孔的。所谓聚能效应是指利用装药，一端有锥型或抛物线型空穴来提高装药对空穴前方介质局部破坏作用的效应。当雷管将主炸药引爆后，主炸药产生的爆轰波到达药型罩罩面时，药型罩由于受到爆轰波的剧烈压缩，迅速向轴线运动，并在轴线上发生高速碰撞挤压，药型罩内表面的一部分金属以非常高的速度向前运动。随爆轰波连续地向药型罩底部运动，从内表面连续地挤出速度达9000~12000m/s、温度一般为800~1000℃的具有极高能量的金属流，该金属流沿轴线方向对目标靶进行挤压穿孔，撞击目标靶时，瞬间温度高达2700℃，瞬时压力高达2GPa。图3-4为聚能效应示意图。聚能效应是炸药爆炸作用的一种特殊形式，它之所以具有穿孔(破甲)作用，根本原因在于能量集中。

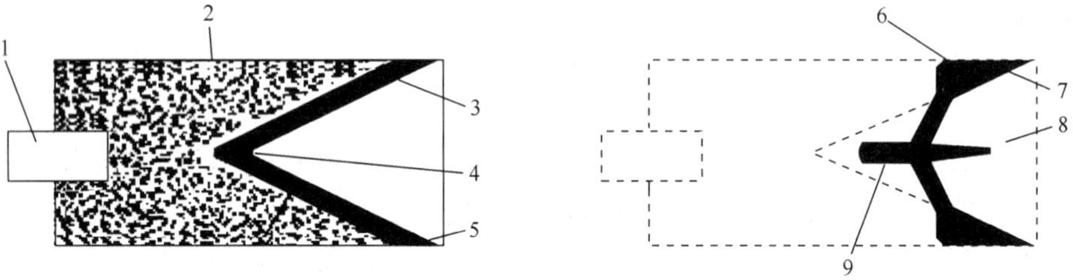

图3-4 聚能效应示意图
1—雷管及起爆药；2—主炸药；3—圆锥形药型罩；4—药型罩顶部；5—药型罩底部；6—爆轰波；7—被爆轰波挤压破坏的药型罩；8—药型罩形成的金属射流；9—药型罩碎屑

3.4.2 油管传输射孔工艺

3.4.2.1 油管传输射孔工艺原理及特点

油管输送射孔简称TCP，是国外20世纪70年代发展起来的一种射孔方法。在80年代得到快速发展，技术逐渐完善，在大斜度井、水平井、防砂井和低渗透地层的射孔作业中具有其他射孔工艺所不具备的优势，促进了完井技术的发展。其工艺是指把一口井所要射开的油气层的射孔器全部串接在油管的尾端，形成一个硬连接的管串下入井中。通过测量磁定位曲线或放射性曲线，校深调整管串对准射孔层位，通过撞击式和地面加压式引爆射孔器，对目的层进行射孔。油管输送射孔工艺具有以下特点：

① 引爆方式多种多样。

② 可进行负压和超正压射孔(利用负压射孔的回流冲洗射孔孔道，提高产能)。

③ 输送能力强，一次下井可同时射开多个层段；一次射孔最长达1000m以上；

④ 特别适用于大斜度井、水平井及稠油井等电缆难以下入的井。

⑤ 安全性能好，特别适用于高压地层和油气井；施工安全可靠，对油层伤害小，作业成本低。

⑥ 通过不同的工具组合，可满足不同的施工要求；采用特殊射孔装置，可实现一次性投产，又可与地层测试器、抽油泵联合作业，提高工作效率。

3.4.2.2　油管传输射孔工艺施工步骤

① 根据射孔通知单要求，设计射孔管柱，选择起爆装置类型和射孔器类型。

② 检查各接头连接是否紧固及起爆装置、射孔器。

③ 排出射孔管柱顺序，标明各部长度尺寸。

④ 到现场后连接射孔器和其他下井工具，并丈量定位短节以下所有射孔器、变扣接头、起爆装置和其他工具的长度。

⑤ 画出下井管柱示意图，标明各部名称和尺寸。

⑥ 安装起爆装置，下射孔管柱(使用压力起爆装置时还应计算剪切销钉装配数量)。

⑦ 如进行二次校深定位，应在下管柱前进行磁性定位器校深。

⑧ 管柱下完后，进行校深、计算调整值。调整管柱，使射孔枪对准设计储层，准备投棒或加压射孔。

3.4.2.3　油管输送射孔深度计算

油管输送射孔深度计算常用的有两种方法：即一次校深和二次校深。

一次校深是用自然伽马测井仪和磁性定位器在油管内测量自然伽马曲线和油管接箍曲线，将所测自然伽马曲线和油管接箍及定位短油管曲线与完井综合图上的自然伽马曲线进行对比，以确定油管定位短节深度，并计算出管柱调整值。

$$L = H_1 + \Delta h + L_2 - H \qquad (3-1)$$

式中　L——管柱调整值，m；

H_1——油管短节下接箍深度，m；

Δh——校正值，m；

L_2——总零长，m；

H——储层顶界深度，m。

当$L>0$时，管柱向上调整L(m)；当$L<0$时，管柱向下调整L(m)。

二次校深是在射孔管柱下井前用磁性定位器测量套管接箍曲线(包含短套管)，以确定电缆记号深度。记号深度必须大于油管短节预计深度。下射孔管柱后用同一台电缆绞车和同一支仪器在油管中测量油管接箍曲线(包含短油管)，用在套管中所做的电缆记号确定短油管的深度，并计算出管柱调整值。

计算调整值可按以下公式进行，即

$$L = [(J - L_1) + \Delta h + L_2] - H \qquad (3-2)$$

式中　L——管柱调整值，m；

J——套管测量记号深度，m；

L_1——记号至油管短节下接箍长度，m；

Δh——校正值，m；

L_2——总零长，m；

H——油层顶界深度，m。

当 $L>0$ 时，管柱向上调整 L(m)；当 $L<0$ 时，管柱向下调整 L(m)。

计算后应由射孔队、试油队共同检查核算，确认无误后调整管柱，安装采油树，连接放喷管线，投棒(加压)起爆射孔器。

3.4.2.4 油管输送射孔与地层测试器联作

油管输送射孔与地层测试器联作是指将油管输送装置的射孔枪、点火头、激发器部件接到单封隔器测试管柱底部，在射孔后转入正常测试程序的工艺技术。

1. 油管输送射孔与地层测试联作的特点

① 一次管柱同时完成射孔与测试作业，缩短试油周期，降低试油成本。

② 减少压井液对储层的污染，保护地层。获取真实的地层数据。

2. 油管输送射孔与地层测试联作通用施工步骤

① 按试油设计和射孔通知单选择地层测试器类型确定射孔器起爆方式，画出管柱图。

② 地质部门根据地层情况确定负压值。

③ 设计排炮单。

④ 组装射孔器。

⑤ 保养组装测试器，标定压力计、温度计。

⑥ 现场装枪、校深与油管传输射孔相同。

⑦ 射孔队、测试队与试油队共同丈量短油管以下各部尺寸，并标记在管柱示意图上。

⑧ 射孔枪下井，在井口安装起爆装置。

⑨ 装压力卡片、时钟上弦，在卡片上划基线。

⑩ 将测试工具按顺序组装、下井。

⑪ 所有下井管柱必须上紧，不得有任何渗漏现象。

⑫ 管柱下井速度控制在 30 根/h，操作平稳，下管柱必须连续作业，不得中途停止作业。

⑬ 每下 100m 加一次液垫，到符合设计要求为止。

⑭ 油管下完后，射孔队校深，校深时注意，如管柱装有投棒打开式反循环阀，磁性定位器和加重杆不得下到此阀位置。

⑮ 调整油管，安装井口，坐封封隔器，封隔器坐封后，要观察环空液面变化情况，如果液面迅速下降，表明封隔器坐封不好，应立即上提管柱重新坐封。

⑯ 核实下井工具各项数据，检查校深数据，确认无误后起爆射孔器，然后进行测试。

3.4.3 电缆射孔工艺技术

电缆输送式套管射孔是目前应用最广泛的一种射孔工艺。

电缆输送式套管射孔所采用的射孔器有两大类：一类是枪式射孔器；另一类是无子弹式射孔器。枪式聚能射孔器是指将射孔弹、雷管、导爆索等火工品装入起密封、承压作用的射孔枪内的组合体，如图 3-5 所示。

枪式射孔器虽有不同的类型，但其共有的特点是：①所有爆炸物品不与井内液体接触，不承担压力，降低了射孔弹等的制造难度，大大提高了施工成功率。②射孔弹爆炸后产生的

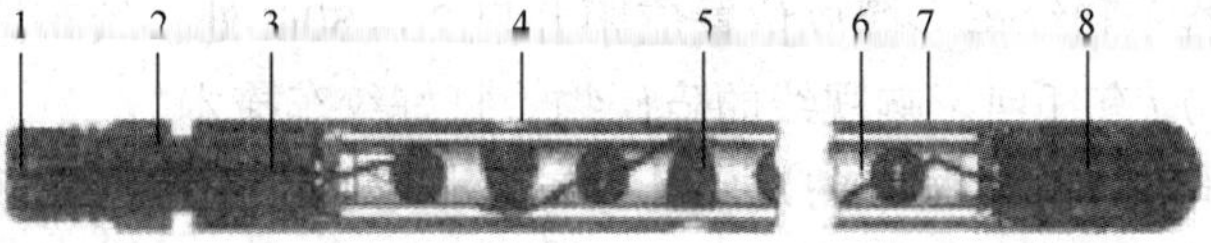

图 3-5　有枪身聚能射孔器示意图

1—雷管；2—枪头；3—导爆索；4—肖孔；5—射孔弹；6—弹架；
7—枪身；8—枪尾

碎屑被留在射孔枪内，避免了射孔弹爆炸时产生的高速碎屑对套管的破坏。③能可靠地在斜井、超深井中施工。④利用油管输送方式可一次完成数百米的射孔施工。⑤可通过不同的组合，满足各类施工的要求。

无子弹式聚能射孔器是指将无枪身射孔弹装配在特殊弹架上进行射孔的射孔器。其种类繁多，但有一个共同的特点就是射孔器在下井作业时，射孔弹、导爆索和雷管均浸没在井液中，直接承受井内的压力和温度。枪式射孔器的优点是成本低、施工效率高、操作简便。缺点是药量小，穿深、孔径等指标低，可靠性较差，对套管损坏严重，井下残留物多。无子弹射孔器主要有下述几种：①钢丝架式无枪身聚能射孔器，如图 3-6 所示；②钢板式无枪身聚能射孔器，如图 3-7 所示；③链接式无枪身射孔器，如图 3-8 所示。

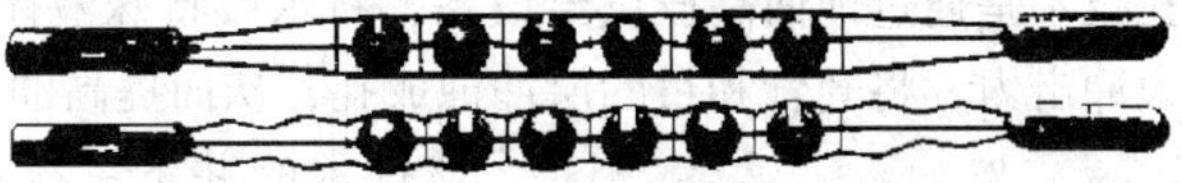

图 3-6　钢丝架式无枪身聚能射孔器示意图

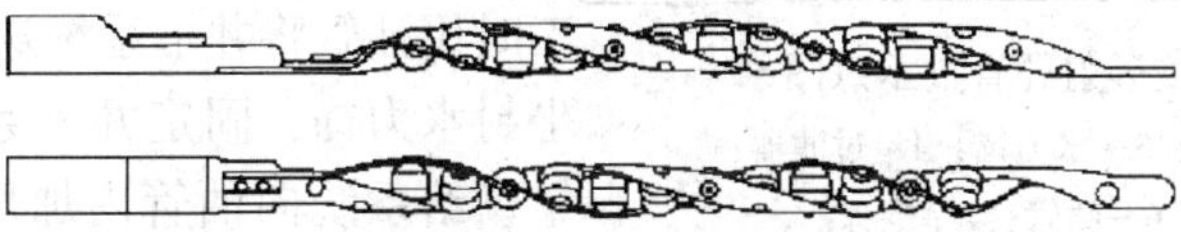

图 3-7　钢板式无枪身聚能射孔器示意图

图 3-8　链接式无枪身射孔器示意图

3.4.3.1　枪式射孔

枪式射孔和无子弹射孔在施工工艺上大体一样，只是无子弹射孔对井筒的要求更高，如压井液黏度不能过大，井内无杂物等。各种型号的射孔器的一次下井弹数有不同的要求，地面装配射孔器要认真考虑耐压和绝缘问题。

3.4.3.2　枪式射孔

枪式射孔的射孔器种类比较多，目前可供选择的有 51 型、60 型、73 型、89 型、102 型、114 型、127 型、154 型等。孔密最大可达 40 孔/m。相位角分别有 0°、45°、60°、90°、120°、180°。射孔枪的最大长度分别为：51 枪 5m，60 枪 12m，73 枪 l0m，89 枪 8m，102 枪 4m，114 枪 3m，127 枪 2m，154 枪 2m。

3.4.3.3　现场施工步骤

① 核实井号、本次射孔井段、井筒情况和防喷闸门是否正常。

② 检查井场漏电情况。

③ 摆放射孔仪器车和绞车，摆放位置应距井口 20~30m 处，绞车滚筒与井中心线要垂直对齐，绞车后部不应有任何影响视线的障碍物，打好绞车掩木。

④ 安装天、地滑轮，注意吊卡的月牙是否与天滑轮上提短节一致，固定好地滑轮。

⑤ 选择远离火源、电源的地点进行联枪，更换密封圈，检查各部螺纹和密封面，并清理干净，涂抹黄油；认真检查弹架、导爆索和射孔弹，对照排炮单检查装弹长度、发数和夹层长度，核实枪身上的标识与排炮单是否一致；将联好的射孔器按下井顺序排好。

⑥ 检查磁性定位器绝缘和信号情况，逐个上紧各部螺纹。

⑦ 将射孔器与磁性定位器连接，井口对零，下放射孔器。

⑧ 在距短套管一根套管以上开始下测，测出短套管至标准接箍之间的各套管接箍，在测出本次射孔底界一个套管接箍后，开始上提测量至点火线；停车检查、核实数据，准确无误后，在电缆上捆扎一个记号，点火后起出射孔器；第二炮可以电缆记号为深度依据测出标准接箍进行定深。

⑨ 射孔完毕，填写各施工表格，检查剩余火工品数量是否齐全，清理施工现场。

3.4.4 水力喷射射孔工艺

高压水力喷射射孔技术是通过地面高压供给设备，将水或特殊液体以高压从喷嘴喷出，利用高压水射流的强大冲击力，将套管和目的层冲蚀成孔，从而提高油井产量的一种技术。

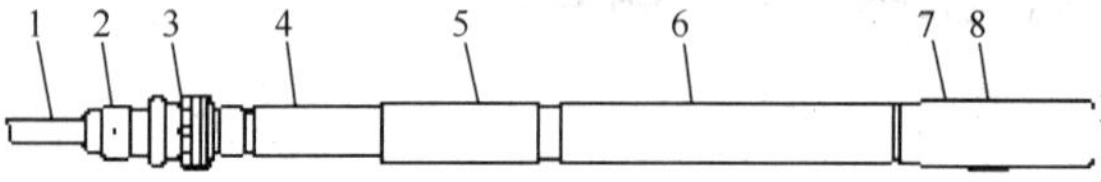

图 3-9 水力喷砂射孔管柱示意图

1—下井管柱；2—循环阀；3—水力锚；4—过滤器；5—控制装置；6—喷管；7—枪身；8—冲顶器与高压软管喷头

该技术的井下系统由枪身、高压软管、冲顶器和水力锚等组成，如图 3-9 所示。施工时用油管将井下系统送至目的层，校深后，坐封水力锚，固定井下系统。地面高压大排量供给系统向油管内加压，液压冲头顶向套管，并喷射高压水流，将套管冲蚀出孔洞后，液压冲头停止前行，高压软管在液压的作用下伸向已形成的孔洞，并继续喷射高压水流，在地层中形成孔道，边喷边伸，高压软管在进入地层一定距离后停止运动。地面降低泵压，收回软管，停泵，解封水力锚，移至下一待穿孔处，重复上述工作直到结束施工。

该技术可在地层中冲蚀出深度大于 2m 的孔道，孔眼直径可达 20~30mm。

由于水射流的效能对环境压力非常敏感，环境压力越高，水射流的效能越差，所以该技术目前只适用于井深 3000m 左右的井。另外，施工比较复杂，周期较常规射孔长，对设备和下井管柱的要求过高，不适宜广泛应用。

3.4.5 其他新射孔工艺

3.4.5.1 全通径油管输送射孔

全通径油管输送射孔是近几年开发的射孔新技术，该技术的主要特点是：

① 射孔管柱的内径与油管连通，最小内径 60mm。

② 射孔后可直接下电子压力计或其他外径小于 50mm 的测井仪器、工具进行施工。

③ 射孔后可不起管柱直接压裂或酸化。

④ 射孔后可直接投产。

3.4.5.2 油管输送跨隔射孔

油管输送跨隔射孔是为解决已射孔井进行负压或正压(超正压)射孔难题而开发的一种射孔技术，该技术的主要特点是：

① 在本次射孔段上下均已有多层射开，而本层又需进行负压射孔或正压(超正压)射孔，常规的射孔方法是无法解决的，采用油管传输跨隔射孔可达到施工要求。

② 进行负压射孔时，使用液压延时起爆器可不需从井口投棒或加压起爆，在校深、调整管柱后，坐封封隔器，液压延时起爆器即开始动作，通过一定时间的延时，起爆射孔器。这种起爆器的安全是有保证的，如果封隔器中途坐封，只要立即解封，起爆器驱动活塞还会回到起始位置，不会中途起爆。

3.4.5.3 超正压射孔

自负压射孔在20世纪70年代应用于现场以来，一直被人们作为消除钻井、固井，射孔等对地层造成污染的典型技术而广泛应用。因为多数人一直认为负压射孔能利用射孔后地层的返排压力来冲洗射孔孔眼，并将近井地带的污染物带出地层，从而消除或减轻地层污染，在现场应用中也确实取得了成效。但是，有关资料介绍说：通过一些井的测试资料解释发现，其表皮系数小的为-1.0，高的可达+50，射孔效率在5%~125%之间，平均效率不到25%。而且过高的负压差将有地层出砂的风险，为了解决这一问题，奥里克斯能源公司(Qryx)开发研制了超正压射孔技术。其基本原理是由于射孔弹在发射时所产生数万兆帕的压力，大大超过了地层岩石的应力和强度，使射流在岩石中形成孔道的同时产生一个非常高的聚应力，此应力释放时对射孔孔道产生压力并形成裂缝，在形成裂缝的同时，立即施加一个大于地层破裂值的压力，对孔道进行压裂和冲刷，使裂缝增大延长，以达到改善流动通道的目的。其典型的作业方法是：将另一孔枪、起爆装置、封隔器利用桩管下入井内，校深、调整管柱，连接高压注入管线，注氮车在地面向井筒内施加大于储层岩石的破裂压力，当压力加到一定值后，由井口投棒(或加压)点火射孔，使射孔和压裂同时进行。

3.4.5.4 射孔防砂技术

目前，利用射孔进行防砂的技术是增大孔径，以降低孔眼压差和流速，尽量避免因压差过高造成地层出砂。这一技术有一定的预防效果，但对地层胶结十分差的砂岩地层效果并不十分理想。为了解决这一问题，国内正在研制一种具有早期防砂、原地防砂的射孔技术，并正在进行现场试验，取得了比较理想的效果。

射孔防砂技术是在射孔的同时将一种防砂材料推入射孔孔眼中，形成防砂塞，起到防砂作用。主要技术指标是：

① 射孔孔径>14mm。

② 穿深300~500mm。

③ 固化强度10MPa。

④ 防砂最小粒径≥0.1mm。

⑤ 孔道防砂过滤塞渗透率不小于30μm²。

3.5 诱喷

试油气作业的诱喷又称诱导油气流，就是降低井筒内流体对井底的压力(主要通过降低井筒内流体的密度来实现)，使井底压力小于地层压力，使地层流体流进井筒或喷到地面。

(1) 诱喷原理

$$P_{井底}=P_{液}\cdot H+P_0 \tag{3-3}$$

要想使 $P_{地层}>P_{井底}$，就要通过降低井筒内液柱的高度 H 或者井内液体的相对密度 $\rho_{液}$ 来实现。

(2) 诱喷遵循的基本原则

① 缓慢而均匀的降低井底压力，防止油(气)层出砂及油、气层坍塌。

② 要排出井底和井底周围的脏物，解除近井地带污染，以利于排液。

③ 最大掏空深度，应小于套管的抗外挤强度。

④ 能建立起足够大的井底压差。

(3) 诱喷工艺

诱喷工艺有以下几种：抽吸提捞排液诱喷工艺、气体排液诱喷工艺、替喷工艺等诱喷工艺。

3.5.1 抽吸提捞排液诱喷工艺

3.5.1.1 抽吸诱喷工艺

抽吸，是用一种专用工具将井内液体抽出来，达到降低井筒内液面、排出井内液体的目的，这种工具就是油管抽子。它接在钢丝绳上，用通井机做动力，通过地滑车、井架天车、防喷盒、防喷管，再下入油管中，在油管中上下运动。上提时抽子以上油管内的液体随抽子的快速上行运动一起排出井口，下放时抽子在加重杆的作用下下入井内液面以下的某一深度，这样反复上提下放抽子，达到油(气)井排液的目的。目前除用通井机作为抽吸动力外，还有专门的抽吸设备(抽吸车)，它自带爬杆，适用于无井架和无作业动力的油(气)井。

1. 抽吸工具

① 抽子：最早使用的抽子是无阀抽子，后来又发明了阀式抽子，目前使用效果最好的、最好用的是水力式抽子，它是在阀式抽子基础上参考水力封隔器的原理改进而成的，如图 3-10所示。

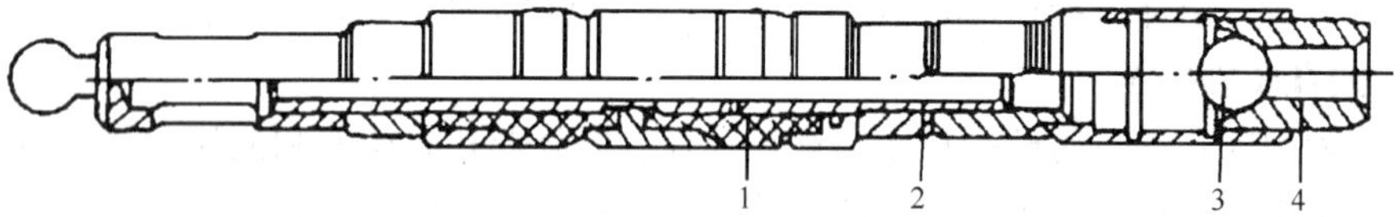

图 3-10 水力式抽子结构图

1—胶筒；2—中心管；3—球；4—球座

阀座位于胶筒之上，当抽子下行时，液体顶开球阀，通过阀座、中心管、排液孔进入抽子上部。当抽子上行时，球阀坐落于阀座上，抽子上的液体重力作用在抽子上，从而产生一定的压力，液体压力通过中心管小孔传到胶皮筒内，使胶皮筒涨大，从而更好地密封油管，抽子在高速上行的过程中，像一只胶皮活塞一样把抽子以上的液体抽出井口，抽子与加重杆之间用关节接头连接。

② 加重杆：由于抽吸工具(特别是胶筒)最大外径仅仅小于油管内径 3~4mm，下行时具有较大的阻力，为保证抽子顺利下入，常常在抽子以上连接 2~4m 长的加重杆，加重杆可以是直径 32~40mm 钢管，钢管内可根据加重杆的需要灌铅；加重杆也可以是圆钢，两端有螺纹，可根据需要的长度自由连接。

③ 绳帽：抽吸钢丝绳插入绳帽用灌铅的方法实现两者的连接，后来又发明了枣核式绳帽，使用时钢丝绳通过绳帽，然后分成 6 股，让绳股穿过带有 6 个凹槽的枣核芯并并旋紧顶杆，枣核芯紧紧地把钢丝绳股卡在绳帽上，实现可靠的连接。

④ 抽吸绳：目前使用的抽吸绳大多数是直径 16mm 钢丝绳。

2. 抽吸注意事项

① 抽吸工具的下入深度要认真计算，因此在往滚筒上缠绕抽吸绳时，每一层都要排列整齐，并且绕满。

② 为防止抽吸工具撞击防喷盒，在距抽子 50m、40m、30m、20m 距离的抽吸绳上做警示信号，可在抽吸绳上插入记号绳，当发现抽吸绳的警示信号时应降低抽吸速度，防止撞击防喷盒造成工具落井，并且在定深抽吸深度相应的钢丝绳处做记号，以免每抽一次就要计算一次抽吸深度。装有电子深度显示仪器的井，出现警示信号时应降低抽吸速度。

③ 抽子进入液面后下入的抽吸绳长度称为抽子的沉没度，抽子最大的沉没度一般不应超过 300m(抽深越深相应减少沉没度)。抽吸过程中应做到慢下快起，下放速度不应超过 2m/s，起抽子速度不小于 3m/s。若采用抽吸求产，应用定抽吸深度、定时间间隔、定起抽速度的“三定”方法抽吸。

④ 抽吸动力设备距井口必须大于 20m；地滑车应固定牢固、扶正，且不应固定在井架底座上；每抽 2~3 次对绳帽、加重杆、抽子检查一次，并用管钳上紧；抽吸时应有专人在侧面指挥通井机操作人员，发现抽吸绳信号及时提醒，人员远离抽吸绳 5m 以外；下放抽子过程中如发现抽吸绳打扭或跳槽，应用绳卡卡牢重力端，放松抽吸绳后再做处理，并严禁用手拨槽或破扭，应借助于其他工具，如撬杠、木棒等；下入最大抽吸深度时滚筒上的抽吸绳不少于 15 圈；抽吸工具应与井内管柱相匹配；抽吸防喷盒应保持密封，及时添加密封原料；装有液压防喷盒的井要及时泄压，防止防喷盒胶件的磨损或加液压以提高密封效果；装有气体防喷盒的井要及时泄压和充气，保证其密封性。

3. 抽吸作业适用范围

① 适用于油质不太稠，能使抽子顺利起下的出油井或油水同出的井。

② 供液较充足的地层。

3.5.1.2 提捞工艺

提捞和抽吸一样是传统的排液工艺。提捞是用动力绞动钢丝绳，将绳端所系的提捞筒在井筒内上下运动，把井筒内的液体提捞出地面达到油井排液的目的。提捞的排液效率低，因此它适用于油井不能自喷、产量很低、液面相对较深的井。目前基本不用。

提捞筒是用小于油层套管内径 15mm 的钢管加工而成，上端加工有倒角，在内侧焊有提环，底部装有阀，当提捞筒接触液面时由于提捞筒的重力作用，阀自动打开，液体通过阀座进入捞筒，或捞筒没入液面，液体从上端灌入捞筒。上提时阀在自重作用下自动关闭，这样把井内液体一桶一桶地捞出来。提捞时所需注意的问题基本和抽吸相同。

3.5.2 气体排液工艺

气体排液可分为气举排液、混气水排液、液氮排液和二氧化碳排液等方式。

3.5.2.1 气举排液

气举排液是用压风机把高压空气注入井内来顶替井内液体。气举分正举和反举。正举就是把高压空气从油管内注入，液体从油套环形空间返出，当气举压力达到压风机额定工作压力或设计压力时停车，油管用油嘴或针型阀控制放气。由于大多数油井内油管容积小于油套环空容积，因此现场一般都采用反举，即把高压空气从油套环空注入，液体从油管返出，若忽略高压空气本身质量，气举 10MPa，则在举入端产生相当垂直深度 1000m 左右的气柱，若油井不漏失或不能自溢时，相当1000m垂深的气柱体积的液体被全部顶替至地面，控制放气恢复液面后再重复气举，达到排液的目的。

由于压缩空气含有21%的氧气，若射孔后，井内天然气与氧气充分混合，在一定条件下会发生爆炸，故目前气举排液的应用只限：

①尚未射孔且排液量不大的井(负压射孔前的排液)。

② 解释为非油气层或已知井筒内无天然气的井。

③ 清水循环时无漏失的井。

气举排液时应注意：

① 气举前地面管线试气压至气举最高压力的1.2倍，气举过程中若发现管线刺漏，应关闸门，管线放完压后再做处理。

② 气举出口管线应接钢质硬管线，管线用地锚固定牢固。

③ 气举中途若发现出口喷势较大或有天然气味，应停止气举立即放气。

④ 在浅层井或已出砂井气举后放压时要严格控制压降速度，防止地层出砂。

3.5.2.2 混气水排液

混气水排液是用压风机和水泥车同时或间隔向井内注入高压空气及清水(水中可加入起泡剂)，用气化了的水来顶替井内液体，利用气体膨胀后的高速上升带出井筒内的已泵入的清水，最终达到排出井筒液体的目的。

目前现场通常采用的混气水排液方法是：压风机以反循环方式以8m³/min以上的排量气举，当举到最高工作压力时(一般15MPa)，井筒内环空形成了相当于气压100倍的气柱高度，继续气举的同时泵车以300L/min左右的排量从环空泵入清水形成混气水顶替气柱，井筒内液体从油管内逐渐返出地面，保持这一工作压力继续泵入高压空气、清水，当气柱到达管鞋(或循环孔)时，部分气体迅速从油管内上升，这时表现为泵压迅速下降，循环出口排液突然变大，呈现较大的“喷势”，此时应迅速停车，立即关闭油管闸门，敞开套管闸门放喷，在井筒内气体膨胀作用下，打入井内的混气水基本上都能排放出来，井筒内只剩一个油管容积的清水。

对于油套环空截面积较大的井进行混气水排液时存在水的滑脱问题，但排液量也能满足设计要求。在178mm套管中采用混气水排液，采用2台压风机气举(气排量在16m³/min)，举至15MPa，泵车以400~500L/min排量掺水，施工后能达到理想的效果。

混气水排液施工时要把握下述要求：

① 气举时一旦打至压风机的最高安全压力，若向井筒内打气不足，则不能保证放气时有足够的能量把打入的混气液体全部带出地面。

② 打混气水时要保证合理的气液比，合理的气液比能保持稳定泵压；压力下降过快说明掺水排量过大，放压时可能有部分液体放不出来，甚至放喷时造成间断；泵压若上升说明掺水量过小，压风机超压不能正常工作。

③ 当泵压突然下降达8MPa时要马上停泵，迅速关油管闸门，防止气柱大部分窜到油管内造成打入的混气水放不出来，这一现象称为“举窜”。若发现这种现象，则马上采取补救措施，往油管内打2~3m³清水或用压风机从油管气举，这样井下气柱又会返至套管环空，成为放喷时顶替气化水的能量。

值得注意的是，混气水在油井射孔后存在着天然气与空气混合容易发生爆炸的危险，使用过程中应注意选井：

① 适用于油井没有射孔或井内不产生大量天然气的油水井，特别适用于负压射孔前的排液。

② 已知排液井不产生天然气，只是排液深度不够，可采用混气水排液，在射孔后油井产液性质不明的情况下一般不采用这种方法。

混气水排液工艺必须在套管允许的抗外挤强度之内，根据计算的允许深度来控制排液量。其他注意事项同气举排液。

3.5.2.3 液氮排液

1. 主要设备

液氮排液的主要设备由四部分组成：车体、自背罐、液氮泵、蒸发器。360KFCSH 液氮泵车，主要技术指标为：最高排出压力 103.4MPa；最大液氮排量 300L/min；自背罐容积 7.2m^3；损耗率 0.75%。

当液氮用量小于 7m^3时，一般只用一台液氮泵车，大于 7m^3时配合使用液氮罐车。

2. 液氮排液原理

液氮排液是通过液氮泵车把液氮罐内的液氮泵入井内，由于减压升温作用，液氮变成氮气顶替井内液体，放气后减少液柱对产层的压力，是一种安全的排液方法，现场采用的排液方式有正举和反举两种。

由于氮气与井内天然气不发生化学反应，因此它适用于油井射孔后的排液，特别适用于凝析油气井、气井或预计可能有较大天然气产出的井的排液。

3. 液氮用量设计

液氮排液施工前要进行液氮排液的设计计算。计算方法如下：

① 设计液氮排液降液面的深度，要小于套管的安全抗外挤强度。

② 由液氮排液深度计算液氮排液体积 V_1，按排液井筒容积计算。

③ 设计氮气用量为：

$$V_2 = BV_1 \tag{3-4}$$

式中 V_2——氮气用量，m^3；

B——常用因子；

V_1——氮气排液体积，m^3。

B 表示在泵注压力和注入氮气段井筒平均温度下的氮气体积与常温常压下氮气体积的比值，是无因次量，通过查表得到。需要注意的是氮气排液时气举排液，计算泵注压力时，需要把排出容积转换成环空或油管的深度。

④ 设计液氮用量为。

$$V_3 = V_2/696.5 \tag{3-5}$$

式中 V_3——液氮用量，m^3；

V_2——氮气用量，m^3。

由于液氮车是靠自身泄气保持液氮罐的低温状态，因此准备液氮时应附加设计量的 20%~30%。

4. 液氮排液施工时应注意的事项

① 泵注前，管线应试压至 1.5 倍的最大工作压力。

② 管线进口接单流阀，出口接针型阀，并且进出口管线必须用地锚固定牢靠。

③ 放气时要用针型阀或油嘴控制，放气过程切勿直接用手触摸管线，防止冻伤。

3.5.2.4 二氧化碳诱喷排液

液态二氧化碳气举和液氮气举工作原理相似，是一种人工举升方式，它是先通过泵车将液态二氧化碳增压，然后注入到油套环形空间内，整个施工过程中不需要动管柱。其中注入到油套环形空间的液态二氧化碳与地层能量换热后体积膨胀，使得 $P_i+P_d+P_c > P_t$ 时，油套环形空间中的液体就会向油管内流动；当 P_i+P_d 增大一定程度时，即当 $P_i+P_d+P_c > P_t+\rho gh$ 就会有液体从油管排出，如果在二氧化碳气举前从油管内向井底加入了泡排剂，在注入的不断搅动下，井底液体起泡，密度变小，这样使得在较小的 P_i+P_d 条件下，就可将油管内液体举出井口，最终有利于在短期内将井底积液举出井口(其中 P_i 为井口二氧化碳注入压力，P_d 为注入油套环形空间内液态二氧化碳产生的静液柱压力，P_c 油套环形空间内液体产生的静液柱压力，P_t 为油管内液体产生的静液柱压力，ρ 为举出流体的密度，h 为油管内液体顶界面距离井口的高度，整个过程不考虑流动过程产生的摩擦阻力)。

注入的二氧化碳极易溶于水，一定程度上可以降低井筒内液体的密度，有利于举升；并且二氧化碳在油管上升过程中，压力不断降低，体积逐渐增大，二氧化碳的二次膨胀也对液体起到携带作用。

3.5.2.5 气举阀诱喷排液工艺

目前油田使用的气举阀，由于具有单向过流作用，气体到达下一级阀时，上一级阀不会自动关闭，因此称作“气举孔”较为合适，如图 3-11 所示。

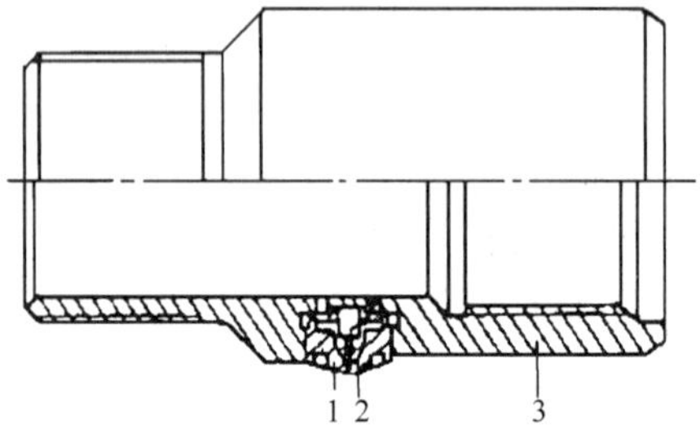

图 3-11　气举阀结构示意图

1—阀座；2—阀球；3—主体

图中阀主体上装有带有气举孔的阀座，阀球在弹簧力的作用下坐在阀座上，并且堵住了气举孔，若油管内压力高于油套环空压力，则气举阀能保持密封；油套环空压力只要稍高于油管压力，气举孔即产生过流。

1. 气举阀诱喷排液工艺原理

由于气举阀时一个单流阀，只有当环空压力大于油管内压力时，气举阀才产生过流，因此，气举阀排液只适用于反举。

当环空气体到达第一级气举阀前，由于油管内液体没有混气，环空气压表现为相应油管内的液柱压力；当气柱到达第一级阀后，气体通过阀进入油管，液体被混气，且由于高压气体的膨胀作用把阀以上油管内液体不断举出井筒。由于第一级阀以上的油管内液体不断混气，液体密度大大降低，液柱压力减小，环空气柱迅速增加，风压降低。由于通过阀气流量远小于压风机(或液氮泵车)排量，风压又逐渐增加，直至第二级气举阀被打开，第二级阀以上的油管内液体开始混气，液柱压力进一步降低直至第三级(或第四级)阀通过气体。这样，油管内最下一级阀通过气体后液柱压力最低，地层流体源源不断地流入井筒并被举至地面。

2. 气举阀排液的管柱结构

气举阀排液效果取决于一个合理的管柱结构，亦就是各级气举阀的深度和气举孔的大小。第一级气举阀深度要考虑气压所能达到深度，就目前的设备能力，一般第一级阀下至800~900m，气举孔径 1~2mm；最后一级气举阀的下入深度应考虑套管结构和地层的产液状况，一般下入深度 1200~2000m；深井、超深井可下入更深位置，气举孔径以 3~4mm 为宜。下入气举阀之间的间隔距离从上至下应逐渐减小，气举孔尺寸从上至下应逐渐增大。气举阀的下入级数要考虑井深、排液流压、地层性质等因素。

3. 气举阀排液注意事项

① 应首先选用液氮气举，当确认井内不产天然气后，再用压风机排液求产，防止爆炸事故。

② 气举阀排液使用于供液充足的产层，可大量连续排液。

③ 气举出口管线必须固定牢靠，防止因放压时气流速度过快而造成管线的剧烈摆动或飞起伤人。

3.5.3 替喷工艺

替喷排液就是用密度较轻的液体将井内密度较大的液体替出，从而降低井中液体压力，达到使井内液柱压力小于油藏压力的目的。

替喷排液分为一次替喷法，二次替喷法。

一次替喷法是一次把油管下到离人工井底 1.5m 左右，用清水将泥浆替出，然后上提油管到油层中部或上部完井。只限于自喷能力不强、替完清水到油井自喷之间有一段间歇，来得及上提油管的低压井，如图 3-12 所示。

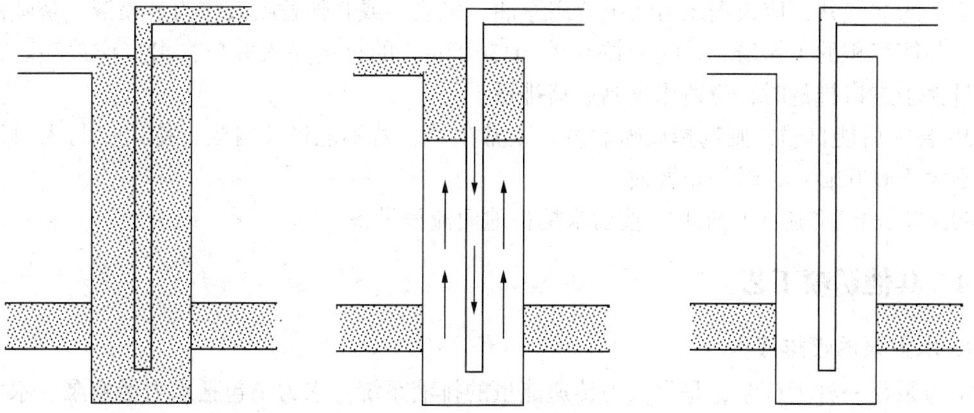

(a) 加深油管至人工井底　(b) 替喷液替出压井液　(c) 上提油管至油气井中部完井

图 3-12　一次替喷示意图

二次替喷法是把油管下到人工井底 1.5m 左右，替入一段清水把泥浆替到油层顶部以上 50m 喷液，然后上提油管至油层中部或上部完井，第二次用清水替出油层顶部以上的全部泥浆，这样既替出井内的全部压井液又把油管提到了预定的位置，适合地层压力高，自喷能力强的井。如图 3-13 所示。

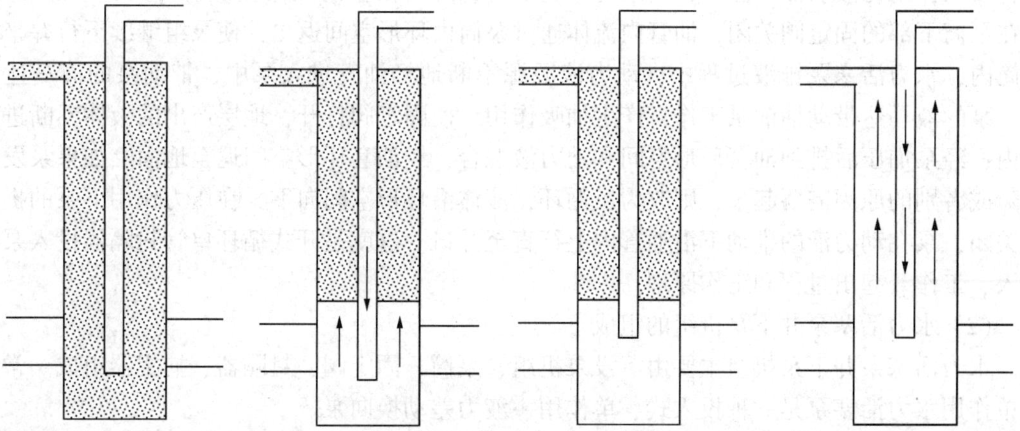

(a) 加深油管第一次替替喷液　(b) 将替喷液替至储层顶部以上　(c) 上提油管至中部　(d) 第二次用替喷液替出全部压井液

图 3-13　二次替喷示意图

替喷注意事项：

① 按替喷施工设计要求备足替喷液。

② 井口应使用控制闸门、节流阀和油嘴控制出口排量；

③ 管线连接后，进行试压，试压值不低于最高设计施工压力的 1.5 倍，但不应高于其某一管阀管件最低的额定工作压力，并应遵守静水压试验的规定。

④ 泵注设备向井内供液间，将出口管线阀门打开。

⑤ 采用一次替喷方式，管柱深度应在生产井段以上 10~15m。

⑥ 采用二次替喷方式时，先将管柱下至生产井段以下(或人工井底以上 1~2m)，替入修井液；然后将管柱调整至生产井段以上 10~15m，再进行二次替喷。

⑦ 采用二次替喷方式施工时，第一次替喷采用正替，第二次替喷可采用正替或反替。

⑧ 对于地层压力系数大于或等于 1 的油气井，一般使用水基替喷液；对于地层压力系数小于 1 的油气井，应根据压力情况使用原油、轻质油或其他替喷液作为替喷液。替喷液量不少于井筒容积的 1.5 倍。替喷液按 0.3~0.5m^3/min 的排量注入井口，出口应放喷。当出口排量大于进口排量时，应适当控制放喷排量。

⑨ 替喷后能自喷，则选择放喷制度，正常生产；若不能连续自喷，待出口与入口液密度差不大于 0.02g/cm^3 时停止替喷。

⑩ 高压油气井施工作业时，按要求配备地面流程设备。

3.5.4 其他诱喷工艺

1. 水力泵诱喷排液

水力泵是一种无杆泵，是靠液力传递能量的排液系统。水力泵包括水力活塞泵、水力喷射泵，虽然两者在沉没泵的作用原理上完全不同，但在井下管柱、工具、井口装置及地面流程方面又完全相同。因此，对一口井而言，水力活塞泵和水力喷射泵具有互换性。下面主要介绍水力活塞泵。

(1)水力活塞泵排液工作原理

水力活塞泵抽油系统由两大部分组成，即地面流程与井下装置。封隔器、泵筒及固定阀随排液管柱一起下入井内。封隔器坐封后把套管分为上下两个空间，排液前把沉没泵机组从油管投入，动力液从油管注入，同泵组一起下行，此时由于封隔器上部压力大于下部压力，坐在泵筒下部的固定阀关闭，油管内流体通过泵筒由环形空间返出，使泵组继续下行并坐在泵筒内，水力活塞泵排液过程中，动力液源源不断地经油管进入泵中，带动泵的液马达工作，泵的液马达带动抽油泵工作，产生抽吸作用，使固定阀打开，地层产出的液体不断进入泵内，经泵加压后排到油套环形空间和动力液混合，经油套环形空间返至地面。如果泵发生故障或者别的原因需要起泵，则改为反循环，液体沿环形空间向下，在压力作用下泵的提升阀关闭，泵在动力液的推动下沿油管内上行直至井口。这就是开式循环单管封隔器投入泵的投入、工作、起出过程和工作原理。

(2) 水力活塞泵井下泵机组的组成

水力活塞泵井下泵机组主要由沉没泵机组、泵筒、固定阀、封隔器、捕捉器组成。常用的单作用水力活塞泵是一种投入式、单作用、液力差动换向泵。

由于水力活塞泵是采用正循环排液系统，排出的液体需经过油套环形空间流至地面，为达到正常排液，封隔器在井下工作必须绝对密封。目前，在深井中一般采用 P-T 封隔器。

(3) 地面流程系统

地面流程系统主要由地面泵、调参阀、流量计、加热炉、分离器、计量罐、储液罐、动力罐、过滤管、管道泵等组成。

(4) 水力活塞泵的应用范围与选择原则

① 水力活塞泵的适应性及工艺条件见表 3-1。

表 3-1 水力活塞泵的适应性及工艺条件

项 目	适应性	应用范围或工艺条件
举升高度	强	不受限制
产液量	范围宽	140mm 套管油井可达 $320m^3/d$，178mm 套管油井可达 $640m^3/d$
高气液比	有条件适应	气体经单独通道返出时不受限制，气体经泵采出时，需保证沉没度
井斜或弯曲	强	不受限制
出砂	差	动力液含砂<0.01%
高凝油井	强	动力液流量、温度需保证
稠油井	较强	动力液需用稀原油或水基动力液，并保证其流量、温度

② 选用水力活塞泵试油，应遵循下述原则：

a. 油藏特点和油井条件适合于水力活塞泵试油。

b. 泵的排量与实际具备的举升高度能满足油井产量要求。

c. 能够满足所要求的工艺条件，包括：动力液质量和用量的保证；专用设备、工具的配套；计量系统的精度保证；井下泵及配套设备的可靠性，应能保证整个系统连续正常运转。

2. 纳维泵诱喷排液

(1) 纳维泵的作用原理

纳维泵是用在非自喷井排液的螺杆泵，它属于容积式排出泵，主要由一个由 Z_1 个波瓣的外螺旋转子和具有 Z_2 个波瓣的内螺旋定子组成。转子在定子内做行星式偏心运动，形成几何形状的配合，期间连续接触，沿泵的轴向产生一连串的互不相通的密闭腔，封闭腔沿轴由吸入端向排出端向上运动，封闭腔在排出端消失，同时在吸入端形成新的封闭腔，各封闭腔的体积均相等，液体进入封闭腔的入口，并在封闭腔内随转子的旋转逐渐升至出口，成为正排出的非脉冲流动。泵出口的液量与转速成正比，转子不转时泵呈密封状态，波齿轮廓如图 3-14 所示。

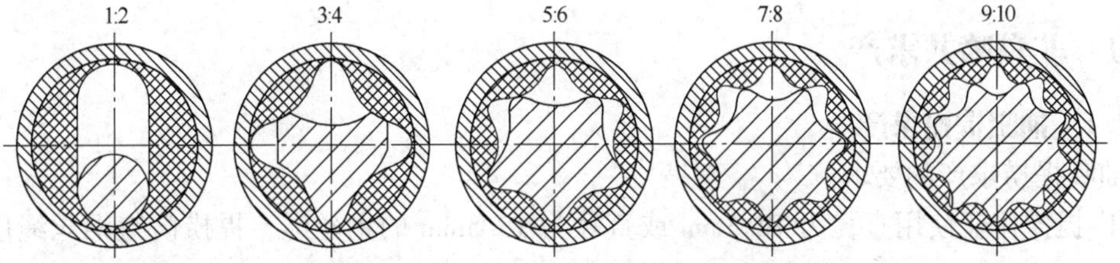

图 3-14 不同波齿的螺杆泵横断面形状

转子螺头数与定子螺头数之间的关系为：

$$i = Z_1/Z_2 = Z_1/(Z_1 + 1) \quad (3-6)$$

式中 i——波齿比，目前 $i=9/10$ 代表了最高限度。

（2）纳维泵的构成

纳维泵主要由四部分组成，即顶部接头、多级泵、万向节、轴承总成。

① 顶部接头与其他工具组合连接。

② 多级泵主要由转子和定子组成。

③ 万向节把转子和轴承总成的驱动轴连接在一起。

④ 轴承总成带有旋转总成和密封装置。

（3）纳维泵的应用范围

① 用于自喷能力较低或不能自喷，但物性较好、供液能力较强的低压高产地层。

② 泵送的液体包括各种流体，如原油、水、钻井液、或密度较大、黏度较高或带有较多固相的液体。

③ 用于低压高产水层的排液。

④ 用于稠油井的排液。

⑤ 可以承受含砂量较高的液体的泵送。

（4）纳维泵的管柱结构

纳维泵在试油时是通过抽油杆带动转子在定子内转动形成排液的。其管柱结构自上而下为：油管+纳维泵泵体+转子定位接头+油管锚+管鞋（或筛管）；光杆+防倒转装置+抽油杆+转子。

（5）纳维泵的操作步骤

① 选用与套管内径和下井工具相匹配的通径规通径至井底，合理的套管刮削器刮削至油管锚坐封位置以下 50m，井口装好封井器。

② 下入管柱结构，将纳维泵泵体、转子定位接头、油管锚、管鞋依次连好下入井内。

③ 下至设计深度后，正旋转管柱加压使油管锚坐封。

④ 下转子上接抽油杆，当下至定子位置时可以看到抽油杆有转动现象，说明转子已进入定子，轻碰定位接头，接防倒转装置和光杆。

⑤ 上调防冲距，装井口驱动装置。

⑥ 转动排液，记录各种相关的资料。

3.6 求产工艺技术

3.6.1 非自喷井求产

3.6.1.1 抽吸提捞求产

抽吸提捞求产的要求：

① 提捞作业使用直径为 12.5mm 或直径为 15.5mm 的钢丝绳，提捞筒与钢丝绳应连接牢固。

② 计量罐应平整地摆放在距离井口 2m 以内的地方。

③ 达到提捞深度时，留在滚筒上的钢丝绳不少于 25 圈。

④ 提捞深度允许误差小于 1%。

⑤ 提捞求产深度应大于射孔段底界深度 10m 以上。

⑥ 连续提捞 2 次，每次捞出液均少于 $0.005m^3$ 为捞空。

提捞法的缺点是费工费时，效率低，目前用的很少，这里重点介绍抽吸法排液求产。

3.6.1.2 抽吸求产

1. 抽吸要点

① 认真选择工具、用具、设备，天车、防喷盒、井口三点一线。

② 连接好抽吸工具，装好防喷盒，牢固地将地滑车固定在井口。

③ 备好计量器具及计量罐，用硬管线接好井口至计量罐管线，并固定牢靠。

④ 对抽吸钢丝绳要破劲，并在滚筒上排列整齐，下井时滚筒上留下钢丝绳不得少于25圈，钢丝绳出口要有三个记号。

⑤ 正式抽吸前，先用加重杆通井一次，然后再装上抽子慢下、快提进行抽吸，抽子沉没度150~300m。

⑥ 抽吸钢丝绳跳槽或打扭，必须先固定钢丝绳，卸下负荷不再下滑后，方可用撬杠或其他工具解除。

⑦ 抽吸中途中发现顶抽子时，必须先迅速上提抽子，当抽吸工具进入防喷盒后，立即关闭清蜡闸门。

⑧ 抽吸防喷盒长度要大于抽吸工具长1.0m以上，其下端面的活接头必须是由壬。

⑨ 抽吸钢丝绳不得与任何铁器摩擦，井口和钢丝绳附近不准站人，不准跨越钢丝绳。

⑩ 夜间抽吸其照明度要好，雾天、大雨、大风天不得进行抽吸。

2. 抽吸记号

通常，抽吸时要做三个记号，第一个记号做在抽子提出井口以上0.5m左右，然后在地滑轮靠抽吸设备的方向0.5m处做一个记号。第二个记号在第一个记号刚进入防喷盒后。第三个记号做在第二个记号刚进入时，在抽吸设备滚筒附近约1.0m处。每一个记号必须有10个左右的小记号，每一个小记号间距离为20~30cm，且记号绳要颜色鲜艳，便于观察。

3. 抽吸取样

取样要求：取样前要将样桶清洗干净，且取样时最好用所要取的样冲刷两次，然后再取样，取完样后，应标注取样时间、所取层位、井段，取样人在样桶上贴好标签，并及时送化验室。

① 水样：在产液量较低的井，通常每天取一个样；但在产液量高的井要求每天取两个样(两个样品水型一样，氯离子误差小于10%为稳定)。

② 油样：通常每一层分开取两个样，两个样品相对密度小于0.005为合格。

③ 气样：倒置装满饱合盐水的瓶子(不能留空气)打开压力表闸门，进行排水取气，瓶内留水要在瓶子容积三分之一以上，每次取三支(含氧小于2%，两个样品相对密度差小于0.02%合格)。

4. 抽吸资料录取项目

包括抽吸时间、抽吸次数、抽吸深度、动液面深度、沉没度、抽出油水量、累计油量、累计水量等。

5. 抽吸注意事项(见3.5.1.1)

附：一般现场按以下经验公式计算钢丝绳的破断拉力：

$$S = 50D^2/100 \tag{3-7}$$

式中 S——钢丝绳破断拉力，kN；

D——钢丝绳直径，mm。

以$^5/_8$in 钢丝绳为例，$D=15.5$mm，故 $S=50\times15.5^2/100=120$kN

通常钢丝绳的安全系数为 5。

钢丝绳允许最大载荷计算公式为：

$$P = S/K \tag{3-8}$$

式中 K——钢丝绳的安全系数；

P——钢丝绳最大静拉力，kN。

则 $P=S/K=120/5=24$kN

3.6.1.3 机抽求产

从地层中开采石油的方法可分为两大类：一类是利用地层本身的能量来举升原油；另一类是由于地层本身能量不足，必须人为地用机械设备给井内液体补充能量，才能将原油举升到地面。人工举升采油有三种方式，即气举采油、有杆泵采油和无杆泵采油。当前，我国有杆泵采油方式占人工举升井数 90%。因此，这里就有杆泵采油做一个简单介绍。

1. 游梁式抽油机工作原理

电动机通过皮带和减速器带动曲柄作匀速圆周运动，曲柄通过连杆带动四杆机构的游梁以支架上中央轴承为支点，做上下摆动，带动游梁前端的驴头悬点连接抽油杆柱、油泵柱塞做上下往复直线运动，实现机械采油。如图 3-15。

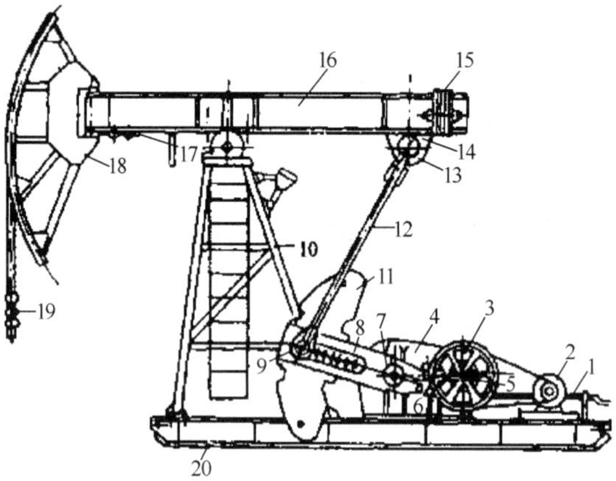

图 3-15 常规型游梁式抽油机结构简图

1—刹车装置；2—电动机；3—减速箱皮带轮；4—减速箱；5—动力输入轴；6—中间轴；7—输出轴；8—曲柄；9—曲柄销；10—支架；11—曲柄平衡块；12—连杆；13—横梁轴；14—横梁；15—游梁平衡块；16—游梁；17—支架轴；18—驴头；19—悬绳器；20—底

2. 管式泵工作原理

当抽油泵的柱塞在下行程时，这时固定阀仍然是关的，游动阀仍然是开的，下腔室内压力等于油管内液柱压力。当抽油泵的柱塞到达下死点时，由于柱塞运动速度为零，游动阀受重力自动关闭，下腔室内压力仍然等于油管内液柱压力。当抽油泵的柱塞由下死点开始上行时，柱塞运动速度由零逐步提高，在柱塞运动速度低，泵的排出量如果小于泵的间隙漏失量时，柱塞上部没有排出。柱塞下面单位时间让出的体积小于泵的间隙漏失量，让出的体积都被漏下来的液体所填满，泵没有抽吸力，泵工作筒内的压力仍然接近油管内液柱压力，固定阀打不开，工作筒内不吸油，只当柱塞运动速度超过漏失速度以后，这时如果油管内已被液体所充满，井口才开始排油，同时下腔室内压力开始下降，直到压力低于沉没压力时，固定阀才打开，泵开始了吸入液体的过程。当抽油泵的柱塞到达上死点时，由于柱塞速度为零，抽油泵没有抽吸力，固定阀受重力自动关闭，这时抽油泵停止进油。当柱塞开始下行，压缩工作筒内的油气，使抽油泵工作筒内压力上升，达到油管内液柱压力时，游动阀打开，开始向油管内排油，直到柱塞到达下死点排油结束，这就是每一个冲程实际排出量。

泵的活塞上、下运动一次称为一个冲程，可分为上冲程和下冲程。冲程还是描述抽油泵的工作参数，活塞在上、下死点间的位移，称为光杆冲程。每分钟内完成上、下冲程的次数称为冲次。

3. 管式泵的管柱组合

泵挂深度=油补距+油管挂短接+泵以上油管长度+泄油器长度+泵长

尾管深度=油补距+油管挂短接+泵以上油管长度+泄油器长度+泵长+滤砂器长+尾管长

驴头处于下死点时，光杆伸入油管头法兰长+抽油杆总长+活塞拉杆长+活塞长+防冲距=油管挂短接长+油管总长+泄油器长+泵长

调防冲距应按油管、抽油杆的实际伸长度计算。原则上防冲距以不碰固定阀、越小越好，地面提防冲距长度推荐值见表3-2。

表3-2 提防冲距长度推荐值表

泵挂深度/m	900~1200	1200~1500	1500~1800	1800~2100
防冲距/m	0.8	1.0	1.2	1.5

4. 管式泵施工工序

将活塞提出泵筒，具体方法是先把驴头停在上死点，用方卡子卡紧光杆坐在防喷盒上，然后松开悬绳器的光杆紧固器，把驴头降到最底位置。再卡紧光杆紧固器，松开坐在防喷盒上的方卡子，开动电机，再把驴头停在上死点位置，直到把活塞提出泵筒。然后再用方卡子卡紧，防止抽油杆接箍撞击防喷盒；提油管必须装自封，防止小件落物入井；下抽油杆，活塞坐进泵筒后，光杆伸入顶丝法兰以下长度不小于防冲距与最大冲程长度之和，光杆在防喷盒平面以上应在1.2~1.5m之间。

管式泵排量计算公式为：

$$Q = 1440fSN \tag{3-9}$$

式中 Q——泵的日排量，m^3/d；

f——泵的截面积，m^2；

S——冲程，m；

N——冲次，次/min。

5. 管式泵使用注意事项

① 运送深井泵要使用专门送泵车。

② 抽油泵下井前应试抽吸力，反复抽吸力大，无卡阻方可下井。

③ 下井前灌水试泵的固定凡尔球与球座是否密封。

④ 连接泵上扣或卸扣时，不得使用液压钳，管钳不得咬住泵筒，以防咬扁，上卸扣不得转动压紧接箍。

3.6.1.4 液面监测求产

利用回声法探测液面时，有两种方法可以确定液面的深度。

1. 利用回音标计算液面深度

以油、套环形空间的介质传播速度为一恒定值为计算的基础，回声仪走纸速度为一恒定值(假定为 100mm/s)，其计算公式为：

$$L=\frac{H\cdot L_2}{L_1} \tag{3-10}$$

式中 L——液面深度，m；

H——音标下入深度，m；

L_1——自井口波峰至音标波峰间所测量液面曲线上的距离，mm；

L_2——自井口波峰至液面波峰间所测量液面曲线上的距离，mm。

2. 利用油管接箍数计算液面深度

① 油管接箍波自井口到液面波间反射明显能分辨每个油管接箍波峰，以井口波峰为起点，用专用卡规(有 11 个光脚分规)开始测量至液面波峰起始点为止。

② 油管接箍波峰在液面曲线上只反映一部分时，在液面曲线上测量其分辨明显的油管接箍以 10 个波峰的距离为 Le(mm)，自井口波峰至液面波峰距离为 L_2，则液面计算公式为

$$L=\frac{L_2}{L_e}\cdot 10\cdot \bar{L} \tag{3-11}$$

式中 L——液面深度，m；

L_2——自井口波峰至液面波峰间的距离，mm；

L_e——10 个油管接箍数的距离，mm；

$\bar{L}$——油管平均长度，m。

3. 计算液面深度时应注意的事项

① 在分析液面曲线记录图时应注意区分将偶尔干扰波峰误认为音标波或液面波。因此，应用多条液面曲线记录图对比法或测试时能测到液面重复反射波峰。

② 记录曲线的测量。正确判断曲线上各个波形的起始点，正确使用分卡和测长仪等专用工具。

③ 若多条液面曲线记录图对比中其液面波峰总是对不起来，没有一个相对稳定的值时，一般应判断为可能有"泡沫段"的影响。这类井往往是常放套管气的抽油井，所以测试时，应预先往环形空间内加消泡沫剂或用脱气原油进行热洗消泡或常采用关闭套管闸门待套压稳定后，方可进行液面测试。

4. 液面检测求产步骤

① 探液面求产主要用于低压低产纯油层或水层。

② 降液面至设计深度后，按照设计的时间间隔探动液面深度。

③ 准确记录测点时间间隔(Δt)、动液面深度(L)及液面差(ΔL)，计算出每个时间间隔的日产液量。

④ 绘制动液面深度与产液量关系曲线，求油或水的产率。

3.6.2 自喷井求产

3.6.2.1 系统试井求产

系统试井也称稳定试井或回压法试井，是油气生产井或注水井现场常用的一种试井方

法。系统试井是建立生产能力或注入能力方程，因而实测的系统试井成果是优化油、气生产井及注入井工作制度的重要资料。

1. 系统试井的原理

由渗流力学基本原理，平面径向流的井产量大小主要决定于油藏岩石和流体的性质以及生产压差。因此测出井的产量和相应压力，就可以推断出井和油气藏的流动特性，这就是系统试井所依据的原理。

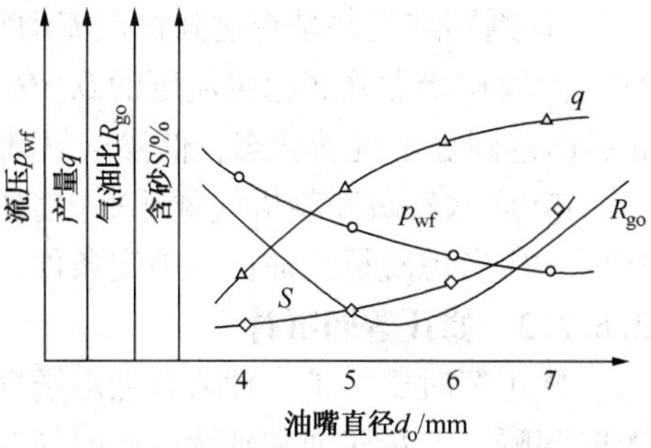

图 3-16　系统试井曲线示意图

2. 系统试井具体做法

依次改变井的 4 个工作制度(3 个油嘴)，待每种工作制度的生产处于稳定时，测量其产量和压力以及其他有关的资料，然后根据这些资料绘制指示曲线，系统试井曲线；得出井的产能方程，确定井的生产能力，合理工作制度和油气藏参数(图 3-16)。

3.6.2.2　等时试井

等时试井是指为了确定井的生产能力和研究储层参数及储层动态而对井进行等时间间隔的专门测试工作。等时试井是一种适合低渗透气藏气井产能试井的方法。一个较小的产量开井，生产一段时间后关井恢复地层压力，待恢复到地层压力后，再以一个稍大的产量开井生产相同的时间，然后又关井恢复，如此进行 4 个工作制度。最后以一个小的产量生产到稳定(图 3-17)。

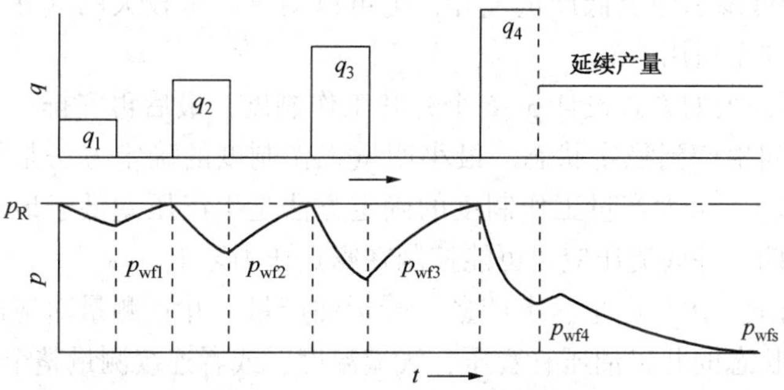

图 3-17　等时试井曲线

等时试井与系统试井相比，缩短了开井时间，但由于每个工作制度都要求关井恢复到原始压力，使得关井恢复时间较长，整个测试时间较长，测试费用较高。确定等时试井流动时间，一般要求开井生产时间必须大于井筒效应结束的时间，并且要求开井流动结束时，探测半径必须达到距井 30m 的范围，以便在流动期能够反映地层的特性，流动期时间必须要大于井筒储存效应结束的时间。确定关井时间，要求关井压力恢复到原始地层压力，便可进行下一个工作制度的测试。最后延续期流动时间的确定可采用一点法测试的稳定时间的确定方法。

等时试井要求：

① 选择 4~5 个工作制度进行测试，测点产量由小到大，逐步递增。

② 测点的最大压力降控制在地层压力的 20%以内，各测点之间压力降的差值应基本一致。

③ 测量每一个工作制度下的气、水和凝析油产量，同时测量井口(或井底)压力、气流温度。每个稳定测点取气、水样分析。砂岩储层应测定产出流体的含砂量。

④ 判别纯气井是否达到稳定流动状态的经验性方法是8h内气井井底流压变化量不超过该时间段初始点井底稳定流压的0.5%，产量变化小于5%。一般条件下，高产气井开井2~4h后即达到稳定流动状态，低渗透气藏低产气井则可能超过8h。

⑤ 底水气藏和凝析气藏开采初期应避免生产压差过大。凝析气藏稳定试井选择工作制度时，应考虑凝析气油比的稳定条件。

3.6.2.3 修正等时试井

修正等时试井是一种适合低渗透气藏气井产能试井的方法。对影响修正等时试井结果的等时间隔、产量序列和延续生产时间等环节进行较系统的研究，提出修正等时试井的合理设计方法，即等时间隔生产时间应略大于井筒储集效应时间、产量序列采用递增的方式、延续生产时间持续到拟稳态开始时间等。

修正等时试井是等时试井方法的改进，在实际应用时，只要求所有工作制度下的开井生产时间和关井恢复时间都一样，最后以一稳定产量生产较长时间，直至井底流压稳定，然后关井测压恢，此方法现场操作简便，既缩短了开井流动期的时间，也减少了关井恢复期的时间；修正等时试井适合于低渗气藏中气井产量较高的气层测试，采用气产量由小到大的4个工作制度、每个工作制度开关井时间相同，然后选择一个合适的产量生产5~7天，并利用气井的产量及其所对应的井底流压，求取气井的产能方程和无阻流量。

修正等时试井要求：

① 主要适用于低渗透地层低产量气井，也可以用于产量较大的气井。但水产量较大或井筒积液严重的气井不适用。

② 按产量从小到大的方式设计3~5个开井工作制度，最后再安排一个中等产量的工作制度，延长开井时间生产到稳定状态。最小产量工作制度的确定方法是能够控制产量稳定(正常带出井筒积液)；最大产量工作制度的确定方法是生产压差低于地层压力的20%。对于凝析气藏开采初期，井底流压应尽可能控制在露点压力之上。

③ 每1小时测量一次气产量、水产量、凝析油产量，并且测量对应时间点、各开关时刻、最后稳定生产状态的井口油压、套压、气流温度，或者连续测量整个修正等时试井期间的井底压力和温度。

3.6.2.4 一点法求产

气井一点法试井工艺技术简单，施工成本低，施工周期短，已广泛应用于油田气井产能预测和评价，一点法试井只要求测取稳定的地层压力、一个工作制度下的稳定流压，但一点法对资料的分析带有一定的经验性和统计性，分析误差较大。特别是低渗透气藏，压力恢复缓慢，所测的地层静压值偏低，求产开井3天以上多数井测取不到稳定的流压，所取流压值偏高，计算的无阻流量均偏高。因而根据一点法所得到的产能方程来预测地层产能往往偏大，经验统计表明，开井时间越长，所求的无阻流量越低。

1. 一点法试井理论

一点法试井只要求测取一个稳定产量 Q_g 和以该产量生产时稳定井底流压。一点法是产能试井的方法之一，其目的是确定气井无阻流量，利用获得的地层压力、气产量以及获得的稳定流压(地层回压)代入相应的产能计算公式计算无阻流量，鄂尔多斯盆地气井计算无阻流量公式通常是采用长庆经验公式[式(3-12)]，此一点法产能经验公式是基于长庆油田丰富的稳定试井资料得出的，在鄂尔多斯盆地具有代表性。鄂尔多斯盆地应用的一点法经验公式普遍采用一点法试井，地面控制产量稳定，开井时间3天，测取稳定产量下气层稳定的流压，一点法试井所采用的计算公式见公式(3-13)。

$$Q_{AOF}=\frac{0.2745\quad Q_g}{\sqrt{1+0.6244\quad P_D}-1} \tag{3-12}$$

$$P_D=1-\left(\frac{P_{wf}}{P_e}\right)^2 \tag{3-13}$$

式中 Q_g——气产量，m^3/d；

P_{wf}——井底流动压力，MPa；

P_e——原始(或平均)地层压力，MPa；

P_D——无因次压力，无因次；

Q_{AOF}——无阻流量，m^3/d。

2. 影响无阻流量计算准确性的因素

(1) 气井产量对计算无阻流量的影响

由公式(3-12)、(3-13)可以看出影响无阻流量计算结果的主要参数是气产量和稳定的井底流。以气井不同流压，根据一点法经验产能公式计算无阻流量，并与回压比(P_{wf}/P_e)建立相关曲线，随着井底流压的下降，无阻流量逐渐变小，当流压下降到一定程度，无阻流量趋于一稳定常数，这时的无阻流量才准确可靠，也就是说一点法试井不仅要求气井产量至稳定状态，同时要求井底流压满足一定的回压要求。

(2) 求产时间对计算无阻流量的影响

通过气井产能试井理论研究，求产时间越长，波及半径越大，无阻流量相应减小，直至影响半径扩大至气井所控制的范围，无阻流量趋于稳定，因此对于一点法试井，求产时间过短，则影响半径小，所确定无阻流量只反映井周围或压裂改造范围气藏特征，即主要代表近井周围或压裂改造区域内的产能，未反映井外围广大范围气井产能，得到无阻流量必然偏高，因此一点法试井必须保证一定的求产时间，使气井探测半径接近或达到气井所控制气藏范围边界。

(3) 压差控制对计算无阻流量的影响

气田压差控制很重要，有效的控制生产压差，一是便于准确计算无阻流量，二是通过合理压差控制防止地层出砂或者由于压差过大导致地层垮塌等事故发生；控制压差是通过控制产量实现的，如果气井产量控制太小，必然导致井底流压过高，压差过小，即使井生产很长时间，流压下降也很慢，从表面现象看气井好像达到了稳定状态，但由于未满足压差要求(压差应大于静压的25%)，由此计算无阻流量偏高；如果气产量控制过大，井底流压下降速度快，生产压差逐渐增大，尽管很快满足井底回压要求，但井底流压很难趋于稳定，且求产时间短，探测半径小，未反映气井所控制范围的整个特征，计算出无阻流量同样不准确。

分析气井一点法无阻流量误差较大的原因认为：低中产井主要受求产时间影响，因为气田低压、低渗，气井较短生产时间内，影响半径小，测试动态只反映了井周围压裂、酸化区域特征，未能真实反映气井所控制气藏的整个特征。一般低中产井产能比较低，在一定气产量下测试回压一般容易满足测试技术要求。高产井无阻流量不准确的原因主要是测试回压未满足测试技术要求，高产井产能高，渗透性相对较好，在求产较短时间内，影响半径即可扩大到较大范围，但由于高产井现场受分离器等设备的影响，产量提高幅度有限，导致井底流压偏高。

（4）一点法求产存在问题

一点法试井要求测试动态达到稳定状态，同时井底流压还应满足一定界限，而且应保持一定测试时间，使影响半径接近或达到气井所控制的气藏范围边界，否则由此计算无阻流量偏大．如果气井产量放的过小，则井底流压高，生产压差小，即使生产时间很长，流压下降也很慢，从表面上看，气井好象已达到稳定状态，但未满足回压技术界限，由此计算无阻流量偏高。如果气井产量过大，井底流压下降快，生产压差持续增大，尽管很快可以达到回压界限，但井底流压很难趋于稳定，同样不能满足计算无阻流量的条件，计算结果误差大。

3.7 测压工艺技术

测压是使用专用设备(试井车或试井绞车等)通过录井钢丝或电缆将压力计下入井内，连续录取井内压力、温度等参数，为后期资料分析、油藏评价等工作提供时间-压力、时间-温度数据。测压按测试目的分类主要分为：静压测试、流压测试、压降测试及压恢测试等，按测压方式分类主要分为：存储压力计测压及地面直读压力计测压两类。

3.7.1 测压前准备

3.7.1.1 钢丝试井绞车

① 检查发电机与分动箱运转是否正常，在滚筒离合器脱开的情况下，能否挂上绞车档。

② 检查各部位的固定螺丝是否紧固，链条张紧程度及连接情况。

③ 检查绞车刹车、刹把、离合器等是否灵活可靠。

④ 缠好足够长度的钢丝，直径应满足测压中最大负荷要求。

⑤ 认真检查钢丝有无锈蚀、死弯。裂缝和砂眼等伤痕，不合格者绝不使用。在含硫又含水的井中应使用抗硫钢丝。

3.7.1.2 电缆试井绞车

① 倒好足够长度的电缆，测定电缆的绝缘性，并检查是否断芯。一般铠装电缆用摇表检查芯线与外传铠装钢丝绝缘电阻的大小，新电缆下井前必须释放电缆中的扭应力，可用在空旷的道路上拖开“破劲”的方法，也可在没有井口压力的深井中用加重杆空下一次的方法。

② 检查液压油液面是否符合要求，清洗过滤器。

③ 检查液压传动系统有无渗漏，操作系统运转是否正常，制动系统是否操作灵活可靠。

④ 在含硫、含水气井中应使用抗硫电缆。

⑤ 校正电缆深度，为了保证测量深度的准确性，要求 1000m 的误差一般不超过±0. 5m。

⑥ 要求供电系统工作正常、无误。

3.7.1.3 深度计量装置

① 检查测试器各部位的螺丝是否紧固，变速齿轮是否啮合良好。

② 计量轮完好无损，尺寸合格，槽内无油污。

③ 检查计数器转动是否灵活，有无跳字、卡死现象。

④ 对于使用传动软轴的计数器要检查软轴的润滑情况和结合情况。

⑤ 根据选用钢丝(或电缆)直径，配置与之配套的计量轮。

3.7.1.4 钢丝井口防喷装置

① 根据测压井的井别、井口条件和测压内容，准备合适直径、合适长度、丝扣完好、耐压指标合格的防喷管及短节。在含硫井测压时，应准备抗硫防喷管和放喷堵头。

② 准备好与防喷管配套的放空闸门、滑轮和滑轮支架、放喷堵头和操作平台等。

③ 当防喷管较长时，还应准备地滑轮或钢丝绷绳等。

④ 放空闸门开关灵活、不渗漏，压帽盘根完好。

3.7.1.5 电缆井口放喷装置

① 依据井口压力、下井压力计、加重杆或工具的长度装配不同长度、耐压指标合格的防喷管。在含硫井测压时，应准备抗硫防喷管和放喷堵头。

② 准备好与防喷管配套的放喷闸门、放空闸门、井口接头、滑轮和滑轮支架、注脂密封装置及密封脂软膏等。

③ 在井口压力低于2~3MPa时，可不用注脂密封装置，使用注脂密封装置时，注脂压力应高于井口压力的15%~20%，以井口上方不漏为准。

④ 检查并准备好注脂泵、手压泵、密封脂桶、空压机，以及相应的起吊装置。

3.7.1.6 存储式压力计准备

① 检查压力计标定日期是否过期。

② 更换所有"O"形密封圈，检查压力计丝扣是否完好无损、干净。

③ 下井前编好数据采集程序，并上传至压力计存储器中。

④ 把压力计和电池连接在一起后，根据压力计说明书要求检查压力计工作情况是否正常。

3.7.1.7 地面直读式压力计准备

① 检查压力计标定日期是否已过期。

② 准备好压力计、信息转换器及数据采集计算机等装备。

③ 准备好压力计的数据采集磁盘机及所选用压力计的参数等。

④ 当把压力计连接好电缆放入防喷管前，接通电源，检查信号输出情况。

⑤ 根据压力计说明书要求检查其余需要检查项目。

3.7.1.8 测压井的准备

① 管柱结构及井下情况清楚，数据齐全准确。特别是分层配产(注)管柱的层段数、封隔器级数和各级工作筒的规范及深度。

② 井内无落物，压力计能在井中顺利起下。第一次测压时，在压力计下井前先通井至测压深度。

③ 井控设备齐全、良好，各种闸门开关灵活，井口不渗漏。

④ 测压前油(水)井工作制度必须稳定，测压力恢复曲线必须有连续三天的稳定产量。

⑤ 油井测压前必须先清蜡，清蜡后应停留一段时间，待井口压力稳定后再进行测压作业。

⑥ 稳定、不稳定测压期间，不应改变邻井工作制度，防止井间干扰影响测压质量。

⑦ 对不稳定试井的井，必须安装准确可靠的产油、产气，产水量或注入量的计量装置。

3.7.2 测压工艺技术

3.7.2.1 下压力计

① 利用液泵带动或下井仪器自重的作用，带动滚筒旋转自由下落，利用刹车手柄控制

下放的速度，下放速度应平稳，速度不超过 100~150m/min。

② 当由于高压，压力计在井口无法靠自重下放时，首先检查小压帽的松紧度，不得用钢丝钳夹录井钢丝往下送，应用手往下送。

③ 当由于水合物，压力计难下、或上顶时，应及时盘紧录井钢丝，同时控制生产闸门，及时向井内注甲醇进行解堵。

④ 下放过程中应注意观察下放速度和下井深度，不要使滚筒旋转速度大于 400r/min，下放到预定位置 50m 前降低下放速度，到位后刹车。

⑤ 不稳定试井时，当压力计下入预定位置后须停留 0.5~1h 左右时间后再改变工作制度。

3.7.2.2 上提压力计

① 上提井内仪器时，应先调整小压帽的松紧。

② 缓慢下放 1~2m，用手摇上提 5~10m，如发现压力计遇卡，立即刹车；采用注甲醇的办法解卡，如上提正常，接通电源，油泵开始工作，将变速箱操作手柄置于低速档并将手动换向阀置于提升位置。

③ 顺时针慢慢旋进调速针阀，当压力表起压时一边旋进一边缓慢松刹车，液压马达即开始驱动滚筒旋转，进行提升作业。

④ 上提过程中注意观察计数器的运转情况，并及时调整小压帽的松紧度。注意丝扣及漏气情况。

⑤ 当压力计起至井口 50m 时减速，并在井口观察记号。距井口 30m 时停车摘掉滚筒离合，用手摇绞车将压力计提至放喷盒内，用手刹把滚筒刹死。

⑥ 用手拉录井钢丝，试关清蜡闸门总圈数的三分之二圈，下放压力计试碰闸板，待听到碰闸板声后方可关闭清蜡闸门；打开放喷管放空阀泄压，压力表回零后，卸大压帽，取出入井仪器。

⑦ 测压完成后，把手动换向阀置于空档位置并将调速针阀逆时针旋至最大，关掉电源使液泵停止工作。

3.7.3 测压曲线识别

3.7.3.1 标准测压曲线

标准的静(流)压、压恢及压降测压曲线图分别见图 3-18、图 3-19 及图 3-20，标准测压曲线要求各测压台阶明显，曲线真实反映井下压力变化情况。

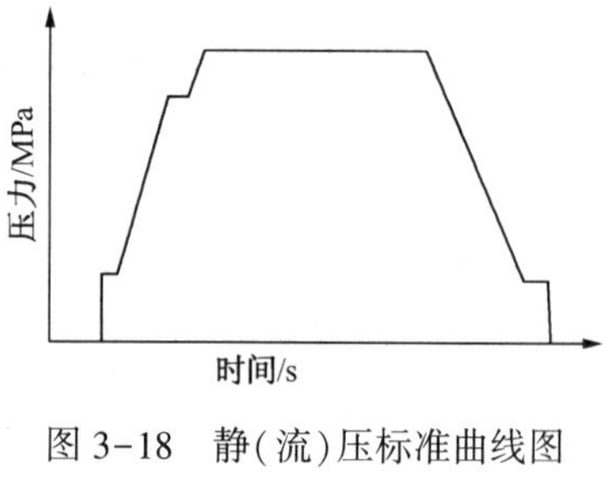

图 3-18 静(流)压标准曲线图

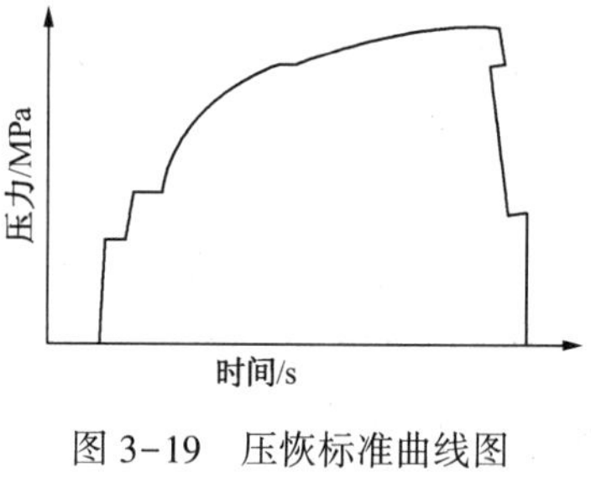

图 3-19 压恢标准曲线图

3.7.3.2 异常测压曲线分析

图 3-21 为静压测压曲线，当压力计下入预定位置后，连续录取压力数据，从压力曲线

可以看出，井底压力还没有达到稳定，仍处于上升阶段。

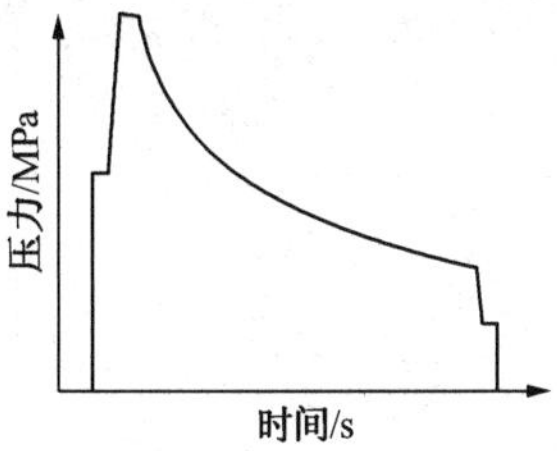

图 3-20　压降标准曲线图

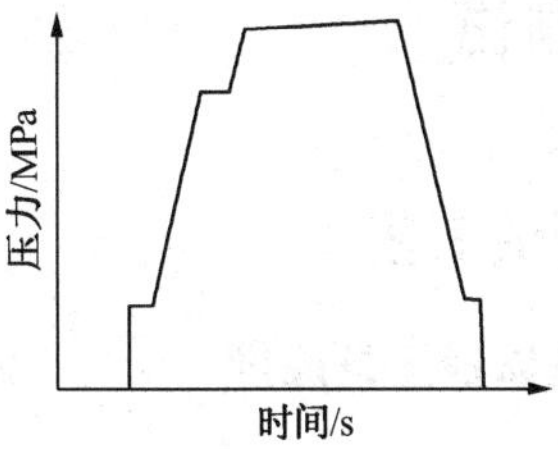

图 3-21　静压测压异常曲线图

图 3-22 为流压测压曲线，从测压曲线可以看出，井底压力呈波动状态；出现这类流压曲线一般为生产井间歇产液造成的。

图 3-23 为压降测试常见的异常曲线，当压力计下入预定井深位置，开井测压降，开始压降曲线正常，但在压降曲线中途，压降加速，压降曲线出现一个明显的拐角，导致该类曲线的原因主要有以下几个原因：

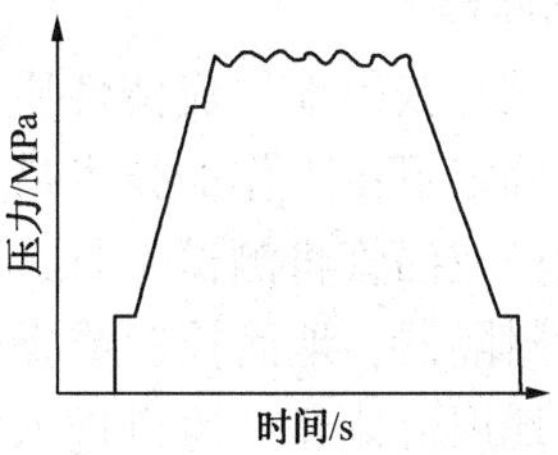

图 3-22　流压测压异常曲线图

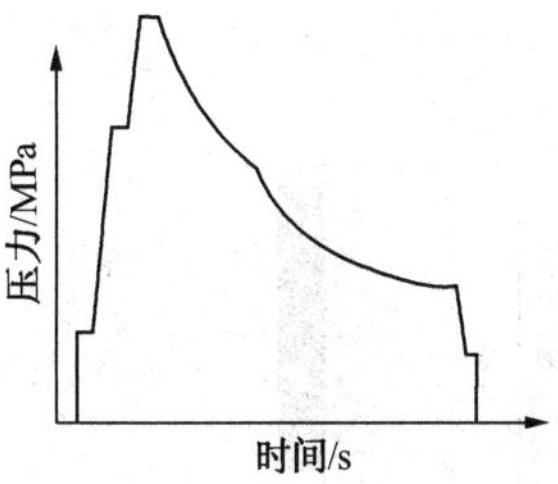

图 3-23　流压曲线压降速度突然增加

① 本井影响：稳产生产过程中，突然增加了该井产量，造成压降速度增加。

② 临井影响：临井开井或临井产量增加，当临井压力波动影响到该井时，会出现这种压力曲线出现；注水井停注，当注水井压力波动影响到该井时，也会出现这种测压曲线出现。图 3-24 为压恢测压曲红，从该压恢曲线上可以明显看到压恢曲线存在一个明显的驼峰，该类曲线多出现在气井压恢测压曲线中，出现这类曲线主要是由于井内存在气、液分离造成的。

图 3-25 为压恢测压曲线，虚线部分为正常的压恢测压曲线，实线部分为实测压恢曲线，这种曲线主要是由于临井生产影响造成的。

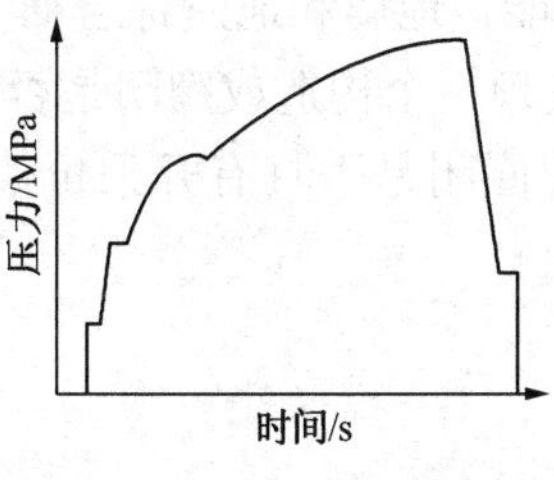

图 3-24　井内存在气液分离的压恢曲线

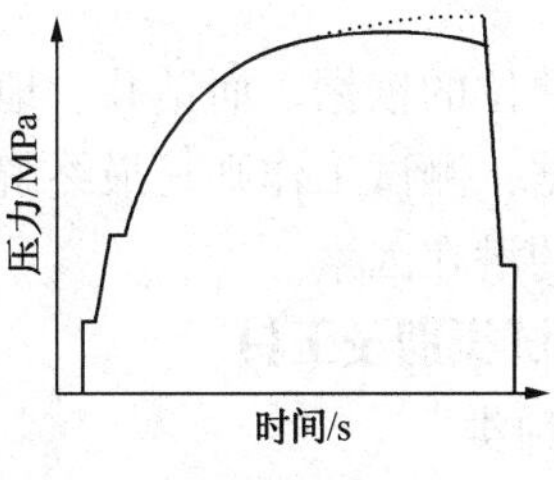

图 3-25　临井生产造成压恢曲线异常

3.8 地层测试

3.8.1 地层测试工艺

3.8.1.1 基本概念及工艺原理

1. 基本概念

地层测试又称为钻杆测试(Drill Stem Testing 简称 DST)，在钻井过程中(或下套管完井之后)，用钻杆(或油管)将地层测试器送入井内，操作测试器开井、关井，对目的层进行测试，取得井下压力-时间关系曲线，通过曲线分析可获得动态条件下地层和流体的各种资料，计算出地层和流体的特性参数，及时对储层作出评价。其具体的目的为：探明新地区、新构造、新层位是否有工业性油气流，验证油气层的存在；查明油气田的含油面积及油水或气水边界，油气藏的驱动类型和产油、气能力；通过分层测试，取得分层测试资料，计算出储层和流体的特性参数，为估算油、气储量和制定油气田开发方案提供依据。

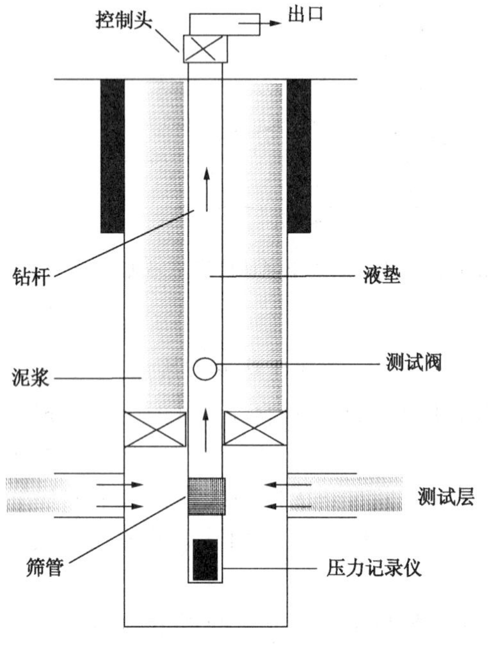

图 3-26　地层测试原理图

2. 工艺原理

地层测试是获得地层流体性质，计算地层特性参数，确定下步工作的技术措施之一。原理是：用钻杆或油管将测试工具，下入待测层上部，坐封封隔器，地面控制或操作，将测试阀开、关，地层流体经过通道进入管柱内，直至地面，根据录取的流动性质，压力温度等资料，用特殊的理论及方法进行解释评价，达到认识地层的目的，见图 3-26。

3. 测试的重要性和必要性

勘探工作是一项复杂的、多工种、多学科的系统，工程从地震、钻井、录井、测井到测试，在这一过程中任何一点疏漏都会给油气勘探带来巨大损失，轻则造成资金浪费，重则推迟或掩埋对一个油藏或一个地区油气资源的发现。在这一系统工程中每一个环节都有它不可代替的功能，地震和地质综合研究的结合能准确提供钻探井位的依据。而钻井、地质录井、测井为发现一个构造或圈闭是否有油气聚集提供了直接依据，测试工作则是最终解决一个构造或一个圈闭是否具有开采价值的油气存在，并找出其中的潜在因素。

3.8.1.2 测试类别及工具

1. 测试种类

测试的种类可按不同类型、不同方式和不同时机来进行划分。按测试时机划分：中途测试和完井测试；按坐封类别划分：裸眼测试和套管测试；按测试方式划分：常规测试和综合测试。见表 3-3。

表 3-3　地层测试类别

分类＼类型	测试类型	测试方式	作业方式
中途测试	裸眼测试	常规裸眼测试	支撑井底式
			膨胀裸眼式
			选层井壁式
		跨隔裸眼测试	支撑井底跨隔式
			选层跨隔式
			膨胀跨隔式
	套管测试	常规式套管测试	套管挂壁式
		全通径式套管测试	
完井测试	套管测试	套管常规测试	
		套管跨隔测试	
	综合测试	射孔-测试联作	
		射孔-跨隔测试联作	
		测试-酸化-测试联作	
		非常规测试(高温高压)	

2. 典型管柱结构及工具

(1) 操作管柱式常规测试管柱(图 3-27)。

操作管柱式测试管柱是目前国内外使用最多，最常用的测试管柱，广泛应用于试油测试生产中，它主要有：循环阀、测试阀(MFE、HST)、压力计记录仪(机械式和电子式)、套管封隔器(P-T 型和 RTTS 型)等测试工具组成，它是通过地面操作管柱来实现开关井，达到测试目的。其特点：

① 最常用的测试管柱、普遍应用于现在的测试生产之中。

② 该测试管柱操作简便、灵活可靠。

③ 测试阀主要是 MFE 和 HST。

④ 全部工具国产化，成本较低。

⑤ 主要应用于直井和小斜度井内，应用范围有一定的局限性。

⑥ 适用于低产层和油水井的测试。

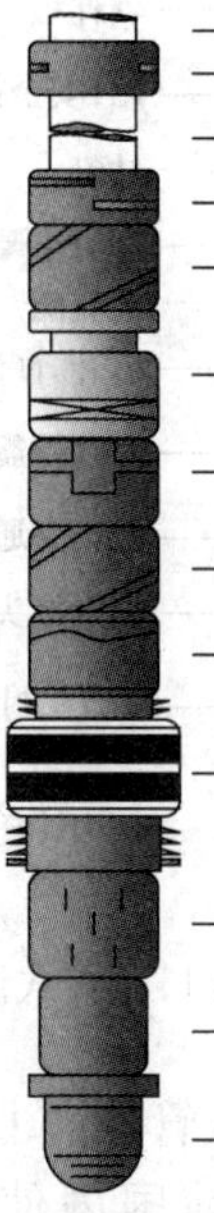

图 3-27　操作管柱式常规测试管柱

(2)井口压控式测试管柱(图 3-28)。

井口压控式测试管柱以 APR 压控式测试工具为例，该测试管柱适应性较强，不仅在直井中较为广泛应用，而且更适用于海上浮船、自升和固定式钻井平台及陆地大斜度井和水平井测试。它主要有 APR-A 型循环阀；APR-M2 型取样安全阀；APR-N 型测试阀，压力计记录仪(机械式和电子式)伸缩接头、封隔器等测试工具组成。它是通过由环形空间压力控制来操作测试阀，实现开关井，达到测试目的。其特点：

① 适用于海上浮船、固定自升式平台作业。

② 陆上大斜度井、水平井测试。

③ 井口压控式操作开关井，安全可靠，成功率较高。

④ 全通径，对高产井的测试特别有利，无阻流现象，工具强度等级高，高温、高压井

测试较多。

⑤ 可进行综合作业，对地层可进行酸洗和挤注作业。

⑥ 可进行各绳索配合的综合作业。

⑦ 设备国产化低，大都依赖进口，测试成本高。

⑧ 只能用于套管井内，不能在裸眼井内使用。

(3) 常规跨隔测试管柱(图 3-29)。

该测试管柱是在常规测试管柱的基础上进行有选择的层位进行测试作业，在我国系统完井试油生产中较广泛应用，它主要有：循环阀、测试阀(MFE、HST)，上封隔器(也叫剪销封隔器)、压力计记录仪(机械式和电子式)、重型筛管，套管封隔器(P-T 和 RTTS 型)等测试工具组成。它也是通过地面操作测试管柱来实现开关井，达到测试目的。其特点：

除有常规测试的特点外，对于多层段系统试油的井来讲，可以选择层位进行测试，而且不要进行下桥塞和挤水泥封堵，大大缩短了试油周期，加强试油速度，提高了经济效益。

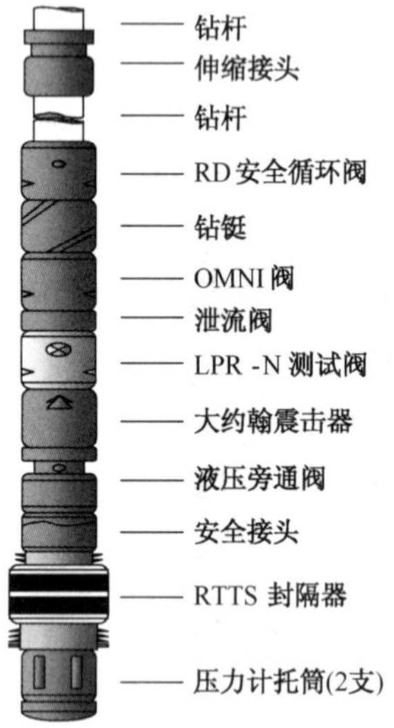

图 3-28 井口压控式测试管柱

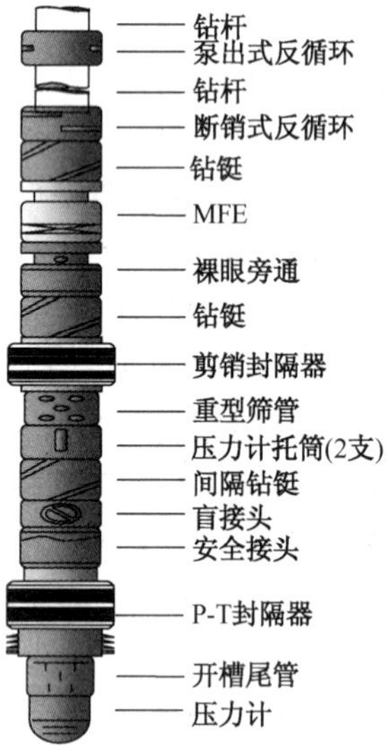

图 3-29 常规跨隔测试管柱

(4) 常规裸眼测试管柱(图 3-30)。

此测试管柱是目前国内使用最多，最常用的测试管柱。主要有：循环阀、测试阀(MFE、HST)、裸眼旁通、压力计记录仪(机械式较多)、震击器、安全短节、安全密封、裸眼支撑式封隔器等测试工具组成。它也是通过地面操作测试管柱来实现开关井，达到测试目的。

管柱特点：

① 有常规套管测试的所有特点。

② 通过测试作业可以为该井是否下套管作出决定，能节约下套管和固井的费用，经济效益明显。

③ 测试时间短，取资料有一定的局限性。

④ 由于是裸眼测试作业，安全性较套管内差。

(5) 常规裸眼跨隔测试管柱(图 3-31)。

该测试管柱是常规裸眼测试管柱的基础上的深化，使用的范围受到限制较多，主要有：

循环阀、测试阀、上裸眼旁通、震击器、安全短接、安全密封封隔器、压力计记录仪、下封隔器、跨隔裸眼旁通等测试工具组成。它也是通过地面操作测试管柱来实现开关井，达到测试目的。

管柱特点：

① 有常规裸眼测试管柱的所有特点。

② 由于是支撑式双封隔器测试，使用范围受到限制较大，要求井径条件更为苛刻。

③ 测试成功率较低。

④ 测试管柱被卡的危险性更大，安全系数更小。

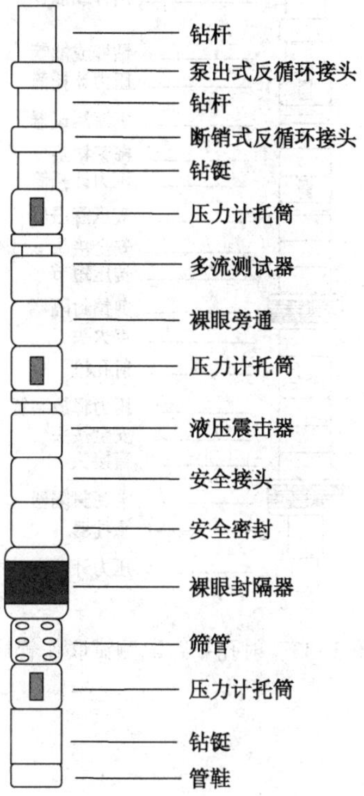

图 3-30　常规裸眼测试管柱

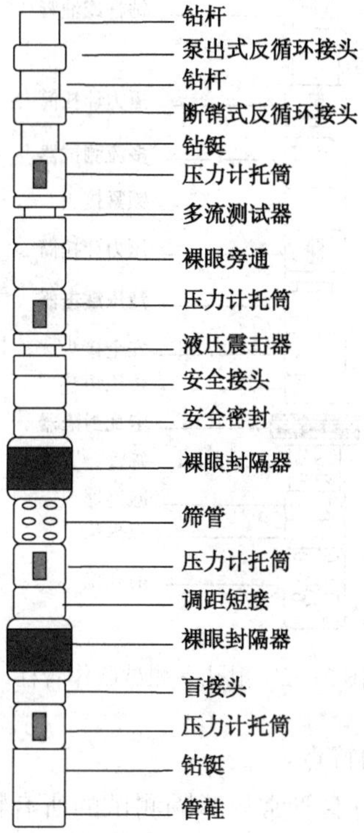

图 3-31　常规裸眼跨隔测试管柱

(6)射孔-测试联作管柱(图 3-32)。

该联作管柱是目前国内采用较多的测试射孔联作作业，普遍运用于试油射孔生产中，它主要有：常规测试管柱的测试工具和传输射孔器材(TCP)进行组合。是把射孔器材同测试工具一起下入井内，先进行通过地面操作打开井底测试阀，然后再进行点火射孔，最后，按常规测试的要求进行测试作业，达到射孔测试的目的。

管柱特点：

① 具有常规套管测试的所有特性。

② 具有传输射孔的所有特点。

③ 一次管柱入井进行射孔测试，缩短时间，提高效益。

④ 防止射孔后发生井喷的不安全性最为突出。

⑤ 先开井，后射孔，射孔后，打开地层进行负压测试，防止射孔后第二次污染，保护油气藏最为突出，也是油田勘探开发主要目的。

（7）射孔–跨隔测试联作管柱（图 3–33）。

该测试管柱刚刚开发，现已正式用于测试射孔生产之中，应用前景极为广泛，主要由射孔与测试联作测试管柱中的所有测试工具和射孔器材、射孔瞬时释放装置等组成。它也是先通过操作测试管柱打开井底测试阀，最后按套管常规测试的要求进行作业，达到测试射孔的目的。

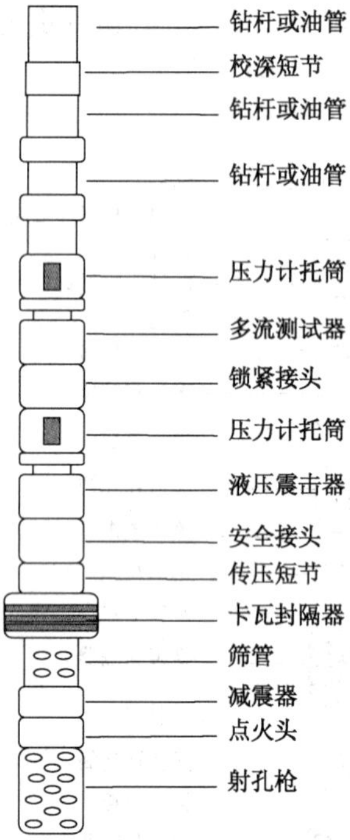

图 3–32　射孔—测试联作管柱

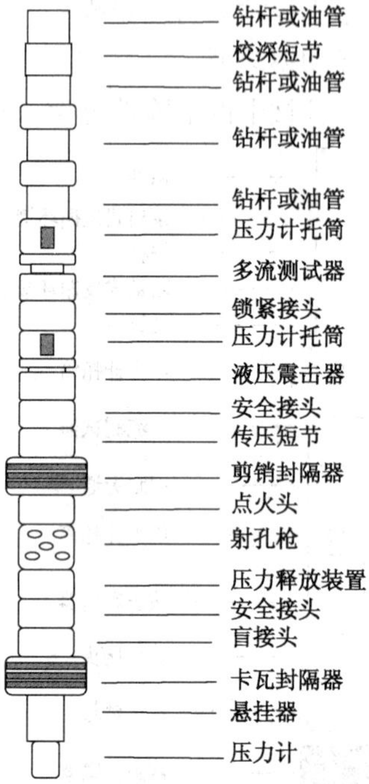

图 3–33　射孔—跨隔测试联作管柱

管柱的特点：

① 具有套管常规跨隔测试的所有特性。

② 具有传输射孔的所有特点。

③ 具有常规射孔与测试联作的所有特性。

④ 可选择层位进行射孔测试作业。

⑤ 经济效益更为明显。

⑥ 施工作业限制为上返程序。

3.8.1.3　测试作业工艺

地层测试作业工艺主要由施工前的准备和作业工艺两部分组成，其中施工前的准备是决定测试成败的关键环节，包括工具的准备和井眼的准备。测试作业工艺内容包括工具的入井、封隔器的坐封、开井流动和关井压恢测试等。

1. 施工前准备

（1）工具准备

① 根据测试设计列出井下工具、地面流程控制装置、仪器仪表、专用工具和零配件的清单，并清点列表，进行仔细检查。

② 所有井下工具及地面流程装置要进行液压延时性能试验和液压密封试验，经检验合

格后、方能送往井场。

③ 对多流测试器的换位机构要认真检查，保证换位灵活、取样器的密封圈要全部更换。按不同的油、气井测试，井口要配备相应压力级别的控制头和流动管汇。

④ 封隔器胶筒的选定：套管井要根据井温和套管壁厚选用合适的胶筒；裸眼井要根据井温和坐封段电测井径选定合适的胶筒、金属碗尺寸，胶筒直径一般比井径小 20~25.4mm，金属碗外径(压平后直径)比井径小 6.35~12.7mm。

⑤压力计的选用。根据测试时接触最大压力的要求，选用相应的压力计，最大压力应为所选压力的 80%左右。使用电子压力计应在标定期内。

(2) 井眼准备

A. 裸眼井(坐封裸眼段)

① 测试前进行双井径曲线测井，选择双井径曲线的互相重合段及井径曲线规则、地层坚硬的井段作为封隔器的坐封井段。坐封长度不少于 5m。

② 进行测试的井要求井身质量好、无“狗腿”、无键槽，井壁稳定，无掉块和坍塌现象。

③ 进行通井划眼，如有遇阻或缩径井段，要充分洗井划眼，使起下钻畅通无阻，最后划眼至井底，充分循环除砂，确保井底无沉砂。

④ 调整钻井液加入不小于 200m 的液相防卡剂，使钻井液性能达到优质，含砂<0.2%~0.3%，高压失水<15mL(砂泥岩)或<20mL(石灰岩)。泥饼摩阻系数<(0.15~0.1)/45min。

⑤ 采用双封隔器的管柱结构，封隔器底部用钻铤支撑，支撑管长度不长于 80m，封隔器上部接有震击器和安全接头。

B. 套管井(坐封套管段)

① 测试前必须用通井规通井或刮管，通井规外径比坐封段套管内径小 6.5mm。长度不小于 30cm，保证封隔器能顺利起下。

② 对于套管射孔的测试井，应充分循环洗井，将井内污物及杂质清除干净。采用优质洗井液，如条件允许，应采用无固相洗井液。

C. 井场准备

① 详细丈量下井工具、钻具或油管的长度，保证封隔器坐封在规定位置。裸眼封隔器测试，井场应备有足够的支撑钻铤和加压钻铤。

② 仔细检查钻杆或油管，以保证在 35MPa 的压差下不渗、不漏、不刺、不断裂。

③ 测试前对动力设备、提升设备、井口工具进行保养和检查。大钩要旋转自如，配备与测试工具配合的大钳头、卡瓦、安全卡瓦。

④ 指重表灵敏可靠。

⑤ 配备足够性能良好的压井液。

⑥ 检查井口防喷器，建立反循环系统，并接好和固定好放喷管线。

⑦ 安装好油气分离器及计量装置。

⑧ 测试时备有压井水泥车。

2. 测试作业程序

(1) 工具入井

测试前根据设计要求组装好测试管串，待所有准备工作检查完后即可下入测试管柱：

① 对下井的电子压力计程序进行设置并装好电池，地面检查工作正常后再装入托筒内。

② 将下井测试工具在井口连接好，按规定扭矩拧紧联结螺纹，检查所有下井部件是否

齐全完好。卡瓦、扶正块要运动自如，外表的埋头螺钉要上紧，检查安全密封下部的锁紧螺钉是否取出。当全部测试工具经检查证实无误时，即可下入井内。

③ 要记录测试器以下工具的重量，便于核算“自由点”。

④ 下井管柱螺纹要涂好密封脂，严防转动管柱，以避免卡瓦封隔器中途坐封。管柱下井过程中操作要平稳，不允许猛刹猛放，比平常下钻速度要慢，如有遇阻现象，要立即上提管柱，防止多流测试器受压缩而打开。上提后再慢慢下放，直至消除遇阻现象为止。

⑤ 下井过程中，经常观察环空返出现象和指重表悬重，以验证管柱是否渗漏。有怀疑时，在钻杆顶端抹一点油，用一张薄纸蒙上，观察钻杆是否出气，进一步验证管柱螺纹是否渗漏。

⑥ 下测试管柱至最后一个单根之前，将投杆器、控制头、活动管汇接在单根上并与测试管柱连接。下至预定井深后上提 1~2m，将活动管汇与钻台管汇连接好，再将钻台管汇与显示头、放喷管线连接好，检查所有管汇、分离器、计量装置及每个阀门，保证处于工作状态。

（2）坐封封隔器

① 卡瓦式封隔器坐封

a. 缓慢上提测试管柱，同时丈量方余，并在方余的底界处做一个标记。

b. 下放测试管柱，使吊卡接近转盘面，再缓慢上提，使方余标记与转盘面或四通法兰上平面对正。

c. 正转管柱 4~5 圈，再保持右旋扭矩的同时缓慢下放管柱，悬重随管柱下放而不断下降，表明封隔器卡瓦已坐定。

d. 若管柱连接有伸缩接头，先将伸缩接头以下的管柱重量全部压到封隔器上。当伸缩接头的总伸缩行程压缩一半后，停止下放管柱，并在管柱上作一明显标记。

e. 按设计要求对封隔器加坐封载荷。

f. 若封隔器未坐封，分析原因，采取措施，直到封隔器坐封。

② 扩张式封隔器坐封

a. 缓慢匀速上提、下放测试管柱，分别记录其悬重，计算“自由点”和膨胀泵的旋转时间。

b. 在钻杆上标明坐封标记。

c. 将坐封标记对准转盘面，置入卡瓦，缓慢下放测试管柱，直到吊卡距钻杆台肩面 100mm. 指重表指针为零。

d. 启动转盘 4~5 圈，停止转盘转动，证实无倒转现象。

e. 以 60~80r/min 的速度旋转测试管柱，直至封隔器坐封。

f. 停止转动，缓慢上提测试管柱，上提距离以能取出卡瓦为准，上提悬重与管柱悬重之差不大于 80kN。

g. 如果上提管柱，指重表指示悬重增加，下放管柱，悬重下降，说明封隔器胶筒已膨胀坐封，可进行开井、关井操作。

h. 若封隔器未坐封，分析原因，采取措施，直至封隔器坐封。

（3）开井流动测试

开井流动测试一般要经过两到三次开井作业。通常初次开井称为一开井，其目的是解除井筒周围测试层污染。第二次开井的目的主要是了解测试层的产能。待封隔器坐封成功后，继续下放钻柱加压 6~8t，停止下放等待 1~3min，钻杆出现自由下落 25.4mm，表明测试阀打开，流动测试开始。此时应密切注视显示头的反应。若井口起压，应适时倒换闸门到地面流程控制放喷，并及时计量油、气、水产量。

(4) 关井测试压力恢复

一般情况下地层测试关井工作制度均设计为两次关井测压，通常初次关井称为第一次关井，其目的是求取测试层的原始地层压力，第二次关井的目的主要是求取地层参数。流动测试结束后进行关井换位操作时，要用 1 挡平稳上提管柱，并注意观察“自由点”悬重，当上提负荷到达“自由点”悬重后，再比“自由点”多提 8900~13350N 的拉力，然后立即下放至原坐封负荷，测试器即自动换位关井。此时压力计将记录地层压力恢复数据。

(5) 解封封隔器起钻

测试终关井结束后即可解封起钻。

① 自喷井：先投棒砸开反循环阀进行反循环压井，待油气在压井液中全部消除后，即可解封起钻。解封时上提管柱的重量略高于测试管柱的重量与回收地层液体的重量之和，等待 3~5min，旁通阀打开后，平衡封隔器上下方的压力，胶筒收缩后即可上提起出管柱。

② 非自喷井：先解封起钻，待起钻至见到液面时，再投棒打开反循环阀进行反循环。反循环出来的流体接入计量罐中进行计量和取样。

(6) 地面取样及数据回放

当测试工具起出至井口时，要对取样器现场放样，并对样品进行初步鉴定。起出压力计后，要立即对压力计数据进行回放，现场鉴别判断测试是否成功。典型压力卡片见图 3-34 所示。

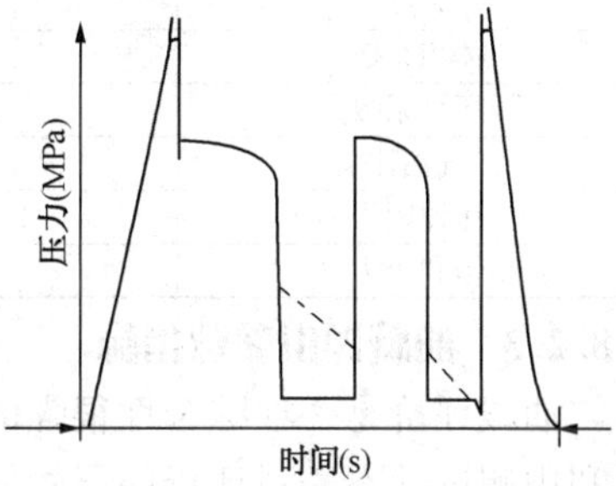

图 3-34　典型压力卡片示意图

现场验收标准：

① 压力卡片曲线开关井的压力点记录清晰，连续，完整，形态正确，基线平直。

② 两张卡片曲线形态一致，能用于定量参数的计算。

③ 不同类型产层压力和时间分配合理，操作无误。

3.8.2　测试评价与资料解释

地层测试方法是唯一了解地层动态(流动)特性的一种手段，通过对地层测试资料的处理、分析，可以获得储层的各项动态参数，为综合评价油、气藏提供依据。

3.8.2.1　地层测试方式选择

对目的层测试评价应该从前期的设计开始，即在充分了解目的层特性的情况下，根据不同的测试目的选择与之相应的测试方式，通常测试方式有以下几种：

1. 了解单井地层特性

① 压力恢复：油井中生产一段时间后，突然关井，测量关井后井底关井压力随时间的变化。

② 压力下降：油井以定流量生产，随着井底压力的不断降低，记录井底流动压力随时间的变化。

2. 确定两井或区域间连通的地层特性

① 干扰测试：主要目的是确定井间的连通性，A 井(激动井)给出一个信号，观察 B 井的压力反应，并记录 B 井的压力变化信息，分析、判断 A、B 两井是否处在同一水动力系统中。

② 脉冲测试：A 井(激动井)产量以多个脉冲的形式改变，记录 B 井(观察井)的压力变化信息。

3.8.2.2 测试分析计算参数来源

对地层测试资料进行分析需要收集井和油藏的参数，常用参数来源见表 3-4。

表 3-4 测试分析计算中参数来源

参数	符号	来源	
		主要	参考
渗透率	K	测试	测井、岩芯
孔隙度	Φ	油气井	岩芯
有效厚度	H	油气井	地质
饱和度	S	油气井	岩芯
产量	q	测试	非自喷井参考抽吸
地层压力	P_i	测试	
地层温度	T	测试	
黏度	μ	PVT	查表、计算
体积系数	B	PVT	查表、计算
压缩系数	Ct	PVT	查表、计算
气油比	R	测试/PVT	生产资料
压缩因子	Z	PVT	查表、计算
饱和压力	P_b	PVT	查表、计算

3.8.2.3 油藏评价参数指标

油藏评价是一项综合性很强的工作，需要运用大量的各种动、静态资料数据作为依据。就利用测试动态资料评价储层的好坏而言，不能单一地看储层的产能大小、渗透率的高低，应考虑储层的渗流效果(流度 K/μ)和采出程度。目前采用全国矿产、储委会颁布的油藏评价参数指标，如表 3-5 所示。

表 3-5 储层动态评价参数标准

项目	分类			
	高	中	中等偏低	低
流度/[$10^{-3}\mu m^2$/(mPa·s)]	>80	30~80	10~30	<10
千米产能/[t/(d·km)]	>15	5~15	1~5	<1
每米采油指数/[m^3/(d·MPa·m)]	>1.5	1~1.5	0.5~1	<0.5

3.8.2.4 测试压力卡片的定性分析与解释程序

测试压力卡片是地层测试录取的主要资料之一。卡片曲线直观地反映了测试过程中任一瞬间的压力变化，它完整地记录了从工具入井、测试到工具起出的测试施工轨迹。

① 压力卡片曲线的组成。

一般地层测试大多采用两次开关井测试工艺，即初开井、初关井、二次开井、二次关井四个阶段。初开和初关井为一周期，二开二关为另一周期。如图 3-35 所示。

② 压力卡片曲线分类。

不受工艺、井眼、人为因素影响的成功测试，其压力卡片曲线直观地反映了储层的产出能力、流动特性、地层的压力恢复能力和储层特征。由于测试的地层各不相同，压力卡片曲线也是千差万别。如图 3-36 和图 3-37 所示。

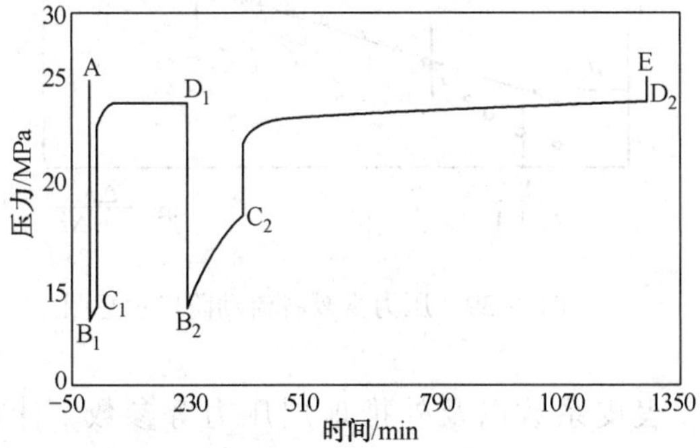

图 3-35　压力卡片曲线展开示意图

A—始静液柱压力；AB_1—打开测试阀；B_1C_1—初流动压力曲线；C_1D_1—初关井压力曲线；D_1B_2—第二次打开测试阀；B_2C_2—第二次流动压力曲线；C_2D_2—第二次关井压力恢复曲线；E—终静液柱压力

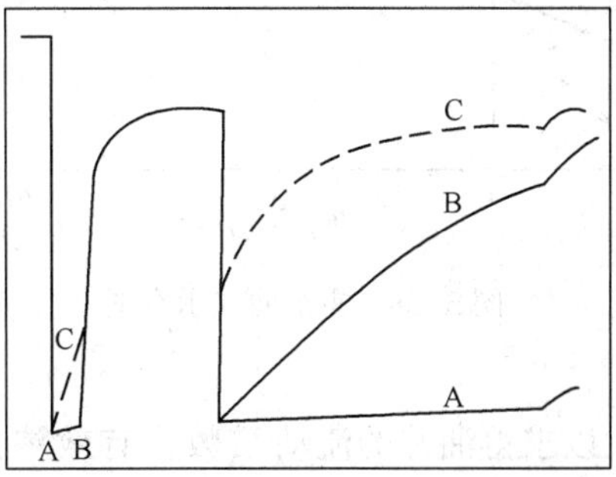

图 3-36　不同产量地层的测试曲线

A—低产曲线；B—中等产量曲线；C—高产曲线(非自喷)

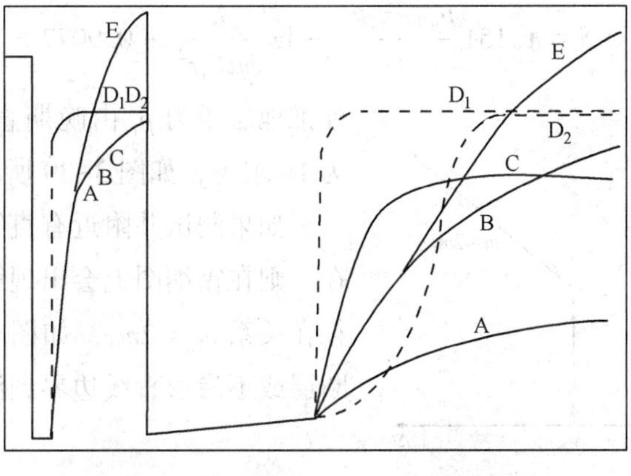

图 3-37　不同渗透性地层的测试曲线

A—低压低渗透(干层)曲线；D_1D_2—地层污染堵塞曲线；B—低渗透曲线；E—高压低渗透曲线；C—能量衰竭曲线；

3.8.2.5　试井分析方法

试井分析方法分为常规分析方法——半对数分析法和现代分析法

1. 半对数分析法

常规试井分析可用于等产量或变产量的压降测试，更多的是用于压力恢复测试。现场常用的半对数分析包括霍纳(Horner)法、MDH 法和麦斯凯特(Muskat)法。

(1) 霍纳分析法

本方法常用于新井试油结束后的压力恢复测试。通过将测试得到的油井恢复压力 p_{ws} 与霍纳时间 $\Delta t/(t_p+\Delta t)$ 或 $(t_p+\Delta t)/\Delta t$，在半对数坐标中作图，如图 3-38、图 3-39 所示。

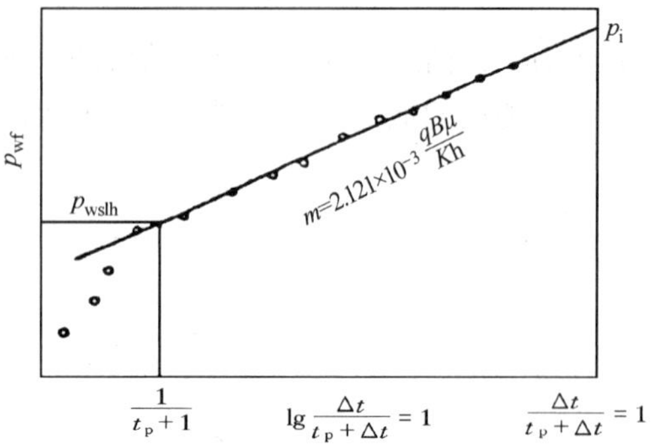

图 3-38 霍纳曲线示意图

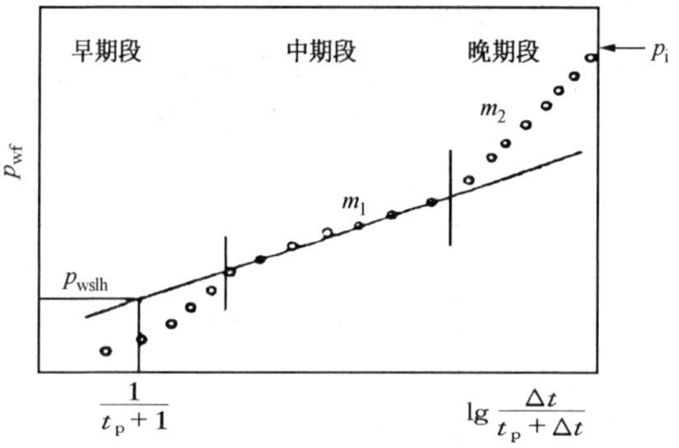

图 3-39 压力恢复各流动阶段示意图

以求得油井的流动系数、有效渗透率、表皮系数以及外推地层压力等参数。计算公式为：

$$\frac{Kh}{\mu}=2.121\times10^{-3}\frac{qB}{m} \tag{3-14}$$

$$K=\frac{2.121\times10^{-3}q\mu B}{mh} \tag{3-15}$$

$$S=1.151\frac{p_{wslh}-p_{wf}}{m}-\lg\frac{K}{\phi\mu C_t r_w^2}-0.9077 \tag{3-16}$$

外推地层压力 p_i 由晚期直线段外推至霍纳时间为 1h 求得，如图 3-39 所示。

如果测试井附近有直线不渗透边界或断层存在，则在霍纳图上会出现第二直线段，且其斜率存在关系 $m_2=2m_1$，如图 3-40 所示，则可求出断层或不渗透直线边界到测试井的距离 d 为：

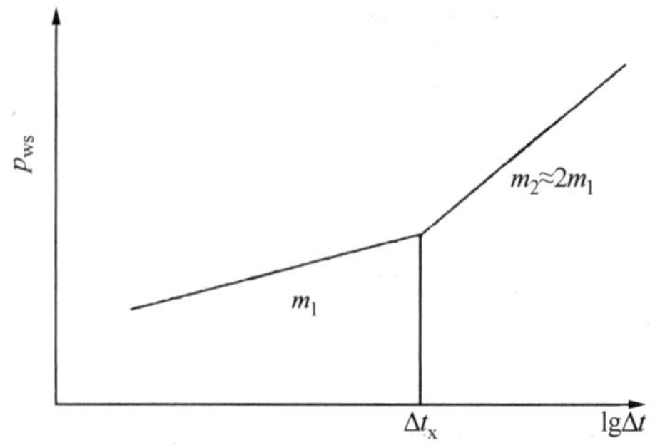

图 3-40 断层在 MDH 曲线上的反映

$$d=1.422\sqrt{\frac{K\Delta t_x}{\phi\mu C_t}} \tag{3-17}$$

在图 3-38，图 3-39，图 3-40 及式(3-14)~式(3-17)中：

Δt——关井算起的压力恢复时间，h；

K——有效渗透率，μm^2；

Δt_x——直线段 m_1 与 m_2 的交点，即断层反映出现的时间，h；

p_{ws}——关井后井底恢复压力，MPa；

p_{ws1h}——霍纳直线段或其延长线上对应于 $\Delta t=1h$ 的 p_{ws}，MPa；

$p_{wf}=p_{ws}(\Delta t=0)$——关井前的稳定流压，MPa；

m——霍纳直线段的斜率，MPa/cycle；

h——有效厚度，m；

ϕ——有效孔隙度(小数)；

C_t——综合压缩系数，1/MPa；

r_w——油井折算半径，m；

q——关井前油井稳定产量，m^3/d；

B——原油地层体积系数；

μ——地层原油黏度，mPa·s；

S——表皮系数；

t_p——折算生产时间，h。

$$t_p = \frac{24N_p}{q} \tag{3-18}$$

式中 N_p——关井前的油井累积产量，m^3。

（2）MDH 法

对于生产时间较长的老井，可将上述霍纳时间用 Δt 代替，同样在半对数坐标中作图，参数计算仍用式(3-14)~式(3-18)。但该法得不到外推地层压力。

（3）改进的麦斯凯特法

对于关井时间较长但 MDH 法或霍纳法具有代表性的半对数直线段不明显时，可考虑使用此法。此法是一种试凑法，即先假定一泄油面积内的平均地层压力 $\bar{p}$，作 $\lg(\bar{p}-p_{ws})-\Delta t$ 关系曲线，若其后期不出现直线，调整 $\bar{p}$ 再作一次，直到满意的直线出现，此时 $\bar{p}$ 的最小值就是麦斯凯特法平均地层压力。试凑过程如图 3-41 所示。本方法还可求地层渗透率及泄油面积内的油层孔隙体积等参数。

2. 现代分析法

随着科学技术的飞速进步，试井解释方法的研究取得了很大的进展，各国试井专家针对各种不同类型的地层，研制成功了许多试井解释图版，从实测曲线与这些图版曲线的对比中，即可以辨别地层的类型、划分流动阶段，也可以正确地选择用于解释的图版曲线。完整的分析过程分为以下 5 步：

（1）诊断分析

在 $\Delta p-\Delta t$ 的曲线图上，各种不同类型油藏、边界反映，及它们在各个不同的流动阶段，均有不同的形状特征。因此，我们可以通过这些曲线分析判断某些油藏类型、边界特征，并且区分各个不同的流动阶段，如图 3-42、图 3-43、图 3-44 所示。

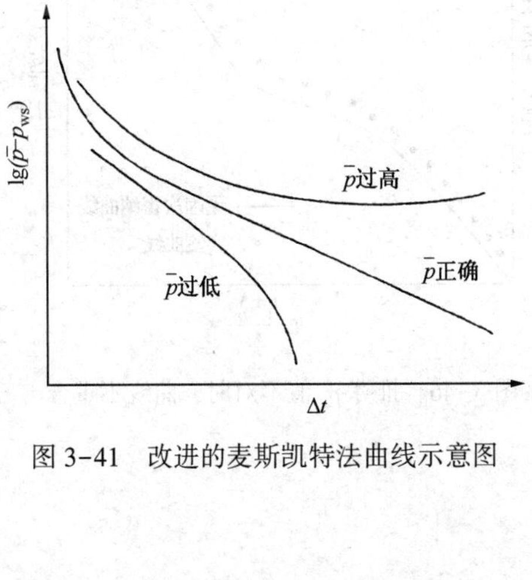

图 3-41 改进的麦斯凯特法曲线示意图

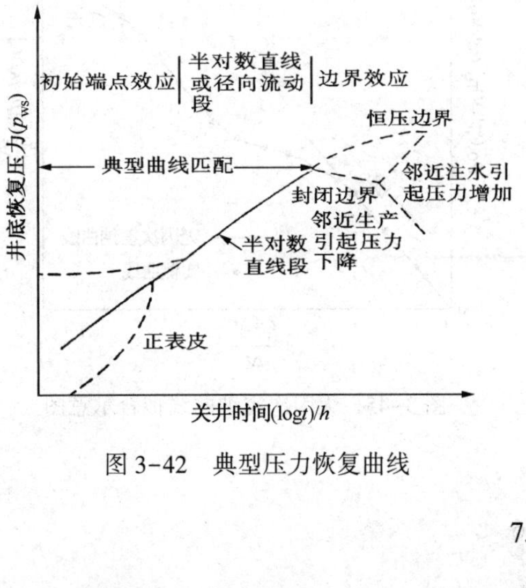

图 3-42 典型压力恢复曲线

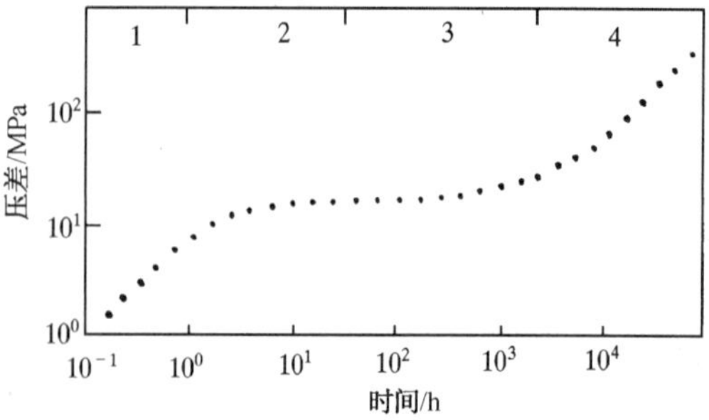

图 3-43　压力恢复双对数曲线

1—早期段；2—过渡段；3—径向流动段；4—晚期段

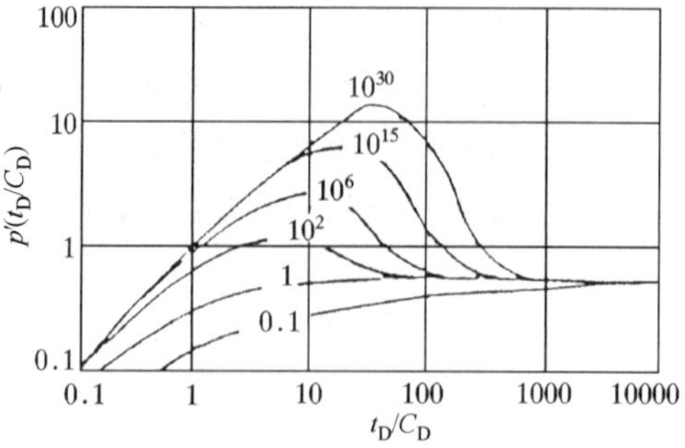

图 3-44　均质油藏压力导数曲线示意图

（2）绘制半对数分析图

在经过诊断分析确定模型之后，作 $\Delta p \sim \lg\frac{t_p+\Delta t}{\Delta t}\Delta p$ 图。由图上的斜率 m 计算地层参数。

（3）细拟合分析(模拟检验)

在单、双对数分析之后，再通过双对数拟合图、无因次霍纳图(或叠加图)和压力史模拟图相互验证，直到曲线达到最佳拟合状态，最后再比较计算结果，如图 3-45、图 3-46、图 3-47、图 3-48 所示。

（4）计算结果对比分析

半对数计算结果与双对数计算结果进行对比，各项参数相差应在 10%以内。

（5）综合评价成果报告

将以上计算结果，结合地质资料、测井资料、油气水分析资料等，对油层类型、产液性质、污染程度、导压导流能力等做出评估，并对测试工艺、下步改造措施提出建议。

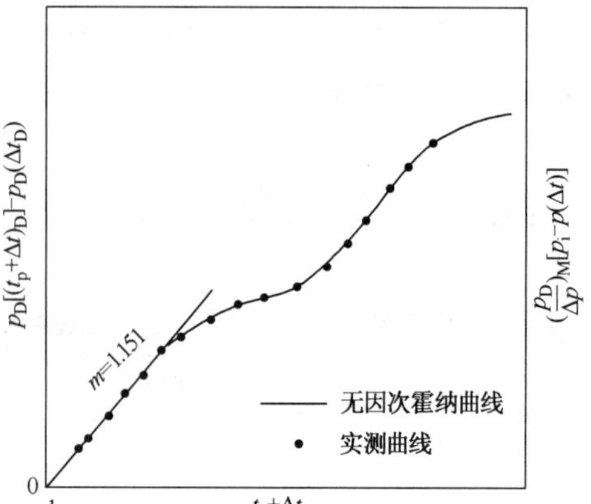

图 3-45　无因次霍纳曲线拟合示意图

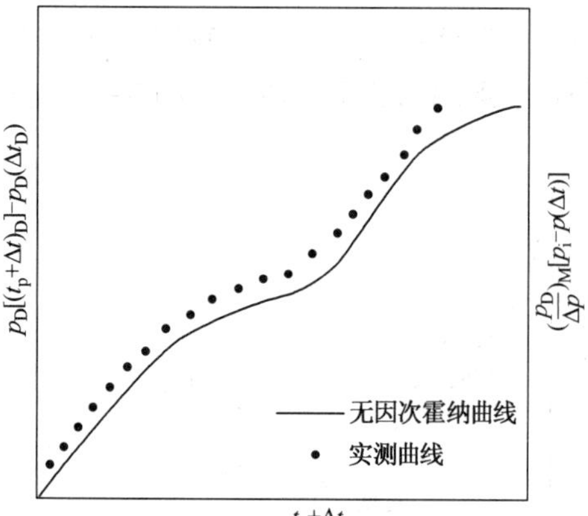

图 3-46　推算 p_i 值不对时，曲线不重合

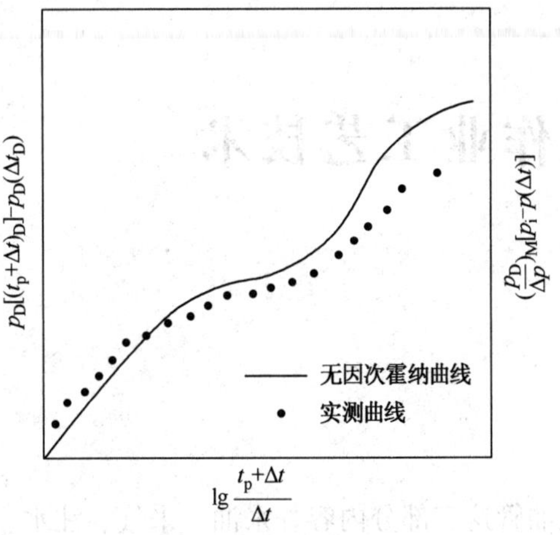

图 3-47　选 用错误模型，两曲线相交

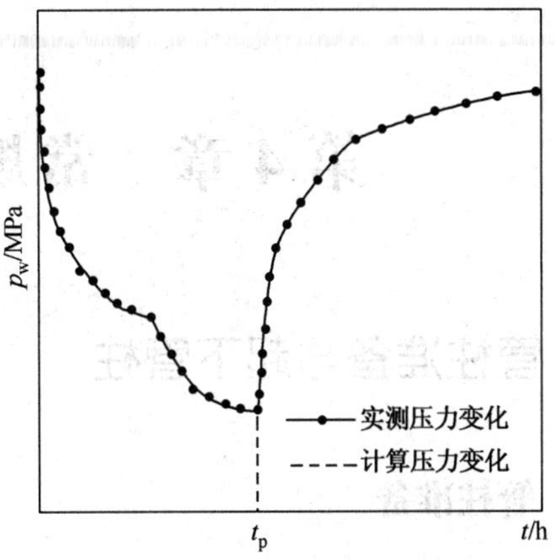

图 3-48　压力历史拟合示意图

第4章　常规作业工艺技术

4.1　管柱准备与起下管柱

4.1.1　管柱准备

管柱准备包括刺洗油管、丈量油管和组配油管这三部分内容。采油、采气、注水、储层改造和修井施工都要下入不同结构的管柱，并通过下入井内的工具来完成施工设计目的。各种不同的下井管柱都需要在地面预先组配好，并严格按照下井顺序编号，在油管桥上摆放整齐，按顺序下入井内。

4.1.1.1　刺洗油管

① 用蒸汽刺洗油管，清除油管内外的结蜡、油污、泥砂和杂物。

② 清洗油管螺纹，检查螺纹是否完好无损。

③ 检查油管是否有裂纹、穿孔、弯曲和腐蚀。

④ 下井油管应用油管规通过，油管规选用符合表4-1规定。

表4-1　油管规选用规定

油管公称口径/mm	油管外径/mm	油管规直径/mm	油管规长度/mm
40	48.3	37	800~1200
50	60.3	47	
62	73.0	59	
76	88.9	73	
88	101.6	85	

⑤ 将不合格的油管抬出油管桥2m以外。

4.1.1.2　丈量油管

① 使用经检测后标定合格的钢卷尺丈量油管，钢卷尺的有效长度要大于15m。

② 丈量时拉直钢卷尺，防止钢卷尺产生弧度。

③ 丈量油管时不得少于三人，反复丈量三次，作好记录，做到三对口。

④ 三人三次丈量的管柱累计长度误差每1000m应小于或等于0.2m。

⑤ 丈量时，钢卷尺的零点位于接箍上端面，另一端对准油管螺纹根部(普通油管余2扣，玻璃油管余3扣，抽油杆丈量同油管相同，但去掉扣)读出油管单根长度，做好记录。

⑥ 将丈量好的油管整齐排列在油管桥上，每十根拉出一根油管接箍长度，以井口方向按下井顺序排列。

4.1.1.3　组配管柱

① 管柱结构应满足各种施工设计和施工目的要求，密封可靠，施工作业方便。注水井在射孔井段顶界以上10~15m处设一级保护套管封隔器。

② 封隔器卡点应选择在套管光滑部位，避开套管接箍和射孔炮眼及管外串槽井段，满

足分层管柱的要求。

③ 封隔器卡点符合设计深度。

④ 按照施工设计精确配出封隔器卡点、卡距、油管的下入深度。卡点深度与设计深度误差不超过±0.2m。

⑤ 下井管柱要有下井工具、管柱结构示意图，注明各种下井工具的名称、规范、型号及下井深度。

⑥ 管柱配好后要与下井工具出厂合格证、作业设计书、油管记录对照，核实无差错方可下井。

⑦ 注水管柱完成深度应在油层射孔井段底界 10m 以下。

计算方法：完成深度=油补距+油管挂长度+油管挂短节长度+油管累计长度+工作筒长度+喇叭口长度+其他工具长度；

⑧ 找水管柱：完成深度应在射孔井段顶界以上 5~10m，计算方法同⑦。

⑨ 机械采油井管柱按设计的泵挂深度和尾管完成深度组配。

计算方法：

泵挂深度=油补距+油管挂短节长度+泵以上油管总长+泄油器长+泵长

⑩ 分层管柱

a. 单级封隔器管柱：

完成深度=油补距+油管挂长度+油管挂短节长度+卡点以上油管累计长度+配产器长度+封隔器长度+配产器长度+卡点以下油管累计长度+丝堵长度

b. 多级封隔器卡距间管柱：

卡距长度=上封隔器密封件上端面以下长度+中间下井工具长度+中间油管累计长度+下封隔器密封件上端面以上长度

⑪ 偏心配水管柱。

a. 偏心活动式管柱自上到下由封隔器、偏心配水器、封隔器、偏心配水器、撞击筒、单流凡尔组成。

b. 底部球座(挡球)深度必须安装在射孔井段底界 10m 以下，对使用撞击筒的偏心管柱，撞击筒深度应在射孔井段底界 5m 以下。

c. 偏心管柱相邻两级偏心配水器之间距离不小于 8m，下面一级偏心配水器与撞击筒之间距离不小于 10m，撞击筒与尾管底部距离不小于 5m。

d. 上面一级配水器与油管工作筒的距离大于 8m 以上。

4.1.2 起下管柱

4.1.2.1 拆卸井口装置、试提

① 卸井口装置前，首先将油套管阀门缓慢开启，无较大喷溢流时方可拆卸采油树。将采油树的钢圈、螺栓和钢圈槽清洗干净，涂抹润滑油，摆放在固定位置备用。

② 先试提检查油管头的顶丝退出情况，并应缓慢提升。如果井内遇卡，在设备提升能力安全范围内上下活动管柱，直至悬重正常无卡阻现象，再继续缓慢提升管柱。油管挂提出井口后，停止提升，卸下油管挂并清洗干净，摆放在固定位置。

③ 安装封井器，并试压调试合格。

4.1.2.2 起油管

① 有自溢能力的井，井筒内修井液应保持常满状态，每起 10~20 根油管灌注一次修井液。

② 根据动力提升能力、井深和井下管柱结构的要求，管柱从缓慢提升开始，随着悬重的减少，逐步加快至规定提升速度。

③ 使用气动卡瓦起油管时，待刹车后再卡卡瓦，卡瓦卡好后再开吊卡。严禁猛刹刹车。

④ 应使用液压钳卸油管螺纹，待螺纹全部松开后，才能提升油管。

⑤ 起井下工具和最后几根油管时，提升速度要小于或等于 5m/min，防止碰坏井口、拉断拉弯油管或井下工具。

⑥ 起出油管应按先后顺序排列整齐，每 10 根一组摆放在牢固的油管桥上，摆放整齐并按顺序丈量准确，做好记录。

⑦ 油管滑道应顺直、平稳、牢固，起出油管单根时，应放在小滑车上顺道推下。

⑧ 起油管过程中，随时观察并记录油管和井下工具有无异常，有无砂、蜡堵、腐蚀及偏磨等情况。

⑨ 应对起出的油管或工具进行检查，对不合格的及时进行标识、隔离或更换。

⑩ 起立柱时，起完管柱或中途暂停作业，井架工应从二层平台上将管柱固定。

4.1.2.3 下油管

① 下井油管螺纹应清洁，连接前应均匀涂密封脂。密封脂应涂抹在油管外螺纹上，不应涂抹在内螺纹处。

② 油管外螺纹应放在小滑车上或戴上护丝拉送。拉送油管的人员应站在油管侧面，两腿不应骑跨油管。

③ 用液压钳上油管螺纹。下井油管螺纹不应上斜，应上满扣、旋紧，同时观察扭矩仪显示数据，其扭矩值可参见表 4-2 的规定。

④ 油管下放速度应控制，当下到接近设计井深的最后几根时，下放速度不应超过 5m/min。

⑤ 下入井内的大直径工具在通过射孔井段时，下放速度应小于或等于 5m/min。

⑥ 油管未下到预定位置遇阻或上提受卡时，应及时分析井下情况，校对各项数据，查明原因及时解决。

⑦ 油管下完后上接清洗干净的油管挂(装有密封圈)，对好井口下入并坐稳，再顶上顶丝。

⑧ 按设计要求安装井口装置，井口阀门方向应一致。

表 4-2 油管推荐上紧扭矩

油管直径/mm	螺纹与节箍质量/(kg/m)		钢级	上紧力矩/Nm					
				非加厚			加厚		
	非加厚	加厚		最佳	最小	最大	最佳	最小	最大
73.02	9.52	9.67	H-40	1084.6	812.9	1356.3	1694.6	1273.9	2115.3
	9.52	9.67	J-55	1423.9	1070.9	1776.0	2236.9	1680.9	2792.9
	9.52	9.67	C-75	1870.1	1410.2	2345.8	2912.0	2210.4	3673.6
	12.8	12.95	C-75	2833.1	2129.0	3524.5	3863.8	2901.8	4824.9
	9.52	9.67	N-80	1992.7	1491.6	2494.8	3118.5	2345.8	3095.0
	12.8	12.95	N-80	2995.9	2250.6	3741.2	4094.3	3077.3	5124.9
	9.52	9.67	P-105	2507.6	1883.9	3131.3	3945.2	2955.7	4936.7
	12.8	12.95	P-105	3782.4	2833.1	4731.7	5167.1	3877.6	6453.8

续表

油管直径/mm	螺纹与节箍质量/(kg/m)		上紧力矩/Nm						
			钢级	非加厚			加厚		
	非加厚	加厚		最佳	最小	最大	最佳	最小	最大
88.9	11.46		H-40	1247.4	935.55	1559.26			
	13.69	13.84	H-40	1518.1	1138.6	1898.6	2345.8	1762.3	2928.3
	15.18		H-40	1776.0	1326.8	2223.2			
	11.46		J-55	1640.7	1233.7	2047.6			
	13.69	13.84	J-55	2006.4	1505.3	2508.5	3091.1	2318.3	3863.8
	15.18		J-55	233.0	1748.5	2914.5			
	11.46		C-75	2169.2	1626.9	2711.5			
	13.69	13.84	C-75	2643.9	1979.0	3307.8	4080.6	3063.6	5097.5

4.2 洗井、试压与压井

4.2.1 洗井

洗井是在地面向井内打入高速流动液体，靠水力作用将井壁和油管上的结蜡、油、铁锈、杂质等冲散，并利用液流循环上返的携带能力，将蜡、油、铁锈、杂质等带到地面而清除的方法。洗井是井下作业施工中的一项常用措施，在抽油井、稠油井、注水井及结蜡严重的井施工时，常采用此方法。

4.2.1.1 洗井液性能及要求

① 洗井液与油气层产出液应具有良好的配伍性。

② 洗井液不能使地层黏土矿物发生膨胀。

③ 低压漏失地层应加入增黏剂或暂堵剂，并采取混气等手段降低洗井液密度。

④ 稠油井应在洗井液中加入活性剂或高效洗油剂并提高温度，必要时用热油洗井。

⑤ 结蜡或结蜡导致卡泵的抽油井，洗井液温度不得低于70℃。

⑥ 注水井洗井液水质要求：固体悬浮物含量小于2mg/L；总含铁量小于0.5mg/L；含油量小于30mg/L；pH值为6.5~8.5之间。

⑦ 洗井液的相对密度、黏度、pH值和添加剂性能应符合施工设计要求。

⑧ 洗井液储备量为井筒容积的2倍以上。

4.2.1.2 洗井方式

1. 正洗井

洗井液沿着油管内向下流动，在流出油套环形空间时以较高的流速冲刺井壁和油管壁，被冲洗的油污、蜡等与洗井液一起从油套环形空间返至地面的方法。正洗井一般用在油管结蜡严重井。

2. 反洗井

洗井液从油套环形空间进入，将油污、蜡等冲散，被冲洗的油污、蜡等与洗井液一起从油管返出。反洗井一般用在抽油井、注水井、套管结蜡严重的井。

正洗井和反洗井各有利弊，正洗井对井底造成的回压较小，但洗井液在油套环空中上返的速度稍慢，携带油污等能力相对小些；反洗井对井底造成的回压较大，洗井液在油管中上返的速度较快，携带油污等能力相对大些。为保护储层，当管柱结构允许时，应采取正洗井。

4.2.1.3 洗井作业程序及要求

① 按施工设计的管柱结构要求，将洗井管柱下至预定深度。

② 对于套管完井、地层未打开的井可以采用清水洗井，清水的机械杂质含量小于 2mg/L。对于地层已经打开的油气井，洗井液要满足上述洗井液性能。

③ 安装采油树或作业井口。采用双连通罐循环洗井法时，将进出口流程管线连接后，试压至施工泵压的 1.5 倍，5min 不刺不漏为合格。出口管线用硬管线连接，管线末端采用 120°弯头，出口向下。

④ 根据设计要求采用正洗井、反洗井或正反洗井交替方式进行。

⑤ 洗井开泵时应注意观察泵注压力变化，排量控制由小至大，同时注意出口返出液情况。对 Φ139.7mm 套管井排量一般控制在 400～500L/min，注水井洗井排量可增至 580L/min，高压油气井的出口喷量控制在 50L/min 以内。对 Φ177.8mm 以上套管井排量大于或等于 700L/min。

⑥ 打开洗井流程各阀门，气泵洗井，注意泵压变化，控制排量由小到大，同时注意出口的返液情况。随时观察并记录泵压、排量、出口量及漏失量等数据。泵压升高，洗井不通时，应停泵及时分析原因进行处理，不得强行憋泵。

⑦ 严重漏失井采用有效堵漏措施后，再进行洗井施工。

⑧ 出砂井优先采用反循环洗井法，保持不喷不漏，平衡洗井。若正循环洗井时，应经常活动管柱，防止砂卡。

⑨ 洗井施工中加深或上提管柱时，洗井液必须循环一周半以上方可动管柱，并迅速连接好管柱，直至洗井至施工设计深度。

⑩ 洗井应洗至进出口液性相一致，出口液体干净无杂质污物方可停泵。

4.2.1.4 洗井资料录取

洗井录取资料主要有：①作业时间；②洗井方式；③洗井液性质：包括名称、黏度、相对密度、切力、pH 值、温度、添加剂及杂质含量等；④洗井参数：包括泵压、排量、注入量及喷漏量；⑤洗井液排除携带物：名称、形状及数量。

4.2.2 试压

① 对地面流程试压时，要首先检查流程的固定情况，固定合格后再进行试压。

② 对井筒及井筒内水泥塞、桥塞试压时，要组装好井口再行试压，严禁不使用采气树、仅使用油管挂试压。试压时首先倒好闸门，并使用两块以上经校验合格的压力表进行压力观察。

③ 所有试压作业都必须分段(不少于三段)进行，严禁一次打压至设计压力，每次打压稳定时间不少于 5 分钟，不刺不漏后再继续打压至下一压力。试压时要有专人指挥，观察井口压力的人与泵车操作人员之间视线无障碍。试压时施工管线周围 10m 不得站人。

④ 发现刺漏时要认真观察记录漏失位置，泄压后再进行整改，严禁带压整改。整改过程需要敲击时必须将压力表卸下，防止震坏压力表，为下次试压埋下隐患。

⑤ 打压至设计压力后，停止泵车打压后关闭闸门，严禁边打压边关闸门。试压结束后，一定要等完全泄压后再拆除打压管线。注意一定要打开与泵车连接端的闸门。

4.2.3 压井

4.2.3.1 压井准备

① 进口管线必须接硬管线，固定出口管线，试压值不低于最高设计施工压力的 1.5 倍，但不应高于其某一管阀管件最低的额定工作压力，并应遵守静水压试验的规定。

② 出口管线末端装 120°弯头，排入规定大罐；有条件时出口直接联入流程管线；

③ 备足压井液和隔离液。

4.2.3.2 选择压井液

1. 原则

① 在对油气层造成的损害程度最低。

② 性能满足区块地质要求、本区块地质要求。

③ 能满足作业施工要求，达到经济合理。

2. 密度选择

按下式计算：

$$\rho = \frac{p \times 102}{H}(1 + K) \tag{4-1}$$

式中 ρ——压井液密度，g/cm^3；

p——近期地层静压，MPa；

H——油层中部深度，m；

K——附加系数(一般取 0~0.15)。

3. 压井液备用量

一般配井筒容积的 1.5~2 倍的压井液。

4.2.3.3 压井方式

① 循环压井：适用自喷井和动液面恢复较快的井。

② 挤注压井：循环压井无效时酌情采用或无法循环时采用。

③ 灌注压井：对低压低产层酌情采用。

4.2.3.4 压井施工要求

① 按设计要求循环压井，不喷不漏。

② 停泵后观察 5~15min，井口无溢流为合格。

③ 严重漏失井，采用有效堵漏方法后，再按①、②施工。

④ 气油比较大或压力较高的井，先用油嘴或另装闸门控制排套管气，再用清水循环除气，然后用压井液压井。

⑤ 采用挤压井时，挤压深度应在油层顶界以上 50m，挤完一段时间后，关井扩散压力后，开井检查效果。

⑥ 采用循环法压井时，最高泵压不超过油层吸水启动压力，泵注压井液过程应连续进行，排量符合设计要求。控制进出口排量平衡，至进出口密度差不大于 0.02g/cm^3 可停泵。

⑦ 重复挤压井时，必须将前次挤入的压井液喷净后再进行。

⑧ 若压井失败，必须查明原因，不可盲目加大压井液密度。

4.3 探砂面及冲砂

4.3.1 探砂面

探砂面是下入管柱实探井内砂面深度的施工。通过实探井内的砂面深度，可以为下步下入的其他管柱提供参考依据，也可以通过实探砂面深度了解地层出砂情况。如果井内砂面过高，掩埋储层或影响下步施工，就需要冲砂施工。

1. 探砂面程序

① 探砂面施工可以用两种管柱来完成，一种是加深原井管柱探砂面，一种是起出原井管柱下入探砂面管柱探砂面。

② 准备冲砂管、油管或其他下井工具，准备灵敏的拉力表。

③ 起出或加深原井管柱，下管柱探砂面。

④ 用金属绕丝筛管防砂的井，要下入带冲管的组合管柱探砂面。

绕丝筛管与组合管柱规格的使用配合应符合表 4-3 的规定。

⑤ 当油管或下井工具下至距油层上界 30m 时，下放速度应小于或等于 5m/min，以悬重下降 10~20kN 时为遇砂面，连探三次。2000m 以内的井深误差应小于 0.3m，2000m 以上的井深误差应小于 0.5m。连探三次的平均深度为砂面深度。

表 4-3 绕丝筛管与组合管柱的配合

绕丝筛管规格/mm	组合管柱/mm	
	冲管内径	油管内径
50	25.4	62
62	40.3	62
100	62	

⑥ 用带冲管的组合管柱探砂面，在冲管接近防砂铅封顶或进入绕丝筛管内时，要边转管柱边下放，以悬重下降 5~10kN 为砂面深度，连探三次，允许误差小于 0.5m，记录砂面位置。

⑦ 起出管柱后，还要复查丈量油管，进一步确认砂面深度。

2. 探砂面资料录取内容

①时间；②方式；③悬重、加压；④方入；⑤砂面深度。

4.3.2 冲砂

冲砂是向井内高速注入液体，靠水力作用将井底沉砂冲散，利用液流循环上返的携带能力，将冲散的砂子带到地面的施工方法。

4.3.2.1 冲砂液

一般选择冲砂液时，要考虑以下几点内容：

① 具有一定的黏度，以保证有良好的携砂性能。

② 具有一定的密度，以便形成适当的液柱压力，防止井喷和漏失。

③ 性能稳定，与储层配伍性好，不损害储层。

④ 在冲砂后能容易排出，来源广，经济适用。

通常采用的冲砂液有油、水、乳化液等。为了防止污染储层，在液中可以加入表面活性剂。一般油井用原油或水做冲砂修井液，水井用清水（或盐水）做冲砂液，低压井用混气水做冲砂修井液。

4.3.2.2 冲砂方式

冲砂方式一般有正冲砂、反冲砂和正反冲砂三种。

① 正冲砂。冲砂液沿冲砂管向下流动，在流出冲砂管口时以较高的流速冲击砂面，被冲散的砂子与冲砂修井液混合一起沿冲砂管与套管环形空间返至地面的冲砂方式。

② 反冲砂。冲砂液沿冲砂管与套管环形空间向下流动，将砂堵冲散，被冲散的砂子与冲砂液混合后，沿冲砂管上返至地面的冲砂方式。

③ 正反冲砂。采用正冲砂的方式冲散砂堵，并使其呈悬浮状态；然后迅速改为反冲砂方式进行反洗井，将冲散的砂子从冲砂管内冲出。

4.3.2.3 冲砂程序

① 下冲砂管柱。当探砂面管柱具备冲砂条件时，可以用探砂面管柱直接冲砂；如探砂面管柱不具备冲砂条件，需下入冲砂管柱冲砂。

② 连接冲砂管线。在井口油管上部连接轻便水龙头，接水龙带，连接地面管线至泵车，泵车的上水管连接冲砂工作液罐。水龙带要用棕绳绑在大钩上，以免冲砂时水龙带在水击振动下卸扣掉下伤人。

③ 冲砂。当管柱下到砂面以上 3m 时开泵循环，观察出口排量正常后缓慢下放管柱冲砂。冲砂时要尽量提高排量，保证把冲起的沉砂带到地面。

④ 接单根。当单根冲完后，要大排量打入井筒容积的冲砂修井液，洗井时间不得少于 15min，保证把井筒内冲起的砂子全部带到地面。停泵，提出连接水龙头的油管卸下，接着下入一根油管。连接带有水龙头的油管，提至砂面 3m 以上，开泵循环，待出口排量正常后缓慢下放管柱冲砂。如此一根接一根冲到人工井底，控制换单根时间在 3min 以内。

⑤ 大排量冲洗井筒。冲至人工井底深度后，上提 1~2m，用修井液大排量冲洗井筒 2 周。

⑥ 探人工井底。冲砂结束后，下放油管实探人工井底，连探三次管柱悬重下降 10~20kN，与人工井底深度误差在 0.3~0.5m，为实探人工井底深度。

⑦ 冲砂施工中如果发现地层严重漏失，冲砂液不能返出地面时，应立即停止冲砂，将管柱提至原始砂面以上，并反复活动管柱。

⑧ 高压自喷井冲砂要控制出口排量，应保持与进口排量平衡，防止井喷。

⑨ 冲砂至井底（灰面）或设计深度后，应保持 $25m^3/h$ 以上的排量继续循环，当出口含砂量小于 0.2%时为冲砂合格。然后上提管柱至原砂面 10m 以上，沉降 4h 后复探砂面，记录深度。

⑩ 冲砂深度必须达到设计要求。

⑪ 绞车、井口、泵车各岗位密切配合，根据泵压、出口排量来控制下放速度。

⑫ 泵车发生故障需停泵处理时，应上提管柱至原始砂面 10m 以上，并反复活动管柱。

⑬ 提升设备发生故障时，冲砂液必须保持正常循环。

4.3.2.4 冲砂资料录取内容

①时间；②方式；③修井液名称、性质、液量、泵压、排量；④冲砂工具名称、规格、尺寸；⑤返出物描述、累计砂量；⑥冲砂井段、厚度；⑦漏失量、喷吐量、停泵前的出口砂量；⑧沉降时间、复探砂面深度。

4.4 通井

用规定外径和长度的柱状规，下井直接检查套管内径和深度的作业施工，叫做套管通井。套管通井施工一般在新井射孔、老井转抽、转电泵、套变井和大修井施工前进行。

4.4.1 通井的目的

① 清除套管内壁上黏附的固体物质，如钢渣、毛刺、固井残留的水泥等。

② 检查套管通径及变形、破损情况。

③ 检查固井后形成的人工井底是否符合试油要求。

④ 调整井内的压井液，使之符合射孔要求。

4.4.2 通井工具

① 通井常用的工具是通井规和铅模。套管通井规规范见表 4-4；铅模规范见表 4-5。

② 通井规的长度大于 1200mm。对于有特殊要求的通井操作，可以根据施工设计的要求确定通井规的长度及尺寸，但其最大外径应该小于井内套管柱中内径最小的套管内径 6mm。

表 4-4 套管通井规规范

套管规格	mm	114.30	127.00	139.70	146.50	168.28	177.80
	in	$4^1/_2$	5	$5^1/_2$	$5^3/_4$	$6^5/_8$	7
通井规规格	外径/mm	92~95	102~107	114~118	119~128	136~148	146~158
	长度/mm	1200	1200	1200	1200	1200	1200
接头连接螺纹	钻杆	NC26	NC26	NC31	NC31	NC31	NC38
	油管	$2^3/_8$TBG	$2^3/_8$TBG	$2^7/_8$TBG	$2^7/_8$TBG	$2^7/_8$TBG	$3^1/_2$TBG

表 4-5 铅模规范

套管规格	mm	114.30	127.00	139.70	146.50	168.28	177.80
	in	$4^1/_2$	5	$5^7/_8$	$5^3/_4$	$6^5/_8$	7
铅模规格	外径/mm	95	105	118	120	145	158
	长度/mm	120	120	150	150	180	180

4.4.3 通井施工程序

① 管柱结构自下而上依次为通井规、油管(或钻杆)。

② 下通井管柱应当符合要求。

③ 通井时要平稳操作，下管柱速度控制为 10~20m/min，下到距离设计位置或人工井底 100m 时下放速度不得超过 5~10m/min。当通到人工井底悬重下降 10~20kN 时，重复两次，测得人工井底深度误差小于 0.5m。

④ 通井时，若中途遇阻，悬重下降控制不超过 30kN，并平稳活动管柱、循环冲洗，严禁猛礅、硬压。

⑤ 对遇阻井段应分析情况或实测打印证实遇阻原因，并经整修后再进行通井。

4.5 套管刮削

4.5.1 刮管目的及套管刮削器工作原理

1. 目的

清除残留在套管内壁上水泥块、硬蜡、盐垢以及沉积物、射孔造成的炮眼毛刺及套管锈蚀后产生的氧化铁等物，修整下钻头或打捞工具过程中可能造成的撞击刻痕或毛刺等，以便畅通无阻地下入各种下井工具。

2. 套管刮削器工作原理

套管刮削器装配后，刀片、刀板自由伸出外径比所刮削套管内径大 2~5mm 左右。下井时，刀片向内收拢压缩胶筒或弹簧筒体，最大外径则小于套管内径，可以顺利入井。入井后，在胶筒或弹簧的弹力作用下，刀片、刀板紧贴套管内壁下行，对套管内壁进行切削。每一次往复动作，都对套管内壁切刮一次，这样往复数次，即可达到刮削套管的目的。

4.5.2 套管刮削工具

套管刮削器包括：弹簧式套管刮削器、胶筒式套管刮削器、防脱式套管刮削器。

1. 弹簧式套管刮削器

(1)结构

弹簧式套管刮削器由壳体、刀板、刀板座、固定块、螺旋弹簧、内六角螺钉等组成，见图 4-1 所示。

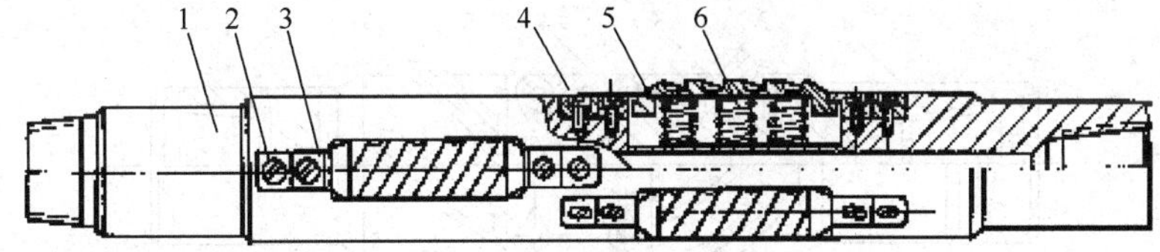

图 4-1 弹簧式套管刮削器

1—壳体；2—内六角螺钉；3—刀板座；4—固定块；5—刀板；6—螺旋弹簧

(2)技术规范及参数(表 4-6)

表 4-6 弹簧式套管刮削器技术参数

序号	规格型号	外形尺寸/mm	接头螺纹		使用套管规格	刀片伸出量
		外径×长度	钻杆	油管	mm	mm
1	GX-T114	Φ112×1119	NC26	$2^3/_8$TBG	114.30	13.5
2	GX-T127	Φ119×1340	NC26	$2^3/_8$TBG	127.00	12
3	GX-T140	Φ129×1443	NC31	$2^7/_8$TBG	139.70	9
4	GX-T146	Φ133×1443	NC31	$2^7/_8$TBG	146.05	11
5	GX-T168	Φ156×1604	$3^1/_2$REG	$3^1/_2$ TBG	168.28	15.5
6	GX-T178	Φ166×1604	$3^1/_2$REG	$3^1/_2$TBG	177.80	20.5

2. 胶筒式套管刮削器

(1) 结构

胶筒式套管刮削器由上接头、壳体、刀片、胶筒、冲管、下接头等组成，如图 4-2 所示。

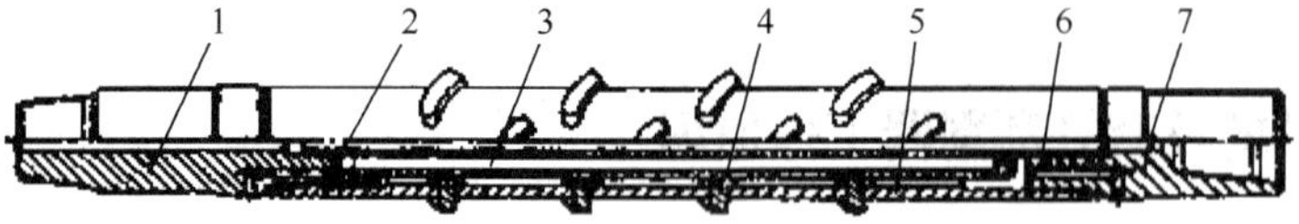

图 4-2　胶筒式套管刮削器

1—上接头；2—冲管；3—胶筒；4—刀片；5—壳体；6—“O”形密封圈；7—下接头

(2) 技术规范及参数(表 4-7)。

表 4-7　胶筒式套管刮削器技术参数

序号	规格型号	外形尺寸/mm	接头螺纹		使用套管规格	刀片伸出量
		外径×长度	钻杆	油管	mm	mm
1	GX-G114	Φ112×1119	NC26	$2^3/_8$TBG	114.30	13.5
2	GX-G127	Φ119×1340	NC26	$2^3/_8$TBG	127.00	12
3	GX-G140	Φ129×1443	NC31	$2^7/_8$TBG	139.70	9
4	GX-G146	Φ133×1443	NC31	$2^7/_8$TBG	146.05	11
5	GX-G168	Φ156×1604	$3^1/_2$REG	$3^1/_2$ TBG	168.28	15.5
6	GX-G178	Φ166×1604	$3^1/_2$REG	$3^1/_2$TBG	177.80	20.5

3. 防脱式套管刮削器

(1)结构

防脱式套管刮削器由上接头、下接头、壳体、刀片、弹簧、刀片座等组成，如图 4-3 所示。

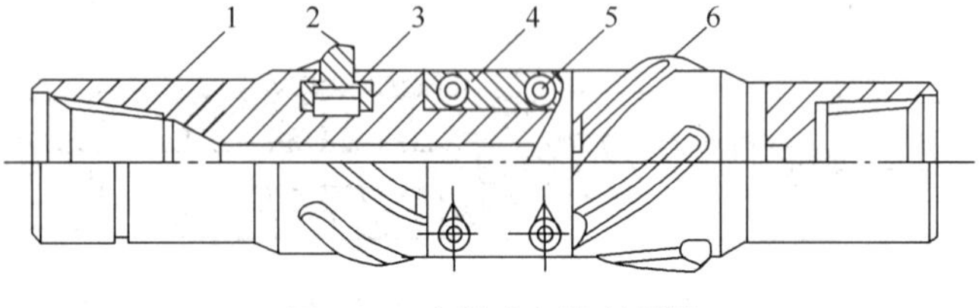

图 4-3　防脱式套管刮削器

1—主体；2—右旋刀片；3—弹簧；4—挡环；5—螺钉；6—左旋刀片

(2)技术规范及参数(表 4-8)

表 4-8　防脱式套管刮削器技术参数

序号	规格型号	外形尺寸/mm	接头螺纹		使用套管规格	刀片伸出量
		外径×长度	钻杆	油管	mm	mm
1	GX-T114	Φ112×1119	NC26	$2^3/_8$TBG	114.30	13.5
2	GX-T127	Φ119×1340	NC26	$2^3/_8$TBG	127.00	12
3	GX-T140	Φ129×1443	NC31	$2^7/_8$TBG	139.70	9
4	GX-T146	Φ133×1443	NC31	$2^7/_8$TBG	146.05	11
5	GX-T168	Φ156×1604	$3^1/_2$REG	$3^1/_2$TBG	168.28	15.5
6	GX-T178	Φ166×1604	$3^1/_2$REG	$3^1/_2$TBG	177.80	20.5

4.5.3 刮削前的准备

① 准备井史资料，查清历次施工情况。

② 根据套管内径，准备相应的套管刮削器。

③ 按施工设计组配管柱。

4.5.4 刮削施工程序

① 管柱的结构自上而下依次为油管(或钻杆)、刮削器。

② 下套管刮削管柱符合 4.1.2。

③ 下管柱要平稳，要控制下入速度小于或等于 30m/min，下到距设计要求刮削井段以上 50m 时，下放管柱的速度控制为小于或等于 10m/min。在设计刮削井段以上 2m 开泵循环，循环正常后，一边顺管柱螺纹旋转方向转动管柱，一边缓慢下放管柱，然后再上提管柱反复多次刮削，直到管柱下放时悬重正常为止。

④ 如果管柱遇阻，不要顿击硬下，当管柱悬重下降 20~30kN 时应停止下管柱。开泵循环，然后顺管柱螺纹旋转方向转动管柱缓慢下放，反复活动管柱到悬重正常再继续下管柱。

⑤ 管柱下到设计刮削深度后，应充分洗井。

4.6 填砂

填砂是分层注水、分层测试、分层开采或保护储层的工艺技术之一。

4.6.1 施工准备

①下填砂管柱触探井底或灰面，落实原井底深度。

② 根据探得的井底或灰面深度，按照施工要求，预备 1.2 倍砂量。所用砂子必须清洁、分选度好，不准混杂有其他杂物。

③ 于井底或灰面以上 2~3m，用清水洗井 1.5 周，保持井筒清洁、干净。上提油管至本次预计砂面 30~50m。

4.6.2 施工步骤

① 水泥车Ⅰ档，低油门，排量 100L/min，漏斗灌注清水，边灌边加砂，加砂排量 5~10L/min。

② 待加砂进行到一定程度形成油套压差时，适当提高加砂排量，可提高至 30L/min，水泥车排量不变，直至加砂完毕。

③ 水泥车大排量送砂至油管鞋处，停泵。要求混砂液加顶替液之和小于油管体积。

④ 一般填砂 4h 探砂面，隔 2h 再探砂面，两次深度相对误差小于 0.5m 即认为填砂完成。

4.7 注水泥塞

在油气田开发过程中，经常会遇到油气井由于出水而严重影响油气井产量的现象，亦或是封堵下面储层，上返至上部层位，满足开采需要。为了解决开发过程中遇到的上述问题，经常采用注水泥塞的办法加以解决。因此，注水泥塞是修井行业一项非常重要的施工内容。

4.7.1 施工准备

① 地面设备：注水泥塞前检查好通井机、绞车、传动系统、提升系统等各种设备，做到起下时不发生任何故障。水泥车组工作可靠。井口应装防喷器，做好防喷及压井工作。地面高压管线水密封试压值应大于预计施工压力的 1.2 倍。

② 管柱和工具准备：井场备有符合注塞要求的入井管柱，入井前认真检查、丈量、复核，丈量误差不大于 0.2m/km，并用通径规逐根通过。

③ 井筒准备：下入井内管柱位置准确，井壁清洁，井内压力相对稳定。数据齐全、准确。

④ 材料准备：按照设计要求，选择合适的油井水泥及添加剂、堵漏剂，备足并妥善保存，防止受潮。水泥的选择用见表 4-9。

表 4-9 水泥选用表

API 水泥级别	类型			适用井深/m	适应温度范围/℃	最小稠化时间/min	最大稠化时间/min	备注
	普通	抗硫酸盐型						
		中	高					
A	●			0~1830	<76.7	90		普通型水泥(★)
B		●	●		<76.7	90		中热水泥
C	●	●	●		<76.7	90		早强水泥
D		●	●	1830~3050	76.7~127	100		中温、中压条件选用(★)
E		●	●	3050~4270	76~143	154		超高温、高压条件
F		●	●	3050~4880	110~160	190		超高温、高压条件选用
G		●	●	0~2440	0~93	90	120	基本水泥(★)
H		●	●	0~2440	0~93	90	120	基本水泥
J	●			3660~4880	49~166	180		超高温、高压条件选用(★)

注 1：●表示有此种类型。

注 2：★表示我国常用水泥

4.7.2 注塞操作规程

① 按设计要求，检查、丈量、组配好注灰管柱后，加深油管进行充分循环洗井，井筒清洗干净后，将管柱完成在设计位置。

② 按设计要求配好灰浆量，灰浆要均匀，性能要满足设计要求。

③ 正替入设计规定的水泥浆。如果井内压井液为非清水，则按油管及油套环形空间容积比在替入水泥浆前后依次替入前隔离液和后隔离液。

④ 正替入顶替液，顶替液用量应准确无误。

⑤ 上提管柱至设计灰面位置用反洗井方式洗出管柱内多余的水泥浆。从配水泥浆开始到反洗井完，备用泵注设备应始终处于正常运转状态；从配水泥浆开始到反洗井结束的时间应小于水泥浆稠化时间的 70%。

⑥ 用修井液灌满井筒，关井候凝。候凝时间见表 4-10。

表 4-10　水泥候凝时间表

API 水泥级别	候凝时间/h
A, B, C, D, G, H	24
E, F, J	48

⑦ 候凝后加深管柱探水泥塞面，加压 5kN-10kN 探两次，深度相符后，上提管柱 20m 坐井口。正循环，确定油套连通后，装压力表。

⑧ 水泥塞试压。试压标准见表 4-11。

表 4-11　水泥塞试压数据表

套管规格/mm	试验压力/MPa	停泵观察时间/min	试压介质	允许压力降/MPa
≤127.0	18.0	30	清水	≤0.5
139.7	15.0	30		
177.8	12.0	30		
244.5	10.0	30		
339.7	8.0	30		

4.8　钻水泥塞

当需要开采原封堵层位时，往往需要用钻水泥塞。

4.8.1　作业准备

4.8.1.1　管柱准备

① 井场备有符合设计要求的下井管柱。

② 管柱摆放整齐、清洁、高于地面 0.3m。

③ 严格丈量管柱长度，误差不大于 0.2m/km。

4.8.1.2　钻头(磨鞋)准备

① 井场备有符合设计要求的钻头(磨鞋)；

② 下井前要精确测量钻头(磨鞋)的外径、长度和扣型等数据，并绘制示意图。

4.8.1.3　设备准备

提升、旋转和循环动力设备作业前必须就位，经检查、调试合格。

4.8.1.4　井筒准备

① 下通井管柱至水泥塞面，进行通井、洗井。

② 用螺杆钻具时，通井规的长度和直径应符合设计要求。

③ 保证井眼畅通，水泥塞面深度准确并无落物。

4.8.1.5　修井液准备

现场应备有 1.5~2.0 倍井筒容积的修井液。

4.8.2　作业程序

4.8.2.1　螺杆钻具钻水泥塞

① 在地面检查螺杆钻具的工作情况，不符合要求不准下井。

② 钻具组合自下而上为：钻头(磨鞋)、螺杆钻具、加压钻柱、缓冲器、井下过滤器、提升短节、油管(钻杆)。

③ 下钻具。

④ 连接进、出口管线．在循环设备与井口之间的管线应串联地面过滤器。

⑤ 钻头(磨鞋)下至距水泥塞面顶部5m处开泵正循环，循环正常后慢慢下放钻具，加压至5~10kN，环空上返速度不小于0.8m/s。

⑥ 接单根之前应充分循环，时间不少于15min。

4.8.2.2 动力水龙头钻水泥塞

① 钻具组合自下而上为：钻头(磨鞋)、钻杆、动力水龙头。

② 下钻具。

③ 连接进、出口管线。

④ 钻头(磨鞋)下至距水泥塞面顶部5m处开泵正循环，循环正常后启动动力水龙头。当水龙头转速正常后慢慢下放钻具，加压至7~15kN，控制转速在40~60r/min，环空上返速度不小于0.8m/s。

⑤ 接单根之前应充分循环，时间不少于15min。

4.8.2.3 转盘钻水泥塞

① 钻具配合至下而上为：钻头(磨鞋)、钻杆、方钻杆。

② 下钻具。

③ 连接进、出口管线。

④ 钻头(磨鞋)下至距水泥塞面顶部5m处开泵正循环，循环正常后启动转盘。转盘旋转正常后慢慢下放钻具，加压至10~25kN，控制转速在60~120r/min，环空上返速度不小于0.8m/s。

⑤ 接单根之前应充分循环，时间不少于15min。

排量与上返速度换算按公式4-2进行

$$q = v \times 60 \times (V_1 - V_2) \tag{4-2}$$

式中 q——排量，L/min；

v——上返速度，m/s；

60——换算系数；

V_1——每米套管内容积，L；

V_2——每米管柱容积，L。

4.9 排液

排液有抽吸提捞排液、气体排液、水力泵排液等(详见第3章试油气工艺技术)。

4.10 油井检泵作业

抽油泵在生产中常发生砂卡、蜡卡、抽油杆断脱、零件磨损、加深或上提泵挂、改变泵径等故障，凡解除以上故障和调整参数的工作叫检泵。

4.10.1 抽油泵井作业

抽油机有杆泵采油是将抽油机悬点的往复运动通过抽油杆传递给抽油泵，抽油泵活塞上下运动带出井内液体的采油方式。这是目前各油田应用最广泛的一种人工举升采油方式，约占人工举升井数的90%左右。

4.10.1.1 抽油泵井结构

抽油泵井：主要由抽油泵、抽油杆及配套工具所组成(图4-4)。

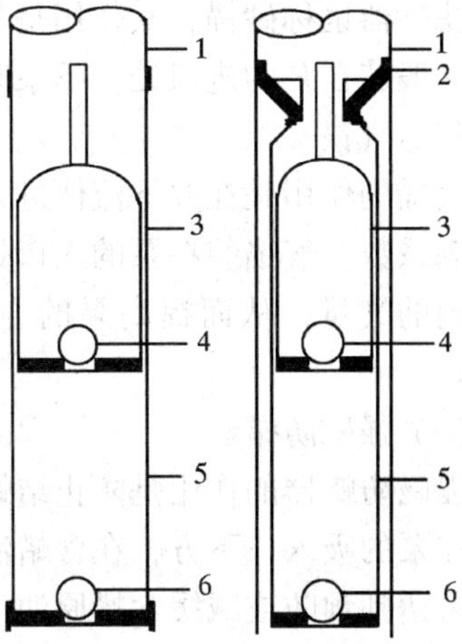

图4-4 抽油泵结构示意图

1—油管；2—卡簧；3—活塞；4—游动阀；5—工作筒；6—固定阀

1. 抽油泵

抽油泵是有杆泵机械采油的关键井下设备，抽油泵是油井生产的主要井下设备之一。正常生产时泵内压力高达10MPa以上。

抽油泵按结构可分为管式泵和杆式泵两种。

(1) 管式泵

管式泵按结构可分为组合抽油泵和整筒抽油泵。

① 组合抽油泵：由外工作筒和镶在外工作筒里的衬套、柱塞(柱塞内有上、下游动阀)和固定阀组成。

② 整筒抽油泵：由泵筒、柱塞(柱塞内有上、下游动阀)和固定阀组成。

它与组合抽油泵比具有以下优点：结构简单，质量轻。没有衬套，在运输和下井过程中无衬套错位现象发生。泵筒长度可以做得更长，可做成长冲程抽油泵。

(2) 杆式泵

杆式泵是整个泵在地面组装好后接在抽油杆柱的下端，整体通过油管下入由预先安装在油管预定位置上的带片簧的工作筒内。普通杆式泵的特点是：检泵不需起出油管，检泵方便；结构复杂，制造成本高；在相同油管直径下允许下入的泵径比管式泵小，故排量较小。因此，杆式泵适用于下泵深度较大，但产量较低的井。

2. 抽油杆

抽油杆是将抽油机的动力和运动传递给抽油泵进行抽吸的部件，可分为：光杆、抽油杆、加重杆。

(1) 光杆

光杆是抽油杆上部一根特殊的抽油杆，主要用于连接驴头毛辫子与井下抽油杆，由井口密封盒密封，并将地面往复动力传递给井下抽油杆。

(2) 抽油杆

抽油杆是两端加粗并车制螺纹的实心或空心杆，用于连接光杆与抽油泵，并将地面动力传递给抽油泵。抽油杆按材质分为钢质抽油杆、增强塑料抽油杆、玻璃纤维抽油杆；按结构分为实心抽油杆和空心抽油杆；按强度分为普通抽油杆和超高强度抽油杆。

(3) 加重杆

加重杆是一种本体直径较大的抽油杆，用于抽油杆与泵之间以防止杆柱受压发生的弯曲损坏，有利于提高抽油杆寿命和抽油泵效。

3. 配套工具

抽油泵管柱上通常有滤砂器、气锚、磁防蜡器、泄油器、回音柱、油管锚等，在抽油杆柱上常见有脱接器、防脱器、防蜡器、扶正器等。

（1）滤砂器

滤砂器也称砂锚，其作用是为了防止砂子或其他杂质进入泵筒，造成泵凡尔卡或拉缸，所以一般装在泵的进口处。下泵时把滤砂器接在泵与尾管之间，尾管下面用堵头堵死。

（2）气锚

气锚的作用是在井下流体进入泵前将部分气体分离出来，减小气体对泵的影响，提高泵的充满系数。气锚装在泵的入口处，在油进入泵之前将其中的部分气体分离出来，减少进入泵筒内的气量，从而提高泵的充满系数。气锚的工作原理是利用油气的比重差以及回流效应。

（3）强磁防蜡器

强磁防蜡器的作用是防止结蜡对出油造成的影响，减少蜡卡造成的生产故障。强磁防蜡器装在泵的吸入口下方，在含蜡油流进入泵筒之前，首先流经磁防蜡器，对油流进行磁化处理，可达到预防或减缓含蜡原油中蜡的析出。目前在油田上的使用呈减少的趋势。

（4）泄油器

泄油器是抽油泵的一种配套工具，在起下油管时泄油器连通油套管通道，将油管内的液体泄到油套管环形空间。有些泄油器还可配合完成不动管柱的洗井作业。这样可以改善井口操作条件，减少井场污染，同时提高井内液面，在一定程度上避免井喷。目前在各油田上应用的主要有液压式和机械式两大类。

（5）回音标

回音标是测动液面的标深工具。其直径以遮住环形空间面积的50%~70%为准。回音标一般下在距井口以下50~100m处。有些油田已不采用下入回音标来测动液面的方法，而是利用下入井内上部油管接箍的已知深度来代替回音标的作用。

（6）脱接器

脱接器是在抽油泵活塞直径大于上部油管内经的情况下，用于抽油杆与活塞之间的对接和脱开，解决小油管下大直径抽油泵的井下工具。如目前很多油田的抽油机井都下入了内径为Φ83mm和Φ95mm的大泵，而用的是内径为75.9mm的3in油管，活塞不能通过油管下井，只有把活塞随泵筒先下入井内，但活塞的上部必须在下井前与脱接器的下半部相连接，然后在最下端的一根抽油杆的下端接上脱接器的上半部，随抽油杆下入井内，在泵筒内完成对接。需要检泵起管柱时上提抽油杆当脱接器上行至接在泵筒上部的脱卡器时，使脱接器上、下两部分脱开，从而实现分别起出抽油杆和油管的目的。

（7）油管锚

抽油机井在抽油泵的上部10m左右处接上油管锚的目的是锚定泵筒以上油管，以减小因活塞在上、下冲程中油管承受交变载荷所造成的冲程损失，同时也可防止因交变载荷所造成的油管断脱事故。

（8）抽油杆防脱器

抽油杆柱在上下往复变速运动过程中，由于井斜所造成的油管安装中心与抽油杆柱重力方向的不一致，使柱塞和抽油杆柱受到附加扭矩，由于抽油杆柱运动方向的变化，这个扭矩的方向也随着改变，形成了对抽油杆柱螺纹的旋松扭矩。另外，由于抽油杆弯曲、变速引起的振动等，都会形成冲击载荷，引起附加扭矩。使得这种旋松扭矩更加强了。防脱器的作用是可以释放抽油杆上下运动过程所产生的旋转扭矩，防止抽油杆脱扣。

4.10.1.2 检泵的原因

由于井下抽油泵发生故障应进行检泵。两次检泵之间的时间间隔称为检泵周期。油井的产量、油层压力、油层温度、出气出水情况、油井的出砂结蜡、原油的腐蚀性、油井的管理制度等诸多因素都会影响检泵周期的长短。

抽油井由于事故检泵的原因一般有以下几种：

① 油井结蜡造成活塞卡、凡尔卡，使抽油泵不能正常工作或将油管堵死。虽然为了防止蜡在油管内析出做了大量的预防措施，但对一些结蜡较为严重的井，蜡卡、蜡堵的现象时有发生。

② 砂卡、砂堵检泵。为了提高地层的出油能力，对一些抽油井采取压裂的增产措施，压后支撑地层用压裂砂。在下泵抽油过程中，压裂砂随油流进入泵筒，有部分砂沉积在凡尔处或积满了活塞砂槽，造成砂卡泵；对一些地层砂岩胶结疏松，或因施工过程带入井内的砂粒，都可能造成砂卡泵的现象。

③ 抽油杆的脱扣造成检泵，由于抽油杆不停地改变受力方向，加之受井内液流的阻力，和各种摩擦力的作用，使抽油杆扣产生松动，造成脱扣。

④ 抽油杆的断裂造成检泵，由于抽油杆在抽油过程中，不停地受交变应力的作用产生疲劳或因砂卡、蜡卡造成的过载断裂。

⑤ 泵的磨损漏失量不断增大，造成产液量下降，泵效降低。

⑥ 由于产出液黏稠，特别是目前有些油田进入三次采油阶段，注聚合物采出井的采出液黏弹性较大，对活塞下行阻力较大，使抽油杆在下冲程中发生挠度变形，抽油杆接箍或杆体与油管壁产生摩擦，长期作用将油管磨坏或将接箍、杆体磨断。

⑦ 油井的动液面发生变化，产量发生变化，为查清原因，需检泵施工。

⑧ 根据油田开发方案的要求，需改变工作制度换泵或需加深或上提泵挂深度等。

⑨ 其他原因：如油管脱扣、泵筒脱扣、衬套乱、大泵脱接器断脱等造成的检泵施工等。

4.10.1.3 检泵作业施工工序

检泵作业施工主要包括以下施工工序：施工准备、洗井、压井、起抽油杆柱、起管柱、刮蜡、通井、探砂面、冲砂、管柱准备、下管柱、下抽油杆柱、试抽交井、编写施工总结等。

1. 施工准备

① 按施工设计要求准备质量合格的油管、抽油杆、抽油泵等下井工具。

② 立井架、穿大绳、校井架、拆卸井口、吊转驴头等按有关技术标准进行操作。根据井场情况，合理摆放设备。

2. 洗井

① 根据油井结蜡情况决定是否进行洗井，洗井时要防止洗井液对地层的污染。

② 在光杆上卡好方卡子，将活塞提出泵筒。

③ 新井下泵井施工要求正洗井，检泵井施工要求反洗井。

④ 洗井用水量不低于井筒容积的 2 倍，水质清洁，对于稠油井及含蜡量高的井水温不低于 60℃。

⑤ 大排量洗井，出口进干线。

3. 压井(压井要求与注意事项参见4.2.3)

检泵井采用反循环压井，热洗后直接替入压井液，要求大排量、中途不停泵，待出口返出压井液后要进行充分循环，并及时测量出口压井液相对密度。

4. 起抽油杆柱

① 装有脱接器的井，起第一根抽油杆时要缓慢上提，以保证脱接器顺利脱开；装有开泄器的井，当开泄器接近泄油器时也要缓慢上提，以保证顺利打开泄油器。上提抽油杆柱遇阻时，不能盲目硬拔，应查清原因制定措施后再进行处理。

② 起抽油杆柱时各岗位要密切配合，防止造成抽油杆变形和造成井下落物。

③ 平稳操作起完抽油杆及活塞。抽油杆桥要求使用4根油管搭成，每根油管至少使用4个桥座架起，起出的抽油杆在杆桥上每10根1组排放整齐，抽油杆悬空端长度不得大于1.0m，抽油杆距地面高度不得小于0.5m。

5. 起管柱

① 试提油管头，待大勾载荷正常后方可进行正常起管柱作业。如果井下管柱被卡，最大上提载荷不能超过井架及游动系统的安全载荷。

② 井下管柱装有油管锚时，按照油管锚的使用要求使锚爪脱离套管；井下管柱装有封隔器时，解封封隔器；丢手管柱装有活门时，如果上提管柱一次活门不严，应活动几次以关闭活门。

③ 平稳操作，管柱有上顶显示时应装有加压装置。起管柱做到不碰、不刮、不掉。

④ 油管桥至少使用3根油管搭成，每根油管至少使用5个桥座架起，起出的油管在管桥上每10根1组排放整齐，接箍朝向井口，油管悬空端长度不得大于1.5m，油管距地面高度不得小于0.3m。

⑤ 泥浆压井作业施工起管柱带出的压井液要收到土油池内；不压井作业施工起泵管柱期间改套管生产。

⑥ 起完泵管柱，检查原井管柱完好情况，做好记录。

6. 刮蜡

① 自喷井转抽下泵施工要进行刮蜡；检泵井施工要按设计的要求决定是否进行刮蜡。

② 刮蜡器直径应比套管内径小6mm，如果刮蜡器下不去，则可根据情况先用小直径刮蜡器进行刮蜡。

③ 刮蜡深度应超过油井结蜡点深度和设计下泵深度。

④ 刮蜡后要替入井筒容积2倍的热水，循环出井筒的死油和蜡，水温不得低于60°C。

7. 通井(要求及注意事项参见4.4)

8. 探砂面、冲砂(要求及注意事项参见4.5)

9. 管柱准备(要求及注意事项参见4.1.1)

10. 下管柱

① 下井油管螺纹必须清洗干净后涂密封脂。

② 下油管时应平稳加压，做到不"飞"、不"顶"、不压弯油管，井口要有防掉、防喷措施，顺利下完管柱，做到不"掉"、不"上碰下礅"。

11. 下抽油杆柱

① 抽油杆螺纹及接触端面必须清洗干净。

② 抽油杆上紧矩应符合表 4-12 的规定。

表 4-12　抽油杆上紧矩

抽油杆规格/mm	上紧矩/kN·m	
	应力为 245MPa	应力大于 245MPa
16	0.30	0.33
19	0.487	0.53
22	0.72	0.79
25	1.10	1.22
28	1.52	1.67

③ 防止上紧矩过大，损坏抽油杆螺纹。

④ 平稳缓慢下放，使活塞顺利进入泵筒。装有脱接器的井，对接好脱接器，对接后提抽油杆不能超高，防止脱接器脱开。装有井下开关的井，按照使用要求打开井下开关。

⑤ 活塞坐进泵筒后，光杆伸入顶丝法兰以下长度不小于防冲距与最大冲程长度之和，光杆在防喷盒平面以上长度应在 1.2~1.5m 之间。

12. 试抽交井

① 装驴头对中井口，严防弄弯光杆，并按照设计要求对好防冲距。

② 试抽憋压达到 3MPa 以上，稳压 15min，压降小于 0.3MPa 为合格，憋压不合格者应查找原因；

③ 倒流程、起抽。观察正常后交井。

13. 编写施工总结

完工后及时编写施工总结，施工总结的格式和内容应符合 SY/T5873.1—93 的要求。

4.10.2　螺杆泵井作业

螺杆泵作为一种机械采油设备，它具有其他抽油设备所不能替代的优越性，它主要适用于稠油、含砂、高含气井的开采，具有体积小、安装方便、无污染、能耗低等易于推广的重要特征。近几年来随着高黏度原油的开采和三次采油的发展，螺杆泵采油得到了较大规模的应用，随之螺杆泵井的作业工作量也在不断地增加，作业技术也在不断地发展。

4.10.2.1　螺杆泵采油系统组成

螺杆泵采油系统按不同驱动方式可分为地面驱动和井下驱动两大类。地面驱动螺杆泵主要有皮带传动和直接传动两种型式。井下驱动螺杆泵可分为电驱动和液压驱动两种形式，目前油田常用的是地面驱动井下单螺杆泵采油系统。下面以地面驱动井下单螺杆泵采油系统为例介绍其组成。

地面驱动井下单螺杆泵主要有电控部分、地面驱动部分、井下螺杆泵、配套工具等四部分组成，见图 4-5。

1. 电控部分

电控箱是螺杆泵井的控制部分，控制电机的启、停。该装置能自动显示、记录螺杆泵井正常生产时的电流、累计运行时间等，有过载、欠载自动保护功能，确保生产井正常生产。

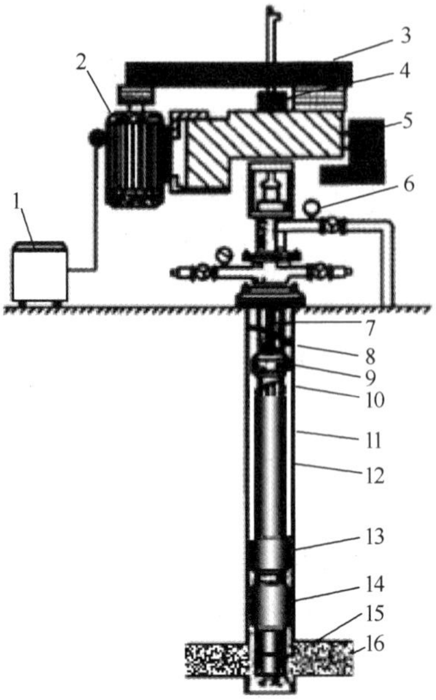

图 4-5　地面驱动螺杆泵采油示意图

1—电控箱；2—电机；3—皮带；4—方卡子；5—平衡块；6—压力表；
7—抽油杆；8—油管；9—扶正器；10—动液面；11—螺杆泵；12—套管；
13—防转锚；14—筛管；15—丝堵；16—储层

2. 地面驱动部分

地面驱动装置是螺杆泵采油系统的主要地面设备，是把动力传递给井下泵转子，使转子实现自转和公转，实现抽吸原油的机械装置。从变速形式上分，有无级调速和分级调速。机械传动的驱动装置主要由以下几部分组成。

① 减速箱：主要作用是传递动力并实现一级减速。它将电机的动力由输入轴通过齿轮传递到输出轴，输出轴连接光杆，由光杆通过抽油杆将动力传递到井下螺杆泵转子。减速箱除了具有传递动力的作用外，还将抽油杆的轴向负荷传递到采油树上。

② 电机：它是螺杆泵井的动力源，将电能转化为机械能。一般用防爆型三相异步电机。

③ 密封盒：主要作用是防止井液流出，起密封井口的作用。

④ 方卡子：主要作用是将减速箱输出轴与光杆连接起来。

3. 井下螺杆泵

井下螺杆泵主要由定子和转子组成。转子是通过精加工，表面经过处理的高强度螺杆。定子就是泵筒，是由一种坚固、耐油、抗腐蚀的合成橡胶精铸成型，然后被永久地黏接在钢壳体内而成。

其工作原理是：螺杆泵是靠空腔排油，即转子与定子间形成的一个个互不连通的封闭腔室，当转子转动时，封闭空腔沿轴线方向由吸入端向排出端方向运移。封闭腔在排出端消失，空腔内的原油也就随之由吸入端均匀地挤到排出端。同时，又在吸入端重新形成新的低压空腔将原油吸入。这样，封闭空腔不断地形成、运移和消失，原油便不断地充满、挤压和排出，从而把井中的原油不断地吸入，通过油管举升到井口。

4. 配套工具

① 专用井口：简化了采油树，使用、维修、保养方便，同时增加了井口强度，减小了

地面驱动装置的振动，起到保护光杆和换密封盒时密封井口的作用。

② 特殊光杆：强度大，防断裂，光洁度高，有利于井口密封。

③ 抽油杆扶正器：避免或减缓抽油杆与油管的磨损。

④ 油管扶正器：减少油管柱振动和磨损。

⑤ 抽油杆防倒转装置：防止抽油杆倒扣。

⑥ 油管防脱装置：锚定泵和油管，防止油管脱落。

⑦ 防蜡器：延缓原油中石蜡和胶质在油管内壁的沉积速度。

⑧ 防抽空装置：地层供液不足会造成螺杆泵损坏，安装井口流量式或压力式抽空保护装置可有效地避免此现象的发生。

⑨ 筛管：过滤油层流体。

4.10.2.2 螺杆泵采油系统的特点

1. 主要特点

螺杆泵与其他机械采油设备相比，主要有以下特点：

① 节省一次投资，螺杆泵与电动潜油泵、水力活塞泵和游梁式(链条式)抽油机相比，由于其结构简单，所以价格低。

② 地面装置结构简单，安装方便，可直接坐在井口套管四通上，占地面积小，除原井口外，几乎不另占面积，可以很方便地罩上一个防盗井口房。

③ 泵效高、节能、管理费用低。由于螺杆泵是螺旋抽油的容积泵，流量无脉动，轴向流动连续，流速稳定，因此它与游梁式抽油机相比，没有液柱和机械传动的惯性损失。泵容积效率可达90%，它是现有机械采油设备中能耗最小、效率较高的机种之一。

④ 适应黏度范围广，可以举升稠油。一般来说，螺旋泵适合于黏度为8000mPa · s(50℃)以下的各种含原油流体，因此多数稠油井都可应用。

⑤ 适应高含砂井。理论上看，螺杆泵可输送含砂量达80%的砂浆。在原油含砂量高，最大含砂量达40%(除砂埋之外)的情况下螺杆泵可正常生产。

⑥ 适应高含气井。螺杆泵不会气锁，故较适合于油气混输，但井下泵入口的游离气会占据一定的泵容积。

⑦ 适应于海上油田丛式井组和水平井，螺杆泵可下在斜直井段，而且设备占地面积小，因此适合海上油田丛式井组甚至水平井的采油井使用。

⑧ 允许井口有较高回压。在保证正常抽油生产情况下，井口回压可控制在1.5MPa以内或更高，因此对边远井集输很有利。

⑨ 当发动机或电动机停转时，在某些情况下，砂沉积在泵的上部。与有杆泵比较，螺杆泵有更大的可能恢复工作。

2. 局限性

虽然螺杆泵采油具有很多优点，但在某些方面也存在一定的缺陷：

① 定子最容易损坏，若定子寿命短，则检泵次数多，每次检泵，必须起下管柱，增加了检泵费用。

② 泵需要流体润滑，如果泵只靠极低黏度的液体润滑而工作，则泵过热将会引起定子弹性体老化，甚至烧毁。

③ 定子的橡胶不适合在注蒸汽井应用。

④ 虽然它操作简单，若操作人员不经适当操作训练，操作不正确，也会造成泵损坏。

⑤ 它与有杆泵比较，总压头较小。目前大多数现场应用是在井深1000m左右的井。

4.10.2.3 螺杆泵作业施工工序及技术要求

螺杆泵井作业施工内容主要包括施工准备、施工过程、施工验收等。施工过程的主要工序包括热洗、压井、起原井管柱、通井、刮削、冲砂、连接井下工具、下管柱、坐封锚定工具、下杆柱、替喷、安装地面机组、提防冲距、试运转和交井等。

1. 施工准备

① 地面调查应包括井位、井场、电源、土油池、采油树、地面管路流程、井架及作业设备等。

② 井下调查应包括井身结构、井况现状、油层资料、射孔资料、目前井下管柱、杆柱结构、采油方式、生产现状、上次施工情况及效果等。

③ 按施工设计下井管柱、杆柱、螺杆泵等，经检查验收合格后方可运往井场。尤其是螺杆泵必须经运转、试压检测合格。防脱器下井前必须经性能试验和检测，保证灵活，性能可靠方可下井。

2. 洗井、压井(要求及注意事项参见4.2)

3. 起出原井管柱(要求及注意事项参见4.1.2.2)

4. 探砂面、冲砂、刮蜡(要求及注意事项参见4.3及4.10.1.3)

5. 连接组配井下工具

按照施工设计的管柱结构，自下而上依次将丝堵、尾管、筛管、气锚、防蜡器、锚定工具、螺杆泵定子、油管扶正器、油管顺序摆放。

① 如下锚定工具，尾管不得少于三根油管。

② 锚定工具下井前，要彻底清除活动件内的脏物，并涂上黄油，使锚定工具处在解封状态。

6. 下管柱

① 在地面按设计要求配好管柱，用相应通井规检验合格，并在丝扣上涂上密封脂。

② 按施工设计组配好的管柱，自下而上依次下井，尾管—筛管—防转锚—油管短接—油管扶正器—油管短接—泵定子—油管短接—油管扶正器—油管—油管挂。油管上扣扭矩符合标准要求。

7. 坐封锚定工具

① 如坐支撑卡瓦时，上提管柱800mm左右，缓慢下放油管，坐卡位置(油管头上平面与套管法兰平面距离)控制在10~20mm之间，如果坐封尺寸不合适，可反复几次，直至达到要求。用钢丝绳压下油管挂，上紧顶丝。

② 如锚定工具是用水力释放时，连接好油管挂，上提管柱至设计要求高度，连接好打压释放管线，打压至锚定工具设计压力，坐封后，用钢丝绳压下油管挂，上紧顶丝。

8. 下杆柱

① 清点并丈量检查抽油杆，按下井顺序配好杆柱，按设计要求加抽油杆扶正器。

② 转子涂黄油后连接在第一根完整抽油杆上，以减少转子上的应力。同样原因驱动轴下部也必须装一根完整抽油杆。

③ 下抽油杆过程中速度要慢，当转子进入定子时，从地面可看到抽油杆转动，当转子碰到定子限位销时，指重表指针随之慢慢下降，这时上提抽油杆，装井口装置。再慢慢下放

抽油杆，当转子再次碰到限位销时，按要求上提防冲距，使转子和限位销有一定距离。

④ 吊起转子时，因上部连接一根抽油杆，整件较长，起吊速度要慢，并用手扶着转子中部，以防转子弯曲损伤表面。

⑤ 下抽油杆过程中防止杆件弯曲变形，如造成变形弯曲必须换掉；抽油杆扣要涂黄油上紧，扭矩符合规定值。

⑥ 在转子碰到限位销后，不得转动抽油杆，以防扭坏抽油杆或泵。

9. 安装专用井口

① 将专用井口从光杆上穿入坐在套管法兰上，紧固好螺栓。

② 正确安装与调试地面机组。

③ 检查减速箱齿轮油和所加密封圈是否合格。

10. 试运转

（1）加齿轮油

从减速箱注油孔处加入齿轮油，油面在油标 1/2~2/3 处。

（2）加盘根

每根盘根丈量好长度，斜度大于 45°切割，盘根表面涂上黄油，每层盘根切口处要错开，最后压紧压盖。

（3）调电机正反转

① 将变压器、电控箱、电机连接好，电机采用△型接法。

②卸掉皮带，接通电源使电机空转，如光杆是逆时针方向转动，只需调换电缆任意两相相序，确保光杆为顺时针转动。

(4)设置过载保护电流

表 4-13 给出了保护电流经验数据，过载保护时间调到 5~10s 范围内。

表 4-13　过载保护电流设置

电机功率/kW	低转速设置电流/A	中转速设置电流/A	高转速设置电流/A
11	15	18	20
15	18	24	28
22	25	30	40
37	30	40	45

（5）安装井口流程

连接好出油、掺水管线，安装井口油、套压力表。把驱动头出油口与生产管线相连，专用井口出油口作为放空出口。

（6）试投产

① 打开清蜡阀门，检查地面生产流程是否开关正常。

② 启动电机同时监测运转电流，井口见液后，缓慢关闭生产阀门，观察油压表有无上升，如压力上升到规定值，且地面机组无异常现象，打开阀门，然后进行液量计量，如液量正常，可确认机组正常，投产成功。

11. 交井

待试运转正常后与油井管理单位进行交接，后正常投产。

4.10.3 潜油电泵井作业

潜油电泵全称电动潜油离心泵，简称电泵，是将潜油电机和离心泵一起下入油井内液面以下进行抽油的井下举升设备。潜油电泵是井下工作的多级离心泵，同油管一起下入井内，地面电源通过变压器、控制柜和潜油电缆将电能输送给井下潜油电机，使电机带动多级离心泵旋转，将电能转换为机械能，把油井中的井液举升到地面。近些年来，国内外潜油电泵举升技术发展很快，在油田生产中，特别是在高含水期，大部分原油是靠潜油电泵生产出来的。电潜泵在非自喷高产井或高含水井的举升技术中将起重要的作用。

4.10.3.1 潜油电泵系统组成

图 4-6 是一典型的潜油电泵井的系统组成示意图，它主要由三部分组成。

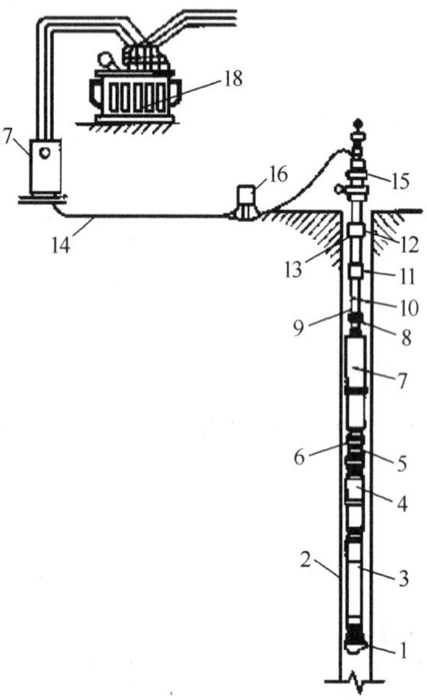

图 4-6 潜油电泵井的系统组成

1—扶正器；2—套管；3—电机；4—保护器；5—分离器；6—电缆护罩；7—泵；8—泵头；9—引接电缆；10—油管；11—单流阀；12—泄油阀；13—电力电缆；14—地面电缆；15—井口装置；16—接线盒；17—控制柜；18—变压器

① 地面部分：包括变压器、控制柜、接线盒和特殊井口装置等。

② 中间部分：主要有油管和电缆。

③ 井下部分：主要有多级离心泵、油气分离器、潜油电机和保护器。

上述三部分的核心是离心泵、油气分离器、潜油电机、保护器、潜油电缆、变压器和控制柜七大部件。

1. 潜油泵

(1)潜油泵结构

潜油泵是由多级叶轮组成，为多级串联的离心泵。其转动部分主要有轴、键、叶轮、轴套和限位片簧等；固定部分主要有壳体、泵头(即上部接头)、泵座(即下部接头)、导轮和扶正轴承等。相邻两节泵的泵壳用法兰连接，轴用花键套连接。潜油泵结构如图 4-7 所示。

电动潜油泵与普通离心泵相比，在结构上有以下特点。

① 受套管内径限制，泵外形呈细长状，直径小，长度大，叶轮、导轮级数多。

② 垂直悬挂运转，轴向卸载，径向扶正。

③ 泵吸入口装有特殊装置，如油气分离器等。

④ 泵出口上部装有单流阀和泄油阀。

另外，在叶轮上钻有平衡孔，用来减少叶轮的轴向力。导轮止推套外面与叶轮凹槽内面相接触，起到了径向扶正作用。在泵轴两端，装有扶正轴承，限制泵轴和叶轮的径向偏移。

(2)潜油泵的工作原理

与普通离心泵相同，电机带动泵轴上的叶轮高速旋转时，叶轮内液体的每一质点受离心力作用，从叶轮中心沿叶片间的流道甩向叶轮四周，液体受叶片的作用，压力和速度同时增加，经过导轮流道被引向次一级叶轮，这样逐级流经所有的叶轮和导轮，使液体压能逐次增加，最后获得一定的扬程，从而将井液输送到地面。

2. 油气分离器

油气分离器安装在泵的液体吸入口处，当混气流体进入多级离心泵之前，先通过分离器，把自由气体分离出来，以防止和减少气体进泵，保护潜油电泵具有良好的工作特性，使多级离心泵能够正常工作。常用的分离器有两种：沉降式分离器和旋转(离心)式分离器。

3. 潜油电机

(1) 潜油电机结构

潜油电机主要由定子、转子、扶正轴承、止推轴承及油循环系统组成，如图4-8所示。

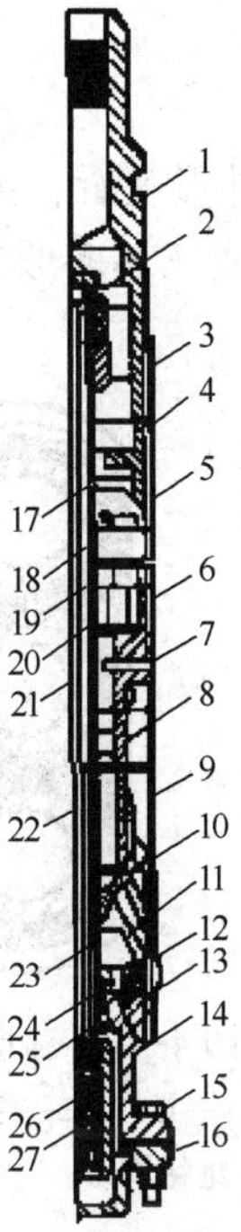

图4-7 电动潜油泵结构示意图

1—泵出口接头；2—轴头压盖；3—上轴承外套；4—导轮；5—胶圈；6—泵壳；7—放气孔；8—交叉流适管；9—分离器壳体；10—诱导轮；11—分离壳；12—分离器叶轮座；13—半圆头丝堵；14—泵下接头；15—六角螺栓；16—泵护帽；17—上止推垫；18—中止推垫；19—叶轮；20—下止推垫；21—键；22—轴；23—分离器叶轮；24—轴承内套；25—卡簧；26—花键套；27—花键套弹簧

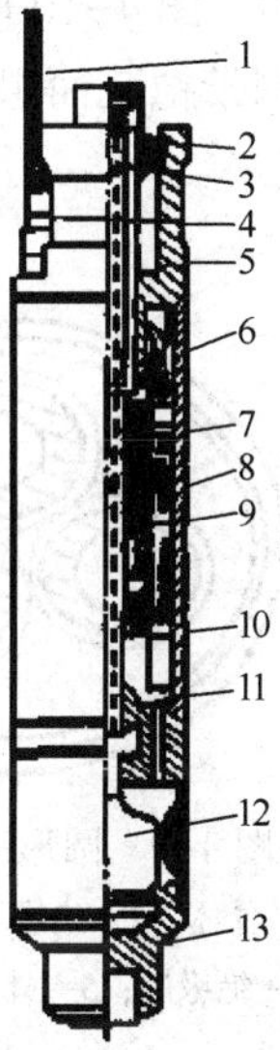

图4-8 潜油电机结构示意图

1—扁电缆；2—止推轴承；3—电机轴；4—电缆头；5—注油阀；6—引线；7—定子；8—转子；9—扶正轴承；10—电机壳体；11—打油叶轮；12—滤网；13—注放油阀

(2) 潜油电机的工作原理

潜油电机是三相鼠笼式异步感应电动机。它和其他异步电动机一样，当定子绕组的三相引出线接通三相电源时，在电机内将产生一个转速为60r/s的旋转磁场。其转向取决于电源的相序。由于转子绕组与旋转磁场之间有相对运动，根据电磁感应原理，转子导体中将产生感应电动势。又由于转子绕组是闭合的，且认为是纯阻抗性的电路，则转子导体中将有感应电流通过。因为载流导体在磁场中受到电磁力的作用，由此产生电磁转矩，其方向与旋转磁场的方向一致。当电磁转矩大于轴上的阻力矩时，转子就会沿着旋转磁场的方向转动，此时电机从电源接受的电能转变为机械能输出。

4. 保护器

目前国内外使用的保护器主要有连通式、沉淀式、胶囊式、补偿式等。保护器的作用是利用井液与电机油密度间的差异，以防止井液进入电机造成短路而烧毁电机的装置。主要有以下作用：

① 保护器通过连接外壳和传动轴，把泵和电机连接起来。

② 保护器装有止推轴承，以吸收泵轴的轴向推力。

③ 隔离井液与电机油，同时使井筒-电机的压力保护平衡。

④ 允许电机运行时温度升高所造成的电机油热膨胀以及停机后电机油的收缩。

5. 电缆

（1）电缆结构及特点

潜油电缆作为从地面向井下机组传输电力的介质，从外形上看，可分为圆电缆和扁电缆两种如图 4-9、图 4-10 所示，主要由导体(三芯独根铜线或三芯多股铜绞线)、绝缘层、护套层，并用钢带铠装而组成。

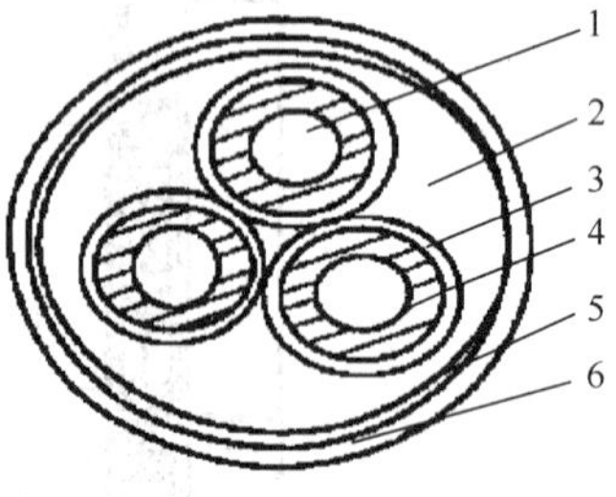

图 4-9　圆形潜油电缆示意图

1—导体；2—绝缘填充剂；3—防护层；
4—绝缘层；5—外衬层；6—铠装钢带

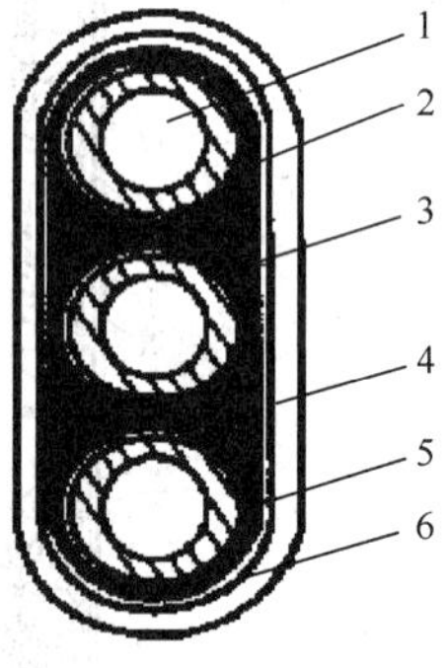

图 4-10　扁形潜油电缆示意图

1—导体；2—绝缘层；3—防护层；
4—绝缘填充；5—外衬层；6—铠装钢带

（2）潜油电缆的性能要求

潜油电缆是潜油电泵机组的一个重要组成部分。根据下泵深度，电缆的长度可由几百米到几千米。电缆的工作介质是油、气、水三相混合物，这就要求电缆的护套绝缘材料具有较好的耐油性和较高的气密性。电缆长期工作在温度为 50～120℃、压力为 7～20MPa 的井液中，在冬季电缆野外施工，气温最低达-30℃，并需要经过多次盘绕收放，这就要求电缆的结构紧凑，护套层有足够的横向密封性，在高温、高压下不易变形，在低温下不易破裂。材质应满足井下温度相应的热老化性能要求，保持柔软性和可弯曲性。电缆应有良好的绝缘性能，并能够可靠地传递电机所需要的电能。

6. 变压器

潜油电泵所用的变压器与普通变压器原理相同，常用的为空气自冷干式或自冷油浸式三相自耦变压器。其作用是将电网电压(6kV)转为潜油电机所需电压及照明和控制系统电压。

7. 控制柜

控制柜是对潜油电泵机组的启动、停机以及在运行中实行一系列控制的专用设备，可分为手动和自动两种类型。它可随时测量电机的运行电压、电流参数，并自动记录电机的运行电流，使电泵管理人员及时掌握和判断潜油电机的运行状况。

4.10.3.2 潜油电泵井作业程序

1. 施工前准备

(1) 资料

① 井史资料。包括完钻日期、井深、人工井底；套管规格、壁厚、下入深度、套补距；射孔井段、层位及射孔枪型；砂岩厚度、有效厚度、饱和压力和原始压力等。

② 油井生产参数。包括静压、流压；产液量、产油量、气油比、含水率；油嘴、油压及套压等。

③ 其他资料。包括套管情况、历次作业情况、附近井注水效果、电源和交通情况等。

(2) 施工设计书

① 设计书的内容：包括施工目的、基础数据、原井下管柱和拟下井管柱、施工步骤及工艺要求等。

② 填写要求：条理清晰、简明扼要、字体工整，逐项认真填写。设计书格式和内容符合 SY/T5863 的要求。

③ 设计书审批。设计必须经业务主管技术负责人审核，批准后方可实施。需要更改施工设计时，必须重新审批。

(3) 设备、配套附件和工具

① 根据设计书要求准备潜油电泵机组。

②施工设备包括：井架(或联合作业机)、电缆滚筒支架(或电动绞车)、模拟泵。

③施工用附件包括：单流阀、泄油阀(或测压阀)、电泵井采油树、电缆卡子、电缆保护装置、扶正器、井下工具等。

④专用工具包括：电机吊卡(带吊链)、泵吊卡(带吊链)、拉紧钳、锁紧钳、注油泵、小吊钩、导向滑轮、井口支座、电缆卡子剪刀等。

2. 下泵前作业

① 起原井管柱(要求及注意事项参见 4.1.2.2)。

② 套管刮蜡(要求及注意事项参见 4.10.1.3-6)。

③ 洗井冲砂、探人工井底(要求及注意事项参见 4.5)。

④ 测井径。用井径仪测套管内径变化情况和射孔质量，套管最小内径应大于机组径向最大投影尺寸。检泵井可不进行此工序。

⑤ 通井。将模拟泵下至泵挂深度以下 40m，检查套管内径尺寸有无异常情况。通井过程不得有强行加压或遇阻现象。

⑥ 下丢手管柱。根据地质方案需要下丢手工具或分采管柱时，应执行此工序，并应符合 SY/T 5587.6 要求。

⑦ 换套管头。将原井套管头换成电泵采油树的套管头。检泵井可不进行此工序。

3. 电泵下井作业

(1)井下机组下井前的地面检查

① 电机检查。打开电机运输护盖进行盘轴检查，盘轴应轻快无卡阻；用兆欧表测量电机绕组相间及对地的绝缘电阻应达到规定的要求。新电机绝缘电阻大于 500MΩ。测量绕组直流电阻，三相直流电阻不平衡度不得大于 2%。

② 泵、分离器、保护器检查。泵、分离器、保护器等均应打开运输护盖进行盘轴检查，盘轴应轻快无卡阻。

③ 电缆检查。卸下电缆头护盖，用兆欧表测量相间及对地绝缘电阻。电缆绝缘电阻应大于500MΩ；测量电缆直流电阻。三相直流电阻不平衡度不得大于2%；发现电缆有损坏处，应立即修复，否则不许下井。

（2）井下机组连接

① 机组备件要逐节起吊下井，不能在地面上连接后再起吊下井。最后一节泵必须用提升短节安装，严禁先接到油管上后再起吊下井。

② 下井的机组各部件、油管和井下工具必须保持清洁。

③ 机组备件的上、下运输护盖在机组连接之前不要取下。但电机、保护器的上运输护盖在起吊之前应稍微打开一下，既保证注油时跑气又能满足防尘要求。

④ 拆卸机组备件运输护盖时，要保护法兰面，保持干净清洁不受损伤。

⑤ 安装机组时，所有连接部位上的“O”形密封圈、阀体及丝堵的铅垫都必须换成新的；

⑥ 所有注油阀、排气塞、放油塞、操作完毕必须拧紧。

⑦ 机组各连接法兰上的连接螺栓都应用力矩板手按制造规定的扭矩拧紧。拧螺栓时必须采用对角顺次上紧的操作方法。

⑧ 传感器、电机、保护器之间的对接以及电缆头与电机的对接，必须保证对接法兰面清洁，冬季应用吹风机吹干后，对接法兰面应用洁净的白布和电机油清洗。

⑨ 随着机组逐节下井，对每一节电机、保护器、分离器、泵都要随时盘轴，确保轴转动灵活，切忌花键套用错规格和放错方向。

⑩ 每完成一节机组连接程序和电缆头与电机连接前后，都要测试电机和电缆的绝缘电阻、直流电阻，并和下井前的测量数值相比较，如数值变化异常，必须查清原因并予纠正，否则应停止施工。

⑪ 电机上下节对接时必须使用灵活可靠的千斤顶。对接操作必须十分准确平稳，千斤顶上升应缓慢并且左右两个千斤顶升速一致。

（3）电机、保护器注油

① 应在清洗注油泵管路和注油阀后方可将注油泵之注油接头接到注油阀上。

② 应按制造厂规定的注油程序给电机和保护器注油，注油速度要缓慢。

③ 当放油孔（排气孔、连通孔或上端运输护盖处）有电机油连续流出时，应停止注油10~15min，之后再缓慢注油并注意观察使油溢出所需注油机转数。继续上述步骤，直到不足一转就可以注满油并引起油溢出为止。

④ 注油过程中，不允许有水、污物进入电机或保护器。

⑤ 冬季施工，电机油之油温不宜低于10℃。

⑥ 所用电机油必须符合潜油电泵机油标准。

（4）相序检查

① 电缆头与电机连接完毕应进行相序检查，保证开机时井下机组转向正确无误。

② 可以用通电点车观察电机转向或用电机转向表检查电机转向。检查完毕必须在电缆末端做好相序标记，以后不得弄错。

（5）电缆安装和下井

① 电缆下井过程中，作业机起车、停车和运行操作必须平稳；必须有专人管理电缆

滚筒。

② 保护器和泵侧面的扁电缆及电缆护罩必须与机组中心线平行并避开防倒块。扁电缆不允许有弯曲或缠在机组上。

③ 机组上的扁电缆护罩应卡紧，表面应平整光滑，电缆护罩上不许有凹痕。

④ 当机组与套管间的环形空间比较小时，机组上的扁电缆护罩也可以不用，但电缆卡子应加密，电缆卡子间距以 0.5m 为宜。

⑤ 油管上的电缆必须与油管中心线平行，严禁电缆在油管上缠绕。

⑥ 每根油管应打两个电缆卡子，一个打在油管接箍上方 0.5m 处，另一个打在油管接箍下方 0.5m 处。

⑦ 打电缆卡子时卡子应卡紧，不允许有串动。

⑧ 严禁在电缆连接包上打电缆卡子，但应在电缆连接包上方 0.3m 和下方 0.3m 处各打一个电缆卡子。

⑨ 严禁电缆连接包和油管接箍重合。

⑩ 严格控制下油管的速度，一般下油管速度不得超过 5m/min。

⑪ 电缆下井过程中，应保持有一段电缆拖在有防污保护的地上，拖地点到井口的距离不应小于 8m。

⑫ 下生产管柱时，每下 10 根油管必须测量一次电缆的直流电阻和绝缘电阻，并与上次测量结果进行比较。发现数值变化异常，必须查明原因并消除。

⑬ 下油管时，单流阀、泄油阀和全部油管丝扣外部均必须涂螺纹密封脂或缠螺纹密封带并拧紧；

⑭ 油管连接时必须注意保护电缆；

⑮ 如需在现场连接电缆时，必须严格按电缆连接规程操作。

（6）单流阀和泄油阀的安装

① 潜油电泵井必须使用单流阀和泄油阀。

② 使用单流阀和泄油阀之前应予检查，单流阀之阀芯、泄油阀之泄油销子和铅垫都必须是新的。

③ 单流阀应安装在泵出口以上第 1~10 根油管接箍处，具体位置由设计者视油井产气情况而定；

④ 泄油阀一般装在单流阀以上第一根或第二根油管接箍处。

（7）泵挂深度

① 潜油电泵机组一般都应下在射孔井段以上。

② 在大直径套管中，如果泵挂深度使电机下在射孔井段以下，则必须采用电机护罩。

（8）井口安装

① 安装井口时必须有专人指挥，不得碰、挤电缆。四通锥面、法兰钢圈槽、萝卜头锥面必须擦净并涂黄油。坐好井口后，井口保证不刺不漏。

② 安装井口开剥电缆铠装时不得损伤电缆绝缘。通过萝卜头的三根电缆线芯要包两层绝缘带再涂上黄油后安装到四通内。

（9）电泵井口流程安装

① 电泵井口流程必须按双翼生产方式设计和安装。

② 双翼都必须装有油套联通、单流凡尔、油嘴套。

③井口流程所用采油树、管线、闸门，压力表都必须保证泵在最大工作压力下安全工作。

④ 完井后抽大绳时必须使用引绳。

（10）启泵投产

测量对地电阻、直流电阻达到规定要求，泵机组运行电流、电压达到正常。

4. 电泵起出施工

（1）起机组前的准备

① 拆井口前必须切断电源，并将井下电缆从接线盒的接线端子上拆下来。

② 起油管前应检查一次井下电缆、机组绝缘电阻及直流电阻。

③起油管应向井下投直径 ϕ35～40mm、长 2.5m 的金属棒，砸断泄油阀上的泄油销子（见液面后进行投金属棒操作，防止电泵落井造成井下事故复杂化）。

（2）起出油管

① 起油管时，必须待吊卡挂好后方可慢慢起吊。

② 起油管时应随时注意指重表悬重，提升悬重不可超过正常悬重 12kN。

（3）起出电缆

① 起出电缆时，施工人员必须仔细检查记录电缆的损伤情况（打扭、变形、断、磨损、起泡、腐蚀等）和位置，并做好标记。

② 起电缆时电缆应从电缆滚筒上方缠绕到滚筒上。

③ 电缆应在滚筒上排列整齐，严禁电缆打扭、打卷。

④ 往电缆滚筒上缠电缆时，应用橡皮锤排电缆；缠完电缆应将电缆头牢固地绑扎在滚筒上。

⑤ 油管和机组上的电缆卡子应剪断。

⑥ 必须检查记录整个管柱上电缆卡子缺少的数量，由现场技术人员确定缺少原因和决定处理措施。

（4）起出机组

① 卸下泵头以后，应盘轴检查整套机组转动的灵活性。

② 拆卸过程中应分别对各节泵、分离器、保护器、电机进行盘轴检查和外观检查（如内部结垢、腐蚀情况、含砂情况、部件损坏情况等）。

③ 保护器应进行放液测定，分别测定井液、电机油、隔离液的体积中。

④ 拆卸电缆头时应保证井液、水、杂质不进入电机引线口和电缆头内；在电缆和电机分开后，应分别测量电机和电缆的绝缘电阻、直流电阻；测量完毕应及时给电缆头和电机引线口带上护盖。

⑤ 拆电机以前，应先从传感器或星点上的放油孔将电机内的液体放出。若有水、油污或不干净的电机油出现，则必须将其放干净。

⑥ 对泵、保护器、分离器、电机、传感器在拆卸和装箱过程中必须保护好所有的连接法兰面，不得损伤。

⑦ 泵、保护器、分离器、电机、传感器在拆机组时，必须逐节拆开后下放装箱。严禁两节以上连在一起下放装箱。

（5）起出设备评价和运回设备

① 起出的泵、分离器、保护器、电机和传感器都必须装上运输护盖；

② 对起出设备应由电泵专业技术人员做出评价及确定是否可以重新下井。

4.10.4 水力活塞泵井作业

水力活塞泵是一种液压传动的往复式抽油装置。高压动力液经动力油管驱动安装在井下的液马达往复运动，液马达活塞再通过活塞杆带动抽油泵活塞往复运动抽油。该套工艺技术具有泵挂深、扬程高、排量调节范围宽、效率高、适应性强、可液力起下沉没泵及减少作业工作量等优点。

4.10.4.1 水力活塞泵系统组成

水力活塞泵井的系统主要由地面部分和井下部分两部分组成。

地面部分包括：井口捕捉器、井口四通阀、动力液管汇等；井下部分主要有封隔器、底阀、水力活塞泵、沉没泵。

4.10.4.2 水力活塞泵的结构与特点(长冲程双作用泵)

1. 应用范围及工艺条件见表 3-1

2. 结构特点

差动式换向滑阀机构设在上下活塞中间，活塞杆始终受拉伸载荷、冲程长，泵的压力比(也称面积比，即泵端活塞与液马达活塞作用面积之比值)值较大，达 1.150~1.308。

3. 工作原理

图 4-11 所示，当换向滑阀 2 处于下极限位置时，高压动力液通过流道进入上液缸的下腔，推动上活塞组上行，上腔内的液体通过上排出阀 4 排到油套管环形空间。同时，油井液通过固定阀 7、吸入阀 3 进到下液缸的下腔，下液缸上腔的乏动力液通过流道排到油套管环形空间。当活塞组运动到接近上极限位置时，高压动力液通过拉杆 1 下部的换向槽 5 作用到换向滑阀 2 的下端。由于滑阀两端的面积差，产生向上推力，滑阀 2 换向。高压动力液通过换向滑阀孔及流道，进入下液缸的上腔，而上液缸下腔内的乏动力液通过流道排至油套管环形空间。当活塞组向下运动到接近极限位置时，拉杆 1 上部的换向槽 5 将孔与泄油孔连通，使换向滑阀 2 的下腔与低压连通。换向滑阀在高、低压压差作用下向下运动，活塞组又换向运行，如此反复循环，不断地将井底液体举升到地面。

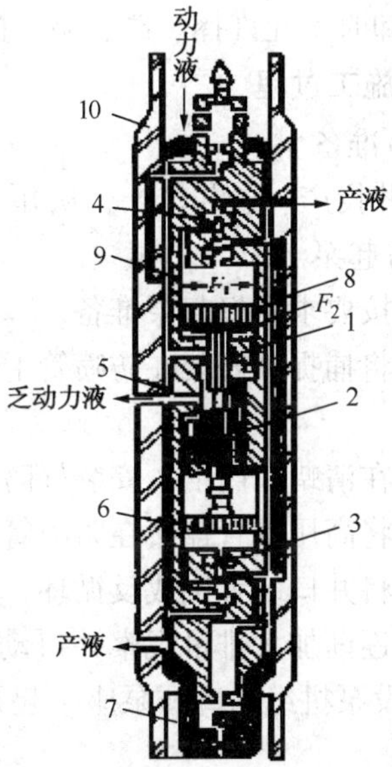

图 4-11 长冲程双作用泵原理图

1—拉杆；2—换向滑阀；3—吸入阀；4—排出阀；5—换向槽；6—下活塞；7—固定阀；8—上活塞；9—沉没泵；10—工作筒

4. 水力活塞泵井口装置

结构特点：国内水力活塞泵井几乎都是采用开式动力液循环系统，其井口装置是用自喷井采油树改装而成。

工作原理：如图 4-12 所示，泵正常运转时，高压动力液经阀 4 和阀 2 进入油管。装在溢流阀 8 上的压力表指示动力液工作压力，混合液经阀 5 返出。当反循环经阀 6 进入油套管环形空间，再经油管和阀 2 返出。

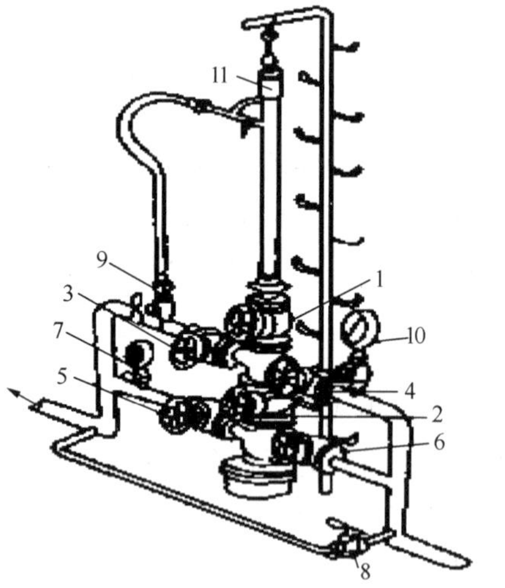

图 4-12　采油树井口

1~6—采油树阀门；7—压力表阀门；8—溢流阀；9—旁通阀；10—压力表阀门；11—捕捉器

4.10.4.3　水力活塞泵作业施工工序

主要包括编写施工设计、施工准备、施工过程、施工验收等，施工过程主要包括热洗、起出原井管柱、通井、刮削、冲砂、连接井下工具、下管柱、坐封封隔器等。

1. 施工准备

① 现场施工技术人员按照设计书要求安排施工计划，现场调度按照施工计划组织施工。

② 在施工前，按要求对水力活塞泵、封隔器进行质量检查，各项指标合格后方可使用。

③ 井下工具应有检验部门签发的产品合格证，才能在现场使用。

④ 新井投产、老井转产，按设计要求准备所需要的油管。

⑤ 油管、封隔器、水力活塞泵机组以及井下工具等，均应用专车运送。轻拿轻放，螺纹要有保护装置；泵要加支承，防止压弯、变形；装卸时不允许摔、碰、敲、撞。

2. 施工过程

(1)准备

新井投产、老井转产，从井下起出原管柱和杆柱。

(2)起泵

① 按要求做好起泵准备。

② 将捕捉器安装在防喷管上，反时针旋转捕捉器至死点，然后倒转 1/4 圈，调整捕捉器位置。

③ 在清蜡阀门上，安装好防喷管短节，吊装防喷管并拧紧。

④ 将高压胶管连接在防喷管的胶管接头与阀门之间，并拧紧活接头，关闭放空阀。

⑤ 将井口装置倒成反循环，使动力液由套管进，油管出。

⑥ 逐渐加大排量观察井口动力液压力变化情况，如出现动力液压力迅速下降的现象，表明沉没泵机组已离开泵座。起泵时，动力液压力一般不超过 10MPa，超过 10MPa 则认为不正常。

⑦ 对起泵不正常的井，可增大排量。提高井口动力液压力试起，但最高起泵压力不得超过 15MPa，如果还起不出沉没泵。则停止起，可以用打捞器下井打捞和起出油管。

⑧ 在起泵的整个过程中，要有专人控制调节流量，保持压力的平稳和正常生产。要控制好提泵的速度，在泵脱离泵座后，可以使泵上升速度加快。当泵快到达井口时，一定要减慢上升速度，平稳操作，缓慢关小生产阀门，利用油管动力液将泵压入防喷管内。

⑨ 当听到沉没泵机组撞击捕捉器声响而被捕捉后，打开生产阀门，关闭清蜡阀门及起泵控制阀。然后打开放空阀，将防喷管内的油排尽后，吊下防喷管并取出泵。

⑩ 先将底阀打捞器连接在打捞车钢丝绳加重杆的下部，下入井中。再根据底阀井下位置，掌握好底阀打捞器的下井深度。待底阀打捞器撞断底阀的泄油销，使底阀上、下部流道连通，打捞器卡簧卡住阀中的内台阶，然后上提打捞器，即可取出底阀(固定阀)。

3. 压井(要求及注意事项参见 4.2.3)

4. 解封、起管柱(要求及注意事项参见 4.1.2.2)

5. 通井(要求及注意事项参见 4.4.3)

6. 探砂面冲砂(要求及注意事项参见 4.3)

7. 下封隔器、下管柱坐封

① 按施工设计要求配好管柱结构。

② 对调配好的井下管柱长度(包括油管、封隔器、工作筒等)进行三次丈量，累计误差每 1000m 应小于或等于 0.2m。

③ 对油管、封隔器等井井下工具进行认真检查。应无任何机械损伤，连接螺纹完好。封隔器等井下工具型号、规格与设计书对照应完全相同，并应有产品合格证。

④ 下井油管内径用标准油管规应能通过。

⑤ 下封隔器时必须按使用说明书要求进行，速度不宜过快，应小于 5m/min，且操作平稳。

⑥ 当封隔器下到设计位置时，进行坐封，坐封力为 70~100kN。坐封方式、坐封载荷严格按所使用的封隔器说明书要求进行。封隔器坐封应避开套管接箍位置。

⑦ 验封，15MPa 压降小于 0.5MPa。

⑧ 下油管时，必须在外螺纹上涂密封脂。按要求规定的力矩拧紧螺纹后，擦净多余密封脂。

8. 装井口

① 新采油井口必须进行整体试压合格，并有产品合格证。

② 对原有采油井口要进行清洗，检查各部件，应无机械损伤，闸门灵活、关闭可靠，各密封面(包括油管挂、钢圈槽、钢圈)应完好无损。

③ 安装井口要求方向正、对准中心，法兰螺丝对角轮流上紧，油管挂顶丝全部顶紧，并连接各部管线。

④ 用外径为 60.3mm、长为 9m 的油管，在井口中自通三次，达到无阻，以保证起下泵在井口顺利通过。

9. 验封

① 用热水正循环洗井，待井口返出清水后，投固定阀，正压就位验封。

② 对井口、井下管柱(包括油管柱、封隔器、固定阀等)进行整体验封。在井口压力为干线系统压力下，经 10min 压降小于 0.5MPa 为合格。

③ 对油管管柱验封。向井下投堵塞器，以 25MPa 压力进行验封，经 10min 压降小于 0.5MPa 为合格。

10. 投泵

(1) 投泵准备

① 应提供充足的动力液。单井水力活塞泵抽油系统应预备水泥车、罐车。以保证泵的投产。

② 新开井要预先进行地面管线的清洗和地面循环，温度要达到 40℃。

③ 投泵前要对沉没泵机组进行详细检查，密封部位必须完好无损，吸入阀座孔眼、引进接头孔眼及下分离接头孔眼均应无脏物堵塞，各连接部位应无松动。

④投泵前必须用动力液正循环洗井，将原井筒内的压井液或死油全部替出，洗净液液量应大于井筒容积三倍。

（2）投泵方法

① 将沉没泵机组装入防喷管内，安装捕捉器，反时针旋转捕捉器吊钩，锁住打捞头。

② 在清蜡阀门上安装防喷管短节，吊装防喷管并上紧。

③ 将高压胶管连接在防喷管接头与阀门之间，检查放空阀是否关严。

④ 慢慢打开动力液阀门，使高压动力液进入防喷管顶部，顺时针旋转捕捉器吊钩，慢慢释放沉没泵机组。

⑤ 当听到泵落入井内的声音时，确认泵已下井，打开阀门和关闭有关阀门使沉没泵不断下降。投泵流量控制在 $5m^3/h$ 左右。

⑥ 当沉没泵机组进入工作筒坐定后，地面高压泵的压力很快上升，上升到一定值后，压力表指针开始有规律的摆动，证明水力活塞泵机组已开始工作。此时，要及时调整好流量控制阀，调整冲次。

⑦ 沉没泵机组运转正常后，放掉防喷管内高压液，吊下防喷管。

4.11 注水井作业

油气田注水是保持油层压力，使油井长期高产稳产的一项重要措施，目前我国各油气田大部分都采用注水的方法，给储层不断补充能量，取得了较好的开发效果。油气田注水一般采用笼统注水和分层注水的方式，本节将重点围绕分层注水工艺和注水井作业来探讨。

4.11.1 分层注水工艺原理

油气田注水的目的是提高地层压力，保持地层能量，以实现油田稳产高产，提高最终采收率。由于不同性质的油层吸水能力和启动压力有很大差别，采用多层段笼统注水，将使高渗透层与低渗透层之间出现层间干扰。通过矿场试验证实，在长期笼统注水条件下，就单井而言，每口井都有干扰现象；就层段而言，大部分层段有干扰现象。注水要求是分层定量注水，在注水井通过细分层段实行分层配注，有利于减少层间干扰，解决层间和平面矛盾，改善吸水剖面，提高驱油效率，以便合理控制油井含水和油田综合含水上升速度，提高油田开发效果。

4.11.1.1 分层配水的理论依据

同井分层配水，就是在同一口注水井中，利用封隔器将多储层分隔为若干层段，使之在加强中、低渗透率储层注水的同时，通过调整井下配水嘴的节流损失，降低注水压差，对高渗透率储层进行控制注水，以此调节不同渗透率油层吸水量的差异。

配水原理可由下列公式表达：

$$Q_{配} = K \cdot \Delta P_{配} \tag{4-3}$$

$$\Delta P_{配} = P_{井口} + P_{水柱} - P_{管损} - P_{嘴损} - P_{启动}$$

式中 $Q_{配}$——分层控制注水时注入量，m^3/d；

K——地层吸水指数，$m^3/(d \cdot MPa)$；

$P_{井口}$——井口注水压力，MPa；

$P_{水柱}$——静水柱压力，MPa；

$P_{管损}$——注入水在油管中的流动阻力损失，MPa；

$P_{嘴损}$——配水嘴压力损失，MPa；

$P_{启动}$——地层开始吸水时所需要的井底压力，MPa。

由上式可知，当 $P_{井口}$、$P_{水柱}$ 和 $P_{启动}$ 不变时，$Q_{配}$ 仅随 $P_{嘴损}$ 而变化，而 $P_{嘴损}$ 可选用不同直径的配水嘴产生不同的节流损失来达到。也就是说，通过选用不同直径的井下配水嘴来改变井底注水压差，使之达到地层所需的配水量，实现分层配水。

井下水嘴选择的基本原理是利用嘴损求得配水水嘴的大小，主要有以下三种方法。

1. 嘴损曲线法

嘴损曲线法多用于 KGD-110 配水器的选择。其步骤如下：

① 根据测试资料绘制层段吸水指不曲线图。

② 在分层指不曲线上，查出与各层段注水量相对应的井口注水压力。

③ 根据全井配注量及油管深度，计算求出管损。

④ 确定井口压力，即泵压。

⑤ 计算出嘴损压力：

$$P_{嘴损} = P_{泵} - P_{配} - P_{管损} \tag{4-4}$$

式中 $P_{嘴损}$——通过水嘴压力的损失，MPa；

$P_{泵}$——井口压力，MPa；

$P_{配}$——达到配注水量时的井口压力，MPa；

$P_{管损}$——注水时管柱的沿程压力损失，MPa。

⑥ 根据各层段及嘴损，在嘴损曲线上查出所需水嘴尺寸。

2. 原理推算法

原理推算法是一种比较简便并且准确的方法，其选择步骤如下：

① 求真实分层指示曲线井的有效注水压力和层段吸水量所绘制的分层指示曲线，作为真实分层指示曲线实测的资料，提供井口压力和层段吸水量。但井口压力不能代表储层或层段吸水的有效压力，须按下式求有效注水压力：

$$P_{有效} = P_{井口} - P_{嘴损} \tag{4-5}$$

将各层段的实测井口压力点按上述方法求得相应有效注水压力，再与对应的实际层段吸水量绘制成真实分层指示曲线。矿场为简便和减少注水井波动，往往每层只选用两个压力点(假定注水量波动不大)。

② 求嘴损差。在真实分层指示曲线上，配注压力下原水嘴的实际注入量和配注量所对应的压力差，即为嘴损差 ΔP。

③ 推算新水嘴。在嘴损曲线上，用实际注入量和原水嘴尺寸线交点所对应的嘴损压力值，按 ΔP 的正负，向上或向下截取 ΔP，与配注量相交于某一水嘴尺寸线上，这一水嘴尺寸即为所求的水嘴。

3. 简易法

对于调整水量不大的层段选配较为准确。其计算公式如下：

$$d = bd_{测}\sqrt{\frac{Q_{配}}{Q_{测}}} \tag{4-6}$$

式中 d——所求水嘴直径，mm；

b——层性系数，加强层为 1.1，控制层为 0.9；

$Q_{配}$——配注水量，m^3/d；

$Q_{测}$——实测注水量，m^3/d；

$d_{测}$——测注水量时的水嘴直径，mm。

简易法和推算法计算的水嘴相比约大 0.1~0.15mm，可根据层段性质将简易法求得的水嘴尺寸加以调整，对于限制层可减少些，加强层可稍增大。一般视配注水量和压力的大小，减少或增大 0.1~0.2mm。

选择配水嘴注意事项：

① 选择配水嘴的准确与否和测试资料准确程度有直接的关系。一般要求连续两次以上的测试资料基本相同，调整水嘴才能准确。

② 要对水井资料和动态资料等作经常分析，及时掌握地层变化情况，找出变化原因。

③ 每次调整配水嘴必须检查原水嘴及配水管柱，修正实测资料的准确程度。

④ 一般注水合格率各油田都有一定界限标准，达到此界限以内，便可认为合格。

4.11.1.2 分层注水层段划分和配注原则

分层注水层段的划分和水量配注方案的制定应根据油层的地质特征和生产动态的实际反映来确定。

① 中低含水阶段，由于对储层的认识还不够，层段的划分可少一些。根据油砂体特征和油层渗透率的高低，大体可分为限制层(大面积分布的高渗透油层)、接替层(中低渗透层条带砂体)和加强层(低渗透薄油层)三种类型。

② 中、高含水阶段，要把主要的高含水高产水层与相应注水井对应连通的层位单卡出来，并对其他储层根据不同的含水、压力、产能作相应的细分调整，按油井实际的生产状况进行配水。压力低、产量低、含水也低的层段方向要加强注水。反之，压力高、产量高、含水也高的层段方向要控制注水(或停注)。总的原则是处理好层间和平面的差异。

③ 同一注水层段内要相对平均，尽量避免和减少注水过程中的层间干扰。

④ 在一口注水井中，注水层段不能分得过多，因为层段过多，封隔器级数增加，密封的可能性减少，施工作业起下油管的难度增大，容易带来生产事故，甚至造成注水井的报废。

⑤ 加强注水的层段经过增注措施以后，还不能完成配注水量时，在其他注水井对应连通的层段吸水能力允许的条件下，可以增加该层水量，保证注够这类油层总的水量。

4.11.1.3 分层注水工艺主要要求

① 分层注水管柱应与分层测试工具配套。

② 作业施工、调配、测试工艺简单，成功率高，测试资料准确。

③ 井下工具使用寿命长，管柱密封可靠。

④ 成本低，效率高。

⑤ 易于管理、便于推广。

根据要求，分层注水工艺主要包括分层注水工具及管柱、配水工艺、测试工艺、增注工艺等。

4.11.2 分层注水管柱

分层注水管柱是实现同井分层注水的重要技术手段。分层注水的实质是在注水井中下入封隔器，将各储层分隔，在井口保持同一压力的情况下，加强对中低渗透层的注入量，而对高渗透层的注入量进行控制，防止注入水单层突进，实现均匀推进，提高油田的采收率。我国油田大规模应用的分层配水管柱有同心式和偏心式两种。前者可用于注水层段划分较少较粗的油田开发初期，后者适用于注水层段划分较多较细的中、高含水期。

4.11.2.1 固定注水管柱

① 结构：由扩张型封隔器及固定水嘴配水器等构成，其结构见图 4-13 所示。

② 技术要求：配水器的启开压力一定要大于封隔器的最小密封压差，扩张式封隔器必须大于 0.7MPa，以保证封隔器的坐封。

③ 特点：结构简单，配注层位可任意多级，能与不放喷作业和测试仪表配套，但缺点是改变油层配注量更换水嘴时必须起管柱。

4.11.2.2 活动配水管柱

① 结构：由扩张式封隔器及空心配水器等构成，其结构见图 4-14 所示。

② 技术要求：各级空心配水器的芯子直径从上而下由大到小，所以要求投送由下而上，打捞由上而下逐级进行。

③ 特点：由于配水器芯子可以捞送，改变油层配注量更换水嘴时可不动管柱，能与不放喷作业和测试仪表配套，但缺点是受内通径的限制，配注层段一般为三级，最多为五级。

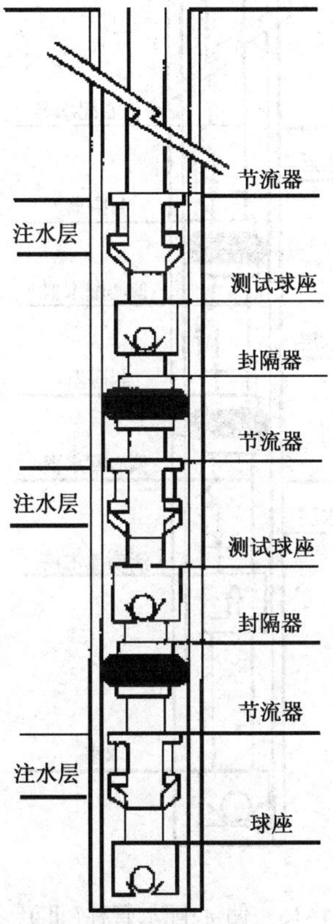

图 4-13　固定配水管柱

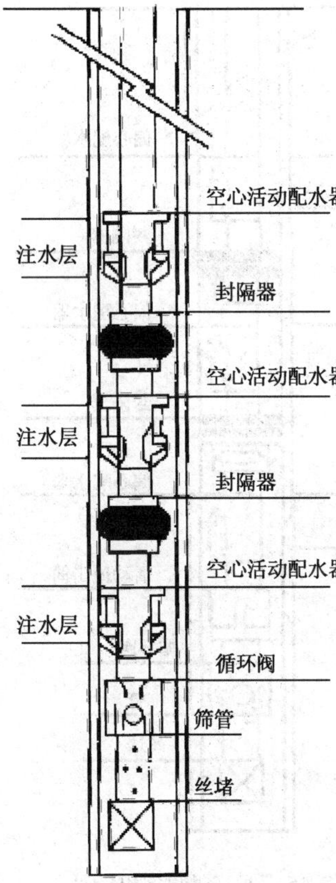

图 4-14　活动配水管柱

4.11.2.3 偏心配水管柱

这套管柱的主要特点是，应用偏心配水器能实现多级细分配水，一般可分 4~6 个层段，最高可分 11 个层段；可实现不动管柱任意调换井下配水嘴和进行分层测试，能大幅度降低注水井调整和测试作业工作量。而且测任意层段注水量时，不影响其他层段注水。

1. 偏心配水管柱(Ⅰ)

① 结构：主要由压缩式封隔器和偏心配水器等构成，其结构如图 4-15 所示。

② 技术要求：

a. 筛管应下在油层以下 10m 左右。

b. 封隔器(压缩式)应按编号顺序下井。

c. 各级偏心配水器的堵塞器编号不能混淆，以免数据混乱，资料不清。

2. 偏心配水管柱(Ⅱ)

① 结构：主要由扩张式封隔器和偏心配水器等构成，其结构见图 4-16 所示。

② 技术要求：

a. 各级配水器的水嘴压力损失必须大于 0.7MPa，以保证封隔器坐封。

b. 各级配水器的堵塞器编号不能混淆。

③ 缺点：扩张式封隔器的胶筒不能适应深井高温要求。

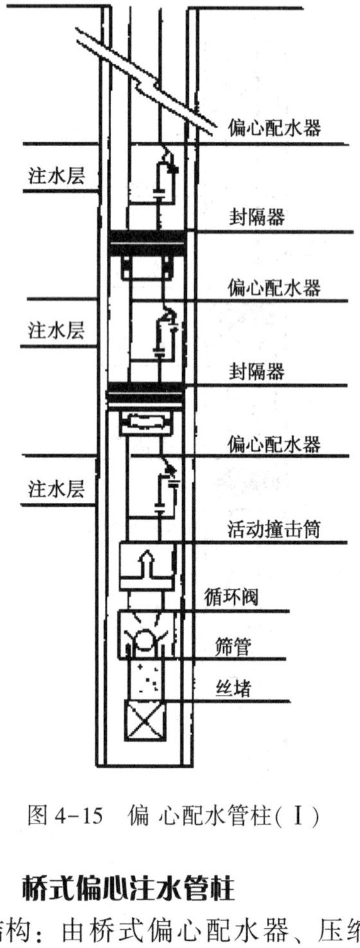

图 4-15 偏 心配水管柱(Ⅰ)

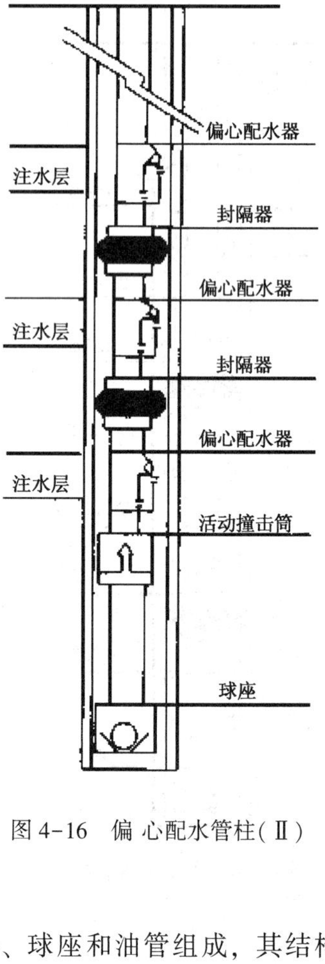

图 4-16 偏 心配水管柱(Ⅱ)

4.11.2.4 桥式偏心注水管柱

① 结构：由桥式偏心配水器、压缩式封隔器、球座和油管组成，其结构见图 4-17

所示。

② 特点：该管柱继承了常规偏心式分层配水管柱的优点，同时通过桥式偏心主体与测试密封段的创新设计，解决了注水井测试时测试密封段过孔“刮皮碗”和“憋压”问题，实现了双卡测单层，不用递减法测得实际工况下的分层注入量，消除了递减法测试的层间干扰和系统误差，提高了流量测试调配效率和资料准确程度。

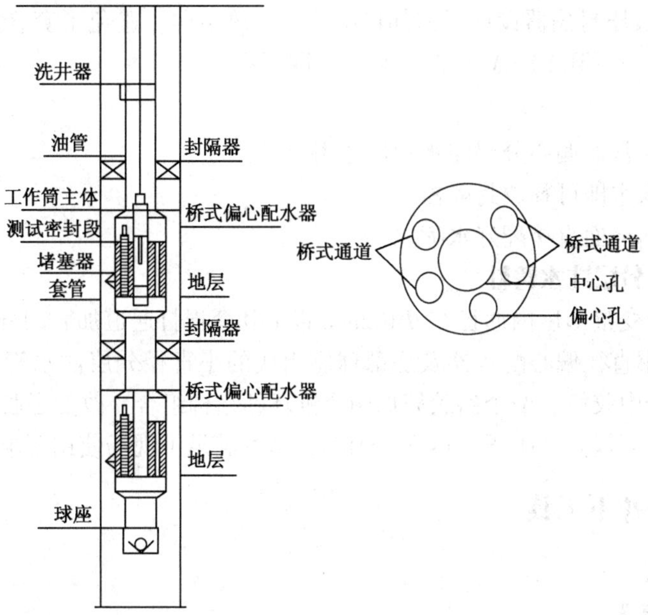

图 4-17 桥塞偏心式分层配水管柱

4.11.2.5 同心集成式注水管柱

1. 结构

同心集成式细分注水管柱主要由内径为 Φ60mm 的 Y341-114 不可洗井封隔器、内径为 Φ55mm 和 Φ52mm 不可洗井配水封隔器，射流洗井器，Φ55mm、Φ52mm 配水器等组成。

2. 工作原理

其原理是封隔器将全井分成若干层段，配水封隔器的中心管作为配水器的工作筒，

配水器位于相应的配水封隔器中，一级配水器可同时对 2 个层段进行分层注水，并能实现投捞一次同时更换 2 个层段的水嘴。采用小直径电子存储浮子流量计进行分层流量测试，测试时只需将配水器捞出，投入配套的分层流量测试仪，待流量稳定后，在地面控制注入压力，就可获得实际工况下不同压力点的分层流量。采用分层测压验封仪，下井一次即可验证全井封隔器的密封性，也可以进行分层静压测试，同时还可获得井温资料，与同位素吸水剖面测试工艺配套。

3. 特点

① 可使封隔器卡距由 8m 降至 2m，并且工艺上最适合于四个层段的分层注水，满足细分注水要求。

② 分层注入量实现了同步测试，避免了递减法误差，资料准确，并且可同时测得分层段静压，为储层分析提供可靠的资料。

③ 测试工艺简单、效率高。

4.11.2.6 压缩式静液压免释放分层注水管柱

为简化分层注水管柱释放工序，减少投捞工作量，提高管柱密封率。

1. 结构

该管柱由 Y341-114 静液压封隔器和 665-2 偏心配水器等组成。

2. 工作原理

Y341-114 静液压封隔器设计了内部自压差式释放结构，避免了套管压力对释放封隔器的影响。当注水压力达到 10.0MPa 时，封隔器即可释放。

3. 特点

① 投捞测试与常规偏心分层注水管柱通用。

② 注水干线来水即可释放封隔器。

③ 管柱下井前地面直接配好水嘴。

4.11.2.7 小直径分层注水管柱

针对油气田套变整形后内通径在 Φ102mm 以上和套损打通道加固的分注井采用由 Y341-95 封隔器、Φ90 小直径偏心配水器及底部球座组成的小直径分层注水管柱进行注水。小直径封隔器使用一个中胶筒、两个斜胶筒加两个锥环的结构组合，改变了胶筒的受力状况，使胶筒的承压能力大大提高，耐压差达到 15MPa，基本满足了现场使用要求。

4.11.3 注水井井下工具

4.11.3.1 封隔器

1. 扩张式封隔器

分层注水常用 K344 型扩张式封隔器。

① 结构：K344 型扩张式封隔器结构见图 4-18 所示。

② 工作原理：从中心管内打压 0.5~1.2MPa 时，液压经滤网 7 和下接头上的水眼进入胶筒 5 内腔，迫使胶筒向外扩张紧贴在套管内壁，密封油套管环形空间。放掉油管内的压力，使其压力低于 0.5~0.7MPa 时，胶筒 5 即收回解封。

③ 使用条件及特点：扩张式封隔器必须与节流器配套使用。其优点是结构简单，不能单独坐封封隔器；缺点是必须在油管内外造成一定压差方能正常工作。

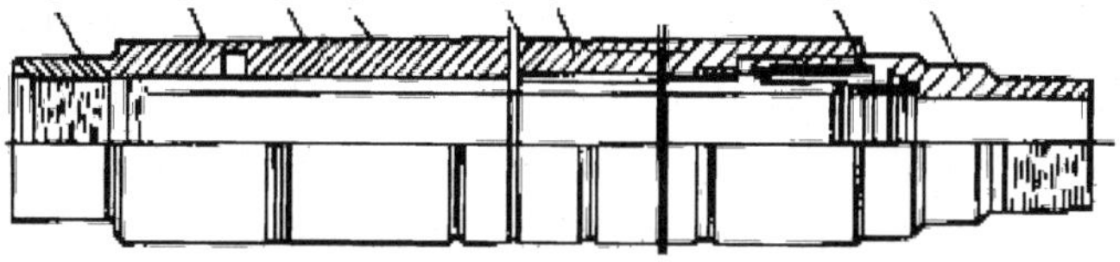

图 4-18 K344 型扩张式封隔器

1—上接头；2—“O”形密封圈；3—胶筒座；4—硫化芯子；5—胶筒；6—中心管；7—滤网；8—下接头

2. 压缩式封隔器

分层注水常用的有 Y141-114 型和 Y341-114 型封隔器。

(1) Y141-114 型封隔器

① 结构：Y141 型压缩式封隔器结构见图 4-19 所示。

② 工作原理：

坐封：该封隔器与偏心配水器、球座及筛管等工具组成分层注水管柱，下入井内，将尾管支撑人工井底。上接头及连接管在管柱重量作用下下移，钢球沿连接管锥面被挤出并紧贴套管内壁，使封隔器坐封前在套管内居中。当油管内加压大于15MPa时，液压经上中心管的孔眼作用在坐封活塞上，坐封销钉被剪断，坐封活塞和活塞套上行，压缩胶筒，从而封隔油、套管环形空间。放掉液压，由于活塞套被大卡簧卡住，胶筒就始终处于封隔坐封状态。

洗井：洗井水作用于洗井凡尔，推动凡尔上行而打开洗井通道，进行洗井。洗井完毕，洗井凡尔在静液压作用下自动关闭，封隔器恢复密封。

解封：上提管柱，连接管上移，钢球失去内支撑，并带动钢球套、中间接头、上下中心管和键向上运动。因坐封时活塞已上行，使卡块失去外支承，结果卡块被挤出，胶筒复原。

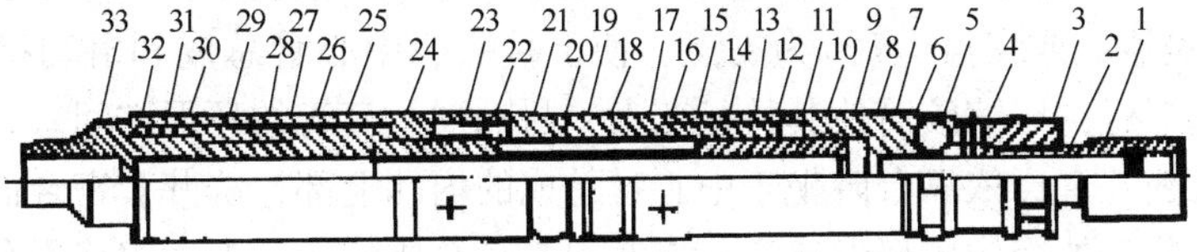

图 4-19　Y141—114 型压缩式封隔器结构示意图

1—上接头；2—连接管；3—挡环；4—防转销钉；5—钢球；6，25—销钉；7，9，14，15—密封圈；8—挡套；10—中间接头；11—阀套；12—上中心管；13—洗井阀；16—压帽；17—阀座；18—长胶筒；19—中胶筒；20—隔环；21—衬管；22—弹簧；23—挡套；24—坐封活塞；26—卡块；27—活塞套；28—悬挂体；29—中心管；30—大卡簧；31—键；32—保护环；33—下接头

(2) Y341-114 型可洗井封隔器

① 结构：Y341 型可洗井封隔器结构见图 4-20 所示。

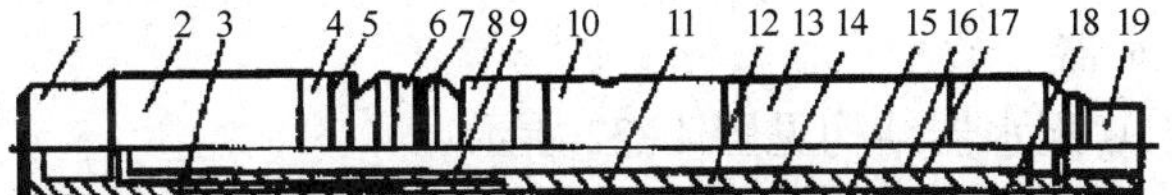

图 4-20　Y341 型可洗井封隔器

1—上接头；2—调节环；3—中心管；4—斜隔环；5—上胶筒；6—中胶筒；7—锥环；8—下胶筒；9—外中心管；10—承压套；11—洗井活塞；12—承压接头；13—活塞套；14—销钉挂；15—卸压活塞；16—卡簧；17—下活塞套；18—下接头；19—锁块支撑套

② 工作原理：

坐封：当封隔器随着管柱下到井里预定深度后，坐好井口。从中心管加压，经中心管的水眼进入到上下活塞腔内，迫使上下活塞向上推动下胶筒座压缩胶筒，当胶筒压缩到位后，外中心管被卡簧总成锁死完成坐封。

洗井：接好洗井管线，倒流程、关闭生产闸门，打开洗井闸门，当洗井排量达到 $25m^3/h$ 左右时，压力要保持稳定，最高不得超过6MPa，当洗井合格后，倒流程，恢复正常注水。

解封：需要更换管柱时，在井口投入 $\Phi50mm$ 的钢球坐于卸压密封段上，再打开生产闸门，进行憋压，当压力超过10MPa时可剪断固定销钉，此时密封段下移，锁块失去内支撑。

这时上提管柱拉断卸压销钉，胶筒恢复原状，封隔器解封，管柱就可以顺利起出。

（3）XJY-111 系列可洗井封隔器

① 结构：XJY-111 系列可洗井封隔器结构见图 4-21 所示。

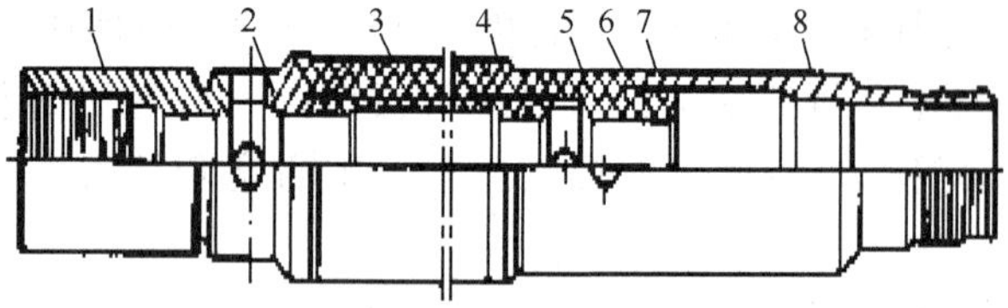

图 4-21　XJY-111 系列可洗井封隔器结构

1—上接头；2—中心管总成；3—胶筒；4—胶筒座；5，6—“O”形密封圈；7—滑动接头；8—下接头

② 工作原理：

坐封：按需坐封的高度（油管挂距顶丝法兰的高度）下放管柱。因胶筒座与下接头及尾管（或卡瓦式封隔器、或支撑卡瓦）为支点，使上接头、中心管总成和滑动接头在一定管柱重力作用下一起下行，压缩胶筒使其外径变大，封隔油、套管的环形空间。

洗井：投入洗井套，依靠台阶坐于中心管总成的内孔上部，洗井套密合面内，由中心管总成的内孔和洗井套外径构成环形通道，连通中心管总成的上、下两组连通孔，从而可进行正反洗井。

注水：投入短注采套，依靠台阶坐于中心管总成的内孔上部。短注采套的两道两组“Δ”形胶圈间装上嘴子，便可控制注水。

投入长注采套，依靠台阶坐于中心管总成的内孔上部，长注采套的三道三组“Δ”形胶圈正好封住上、下连通孔，从而封住上层和下层。若在长注采套三组“Δ”形胶圈间装上嘴子，便可控制注水。各种套子均有专用工具投捞。

4.11.3.2　分层注水配水器

1. 固定式分层配水工具

（1）KGD-110 配水器

① 结构：KGD-110 配水器结构见图 4-22 所示。

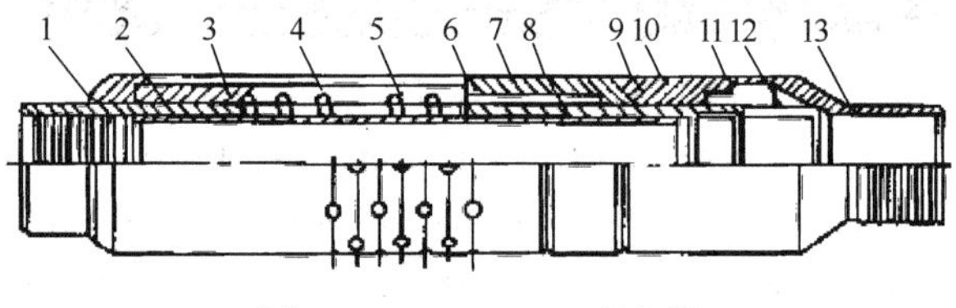

图 4-22　KGD-110 配水器

1—上接头；2—调节环；3—垫环；4—压簧；5—护罩；6，9—“O”形密封圈；7—阀；8—中心管；10—阀座接头；11—水嘴；12—滤罩；13—下接头

② 工作原理：油管加液压，经滤罩口、水嘴和凡尔接头的孔眼作用在凡尔上。凡尔压缩压簧，离开凡尔座接头上行，凡尔启开，高压水经油、套管环形空间注入地层。

（2）KGD-110 节流器

① 结构：KGD-110 节流器结构见图 4-23 所示。

② 工作原理：油管加液压，经中心管水槽作用在凡尔上，凡尔压缩压簧离开凡尔座接

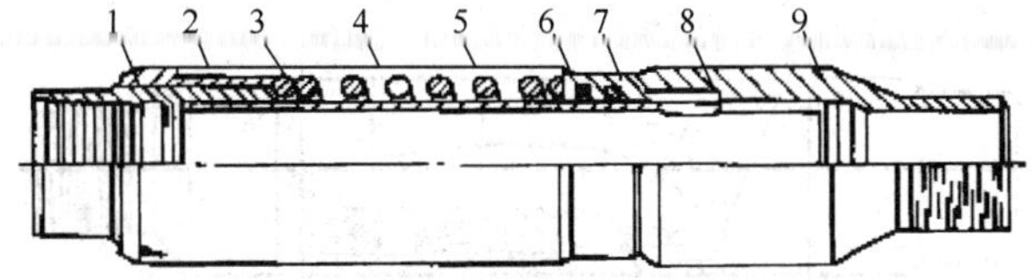

图 4-23　KGD-110 节流器

1—上接头；2—调节环；3—垫环；4—护罩；5—压簧；6—“O”形密封圈；7—阀；8—中心管；9—阀座接头

头，凡尔启开，注入水经油、套管环形空间注入地层。

2. 活动式配水工具

（1）KHD-114 配水器

① 结构：KHD-114 配水器结构见图 4-24 所示。

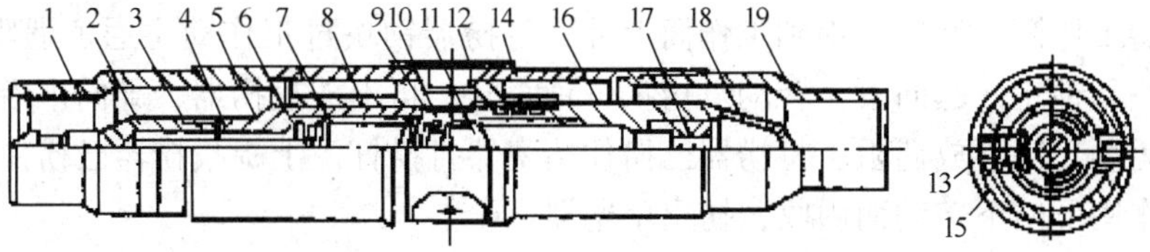

图 4-24　KHD-114 配水器

1—上接头；2—打捞头；3，8—“O”形密封圈；4—调杆；5—密封套；3，6—弹簧垫片；7—弹簧；9—保护圈；10—弹簧座；11—阀球；12—防砂套；13—防砂盖；14—出水套总成；15—固定螺钉；16—阀座；17—配水嘴；18—锥体；19—下接头

②工作原理：油管加液压，高压水从分水工作筒的竖槽流出，通过导向头的小孔产生压力降，从分水工作筒的侧壁孔进入套管，实现分层注水。

可用专用工具投捞的活动部分又叫芯子。配水嘴装在芯子上用以控制注入各层的水量，一个芯子装一个水嘴。芯子依靠密封段上的台肩定位在分水工作筒上。芯子和分水工作筒之间靠密封圈密封。球座可防止弹簧被卡死。

（2）KHD-106 配水器

① 结构：KHD-106 配水器结构见图 4-25 所示。

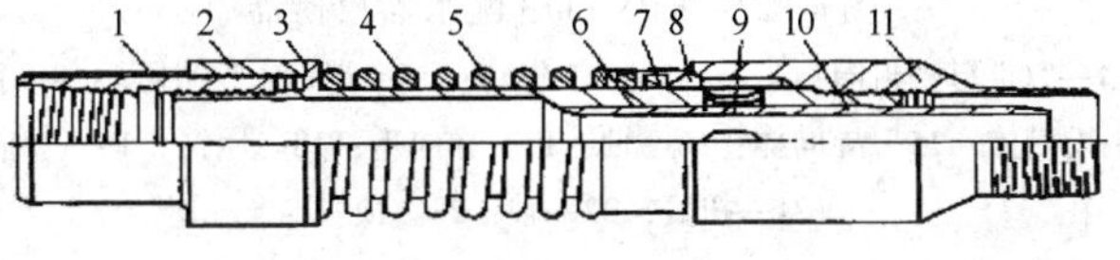

图 4-25　KHD-106 配水器

1—上接头；2—调节环；3—垫环；4—压簧；5—中心管；6，7—“O”形密封圈；8—阀；9—水嘴；10—芯子；11—阀座接头

② 工作原理：

油管加液压，高压水从分水工作筒的竖槽流出，通过导向头的小孔进入芯子，经过配水嘴顶开凡尔球产生压力降，从分水工作筒的侧壁孔进入套管，实现分层注水。

3. 偏心配水工具

（1）KPX-113 配水器

① 结构：KPX-113 配水器结构见图 4-26 所示。

② 工作原理：注水：正常注水时，堵塞器靠其 Φ22mm 台阶坐于工作筒主体的偏孔上部

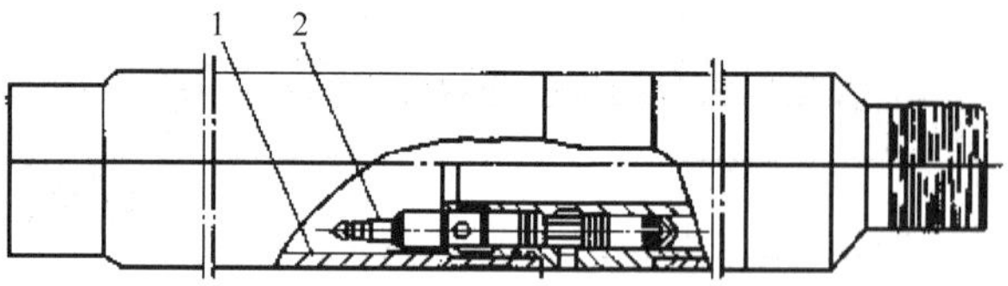

图 4-26　KPX-113 配水器

1—工作筒；2—堵塞器

的扩孔处(因凸轮卡在打捞杆的下端和扭簧的作用下，可向上来回转动，故堵塞器能进入工作筒主体的偏孔被卡住而不飞出)，堵塞器主体上下两组四道"O"形胶圈封住偏孔的出液槽，注入水即经堵塞器滤罩、水嘴、堵塞器主体的出液槽和工作筒主体的偏孔进入油、套管环形空间后注入地层。

捞堵塞器：将打捞头安装在打捞器上，收拢并锁好投捞爪和导向爪，用录井钢丝将投捞器下过配水器工作筒。然后上提到工作筒上部，打捞器锁块过工作筒主通道遇阻受力下行，打捞器的锁块和锁轮一起向下，转动投捞爪失锁张开。再下放投捞器，导向爪沿工作筒导向体的螺旋面运动，待下放遇阻，打捞器已捞住堵塞器打捞杆。上提投捞器已捞住堵塞器，凸轮在扭簧的作用下向下转动而内收，捞出堵塞器。

投堵塞器：将投送头安装在投送器上，把堵塞器的头部插入投送器内，二者用剪钉连接好。然后按上述施工步骤将堵塞器下入工作筒主体的偏孔内。上提投捞器，凸轮的支撑面已卡在偏孔内的上部扩孔。结果剪钉被剪断，堵塞器留于工作筒内，投捞器被起出。

(2)KPX-113 配水器投捞器

① 结构：KPX-113 配水器投捞器结构见图 4-27 所示。

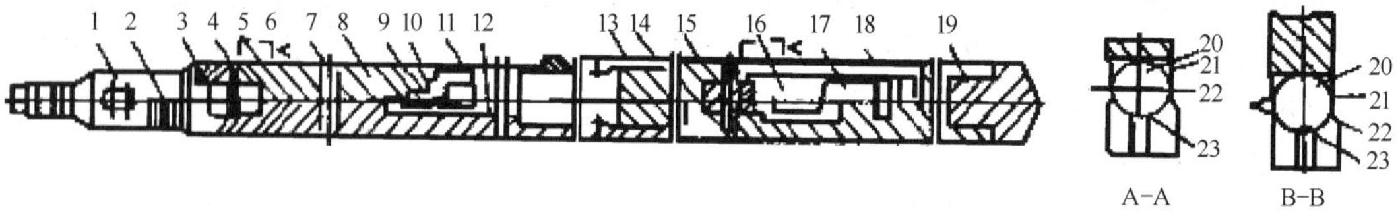

图 4-27　KPX-113 配水器投捞器

1—绳帽；2，3，14—"O"形密封圈；4，5，10，13 螺钉；；6—销钉；7—压簧；8—投捞爪；9—压簧；11—投捞头；12—投捞体；15—导向体；16—轴；17—导向爪；18—压簧；19—导向 头；20—锁轮；21—扭簧；22—轴；23—锁块

② 主要技术参数：总长：1265mm；最大外径：45mm。

(3) KPX-113 配水器堵塞器

KPX-113 配水器堵塞器结构见图 4-28 所示。

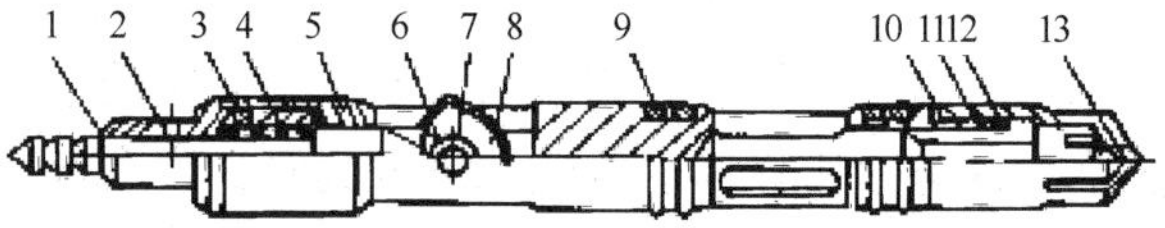

图 4-28　KPX-113 配水器堵塞器结构

1—打捞头；2—压盖；3，9，10，12—"O"形密封圈；

4—压簧；5—堵塞器主体；6—扭簧；7—轴；8—凸轮；

11—水嘴；13—滤罩

(4) KPX-95 配水器

① 结构：由 KPX-95 配水器工作筒、堵塞器和投捞器组成。KPX-95 配水器结构见图 4-29 所示，KPX-95 配水器投捞器结构见图 4-30 所示，KPX-95 配水器堵塞器结构见图 4-31 所示。

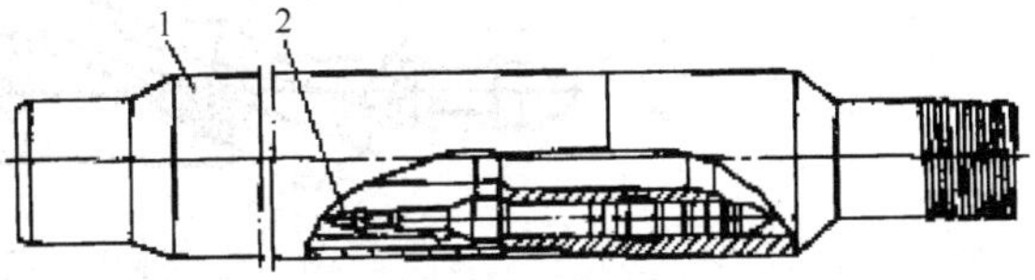

图 4-29　KPX-95 配水器

1—工作筒；2—堵塞器

② 工作原理：注水：正常注水时，堵塞器靠堵塞器主体的 Φ23mm 台阶坐于工作筒下接头的偏孔上，卡钩卡于偏孔上部的扩孔处(卡钩在扭簧的作用下，可向内来回转动，故堵塞器能进入工作筒下接头的偏孔被卡住而不飞出)。堵塞器主体上下两道“O”形胶圈封住偏孔的出液孔，注入水即经堵塞器滤罩、水嘴、堵塞器主体的出液孔和工作筒下接头的偏孔进入油、套管环形空间。

捞堵塞器：将投捞器的投捞头接打捞器，收拢锁好投捞爪，用录井钢丝将投捞器下过配水器工作筒。然后上提到工作筒上部，卡块过工作筒主通道遇阻，锁套受力下行，控制杆上行，投捞爪失锁张开。再下放投捞器，遇阻时打捞器已捞住堵塞器主体的头部，堵塞器卡钩的上端已进入打捞器引鞋，卡钩内收，再上提投捞器，堵塞器即被捞出工作筒，起到地面。

投堵塞器：将投捞器的投捞头接投送器，把堵塞器头部插入投送器(堵塞器卡钩的下部正好位于投送器下端的开口处)，按上述施工步骤将堵塞器下入工作筒下接头的偏孔内。然后上提投捞器，堵塞器卡钩已卡在偏孔内的上部扩孔。结果投送器松开堵塞器主体的接头，堵塞器留于工作筒内，投捞器被起出。

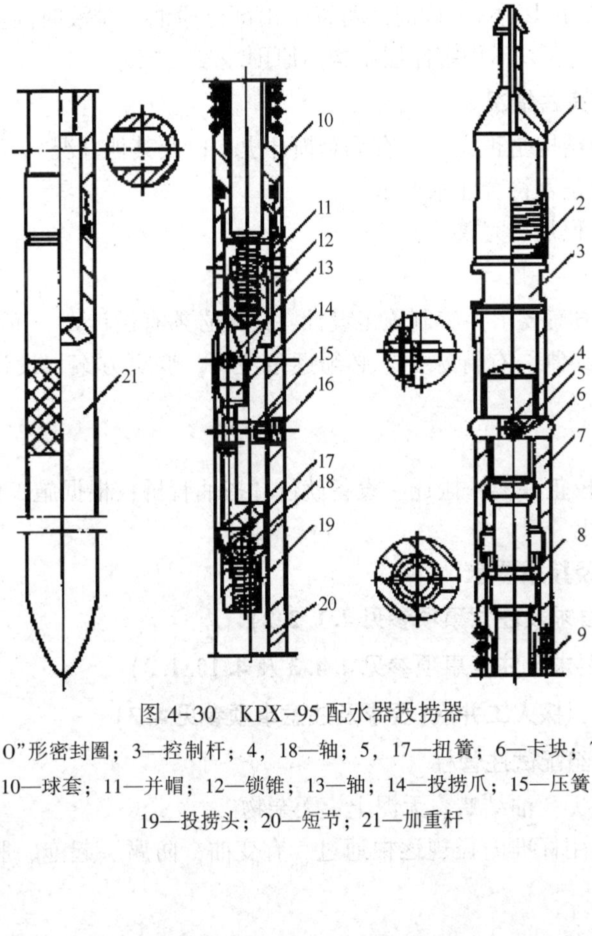

图 4-30　KPX-95 配水器投捞器

1—绳帽；2—“O”形密封圈；3—控制杆；4，18—轴；5，17—扭簧；6—卡块；7—锁套；8—钢球；9—压簧；10—球套；11—并帽；12—锁锥；13—轴；14—投捞爪；15—压簧；16—销钉；19—投捞头；20—短节；21—加重杆

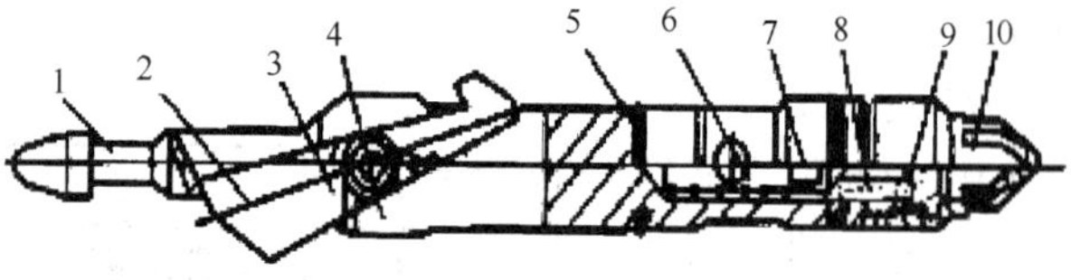

图 4-31　KPX-95 配水器堵塞器

1—堵塞器主体；2—卡钩；3—扭簧；4—轴；5，9—“O”形密封圈；6—压簧；7—阀；8—水嘴；10—滤罩

4.11.4　试注与油井转注

在油气田开发方案确定以后，为确定能否将水注入储层并取得有关油层吸水启动压力和吸水指数等资料，在正式注水之前，必须经过一定的试注阶段。

4.11.4.1　试注、转注前的准备

试注就是注水井完成之后，在正式投入注水之前，进行试验性注水。试注的目的在于确定地层的启动压力和吸水能力。经过试注阶段，摸索经验，找出规律，为以后正常注水准备条件，试注对油气田开发来讲，是为了提供注水的各种初步经验，取得注水多方面资料，从而为油气田开发方案提供依据。对注水井来讲，试注在于清除完井或转注前所造成的井壁和井底的泥饼杂质和脏物，并确定井的吸水指数。

1. 排液

排液的目的是在井底附近造成适当的低压带，清除储层内的堵塞物(特别是钻井、完井过程中造成的近井地带的堵塞)，同时还可以采出部分原油。排液时间应根据储层性质和开发方案确定，排液的强度以不伤害储层结构为原则。

2. 调查注水系统完善情况

① 调查了解井身结构是否完好，有无套损井史，以及其他井况。

② 调查井口装置是否符合注水要求。

③ 注水系统、流程是否完善。

3. 施工设计要求

根据地质和工程方案要求，编制施工设计，设计必须有设计人、审批人签字，设计一般内容按常规施工设计编制，有特殊要求必须逐条注明。变更方案、设计必须经审批后方可实施。

4.11.4.2　施工准备

包括：立井架、校正井架；搬迁、设备就位；搭油管桥；根据施工设计，准备下井工具及原材料；填写交接书。

4.11.4.3　施工步骤及技术要求

1. 起原井管柱(要求及注意事项参见 4.1.2.2)

2. 通井、刮蜡(要求及注意事项参见 4.4.3 及 4.10.1.3)

3. 探砂面、冲砂，探人工井底(要求及注意事项参见 4.3)

4. 清洗、丈量、组配试注管柱

① 清洗油管达到无死油结蜡、无泥土、无杂物。

② 防腐油管必须用标准内径规逐根通过，有变曲、防腐层起泡、脱皮、丝扣损坏等不

得使用下井。

③ 试注管柱下入深度至射孔井段底界以下 5~15m。

④ 在储层射孔顶界以上 10~15m 处下一级可洗井套管保护封隔器，对套管进行保护。自上而下依次为保护封隔器、工作筒、喇叭口。

5. 洗井

洗井是整个注水井试注工作中很重要的一个环节，排液结束后，在试注之前要进行洗井。

洗井的目的就是反复冲洗注水层的渗滤表面、套管内壁、油管内外及井底，将腐蚀物、杂质等污物冲洗出来，以确保注水井的清洁。

洗井步骤：

① 冲洗来水管线，在洗井之前用排量 $25m^3/h$ 以上，把配水间到井口之间的注水管线冲洗干净。

② 接好反冲井管线，油套管装上压力表。

③ 装上校对水表，校对排量，进出口误差不得超过 5%。

④ 倒流程洗井，按时计量进出口排量，做好记录。

⑤ 洗井排量由小到大分三个台阶：$10\sim15m^3/h$；$20m^3/h$；$25\sim30m^3/h$。

6. 释放封隔器

按照下井封隔器的型号打压达到释放压力值，稳压 30 分钟，观察套管无溢流，即证实释放成功。

7. 试注、转注

经排液洗井合格后开始试注，步骤如下：

① 关井，倒好注水流程，上紧井口丝堵并装好压力表。

② 装好并校对计量水表。

③ 将洗井流程改为注水流程，投入试注。先放大注水一周，测绘吸水指示曲线，确定启动压力，然后再控制注水量达到配注水量，记录油、套压。

④ 测绘注水指示曲线：试注的目的在于确定地层的启动压力和吸水能力，通常采用吸水指数来表示，在实际工作中一般采用测绘注水指示曲线的方法来计算。计算吸水指数的公式如下：

$$K=(Q_2-Q_1)/(p_2-p_1) \tag{4-7}$$

式中 K——吸水指数，$m^3/(d\cdot MPa)$；

Q_2，Q_1——不同压力下的注水量，m^3/d；

p_2，p_1——不同日注水量时的对应注水压力，MPa。

测绘指示曲线要在注水井吸水量稳定以后进行，一般 3~10d 以内。

注水井经过排液洗井及试注阶段，在取得相关的资料后即可按地质方案要求转入正常的注水生产。

4.11.5 试配

4.11.5.1 概述

试配就是把注入地层的水，针对各储层不同的渗透性能，采用不同的压力注水。对渗透性好，吸水能力强的层，适当控制注水；渗透性差，吸水能力低的层，则加强注水。尽可能把水有效地注入地层，使注入水在高、中、低渗透层中都能发挥应有的作用，从而使层间矛盾得到调整，地层能量得到合理补充，控制了油气井含水上升速度。所以，注水井实行分层配注，是实现油气田长期高产稳产、提高油气田无水采收率和最终采收率的有效措施。

要想搞好试配，首先要把注水井的层段划分清楚，然后根据注水井和油气井连通层渗透率的好坏，合理地确定层段性质。一般注水层段可划分为加强层、接替层和限制层三种。根据全井笼统注水测得的指示曲线和吸水剖面、受效油气井的开采情况以及其他的地质资料，综合分析，选择确定各层段的合理水嘴大小，以达到对各层段定量注水的目的。

4.11.5.2 试配前的准备工作

① 按照地质方案、工程方案的要求，作好施工设计，设计要有设计人，审批人签字，设计一般内容按常规施工设计编制，有特殊要求必须逐条注明，变更方案必须经审批后方可实施。

② 现场调查，除按常规施工井要求调查外，应取得该井的套管接箍磁性定位深度资料，以备计算卡封隔器深度时避开套管接箍位置。

③ 准备井下工具，按照施工设计到工具车间领取井下工具，领取工具时必须逐件与设计型号、出厂合格证认真核对，三者一致时方可装车，搬运时要轻拿轻放，拉运途中不能让工具在车上乱滚动，卸车时不能从车上摔下，应摆放在井场地形较高、干净的地方。

4.11.5.3 试配前的井下调查工艺

在注水井进行分层配注前，必须对井下情况进行全面和细致的调查，因为分层配注时井内要下入外径较大的分层注水工具，要求注水井有一个比较完好的井身结构和一个干净的井筒和井底，这样分层配注才能收到良好的注水效果。进行井下调查的内容有探砂面、冲砂、探人工井底、查套管内径变化、查射孔质量、查管外窜槽。

（1）探砂面、冲砂

有些注水井在排液阶段就有出砂现象，若排液后直接转注，砂子就会沉积在井底，分层注水前必须将砂子冲出地面。探砂面、冲砂、探人工井底，可用试注管柱加深后进行，要求及注意事项参见4.3。

（2）查套管内径变化

分层配注要下入注水封隔器把储层分隔开来，如果封隔器卡在套管变形部位，就会使封隔器不密封或密封不好，这样就达不到分隔储层的目的，无法进行分层注水。如果套管变形部位在射孔井段以上，则封隔器有下不去或被刮坏的可能。因此，在分层注水前，必须查清套管内径变化情况。其方法是用微井径仪进行检查，也可下入不同直径的铅模进行通井。

（3）查射孔质量

如果用58~65型聚能式射孔弹射孔，由于炮弹爆炸的能量大，往往会使套管发生较大变形，甚至会发生破裂。如果不进行检查，把封隔器正好卡在套管变形较大或发生破裂的地方，封隔器就不能密封。所以对射孔层段部位更要详细检查，其方法也是用微井径仪进行检查，但是径向要用1∶200的放大比例来测井。如发现有误射应进行补孔。

（4）查管外窜槽

分层注水是通过下入注水封隔器密封油套环形空间，把储层分隔开来，使其互不连通。如果套管外窜槽，尽管在套管内分隔了地层，而在管外两油层之间仍然是相互连通的，这样就达不到分层配注的目的。所以要进行分层配注，必须查清两储层之间在管外是否存在窜槽，如有窜槽就要进行封堵。

4.11.5.4 试配施工步骤

1. 组配管柱要求

① 在射孔井段顶界以上 10~15m 处，下保护套管封隔器。

② 注水管柱使用防腐油管。

③ 偏心配水器之间距离不应小于 8m，撞击筒与尾管底部距离不小于 5m。

④ 配水器应下至对准油层中部位置。

⑤ 封隔器卡点位置不能在炮眼、套管接箍和套管损坏部位。

⑥ 管柱完井深度应下至射孔底界以下 5~15m。当井底口袋不足时可适当提高 3~5m。

⑦ 丈量下井油管三遍计算管柱误差，油管每 1000m 实际累计长度与丈量累计长度误差不超过±0.2m，可用磁性定位校深来检查。

2. 下管柱要求

① 油管丝扣抹上密封脂或厌氧胶等。

② 上正扣、上紧扣，上扣扭矩达到标准要求值。

③ 当管柱下至设计深度后，用磁性定位校对下井封隔器深度，如需调深度，可用油管短节对井内管柱的深度进行微调，达到设计要求后，方可坐井口。

3. 坐井口、安装采油树

① 把井口钢圈用柴油清干净，将钢圈擦洗干净，把钢圈放平、放正。

② 对角上紧井口螺丝。

4. 反洗井

① 连接好反洗井管线，油套管装上压力表。

② 校对水表，进出口误差不超过 5%。

③ 倒反洗井流程，按时计量进出口排量，做好记录。

④ 洗井排量按试注井要求标准进行至洗井合格。

5. 释放封隔器

按照下井封隔器的型号，打压达到释放封隔器的释放压力要求，稳压 30min，观察套管至无溢流，即证实释放成功。

6. 投捞堵塞器

按设计配水嘴下入，如下井水嘴为可溶性的水嘴时，可待 24 小时水嘴溶化后，即可进行验封。

7. 按要求验证封隔器密封性

8. 转入正常注水

9. 交井

取得验封，注水和测试资料后，即可把井正式交给采油队管理，并在交接书上签字，作为验收、结算依据。

4.11.6 重配与调整

注水井在分层配注后，常常因地层情况发生变化，实际注入量达不到配注要求，需要进行重新配水嘴，把换水嘴这一施工过程叫做重配。或根据油气田地下的需要，改变了原来的配注方案，配注量和封隔器位置都有改变时，把这一施工过程叫做注水井的调整。

根据下井管柱结构的不同，如果是活动式配水管柱，在封隔器和其他井下工具没有失效的情况下，需要调整水量或检查更换水嘴时，都可以不动管柱。而只用小型绞车下入录井钢丝打捞出活动芯子，换上适合的水嘴即可。对于井下管柱为固定式配水管柱时，若需进行上述工作，则必须动管柱作业。

4.11.6.1 准备工作

① 有地质、工程方案，有设计人、审批人签字，变更方案必须经审批。

② 现场调查，取得常规作业应有资料。

③ 按试配井对准备井下工具的要求进行准备。

④ 提前24h通知管井单位关井降压，若在高寒地区，注意防止冻坏井口设备和冻结管线，应采取放溢流降压的方式，开始2h溢流量控制在$2m^3/h$以内，以后逐渐增大，最大不超过$10m^3/h$。

4.11.6.2 施工步骤

① 抬井口，按装控制井口装置。

② 试提管柱，负荷正常，井内管柱无卡阻方可起油管。

③ 起油管，在起油管时观察油管有无穿孔漏失或丝扣刺漏。

④ 鉴定原管柱。对起出的管柱要详细检查，并把井下工具卸成单件，编号后送往工具车间进行试压鉴定，并填写鉴定结果。根据鉴定情况与施工设计相结合，最后选择出合适的水嘴，装配好后、一次把全部新下井工具运往井场。

⑤ 检查，丈量、组装管柱。对起出的防腐油管要认真检查，如有死油要求用蒸汽刺净，对有弯曲和损坏的油管要调换好的。准确地丈量油管，对下井的管柱要做到三丈量、三对扣；按设计要求组装配好下井管柱，并详细地检查两遍，无差错时方可下井。

⑥ 下配水管柱，油管丝扣涂抹密封脂或厌氧胶，上扣扭矩达到质量标准要求。

⑦ 电磁定位校对封隔器卡点深度，当准确无误即可坐井口，安装采油树。

⑧ 反洗井，按洗井质量要求，洗井至水质合格。

⑨ 释放封隔器，按照设计封隔器型号对释放时的技术要求，正打压，并稳压至套管保护封隔器密封无溢流，证实释放成功。

⑩ 投捞配水堵塞器，如下井水嘴为死嘴子时，需捞出死嘴子，投入配注水嘴，如下井的是可溶性水嘴时，可待水嘴溶化后即可进行投注验封。

⑪ 验证封隔器密封。

⑫ 按全井配注水量，转入正常注水。

⑬ 交井：备齐验封资料，注水和测试资料后，即可进行交井验收结算。

4.12 找窜与封窜

油水井发生套管外壁与水泥环或水泥环与井壁之间的窜通，称为套管外窜槽。发生管外窜槽后，分层采油和注水以及分层改造措施无法实现，严重影响到油田的开采速度和最终采收率。通过测井和井下作业施工等方法，落实确定管外窜槽层位和井段的过程叫做找窜。

4.12.1 找窜

目前油水井查窜的方法主要有声幅测井查窜、放射性同位素测井查窜、封隔器查窜、桥塞查窜，水力测试，井温测井，分区水泥胶结测井(SBT)等多种方法。窜通的类型及原因不同，采用的方法也不同。

4.12.1.1 声幅测井查窜

当进行声幅测井时，由声源振动发出声波，声波在套管中传播速度大于其他介质中的传播速度。而声波幅度的衰减与水泥环和套管、水泥环和地层的胶结程度有关，声波幅度的衰减反比于套管的壁厚，正比于水泥环的密度。也就是说，套管壁越薄水泥环越致密，声波幅度的衰减就越大。根据这一原理，通过声幅测井就可以检查套管外水泥环的固结情况及水泥上返高度等情况。从声幅曲线图中可以看出：当水泥环完好时，声幅曲线呈低幅度；反之，水泥环胶结差，声幅曲线呈高幅度。在声幅测井解释时，根据声幅曲线的高低，可将管外水泥胶结的情况分为好、较好、差、无水泥胶结四个等级。一般情况下，水泥固结程度好的井，声幅曲线的幅度低；反之，水泥固结程度差的井，声幅曲线的幅度高；在接箍处固结差，其幅度异常低；在水泥面处，有高幅度到低幅度的突变。因此，根据声幅曲线，可以判断水泥胶结的好坏，而水泥胶结的好坏是油水井窜通的主要原因之一。水泥固结程度好的井，窜通的可能性小，否则窜通的可能性就大。

通过实践应用，证明声幅测井查窜是比较成功的。但只能提供第一界面(水泥环与管壁之间)窜通的资料。若第二界面(水泥环与井壁之间)封固不好而形成窜通，用声幅测井就难于判断。因而，通常现场应用的是以声幅测井为主的组合查窜法，其中包括声幅与封隔器、声幅与同位素的组合查窜等方法。

声幅测井查窜的施工步骤如下：

① 起出原井管柱，清洗井底。

② 用直径和长度均大于测井仪的通井规下至预测井段以下。

③ 若套管变形、破损或井下有落物，应先进行处理，以保证声幅测井仪起下畅通。

④ 正常测井。

⑤ 资料解释。

4.12.1.2 放射性同位素测井查窜

用人为的方法来提高窜通井段伽马射线强度，往地层内挤入含放射性的液体，然后测得放射性曲线，并将所测得的曲线与油井的自然放射性曲线做对比，排除影响因素，即可鉴别地层的窜通情况。

放射性同位素查窜的施工步骤如下：

① 收集资料编写施工设计。首先要收集井史数据、生产情况、射孔层段、地层系数、井身结构等资料及有关内容，根据施工目的决定施工方式及使用同位素名称、强度、浓度，计算配制活性液等。

② 按设计要求配制活性液，并保证安全运到施工现场。与此同时，施工作业队必须进行压井、冲砂、通井等前期准备工作。

③ 测自然伽马曲线。首先将油管下到施工井段以下 20m 充分洗井，待洗至稳定后进行测井或起出油管测井。

④ 下查窜管柱。下封隔器至欲测井段的夹层中部将射孔层段隔开，根据查窜目的，可在其上下连接节流器、堵塞器等井下工具，尾管底部可接球座，球座必须在欲测井段以下。常用封隔器为水力扩张式封隔器。

⑤ 替挤活性液。用查窜管柱将活性液挤入欲测层段，关井扩压，使地层充分吸附放射

性同位素离子，地层压力传递平衡。反循环洗井，洗出井筒或管柱内的同位素污物。

⑥ 测放射性同位素曲线。用查窜管柱即可在油管内测量，同时压井后也可起管柱测量。

⑦ 分析对比所得资料。通过对比，如层间放射性强度有明显增加，则说明有窜通。

4.12.1.3 封隔器查窜

此种方法就是将封隔器下入欲测井内设计的预定位置，用以封隔开可能窜通井段与其他储层，然后根据所测得的资料来分析判断窜通情况。现场常使用的找窜方法根据找窜情况确定封隔器的数量，可分为双水力扩张式封隔器找窜和单水力扩张式封隔器找窜两种。根据欲找窜的层位情况划分，又可分为低压井找窜、高压井找窜、漏失层找窜三种方法。由于找窜的方法不同，应用的范围也不同，可根据欲找层段的具体情况选择找窜方法。通常在多储层井找窜，而且下部层段又有漏失层的情况下，采用双水力扩张式封隔器找窜。

由于找窜的方法不同，其具体施工步骤也有所不同。下面就对不同找窜方法的施工步骤分别进行阐述。

1. 单水力扩张式封隔器找窜

将封隔器下至欲找窜位置的两油层之间的夹层中部，其下部接节流器，最下部接单流阀，然后从油管内注入高压水，来观察储层间是否有窜通的现象。观察窜通与否又分为套压法和套溢法两种，其方法如下：

① 套压法：即观察套管压力的方法，采用高—低—高或低—高—低方式，观察注水压力，同时观察套管压力变化。若套管压力随油管压力变化而变化，则说明储层之间有窜通现象；反之，则说明无窜通现象。

② 套溢法：是观察套管溢流量的方法。变换注入压力，同时观察和计量套管溢流量。若套管溢流量随注入压力的变化而变化，则说明此两油层有窜通现象；反之，则无窜通。

2. 双水力扩张式封隔器找窜

在第一组封隔器的节流器下部再接一组封隔器，两组封隔器刚好卡在下部层位射孔段的两端。观察窜通的方法是：将找窜管柱下入设计的预定位置，观察窜通情况。具体方法同单水力扩张式封隔器找窜，可用套压法或套溢法进行观察判断。

3. 低压井找窜

将封隔器下至预定位置后，先测量井的溢流量，再循环洗井、投球；当油管内压力起来后，测定套管返出液量。如返出液量小于或等于溢流量时，则证明管外不窜；如返出量大于溢流量，将封隔器提至射孔段上，验证封隔器的密封性。如封隔器是密封的，则说明地层是窜通的。找窜时应仔细观察排量、泵压、进出口水量等变化情况。

4. 高压井找窜

用不压井、不放喷的井口装置将封隔器下至预定位置，油管及套管装压力表。查窜时，从油管内泵入高压液体，并观察套管压力是否随着油管压力而变化。如套管压力随着油管压力变化，且封隔器经验证完好，则证明管外是窜通的；反之，套压不随油压变化而变化，则证明被验证层位无窜通。

5. 漏失井找窜

在漏失层找窜，找窜液无法构成循环的情况下，可以在水力扩张式封隔器或换其他类型封隔器下至预定位置后，采用油管打液、套管测动液面的方式；也可采用套管打液，油管内下压力计测压的方法进行找窜。

4.12.1.4 桥塞查窜

就是将桥塞下至欲找窜井段夹层中部，利用入井机具，通过坐封方式将桥塞坐封。然后丢手，起出丢手接头，此时桥塞的自锁胶筒仍处在压缩状态保持密封。验窜方式：插管接头插入桥塞内腔，在允许压力范围内进行试挤验窜，通过套溢法和套压法来判断桥塞上下两层之间是否窜通。

现场使用桥塞找窜的方法有丢手封隔器找窜、可钻桥塞找窜、电缆式可钻桥塞找窜三种。其共同特点是：操作简便、封堵深度准确、可靠性和安全性强，丢手桥塞还可重复使用。桥塞找窜适用范围广泛，特别适用于深井和夹层较薄的窜通井。

4.12.1.5 水力测试

水力测试可以检测邻近的油、水或气、水窜槽位置及检查射孔井段的封堵效果。目前最常用的方法是压力试验和排空试验。压力试验就是在井口加一定的压力，观察压力下降的情况，以检查套管柱的密封性或挤水泥质量。如果套管鞋处的压力能保持不变，则表明固井质量可靠；如果套管鞋处不能保持压力不变，则说明固井质量有问题，需要采取补救措施。

排空试验是一种检验水泥封固质量的钻杆测试方法(DST)是用气举或提捞等方法，部分或全部掏空井内液体，并关井一段时间，观察井口压力有无变化，打开井口观察有无气体排出，下工具探井内液面是否升高等。在固井质量好的井段或在非渗透层封隔好的井段，在关井和开井期间压力是没有变化的。如果封堵效果不好，则会有其他(邻层)渗透层的流体流出，使压力曲线发生变化，这时就需要进行补水泥作业。

4.12.1.6 井温测井

井温测井可以测出在井身剖面上随深度变化的温度、温度梯度及热异常位置。目前该方法主要应用在以下两个方面：一是确定水泥面位置；二是检查水泥窜槽。

井温测井由井下温度计和电子线路组成，采用接触式测量法。生产测井中常用的有普通井温仪、纵向微差井温仪和径向微差井温仪三种类型。井下温度计目前主要有电阻温度计、PN 结温度计和热电偶温度计三种。温度测井仪多采用电阻温度计。其原因是电阻温度计精确度高，而且测量范围大。其作用原理是利用导体的电阻温度变化特性。电阻温度计采用桥式电路，利用热敏电阻与普通电阻构成电桥，当遇热时，热敏电阻值发生改变，破坏电桥的平衡，输出一个电信号，从而可以间接地测出温度的变化。

井温测井可以判断水泥窜槽，由于窜流的流体和原有的地层温度不同，从而造成井温曲线记录的异常，据此可判断水泥窜槽现象。由于井温曲线受诸多因素的影响较大，因而在解释时应充分认识其井眼环境，排除干扰以提高解释的准确度。

4.12.1.7 分区水泥胶结测井(SBT)

20 世纪 80 年代末，阿特拉斯测井公司推出了一种新的固井质量测井仪，即 SBT 仪，主要从纵向和横向(沿套管圆周)两个方向测量水泥胶结质量。它利用装在 6 个滑板上的 12 个高频定向换能器的声系来定量测量套管周围 6 个 60°区块。有 6 个动力推靠臂，每个臂把 1 个块发射和接受换能器滑板贴在套管内臂上。该仪器设计考虑的短源距使补偿衰减测量结果基本上不受快速地层影响。实现了测量的高分辨率，360°全方位覆盖。

SBT 刻度简易，精度高，不像 CBL 测井那样，常因没有自由套管刻度或刻度仪器偏心而大大降低目的层段的测量精度。SBT 测井克服了 CBL 测井的诸多不足，采用多信息直观显示，尤其是水泥胶结成像。这对正确评价水泥固井质量；避免不必要的验窜和挤水泥作业；节省大量费用和井场占用的时间；合理设计和分析射孔、试油及油气开采动态等方面都具有重要意义。

SBT 可以探测水泥窜槽。探测水泥窜槽是固井质量测井的主要任务之一。直观显示水泥窜槽是 SBT 的独到之处。其原因是它具有较高的环向分辨率，克服了 CBL 的致命弱点，即测井响应是井周 360°平均化的结果，不具备反映环向水泥胶结不均匀的能力。实验资料表明：SBT 可准确探出小于 10°的窜槽，这是 CBL 测井所无法达到的。一般来说，长井段 CBL 值，套管波和地层波中等可以反映有水泥窜槽或微环隙，但无法由 CBL 对二者加以区分。微环隙与水泥窜槽不同，一般不会引起窜槽。SBT 可直观显示沟槽，从而避免了因怀疑是微环隙而进行验窜和加压重测 CBL。

4.12.2 封窜

封堵窜层一般有四种方法：循环法封窜、挤入法封窜、循环挤入法封窜、填料水泥浆封窜。

4.12.2.1 循环法封窜

循环法封窜的工作原理就是将水泥浆以循环的方式，在不憋压力的情况下替入窜通井段，使水泥浆凝固，以达到封窜的目的。对窜通时一间不长，窜通量不大的管外窜通井，可采用循环法封窜。其优点是对储层的污染比较小，一般不会产生封窜后堵死全部射孔段的问题。

循环法封窜根据封窜管柱的连接方法和所用工具的不同，可分为单水力扩张式封隔器封窜和双水力扩张式封隔器封窜两种方法。

1. 单水力扩张式封隔器封窜

采用这种方法进行封窜时，封窜前只露出夹层以下一至两个小段，其他层段采用人工填砂或注悬空水泥塞的方法掩盖，封隔器应坐封在夹层上，并且井口部分最好采用自封封井器或闸板防喷器来密封，这样有利于封窜工作的顺利进行。

2. 双水力扩张式封隔器封窜

采用两个水力扩张式封隔器中间加节流器管柱下入井内，下封隔器应坐封在窜通层以下紧靠窜通层的夹层上，上封隔器坐封在已窜通的夹层上。在封堵时水泥浆由两级封隔器中间的节流器流出，由窜通的下部油层进入窜通部位。其优点是可以不填砂或注悬空水泥塞，可以不留水泥塞或少留水泥塞；缺点是下入井内的封隔器多，遇到卡钻时难以处理。

循环法封窜的施工步骤：

① 下封窜管柱，使封隔器坐于施工设工要求的夹层位置。

② 冲洗窜槽，洗至流出液体不夹带大量泥砂，且泵压平稳时为止。

③ 泵入与设计的性能和数量要求相符合的水泥浆。

④ 替液至节流器以上 10~20m 处，并略待水泥浆稠化，稠化时间随水泥、水泥浆的性质、井深位置、井下温度、添加剂的性质和数量而定。

⑤ 解封封隔器上提管柱，使管脚提至射孔井段以上，然后反洗井，洗出多余的水泥浆，洗井液液量最少是井筒容积的 1.5~2 倍。

⑥ 起出 20~40m 管柱，关井候凝时间以设计要求为准。

⑦ 试压，检验封堵情况。

4.12.2.2 挤入法封窜

挤入法封窜的工作原理就是在压力允许的范围内，让水泥浆通过封窜管柱进入井内，使水泥浆充满所有窜槽部位，使窜通层充分吸附水泥浆，以达到封窜的目的。当遇到井壁坍塌，窜槽体积大，其形状不规则，且堆有大量岩块时，采用此方法封窜比较可靠，能堵住复杂的窜槽。其缺点是在封窜过程中会有大量的水泥浆进入地层，容易堵塞油流通道，造成污染储层的恶果，同时封堵工艺比较复杂，容易造成井下事故。

根据井况的不同，挤入法封窜可以分别采用封隔器法封窜、油管封窜、桥塞封窜三种方法。

1. 封隔器法封窜

封窜管柱自下而上由单流阀、球座、节流器、水力扩张式封隔器和油管组成。封隔器下入位置应根据层段的不同而有所选择，以避免水泥浆污染其他储层。具体选择的方法是：当窜槽以上的储层少时，可采用由下而上挤水泥浆的办法，将下部的射孔段填砂或注悬空水泥塞，只露出部分射孔段。封堵时水泥浆由此上返进入窜槽内，以达到封窜的目的。当窜槽以上的储层较多时，为了防止挤死上部储层，可将窜槽下部的射孔段填砂掩盖，将封隔器坐在紧靠窜通层上部的夹层上，水泥浆自上而下地挤入。

封隔器挤水泥浆的施工步骤：

① 将封隔器下至预定的夹层上，其下部接节流器、单流阀及球座。

② 反洗井至进出口液性一致。

③ 投球，试挤修井液至泵压平稳。

④ 挤入水泥浆。

⑤ 用修井液将水泥浆替至节流器以上 10~20m 处。

⑥ 根据水泥浆性能、添加剂数量及井下温度决定静止时间，等候压力扩散和水泥浆稠化。

⑦ 上提封隔器至射孔井段以上。

⑧ 反洗井至进出口液性一致。

⑨ 上提 1~2 根油管，关井候凝时间以设计要求为准。

⑩ 钻水泥塞验窜。

2. 油管封窜

当窜槽复杂或套管破损不易下封隔器时，可采用此方法进行封窜。用此方法封窜时，将欲封夹层以下射孔段用填砂或注悬空水泥塞的办法全部掩盖，油管下至射孔井段以上 30~50m，水泥浆自管内注入，当水泥浆快出管柱时(一般控制在 10m 左右)，即关套管闸门将水泥浆挤入窜槽。挤完水泥后，正反替修井液至射孔段处，关油、套闸门，憋压候凝。

3. 桥塞封窜

当封窜井较深，夹层较薄时，为提高封堵准确性，缩短工期可采用此方法进行封窜。其封窜管柱结构与找窜结构相同，在确定层间窜通后进行试挤。根据窜通量的大小和挤注压力的高低，将定量的水泥浆由管柱内挤入(根据试挤压力的高低，挤注水泥浆的方法可分为直接挤注和先替后挤两种)，正替修井液至下部射孔段处，然后上提管柱至上部射孔段以上 20~30m 处反洗井，洗至进出口液性一致辞为止。提出挤封管柱，关井候凝。

4.12.2.3 循环挤入法封窜

循环挤入法实际上就是循环法与挤入法的联合使用。它先使水泥浆在不憋压的方式下进入窜槽，再用挤入的方法使水泥浆充填好。其封堵过程是水泥浆开始进入窜槽时，套管闸门是打开的，以保证水泥浆在憋不起压力的情况下进入地层。当地层窜槽内进入足够的水泥浆后，关闭套管闸门挤入剩下的水泥浆，再替够修井液，静止一定时间，上提封隔器至射孔井段以上，反洗井冲去多余的水泥浆，然后上提油管 10~20m，关井候凝。

4.12.2.4 填料水泥浆封窜

填料水泥浆封窜就是为了防止水泥浆由于重力的作用而下沉，在水泥浆挤入并充满窜槽后，接着挤入填料水泥浆堵死窜槽的进口，避免水泥浆反吐，以达到封窜的目的。

填料水泥浆封窜的施工步骤：

① 根据该井的电测曲线(微井径或射孔质量检查图)，定出窜槽的进出口位置及封隔器的位置。进口段应选取渗透性不好的薄储层或误射孔井段。如上述条件不具备时则补孔 0.5m 作为进口。

② 下入双级封隔器管柱。

③ 验证窜槽。用试挤的方法进一步核实资料，同时检查管柱。

④ 配水泥浆及填料水泥浆，填料可根据窜通量的大小来选定。

⑤ 封挤窜槽。首先向井内连续泵入胶质水泥浆作为前隔离液，将油与水隔开；再挤入普通水泥浆及填料水泥浆(有时再挤入胶质水泥浆作后液)；替修井液使水泥浆自下而上进入窜槽井段，直到填料水泥浆填堵窜槽进口并有明显升压时停泵。修井液的替入量等于井内油管与地面管线容积之和。

⑥ 提封隔器，使尾管球座在窜槽顶部以上。

⑦ 关井候凝，候凝时间以设计要求为准。

4.13 找漏与堵漏

4.13.1 找漏

各种因素造成的套管破漏均会影响油气井正常生产，因此要恢复油气井正常生产必须堵漏。要成功堵漏，首先要确定漏失的类型、漏失位置、漏失压力和漏失量，以便于确定堵漏方法和提高施工效率。

套管找漏的方法，目前有测流体电阻法、木塞法、井径仪测井法、封隔器试压法、FD 找漏法、井下视像等。随着科学技术的发展，生产工艺水平的不断提高，找漏方法甚多，但目前现场采用较多的还是工程测井、FD 找漏、封隔器试压法为主要找漏方法。下面介绍几种找漏方法。

4.13.1.1 测流体电阻法找漏

其原理是利用井内两种不同电阻的流体，采用流体电阻仪测出不同液体电阻差值的界面决定其漏失位置。

4.13.1.2 木塞法找漏

木塞法找漏是用一个较套管内径小 6~8mm 的木塞，两端胶皮比套管内径大 4~6mm 的组合体投入套管内，坐好井口后替挤修井液，当木塞被推至破口位置以下后，泵压下降，流体便从破口处排出管外，不再推动木塞，停泵后测得的木塞深度，即为套管破漏位置。此法施工简单，但不能确定破漏长度。

4.13.1.3 井径仪测井法找漏

该方法是在确定套管破漏后（经试压证实），为缩短施工周期，利用井径仪测井检查储层井段以上套管内径变化而确定破漏深度。

4.13.1.4 封隔器试压法找漏

该方法是油田大修作业中常用的找漏方法，用单封隔器或双封隔器卡住井段，分别试压并确定其破漏深度。该方法施工时起下钻作业频繁，同时也受封隔器自身的坐封密封影响，施工周期长，破漏点与其长度不易找准。

4.13.1.5 FD 找漏法

该方法是目前用得比较多的找漏方法。FD 找漏施工方便，准确率高，施工时只需要适合套管尺寸的堵塞器或皮碗封隔器、提放式开关、井口坐有封井器或防喷器即可。该方法的原理是：将储层以上套管当作液缸，堵塞器或皮碗封隔器作为活塞，防喷器或封井器密封环空。根据液体不可压缩的原理，通过堵塞器（皮碗封隔器）在套管内的往复运动（或在打压），从套管、油管压力表产生的压力值的变化来判别和计算漏失量和漏失深度。

4.13.1.6 井下视像找漏

鹰眼井下视像系统的原理及应用为：井下摄像机所摄取到的图像经井下仪器内电子系统处理储存、频率转换、将原图像改变成适宜电缆传输的数字信号，沿电缆传递至地面仪器，地面接收器接收、处理，复原为模拟视像信号，最后录制并打印。视像系统在油气田上用途很广，对于大修作业而言，可检测油管、套管的连接和破损情况，观测井下落物的形状和大小，探测和正确测定井下漏失点。

4.13.2 堵漏

堵漏方法有挤水泥堵漏和综合化学堵剂堵漏，另外衬管法和套固法也是有效方法。这里重点介绍挤水泥工艺方法。

1. 挤水泥工艺方法

油、气水井在开发生产过程中，由于受油、气、水运移及各种应力、腐蚀、地质结构及施工措施诸因素的影响，一方面新打井水泥返高不够，固井质量不合格；另一方面生产井原固井水泥环遭到破坏。造成油层窜通或地层胶结物被破坏，近井地带形成空洞；或因地层出水、套管破漏使油水井不能正常生产。通过挤水泥工艺技术，可使固井质量不合格井、窜槽井、套管破漏的油、气、水井恢复正常生产。

（1）挤入法

挤入法就是在井口处于控制状态下，通过液体的一定挤入压力将水泥浆替挤到目的层的方法。

① 套管平推法：平推法在井内无任何结构，利用原油、气、水井套管作为挤水泥的通道，从井口直接挤水泥的方法。其优点是施工简单、安全可靠。不足点是不能分层作业，套管壁上易留水泥环。多用于油、气、水井上部套管损坏有漏失点，需封堵或因地质工程因素报废井的挤封。

② 钻具（油管）挤入法：钻具挤入法就是将钻具下到挤封井段设计位置，利用钻具作挤入通道的一种挤入方法。其优点是挤入过程不动钻具，施工较简单且易反洗井，套管壁不会有大段残留水泥环。不足的是不能挤封中间层段的封堵或窜槽。适用于中深井作业，多用于中深井堵漏，封堵顶部水层，或与填砂、注水泥塞相结合，挤封储层顶部窜槽。

③ 单封隔器挤水泥法：单封隔器或与填砂、注水泥塞配合挤水泥法，井下结构较简单，挤水泥针对性强，使非挤封层得到较好保护，对上部套管破漏及非常规井避免了上部套管承受高压，做到了有目的挤封。不足的是填砂或注水泥塞增大了作业量。单封隔器挤水泥适用挤封底部储层，与填砂、注水泥塞相配合可挤封层间窜槽、挤封高含水层。采用桥塞挤水泥有利于简化施工，提高井况适应性及成功率。

④ 双封隔器挤水泥法：双封隔器挤水泥法，其下封隔器还可采用桥塞替代挤水泥塞或填砂作业，减少了作业量，利用双封隔器挤水泥可分层作业，有利于保护非挤封层，不足的是双封隔器挤水泥法对井况要求高。适用于油水井封窜及储层中部挤封作业。

(2) 循环挤入法

循环挤入法是将一定数量的符合性能要求的水泥浆循环到设计位置，然后上提管柱后，施加一定液体压力，使水泥浆进入目的层的施工工艺。

采用循环挤入法重点解决两方面的问题。第一，对于挤封层段多，易单层突进的油、气、水层采用循环挤入法能使水泥浆较均匀进入各挤封层，从而提高挤封效果。第二，对于吸收量小，挤入压力高的层段，采用循环挤入法一方面能有效控制挤入压力，另一方面节约了水泥浆。

针对循环挤入法所解决的两方面问题，其施工方法基本一致。不同的是第一种将一定水泥浆循环到设计位置后不替置，紧接着再挤水泥浆后替置，其用水泥量大，多适用于多层同时挤封。第二种将一定量地面配制的水泥浆循环到设计位置，上提钻具挤入，其用水泥量少，适用于单层挤封。

(3) 控制挤入法

循环挤入法多适用于井况较好，井筒内相对稳定的油气水井作业。但随着油气田开发时间的增长，油气水井井况日趋复杂，出水、出砂日益严重，对于油、气、水相对活跃，甚至采用高密度修井液压不住井的油、气、水井，采用上述两种方法挤水泥，由于井内稳定性差，易吐喷，极易造成施工失败。

原采用井口封井器及井下结构的不吐喷施工作业法取得了一定的成效，但施工较复杂且承压能力低。随着井下作业井控配套工艺技术的完善，控制挤入法工艺进一步发展。

控制挤入法是在井口采用井控装置与井下结构配套，使挤水泥前后即使活动钻具的情况下，井口、环形空间均处于受控状态下的一种挤水泥工艺。

采用控制挤入法扩展了挤水泥工艺技术，特别对高压出砂、出水层挤封效果较好。由于井口、环形空间均受控，特别对地层压力较高，砂埋油层的油水井可冲开出砂层后，有的放矢地进行防砂作业，从而进一步提高了挤封效果。

2. 挤水泥施工

(1) 挤水泥施工方法的确定

挤水泥的工艺方法较多，在确定具体施工方法时应综合考虑储层物性、挤封层段、位置、套管完好情况、井况等诸因素，有针对性地选择挤入法。

① 套管平推挤水泥法：适用于堵漏、封层、封窜、防砂等。使用条件：封堵井段以上套管完好，封堵深度小于500m，封堵长度不大于5m。

② 光管柱挤水泥法：适用于堵漏、封层、封窜、防砂等。使用条件：封堵井段以上套管完好，封堵长度不大于5m。

③ 封隔器挤水泥法：适用于封窜、封层、防砂等。使用条件：封堵层位以上套管完好

程度差(低于挤入压力有渗漏)，或套管使用时间较长但可顺利通井的油水井。

④ 循环挤入法：适用于封层、防砂或吸收量低于200L/min，挤入压力高的孔、洞、缝型破漏井的封堵。使用条件：井内稳定，封层、防砂时封堵层厚度大于5m的油井。

⑤ 控制挤入法：适用于井内不稳定，出砂、出砾较严重的井。

(2)挤水泥时的水泥用量

挤水泥时需用的水泥量与地层物性、生产历史、挤封目的、各种挤封井况等有关，应综合考虑。

① 挤封射孔井段时：

$$V=(3.8\sim 4.7)R^2\phi h \tag{4-8}$$

式中 V——水泥浆用量，m^3；

R——挤封半径，m；

ϕ——有效孔隙度，%；

h——封堵层厚度，m。

② 封窜时：

$$V=(3.8\sim 4.7)(R^2-r^2)h \tag{4-9}$$

式中 V——水泥浆用量，m^3；

R——原裸眼半径，m；

r——套管半径，m；

h——封窜段长度，m。

③ 堵漏时：

$$V=KV_1 \tag{4-10}$$

式中 V——水泥浆用量，m^3；

K——系数，1~4；

V_1——水泥浆基数($2.4m^3$)。

(3)挤水泥施工

在确定挤入方法、挤水泥用量后，挤水泥施工直接关系到挤封的成败。

① 施工前准备。

地面设备：挤水泥前检查好动力、绞车、传动起升系统，做到起下钻具不发生任何故障，水泥车(组)工作可靠。井眼准备：井眼应畅通，井内相对稳定，所下工具达到设计要求。材料准备：应备有合乎性能的压井液、水泥、添加剂、清水等。

②试挤。

洗井畅通，如下封隔器井待洗净后再坐封；试挤：求出挤封前地层吸收情况，进一步核定施工设计。试挤以压力平稳计时，时间不得低于5min，试挤的目的是即可观察挤入量，确定用水泥浆量，又可清洗挤封段通道。

③挤水泥施工。

套管内平推挤水泥：从井口直接推挤水泥浆，顶替压井液，候凝。

光钻具挤水泥：挤封管柱管脚下至欲挤封井段以上100m左右，试挤后挤水泥浆、顶替、控压反洗、憋压候凝。

封隔器挤水泥：按设计量挤入水泥浆，按设计量替置压井液，扩压，上提挤水泥管柱至挤封段顶部以上30m反洗，反洗量应大于挤封管柱内容积3倍，起出井内结构，灌满压井液，候凝。

控制挤入法：其挤水泥方法与光钻具挤水泥相同，但挤水泥或活动管柱必须在井口及环形空间受控状态下进行。

④挤水泥施工要求：挤水泥过程中，最高压力不得超过套管抗挤强度的70%；整个施工时间不得超过水泥浆初凝时间的70%；挤水泥后需留水泥塞时应高于封堵井段30~50m或达到设计位置；候凝时间24~48h。

4.13.3 堵剂

挤水泥和综合堵剂是油气田普遍采用的封堵方法，然而堵漏成功与否的关键取决于堵剂在套管破漏处管外的运动状态。堵剂在破漏管外流动时，没有将破漏处管外的环形断面均匀灌注，而在破漏处管外呈舌状推进是造成封堵失败的主要原因。因此改变堵剂的反应速度，改变堵剂在破漏管外的流向，可以提高封堵效率。

1. 水泥的矿物成分及水化反应

目前广泛采用的油井水泥属于硅酸盐类水泥。它的主要原料是石灰石、黏土，如果含铁量不够时则加入适量的铁矿石。除此之外，水泥中还含有少量的氧化镁等杂质。

当水泥加水搅拌后，各种矿物分别与水发生水解和水化反应，其反应过程较为复杂。水化反应不断进行，水化物不断产生，使水泥浆物理性能不断变化。从开始调配水泥浆到形成一定强度的水泥石大致可以分为以下三个阶段：

① 胶溶期：水泥遇水后，颗粒表面立即发生固体溶解和水化反应，产生水化物。当其浓度达到饱和状态时，水化物开始以胶态粒子或细小晶体析出，水泥浆呈溶胶体系。

② 凝结期：水化反应不断进行，胶体颗粒显著增加，部分晶体开始连接，使溶胶体系逐渐形成凝胶结构，水泥浆丧失流动性而很快凝结。

③ 硬化期：水化深入，大量晶体析出并互相连接，加之胶体的紧密作用，使结构强度显著增加，形成水泥石固体。

2. 水泥浆的主要物理性能

（1）水泥浆的密度

水泥浆密度一般用泥浆天平测定。

常用于油井的水泥密度为3.15g/cm^{3}左右，水泥浆密度受加水量的影响。加入水的多少用水灰比来表示，水的质量与干水泥质量之比称为水灰比。水灰比过小，流动性差，泵送困难；水灰比过大，会引起水泥颗粒下沉，析出大量自由水并聚集上窜，破坏水泥石的密封性和削弱水泥石强度。

（2）水泥浆稠化时间

水化不断进行，水泥浆的黏度就不断增加、变稠直至停止流动。为了保证能安全地将水泥浆返到预定的高度，需要测定在井下温度和压力且处于动态情况下的水泥浆稠化时间。当稠化时间不能满足施工时间的要求时，可以加外加剂来调节。

API规定当稠度达到100B_c(伯登)时为水泥浆极限可泵时间——稠化时间。因此注水泥施工时间应控制在小于稠化时间30~60min。

温度是影响稠化时间的重要因素，实验温度应取井内循环最高温度，经实验得计算式为：

$$T = T_s + H/168 \qquad (4-11)$$

式中 T——循环最高温度,℃；

T_s——泥浆出口温度,℃；

H——套管鞋深度，m。

（3）水泥浆的析水和失水

为了有良好的流动性，水泥浆的水灰比取得较高，一般为0.5。水泥水化所需水灰比仅为0.18~0.20，所以水泥浆中存在大量自由水。

析水是用刻度部分高度不低于232mm，有250mL刻度的量筒来测定的。将配制好的水泥浆倒足250mL，静止2h观察上部析出水的量。

水泥浆在压差作用下，自由水渗入地层的现象称为失水。为了测定水泥浆的失水性，API规定了686kPa和6860kPa压差下，30min失水量的标准测量法。

（4）水泥石强度

API标准是以水泥石的抗压强度来衡量水泥石的强度。试样养护温度以井底静止温度为准，养护周期一般取8h，14h，48h和72h。测试养护8h的抗压强度为挤水泥候凝时间提供依据，一般认为当抗压强度达到3.43MPa时可满足堵漏要求。

（5）水泥石的腐蚀

有的地区地层水中含有较高的硫酸钠、硫酸镁、碳酸钙等。它们渗透到水泥石内会使水泥石的某些物质解体，有的则在水泥石内生成新的较大的晶体，使水泥石承受内压力而胀裂。硫酸盐对水泥石的腐蚀最严重。其浓度越大腐蚀越快，但增大到一定程度后腐蚀速率增加就不大了。

（6）水泥浆流变性

测定水泥浆的流变参数，确定流型计算临界流速，可以为选择合理返速提供依据。测定时，将配制好的水泥浆倒入已加热至试验温度的稠度仪中，保持试验温度搅拌20min，并将旋转黏度计的杯预热。然后将水泥浆倒入旋转黏度计的杯中，在600r/min下转动60s后读数，以后按600r/min，300r/min，200r/min，100r/min，6r/min，3r/min的顺序操作，从一个速度到下一速度应有20s时间间隔。

3. 影响水泥性能的主要因素及水泥分级

（1）影响水泥性能的主要因素

① 水泥成分的影响。各种成分对水泥性能的影响见表4-14。

表4-14　矿物成分对水泥性能的影响

矿物成分	早期强度	长期强度	水化反应速度	水化热	收缩	抗硫酸盐腐蚀
酸三钙	良	良	中	中	中	
硅酸二钙	劣	良	迟	小	中	
铝酸三钙	良	劣	速	大	大	低
铁铝酸四钙	劣	劣	迟	小	小	

② 水泥颗粒的细度的影响。颗粒越小，水化反应越快。当水泥颗粒小于0.04mm时具有较高的活性，水泥颗粒大于0.09mm时几乎接近惰性物质。

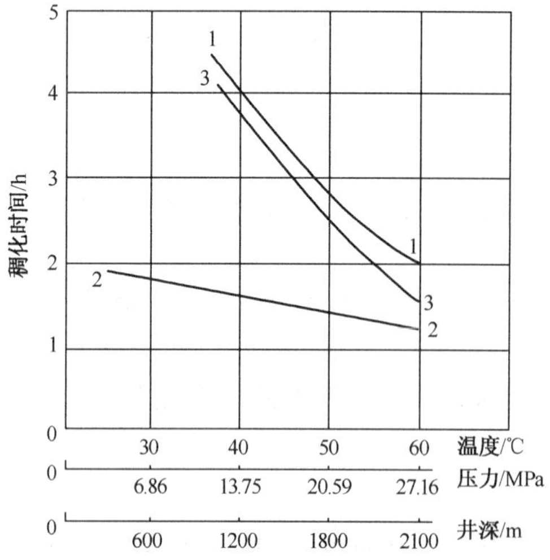

图 4-32　温度、压力和井深对稠化时间的影响

③ 温度和压力的影响。如图 4-32 中，曲线 1 是在常压下温度升高对水泥浆稠化时间的影响；曲线 2 是温度一定(60℃)时压力对水泥稠化时间的影响；曲线 3 是井下温度和压力综合影响曲线。由此可见：温度增加使水泥的水化速度加快，稠化时间缩短较突出。而压力的影响不很明显。

(2) 水泥分级

在影响水泥性能的外界因素中，温度的影响最显著。所以，油井水泥分级主要考虑了水泥的适用温度这个因素。API 各级水泥适用的温度范围见表 4-15。各井应以井底静止最高温度为依据来选择水泥级别，该表已指明：对于井底温度高的井应分段选用水泥级别。为了应用方便，表中还给出了水泥适用井深的范围。它是取地面温度为 26.7℃和地温梯度为 2.73℃/100m，依据水泥适用温度得出的。API 水泥对抗硫特性有明确要求，按抗硫性的好坏共分成普通水泥、中等抗硫水泥和高抗硫水泥三类。

表 4-15　API 油井水泥分类

级别	使用范围		抗硫酸盐	类别
	温度/℃	井深/m		
A	26.7	0~1830	普	普通水泥
B			中、高	中热水泥
C			普、中、高	早强水泥
D	76.7~110	1830~3050	中、高	基本水泥加缓凝剂
E	110~143.3	3050~4270	中、高	
F	110~160	3050~4880	中、高	
G	26.7~93.3	0~2440	中、高	基本水泥
H			中、高	
J	125~160	3600~4880	未定	

4.14　弃置井的处置

在油气井勘探开发过程中，总有一些井需要进行永久性报废处理。在对弃置井处理过程中，主要考虑地层流体可能通过井筒造成对地表淡水层的污染。

目前，通过注灰塞的办法即可有效地达到密封井筒，防止油气水在井筒内运移的目的。

4.14.1 施工准备

由于封井后动用的几率很小，不能留下任何安全隐患，对施工质量、环境保护、地面和地层安全的要求更高。在封井前应该要求：井内无落物、层间无窜流、井内无窜层、井口无溢流。

4.14.2 无套管的弃置井处理

对于裸眼完井井段，如在裸眼井段不存在生产层、注水层或处理层时，可根据实际情况，用下面方法进行处理。

① 顶替法。当裸眼井段较长(大于15m时)，水泥塞在套管鞋上下的长度至少应各为15m。当裸眼长度小于15m时，水泥塞总长度至少为30m。根据油藏性质和裸眼井段长度，也可以在整个裸眼井段内注一个水泥塞。

② 水泥承流器法。在套管鞋以上位置下一个水泥承流器，向水泥承流器下面挤水泥进行封堵，水泥浆的量应填满水泥承流器以下套管及套管鞋以下15m的裸眼井段。且留在水泥承流器上部的水泥塞长度应大于6m。

③ 易钻桥塞法。在套管鞋以上15~30m处打一个易钻桥塞，并在其上留长度不小于6m的水泥塞。

对于裸眼完井井段，如在裸眼井段存在生产层、注水层或处理层时，

可采用下面方法处理：

④ 在裸眼井段里对已开采的或未开采的可采储层、注水层等要进行封堵，可打一个跨层的悬空水泥塞。如果淡水层裸露．在淡水层的下面打水泥塞。水泥塞应从封堵层以下15m到封堵层以上15m。在可能导致油气层间窜槽的井段或是地层渗透性很差的长井段处，可在该井段顶部打一个不小于30m的水泥塞。

4.14.3 有套管的弃置井处理

为了防止地层流体进入井筒并通过套管运移，对已射孔的生产层或注水层(或层段)进行封隔或封堵。施工时应考虑井眼大小、地层特征和储层压力等因素的影响。在实际施工时，可根据实际情况，考虑下述方法中的一种进行施工，并在井口以下50m注50m水泥塞。封射孔井段可采用以下方法：

① 顶替法。对射孔井段，可以在射孔段上方或整个射孔段上打一个悬空水泥塞来封堵。水泥塞厚度，可从射孔井段以下15m到射孔井段以上15m，也可以在长射孔井段上方50m打一个不小于50m厚的水泥塞来封射孔井段。

② 挤水泥。在炮眼以上至少15m处下入水泥承流器或可取式封隔器等，向炮眼里挤水泥来封堵射孔井段。

③ 易钻桥塞法。易钻桥塞法即在炮眼以上15~30m处打一个易钻桥塞(或永久性封隔器等其他永久性封隔套管的工具)，并在易钻桥塞上留6m的水泥塞。

4.14.4 封堵地表层

表层水泥塞是从地面以下6~15m到地面打的一个悬空水泥塞，是用来防止地面水进入废弃井井眼的。在打表层水泥塞之前，应确认淡水层已被有效地封隔，且井眼内的流体是静

止的。

打完表层水泥塞后卸掉井口，将留在井眼内的任何工作管柱都应从地面以下 1～2m 处(如果有特殊要求，则可能要更深)割掉。管柱被割掉后，如果环空无水泥，则应用水泥浆填满这些空间。

4.14.5 检验水泥塞

在灰塞打完之后，需按设计要求探灰面，进行正压、负压验效，以确保所打水泥塞是合格的。

4.14.6 弃置井存档

弃井作业工艺和封堵施工作业记录(井筒情况、管柱记录、套管的损害及修补记录、打水泥塞封堵记录、管柱结构等)应按管理机构要求的格式以永久性文件存档，保存在永久性的井史文件中。废弃井的建设单位应永远保存这些弃井作业的记录文件，同时应承担相应的责任。

第 5 章　储层改造工艺技术

5.1　酸化

酸化是油、气、水井增产的措施之一。其原理是利用酸液能溶解对岩层中某种矿物质或地层孔隙、裂缝内堵塞物的特性，达到提高近井地带油层的渗透率，增加油、气井的产量和水井的注入量为目的的工艺措施。

酸化分三种：酸洗、基质酸化和酸化压裂。

酸洗，通常又叫酸浸，即将少量的酸液顶替到预定井段，通过浸泡或正反循环使酸液不断沿井壁和射孔孔眼流动，溶解井壁上的酸性结垢物或射孔炮眼堵塞物，达到井筒除垢或疏通射孔孔眼的目的。

基质酸化用于恢复和改善碎屑岩地层或地层近井地带的渗透性。为了恢复地层的渗透性，可用酸溶解地层渗滤面上的堵塞物，其中包括腐蚀产物(如硫化亚铁、三氧化二铁)、垢(如碳酸钙)、注入水的悬浮物(如黏土)、泥浆和残留水泥等，解除井筒附近地层污染，恢复或提高基质渗透率，从而增加油气井的产量或注水井的注入量。这种酸化的注酸压力低于地层的破裂压力，一般用不稠化酸(除了为控制酸与地层的反应速度而用到稠化酸外)。

酸化压裂是在高于地层破裂压力或天然裂缝的闭合压力下，将酸液挤入地层裂缝，溶蚀裂缝岩石壁面，造成非均匀溶蚀沟槽，使裂缝在施工结束后不能完全闭合，形成具有一定导流能力的人工裂缝(图 5-1、图 5-2)，达到增加油气井的产量或注水井的注入量的目的，主要用于碳酸岩储层。

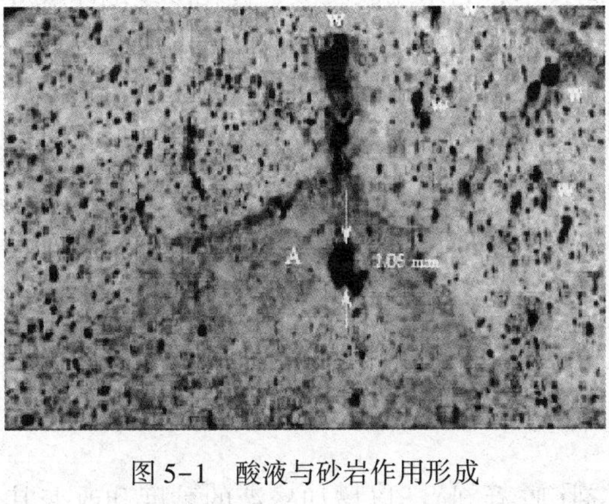

图 5-1　酸液与砂岩作用形成

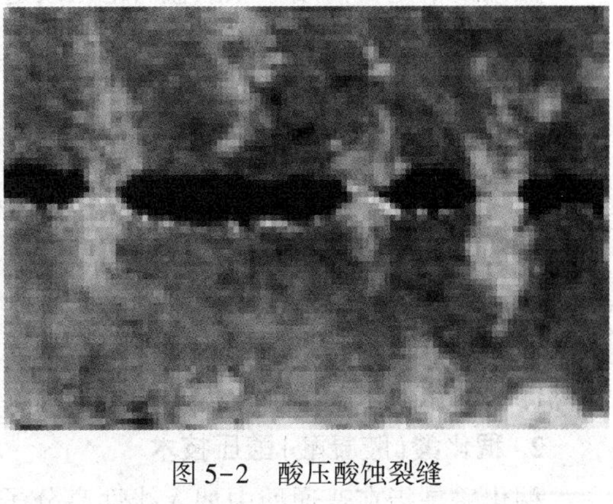

图 5-2　酸压酸蚀裂缝

5.1.1　酸化工艺

5.1.1.1　砂岩基质酸化技术

该技术主要用于解除砂岩储层在钻井及作业过程中的污染堵塞，疏通射孔孔道，恢复和提高储层的渗透性，作用时间比较短，范围小。

近年来根据地层污染堵塞状况，在常规酸化工艺的基础上发展了几项新的工艺：

1. 二氧化碳预处理酸化工艺

通过 CO_2预处理地层，使酸油隔离，减少残酸与原油之间的反应，增加酸作用距离；由于 CO_2 溶于原油，使原油易于驱替，形成溶解气驱，有助于残酸的返排。

该工艺比较适合于1000~3000m 的高含水油井及油水界面无遮挡层(油水同层)，但不适用于沥青质含量高、结蜡严重的地层(由于 CO_2进入地层后容易把蜡析出，造成残酸返排困难)。

2. 胶束酸酸化工艺

胶束酸具有反应速度低、有效作用时间长、界面张力低、返排效果好等优点，另外，它悬浮固体颗粒的能力强，能将酸化作业过程中所释放出的酸不溶微粒浮于残酸溶液中，防止微粒运移或沉积造成地层损害。

3. 二氧化氯+酸复合解堵技术

二氧化氯作为一种强氧化剂，对解除油水井聚合物、硫化物和细菌等堵塞有着明显的效果，配合酸使用可起到显著的综合解堵作用，增产增注效果明显。该技术目前已在国内广泛应用，均取得了良好的经济效益。

4. 酸-互溶剂酸化工艺

该工艺通过在油基处理液中加入互溶剂，最大限度地提高原油的相对渗透率，使地层中微小颗粒具有水湿性，还可以消除黏土颗粒的膨胀和恢复地层固有渗透性。

5. 乳化酸酸化工艺

乳化酸是一种油包酸型油基乳化液，被挤入地层时，可达到选择性酸化油层和稳油控水的目的。另外对于稠油油藏，该工艺能够有效减少储层伤害，降低原油黏度，并增加酸液的作用距离，达到解堵增产的目的。

5.1.1.2 酸压技术

酸压技术是目前用于碳酸盐岩地层改造的主流技术，它采用胶凝酸、乳化酸或泡沫酸等缓速酸液体系，与压裂液等凝胶液交替注入的方式，极大地降低了酸液的滤失，有效沟通天然裂缝，提高了酸作用距离和酸蚀裂缝导流能力。该技术在油田的勘探开发中得到了广泛应用，增油效果显著，开辟了碳酸盐岩储层改造的新局面。

1. 常规酸酸压技术

常规酸就是普通盐酸。在碳酸盐储层中，利用酸液将地层压开裂缝，同时与地层岩石发生反应，从而形成不均匀刻蚀裂缝，起到提高储层导流能力，提高油气井产能的目的。但是由于储层条件复杂，酸岩反应速度快，酸液滤失控制差，酸蚀有效距离短等原因，不能取得好的深度酸化效果，只能对近井地带进行改造。

2. 稠化酸(胶凝酸)酸压技术

稠化酸是指在普通酸中加入线性高分子稠化剂(胶凝剂)，以增加酸液的黏度和改变其流变性。稠化酸具有较高的黏度，能控制滤失，增加裂缝宽度和长度，从而实现延缓酸岩反应速度，增加活性酸的穿透距离；同时能降低摩阻，提高施工排量，更好的实现深度酸化改造。稠化酸一般有两种：一种用非交联酸用稠化剂配成，该酸液体系在碳酸盐岩储层改造取得较好的效果；另一种是交联胶凝酸，通过采用多价金属离子或乙醛等将酸液中的胶凝剂交联而成，由于对剪切很敏感，其高温稳定性差，在残酸中破胶困难，因此未能得到推广

应用，

3. 自生酸酸压技术

所谓自生酸，是指在地层条件下利用酶母体通过化学反应就地生成的活性酸，也称为替代酸或就地酸。在自生酸的作业中，酯类水解后产生的大多数酸(>95%)不仅能较好地覆盖整个处理层段，而且能减少蚓孔的产生。由于自生酸是由酯类物质水解产生的，所以在流体中不会出现较高浓度未反应的酸。由于水解后形成的处理液呈中性至弱酸性，所以它的反应速度比常规酸液慢得多。故这类酸液不仅可以避免高温下快速失活的问题，而且还可防止管道腐蚀，特别适用于高温地层。一般情况下，含大量钙、镁或其他阳离子的碳酸盐地层，以水解生成盐酸的酶母体为最佳。

4. 乳化酸酸压技术

乳化酸是柴油和盐酸在乳化剂作用下形成的乳化液体系，很早就成功地应用于酸压增产措施中，近年来也用于碳酸盐储层的基质酸化。乳化酸通常由70∶30的酸油比乳化而得，酸液浓度一般为7.5%~28%，油包括柴油、煤油或轻质烃，乳化剂可以选用阳离子、阴离子或非离子表面活性剂，既可批量混合，也可以连续配制，形成油包水型乳状液。其作用机理：起初乳化液进入地层，油相将酸液与岩石表面隔开，从而延长了酸液的作用距离，随着扩散深度的不断增加，乳状液温度升高，同时被地层流体稀释以及乳化剂不断被地层岩石所吸附，致使乳化酸的稳定性不断减弱，使得乳液不断被破乳释放出酸液与岩石反应，从而达到深度酸化的效果。目前，国外从事大型重复酸压增产使用乳化酸较多，并发展了憎水型和加氮的乳化酸技术，但多应用于基质酸化。而国内应用相对较少。乳化酸的摩阻较普通酸高20%，因此限制了施工排量的提高，在低渗、低压储层使用的难度较大。

5. 滤失控制酸酸压技术

就地交联酸是在对控制酸液滤失机理和交联型稠化酸优缺点进行充分研究后，在交联型稠化酸基础上研究出了一种新型酸液。一些公司在此机理上研究了不同的有效控制酸液的滤失体系，取名为滤失控制酸、高效酸等。这种酸液体系的黏度较高，滤失主要受滤饼控制。滤失控制酸在配方组成、添加剂性能方面，既与交凝酸有共同之处，也有独特要求。主要表现在工作液可通过pH值的变化而进行交联增黏和破胶降黏，从而控制工作液的滤失量，又解决了滤失酸自身的返排问题。该体系主要适用于高渗透井；低渗透储层，施工时滤失量大的井；低压井以及长井段施工作业，如水平井、斜井、裸眼完井等。该体系的不足之处在于交联剂可能在地层沉淀，而且如果使用了大量的酸液，特别是基质酸化，留在孔隙内的聚合物残渣量也很大，会对处理井的性能产生负作用。通过采用双头式连续油管技术，将交联酸注入储层进行基质酸化，取得了较好的清除污染物的效果。

6. 表面活性剂缓速酸酸压技术

表面活性剂缓速酸是国内首创的一种新型缓速酸，是指在酸液中加入表面活性剂或加入使酸岩反应生成CO_2形成稳定泡沫的活性剂体系而构成的酸液体系。该体系的缓速机理为：一方面通过表面活性剂分子吸附在压开裂缝壁面形成吸附膜，从而延缓H^+与岩面的反应速度；另一方面酸岩产生的CO_2在岩石表面形成稳定的泡沫，进一步阻隔了H^+向岩层扩散，降低了酸岩反应速度。该酸液具有以下优点：不含高聚物，无残渣，对储层的伤害低；反应速度慢，同等条件下仅相当于乳化酸的½~⅓和胶凝酸的¼~⅕，可实现地层深部酸化处理。缺点在于滤失性的控制较差。

7. 黏弹体表面活性剂酸压技术

斯伦贝谢道威尔公司在20世纪90年代中后期发展了一种新型无聚合物压裂液——黏弹体表面活性剂压裂液，也称为清洁压裂液。清洁压裂液同常规的水基聚合物压裂液相比具有如下优点：由于没有聚合物，对支撑剂导流能力影响甚小，保留支撑剂渗透率93%以上；独特的流变性，不会形成滤饼，滤失小；液体配制简单。目前，清洁压裂液已进行了2100余井次施工，增产效果明显。国内长庆油田、大庆油田先后引进了该技术进行试验，取得了较好的效果。西南油气田的研制者经一年多的室内研究，开发出了无聚合物压裂液体系，经室内评价，综合性能达到国外同类产品技术水平。

8. 固体酸酸压技术

对于高温油气层，采用常规酸压技术时由于酸岩反应速度很快，酸蚀裂缝长度短，增产效果往往不理想，西南石油大学赵立强教授等人提出了一种新型酸压技术——固体酸酸压技术，它既可以实现深度酸压，又能达到很好的降滤失效果。固体酸不仅具有无机酸的同性而且具有氧化作用和消化作用，其酸压技术首先将酸固化成颗粒，然后用非反应流体压开裂缝，并将固体酸携带入裂缝中，随着裂缝的延伸，固体颗粒沉降或悬浮于裂缝中。待固体酸颗粒泵注完毕后，再注入释放液。固体酸与释放液接触后，溶解并电离出大量的 H^+ 与岩石发生反应，进而使裂缝仍具有很强的渗流能力，且有效作用距离与水力压裂相当。该技术改变了酸的状态，使酸作用范围不受酸岩反应速度的影响，同时释放前呈惰性的固体酸不会对地面和井下设备造成腐蚀便于运输和施工。

9. 泡沫酸酸压技术

泡沫酸是将加入起泡剂和稳定剂等添加剂的酸液与气体 N_2 或 CO_2 在地面泡沫发生器中混合，形成稳定泡沫，泡沫流体具有视黏度高、调剖能力强、封堵能力随渗透率的增大而增大、遇水稳定、遇油消泡等性质。适用于低压、多层非均质地层、气井、水敏性地层及老井的重复酸压。起初泡沫酸酸压技术运用于砂岩储层，后通过室内试验，将其运用为碳酸盐岩储层的转向剂，但是出于经济效益和实施考虑，现场应用逐渐减少。国外在大型重复酸压中使用乳化酸较多，但由于乳化酸摩阻较普通酸高20%，限制了施工排量的提高，目前多用于基质转向酸化中。

10. 羟基羧酸酸压技术

螯合剂主要用于控制酸化过程中的金属离子反应。在酸化处理中，螯合剂用于阻止在酸消耗过程中形成固体沉淀，这些沉淀包括氢氧化铁和硫化铁，螯合剂还用作除垢剂。

5.1.1.3 酸压工艺

1. 前置液酸压工艺技术

前置液酸压包括前置液+高黏度胶凝酸酸压技术和前置液+低摩阻乳化酸酸压技术以及前置液+表面活性剂缓速酸酸压技术。前置液+高黏度胶凝酸酸压技术是施工初期先用高黏非反应性前置压裂液压开地层形成裂缝，接着高压注入酸液的技术。由于前置液的降温、降滤和造宽缝等作用，大大降低了酸岩反应速度，能显著增大酸穿透距离。胶凝酸最佳黏度一般在30~40mPa·s之间，残酸返排黏度一般应在5~10mPa·s之间，既易于返排，又能够携带反应后地层裂缝中脱落的固相微粒，降低酸压对地层的二次伤害。高黏度胶凝酸虽然在延缓酸液与地层的反应速度上有优点，通过对比分析在相同条件下，与目前应用普通胶凝酸相比较，可延缓酸岩反应速度20%左右。但是，在延缓酸岩反应速度的同时，高黏度胶凝酸中的胶凝剂加重了对地层的伤害。

高温条件下胶凝剂降解性能差，在地层中不降解的成分会滞留，造成不同程度的地层伤害，同时造成了残酸黏度高，给排液造成困难。

在地层条件下胶凝剂会和原油发生乳化，特别是稠油乳化更为严重，给压后返排和初期开采带来问题。因此，通过不断提高酸液的黏度的做法是需要进一步探讨的。建议发展应用降阻乳化酸和表面活性剂缓速酸。目前乳化酸体系的摩阻都较高，基本可以实现乳化酸大排量、高泵压、深穿透的酸压目的。而利用高黏前置液压开地层造缝，然后注入表面活性剂缓速酸的酸压工艺。该工艺的特点是：①酸液体系中不含高聚物，无残渣，酸液对储层的伤害低；②酸液黏度高；③酸岩反应速度低，酸液的深穿透能力强；④酸液摩阻低，易于实现高排量，高泵压作业；⑤酸液易破胶，残酸黏度低、易返排。

2. 多级交替注入酸压技术

该技术是将前置液和酸液交替注入地层进行酸压施工，形成较长且导流能力较强的酸蚀裂缝，以提高酸压效果。其主要优势在于作用范围大，可以获得较长的酸蚀裂缝穿透距离，酸液滤失低，酸蚀裂缝的导流能力高。不同类型的酸液对裂缝性储层的滤失速度是不同的，其中胶凝酸的滤失效果最好，还具有明显的缓速和较好的热稳定性。20 世纪 90 年代已成为实现深度酸压的主流技术，主要应用于低渗、特低渗的碳酸盐岩储层，更适用于重复酸压井。美国卡顿伍德湾油田在大型重复酸压中采用了该项技术，油藏模拟表明，其有效酸蚀缝长达 91~244m，增产效果显著。

3. 控高酸压工艺技术

该技术是在前置液压开地层后注入转向剂(控底剂、控顶剂)，控制缝高的延伸。此外该转向剂还是良好的降滤剂，可以有效降低酸液的滤失，促使酸液向地层深部穿透。该技术在克拉玛依陆梁油田压裂中用于控制底水，取得了良好的增油控水效果。

4. 辅助降滤酸压技术

辅助降滤酸压技术是在原来工艺基础上，在注酸前及注酸过程中注入一段或几段耐酸型降滤液，增大酸液在近井酸蚀程度高的缝隙中的渗滤阻力，降低后续酸液的滤失，提高前缘酸液的有效推进速度和穿透深度。进而增大建立新的有效连通的可能，获得有效增产。该项工艺的技术关键在于降滤液的类型研究和用量及段数的优化。工艺技术优点：①工艺实现简单易行；②能一定程度上实现深穿透连通；③费用增加不大。

5. 混氮酸压技术

混氮气酸压是指通过液氮泵车在地面将液氮转变为 25℃左右的氮气和酸液混合一起注入地层。其作用原理主要表现在混气酸液的降滤、缓速、助排、清缝等方面：①降滤作用。氮气分散于酸液中形成气泡使混合流体的黏度增加，提高了酸液降滤能力；②缓速作用。氮气与岩面的接触减小了酸岩有效接触面积，抑制了与岩面的交换，延缓了酸岩反应速度；③清缝作用。氮气的增能助排作用有利于清洁缝面提高导流能力；④助排作用。压缩氮气在卸压后体积膨胀、推挤和携带残酸流入井筒，避免了残酸对储层的二次污染；⑤保护油层作用。用液氮作降滤剂，易于返排，避免了使用粉陶降滤对储层造成的堵塞伤害。增产措施中混注氮气的一般程序为：试压-挤注-前置氮气-与前置液混注氮气-与主体液混注氮气-关井反应-压力扩散-返排。另外，注液氮具有阶段性，主体酸处理阶段应作为混注液氮的重点。

6. 平衡酸压技术

平衡酸压是针对复杂岩性、低温白云岩及需控制裂缝高度的储层的一种特殊技术。其原理及特点与闭合裂缝酸化技术恰好相反。其显著特点是：在不压开上下非产层和水层的条件下，最大限度延长酸液与裂缝面的接触时间，有效控制动态裂缝几何尺寸，达到最大增产效益的目的。平衡酸压工艺根据裂缝扩展压力(延伸压力)和最小地应力(裂缝张开或闭合时的压力)不同，在压开动态裂缝后控制施工排量，使注液速度与酸液在裂缝壁面的滤失速度相当。当注液速度与滤失速度达到平衡时，缝中压力等于裂缝延伸压力，此时裂缝将继续保持张开状态，但继续扩展现象不明显，酸液在已压开的裂缝壁面上延长了反应时间，从而能获得最佳的酸蚀裂缝导流能力。

7. 闭合酸化技术

闭合酸化技术是指酸液在低于地层破裂压力条件下流过储层内“闭合”裂缝，采用低排量下注入酸液，从而溶蚀裂缝壁面。其原理为：酸液流过“闭合”裂缝，产生不均匀溶蚀从而形成沟槽，使酸蚀通道在施工压力消除，裂缝闭合后仍具较高的导流性。适合于已造有裂缝的碳酸盐岩储层，其裂缝可为：酸压前刚压开的裂缝、以前酸压或水力压裂造的缝、储层中的天然裂缝。

5.1.1.4 转向酸化工艺技术

液体放置是基质酸化成功的关键。流体和岩石相互作用造成的伤害沿净厚度常呈不均匀分布。另外，天然油藏的渗透率变化相当大，有相当大的差异。在这种情况下，酸液流向低伤害和高渗透率区，而使酸化自身失败。而转向工艺技术就可使酸液挤入比较合理。

1. 化学转向技术

化学转向技术是在酸液中加入一种化学转向剂，使酸液进入地层后发生转向，以便不同渗透率层均能达到处理。

2. 泡沫转向技术

在酸化液中加入可形成泡沫的氮或二氧化碳，可阶段注入，也可与酸一同混注。该技术同样是为了暂时堵塞高注入区，以提高酸液进入低注入区的比例。

5.1.1.5 缓速酸酸化工艺

本技术选择盐酸、氟化氢铵和硼酸三种物质为基础，能生成氢氟酸和氟硼酸的自生酸体系，本体系中盐酸可首先溶掉岩石中的碳酸盐成分，随后生成的氢氟酸、氟硼酸则可溶解砂岩。调节三种物质的比值，可控制生成的氢氟酸、氟硼酸的速度和浓度，从而可很好地起到深部酸化解堵的作用。

1. 缓速酸酸化工艺机理

① 氟化氢铵与盐酸作用生成氢氟酸：

$$NH_4HF_2+HCl \longrightarrow 2HF+NH_4Cl \tag{5-1}$$

② 氢氟酸与硼酸反应生成氟硼酸：

$$4HF+H_3BO_3 \longrightarrow HBF_4+3H_2O \tag{5-2}$$

③ 氟硼酸再在地层条件下缓慢水解生成氢氟酸：

$$HBF_4 \Longleftrightarrow H^+ + BF_4^-$$

$$BF_4^- + H_2O \Longleftrightarrow BF_3(OH)^- + HF$$

$$BF_3(OH)^- + H_2O \Longleftrightarrow BF_2(OH)_2^- + HF$$

$$BF_2(OH)_2^- + H_2O \Longleftrightarrow BF(OH)_3^- + HF$$

$$\xrightarrow{+\ H^+} H_3BO_3 + HF \qquad (5-3)$$

上述作用得到的氢氟酸再与地层中的硅酸盐(如黏土)和其他堵塞物反应，从而解除地层堵塞，恢复和提高地层渗流能力。

2. 技术特点

① 能有效控制盐酸初始反应速度，提高酸液穿透距离。

② 可有效控制砂岩酸化中 CaF_2、硅酸盐等沉淀的产生，大 大降低伤害提高酸化效果。

③ 砂岩酸化中溶解等量的黏土消耗的氢氟酸更少，伤害更低。

④ 酸液自身的渗透能力强。

⑤ 酸敏感性弱，更适合与酸敏与低渗透地层酸化。

⑥ 酸化中可省去前置酸，施工工艺更简单。

3. 应用范围

① 适合于砂岩地层油水井解堵增产增注。

② 与降滤失剂结合适用于灰岩地层油气井酸压增产。

③ 适用于砂岩地层气井解堵增产。

④ 适用与水平井非暂堵酸化处理。

⑤ 砂岩地层渗透率一般要求大于 10md。

5.1.1.6 多氢酸酸化工艺

多氢酸为一种新型的砂岩储层酸化酸液体系，它是由一种特殊复合物代替盐酸与氟盐发生氢化反应。多氢酸为中强酸，本身存在电离平衡，该酸液体系可以在不同化学计量条件下通过多级电离分解释放出多个氢离子。多氢酸酸液体系主要由主剂 SA601 和副剂 SA701 组成。

① 多氢酸酸度特性研究——HCl 和 SA601 酸度曲线分析，如图 5-3。

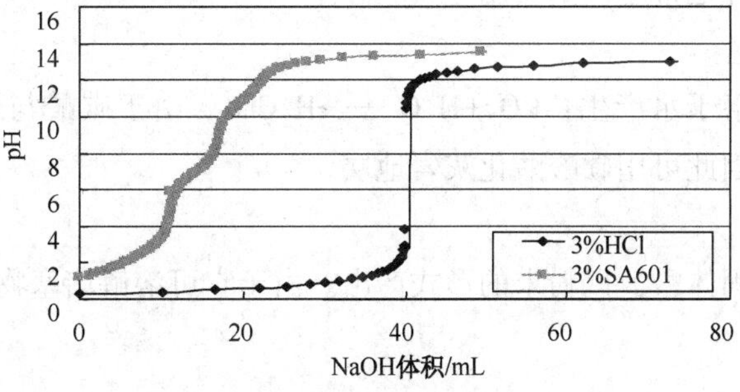

图 5-3 HCl 和 SA601 酸度曲线分析图

② 盐酸的酸度曲线只有一个突变点，而且曲线的突变部分是很陡峭的，说明盐酸是一元强酸，在溶液中 H^+一级完全电离。

③ SA601 的酸度曲线有多个突变点，而且突变部分是平滑的，说明 SA601 是多元弱酸，在溶液中 H^+多级电离。

技术特点：

① 多氢酸酸液体系是一种多元中强酸体系，在酸化过程中能逐渐释放 H^+，可以保持溶液的 pH 值变化较小，即保持酸液的 HF 浓度变化较小。

② 多氢酸酸液体系的初始 pH 值较高，可降低酸对钢材的腐蚀速度，减少了缓蚀剂的用量。

③ 室内试验评价试验结果表明：多氢酸电离速度慢，属中强酸，与砂岩作用反应速度慢，能够实现深部穿透，但溶解能力较强。

④ 多氢酸具有良好的防垢性能和分散性能，可以抑制井眼附近的地层伤害，可较好的解决酸化过程中二次沉淀造成的新的伤害。

⑤ 多氢酸酸液体系是一种缓冲酸液体系，有利于提高酸液有效作用距离，对高温砂岩油气藏储层更为适合。

⑥ 多氢酸与地层发生反应时，通过化学吸附在黏土上形成保护膜，这层膜在盐酸中能快速溶解，但在水和 HF 等弱酸中溶解度很小，抑制了酸与黏土的进一步反应，从而具有良好的缓速作用；多氢酸具有良好的吸附和水润湿性能，使 HF 与石英的反应得以加速。

⑦ 室内试验表明，多氢酸的应用可明显提高酸化效果。

5.1.2 酸液及添加剂

5.1.2.1 基础酸液

1. 盐酸

盐酸可溶解灰岩(石灰岩、白云岩)，改善地层的渗透性。

2. 氢氟酸

氢氟酸可解除地层渗滤面的黏土堵塞，恢复地层的渗透性。

3. 磷酸

磷酸适用于钙质含量高的砂岩或石灰石储集层，可解除腐蚀产物的地层堵塞。

4. 硫酸

硫酸是注水井酸化的一种特殊用酸。若在注入硫酸后接着注水，则可在注水井的近井地带起增注作用，在远井地带起调剖作用。

5. 碳酸

碳酸由二氧化碳溶于水产生：$CO_2+H_2O \longrightarrow H_2CO_3$。由于碳酸与地层的碳酸盐反应产生水溶的重碳酸盐，因此可用碳酸酸化灰岩地层。

6. 氨基磺酸

氨基磺酸是一种固体酸，以粉末的形式产出。由于它可溶解堵塞物和灰岩，因此可用于酸化底层。

7. 芳基磺酸

芳基磺酸的通式为 $R_xC_6H_z(SO_3H)_y$，芳基磺酸的特点是浓度越高，与地层的反应速度越小，所以酸化时一般用质量分数大于 0.35 的芳基磺酸。对于高温井，则用质量分数大于 0.5 的芳基磺酸。

8. 低分子羧酸

低分子羧酸的通式为 RCOOH(R 为 H 或 $C_1 \sim C_2$)，如甲酸、乙酸、丙酸或其他混合物。由于这些酸可溶解石灰，所以可用于酸化。

5.1.2.2 复配酸液

1. 稠化酸

稠化酸是在常规酸中加入一定量的稠化剂，可使酸液黏度提高到 20~60mPa·s。这种酸液适用于低温碳酸盐岩地层酸压施工或天然裂缝发育地层的深穿透处理。

2. 乳化酸

在常规酸中加入一定比例的表面活性剂后，按规定的相比混入原油或成品油，充分搅拌即可形成分散均匀的稳定乳化酸。若配方和配比适当，乳化液的黏度可达几百毫帕秒。

3. 微乳液

微乳液由油和酸的细分散组成，并由合适的表面活性剂和助表面活性剂稳定。通过调整不同成分的浓度，可制得酸包油或油包酸微乳液。与普通乳化液的差别是液滴的大小，微乳液的液滴大小范围是 0.005~0.2μm。

油外相微乳液在孔隙介质中表现为单相液体，且扫油效率比普通酸高，可促进酸的注入和返排。与普通酸相比，油包酸乳化液中酸的扩散系数大大降低，至少降低两个数量级。这导致岩石的溶蚀更均匀，并已有岩心实验证明。岩石均匀溶蚀有两个优点：首先，酸化在低排量时碳酸盐岩保持强度，而普通酸在同样条件下却使岩石变疏松；其次，高排量下，微乳酸可避免产生大的酸蚀孔洞，而酸蚀孔洞会大大降低软地层的机械强度。

尽管微乳液有较多优点，但微乳液不常用于油气田处理。因为微乳液需要高浓度的表面活性剂，费用高，而且缓蚀问题难解决。另外，微乳液的稳定性存在问题。在大多数情况下，普通乳化液有相似的效果。只有考虑机械稳定性的敏感性地层酸化才可不考虑微乳液的高费用问题。

5.1.2.3 酸液添加剂

酸液的正确选择是基质酸化成功的关键。但如果不使用正确的添加剂，酸压则可能失败。处理液的作用为有效去除伤害物或使流体流动绕过伤害物，而添加剂的作用在于防止过度腐蚀，防止形成酸渣和发生乳化，防止铁沉淀，助排，增加酸液的有效作用范围和防止反应产物沉淀。添加剂也用在前置液和后置液中，以稳定黏土、分散石蜡和沥青质。

1. 缓蚀剂

最重要的酸液添加剂为缓蚀剂。缓蚀剂用于减少酸化过程中酸液对金属管件的腐蚀，降低对地层的污染。

缓蚀剂的类型：

① 无机缓蚀剂。这种缓蚀剂包括锌、镍、铜、砷、锑和其他金属的盐类，其中最广泛使用的为砷的化合物。

② 有机缓蚀剂。有机缓蚀剂由能吸附在金属表面的极性有机物质组成。故有机缓蚀剂在酸和金属间形成一层起屏蔽作用的保护膜。

③ 缓蚀增效剂。尽管这些添加剂的作用不同于缓蚀剂，但他们可增加缓蚀剂的有效性。常用的缓蚀增效剂为碘化钾、碘化亚铜、氯化亚铜和加酸。将这些材料加到含有缓蚀剂的配方中可大幅度提高缓蚀剂的效率，在高温下效果尤为明显。

2. 表面活性剂

表面活性剂的作用为破坏不期望的乳化液，降低表面和(或)界面张力，改变储层润湿性，促进返排，分散添加剂和防止酸渣生成。

3. 黏土稳定剂

化学添加剂稳定黏土和微粒的作用机理为吸附在被稳定的矿物表面。吸附是因静电吸引或离子交换。因为硅酸盐在 pH 值高于它们的 pzc 值后带负电，所以最有效的黏土稳定剂带正电。常用的黏土稳定剂为带多个电荷的阳离子、季铵盐表面活性剂、聚胺、聚季胺和有机硅。

4. 互溶剂

互溶剂是可与烃和水互溶的化合物。最有效的互溶剂为乙二醇醚(醇和环氧乙烷的反应产物)。这些化学物质是相对安全的且使用容易。最佳的乙二醇醚为乙二醇丁醚和更高相对分子质量的醚。

互溶剂在砂岩油藏酸化中的应用是很常见的。互溶剂用在酸溶液和后置酸中的作用是：

① 降低水溶液的表面张力，从而降低井筒周围的水饱和度以防止水锁。

② 使部分水溶于烃相中，以降低水饱和度。

③ 使地层为水润湿以提高油的相对渗透率。

④ 防止不溶颗粒成为油润湿而稳定乳化液。

⑤ 降低表面活性剂和缓蚀剂在地层的吸附，维持它们在溶液中所需的浓度。

⑥ 帮助溶解被吸附的缓蚀剂和酸不溶物(有些酸化用缓蚀剂含有酸不溶物，它们堵塞地层；缓蚀剂吸附在地层矿物表面并改变润湿性)。

⑦ 溶解地层孔隙表面的任何油组分。

⑧ 起破乳剂的作用。

⑨ 促进残酸的返排。

5. 铁离子稳定剂

若在油、气、水井中铁较多的以 Fe^{3+}形式存在，而不是以 Fe^{2+}形式存在，酸化后将发生铁沉淀和储层渗透率降低。铁的氧化态决定是否沉淀，Fe^{3+}在 pH 值约为 2 时即发生沉淀，而 Fe^{2+}在 pH 值约为 7 时才发生沉淀，实际值决定于 Fe^{3+}和 Fe^{2+}离子的浓度。由于酸溶液的 pH 值很少高于 5，所以 Fe^{2+}的沉淀一般不会发生。铁的来源为：①管壁表面的腐蚀产物；②轧制铁鳞；③含铁矿物。

铁常存在于地层水或地层矿物中，但管柱是铁的最主要来源。目前铁离子稳定剂的三种类型为 pH 值控制剂、整合剂和还原剂(除氧剂也有效)。根据铁的来源和铁的量，可单独使用这些化学剂或一同使用。

6. 乙酸

土酸酸化的常见问题为反应产物的沉淀。许多沉淀物在酸消耗完后立即产生。这些沉淀大部分可通过注入足够的前置酸和氯化铵后置液而克服。然而，沉淀有时在酸化后的几天、几个月或几年后发生。这些沉淀物为硅铝化合物。而 3%的乙酸抑制了垢的产生。这是因为乙酸通过缓冲效应和螯合效应延缓了硅铝垢的产生。

7. 有机分散剂

去除有机沉淀的较新方法为使用含二甲苯的分散溶剂。这些溶剂能穿透和疏松有机沉淀，以便二甲苯能有效溶解和去除沉淀物。

8. 有机溶剂

有机溶剂或与酸和其他材料一起使用，对于解除水堵和固体是有效的。有机溶剂除传统的溶剂，如二甲苯、甲苯和柴油外还包括酒精。有机溶剂特别适合于有机沉淀的去处。当无机垢中含胶质和沥青质或被它们覆盖时，有机溶剂与酸一同使用。油外相酸(与地层适应)

作为乳化液内相对于解除混合沉淀是有效的。乳化液还具有延缓酸的优点，这将使活性酸具有深度穿透作用。

9. 转向剂

为保证处理液起到应有的作用，常要求转向。转向剂的作用在于平衡酸液流动，以便不同渗透率层均能得到处理。

理想的转向剂：

① 在处理液中不溶解。

② 在壁面形成基本不渗透层，但不穿入地层深部。

③ 酸化后易解除。使用的油溶性树脂、苯甲酸和其他颗粒材料均可以满足所有这些标准。

5.1.3 酸化作业工序

油水井常规酸化施工工序如下：

5.1.3.1 施工准备

1. 施工

① 根据井史资料和目前生产状况，进行油井正确分析，制定合理处置方案。

② 根据处理方案，编写施工设计。

③ 按设计要求进行备料。酸化施工前必须探人工井底。

④ 洗井管柱下到酸化层以下1~2m，使用清水正洗井1.5~2周，洗井排量不少于$30m^3/h$。分层处理的油井要保证套管完好，层间不窜槽。高凝油层应用50~60℃热水洗井。

⑤ 酸化管柱下到酸化层顶部或中、上部。

⑥ 井口装采油(气)树，其最大耐压值应为预计最高施工压力的1.2~1.5倍。采油(气)树应装油、套压力表。

2. 井场和容器

① 标准化井场，井场达到“三通一平”。

② 备$12m^3$玻璃钢池子两个。

③ 配液。

④ 车辆与管理。

5.1.3.2 施工步骤

① 配置酸液。

② 洗井，使用清水洗井正常。

③ 按施工设计要求，将管柱下至预定位置，装好井口。

④ 连接好地面注酸管线。关总闸对地面管线试压，采油(气)树，酸化管线用清水试压，压力应比预计施工压力高3~5MPa，稳压3min，采油(气)树、管线不刺不漏为合格。

⑤ 替酸。

a. 替酸前用清水灌满井筒。

b. 替酸排量不宜过大，下封隔器井不得胀开封隔器。

c. 替酸量按油管容积计算，切忌过量。

⑥ 挤酸。

a. 按设计要求排量施工。

b. 施工泵压接近设计压力时，应降低排量或停止施工。

c. 下封隔器井，施工压差接近封隔器允许压差时，应从套管打平衡。

⑦ 顶替，排量、泵压按设计要求量顶替。

⑧ 关井反应，按设计要求时间关井。

5.1.3.3 排酸投产

① 视关井压力或放喷情况装油嘴放喷。

② 非自喷井，停喷后应立即采取抽吸、气举、混排等措施迅速排液。

③ 排出液量不得少于挤入地层液量的1.5倍，或排除残酸浓度小于2%为排液合格。

④ 排酸开始、中间和末尾各取一个残酸样(不少于500ml)，做以下分析：

a. 残酸浓度；

b. 固体杂质的含量和类型；

c. 总的含铁量；

d. 形成的沉淀物；

e. 存在的各种乳化液。

5.1.3.4 起出酸化管柱，下入生产管柱并录取资料分析总结

应录取井号、井段、厚度、层位、岩性、施工日期、工作液配方、体积、施工方式、管柱结构及下入深度、泵压、排量、施工中出现问题、关井反应时间、排酸时间、方式、排出液量、残酸分析数据以及酸化前后效果对比等。

5.1.3.5 施工中安全技术要求

施工人员分工明确，各负其责，协作配合；配酸人员要穿戴防护用品，准备好苏打水；施工完关好总闸门，放压后才能拆卸管线；排出的残酸要妥善处理，严防污染。

5.2 压裂

压裂技术通过在油藏内形成深穿透、高导流能力的裂缝，提高油气井产量和增加勘探井可采储量，最终提高油气田的采收率。压裂技术也可用于二次和三次采油，如在注水、汽驱及火烧工艺中提高地层的吸收能力和驱油效率，因此压裂技术已成为世界石油工业标准的开采工艺，是近代油气井应用最广泛的增产技术。

5.2.1 压裂技术

5.2.1.1 压裂的目的

① 穿透近井地带的伤害区，使井恢复其自然产能。

② 在地层中延伸有导流的通道，使产量超过自然水平。

③ 改变地层中流体的渗流状态。

5.2.1.2 压裂机理

水力压裂作业是利用地面高压泵组将高黏度的流体以大大超过地层吸收能力的排量注入井筒，在射孔油层附近憋起高压，当井底压力超过井壁附近地层最小主应力及岩石的抗张强度后，在地层中形成裂缝并向前延伸。然后，利用高黏度的压裂液携带支撑剂注入裂缝中，停止注入后，随着压裂液的快速破胶，黏度大大降低，破胶化水的压裂液沿裂缝流向井底，

排出地面，携带的支撑剂随即在裂缝中沉降，在地层中形成了具有一定长度、宽度和高度的高导流能力的支撑裂缝。改善了地层附近流体的渗流方式和渗流条件，扩大了渗流面积，减小了渗流阻力并解除了井壁附近的污染，从而达到增产、增注的目的。

5.2.1.3 压裂工艺

自20世纪90年代以来，压裂技术由单井优化转向区块整体优化，工艺措施方案开始介入到油藏工程方案中；压裂技术的应用领域在以低渗透为主体的前提下，开始向中、高渗透油藏延伸。目前已经形成了比较完善的技术体系，包括压前评估分析技术、压裂主导技术(工艺方法、压裂液系统、井下工具等)、压裂测试技术和压后评价分析技术等技术体系。

在勘探领域中压裂技术主要应用于一些极低渗透油田的勘探试油工作，对压裂技术提出了更高的要求。通过近年来的攻关，相继研究出各种新的工艺技术，满足了各类油气藏的压裂要求。

针对不同类型的储层、不同开发阶段的油藏形成了相应的压裂技术体系。对低渗透油田，压裂所追求的目标主要是深穿透的长裂缝；而压裂中、高渗透油层则力求实现宽、短裂缝。

成熟的压裂技术有：

1. 分层压裂技术

分层压裂技术分为两类：第一类是机械封堵逐层压裂的分层压裂技术，该技术主要有封隔器机械分卡压裂方法、暂堵剂多裂缝压裂方法等。第二类是分流分层压裂技术，它是应用压裂液通过已压开层射孔炮眼时的力学特性，迫使压裂液分流并提高井底压力，使破裂压力不同的各目的层都相继被压开，同时加砂支撑所有裂缝，完成全井压裂，该技术是目前应用最广泛的限流压裂技术，主要应用于新井完井压裂。

2. 拟平滑加砂压裂技术

为了提高压裂施工的成功率，改善裂缝的铺砂状态，在压裂施工中，采用拟“平滑加砂”程序，使地面砂比连续平滑地提高，这项技术的应用提高了压裂施工成功率并改善了压裂效果。

3. 延缓交联降摩阻技术

通过调节压裂液的pH值，使压裂液延缓交联，降低了管柱摩阻，提高了泵效。

4. 高砂比压裂技术

高砂比压裂是近年发展起来的一项新的压裂工艺，主要用于高渗油气层的压裂和重复压裂。所谓高砂比压裂是指裂缝内铺砂浓度大于$10kg/m^2$的压裂改造，高砂比压裂的目的是要造成高导流能力的裂缝，提高压裂的增产效果。

5. 微胶囊全程破胶技术

微胶囊破胶剂由胶心和胶衣两部分组成，耐温并抗一定的压力，加入到压裂液内既能保持压裂液的黏度及携砂性能，又能使压裂液进入地层后破胶化水彻底，易返排。胶囊破胶剂的使用，使压裂液化水时间缩短，化水更彻底，从而提高了压裂液的返排率，改善了压裂效果。

6. 强制闭合压裂技术

压裂后提前放喷，通过控制流量，使裂缝强制闭合，减少支撑剂嵌入地层的数量，提高支撑裂缝的导流能力，达到提高油井产量的目的。强制闭合技术通过全程破胶技术实现。

7. 水力喷射压裂技术

水力喷射压裂工艺是集射孔、压裂、隔离一体化的新型增产改造技术。根据伯努利(Bernoulli)方程原理，将压能转变为动能，经过专用喷射工具产生高速流体穿透套管、岩石，形成孔眼，孔眼底部流体压力增高，射流增压与环空压力叠加超过破裂压力压破地层并维持裂缝延伸。如图5-4所示。

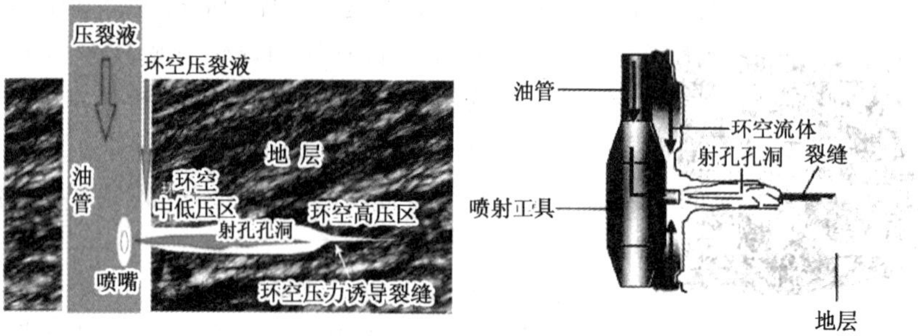

图5-4　水力喷射压裂机理示意图

该技术具有一次管柱可连续进行多段压裂，不需机械设备即可起封隔作用，施工程序简单、施工周期短、造缝位置准确、作业成本低等特点，在低渗透、水平井、老油田改造和分层作业方面具有极强的适用性。

8. 几项新发展的压裂技术

近年来，在提高油层压裂成功率和有效率、控制裂缝高度、裂缝方位测试以及利用应力剖面指导施工设计等方面，国内各油田都有一些成功经验，主要技术如下：

(1) 前置液氮预处理技术

压裂施工前将液氮以最大排量注入，并配以一定比例的防膨液、活性剂等，形成一定干度的泡沫，泡沫占据孔隙空间，避免了水基压裂液与地层流体的直接接触，同时在压裂施工的全过程也注入液氮，降低了压裂液的初滤失和综合滤失系数。在压后放喷时，受压缩的氮气迅速膨胀，助推压裂液进入井筒，达到气液两相混合，降低了井筒液柱压力，有利于压裂液的返排。该技术适用于油层压力较低、压裂目的层上部有水层、压裂层上部微裂缝发育等类型的地层。

(2) 柴油+互溶剂预处理技术

互溶剂能与油、水以任意比例互溶，有利于水润湿，增加油(包括蜡)与水的相互溶解度；柴油具有降低初滤失量、减小综合滤失系数、稳定黏土和保护油层的作用。在压裂施工前以小排量将柴油+互溶剂混合液泵入地层，并且一部分混合液随压裂的全过程加入。该技术适用于地层滤失较大、泥质含量较高、压裂液与地层流体配伍性不好的油层改造。

(3) 控缝高技术

影响裂缝垂直延伸的因素较多、较复杂，其主次因素顺序为：地层应力差、压裂液的综合滤失系数、稠度系数、施工排量、压裂液的流态指数、施工时间、地层断裂韧性和杨氏模量等。近两年，通过井温测试、裂缝方位测试等手段，找到了一些控制缝高的技术：一是采用避射、复射、定点射孔等与压裂相配套的射孔方法，二是压裂转向技术，三是合理调整施工参数。通过缝高控制技术，遏制了裂缝的垂向延伸，避免了压开水层。

(4) 裂缝方位监测技术

采用地面无源地震测量原理进行裂缝方位测定，该方法可以监测油、水井压裂裂缝方位。用微地震方法对压裂施工进行裂缝监测的井次达50井次，其准确性已经在注水井得到验证。

(5) 应力剖面解释计算技术

通过应力剖面计算，可有效指导射孔方案、压裂设计优化、裂缝高度控制等。

(6) CO_2压裂

预先注入纯液态 CO_2，先用纯CO_2压裂液压开地层。由于CO_2的黏度较低，造壁能力较差，加大压裂过程中CO_2的滤失，能增加溶解气驱的能量。CO_2又可以起到冷却作用，达到降低储层温度的目的，保证后期进入地层的压裂液所受的施工温度较低，可以在后期施工中加大压裂液破胶剂的加量，降低压裂液残渣对裂缝导流能力的伤害，达到增产的目的。

施工结束后，注入地层中的CO_2在温度的作用下快速气化，溶混于水中，与气层中的水反应生成碳酸，饱和液态CO_2的 pH 值通常在 3.3～3.7 之间，相对来说是无腐蚀性的。当 pH 值升至 4.5 以上时，膨胀的黏土矿物就会减少，降低储层黏土的膨胀率，能保持地层的渗透性，还可解除残留在裂缝壁面上压裂液滤饼的堵塞。当储层中CO_2过饱和时，能改变流体与毛细管或岩壁的接触角、毛细管的直径以及地层孔隙的化学吸附性，因而能够有效地改变毛细管参数，因此裂缝周围的气相对渗透率和毛细管压力伤害最小，以利于增产措施后的压裂破胶液的返排。

(7) 高能气体压裂

利用火药或火箭推进剂快速燃烧产生大量高温高压气体，对井壁产生脉冲加载，其作用机理主要有以下几种：

① 机械作用。高加载速度的气体对地层产生巨大的应力作用，可形成径向裂缝，沟通天然裂缝，从而解除井筒附近的污染。

② 热作用。火药燃烧时，释放出大量的热能，燃烧点处的气体温度高达7000℃，经与地层和流体传热后，可以使油井温度瞬间提高数百摄氏度，并可保持地层高温较长时间，高温有利于近井地带蜡质、沥青质的融化，改善地层孔隙度和渗透率。

③ 化学作用。火药气中含 CO、CO_2、HCl 等酸性气体，一方面可降低油水界面的表面张力，并起降黏作用，另一方面该气体遇水形成酸液能酸化近井地带。

④ 振动脉冲作用。在裂缝延伸过程之后，总伴随着压力脉冲过程，对冲涮近井堵塞物和降低流体孔隙界面张力有积极的作用。

(8) 缝网压裂技术

在低孔隙度、低渗透、特低渗透砂岩油气藏压裂中，由于储层基质向裂缝的供油气能力较差，仅靠单一的压裂主缝(不管缝有多长、导流能力有多高)很难取得预期的增产效果。因此，提出了适合低孔隙度、低渗透、不含天然裂缝储层的“缝网压裂”技术。其核心思想是利用储层两个水平主应力差值与裂缝延伸净压力的关系，实现远井地带(而不仅仅局限于近井筒区域)“缝网”效果，增加储层基质向人工裂缝供油气能力，提高压裂增产改造效果。

水力压裂过程中，当裂缝延伸净压力大于两个水平主应力的差值与岩石的抗张强度之和时，容易产生分叉缝，多个分叉缝就会形成“缝网”系统，其中，以主裂缝为“缝网”系统的主干，分叉缝可能在距离主缝延伸一定长度后，又恢复到原来的裂缝方位，最终形成以主裂缝为主干的纵横“网状缝”系统，这种实现“网状”裂缝系统效果的压裂技术称为“缝网压裂”技术。

"缝网"压裂的改造对象是基质孔隙性储层，天然裂缝不发育、特低渗透砂岩油气藏。这类油气藏的低压裂裂缝仅扩大了井控面积，但由于垂直于人工裂缝壁面方向的渗透性很差，不足以提供有效的垂向渗流能力，导致压裂产量低或压后产量递减快等问题。通过"缝网"压裂在垂直于主裂缝方向形成"人工多裂缝"改善了储层的渗流特征，提高了储层改造效果和增产有效期。但是当裂缝延伸净压力大于两个水平主应力的差值与岩石抗张强度之和才能实现通过压裂本身实现"缝网"的目的。

（9）水平井多级可钻式桥塞封隔分段压裂技术

它的特点为套管压裂、多段分簇射孔、快速可钻式桥塞封隔，压裂结束后快速钻掉桥塞进行测试、生产。由于该技术射孔和坐封桥塞相连，压裂结束后能在很短的时间内钻掉所有桥塞，大大节省了时间和成本，同时缩短了液体在地层中的滞留时间，降低了外来液体对储层的伤害。通过分簇射孔，每段可以形成4~6条裂缝，同时分簇射孔方式使得裂缝间的应力干扰更加明显，压裂后形成的裂缝网络更加复杂。

（10）TAP压裂

TAP是套管滑套完井分层压裂工艺，是将多个针对不同产层的阀体与套管入井，并一起被固井的完井工艺。简单说，就是在钻井完井时，将用于后期压裂的工具提前入井。TAP压裂新工艺具有施工快速高效、不受压裂层级限制、层数越多优势越明显等特点，能达到快速完井提高气井单井产量的目的，同时可减少多层射孔费用，有效降低整井射孔费用。由于我国的油气产层具有层多而薄的特点，该技术在这方面有广阔的市场。水力压裂是强化开发低渗层的基本方法之一，如果仅仅用于处理地层的近井地带和单层作业，只能取得很有限的效果。近几年来，随着深穿透、分层压裂技术的发展，几层甚至十几层同时作业，极大地扩大了低渗层的可采储量和产量，有力地提高了低渗产层的开发效益。

（11）端部脱砂压裂技术

端部脱砂压裂要求在泵注携砂液过程中，缝内砂浆前缘提前到达裂缝周边，从而限制缝长缝高的进一步增长，促使缝宽较快地增大。因此，成功的端部脱砂应该是裂缝周边脱砂，裂缝前端及上、下边任何部分不脱砂都不能完全达到预期目的。技术特点：

① 压裂液黏度低于常规压裂，但必须慎重优选。液体黏度要求满足两个相互矛盾的方面：一是保证液体携砂，二是利于脱砂。若黏度太低，缝内不能保证携砂，缝上部分会出现无砂区，达不到周边脱砂目的；另外，黏度太低也容易导致井筒沉砂。若黏度太高，滤失较慢，难以适时脱砂。所以端部脱砂压裂对液体黏度的要求比常规压裂更严格一些。

② 泵注排量一般应低于常规压裂。主要目的是减缓裂缝延伸速度、控制缝高和便于脱砂。

③ 前置液用量比常规压裂少，目的是使砂浆前缘能在停泵前到达裂缝周边。

④ 加砂比通常高于常规压裂，以提高裂缝支撑效率。

（12）连续油管分段压裂技术

① 连续油管水力喷射分段压裂。

水力喷砂射孔：水力喷砂射孔是用地面压裂车将混有一定浓度磨料(一般为石英砂、陶粒等)液体加压，通过油管泵 送至井下，液体经喷射工具的喷嘴，高压势能转换成动能，产生高速射流，磨料射流以冲量做功射穿套管和近井地层，形成一定直径和深度的射孔孔眼。水力喷砂射流的破岩能力 随压力和排量的增加而增加。一定条件下，磨料的浓度和粒度存在最佳值，存在着最优射孔时间和最大射孔度。水力喷砂射孔优于常规聚能炮弹射孔，没有形成压实带污染，可以减轻近井筒地带应力集中，有利于提高近井筒 地带渗透率，穿透近井筒污染带，泄油面积增大，有利于降低生产压降，增加向井筒的渗流速度，提高未污染地层流向井筒的液量，从而提高油井产量。定向水力喷射射孔容易实现射孔方向与最大水平主应力方向一致，喷射出的孔道较深，在裂缝的扩展过程中起到导向孔的作用，避免多裂缝和裂缝弯曲，可以提高射孔和压裂效率。

水力喷射压裂机理：水力喷砂射孔完成后，高速流体的冲击作用在 水力射孔孔道顶端产生许多微裂缝，微裂缝的存在降低了地层起裂压力。射流继续作用在喷射通道中形成增压。关闭环空并向环空中泵入流体增加环空压力，喷射流体增压和环空压力的叠加超过破裂压力瞬间将射孔孔眼顶端处地层压破。

② 连续油管喷砂射孔套管分段压裂。

连续油管喷砂射孔套管分段压裂是新近发展起来的一种多级压裂技术，该技术结合了封隔器分层、套管大排量注入和连续油管精确定位的优势，对于纵向上具有多个产层的油气藏分层压裂，特别是薄互层压裂具有显著优势。

该技术通过连续油管带喷射工具和定位器进行定点喷砂射孔实现了薄层精细压裂；通过喷射工具下的封隔器进行坐封后套管主压裂实现了较大排量注入；通过上提下放坐封解封的封隔器实现了多级压裂。将连续油管起出井口后即具备生产条件，可实现多层直接测试投产，且井筒清洁，便于后期修井作业；通过连续油管的精确定位和定点喷砂射孔，该工艺对于薄互层的分层压裂改造极具优势；喷砂射孔形成的套管孔眼孔道直径较大，孔眼摩阻较小。在封隔器坐封后采用环空进行主压裂，可实现较大排量和较大规模的改造。因此，对页岩气储层也具有实用性。

5.2.2 压裂液及支撑剂

5.2.2.1 压裂液

压裂液是压裂工艺技术的一个重要组成部分。其主要功能是造缝并沿张开的裂缝输送支撑剂，因此液体的黏性至关重要。然而，成功的压裂作业还要求液体具备其他的特殊性能，除在裂缝中具有要求的黏度外，还应滤失少、悬砂能力强、摩阻低、热稳定性能好、抗剪切、配伍性好、破胶好、低残渣、易返排，同时还要货源广、便于配置、价格便宜、经济可行。

压裂液按泵注顺序和所起的作用不同分为预前置液、前置液、携砂液和顶替液。

针对实施增产改造措施的各类储层在温度、渗透率、岩性、孔隙压力等方面的差异，目前已研制出许多不同类型的液体以适应不同的储层特性。现代压裂液按配置材料化学性质和压裂液体最终性状的不同而分类命名，包括水基压裂液、油基压裂液、酸基压裂液、多相压裂液等。

1. 水基压裂液

水基压裂液是以水为分散介质，添加各种处理剂，特别是水溶性聚合物，形成具有压裂工艺所需的较强综合性能的工作液。由于水基压裂液具有价廉、性良且易于控制等特点，故成为应用最为广泛的压裂液。许多水溶聚合物在环境温度下可配制能够悬浮支撑剂的黏稠溶液。但是随着温度的增加，这类溶液将明显地变稀。增加聚合物的浓度可以减缓温度的影响，但此法费用昂贵。用交联剂取而代之可显著地增加聚合物的有效相对分子质量，同时还可以增加溶液的黏度。

水基压裂液可分为线性胶压裂液和交联冻胶压裂液。

2. 油基压裂液

油基压裂液是以油为溶剂或分散介质，加入各种添加剂形成的压裂液。较通用的是氯磷酸酯与碱的反应产物，将有机脂肪醇与无机非金属氧化物五氧化二磷生成的磷酸酯均匀混入基油中，用铝酸钠进行交联，可形成磷酸酯铝盐的网状结构，使油成为油冻胶。铝磷酸酯盐冻胶改善了原油的稠化，并提高了温度稳定性。

重油最初用作压裂液是因为它比水基液对地层的伤害小，油基液本身固有的黏度也使其比水更具吸引力。但是油基液较贵，而且施工操作较难处理，所以目前仅用于对水敏感的地层。

3. 酸基压裂液

酸基压裂液是用盐酸作酸基，加入各种添加剂而成。应用酸基压裂液，实际上兼备了酸化和压裂两种工艺的作用，通过高压酸扩大和沟通井筒附近的小型裂缝发育带，获得了增产。

4. 多相液

第二相融入到液体内能够提高标准水基、油基或酸基液的性能。将气体加入液体内可形成泡沫液。把油和水混合在一起可形成乳化液。

(1) 泡沫压裂液

泡沫是一种稳定的液包气乳化液，或者说泡沫是气体分散于液体中的分散体系。用表面活性剂可使这种混合物达到稳定。表面活性剂集中在气/液界面上，降低了表面张力。表面活性剂稳定了稀薄的液膜，防止各单元接合。当液体从作业井中返排时，泡沫中的承压气体(氮或二氧化碳)膨胀将液体从裂缝中驱出。泡沫加速了支撑裂缝中液体的回收率，因此是一种用于低压储层中的理想液体。此外，由于气体的泡沫含量高达95%，所以液相最小。在水基液中，充满泡沫的液体极大地减少了与地层接触的液量。因此，在水敏地层中泡沫液的效果良好。泡沫产生的假塑性液体具有很好的传输性。在低渗地层中，气泡大小约是岩石孔隙度的大小。

(2) 乳化压裂液

油水两相的两种基本类型是油外相和水外相。油外相乳化液的黏性与基油十分相似，所以油外相乳化液产生与油的高黏度相联系的高摩擦阻力。水的黏度低，且水相中加入聚合物可以降低摩阻，因此水外相乳化液具有较低的摩擦阻力。乳化压裂液水相由植物胶稠化剂和含有表面活性剂的淡水或盐水配置而成，油相可以是原油或柴油。乳化基压裂液是高度黏稠溶液，具有良好的传输性。

5. 滑阻水

通过使用极少量的稠化降阻剂来降低摩阻，其用量一般小于0.2%，高效降阻剂用量能够降到0.018%以下，该类液体体系主要依靠泵注排量携砂而不是液体黏度，适用于无水敏、储层天然裂缝较发育、脆性较高的地层。它的优点：①适用于裂缝型储层；②提高剪切缝形成的概率，有利于形成网状缝，可以大幅度增加裂缝体积及提高压裂效果；③使用少量稠化剂降阻，对地层伤害小，支撑剂用量少；④在相同作业规模的前提下，滑阻水压裂比常规冻胶压裂成本降低40%~60%。

5.2.2.2 添加剂

一般来说，压裂液并非一种诸如水、羟丙基瓜胶聚合物或柴油以及铝磷酸酯聚合物等这类普通液体和稠化物质。压裂施工过程中，要使用各种各样的添加剂以达到破胶，控制液体滤失，尽可能降低地层伤害，调整 pH 值，控制细菌作用或改善高温条件下的稳定性等要求。

1. 交联剂

交联剂是通过交联离子将溶解于水中的高分子链上的活性基团以化学链连接起来形成三维网状冻胶的化学剂。聚合物水溶液因交联作用形成水基交联冻胶压裂液。如：硼酸盐、钛、锆和铝化合物等都是常用的交联剂。

2. 破胶剂

破胶剂主要作用是使压裂液中的冻胶发生化学降解，由大分子变成小分子，有利于压后返排，减少对储层的伤害。常用的交联剂包括酶、氧化剂和酸。使用破胶剂可降低与支撑剂混合在一起的压裂液黏度。

3. 降滤失剂

用作压裂液降滤失的添加剂是柴油、油溶性树脂、聚合物和硅粉等。控制液体滤失是有效压裂的关键。

岩石基质滤失期间，液体进入岩石孔隙。有些聚合物，如瓜胶和 HPG 被过滤出来滞留在低渗透性岩石表面。含有这些聚合物的压裂液称为造壁液，因为聚合物和微粒在岩石表面构成了层状物。这个层状物被称作滤饼，其渗透率一般比地层渗透性低得多。如果液体含有适当大小的微粒，这些微粒易堵塞孔隙空间并有助于形成滤饼。形成有效滤饼前损耗的液体称作初滤失液。各个地层的岩石基质孔隙大小分布不同。总的来说，低渗透地层孔隙度较小。渗透率为 0.1md 的岩石平均孔隙直径小于 0.1μm，而 500md 的岩石平均孔隙直径为 20μm。孔隙大小的变化范围很大，有利于在较大范围内选择降滤失剂微粒直径，从而使所有空隙空间都能够被桥塞。

在高渗透地层中，聚合物和添加剂能够穿透多数孔隙喉道形成内部滤饼。硅粉也是一种有助于形成滤饼的降滤失添加剂，像淀粉这类能够变形的颗粒也是良好的降滤失剂。油溶性树脂也可用于控制液体滤失。当这类材料的大小合适并且热软化点适中时能够桥塞和封闭孔隙空间以降低滤失。这类材料优于硅粉或淀粉的一个共同特点是其具有油溶性，可溶解于产出的液态烃中。溶解过程中，对地层或支撑剂充填层的伤害最小。不过，油溶树脂比其他类型的添加剂昂贵得多。控制滤失的另外一种方法是使用分散液。

4. 杀菌剂

用于抑制和杀死微生物，使配置的基液性能稳定，防止聚合物降解，同时阻止储集层内的细菌生长。在水基聚合物压裂液中加入杀菌剂是为了防止因聚合物降解而导致黏度下降。用来稠化水的多糖聚合物类是细菌的极佳食物源。通过降低聚合物分子质量，细菌不仅能够破坏凝胶的性能，而且还可使储层流体发酵变酸。一旦进入储层，部分存活的细菌把硫酸盐离子还原为硫化氢，这是一种如臭鸡蛋般的非常危险的气体。一般常用甲醛、戊二醛、季氨化合物和异噻锉林等类物质控制细菌。

5. 稳定剂

稳定剂用于防治多糖聚合物凝胶在温度高于 200 ℉或 112℃时发生降解。常用的稳定剂为甲醇和硫代硫酸钠。

6. 表面活性剂

水基压裂液中表面活性剂常用于助排和防乳破乳作用，有时也用作配置压裂液时的消泡剂。表面活性剂是以低浓度吸附在两种非混相物质界面上的一种材料。非混相物质可以是两种液态物质(如水和油)、液体和气体或一种液态和一种固体物质。表面活性剂进入界面，降低了界面膨胀所需的能量。泡沫中的表面活性剂是促进形成稳定泡沫的必要成分。在复合乳化液中用它稳定水溶油乳化剂。此外，表面活性剂还用作表面张力降减剂和地层调节剂，有利于清洗裂缝中压裂液。有些杀菌剂和黏土控制剂也是表面活性剂。

7. 黏土稳定剂

清水将引起黏土颗粒膨胀或迁移。在水基压裂液中，加入稳定剂防止黏土膨胀、分散和运移。黏土颗粒一旦分散，即可堵塞岩石中的孔隙空间从而降低渗透率。压裂液中常用1%~3% KCl溶液作为基液以稳定黏土并防止其膨胀，除了KCl外，有机阳离子四甲基氯化铵也是一种有效的稳定剂。所有这些盐类都有助于维持黏土颗粒的化学环境，但不能永久性地保护。相对长时间控制黏土运移的方法是使用四元氨或无机多核阳离子。后者，如氯氧化锆和羟基铝，主要用于基岩酸化处理，以中和黏土上的表面电荷。

5.2.2.3 支撑剂

支撑剂用于支撑张开的裂缝，以便在停泵和压裂液滤失后，形成一条通往井筒的导流通道。在裂缝内铺置适宜浓度的支撑剂和选择适宜的支撑剂类型是保证水力压裂成功的关键。

支撑剂按其力学性质分为两大类：一类是脆性支撑剂，如石英砂、玻璃球等，特点是硬度大、变形小、在高闭合压力下易破碎；另一类是韧性支撑剂，如核桃壳、铝球等，特点是变形大，承压面积随之加大，在高闭合压力下不易破碎；

目前压裂现场常用的支撑剂有两种：一是天然砂；二是人造支撑剂，如陶粒；三是覆膜砂。

支撑剂的性能要求：粒径均匀，密度小；强度大，破损率小；圆度和球度高；杂质含量小；来源广，价廉。

5.2.3 压裂设备

压裂施工用到的地面流动设备主要有压裂泵车、仪表车、混砂车、砂罐车、上液罐车等。安全有效的放置这些地面设备，对于成功的压裂施工十分重要。一个周密的压前计划，对于设备的协调连接是必需的，在压裂施工以前对现场进行观察可以最佳的使用各种空间位置。

图5-5是压裂施工时的设备位置，图5-6是小型压裂施工的设备。

5.2.3.1 井口保护装置

井口保护装置，可以保护井口由于高压、腐蚀性液体及携砂液的磨蚀等造成的伤害。

井口保护装置安装在采油树上，工作筒通过采油树上的阀门伸进油管，工作筒上有橡胶帽与油管壁密封，以防止液体或压力直接作用于采油树上，压裂施工结束以后，工作筒从采油树内泵出，然后关闭井口阀门。

5.2.3.2 压裂管线

压裂施工使用精制钢高压管线的尺寸由预计的排量和压力决定。

在压裂施工期间，施工管线可能移动和轻微振动，为了防止施工管线承受由于这种运动而产生的应力，应将施工管线进行固定，使用旋转活接头可允许施工管线有一定的活动余地，这种活动接头也能使施工管线拐弯和改变方向，为了保证直管段能自由活动，在管线的

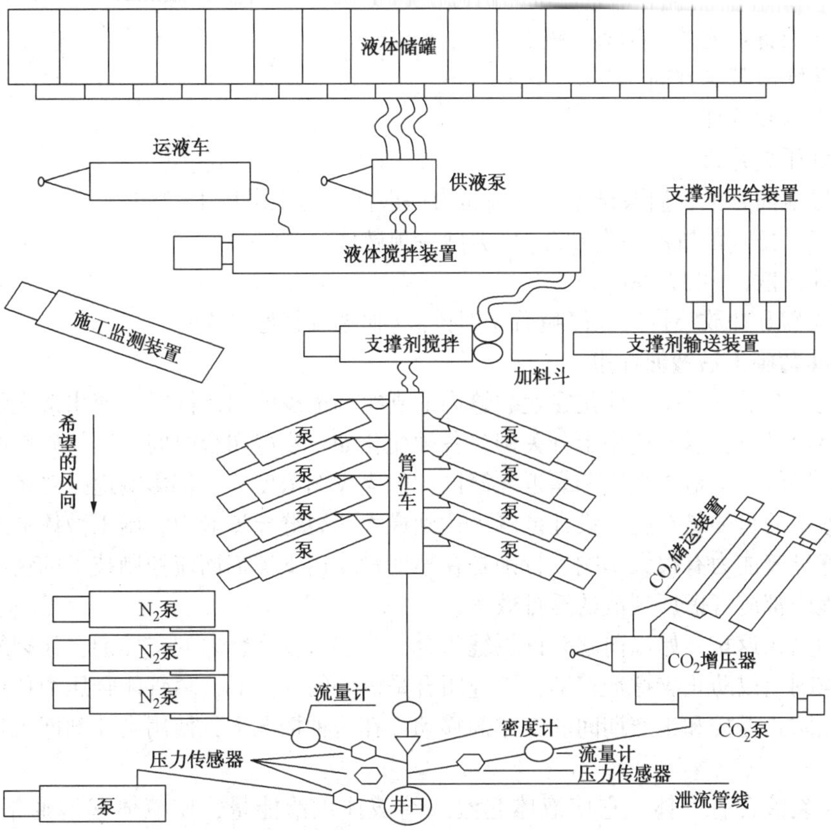

图 5-5　典型压裂施工的设备布置

图 5-6　小型压裂施工的压裂设备

任何两个固定点之间推荐使用 3 个旋转活接头，直管段的两端各需一个旋转活接头，在管线的一个端部需要另一个三通活接头。

5.2.4　压裂作业工序

5.2.4.1　压裂施工

在压裂施工过程中应严格按照压裂设计和施工操作规程进行。一般压裂施工工艺过程如下：

① 井筒准备：通井、刮管、洗井。

② 用防膨液替满井筒。

③ 下入压裂管柱。

④ 装好压裂井口。

⑤ 接好地面管汇，启泵试压，试泵压力一般高出施工限压 1~2MPa。

⑥ 施工：挤入前置液—携砂液+压裂砂—顶替液。

⑦ 关井扩散(一般 2~8h)。

⑧ 装油嘴开井放喷排液，停喷后立即排液(抽吸或其他方式)。

5.2.4.2 压裂施工后液体返排

压裂施工合适的返排，就是在使裂缝内的支撑剂最少流出的同时，流出最大量的注入液体，当开始返排时，返排速率十分关键，各种变化如：裂缝闭合时间、液体破胶时间、排出压裂液的地层能量、地层强度和靠近井筒区域的支撑剂浓度等，都影响返排对策。

压裂施工的目的是在施工设计范围内达到最大的裂缝导流能力，施工液体的返排效率对最终的裂缝导流能力有很大影响。特别是在早期没使用支撑剂回流控制技术的情况下，在压裂设计过程中都应考虑压裂液的返排效率。

典型的是在返排开始以前就允许裂缝闭合，为了留住裂缝内的支撑剂，让裂缝闭合压力作用于支撑剂上以防止支撑剂移动，裂缝闭合是需要的。然而，尽管闭合压力作用在支撑剂上也不足以防止返排和生产期间的支撑剂移动，在这种情况下，使用支撑剂回流控制技术是必需的。

某些压裂液含有气体，它使液体起泡或给液体供给能量，使液体起泡通常使用 N_2 和 CO_2，在返排期间，它们提供集中的有效能源帮助压后返排，特别是在那些井底压力较低的井，同长期的抽吸或泵入相比，泡沫压裂液经济有效。在压裂液中加入气体，对液体滤失控制也有利。

N_2 是惰性气体，当少量加入时与液体不互溶。CO_2 溶于水，在压裂液中变得比较活跃，CO_2 可以变成低 pH 值的碳酸，并与压裂液不能混合成一体。

高百分比的 CO_2 在典型的储层情况下溶解，这是优点。作为溶解气，CO_2 不容易扩散到地层内，在返排期间，溶解气由混合逐渐演变成溶解气去驱动压裂液。

在压裂液维持高压的情况下，泡沫压裂液应尽快返排，关井扩散后，介质不会有大的损失。

5.2.4.3 压裂效果测试技术

水力压裂形成的裂缝在地下几百至几千米深处，裂缝几何参数不易确定，且实际压裂过程比理论设计过程更加复杂。压裂测试技术和解释方法以获取压裂软件设计所需的输入参数，对裂缝模型计算得到的裂缝几何参数进行验证，以及评价压裂效果等为主要目的，在生产实践中得到了不断的改进、提高、丰富和发展，为压裂增产技术的迅速发展提供了理论支持和评价依据。

1. 温测井技术的应用

通过对压裂前后井温曲线进行对比分析，就可对压裂造缝井段有一正确的认识。

2. 同位素测缝高原理

放射性同位素示踪测井是将放射性同位素以一定的方法或方式吸附或结合于固相载体的物体中，制成一种放射性同位素示踪剂，再与水配制成一定浓度的活化悬浮液，然后以一定方式注入井中。在向储层注入载有同位素悬浮液的过程中，由于地层的过滤作用，水和放射性同位素载体分离开来，水被挤入地层，而放射性同位素示踪剂则滤积在该地层的表面，形成人工活化层，储层的吸水量与滤积载体的量及放射性强度有正比的关系。通过对压裂后放射性强度进行分析，就可对压裂造缝井段有一正确的认识。

3. 地层测试及评价方法的研究与应用

水力压裂一般在深地层中形成垂直裂缝，垂直裂缝改变了地层的渗流特性：线性流或双线性流，其渗流特性可在压力双对数图上呈现出来。一般低渗砂岩油气藏水力压裂后压力导数曲线形态表现为：从续流影响段过渡到线性流段或双线性流段，线性流在双对数图上呈现1/2斜率的直线，压力及压力的导数曲线间纵坐标距离为0.301对数周期。该特性表明水力压裂形成的裂缝具有相对较高的导流能力，其裂缝为无限导流垂直裂缝；双线性流在双对数图上呈现1/4斜率的直线，压力及压力的导数曲线间纵坐标距离为0.602对数周期。该持性表明水力压裂形成的裂缝具有相对较低的导流能力，其裂缝为有限导流垂直裂缝。依据其直线段等可以诊断裂缝的缝长和裂缝的导流能力。直线段延伸越长，表明裂缝越长。

由于低渗的缘故，压力恢复曲线拟径向流段不容易得到，因此地层渗透率不可而知，这就造成裂缝缝长的解释结果的不确定性。为了准确的诊断裂缝缝长，所以水力压裂前亦须进行压力恢复测试，以便为裂缝缝长的诊断提供准确的地层渗透率和地层压力。

5.3 防砂

由于疏松砂岩地层胶结强度低，受生产和作业的影响，地层砂粒会随着地层流体流入井筒，造成井筒堵塞，严重者还会引起井壁地层坍塌，挤坏套管，甚至造成油、气、水井报废。因此，防砂是采油工艺中一项重要的措施。

5.3.1 防砂工艺概述

5.3.1.1 出砂原因

① 地层砂粒胶结程度低。砂岩地层主要是由石英砂粒和其他一些胶结物组成的。有些地层中砂粒间缺少胶结物，或者没有胶结物，加上地层埋藏浅，成岩作用低，地应力变化的影响造成出砂，这是出砂的地质原因。

② 采油强度高、生产压差大。生产过程中，地层压力与井底压力压差大，流体渗流流速大，或突然开井，极易造成地层出砂。

③ 地层伤害的影响。地层胶结物主要是黏土矿物，黏土矿物又主要是由蒙脱石和伊利石组成。蒙脱石遇水会发生膨胀、疏松变化。当钻井泥浆滤液、作业压井液浸入地层，就会引起地层黏土膨胀，造成地层出砂。

④ 地层压力降低。当地层压力降低至一定值后，地应力发生明显变化，改变了原来地层砂粒间作用力的平衡。

⑤ 含水上升。生产中，由于底水锥进和边水单向凸进，油井含水上升。一是为了提高产液量，会进一步增大采油强度；二是水的相对渗透率高，渗透阻力小，渗流流速大，对砂粒的冲刷作用力大，也会造成出砂。

⑥ 固井质量不合格。固井质量不合格，套管外缺少或没有水泥环支撑，射孔后易引起出砂，这是油井工程原因。

⑦ 注水井停注。由于注水井井下管柱、工具损坏，地面设备故障等原因造成注水井停

注，引起井底压力降低，注入水回流，引起出砂。这是注水井出砂的主要原因。

5.3.1.2 出砂危害

地层出砂危害相当严重。地层出砂不仅会加快井下管柱、工具和地面设备的磨损，增加处理工作量，增加生产成本，还会影响油井正常生产，甚至造成油井报废。

① 地层坍塌损坏套管。由于地层出砂，容易在油层部位形成空穴，降低了近井地层的强度，油层上覆岩石坍塌挤坏套管，严重者造成油井报废。

② 造成油井减产停产。油井出砂，极易造成砂埋产层，砂堵塞油管。清除堵塞，恢复油井生产，既增加了作业工作量，增加采油成本，又影响了油井的生产，如果不根本解决，就会形成一种恶性循环，生产周期大大缩短。

③ 加快磨损井下管柱、工具和地面设备。地层砂粒，主要是含二氧化硅的石英晶体，硬度高。当砂粒与流体一起流动时，对井下泵阀、泵筒、柱塞、油管及地面管线、弯头、闸阀极易造成点蚀、刺穿、卡阻等破坏。

④ 增加原油处理难度。由于原油含砂，造成集油站输油管线、分离器和储油罐积砂，影响设备的工作和利用效率。

5.3.1.3 防砂方法的分类

防砂就是能够有效地阻止地层砂随地层流体进入井筒的工艺措施。

油、气、水井防砂方法有很多，根据防砂原理及工艺条件可分成机械防砂和化学防砂、砂拱防砂等类型。如图 5-7 所示。

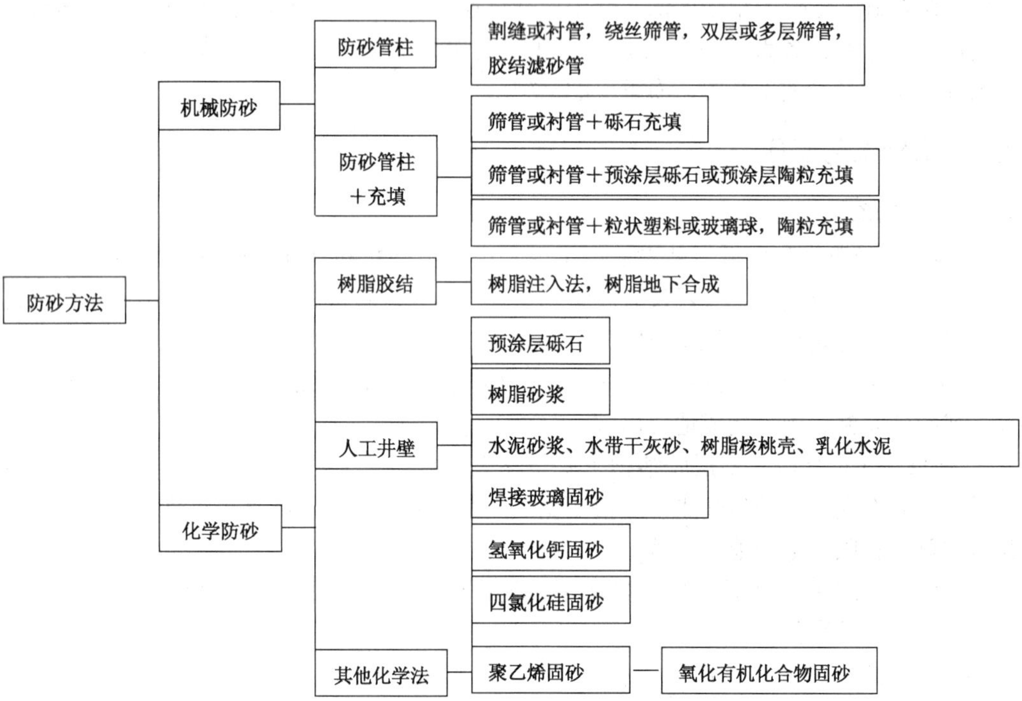

图 5-7 防砂方法分类

1. 机械防砂

是指在井筒中下入防砂管柱或充填砾石阻挡地层砂随流体进入井筒的一种防砂方法。机械防砂可细分为两类。

第一类：仅下入防砂用的滤砂管柱，如割缝衬管、绕丝筛管、各类地面与预制成型的滤砂器(如：双层预充填筛管、树脂砂粒滤砂管、金属棉纤维滤砂管、多孔陶瓷滤砂管等)。优点是方法简便易行，施工成本低；缺点是滤砂管易堵塞，不能阻止地层砂进入井筒，有效期短，只宜用于中、粗砂岩地层。

第二类：在下入绕丝筛管(或其他滤管)后，再用高渗透砾石充填于筛管和井壁之间的油套环空，并部分挤入井筒周围地层，形成多级过滤屏蔽，阻止地层砂运移。优点是挡砂强度高，适应性能好，防砂成功率高，有效期长；缺点是工艺复杂，成本较高。

2. 化学防砂

是指向套管外地层中挤入一定数量化学树脂或在地层中合成树脂，或者挤入其他胶结物及填充材料，达到充填、胶固地层的目的，提高地层强度；或形成具有一定强度的挡砂屏障，减少出砂。按工艺性可分为两类。

第一类：胶固地层。挤入树脂或其他化学固砂剂，直接将地层砂固结。

第二类：人工井壁。用树脂砂浆液、预涂层砾石、水带干灰砂、水泥砂浆、乳化水泥等挤入井眼周围的地层中，固结后建立一个可渗透的人工井壁，阻止地层出砂。

化学防砂一般适用于薄层短井段，此法对粉细砂岩地层中的防砂效果优于机械防砂。但化学防砂对地层渗透率有一定的伤害作用，成功率和有效期均不如机械防砂，相对成本高。

5.3.1.4 防砂方法的选择

选择防砂方法应结合油田具体情况，确定防砂工艺措施，应该综合考虑下列因素。

① 完井类型。常见的完井类型分裸眼完井和套管射孔完井。对原油黏度偏高，地质条件相对简单，地层砂具有一定胶结强度的产层可以考虑采用裸眼防砂，以提高井底渗流面积，减少对油层的伤害，提高油、气井产量；而地层条件复杂，含有水、气、泥岩夹层的井应考虑先期或早期的管内防砂。

② 完井井段长度。机械防砂较适用于油层厚度中等、油层层数少、夹层薄的井。主要是从留井管柱组合和方便作业施工的角度考虑的。

③ 地层物性。化学防砂对地层砂粒直径适应范围较广，尤其适用于粉细砂岩。但在油井中、高含水期，防砂成功率低。

④ 产能损失。所有防砂方法对地层产能都有不同程度的影响，化学防砂对产能影响高一些，有的减产率达30%。

⑤ 成本费用。油层厚度大，施工材料用量多、成本高。化学防砂费用与所选用化工材料的种类、价格有关。还有，施工费用低，有效期短，综合成本高；相反，施工费用高，有效期长，综合成本低。所以选择时应综合考虑成本与经济效益间的关系。

5.3.2 机械防砂

5.3.2.1 管内砾石充填防砂

油井采用下套管完成再进行砾石充填防砂的方法，称为管内砾石充填防砂。尽管裸眼井砾石充填具有渗流面积大、压降小，充填后采油指数高、防砂有效期长等优点，但由于对油层条件要求高，因此，大多数油井仍采用下套管射孔完成再进行砾石充填防砂的方法。

管内砾石充填防砂工艺原理是在井筒内油层位置下入绕丝筛管(割缝筛管)，然后在筛管与套管的环形空间充填砾石，形成地层、套管、砾石和筛管多层结构。筛管可以阻挡砾石，砾石可以阻挡地层砂的作用，达到稳固地层和防止地层出砂的目的。

1. 绕丝筛管和割缝筛管

① 绕丝筛管。绕丝是选用轧制成一定尺寸，截面为梯形，材质以不锈钢丝为材料。绕丝筛管是在带有孔眼的中心管外壁纵向均匀布置不锈钢丝作为纵筋，再用钢丝沿筛管圆周方向均匀缠绕，两端焊接连接螺纹接头制作而成。见图 5-8。

绕丝筛管上的绕丝和纵筋的每一个交叉接触点都用电阻焊焊接。这种筛管的优点是耐腐蚀，强度高，工作寿命长；绕丝截面为梯形，形成外窄内宽的筛缝，可以阻挡地层砂、砾石，又可以降低油流阻力，还可以避免被地层砂、砾石堵塞筛缝，有“自洁”作用；见图 5-9。钢丝连续缠绕形成连续缝隙，油流流通面积大。测试证明，筛管内外几乎没有压降；制造工艺上，绕丝筛管能满足多种规格缝隙尺寸的要求，最小缝隙可达 0.1mm。与割缝筛管相比，缺点是，外径大，造价高，后期处理难度大。

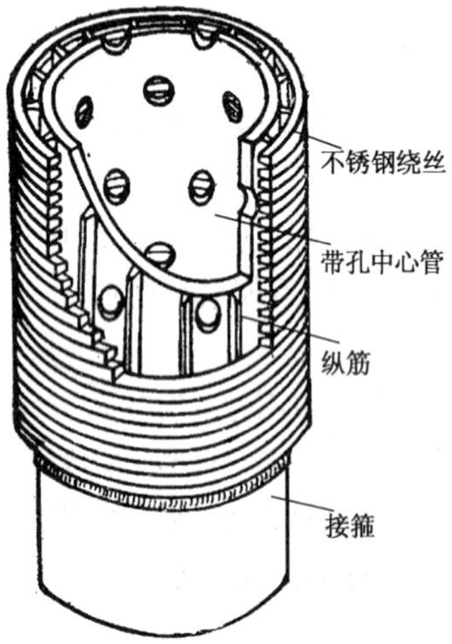

图 5-8 绕丝筛管

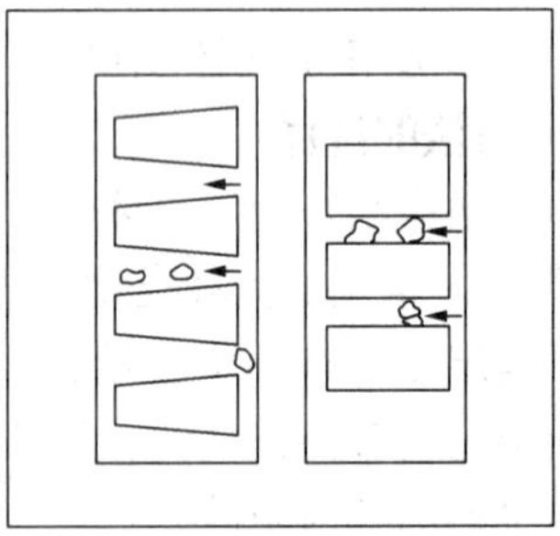

图 5-9 梯形缝隙的自洁作用

② 割缝筛管。割缝筛管是在钢管(油管)上割出一定宽度和长度的筛缝制造而成。这种筛管的优点是造价低，外径小，在套管和筛管的环形空间充填的砾石可以更多，保证有良好的挡砂作用，后期处理难度小。缺点是筛管是碳素结构钢，耐腐蚀性差，尤其是缝隙受腐蚀后增大，阻挡地层砂、砾石的能力下降，防砂有效期缩短。

2. 充填工具

充填工具分两种，一种是反循环充填工具。另一种是正循环充填工具。目前常用的正充填工具分为悬挂式和非悬挂式两大类。

3. 防砂施工工序

(1) 反循环充填砾石

① 下入防砂管柱。

② 反循环洗井。装井口，连接流程、接管线，并对流程和管线用清水正试压，试压 20MPa 不刺不漏，以 0.3～0.4m^3/min 的排量反循环洗井，检查充填管路是否畅通，记录泵压。

③ 充填砾石[图 5-10(b)]：

a. 常规低密度充填，携砂比(5～10)∶100(体积比)，排量 0.4～0.5 m^3/min，设计砂量加完后继续泵液顶替，顶替量不低于环形空间容积，控制顶替最高泵压比循环泵压高

4~5MPa。

b. 高密度充填，携砂液黏度大于300mPa·s，保持砂比在(85~100) :100(体积比)的范围，排量为250~300L/min，顶替液量不低于环空容积，最终顶替泵压可超过循环泵压7~10MPa。

④ 正洗井丢手。井口改正循环流程，向油管内投球，球到达井底后，开泵缓慢升压16~18MPa泵压突然下降，套管环形空间大量返液，证明工具旁通孔打开，正循环通路已建立，并同时实现丢手，提高排量(0.4~0.5 m^3/min)继续洗井，洗井液量至少为环形空间容积的1.5倍，冲出环形空间内多余砂浆，待井口返出液无砂为止[图5-10(c)]。

⑤ 起管柱。缓慢上提，密切注意悬重，使施工管柱与防砂管柱分离，最初10个单根上提速度应小于5m/min，以后按正常速度起出，结束防砂施工[图5-10(d)]，随后，下入生产管柱装井口投产。

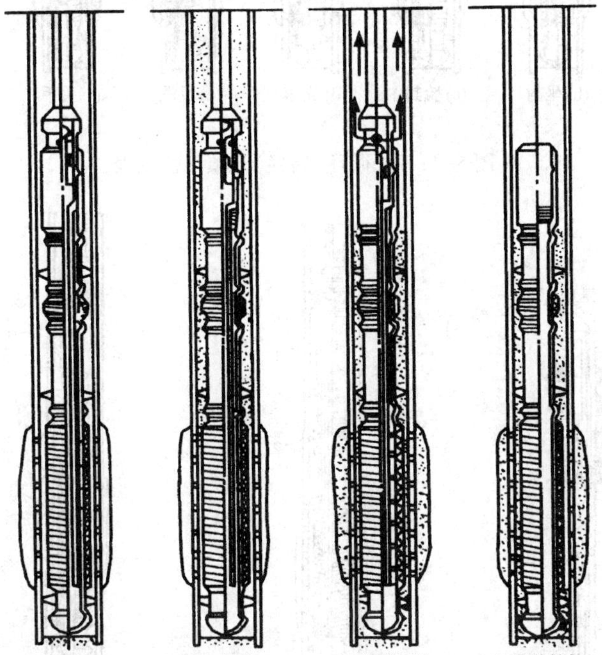

图5-10 反循环砾石充填工艺流程图

(2) 正循环充填砾石(图5-11)

以机械丢手皮碗式工具SL-7FS为例加以说明(图5-12)。

① 工具下到设计位置，使生产筛管对正油层。

② 反洗井：目的是替出井筒内油。排量不应低于0.5m^3/min，待返出液无杂质为止。

③ 正洗井；

④ 反洗井；

⑤ 丢手；

⑥ 起管柱。

4. 低密度充填和高密度挤压充填

按携砂液黏度及砂比将砾石充填工艺分为两大类：一类循环充填(低密度充填)，另一类高密度挤压充填(高密度充填)，其充填防砂管柱结构见图5-13。

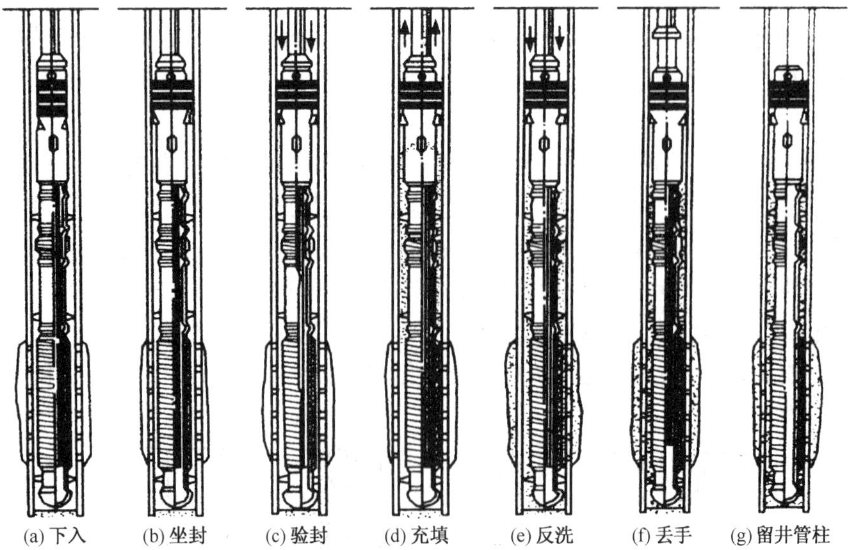

图 5-11　正循环(转换)充填工艺流程

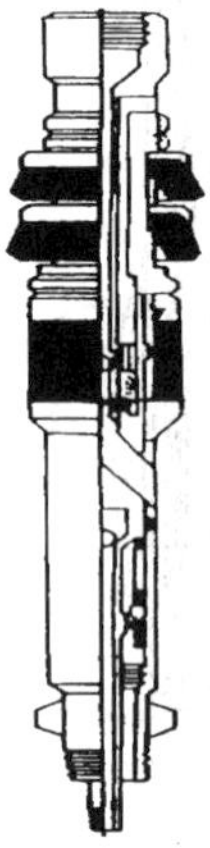

图 5-12

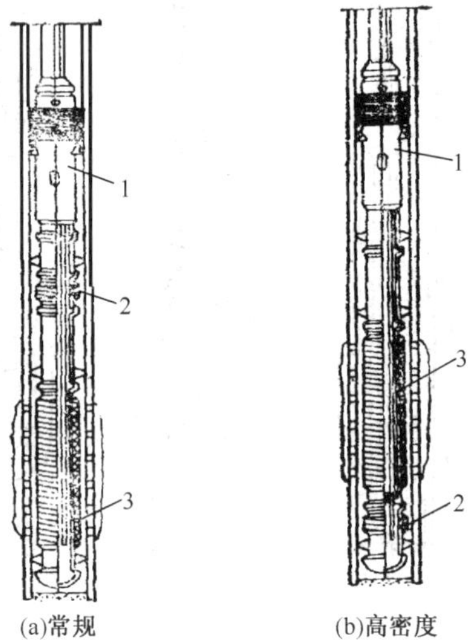

图 5-13　两类砾石充填工艺管柱示意图

1—充填工具；2—信号筛管；3—生产筛管

5. 压裂充填砾石防砂工艺

压裂充填防砂工艺是对地层造缝改造，并在地层、筛管、套管环空都充填砾石的一项工艺技术。

(1) 挤压法砾石充填

该工艺先下入井内防砂筛管管柱，而后通过筛管、套环空泵入砂浆并挤入亏空地层，待地层填饱后再把环空填实，从而实现了地层和套管、筛管环空的完整充填。

(2) 压裂造缝砾石充填

压裂充填防砂技术是适用于没有底水或隔层较厚的出砂油层，根据不同开发时期制定的防砂措施。它以高于地层破裂压力施工，产生裂缝，充填支撑剂(砾石)在裂缝前端脱砂沉降，终止裂缝在长度方向上的延伸，进而增大的裂缝内的压力，垂向作用在裂缝面上，增加了缝的宽度，再充填高砂比的砾石形成一条高导流能力的渗滤带，有效地将地层压力传至井底，降低了生产压差，减少了原油的渗流阻力，实现了油井高产、增产。同时渗滤面积的增加和液流速度的降低减少了对地层砂的作用力，稳定了地层砂体。结合缝隙口固结或割缝筛管完井，形成完整的人工井壁，达到增产防砂目的。

(3) 压裂(挤压)砾石充填施工工序

① 冲砂(填砂)或下桥塞。按设计要求完成冲(填)砂或下桥塞。

② 下管柱。

③ 坐封。

④ 压裂，按设计要求泵注前置液、携砂液。

⑤ 充填砾石反洗出多余砂浆。

⑥ 丢手。

⑦ 下密封插头，下泵投产。

5.3.2.2 滤砂管防砂

滤砂管防砂是将滤砂管下入井内，正对出砂层位，将滤砂管上部悬挂封隔器坐封，并实现丢手。把滤砂管留在井底，起出施工管柱，即完成防砂施工，再下入生产管柱投产。采油时地层砂粒随流体进入井筒，被阻挡在滤砂管周围，逐渐堆积，形成自然砂拱，进一步阻止地层出砂。

滤砂管是选用石英砂为材料，经胶结剂胶结预制在中心筛管外制成。滤砂管的石英砂颗粒间由胶结剂胶结，具有一定强度，石英砂颗粒间又留有孔隙，可以渗过地层流体，但地层砂粒不能通过孔隙，因此，可以起着过滤阻挡地层砂，又可以渗流地层流体的作用。

滤砂管是由砂管、引鞋和中心管三部分组成。

① 砂管：用精选的石英砂和环氧树脂胶结剂按一定的质量比拌合均匀，装入模具中，在一定的条件下固化成形。

② 引鞋：用细石英砂与环氧树脂按质量比混合，装入模具固化后制成。

③ 中心管：用 ϕ73mm 油管钻孔而成。

滤砂管防砂施工工艺

(1) 施工准备

① 射孔。

② 通井。用小于套管内径 4~6mm，长度大于 1000mm 的通井规通井至油层下界以下 30m。

③ 洗井。用清洁无固相洗井液清洗井筒，稠油井应用温度不低于 60℃ 热水洗井，达到进出口水质一致。

④ 解堵。对已知地层堵塞的井，应进行解堵。

⑤ 挤填砂。地层已大量出砂，应进行挤压、填砂。

(2) 下防砂管柱

① 按照设计组配防砂管柱。准确丈量下井工具和管柱。管柱组合：(自下而上)丝堵(尾管、木塞)+滤砂管+安全接头+封隔器+丢手接头+油管。

② 下管柱。

③ 坐封。按封隔器类型进行坐封操作。

④ 丢手。将丢手接头以下管柱丢留井内。

⑤ 下生产管柱。生产管柱尾部带密封插头插入丢手接头留井鱼腔中。

⑥ 投产。

5.3.3 化学防砂

化学防砂是通过向套管外地层中挤入一定量的化学剂与砂浆的混合物，达到充填、胶固地层的目的，提高地层强度，减缓出砂。按工艺不同可分为两类：

第一类为溶液胶结地层砂，它是将具有对地层砂和黏土矿物有胶结作用及稳定作用的化学溶液注入地层，达到稳固，防止地层砂运移和排出的目的。目前使用的方法主要有：酚醛溶液地下合成法、树脂类溶液地下合成法、水玻璃溶液固砂和高分子聚季铵盐类溶液固砂。

第二类为人工井壁防砂，它是将具有一定粒度的化学材料充填到出砂油层或自身固结或靠外界条件固结成具有一定强度和渗透能力的人工井壁，阻挡地层砂进入井筒达到防砂目的。目前使用的方法主要有水泥砂浆法、树脂砂浆法和树脂涂层砾石防砂等方法。

化学防砂的优点是井筒内不留下任何机械装置，便于后期处理；缺点是成本较高，树脂等化工材料易老化，寿命短，固结后地层渗透率下降明显，产能损失大。

化学防砂的适用条件：化学溶液类工艺适用于油层比较均质，油层无亏空或亏空较小的先期和早期防砂。人造井壁防砂适用于地层亏空严重，含水较高的中、后期防砂。

化学防砂工艺选用参考表 5-1。

表 5-1 化学防砂选用参考表

方法	配方(质量比)	适用范围	优缺点
水泥砂浆	水∶水泥∶砂=0.5∶1.0∶4	油、水井后期防砂	原料来源广，强度较低，有效期较短
水带干灰砂	水泥∶砂=1∶2	高含水油井和注水井后期防砂	原料来源广，成本低，堵塞较严重
柴油水泥浆乳化液	柴油∶水泥∶水=1∶1∶0.5	少量出砂的油水井防砂	原料来源广，成本低，堵塞较严重
酚醛树脂溶液	苯酚∶甲醛∶氨水=1∶1.5∶0.05	油、水井先期和早期防砂	适应性强，成本高，树脂储存期短
树脂核桃壳	树脂∶核桃壳=1∶1.5	油、水井早期和后期防砂	胶结强度高，原料来源少，施工较复杂
树脂砂浆	树脂∶砂=1∶4	油、水井后期防砂	胶结强度较高，施工较复杂
酚醛溶液地下合成	苯酚∶甲醛∶固化剂=1∶2∶(0.3~0.36)	油层温度在60℃以上的油、水井先期和早期防砂	溶液黏度低，易于泵送，可分层防砂
树指涂层砾石	树脂∶砾石=1∶(10~20)	油层温度高于60℃以上的油水井早期和后期防砂	强度较高，渗透率高，施工简单

5.3.3.1 水泥砂浆人工井壁

水泥砂浆人工井壁是以水泥为胶结剂，以石英砂为支撑剂，按比例在地面混合均匀，搅拌以适量的水，用油携带至井下，挤入套管外地层中，凝固后形成具有一定强度和渗透性的人工井壁，防止地层出砂。

水泥砂浆人工井壁是油井后期防砂方法，形成的人工井壁渗透率较高，原材料来源广，施工简单，但用油量较大，胶结后强度小，有效期短。

配方：水泥∶石英砂=1∶(2~2.5)(质量比)。

施工工序及施工参数：

① 压井、探砂面并冲砂至人工井底。

② 光油管完成至油层顶界以上 10m 左右。

③ 接地面管线、试压。

④ 正洗井，用携砂液正洗井一周，关套管闸门。

⑤ 正挤携砂液，排量在 0.5m^3/min 以上，泵压稳定。

⑥ 加砂，砂比(5~10) ∶100[石英砂 ∶携砂液(体积比)]，正常情况下将设计量水泥砂加完。若泵压上升，上升值超过稳定值 1/2 时，应停止加砂。

⑦ 正挤顶替液，使携带水泥砂的液体，全部挤入地层。

⑧ 关井候凝 72m 以上。

⑨ 探灰砂面，钻塞冲至人工井底。

⑩ 下生产管柱投产。

5.3.3.2 酚醛溶液地下合成防砂

酚醛溶液地下合成防砂是将加有催化剂的苯酚与甲醛，按比例配料搅拌均匀，并以柴油为增孔液，酚醛溶液挤入出砂层后，在油层温度下逐渐形成树脂并沉积于砂粒表面，固化后将油层砂胶结牢固，而柴油不发生反应，作为连续相充满孔隙，使交接后的砂岩保持良好的渗透性，从而起到提高砂岩的胶结强度，防止油气层出砂，又不严重影响砂岩渗透性的作用。

酚醛溶液地下合成防砂是油气井先期和早期防砂方法，适用于温度高于 60℃，黏土含量较低的中、细砂岩油层。平均有效期 2 年，施工方法简单。但是对已大量出砂或出水后的油层，防砂效果差，不宜选用。

施工工序及要求：

① 压井，冲砂至人工井底。

② 下油管至油层井段上界以上 10m 左右。

③ 正挤活性柴油，柴油中加入活性剂，浓度为 1%。

④ 正挤酚醛溶液，每米射孔井段不少于 0.2m^3，排量不大于 0.5m^3/min。

⑤ 正挤顶替柴油或脱水原油。

⑥ 关井候凝 48~72h。

⑦ 压井，探钻树脂塞面，冲至人工井底。

⑧ 下生产管柱投产。

5.3.3.3 涂层砂防砂

涂层砂防砂是指在石英砂外表面，通过物理-化学方法均匀涂敷一层树脂，在常温下干固，形成不发生黏连的稳定颗粒。将这些涂层石英砂颗粒使用携砂液携带到油气井的出砂层位，在一定条件下石英颗粒表面的树脂软化黏连并固结，形成具有良好渗透性和一定强度的挡砂层，以防止油气层出砂。

涂层砂防砂适用于吸收能量较大、井温高于 60℃的油气层，施工简单，成功率高，结胶后的石英颗粒抗折强度可达 5MPa，渗透率可保持在原始值得 90%以上，是目前较好的化学防砂方法。

施工工序：

① 压井、冲砂、通井至人工井底。

② 下油管至油层界面以上 10m。

③ 连接地面施工管线，并对管线井口试压合格。

④ 正替携砂液至套管出口出液，关套管闸门。

⑤ 正挤携砂液，调整排量，当排量达到 $0.5m^3/min$ 时，泵压稳定，开始加入涂层砂，砂比控制在(15~15) :100(砂液体积比)范围内，正常情况下将设计涂层砂量加完。若泵压上升超过稳定值的 0.5 倍时应停止加砂或降低排量。

⑥ 正挤与携砂液性质相同的顶替液，将涂层砂全部挤入地层。

⑦ 关井候凝 72 小时以上。

⑧ 压井、探砂面、冲钻砂塞至人工井底。

⑨ 下生产管柱投产。

5.4 油井堵水

油井出水是油田开发过程中遇到的普遍问题，它给油井生产、油气集输和油田开发工作带来的影响是十分严重的，特别是水驱(注入水、边水及底水)油田。为了消除或减少水淹造成的危害，所采取的一系列封堵出水层的井下工艺措施统称为油井堵水。

油田堵水技术是注水开发非均质油田的一项重要工艺技术，主要有机械堵水和化学堵水两种方法。机械堵水是用封隔器将出水层位在井筒内卡开，以阻止水流入井内；化学堵水是应用化学堵水剂的化学作用对出水层形成堵塞，达到堵水的目的。

5.4.1 油井出水原因

5.4.1.1 油井出水来源

油井出水按水的来源可分为注入水、边水、底水及上层水、下层水和夹层水。注入水、边水及底水，在油藏中虽然处于不同的位置，但它们都与油在同一层中，可统称为“同层水”；上层水、下层水及夹层水，它们是从油层上部或下部的含水层及夹于油层之间的含水层中窜入油井的水，由于它们是油层以外的水，所以统称为“外来水”。

1. 注入水及边水

由于油层在垂向、水平方向的非均质性，以及开采方式的不当，注入水及边水沿高渗透层及高渗透区向生产井不均匀推进，在纵向上形成单层突进，在横向上形成“舌进”，使油井过早水淹。

2. 底水

当油田有底水时，由于油井生产时在油层中造成的压力差，破坏了由于重力作用建立起来的油水平衡关系，使原来的油水界面在靠近井底处呈锥形升高，对于垂直井可能产生“底水锥进”，对于水平井可能产生“底水脊进”。结果在油井井底附近造成水淹，含水上升，产油量下降。

3. 上层水、下层水及夹层水

它们是从油层以外来的水，往往由于固井质量不高，套管损坏或误射水层造成油井出水、油井含水率上升过快，导致油井水淹。

5.4.1.2 预防油井出水措施

对付油井的各种不正常出水，应以防为主，防堵结合，综合处理。单靠出水后在油水井上采取各种堵水措施是难以达到预想的效果。特别是对于注水开发的多油层非均质严重的油田更是如此，综合预防油井出水措施主要有以下三个方面：

① 制定合理的油田开发方案，特别是要根据油层的特点，合理地划分注采系统，采取分采分注和合理的油、水井工作制度，以控制油水边界均匀的推进。

② 在油藏工程上要提高固井、完井和射孔质量，避免采取会造成套管损坏(或水泥环破裂)的井下工艺技术措施，以保证油井的密闭条件，防止水层与油层窜通。

③ 加强对油水井的日常管理、分析，及时调整分层注采强度，保证均衡开采。

5.4.1.3 油井出水层位的确定

在油田开发过程中，油田不正常出水是难以完全避免的。发现油井出水后，首先必须通过各种途径了解水源，确定出水层位，而后才能采取必要的技术措施。目前判断出水层位主要有以下几种方法。

1. 综合对比资料判断出水层位

针对出水井的静态资料(井身结构、开采层位、各层油水井连通状况、各层渗透率和断层以及边水、底水、夹层水等情况)进行精细研究、结合开采过程中的动态资料(产量、压力、生产油气比、含水变化、水质分析、注水情况等)进行综合分析、对比、判断出水方向及层位。

水质资料是确定产出水来自地层水还是注入水的主要依据，而结合小层平面图及油水井连通图和注采井生产情况可推断可能的出水层位，这是一种结合动、静态资料判断出水层位的间接方法，但还需要结合其他方法才能最后确定出水层位。

2. 根据地球物理资料判断出水层位

根据地球物理资料判断出水层位，目前应用较多的主要有流体电阻测定法、井温测量法和放射性同位素法三种。

(1) 流体电阻测定法

流体电阻测定法是根据不同矿化度的水有不同的导电性(即电阻率不同)，利用电阻计测出油井中流体电阻率变化曲线，从而确定出水层位的方法。其测量步骤为：先向井内注入一种与井内水具有不同含盐量的水，进行循环洗井将井内原有液体替换干净，然后测量井内流体电阻率分布，得到一条电阻率曲线，再将液面抽吸到一定深度后进行一次测量，抽吸量的大小取决于外来水量的大小。这样交替进行，抽吸一段，测量一次，直到发现外来水为止，如图5-14当注入井内的水的电阻率大于地层水电阻率测得的曲线。从曲线上可以明显看出电阻率曲线发生突变处即为出水位置。

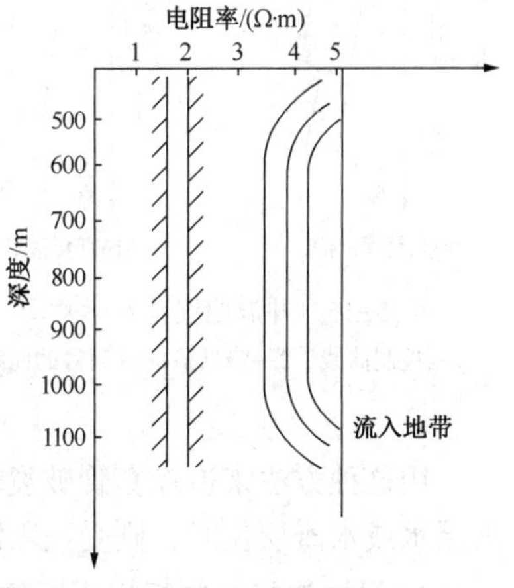

图5-14 电阻率曲线

这种测量方法设备比较简单，但找水工艺比较复杂，需要多次进行抽吸提捞和测井工作。该方法不适应高压水层，对于高渗透水层，由于地层水在降压过程中大量流出和在井筒中大量扩散，使根据电阻率曲线突变确定的上、下限与实际出水层位不相符。在因套管损坏而出水的井中，只能测出套管损坏的位置，而测不出实际出水层位。因此，这种方法的应用范围受到很大限制。

（2）井温测量法

井温测量法是利用地层水具有较高温度的特点确定出水层位的方法。测量井温的过程同电阻率测定法相似。先用均质流体清洗井筒使整个井筒内的液柱温度分布稳定后，测量井内温度分布曲线（控制曲线），然后降低液面使地层水进入井内，一直达到测出温差为止。降低液面后所测井温曲线发生突变的位置便是外来水进入井内的位置，如图 5-15 所示，如果套管破裂的地方与出水层不重合，则流体要在套管外流动一段距离，由于套管外流体与井内流体的热交换，所以温度曲线上有一段较平稳的高温显示，如图所示。由于水的比热容大于油的比热容，在出水层往往有高温异常显示，因此，也可利用直接测得的井温曲线来判断出水位置，但要求井温必须有较高的灵敏度。

（3）放射性同位素法

放射性同位素法是向井内注同位素液体，人为提高出水层段放射性强度来判断出水层位的找水方法。根据注同位素液体前后测得的放射形曲线来鉴别出水层位。步骤是：先测井内自然放射性曲线（图 5-16 曲线 1），再往井内注入一定数量含同位素的液体（一般 1.5～3m^3），并用清水将其替入地层；洗井后，再测放射性曲线（图 5-16 曲线 2）。对比前后两次测得的曲线，如后测曲线在某处放射性强度异常剧增，则说明套管在该处吸收了放射性液体。根据此异常结合射孔资料，便可确定套管破裂位置及套管破裂位置连通的渗透地层。

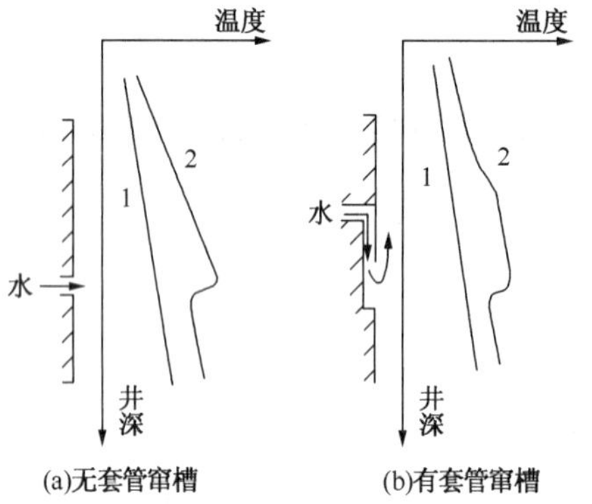

图 5-15　井温曲线找水示意图

1—控制曲线；2—降低液面后测得的曲线

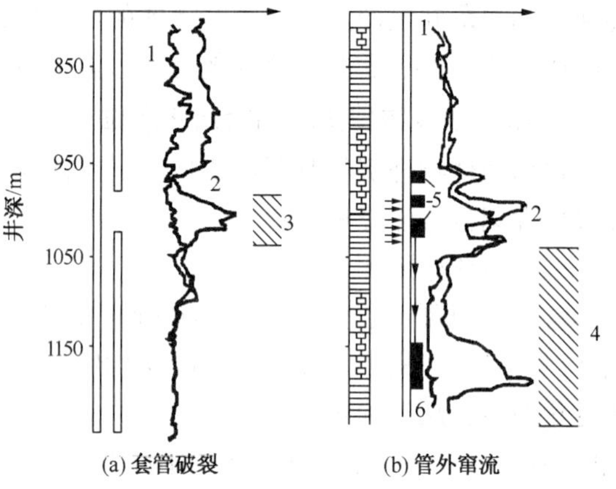

图 5-16　放射性同位素法测套管破裂及管外窜流

1—注同位素前的曲线；2—注同位素后的曲线；3—套管破裂位置；4—管外窜通段；5—含油层；6—出水层

用这种方法来追踪套管破裂和套管外液流串通，一般会得到很好的效果，但是，在确定夹层水或水淹层位时，则受到限制。为此，往往采用相渗透法及次生活化纳法。

3. 机械法找水判断出水层位

（1）找水仪找水

找水仪找水是指在油井正常生产的情况下，下入专门仪器—找水仪，不停产确定主要出水层位和流量的找水方法。

找水仪主要由电磁振动泵、注排换向阀、皮球集流器、涡轮产量计、油水比例计等几部分组成。

其工作原理是当仪器下到预定位置后，电磁振动泵开始工作，用井内原油将集流器的皮球打胀，密封仪器与套管的环形空间，使液流全部由仪器内部通过。流动的液流冲动涡轮转动频率，从而得知该层的总液量(图5-17)。油水比例计是利用油和水的导电性差异来确定油样中含水量，它由电容探头及井下测量电子线路组成，可以将含水量的变化转换成电容大小的变化，再由电子线路转换成直流电位差的变化，由电缆传送到地面，由二次仪表记录出直流电位差的数值，根据记录的直流电位差值，查含水百分比与直流电位差关系曲线便可得到所测层位的持水率，并根据持水率与流量求得含水率。

(2) 封隔器找水

封隔器找水是指利用封隔器将各层分开，然后分层求产，进行地面化验含水，找出出水层位的方法。其特点是工艺简单，能准确确定出水层位，但施工时间长。在窜槽井上必须封窜后才能应用。在油水层之间夹层比较薄的层中则无法确定油水层。

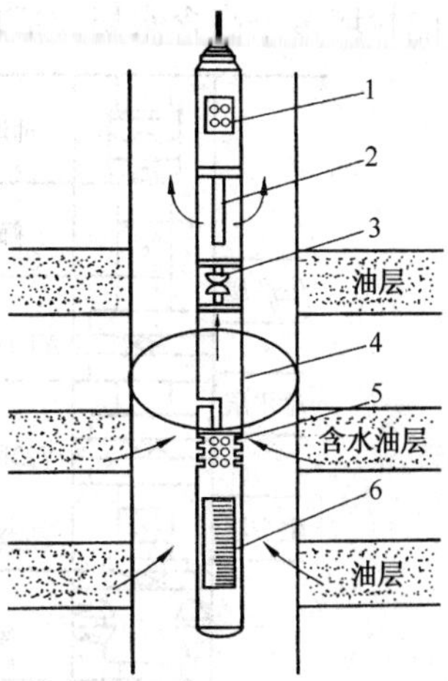

图5-17　找水仪找水示意图

1—电子线路；2—电容含水比例计；3—涡轮流量计；4—皮球集流器；5—进液孔；6—泵阀

5.4.2　油井机械卡堵水

机械卡堵水是使用封隔器及其配套的控制工具来封堵高含水层，阻止水流入井内。一般有四种方式，封上采下、封下采上、封中间采两头、封两头采中间。适用于多油层开采时，暂时封堵高含水层，而生产低含水层的油井，并且被封堵的油层在条件许可时解封后可继续采油。

5.4.2.1　常规机械堵水工艺技术

1. 整体式堵水管柱

将堵水管柱与生产管柱合为一体，其下部为堵水管柱，上部为抽油泵管柱。整体式堵水管柱主要由Y111-114和Y221-114型卡瓦封隔器及管柱支撑工具组成，如图5-18所示。支撑方式为卡瓦支撑，最简单的方法是管柱直接支撑井底。Y111-114与Y221-114型封隔器可以单独使用，也可以组合使用，并可根据不同工艺需要与各种井下工具配套组成多种工艺管柱。

堵水管柱随生产管柱一同起下，施工简便，管柱适用于Φ56mm以下无自喷能力的深井堵水，最多只能封堵两个层段。

2. 卡瓦悬挂式堵水管柱

堵水管柱由丢手接头、Y441-114或Y445-114型封隔器、Y341-114型封隔器、偏心配产器和丝堵组成，如图5-19所示。堵水管柱与生产管柱脱开，可任意多级使用封堵多个高含水层，适用于大泵径井和电泵井多层堵水。

3. 平衡式堵水管柱

通过各封隔器之间力的平衡，保持堵水管柱在无锚定条件下处于稳定静止状态，实现油层堵水。主要由Y341型封隔器和丢手接头及配产器等组成，如图5-20所示。该管柱的特点为无卡瓦支撑，支撑于人工井底，结构简单，起下安全方便，封隔器密封性能好，解封可靠，能封堵多个高含水层。适用于机采井堵水，也可应用于定向井堵水。

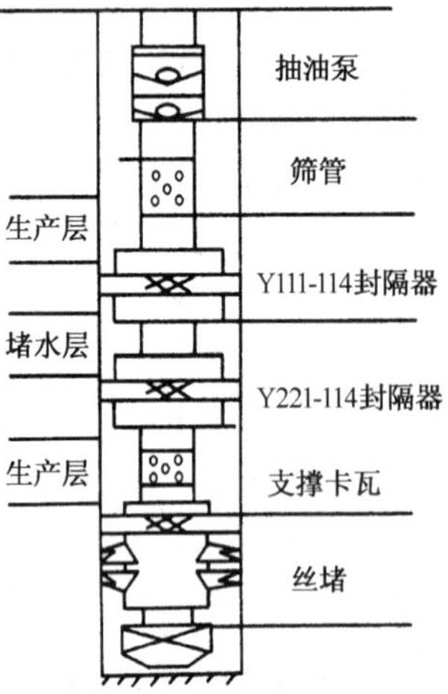

图 5-18　卡瓦支撑整体堵水管柱图

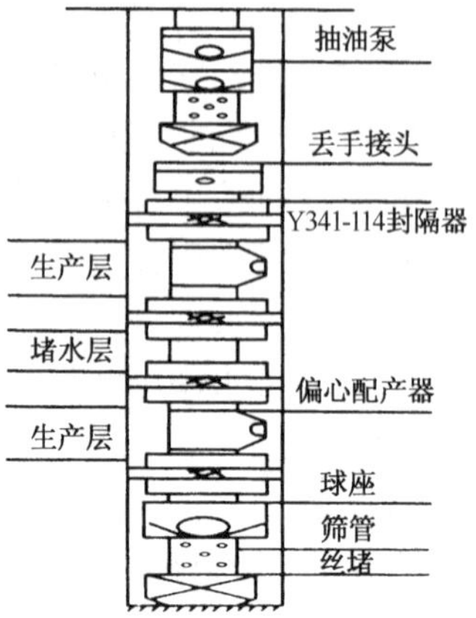

图 5-19　卡瓦悬挂式堵水管柱图

4. 可钻式封隔器堵水管柱

堵水管柱主要由可钻式封隔器插入密封系统组成，如图 5-21 所示。可以任意多级使用，封隔器可用管柱或电缆投送。可钻式封隔器是一种永久式封隔器，工作压差、工作温度是任何可取式封隔器不可比拟的(工作压差 100MPa，工作温度达 150℃)。通过调整插入密封系统，能进行分层堵水、酸化、压裂。由于插入系统的外径小，起下简便，只要套管内径变小到允许起下插入系统，就可对油井进行堵水或实施改造措施，因此该管柱具有多功能的特点。这类管柱适用于封堵层系、堵底水、套变井堵水及修复加固后的套损井堵水。

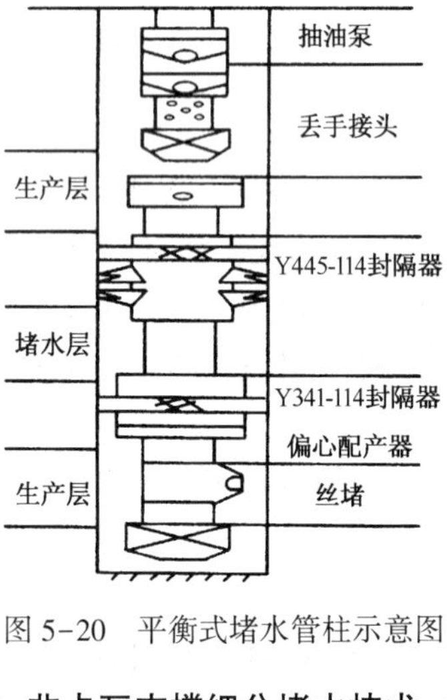

图 5-20　平衡式堵水管柱示意图

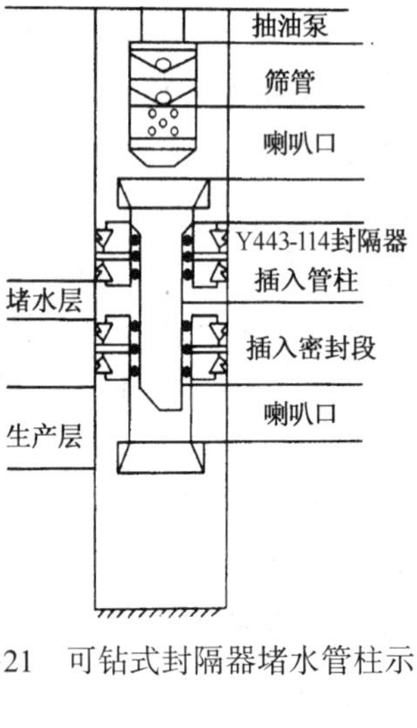

图 5-21　可钻式封隔器堵水管柱示意图

5. 非卡瓦支撑细分堵水技术

主要由堵层封隔器、产层封隔器、非卡瓦支撑定位器等组成。支撑定位器接在尾管处，下井时支撑爪由开关将其关闭在支撑体腔内，可以通过井口控制器顺利下入井中。用非卡瓦支撑定位器定位，施工工艺简单，缩小了管柱深度误差，同时节省支撑井底所需油管的费用及冲砂工作量，适用于油井细分堵水。

5.4.2.2 可调层机械堵水工艺技术

油田进入高含水期开采阶段后，部分油井产液量大，多层高含水。为适应产液结构调整的需要，油井堵水的工作量逐年增加，特别是随着含水的上升，层间矛盾更加突出，地下情况更加复杂，应用动静态资料分析判断高产液、高含水层的准确性降低，影响了机械堵水一次成功率，增加了施工作业成本。液压可调层和机械可调层堵水管柱，可以在抽油泵井正常生产情况下实现调层堵水，把找水测试与堵水有机地结合起来，实现了找水堵水技术一体化，提高了堵水成功率，减少了调整作业的工作量。

1. 液压可调层机械堵水工艺

（1）一次性调二层堵水管柱

① 管柱结构：一次性调二层堵水管柱采用无卡瓦支撑井底平衡丢手管柱，主要由丢手接头、堵水封隔器、开启状态液压开关、关闭状态液压开关、单流阀、泄压器等井下工具组成，如图 5-22 所示。

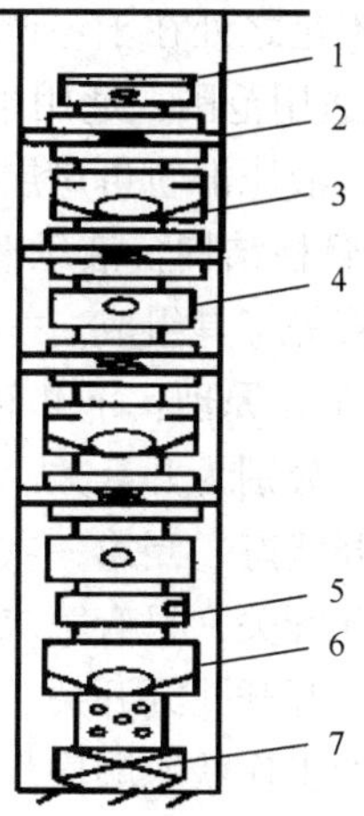

图 5-22 一次性调二层堵水管柱示意图

1—丢手接头；2—堵水封隔器；3—管壁单流阀；4—液压开关；5—泄压器；6—球座及筛管；7—丝堵

② 工作原理：根据地质方案将油层分成若干段，用封隔器管柱将各层段分开，在认为是出水层处安装关闭状态的液压开关，在认为可能是出水层处安装开启状态的液压开关，在认为不是高含水层处安装管柱单流阀。下泵完井生产，此时对应关闭状态开关的油层被封堵，其他油层处于生产状态，地面计量观察堵水效果。如果堵水效果好，则说明堵层正确；如果堵水效果不好，则要进行堵层调整。首先关闭生产阀门和清蜡阀门，然后从油套管环空打压，液压作用在液压开关的滑套上，使滑套下行，改变液压开关的工作状态，达到不用作业一次性调整两个堵水层的目的。

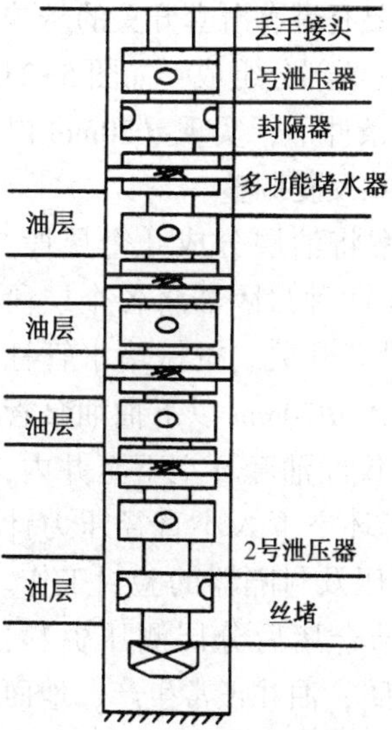

图 5-23 一次性调多层堵水管柱示意图

③ 工艺特点：

a. 在选层正确时，可以正常封堵；在选层失误时，可不必作业返工，在地面直接调整封堵层位。

b. 堵水管柱具有无卡瓦平衡丢手管柱的优点。

c. 井口设备不增加。

d. 适用范围：一次性调二层堵水管柱适用于有两个层段条件相差甚微，其中只有一个层段是高含水层，而且地面无法判断高含水层的油井堵水。

（2）一次性调多层堵水管柱

① 管柱结构：一次性调多层堵水管柱主要由丢手接头、封隔器、多功能堵水器、泄压器等组成，如图 5-23 所示。

② 工作原理：根据地质方案将油层分成若干段，用封隔器管柱将各层段分开。射孔井段以上卡一级封隔器，对应各层段安装多功能堵水器(堵水器的状态可以根据油井的情况确定是开启还是关闭)，释放封隔器完毕后向油管内投入 Φ43mm 钢球，完井后正常开抽生产。如果堵水效果好，则说明堵层正确；如

果效果不好，则要进行调层。调层时，首先关闭生产闸门和清蜡闸门，然后向油套环空打压，液压首先作用在第一级多功能堵水器的滑套上，使滑套下行，改变第一级堵水器的工作状态，钢球落到第二级堵水器上。液压使第二级堵水器滑套下行，改变第二级堵水器的状态后，钢球落到第三级堵水器上。以此类推，最后钢球落在下面的泄压器上，完成了多功能堵水器工作状态的一次性调整。

③ 工艺特点：堵水器可以多级使用，最小卡距 10m，可以实现一次调多层的目的，但不能反复调层。堵水器与泄压器配套使用，可以实现不压井作业，达到洗井不压油层的目的。其不足之处在于：调层顺序受到限制，不具备重复调整的功能。

④ 适用范围：适用于多层见水的油井堵水。

(3) 液压滑轨可调层堵水管柱

① 管柱结构：液压滑轨可调层堵水管柱主要由丢手接头、封隔器、液压滑轨开关、球座和筛管等工具组成。

② 工作原理：下井时一次下入三级液压滑轨开关，地面预先设置好三级开关的工作状态顺序，分别为开开关、开关开、关开开，只有第三级开关处于关闭状态，其余两级开关均处于打开状态。当第一次调层时，在压力作用下三级开关的工作状态顺序分别为开关开、关开开、开开关，只有第二级开关处于关闭状态；当第二次调层时，三级开关的工作状态顺序分别为关开开、开开关、开关开，只有第一级开关处于关闭状态。如果再打压调层一次，三级开关的工作状态顺序均将回到下井时初始状态，以后再打压调层将进行第二次循环，依次完成三个堵层的反复调整。

③ 工艺特点：最多可使用三级，最小卡距 3.0m，可实现反复调层，提高了堵水成功率。

④ 适用范围：适用于各种抽油泵管柱，调层方便，适应性强。每次只能封堵一个层，生产两个层，不能满足多层高含水油井堵水的需要。

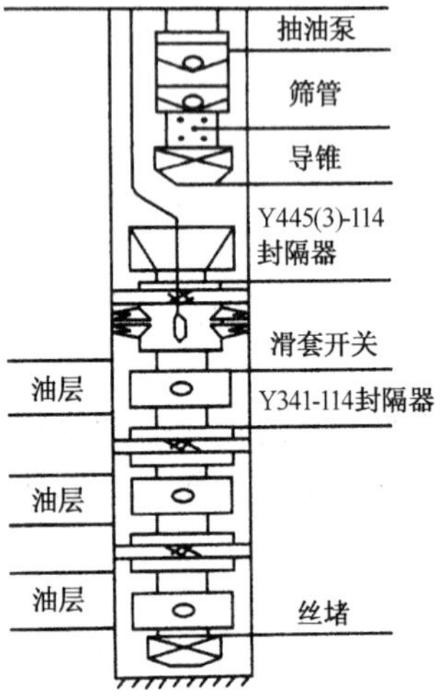

图 5-24　悬挂式细分堵水管柱

2. 机械可调层堵水工艺

(1) 悬挂式细分堵水管柱

① 管柱组成：该堵水管柱主要有带有滑套开关的悬挂式机械堵水管柱及新型移位开关仪两部分组成，如图 5-24 所示。两者配合可在不动管柱的条件下，实现 Φ70mm 以下抽油泵管柱堵层与生产层的任意反复调整。

② 工作原理：根据地质方案将油层分成几个层段，并用 Y445(3)-114 与 Y341-114 两种封隔器将各个层段卡开，在相应层段管柱上接有滑套开关。机械堵水管柱下至预定深度释放、丢手后，下入 Φ70mm 以下抽油泵管柱；利用钢丝携带新型移位开关仪经油套环空下至井内，将堵水滑套逐级打开，再由油套环空下入小直径压力计至每级滑套开关处，完成分层测压及封隔器的验封工作。根据堵水井的动、静态资料，结合堵后分层测压资料，确定相应的高含水和低含水层段。然后将高含水层段的滑套开关关闭，油井正常生产，地面计量产液及含水。根据堵后的具体生产情况，对堵层与生产层任意调整，直至达到理想的生产效果。

③ 工艺特点：滑套开关可多级使用，在不动管柱的条件下可反复调层，成本低，实用

性强。两级滑套开关之间的最小卡距可达3.0m。该技术可与分层测试工艺配套，对分析油水井连通情况，调整区块开发方案具有指导意义，并能够验证封隔器的密封性，使调层工作更有针对性，从而提高细分机械堵水工艺成功率。堵水管柱处于悬挂状态，密封率高。

④ 适用范围：Y445(3)-114型封隔器具有可取可钻“双重”解封及防砂卡功能，扩大与提高了技术应用的范围及可靠性，适用于Φ70mm以下抽油泵井的多层细分机械堵水。

(2) 滑套式找水堵水管柱

① 管柱组成：滑套式找水堵水管柱主要由带有滑套开关的平衡丢手管柱和电动开关测试仪两部分组成，如图5-25所示。

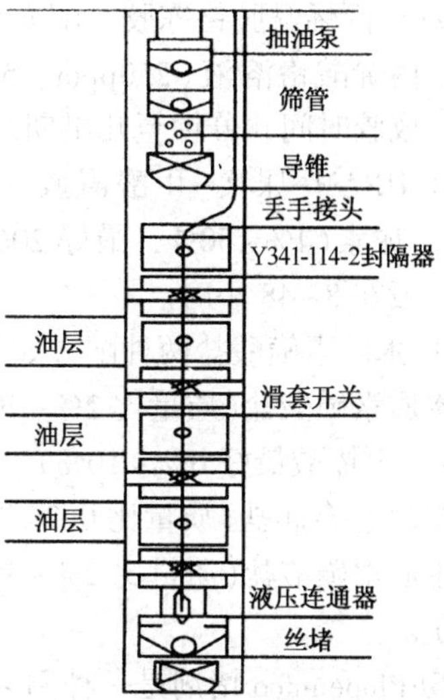

图5-25 滑套式技术堵水管柱示意图

② 工作原理：滑套式找水堵水管柱的工作原理：根据地质方案将油层分成几个层段，并用封隔器管柱将各个层段卡开，在相应层段管柱上带有滑套开关，下井时各级滑套开关均处于关闭状态，与管柱下部的连通器配套使用可实现不压井作业。堵水管柱尾部支撑在人工井底，坐封封隔器，管柱丢手实现分隔油层的目的。所用Y341-114-2型封隔器自身带有平衡机构，与具有泄压功能的KQS-90型连接器配套使用，可实现丢手堵水管柱的整体平衡。滑套开关是找水堵水管柱的关键工具，通过滑套开关弹簧爪定位体和电动开关器弹簧爪相配合，完成滑套的打开和关闭动作，进而实现相应层段的生产和封堵。

③ 工艺特点：

a. 用电动开关器实现滑套的打开和关闭。

b. 在不动管柱的情况下，可对任一层或几个层进行反复调整。

c. 可在地面计量产液量和含水量。

d. 可实现不压井作业。

④ 适用范围：该管柱适用于不出砂油井堵水，可以反复调多个堵水层，适用性比较强。

5.4.3 化学堵水

油井化学堵水是利用化学剂控制油井出水量和封堵出水层的方法。也就是向高渗透出水层段注入化学药剂，药剂在地层孔隙中凝固或膨胀后降低近井地带的水相渗透率，减少油井高含水层的出水量，达到堵水的目的。根据化学剂对油层和水层的堵塞作用，化学堵水可分为非选择性堵水和选择性堵水两种。

非选择性堵水是指在油井上采取适当的工艺措施分隔油水层，并利用堵剂堵塞出水层的化学方法。

选择性堵水是指通过油井向生产层注入适当的化学剂堵塞水层或改变油、水、岩石之间的界面张力，降低油水同层的水相渗透率，而不堵塞油层或对油相渗透率影响较小的化学堵水方法。

5.4.3.1 国内外油田化学堵水技术现状

随着油田堵水技术的发展，化学堵水剂也得到了发展。美国以聚丙烯酰胺类(HPAM)为主，前苏联以聚丙烯氰(HPAN)为主，前苏联应用石油副产品作为堵水剂也取得了很好的效果。我国近几年来油田化学取得了较好的发展，聚丙烯酰胺类堵剂在砂岩和灰砂岩油田堵水都取得了较好效果。

1. 部分水解聚丙烯酰胺堵剂(HPAM)

① HPAM-甲醛-硼酸盐凝胶。配方为：HPAM(质量比0.5%)、甲醛(质量比0.75%)、硼酸根离子(0.1%~0.6%)。成胶时间为24小时。

② 聚丙烯酰胺铬冻胶。配方为：HPAM(500ppm，水解度15%，平均相对分子质量1.8×10^6)、丙烯酸铬溶液(250ppm、500ppm、1000ppm)、柠檬酸铝(500ppm)。温度范围12~24℃，成胶时间几分钟至几星期。当温度高达124℃时，冻胶具有较好的长期稳定性。

③ HPAM-尿素-甲醛凝胶。配方为：HPAM(质量比0.2%)、甲醛(4%~40%，最好15%)、尿素(4%~50%，最好20%)。反应温度20~75℃，pH值4~8，反应时间2~72小时，一般在8~48小时。

④ 木质素磺酸盐两种配方如下：

木质素磺酸盐(质量比2%~20%，最好6%~10%)、丙烯酸或丙烯酰胺单体(质量比2%~20%，丙烯酸最好6%~10%)、过硫酸盐(质量比4%~10%)、引发剂羟基酰胺(质量比1%~6%)、金属盐(质量比0.3%)。

木质素磺酸盐(质量比2%~3%)、重铬酸盐(质量比0.5%~3%)、HPAM(质量比0.5%~1%)。

⑤ Plopeimfoo堵剂是一种阳离子型的HPAM类凝胶堵剂，交联剂为有机物。凝胶具有亲水性，能优先进入含水层，不进入含油层，成胶时间几小时至几天。对地层不会造成永久性伤害，加入破胶剂可恢复渗透率。

2. 两性聚合物

两性聚合物分子链上既带正电荷又带负电荷，能使聚合物更好地吸附在地层岩石上。与水形成的氢键具有强亲水性，能限制水的流动。适用温度可达235℃。

① WOR-Con水油比控制剂，堵剂水溶性好，水化性强，无毒，抗剪切，不怕氧化，耐高矿化度，对阳离子不敏感，在岩石表面黏结好，易混合，施工简单，有效期长，可降低水相渗透率80%~85%。

② APM由丙烯酸(AA)、丙烯酰胺(AM)和季铵化合物(氯化二甲基二烯丙基氯化胺)以重量比1∶1∶1聚合而成的两性聚合物。

③ AM-DMDAC部分水解共聚物，是一种阴、阳、非离子三元共聚物，通过丙烯酰胺(AM)与二甲基二烯丙基氯化胺(DMAC)共聚水解而得，现场应用与APM相同。

3. 聚丙烯氰(HPAN)堵剂

① HPAN-磷酸氢二钾堵剂，配方为：HPAN(质量比5%~10%)、磷酸氢二钾(质量比5%~10%)，可加入适量水泥。

② HPAN-甲醛混合物堵剂，配方为：HPAN(70%~72%)，工业甲醛(20%)，HCl(8%~10%，含量10%)。

③ HPAN-甲醛-乌洛托品-氯化胺堵剂，配方为：浓度为37%的甲醛14%~20%，NH_4Cl 1%~2%，工业甲醛20%，含量10%的HCl用量8%~10%。

4. 石油类化学堵水剂

① 酸性渣油堵剂，石油炼制中热解苯和石油溶剂时，用硫酸净化芳香族原料所产生残

渣，均质、可流动、黑色或棕黑色。

② 新型酸性渣油堵剂。采用炼油厂的柴油和润滑油的碱性废液与5%～15%$CaCl_2$水溶液进行堵水。

5. 我国油田化学堵水技术现状

各油田通过改进施工工艺，精细施工，在封堵底水、空洞、管外窜、低渗透油藏堵水和层内堵水等方面取得了较大的进展。使用的堵剂配方繁多，但主要以 HPAM 为主(表5-2)。

表5-2 国内油田主要聚合物类堵剂

堵剂名称	主要组分	适用条件
HPAM 铬交联冻胶	HPAM 0.4%～0.8%，质铬酸钠 0.05%～0.09%(质量比)，硫代硫酸钠 0.045%～0.135%(质量比)	温度60～100℃；pH 值3.5～5.5
HPAM 高温堵剂	HPAM 0.4%～0.8%，质铬酸钠 0.06%～0.39%(质量比)，硫代硫酸钠 0.045%～0.135%(质量比)，邻苯二胺 0.02%～0.04%(质量比)	温度100～150℃；pH 值5～9
水玻璃复合堵水剂	HPAM 0.2%～0.4%(质量比)，水玻璃 5%～8%(质量比)，$CaCl_2$ 1%～4%(质量比)，甲醛 0.2%	可封堵注水井及油井单一水层，成胶时间2～10h
PR-8201 堵水剂	对苯二酚或苯酚 0.1%～0.8%，HPAM 0.8%～1.6%(质量比)，甲醛 0.18%～1.08%，硫代硫酸钠 0.05%	温度40～170℃；pH 值7；成胶时间2.5～168h
HPAM 与木质素磺酸钠复合冻胶堵剂	木质素磺酸钠 3%～6%，HPAM 0.4%～1.0%(质量比)，质铬酸钠 0.5%～1.4%(质量比)，$CaCl_2$0.4%～1.6%(质量比)	温度70～120℃；适用于大剂量及单一水层
“306”HPAM 堵剂	HPAM 0.8%～1.6%(质量比)，306 树脂浓度 0.5%～0.65%(质量比)	pH 值2.5～4
HR-HPAM 堵剂	HPAM 0.1%～1.2%(质量比)，乌洛托品 0.1%～0.2%(质量比)，间苯二酚 0.02%～0.05%(质量比)	pH 值1.5～7.5
改性木质素无铬复合堵剂	活化木质素 3%～5%，HPAM 0.5%～0.8%	温度70～130℃
PMN-PF 高温堵水剂	PMN 1.0%～0.4%，PF 1.0%～0.4%	温度90～130℃
PMF 堵水剂	HPAM 0.3%～0.8%(质量比)，三聚氰胺树脂 0.3%～0.6%(质量比)，甲醛 0.3%～0.6%，对苯二酚 0.2%～0.4%(质量比)	温度70～130℃
HPAN 堵水剂	HPAN 6.5%～8.5%，$CaCl_2$ 20%～30%，隔离液为原油，HPAN∶$CaCl_2$∶原油=2∶1∶1(体积比)	

5.4.3.2 双液法化学堵水工艺技术

双液法化学堵水是从地面分别向地层中注入两种化学药剂，两种化学药剂在地层中接触，发生化学反应，堵塞地层孔隙通道，降低渗透率，实现堵水。

1. 水玻璃加氯化钙普通堵水

将水玻璃和氯化钙溶液用隔离液隔离开，通过化学堵水管柱交替注入高产水层(或层段)内，两种溶液在堵水层内接触反应，生成白色的$Ca(OH)_2$沉淀和SiO_2凝胶吸附物，堵塞地层孔隙，从而达到封堵出水层的目的。在岩芯模拟实验中，封堵半径为13.4cm时，突破堵剂的压力为0.7MPa左右，实际应用时，封堵半径为2.5m左右，即可满足生产的需要。反应式为：

$$Na_2O\cdot nSiO_2+CaCl_2+mH_2O = 2NaCl+Ca(OH)_2\downarrow+nSiO_2+(m-1)H_2O \quad (5-4)$$

堵水管柱由封隔器和喷砂器组成，如图 5-26 所示。在施工过程中堵剂注入顺序为：水玻璃-水垫-氯化钙-水垫-水玻璃-水垫-氯化钙-顶替清水。每段水玻璃或氯化钙溶液的用量不超过 $3m^3$，水垫 $0.2\ m^3$，顶替清水进入地层不超过 1m。对于多层堵水时先堵最下层，然后投入钢球，打开上一级喷砂器，进行堵水，如此逐层进行。堵塞裂缝层时先往裂缝层注入一定量堵剂后，投暂堵球，堵塞裂缝井段的炮眼，然后再继续注堵剂，封堵裂缝层的其他部位。

这种堵剂来源广、成本低、施工安全简便、封堵效果好，但在施工中必须采取有效保护油层的措施，否则会堵塞油层。

2. GO-1 高强度堵水技术

堵剂由水玻璃(甲液)和氯化钙(乙液)两种液体组成，将水玻璃和氯化钙溶液用隔离液隔开，通过化学堵水管柱交替注入高产水层(或层段)内，两种溶液在化学堵水层内接触反应，生成沉淀物，堵塞孔隙，从而起到封堵作用。

施工管柱主要有工作筒、封隔器、节流器等组成，如图 5-27 所示。

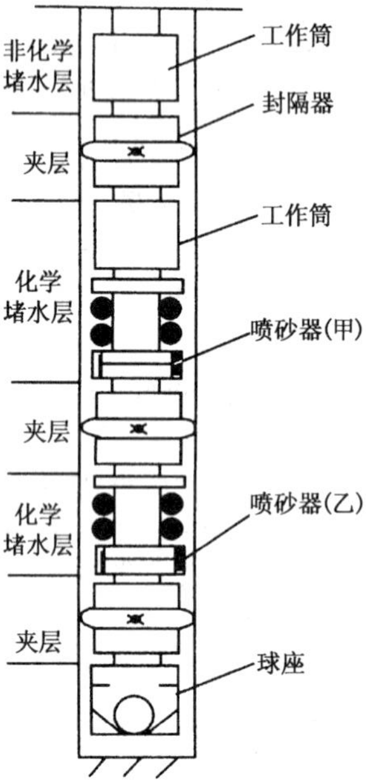

图 5-26　化学堵水管柱示意图

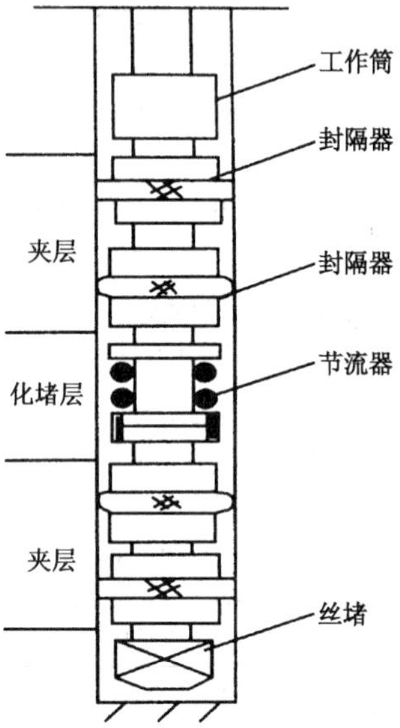

图 5-27　高强度化学堵水管柱示意图

该工艺与水玻璃加氯化钙普通化学堵水有如下区别：

① 堵剂配比不同。水玻璃加氯化钙普通化学堵水用 1∶1 比例，氯化钙溶液过剩。而高强度化学堵水采用甲乙两液的体积比为 4∶1～6∶1，堵剂反应较完全，突破压力约是 1∶1 配比堵剂承压的 2 倍。

② 隔垫不同。岩芯实验表明，采用油做隔垫，甲乙两液采用 4∶1～6∶1 比例时，突破压力约是用水垫 1∶1 比例时突破压力的 3 倍。

③ 注入堵剂的顺序不同。普通化学堵水为乙液结束，高强度化学堵水确定以甲液开始和结束。因为甲液黏度大，流动速度慢，这样甲乙两液在地层中接触机会多，反应完全；以甲液结束，卸压后乙液反吐，遇甲液反应产生固化物，使堵剂不易反吐到井筒中。

④ 尽力减少堵剂循环次数，设计先多后少的堵剂分层注入量，增加堵剂强度，普通化学堵水每段堵剂不超过 3m³，这样循环次数多，水多影响堵水强度。

⑤ 化学堵水管柱采用了防污染措施，能有效地封堵目的层，同时防止对非化学堵水层的污染。

⑥ 替挤量不同。普通化学堵水替挤液进入地层内 1m；高强度化学堵水替挤液不进入地层，增强井筒附近的封堵强度。

⑦ 普通化学堵水替完堵剂后，立即活动并上提管柱；高强度化学堵水后需候凝，带压关井，让堵剂充分反应，以免反应不完全就反吐。

5.4.3.3 单液法堵水工艺技术

单液法化学堵水是从地面向地层注入一种化学药剂，在地层条件下发生化学反应，堵塞地层孔隙通道，降低渗透率，实现堵水的目的。主要有氰凝、高聚物、水玻璃等单液法堵水技术，具有堵剂用量少，成本低，工艺简单，需要时可解堵的特点。

1. 氰凝堵水技术

氰凝主体成分含有异氰酸根(—NCO)基团，—NCO 具有累积的双键，非常活泼。加入催化剂注入油层后，在油层温度压力下立即与水发生化学反应，分子键发生扩链、脱气、支化与交联，生成不溶于水的凝结物——交联度大的网状结构缩二脲，堵塞地层出水通道。

该工艺具有堵剂用量少，封堵浅，成本低，施工成功率高，堵剂承压强度高，有效期长，与水反应快，适用范围广等特点。

该工艺有两种施工管柱。一种是由 K344-114 封隔器、定压阀、胶塞及单流阀组成，如图 5-28 所示，具有以下特点：封隔器的传压通道与胶塞推堵剂是相对独立的压力系统，封隔器坐封、解封可靠；井口装单流阀，以防止地面软、管线爆破或注堵剂中途停泵，造成堵剂返出；卡距上部封隔器上加一反扣接头，必要时可将反扣接头上部油管倒出，套铣解卡；采用双层套管的封堵管柱，并且管柱上增加了震击器，一旦遇卡，可以震击解卡或将双层套管中的堵剂捞出，套铣解卡。

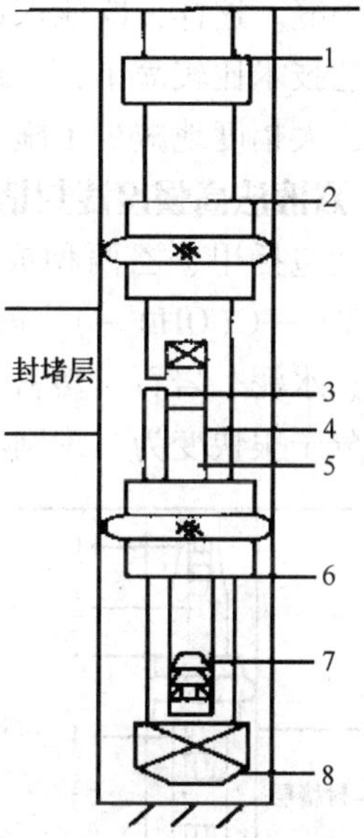

图 5-28　氰凝封堵管柱示意图

1—ϕ76mm×ϕ62mm 变扣头；2—K344-114 封隔器；3—定位器；4—堵剂管；5—堵剂；7—胶塞及单流阀；8—丝堵

另一种施工管柱是在管柱下井时，选择合适长度的油管短节安装在两级封隔器之间[图 5-29(a)]，注完氰凝后，油套管环形空间内及油层浅部充满了氰凝，然后上提管柱，使上级封隔器与油管短节脱开[图 5-29(b)]。管柱起完后，下入铣鞋和打捞筒，进行套铣[图 5-29(c)]，铣至下封隔器后，打捞筒已捞住油管短节，再将下级封隔器起出来。

2. 水玻璃单液法堵水技术

在地面把水玻璃和固化剂溶液充分混合搅拌均匀后泵入封堵层，在地层条件下发生化学反应，生成不溶于水的胶结物，从而达到封堵油层的目的。先用增稠剂作前置液，然后用混

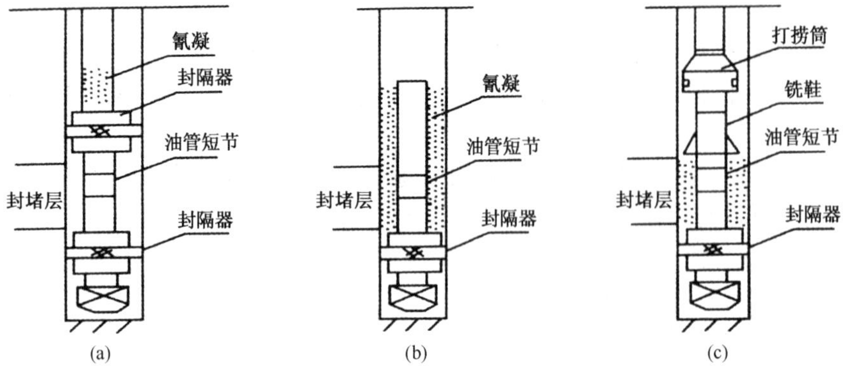

图 5-29 氰凝封堵管柱

砂车做搅拌器，施工时把水玻璃罐车与固化剂罐车接在混砂车进液口，用罐车闸门(或混砂车进液口闸门)控制排量比，使水玻璃与固化剂混合比达到 2∶1。堵剂进入混砂罐后，其搅拌系统使堵剂充分混合，最后由压裂车泵入目的层。

3. 高聚物单液法堵水技术

堵剂主要由主剂、固化剂、增强剂、转向剂组成，外观为平均粒径 $\phi 50\mu m$ 的固体粉末，在水中呈悬浮状态。对于厚油层和裂缝性油层，还可以加入转向剂，其作用是封堵较大的地层孔道和裂缝。这样，既能保证理想的封堵剖面，又能减少堵剂用量，降低成本。

该工艺技术比较简单，一趟管柱可以完成自喷求产、化堵、效果检验及再次封堵等多项工艺措施，大幅度地减少了施工作业量、降低了成本、缩短了占井周期。

5.4.3.4 双液法高强度浅封堵堵水工艺技术

该堵剂包括甲、乙两种成分。堵剂中含有极性活泼的氨酯基、异氰酸酯基(—NCO)、脂肪族羟基(—C(OH)—)、醚基(—O—)和环氧基，对金属和非金属(如陶瓷、玻璃、橡胶、木材、水泥、岩石、塑料等)都具有极高的黏附性。在甲、乙成分混合过程中，体系由一维线性分子很快变为二维网状结构分子(如缩二脲、树脂衍生物、氨基甲酸衍生物 A)和三维立体结构分子(如氨基甲酸衍生物 B 和 C)迅速固化为聚合物。同时，在堵剂的凝聚过程中，具有的极性基团和活泼基团[NCO、—C(OH)—等]与基质结合在一起。反应中产生的 CO_2 将会推动体系浆液向外扩散、膨胀，增强了封堵效果。

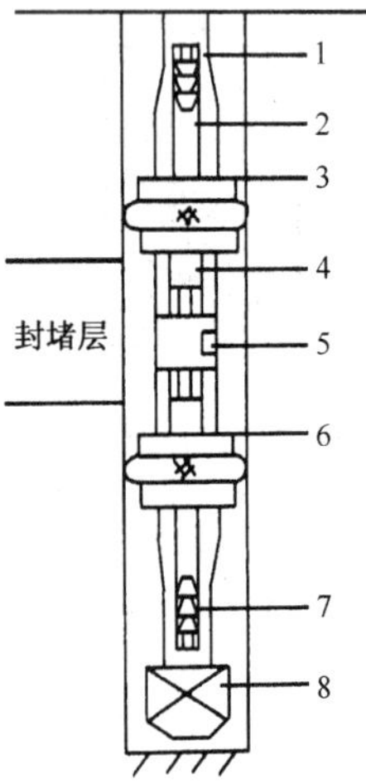

图 5-30 双液携带单液封堵管柱示意图
1—ϕ76 油管；2—ϕ50 堵剂管；
3，6—K344-116 封隔器；4—甲堵剂；
5—混液室；7—胶塞单流阀；8—丝堵

该技术封堵承压高，封堵段可承受 10MPa 生产压差，有效期长，反应速度快，转向性能好，堵剂用量少，浅封堵，易解堵。可用于堵水，亦可用于封窜。一趟管柱封堵两个层段，缩短了施工周期，降低了施工费用。

工艺原理如图 5-30 所示，该管柱主要由两级封隔器、封堵装置等工具组成。甲、乙两种堵剂分别装入封堵装置的上、下堵剂管内。由油管携带的封堵装置下入井内预定深度后，地面水泥车加压。在一定的压力下，用隔离液隔开的甲、乙堵剂双向同时喷射，在混液装置内快速均匀混合后的堵剂被挤入炮眼，进入地层并很快凝固，封堵炮眼及附近地层，达到封堵高含水层及封堵窜槽的目的。

5.4.4 油井堵水作业工序

5.4.4.1 机械堵水

机械堵水是使用封隔器及配套的控制工具来封堵高含水层，阻止水流进入井内。

1. 确定堵水井

① 根据地质动态分析，选择含水上升、产油量下降的高含水井初步确定堵水井。

② 进行分层测试，测试流压、每个层段的产液量、产油量及含水率。

③ 根据可靠的分层测试资料，预测(计算分析)堵水效果。

④ 根据预测堵水效果及地质动态分析资料，正式确定堵水施工井。

2. 施工准备

① 井况调查：调查井身结构、油层、射孔、历次施工、历年生产和测试资料等及目前井下管柱和井场状况资料。

② 井筒准备；施工井必须作到套管内径清楚，射孔深度数据准确，卡点层段无窜槽，套管内表面光洁无黏结物。

③ 按照地质设计、工艺设计要求，编写施工设计。

3. 施工工序

① 洗井，起出原井管柱。

② 刮削、通井、冲砂清洗井筒。

③ 验窜。

④ 下堵水管柱，管柱结构如图 5-31。

⑤ 磁性定位测井校深。

⑥ 释放封隔器。

⑦ 丢手，起出丢手管柱。

⑧ 下完井管柱。

5.4.4.2 化学堵水

1. 确定堵水井

① 封堵有接替层和高含水、高产液的油井。

② 层间无窜槽、套管不变形、具备施工条件的井。

③ 分层堵水时有卡住封隔器厚度的稳定夹层。

2. 施工准备

① 井况调查：调查井身结构、油层、射孔、历次施工、历年生产和测试资料等及目前井下管柱和井场状况资料。

② 井眼准备：施工井必须作到套管内径清楚，射孔深度数据准确，卡点层段无窜槽，套管内表面光洁无黏结物。

③ 选择最佳堵水方案，编写施工设计。

3. 施工工序

① 起出生产管柱。

② 冲砂洗井。
③ 通井、清洗井筒。
④ 下入分层堵水管柱，管柱结构如图 5-32。
⑤ 坐封、验封、试挤。
⑥ 挤注堵剂(含顶替液)。
⑦ 按设计关井。
⑧ 解封、起出分层堵水管柱。
⑨ 下泵恢复生产。

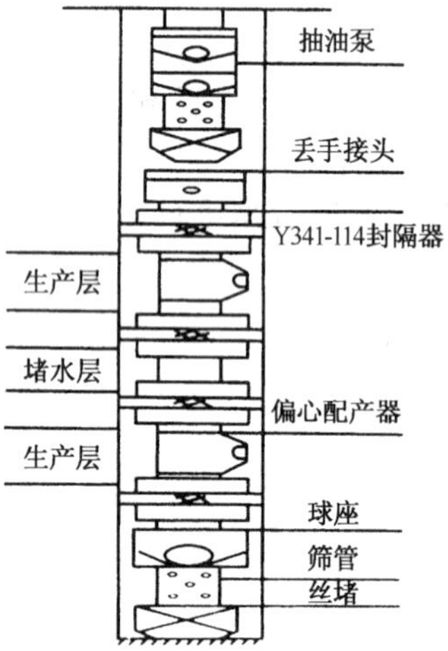

图 5-31　机械堵水管柱

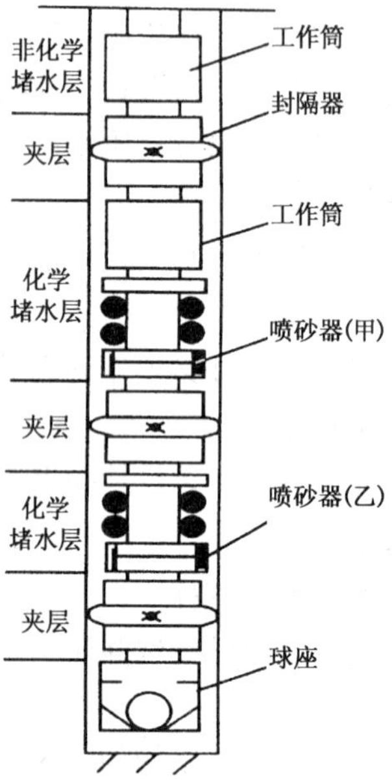

图 5-32　化学堵水管柱示意图

5.5　注水井调剖

对于注水开发的油田，由于油层的非均质性和注入水的长期冲刷形成的次生大孔道(高渗透条带)，大量的注入水沿高渗透层或高渗透条带突进，造成油井含水上升速度加快，注入水利用率低，致使注入井的吸水剖面不均匀，且其不均匀随注水时间的推移而加剧。在注水井上，采取分层注水及分层改造低渗透层是改变吸水剖面不均匀的重要措施，但对于隔层薄、套变、层段内无法细分的井却无法解决。

为调整注水井的吸水剖面，提高注入水的波及系数，改善水驱效果，向地层中的高渗透层注入堵剂，堵剂凝固或膨胀后，降低高渗透层的渗透率，迫使注入水增加对低含水部位的驱油作用，这种工艺措施称为注水井调剖。

5.5.1　调剖工艺

注水井调剖根据不同调剖剂有不同的施工方法。化学调剖剂可以分为单液法和双液法。

5.5.1.1　单液法调剖技术

单液法是向地层注入一种液体，这种液体所带的封堵物质在地层条件下反应生成的物质可封堵高渗透层，降低高渗透层的渗透率，迫使注入水增加对低含水部位的驱油作用。单液法所适用的调剖剂主要有低固相分散体系、固化体系、硅酸凝胶、冻胶型体系等。

单液法调剖液的工艺流程如图 5-33，施工注入顺序为：前置液→调剖液→顶替液。其工艺施工简单，能充分利用调剖剂，封堵强度大，但只能封堵近井地带。

5.5.1.2 双液法调剖技术

双液法是向油层注入由隔离液隔开的两种可反应的液体。若两种液体的物质可发生反应，则把这两种液体叫做第一反应液和第二反应液。当将两种液体向地层内部推至一定距离，隔离液将变薄而不起隔离作用时，两种液体便可发生反应，产生封堵地层的物质，可达到深部调剖的目的。由于高渗透层吸入更多的堵剂，故封堵主要发生在高渗透层。

双液法所适用的调剖剂主要有絮凝体系、沉淀型调剖剂、凝胶型调剖剂等。

双液法调剖液的工艺流程如图 5-34，施工注入顺序为：前置液→第一反应液→隔离液→第二反应液→顶替液，其优点是既能封堵近井地带，也能封堵远井地带，只要改变隔离液用量，就能将段塞设置在地层的不同位置，但因只有一部分药剂相遇反应产生堵塞物质，药剂不能得到充分利用。

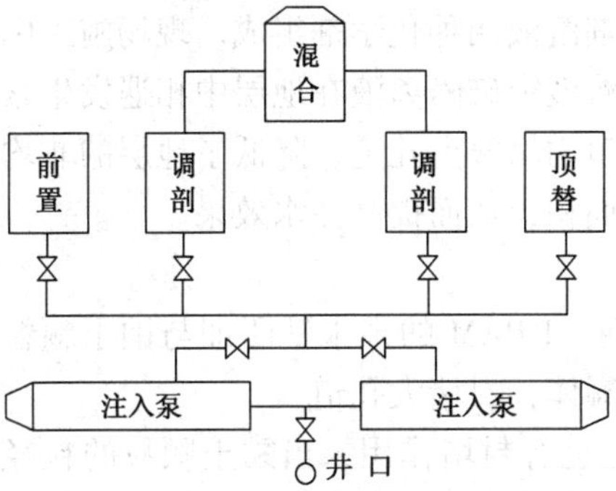

图 5-33 单液法调剖剂注入流程

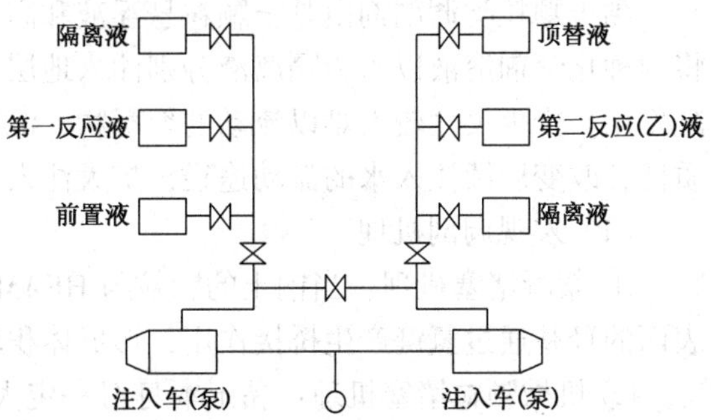

图 5-34 双液法调剖剂注入流程

5.5.2 化学调剖剂

根据调剖剂的调剖机理，可将化学调剖分为粒状调剖剂、沉淀型调剖剂、冻胶型调剖剂、树脂型调剖剂、深度调剖剂、泡沫类调剖剂及微生物类调剖剂等。

5.5.2.1 粒状调剖剂

粒状调剖剂是一种固体或半固体颗粒，这种颗粒按地层渗透率的大小及孔隙的大小制成不同级别的颗粒，以水或其他溶剂为载体，将其送入注水的高渗透带，固体颗粒进入底层，产生封堵作用从而提高注水的波及系数。这种堵剂的优点是用量少，施工简便，但它仅适用于垂向渗透率远小于水平渗透率的地层。目前使用较多的是体膨型聚丙烯酰胺。

1. 体膨型聚丙烯酰胺

水膨体一般是指具有一定交联度，遇水可发生溶胀但不发生溶解的聚合物颗粒。使用时将原料制成一定粒径范围(0.15~5.0mm)的颗粒，对注水井进行处理，注入高渗透层后遇水膨胀，堵塞高渗透水层，起到调剖的作用。当被挤入油层时，由于它不具备吸油能力，因而在开采时容易携带出，达到选择性调剖、增大油藏波及体积的目的。

(1) 适用条件

① 要求提压幅度较大的层间调剖。

② 油层厚度较大的正韵律油层层内调剖(小颗粒、大剂量)。

(2) 主要施工工序

① 施工前投捞到位。

② 注水，测压降曲线。

③ 将注入设备等运至井场，连接好各种设备管线，对调剖泵—注水井油管的管线试压，压力为正常注水压力的1.5倍，不刺不漏为合格。

④ 正挤净化污水。

⑤ 注堵剂段塞。

⑥ 注顶替液。

⑦ 转正常注水。

⑧ 15d后洗井。

⑨ 测压降曲线。

⑩ 按地质配注正常注水。

2. 黏土调剖剂

黏土颗粒类调剖剂由黏土颗粒悬浮液和高分子絮凝剂溶液两种化学剂组成。现场施工中将两种化学剂溶液以水为隔离液分别注入地层，当两种溶液突破隔离液在地层中相遇发生絮凝作用，产生尺寸较大难以流动的絮凝物，沉积在大孔道内堵塞大孔道，降低了地层的非均质性，改变后续注入水的流动途径，扩大注入水的波及面积，从而提高注水效果。

(1) 宏观调剖机理

① 絮凝堵塞机理：当钠土的颗粒与HPAM溶液相遇，HPAM的亲水基团即与钠土颗粒表面的羟基通过氢键产生桥接作用，形成体积较大的絮凝体，封堵大孔道。

② 机械颗粒堵塞机理：黏土本身对一定大小的孔道也有封堵作用，当黏土颗粒的粒径大于1/3地层孔径时，就可产生由于颗粒架桥而形成的物理堵塞。

③ 积累膜降低渗透率机理：当用钠土双液法堵大孔道时，在孔道砂岩表面上羟基先与HPAM通过氢键结合，然后由HPAM的亲水基团与黏土表面的羟基通过氢键结合。若用多单元双液法处理大孔道时，即可在大孔道表面重复产生为HPAM桥接起来的黏土黏附层，降低了大孔道的渗透性。

(2) 主要施工工序

① 提出原井管柱，检查井下工具及油管使用情况。

② 探冲至人工井底。

③ 下入黏土大剂量堵水光管管柱。

④ 测压降曲线。

⑤ 正挤黏土堵剂(双液法)。

⑥ 正挤顶替液清水。

⑦ 关井候凝3d。

⑧ 洗井，试注。

⑨ 测压降曲线。

⑩ 下完井管柱，注水合格交井。

5.5.2.2 沉淀型调剖剂

沉淀型调剖剂就是利用两种化学剂在地层中相遇发生反应生成沉淀，或采用一种化学剂与水中的二价、三价金属离子生成沉淀。这些沉淀物停留在地层孔隙中，对地层产生堵塞作用。

1. 双液法水玻璃-氯化钙调剖剂

当把一定量的水玻璃和氯化钙溶液以惰性液体或清水交替挤入地层，两溶液便在地层岩石孔隙内相混合，生成不溶于水的硅酸钙和氢氧化钙沉淀，从而堵塞地层。

反应式为：

$$CaCl_2+Na_2 \cdot nSiO_2+mH_2O \longrightarrow 2NaCl+CaSiO_2 \cdot mH_2O \downarrow +(n-1)SiO_2 \quad (5-5)$$

$$CaCl_2+Na_2 \cdot nSiO_2+mH_2O \longrightarrow 2NaCl+Ca(OH_2) \downarrow +nSiO_2+(m-1)HO_2 \quad (5-6)$$

由于两种反应物均为水溶液，且黏度低，因此能选择性进入高渗透层。注入时，两种反应液用柴油或清水隔开，进入地层后随注入液的向外推移，隔离液越来越薄，最后两种反应液相遇而产生沉淀，该沉淀物能有效的堵塞高渗透层。

2. 单液法水玻璃-氯化钙调剖剂

水玻璃与氯化钙很容易发生反应，为减缓反应速度实现单液法操作，采用先加碱使氯化钙变成氢氧化钙，再与水玻璃缓慢作用。反应生成物为凝胶状弹性固体，可有效地封堵高渗透层。

反应式为：

$$CaCl_2+2NaCl = Ca(OH)_2+2NaCl \quad (5-7)$$

$$Na_2O \cdot nSiO_2+Ca(OH)_2+Na_2 \cdot mH_2O \longrightarrow CaSiO_3+(n-1)Si(OH)_4+(m-2n+2)H_2O+2NaOH \quad (5-8)$$

该调剖剂配制液为乳状液，地面黏度小，可泵入性好，50℃胶凝时间0.5~3h，凝胶黏度大于2×10^4mPa·s，堵水效率大于98%。

5.5.2.3 弱胶凝调剖剂

弱凝胶又称可动凝胶或胶态分散凝胶，是指在低浓度的聚合物溶液中加入少量的交联剂、稳定剂，通过分子内和分子间交联而形成的一种黏度或分子尺寸较大的体系，它是介于聚合物稀溶液与凝胶之间的过度体系，其分子尺寸比聚合物溶液中分子尺寸大得多，其性质既不同于聚合物溶液，也不同于凝胶体系，它是具有胶体性质的热力学稳定体系，其特点是低的聚合物浓度和交联剂浓度，有很好的耐温和抗二价离子的能力，成胶时间可控，流动性能好，可长时间保持流动和注入能力。

（1）凝胶的调剖机理

对于在平面和纵向上渗透率存在极差的非均质油层，在通常水驱条件下，往往发生注入水沿不同渗透率层段推进不均匀的现象。高渗透率层段推进速度快，低渗透率层段推进速度慢，加上油水黏度比较大，水驱过程中高流度流体取代低流度流体，导致注入水推进不均匀的程度加剧，甚至在多数情况下出现高渗透层段早已被注入水突破，而低渗透率层段推进距离仍较小的现象，使低渗透率层段的原油不能得到有效的开采。

在注入弱凝胶的情况下，由于油水黏度比的改善，不同渗透率层段间的水线推进不均匀程度缩小，因此，向油层注入高黏度的弱凝胶时，可以在高渗透率层段水突破时加大低渗透率层段的水线推进距离，从而调整吸水剖面。

（2）适用条件

① 适用于层内大剂量调驱。

② 地层温度为 30~90℃。

③ 地层矿化度≤70000mg/L。

(3) 施工工序

① 按堵水目的层投捞，使其符合堵水要求。

② 注水测压降曲线。

③ 将注入设备、材料等堵水用料运至井场，连接好各种设备管线。

④ 正挤净化水。

⑤ 正挤各段塞调驱剂。

⑥ 正挤顶替液。

⑦ 关井候凝 5d。

⑧ 注水测压降曲线。

⑨ 按地质配注正常注水。

1. 木质素磺酸盐调剖剂

木质素磺酸钙复合堵剂的堵水工艺技术原理，是复合堵剂中的木质素磺酸钙和聚丙烯酰胺在一定条件下，互相和本身发生交联而形成的具有复杂的形体结构的凝胶，使水的流动受到很大的阻碍，达到堵水的目的。本堵剂具有强度高，黏弹性好，热稳定性好，可调性，对水溶胀等优点，适用封堵地层温度 50~90℃油水井砂岩地层内层间出水。

(1) 调剖机理

主要通过木钙、PAM 等发生多种交联，形成一种复合凝胶结构，具有水溶性强、在亲水岩石表面产生吸附等特性，在储层中一方面优先占据出水孔道，使水的流动受到很大阻碍，使驱动能量转移到含油饱和度较高的层带；另一方面吸附在亲水岩石孔隙表面，未吸附部分造成对水的阻力，从而达到堵水调剖的目的。

(2) 适用条件

① 井深在 800~3000m，温度在 30~130℃。

② 层内、层间吸水差异大，需提压幅度较大的井。

③ 正韵律大厚层，底部水窜严重，需进行封堵大孔道的井。

(3) 施工工序

① 测压降。

② 装好井口，连接好井口注入堵剂的流程。

③ 注堵剂段塞。

④ 注顶替液。

⑤ 关井 72h 候凝。

⑥ 洗井，试注水。

⑦ 测压降。

⑧ 按地质要求转正常注水。

2. 黄胞胶调剖剂

(1) 结构及作用机理　黄胞胶亦称黄单孢杆菌胶，是淀粉或蔗糖经野油菜黄单孢菌发酵产生的一种多糖物质。由于黄单孢菌分子易溶于水，且有良好的增黏性、假塑性、乳化稳定性、耐酸碱、抗盐钙，与槐豆胶、瓜胶相互作用成胶可以明显增效，与多种物质在同一溶液体系中有良好的兼容性，所以用途十分广泛。

（2）施工工艺

① 施工可以使用光油管，也可使用封隔器隔开低渗透层施工。

② 施工时用注入泵或水泥车，压力控制与正常注水相近，连续注入。

③ 顶替液为清水，其数量比油管容积与地面管线容积之和多1~2m^3即可。

④ 关井2~3d后，开井恢复正常注水，并测试观察处理效果。

5.5.2.4 树脂型调剖剂

树脂型调剖剂是指通过低分子物质缩聚反应产生的具有体型结构，不溶不熔的高分子物质，如酚醛树脂、脲醛树脂、环氧树脂、糠醇树脂等。施工时，将液体树脂注入水层，在固化剂的作用下，使其成为具有一定强度的固态树脂而堵塞孔隙，达到封堵水层的目的。

1. 酚醛树脂

该调剖剂是将酚醛树脂(20℃时黏度为150~200mPa·s)与草酸(固化剂)按一定比例混合，然后加热到草酸完全溶解、树脂呈半黄色为止。然后挤入水层，便可形成坚固的不透水屏障。

2. 脲醛树脂

尿素与甲醛在碱性催化剂作用下缩聚成体型高分子，称之为脲醛树脂。此种脲醛树脂通常是无色到浅色的黏稠液体。使用时，为加速热固反应的进行，可使用酸性催化剂(盐酸、草酸等)。

3. 环氧树脂

环氧树脂是一种热固性树脂，强度比酚醛树脂或糠醇树脂大。硬化剂和环氧树脂反应后使其聚合成坚硬的惰性固体。通常环氧树脂是双酚A和环氧树脂在碱性条件下的反应产物。常用的硬化剂为乙二胺和多元酸酐，其作用是使环氧树脂交联。稀释剂为乙二醇-丁基醚。

4. 糠醇树脂

糠醇是一种琥珀色液体，沸点为174.7℃，熔点为-15℃，相对密度为1.13，在20℃时的黏度为5mPa·s，在有酸存在时，糠醇本身进行缩合反应，生成坚固的热固性树脂。

利用糠醇树脂堵水是将酸液(通常用80%H_3PO_4)注入欲封堵的地层，然后泵入糠醇溶液，中间加隔离液柴油，以防止酸与糠醇在井筒接触。当酸与糠醇在地层中与水混合后，便发生剧烈的放热反应，生成坚硬的热固性树脂，封堵地层。

5.5.2.5 泡沫类调剖剂

泡沫、乳状液类属于胶体分散型调剖剂。作用机理是乳状液或泡沫通过地层孔隙时，乳状液或泡沫的液珠发生形变，而对液体流动产生阻力，即贾敏效应，这种阻力可以叠加，从而使目的层发生堵塞。另外，乳状液或泡沫的液珠具有黏弹性，进入孔隙后发生膨胀，使堵水作用加强。优点是选择性强；缺点是有效期短，施工工艺复杂。

5.5.2.6 微生物类调剖剂

根据资料，目前各国用于堵水、调剖的微生物的菌株接种物类型有下列几类：

① 葡聚糖β球菌。

② 硫酸盐还原菌。

③ 需氧和厌氧的充气污泥细菌。

④ 生成生物聚合物的细菌，如肠膜明串珠菌。

⑤ 生成表面活性物质，助表面活性物质的菌种。

⑥ 生成聚合物——多糖和气体的菌种。

目前用于渗透率剖面调整和选择封堵采油的微生物现场试验和应用的有以下几例：

① 荷兰于 1958 年用葡聚糖 β 球菌和形成黏泥的细菌进行现场选择性封堵提高采油量的试验。

② 原苏联 1972 年和 1976 年用厌氧菌和需氧菌，如硫酸盐还原菌等进行剖面调整，1989 年用需氧和厌氧的充气污泥细菌进行选择封堵，提高采油量。

③ 加拿大 1988 年用肠膜明串珠菌，生成聚合物进行剖面调整。

④ 美国 1983~1984 年，1988 年，1990 年先后用生成表面活性物质、知性物质、气体的培养物和生成聚合物多糖、气体的培养物进行剖面调整。

⑤ 大港油田应用微生物注入注水井油层，微生物增长形成纤维状堵塞物封堵大孔道获得注水井调剖成功。目前已培育了 DFG 厌氧性微生物堵剂，取得了注水井调剖的应用成功。

主要技术指标：

① 菌种耐温 100℃，最佳生长温度 60℃。

② 菌种耐矿化度 100000mg/L(NaCl 浓度)。

③ 兼性厌氧与地层原生菌相容生长。

④ 对 20μm^2以下的岩芯堵塞率大于 90%。

⑤ 有效期大于 5 个月。

应用范围：

① 井底温度小于 70℃。

② 注入水矿比度小于 100000mg/L。

③ 杀菌剂浓度 400mg/L 以下。

5.5.2.7 深度调剖剂

深度调剖剂主要用于封堵厚油层底部的高渗透条带，使注入水转向进入中低渗透部位，进一步提高正韵律厚油层顶部的动用程度，以提高采收率。由于其封堵半径大(大于⅓井距)，因而用量大。调剖剂具有成胶时间可控，能满足施工要求以及成胶强度较高、成本低等特点。

1. 复合离子深度调剖剂

复合离子调剖剂是由复合高分子聚合物、交联剂、促凝剂和热稳定剂按一定比例配制而成的延迟型调剖体系。体系注入地层后，在一定的 pH 值和温度下发生一系列化学反应形成凝胶。这种凝胶通过吸附作用、动力捕集和物理堵塞，起到封堵大孔道、降低高渗透层吸水能力的作用，从而达到深度调剖的目的。

它具有吸附性和耐冲刷性能好；剪切稳定性好；延缓交联特性，成胶时间和强度可控等特点。

2. 延缓交联深度调剖剂

该调剖剂主要由聚丙烯酰胺、交联剂和稳定剂等组成。由于交联剂为有机物，在常温下不释放出有效成分，处于相对稳定状态。当体系中有酸和温度适当等条件下有效成分缓慢释放并与 PAM、稳定剂等发生反应。由于有效成分是逐步释放出来的，数量有限，体系中的浓度较低，不会出现明显的交联反应，因而体系的黏度增长很慢。当体系中的有效成分达到一定浓度时，缩合、交联反应变得明显起来，体系的黏度也显著增高，生成的凝胶体可有效地封堵高渗透层，达到改善吸水剖面，提高波及体积的目的。

它具有延缓交联特性，成胶时间和强度可控；剪切稳定性好；热稳定性好；吸附性和耐冲刷性能好等特点。

此外，还有石灰乳调剖剂、聚丙烯酰胺-乌洛托品-间苯二酚调剖剂、TP-910 调剖剂、FT-213 调剖剂、YFP-YTP 复合调剖剂、阴阳离子深度调剖剂、预交联深度调剖剂、泡沫类调剖剂及微生物类调剖剂等，随着油田化学技术的不断发展，化学调剖剂种类不断增加，其作用效果也越来越好。

5.5.2.8 纳米聚硅增注技术

纳米颗粒与水膜发生竞争吸附，在岩石表面形成了纳米强力吸附层。NPS-W 水分散体系下井后遇盐破乳，纳米聚硅核(NPS-W)释放出来驱赶走水化膜，吸附于岩石表面，使其由亲水性转变成疏水性，从而减小了注水流动阻力。

疏水纳米层阻止了水与岩石表面黏土矿物的接触，产生隔水防膨作用。憎水纳米层的形成有效阻止了水与岩石表面黏土矿物的接触，降低了黏土发生水化膨胀和表面黏土颗粒脱落的几率，减少了颗粒迁移对地层的堵塞，可大大延长增注有效期。

5.5.3 调剖作业工序

5.5.3.1 调剖井和井、层的选择

1. 调剖井的选择

(1) 调剖井的筛选分析

① 根据开发单元动态变化，分析由于注采失调引起含水上升、产量递减大的井，明确下步主要的调剖井。

② 分析注采井网完善情况，搞清见效方向，找出井平面矛盾，确定主要调剖水井。

③ 分析井内油井单采资料，水井分层吸水资料，搞清分层注采状况，找出井层间、层内矛盾，确定主要调剖层。

④ 在井平面、层间矛盾分析清楚的基础上，分析平面、层间、层内剩余油分布状况，明确下步挖潜的方向。

⑤ 分析论证在当前调剖工艺水平下，能够解决井层间、层内干扰，发挥井潜力的程度。

⑥ 地质、工艺结合分析论证确定调剖井。

(2) 调剖井的选择原则

① 选择剩余油潜力较大，并且油层能够成片分布的井。

② 选择平面、纵向上渗透率差异较大的井。

③ 选择油层厚，层内隔层、夹层稳定的井。

④ 选择采液强度大，注采关系为长期单向受效，水淹严重的井。

⑤ 选择注采失调严重的井。

2. 调剖井、层的选择

① 对反映水井吸水能力的参数进行分析，初步判断调剖井、层。

a. 水井注入压力低于区块水井的平均注入压力的水井需要调剖。

b. 每米视吸水指数。对各注水层每米视吸水指数差异≥50%的水井进行调剖，对调剖井中每米视吸水指数最大和较大的层进行调剖。

c. 注水井 *PI* 值。*PI* 值越小越需要调剖，当 *PI* 值≤区块 *PI* 平均值时，应进行调剖。

d. 注水井 *FD* 值。*FD* 值越小越需要调剖，当 *FD*≤0.75 时，应进行调剖，注水井 *FD* 以

0.75~0.90 为最佳值。

② 对反映油层非均质状态的参数进行分析，进一步判断调剖井、层。

③ 对反映周围油井动态的参数进行分析，最终判断调剖井、层。对应油井剩余油潜力较大的水井、注水层优先进行调剖。

5.5.3.2 调剖参数设计

(1) 调剖周期的设计

① 调剖井转入正常注水后每隔 15 天测一次注水井压降曲线。

② 由不同时间测得的注水井井口压降曲线计算出相应的 *PI* 值，并作出调剖井 *PI* 随时间的变化曲线。

③ 由曲线变化趋势判断调剖剂在地层中的运移情况。

(2) 调剖施工参数设计

① 数值模拟计算。根据处理井及其油层资料，所使用的调剖剂性能及其对油藏的影响和对处理结果的要求等，利用数值模拟程序可以计算调剖井的合理用量，优选施工参数，分析有关参数对调剖效果的影响，预测调剖后的效果，并可预测出调剖前后吸水剖面变化图。

② 调剖剂用量计算。

③ 施工压力控制。为了使调剖剂能更好的有选择性进入高吸水层，控制注入压力是工艺中的一个重要环节。在采用光油管笼统注入的处理井中，注入压力一般控制在稍低于该井正常注水压力或在正常压力附近，也可以根据不同地层的启动压力来控制。调剖剂的注入压力应高于高渗透层的启动压力，而低于低渗透层的启动压力。若采取封隔器卡封单层处理，必要时可以采用高压快速注入，但最高压力不许超过地层破裂压力的 80%；也可以根据数值模拟注入压力及调剖剂与地层的实际情况，确定合理的注入压力及排量。

5.5.3.3 调剖施工设计书的主要内容

① 施工依据及目的。

② 油井基础数据、油层基础数据、目前生产情况。

③ 施工前是否对井筒或地层采取预处理。

④ 施工所采用的管柱结构及地面流程。

⑤ 施工准备。包括配制设备和注入设备准备及施工用料准备。注入设备有适应于大规模调剖施工的固定式堵水站；操作灵活的活动式堵水设备；可控制注入速度、保护中低渗透层的变频注入设备；水泥车等。

⑥ 所使用调剖剂的组成、性能、配制方法、用量、注入压力、注入速度控制。

⑦ 施工工序。

⑧ 技术要求：包括施工要求、关井要求及开井后的工作措施。

⑨ 施工注意事项。

5.5.3.4 调剖施工

注水井调剖施工主要包括施工前准备、调剖剂设计及配制、调剖剂的挤注、关井候凝、投注等。根据调剖剂注入量和注入周期，主要有大剂量调剖和小剂量调剖；根据施工设计要求，主要有动管柱施工和不动管柱施工。

1. 动管柱施工

(1) 施工准备

① 井况调查。调查井身结构、油层、射孔、历次施工、历年生产和测试资料等及目前

井下管柱和井场状况资料。

② 井眼准备。施工井必须作到套管内径清楚，射孔深度数据准确，调剖层段油层物性清楚，套管内表面光洁无黏结物。

③ 按照地质设计、工艺设计要求，编写施工设计。

④ 上动力及配制调剖剂设备。

(2) 施工工序

① 起出注水管柱。

② 通井至井底，有砂则冲砂至井底。

③ 按调剖施工设计要求下入施工管柱，安装井口。

④ 关闭注水闸门，试压 25MPa，管线不刺不漏为合格。

⑤ 用注入水反洗井至进、出口端的水质相同。

⑥ 正注水 2~4d。

⑦ 测取注水指示曲线、压降曲线和吸水启动压力，计算调剖层的吸水指数。

⑧ 配制调剖剂。

⑨ 试挤，观察封隔器的坐封，确定调剖剂挤注压力和排量。

⑩ 按施工设计要求挤入前置液、调剖剂、顶替液。按设计要求关井候凝，投注。

2. 不动管柱施工

(1) 施工准备

① 井况调查。调查井身结构、油层、射孔、历次施工、历年生产和测试资料等及目前井下管柱和井场状况资料。

② 井眼准备。施工井必须作到套管内径清楚，射孔深度数据准确，调剖层段油层物性清楚，套管内表面光洁无黏结物。

③ 按地质设计、工艺设计要求，编写施工设计。

④ 摆放好各种配液(或转液)容器、设备和施工车辆。

(2) 施工工序

① 用注入水反洗井至进、出口端的水质相同。

② 投捞配注水嘴。

③ 正注水 2~4d。

④ 测取注水指示曲线、压降曲线和吸水启动压力，计算调剖层的吸水指数。

⑤ 配制调剖剂。

⑥ 连接好管线，关闭注水闸门，试压 25MPa，管线不刺不漏为合格，然后试挤，确定调剖剂挤注压力和排量。

⑦ 按施工设计要求挤入前置液、调剖剂、顶替液。

⑧ 按设计要求关井候凝。

⑨ 投注。

第6章　大修工艺技术

6.1　套管修复技术

套损井修复技术主要包括检测与修复两大内容，其中套管检测工艺技术以打铅印、各类封隔器验漏、侧面打印验漏、井温测井、井径测井、井下摄像测井等为主要技术手段；套管整形工艺技术以机械整形、爆炸扩胀法整形为主要技术手段；一般套管修复工艺技术以套管补贴、套管加固为主要技术手段；严重套损井的修复以倒套、换套工艺技术为技术手段。

6.1.1　套管损坏的原因及类型

通过对现场套管损坏情况的综合分析，发现造成油水井套管损坏的原因是十分复杂的，而且诸多因素相互交织，互相影响。

6.1.1.1　损坏的原因

① 地质构造应力、层间滑移、岩性膨胀、岩层塑性流动等造成地层应力发生变化使套管损坏。

② 套管串结构及壁厚组合设计不合理，浅层套管质量差、强度低、安全系数小。固井质量不合格。

③ 钻井磨损、作业磨损、误射孔、重复补孔、掏空过深、压裂酸化高压作业、修井过程中使用磨鞋、铣锥不当造成局部薄弱而损坏。

④ 地层出砂严重，形成管外空洞而套管外胀弯曲，井壁坍塌将套管挤压变形。

⑤ 地面注入水氧化反应对套管腐蚀、地下水及海水的腐蚀等。

⑥ 特殊作业超过套管许可压力或放喷压差过大造成套管损坏。

⑦ 油气井生产过程中，由于工作参数不合理，造成生产压差过大引起套管变形。

⑧ 老井套管老化，自然损坏。

6.1.1.2　损坏的类型

① 套管变形：包括套管内凹和套管外凸，即套管管体相对于原尺寸缩小或扩张，但管未破裂，含单向挤扁，多处缩径等。

② 套管破裂：套管有裂开、撕开的破损出现，同时相对于套管原尺寸有缩径或扩张的情形。

③ 套管腐蚀穿孔：套管腐蚀变薄，并有锈蚀破损孔洞，但套管未变形。

④ 套管漏失：套管螺纹或井身损坏不密封。

⑤ 套管错断、脱扣：套管本体断开或上下套管从连接丝扣脱开。

⑥ 套管弯曲：局部井段套管轴线偏离原井眼轴线，其弯曲度≥0.3°/m。

⑦ 套管毛刺：套管端面的轻微卷边或套管射孔后孔眼边的突起部分。

6.1.1.3　套管损坏机理研究

1. 地层出砂是造成油层套管变形的主要原因

地层出砂后，在炮眼附近形成空洞，由于空洞的出现，首先造成局部地层应力集中，储层结构被破坏，附近套管受到损伤。当储层大量出砂后，上覆岩石坍塌，形成自然拱力，从而使一部分原为油层承受的重力传递给套管，传递给套管的外力可以近似认为是空洞上覆岩层的重力，即：

$$W=\rho gH\pi(D_{洞}/2)^2 \tag{6-1}$$

根据材料力学的经验公式，套管的强度为：

$$P_i=\pi EI/nL^2 \tag{6-2}$$

当 $W>P_i$ 时，既当传递给套管的力达到或超过套管的极限强度时，套管失稳，产生弯曲变形，严重的甚至造成套管错断。

2. 完井质量差引起油层套管的损坏

① 固井质量差导致套管弯曲变形。

② 钻井完井管柱不合格(螺纹未上紧、螺纹坏)引起套管损坏。

③ 上部套管柱设计不合理，内径大、强度低，钻井过程中钻具将套管磨损。

3. 作业过程中套管损坏的因素

① 压裂、防砂施工中油管刺漏对套管喷砂损伤。

② 重复射孔孔眼叠加造成油层部位套管抗内压、抗外挤强度降低。

③ 磨铣施工，管柱设计不合理，磨损油层套管。

④ 打捞工具、封隔器咬住套管内壁，对油层套管造成损伤。

4. 生产过程中对油层套管的损坏

① 注水过程泥岩吸水蠕变、岩石应力变化，造成套管伤害。

② 出砂严重层，孔眼不完善或采液强度、注水强度过高时，孔眼流速加快，造成套管穿孔或破裂。

根据公式

$$V_{孔}=4Q/\pi nhd^2 \tag{6-3}$$

式中 Q——日产液量；

n——孔密；

h——射开井段的厚度；

d——射开孔眼直径

当 h、n、d 一定时，若 Q 增大，则 $V_{孔}$ 增大；当 Q、h、d 一定时，若 n 减少，则 $V_{孔}$ 增大。当 $V_{孔}$ 增大到一定值时，就会对套管壁产生水力破坏，造成套管穿孔或破裂。

5. 热采井套管损坏机理

① 注入蒸汽产生的热应力是造成套管损坏的主要因素。据热采套损井资料分析，套损部位发生在热采封隔器附近及以下位置的占 50% 以上；其原因是该段套管注汽时温度很高，热应力变化大，套管在与原作用力方向相反的拉伸应力和压缩应力作用下，易发生变形弯曲、错断。应通过优化热采井注汽工艺管柱，提高井筒隔热效果，减少储层上部附近的交变热应力，可以有效地预防稠油热采井套损现象的发生。

② 完井管柱设计不合理、井口附近套管强度低是造成井口附近套管损坏的重要原因。

③ 套管圆螺纹密封性能差、固井质量差易引起套管漏失。应采用适合于热采井的特殊套管螺纹(如 BCSG、SC-CC 螺纹等)，同时应用抗高温固井热稳定剂以提高固井质量。

④ 原始地应力受热变化导致油层部位套管受力发生变化而变形。高真空隔热管比普通隔热管的隔热效果有显著提高，当注汽温度 350℃，在隔热管管体均匀温度区，两种隔热管对应套管壁的温度分别为：193.8℃、85.33℃。隔热管视导热系数的改变，将引起套管、水泥环、地层温度的明显变化。降低隔热油管视导热系数可以有效地保护套管不发生热强度破坏。

⑤ 储层大量出砂造成套管局部失稳破坏。

6.1.2 套管检测工艺技术

6.1.2.1 探损检测工艺

常规检测法有铅模、锥形铅模打印，使用小直径工具、钻具、薄壁管试下，双水力封隔器找漏等。用铅模检测时按以下要求进行：

① 优先选用带护罩式平底铅模。

② 铅模入井前对端面尺寸、形状、光滑程度等进行描绘记录。

③ 铅模入井后，下放速度一般不大于 2m/s，至打印深度 1～1.5m 时，循环修井液 1～2 周，正常后缓慢下放钻柱打印。打印时悬重下降不大于 5kN，一次打成。

④ 打印深度计算准确，误差不大于 0.2m。

⑤ 必要时，更换直径比上一次小 2～6mm 的铅模打出套损点最小通径。

⑥ 起打印管柱时，注意保护铅模不被刮伤。

⑦ 起出的铅模清洗干净，印痕描绘准确，对比分析结论清楚且记录。

6.1.2.2 几种先进的套管检测方法

1. 多臂机械井径测井

目前现场较多使用的多臂机械井径与磁井径仪组合测井仪测井技术，该技术主要用于检测金属套管的质量状况，主要通过检测套管内径变化，反映套管纵向和横向的变形，利用曲线变化的形态，形成井身三维立体图，确定变形截面的平均内径或最大、最小直径任意方向直径值，根据多条井径曲线判断变形类型，这样可以快速直观地判断、确定套管的变形、错断、弯曲、孔眼、裂缝、腐蚀及沾污等情况。并可确定套管的外部腐蚀、破裂或缺损。

① 八臂井径测井仪：是单芯曼码传输井径测量仪。该仪器可同时测量和传输八条井径测量曲线，可以同时检测八个方位上套管的具体变化情况，从而较大程度提高了对套管变径判断的精确性。

该套仪器主要性能指标为：外径 Φ60mm，测量范围 Φ70～Φ175mm，耐温 150℃，耐压 70MPa，测量精度±1mm。

典型井例：某井套管在 271.1～272.0m 出现套管破漏，准备实施套管补贴，资料显示该井是 Φ177.8×7.72mm 的套管，用 Φ121mm 通井规通井时在 255m 遇阻，下部套管情况无法判断，采用八臂井径仪测量后，清楚地反映了 271m 处套管破裂的情况。该井采用套管补贴技术修复后恢复生产。

② 40 臂井径仪测井仪：是一种接触式测量仪器，即通过仪器的四十个测量臂与套管内壁接触，将套管内壁的变化转为井径测量臂的径向位移，通过井径内部的机械设计及传递，变为推杆的垂直位移；差动位移传感器将推杆的垂直位移变化转换成电信号。

该套仪器主要性能指标为：外径 Φ70mm，测量范围 Φ80～Φ190mm，耐温 175℃，耐压 80MPa，测量精度±0.5mm。

2. 井温测井验漏

井温测井目前仍作为一种常规的套管验漏测井方法，可分为梯度井温测井和微差井温测井。该方法适用于确定套管漏点，但无法判断套管损坏的类型及程度。

3. 超声波电视测井

① 工作原理：由于井内流体(泥浆、油气水混合物等)对可见光通常是不透明的，因此，

通常在井下不采用光学电视系统，而采用可通过泥浆传播的声波信号来探测井壁表面的情况，然后将声波信号变成电信号，再通过电视成像系统将其变成肉眼可见的图像。井下声波电视测井仪基于脉冲回波法的成像测井系统。

② 用途：多用于在套管井中、在井下不透明的泥浆中检查套管射孔后孔洞的分布及套管上是否有裂纹、断裂，用于套管腐蚀、套管破损、套管变形、爆炸整形、套管接箍和射孔后的检测，可以获取直观图像。图 6-1 表现为套管在 1032~1033.5m 严重腐蚀。

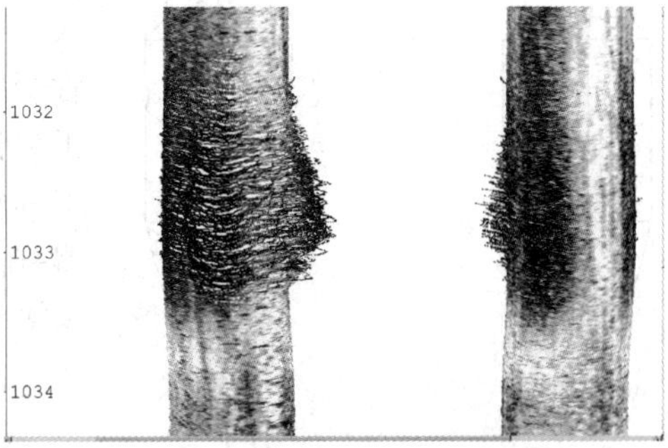

图 6-1　超声波电视测井图

4. 井下摄像套管检测

该系统由井下仪器和地面设备组成。工作过程为把井下摄像机拍摄到的井下图像通过普通测井电缆传输到地面解压缩处理仪还原出电视图像，对获取的图像可进行录制和打印。利用井下摄像套管检测工艺技术可以定量地分析套管破损、变形情况及定性的分析套管弯曲情况。由于为可见光测试系统，因此需要井内介质的清晰度达到一定程度才能得到清晰的图像。

(1) 循环检测工艺

该工艺通常在测试前通过其他的检测方式已经知道套损点和鱼顶的大概位置，只需将洗井管柱尾部下至目标区上部 0.5~1.0m 位置，井口安装洗井三通，通过正循环洗井，达到清洁鱼顶、套损点检测区域的目的，最后实施检测。

适用井况：①鱼顶及鱼腔的检测，②遇卡、遇阻、漏失位置的检测。

(2) 挤注检测工艺

该工艺通常在测试前，不明确问题井段的具体位置，只知道大概范围，需要将挤注管柱尾部下至目标区上部位置，管柱上部安装悬挂器、洗井三通，通过加压正挤清水，将井内不透明液体压回地层，达到清洁检测区域的目的，最后实施检测。

适用井况：①低压、高渗透地层井眼的检测；②产气量较大的井眼检测；③漏失井段的检测。

(3) 组合检测工艺

该工艺通常在测试前，将管柱尾部下至目标区下部位置，悬挂器坐井口、接洗井三通，首先打开套管闸门正循环洗井，将目标区井筒上部彻底清洗干净后，上提管柱至目标井段上部，再加压正注修井液，将管柱下部井内不透明流体压回地层，达到清洁检测区域的目的。最后实施检测。

适用井况：①侧钻井眼的检测；②较长井段的检测；③渗透率较低或漏失量较少的井眼测试。

6.1.3　套管修复技术

6.1.3.1　套管整形工艺技术

目前应用的套管整形工艺技术主要有机械整形器整形和整形弹爆炸整形两种方式。

1. 机械整形

机械式整形方法即利用钻杆柱及配重钻铤传递重力及冲击力、扭转动力等，使冲胀式整形工具、旋转碾压整形工具、旋转震击冲胀整形工具等对变形或错断部位的套管作功，将变形部位的套管基本恢复到原径向尺寸，从而完成对变形或错断部位的套管整型修复。

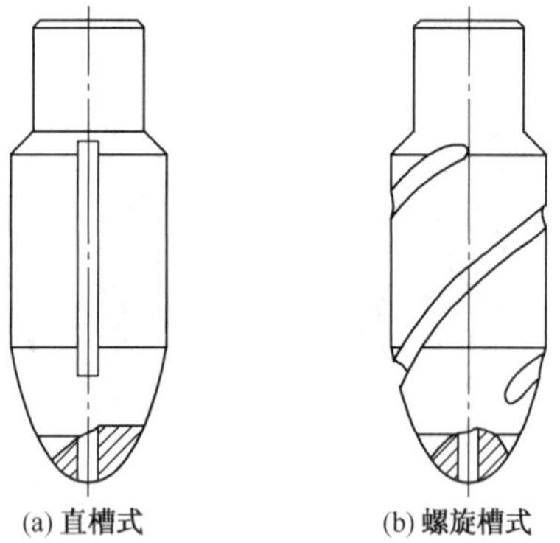

图 6-2　梨形胀管器结构示意图

（1）冲击胀管整形

其工作原理是：上提钻具一定高度，然后快速下放，利用钻具瞬时产生的惯性伸长，使胀管器冲击套管变形部位，修复变形井段。冲击胀管整形一般适用于套管变形量较小的井段，常用梨形胀管器作为整形工具（图 6-2）。其管柱结构自下而上为：梨形胀管器+配重钻铤+钻杆。井况较复杂时应在胀管器上接安全接头，为下步处理留有余地。

冲击胀管整形的施工步骤如下：

① 井眼准备。包括洗井、压井、装井口、起原井生产管柱等常规作业。

② 确定套管变形位置、形状、最小内径。方法是打印、小直径工具试下、测井等，为选择合理的整形方案和工具尺寸提供依据。

③ 选择整形工具。确定合理的工具尺寸是整形的关键技术之一，通常冲胀法整形要分数次完成。第一次整形时胀管器工作面尺寸大于变形段套管内径 2mm 或与之相同，第一次整形完成后更换大一级胀管器，级差为 2mm，最多不超过 4mm，否则对套管伤害过大，造成工具被卡的可能性也较大。

④ 整形。下整形工艺管柱到整形位置以上 2m，记录悬重，洗井 1~2 周，整形准备。整形的关键是确定合理的上提冲击距离和下放冲击速度。通常上提冲击距离为 2m，不要随意增加冲击行程；下放速度以不顿井口、不发生大绳跳槽为原则，尽快下放。反复冲击，直至胀管器顺利通过变形段，无明显夹持力为止。注意，每向下冲击 15~20 次，应对钻柱紧扣一次，防止螺纹松动脱扣。胀管器能够通过变形段后，还要反复冲击 5~10 次。然后起钻，更换大一级胀管器，再次对套损点整形，反复此过程，直至完全达到设计要求。

⑤ 通井检查。通井工具为带水眼带护罩平底铅模，铅模外径比套管内径小 6~8mm。检查合格后完井，或进行下步加固作业。

（2）偏心辊子碾压挤胀整形

偏心辊子整形器是整形的主要工具，它由偏心轴、上辊、中辊、下辊、丝堵、滚珠、引鞋（锥辊）组成，其基本结构如图 6-3 所示。其工作原理是：钻具带动偏心轴旋转，使工具在变形段套管内利用偏心形成的曲轴凸轮机构对套管进行挤胀碾压整形。当工具两中心线所在平面与变形套管长轴所在平面重合时，工具可以顺利进入变形井段；随着心轴转动，上、中、下三个辊子互为支点，对变形套管挤胀整形做功。工具每转一周，三个辊子对变形套管的短轴两端各进行一次挤胀整形，多次重复运动，逐步加深进尺，从而达到整形目的。

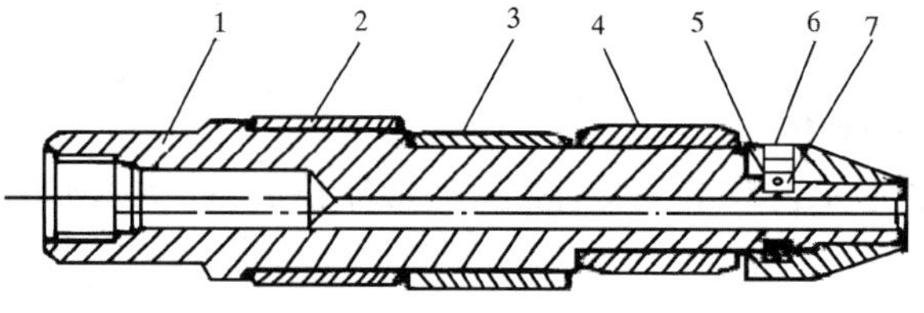

图 6-3　偏心辊子整形器示意图

1—偏心轴；2—上辊；3—中辊；4—下辊；5—锥辊；6—丝堵；7—钢球

偏心辊子碾压挤胀整形的施工步骤与冲胀整形基本相同，不同的是工具选择和整形操作方法。

① 工具选择。首先根据变形尺寸确定整形级数，第一级整形量可以选大一些，一般5~6mm为宜；第二级整形量一般比第一级下降50%。选2~3 mm；第三级下降幅度比第二级小一些，一般为50%比较合适，选1~2mm。确定了整形级数后，还要选择合适的辊子尺寸。上下辊尺寸应等于或稍小于套管变形处的最大通径，中辊的尺寸按下式求得，即

$$D_z = 2(E - 0.5D_s - e + D_x) \tag{6-4}$$

式中 D_s、D_z、D_x——分别为上、中、下辊直径，mm；

E——一次整形量，mm；

e——偏心距，一般为6~8mm。

② 整形操作。工具下到变形段以上2~3m，记录悬重，洗井1~2周；循环畅通后，启动转盘空转1~2min，然后缓慢下放，注意观察指重表灵敏针变化，并根据扭矩大小，选择下放速度。钻压不能过大，一般不超过20kN，最多不超过40kN；开始时转速慢一些，一般为20~40r/min，为了增大钻具的转动动能，可逐渐将转速提高到70~100r/min；整形过程中保持适当排量，以冷却工具。若井深超过1200m，钻具将产生周期性跳动而且声音较大，其跳动周期在8圈以内为正常现象，超过8圈说明扭矩过大，进尺过快，应停止下放，在原处整形一段时间，待扭矩正常后再继续下放整形。工具通过变形段后，将工具上提，再用较快的转速反复进行划眼修整，至跳动周期下降到3~4圈或不跳动为止。然后更换辊子，进行下一级整形。

2. 爆炸整形

爆炸整形技术的基本原理是：将具有一定综合性能的炸药药柱用电缆或管柱送到井内变形井段，经校深无误后，引爆炸药。爆炸产生的高温高压气体和强劲的冲击波在套管内的油水等介质中传播，当高温高压气体和冲击波到达损坏套管内表面时，产生向外扩张的径向力，使套管向外扩张，从而达到整形的目的。

爆炸整形主要适用于变形、错断、通径小于95mm、断口通径在70mm以上的，机械整形无法实施的严重套损井况。但是，爆炸整形要求井内压力低于36MPa，井内液体密度低于1.80g/cm³，井内温度低于80℃，套管错段口管外无坍塌，断口上下位移小于0.3m。

爆炸整形示意图见图6-4。

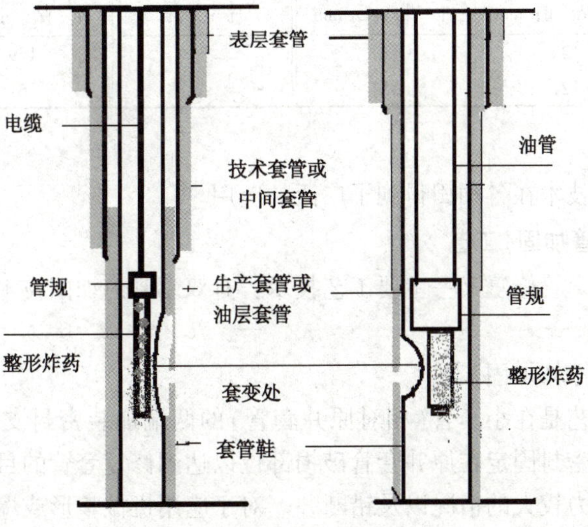

图6-4 爆炸整形示意图

典型井例：某井为 Φ139.7mm 套管，1883.52～1887.2m 井段通径缩为 95mm，后采用 ZXW45-Ⅰ型 Φ50 的整形弹，弹长 1.5m；钻杆输送到弯曲位置后投棒引爆。连续爆炸 3 次，下 Φ118 通井规顺利通过变形段，爆炸整形技术获得成功。爆炸整形装置结构示意图见图6-5。

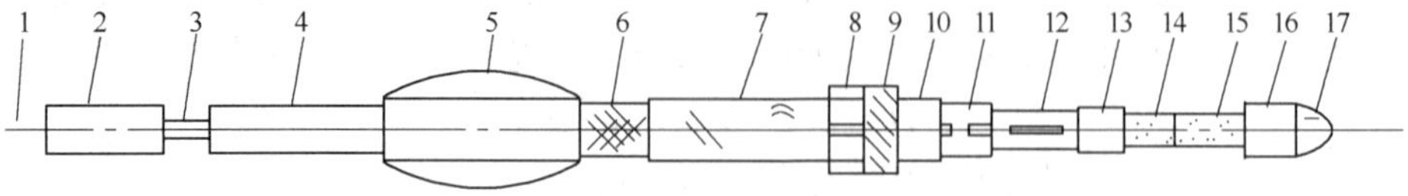

图 6-5　爆炸整形装置结构示意图

1—电缆头；2—磁定位器；3—安全电缆；4—加重杆；5—扶正器；6—胶塞；7—雷管室及雷管；8—压帽；9—胶面；10—接头；11—变扣接头；12—药柱；13—短节；14—炸药；15—药柱；16—短节；17—导向丝堵

6.1.3.2　套管补贴及加固修复工艺技术

套管补贴、加固工艺技术目前主要有波纹管补贴、实体膨胀套管补贴、下衬管固井补贴三种方法。

1. 波纹管补贴工艺

波纹管补贴工艺是进行套管修复的主要技术手段之一，该工艺是利用专用的补贴工具通过液压挤胀的方式将波纹管补贴在因腐蚀穿孔、误射炮眼、丝扣漏失、机械损伤等造成的套管损坏部位井段，还可用于调整开采层系和堵水。套管破损段较长的井况采用长波纹管补贴法较适宜。波纹管补贴前后切面见图 6-6。

图 6-6　波纹管补贴前后切面
（左端为补贴后套管，右端为补贴前套管）

经波纹管补贴后的套管内径比原来缩小 10mm 左右，基本上不影响油水井的正常作业与生产。补贴前后套管内径变化如表 6-1。

表 6-1　波纹管补贴前后套管内径变化

序　　号	补　贴　前/mm	补　贴　后/mm	序　　号	补　贴　前/mm	补　贴　后/mm
1	124	117	3	159	152
2	121	114	4	161	154

波纹管补贴工艺技术在各油田得到了广泛的应用。

2. 套管加固(衬管加固)工艺

套管加固技术是套管修复又一主要工艺技术，有双端密封加固技术和单端悬挂坐封加固技术两种方式。

(1) 双端密封支撑体加固工艺

双端密封加固工艺是在小套管(相对原井套管)的两端加装密封支撑体，液压挤胀密封支撑体使其将小套管密封固定在原井套管破损部位以达到修复套管的目的。套管加固工艺更适合于套损井管外压力较大的情况以及错断井。对于应用机械整形或爆炸整形无法恢复通径的套管变形修复可采用铣锥进行破坏性磨铣，使套管通径达到加固工艺的技术要求后实施套管双端密封加固(图 6-7)。修后的套管通径技术指标为：Φ139.7mm 套管↘通径 Φ101.60mm；Φ177.8mm 套管↘通径 Φ124.30mm。耐压性能：承受内、外压在 15MPa 以上。

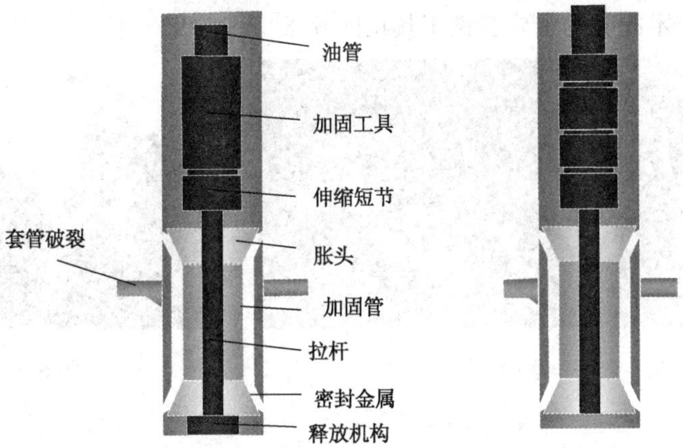

图 6-7　双端金属密封加固

典型井例：某井是一口复杂的套损井，套管在 1219.23m 处错断，鱼顶呈自由摆动状态，在 1205.0~1207.0m 井段套管严重漏失，1203.18m 处套管缩径至 Φ106mm，采用磨铣和加装导向头的方法，自下而上分三段 1216.97~1224.9m，1209.84~1216.9m，1200.87~1209.79m 对该井实施了加固施工，使该井恢复正常生产。

(2) 单端悬挂衬管、坐封加固工艺

该技术分悬挂器挂接小套管(衬管)加固工艺和单端密封支撑体悬挂加固工艺。该工艺应用多为套管开窗井、老井加深井、长井段套管损坏的井。

技术指标：加固井套管规格↘加固后的套管最小通径：Φ139.7mm↘Φ101.60mm 或 Φ88.9mm；Φ177.8mm↘Φ127.0mm 或 Φ114.3mm。耐压性能：承受内、外压在 15MPa 以上。

3. 实体膨胀管补贴工艺

实体膨胀管补贴工艺就是将实体膨胀套管柱下到井下，以机械或液压的方法，使膨胀管柱发生永久性塑性变形，使井眼或生产管柱的内径扩大。它可以修补数百米长的套管，这对于修补大段的套管腐蚀井有特别的意义。这种方法优于常规的套管补贴技术，它在进行套管补贴的同时，井眼内径减小很少。另外，这种工艺还可以用来封堵炮眼和漏失层。胀后参数：内通径 Φ108.6mm；悬挂力大于 500kN；密封压力大于 15MPa；抗内压 48MPa；抗外压 32MPa。

典型井例：某井人工井底 3168.64m，水泥返高 1895m，套管规范 Φ139.7mm 钢级 N80/P110×7.72mm，套管在 739.64m 处错断，需要进行加固补贴。施工井段：补贴长度 9.5m，补贴层段 735.0~744.5m。补贴后下入 Φ105mm 通井规，无阻卡，后对补贴段正挤 15MPa 试压合格。

6.1.3.3 倒套换套工艺技术

1. 工艺技术

配套有组合切割、适时取套、示踪保鱼(下断口)、修鱼(下断口)、找正等措施技术，做到了裸眼防坍塌、防喷、防卡、防断脱、防丢(鱼头)，能够完成对套管外水泥帽、水泥环、岩壁及管外封隔器等的分级套铣、钻扩、磨铣，达到下入新套管串补接或对扣完井的修井作业目的。

2. 配套的工具。

取换套工艺技术配套的主要套铣工具见图 6-8、图 6-9。

图 6-8 专用套铣钻头

图 6-9 套铣管

3. 应用情况

各油气田广泛应用取换套工艺技术，配套相应的工具及套铣钻具。平均年换套 50 口井以上，如 T12-13 井裸眼换套深度达 1200m，BS8 井技术套管内换套深度达 2540m，取出弯曲、破裂、腐蚀穿孔的套管见图 6-10。

典型井例：某井表层套管下深 85.02m，无技术套管，原井 Φ139.7mm 油层套管在 936.5m 处错断。大修采用内扶正示踪保鱼、分段切割取套、倒套、换套技术，取换套 947m，成功恢复生产。

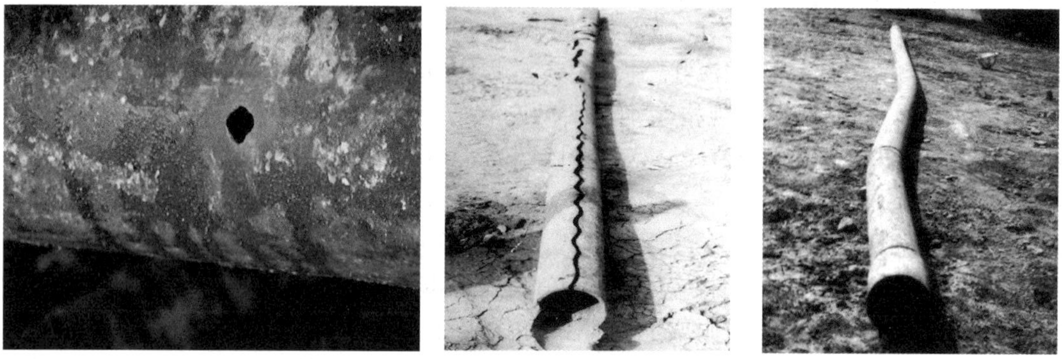

图 6-10 井内取出弯曲、破裂、腐蚀穿孔的套管

6.1.3.4 套损井修复技术应用效果

随着油田注采开发不断深入，井下状况日趋恶化。据不完全统计，因套损停产的油水井占总井数的近三分之一。近年来套损井递增速度明显加快，直接影响到油气田的可持续发展。套损井修复技术在油气田开发中发挥了越来越重要的作用。近年来共治理套损井千余口，成功率 91.3%以上，进一步增强老油田稳产基础，取得了良好的经济效益。

6.2 落物处理技术

6.2.1 普通管、杆、绳类及小件落物打捞技术

6.2.1.1 打捞管类落物

管类落物包括断、脱在井内的油管、钻杆等管类物体。打捞管类落物前应首先掌握油水

井基础数据，搞清井身结构、套管情况、施工作业详情以及有无早期落物等。其次弄清造成落物的原因、落物在井下的状态、有无变形、是否被卡及砂埋等情况，还要计算打捞时可能达到的最大负荷，兼顾设备性能，考虑捞住落鱼后能否解卡等问题。管类落物的打捞步骤如下：

① 编写施工设计和制定安全措施，呈报有关部门批准后，执行施工设计并结合审核、审批意见进行打捞处理。

② 下铅模，打铅印，必要时采用井下照相，分析和确定井下鱼顶的位置和形态。

③ 根据鱼顶情况与套管空间的大小，选择合适的打捞工具，尽可能选择可退型工具，以便于脱手。下井工具要仔细检查，画出示意图，打捞操作要平稳。

④ 捞获落物后即可活动上提，若提不动，就要考虑落鱼是否遇卡，如果遇卡，则分析卡钻原因，计算卡点，实施倒扣；根据倒扣情况确定下步施工方案；对捞出的落物进行分析，写出施工总结，并画出落物示意图，标注尺寸。按此方法反复打捞，直到将落物全部捞出为止。

6.2.1.2 打捞杆类落物

杆类落物主要是抽油杆。抽油杆断脱有两种情况：一种是断脱在油管内；另一种是断脱在套管内。第一种情况容易打捞，可以下抽油杆对扣或下卡瓦打捞筒进行打捞。如果捞不上来，还可以进行起油管作业处理。第二种情况比较难打捞，由于抽油杆细长、刚度小、易弯曲、易拔断，给修井工作带来很大难度。

(1) 套管内杆类落物的打捞方法

① 用带引鞋的卡瓦打捞筒打捞。下打捞筒至鱼顶以上 1m 左右，轻转慢放，将鱼顶拨正，使鱼顶进入打捞筒内腔，加压上提时，卡瓦卡住落物，将落物捞获。打捞筒结构如图 6-11。

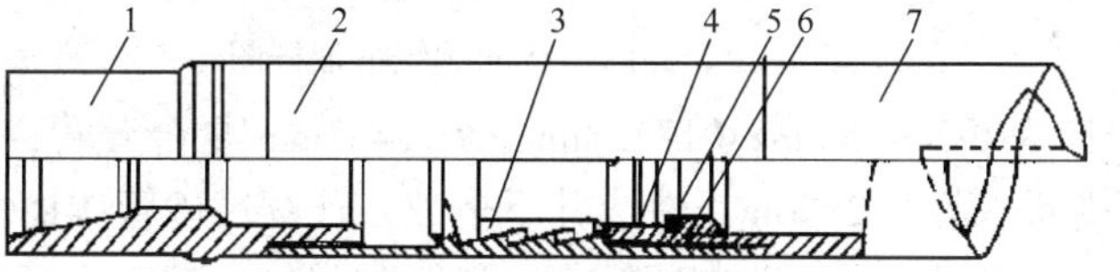

图 6-11 卡瓦捞筒结构示意图

1—上接头；2—筒体总成；3—篮式卡瓦；4—铣控环；5—内密封圈；6—“O”形圈；7—引鞋

② 用活页打捞器打捞。下活页打捞器至鱼顶以上 1m 左右，轻转慢放，将鱼顶拨正，使鱼顶进入打捞器内腔，顶开活页。确定进入一定长度后上提管柱，活页卡住鱼顶将落物捞出。

③ 用捞钩打捞。下捞钩时，将捞钩下过第二根抽油杆的上接头，然后转动 1~2 圈，使抽油杆进入钩子内，上提钩子卡住落物接头即可捞获。如果落物压弯或成团，则需要根据具体情况加工内钩、外钩或开窗捞筒进行打捞。

④ 套、磨、铣组合法打捞。当抽油杆在井下被压实而无法用上述方法打捞时，可先用套铣筒套铣，或用细长铣锥从中间磨出一个通道，再用合适的工具进行打捞。但套、磨、铣时加压不宜过大，要注意扭矩，同时要用磁铁打捞器打捞出碎屑。

(2) 杆类落物打捞难点

另外，像抽油杆、连续抽油杆、连续油管等在套管内砂埋、互相缠绕、弯曲或破碎，有时又与井内油管缠绕重叠，形成多鱼头弯曲交叉等井下事故处理起来有以下难点：

① 抽油杆、连续管在套管内自然状态时因自重会呈弯曲状，紧贴套管壁，鱼顶不易引入打捞工具。

② 抽油杆、连续管具有较强挠性，受压易变形，且有非常大的变形空间，打捞钻压不易控制，捞获时显示不明显。

③ 抽油杆、连续管打捞成功后承受拉力小，极易断脱、破碎造成落物重叠复杂化。

④ 抽油杆、连续管在套管内时环空大，易造成重叠缠绕，形成多鱼顶并列的情况，常常造成打捞工具无法引鱼打捞。

(3) 典型井例

① 某井油层套管为 Φ177.8mm 套管，抽油杆在套管内被倒散，在井深 885.63m 处形成了三根 Φ22mm 抽油杆“挤”在井筒同一平面，鱼顶以下的抽油杆相互缠绕。采用修整鱼顶、套捞一体化工具等，成功打捞出三根缠绕在一起的抽油杆，更换了鱼顶。然后根据下部抽油杆缠绕的情况，设计定制偏心打捞工具，逐个分支打捞，最后成功修复该井，捞出落物见图 6-12。

图 6-12 井内捞获的缠绕抽油杆图

② 某井井身结构为 Φ244.5mm×Φ177.8mm×Φ114.3mm 复合套管，Φ38mm 连续冲砂管冲砂过程中遇卡、拔断、落井 2800m，造成井下事故。连续冲砂管体挠性强，易弯曲，打捞工具抓取难度很大。大修时，采用改制闭窗套铣筒、加强钩、偏心钩等打捞工具，打捞后反复活动疲劳破坏等措施，将 2800m 连续冲砂管分成 30 余段全部捞出(图 6-13)。

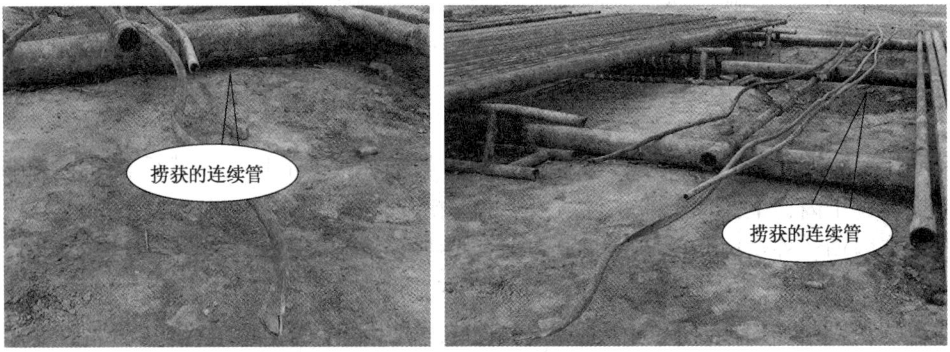

图 6-13 井内捞获的连续管

6.2.1.3 打捞绳类落物

绳类落物主要有录井钢丝和电缆。现场常用的钻具组合(自鱼顶向上)为：打捞工具+钻杆(油管)。

根据所用的打捞工具可分为：内钩、外钩、内外组合钩、老虎嘴等。

加工内、外钩时，应在打捞工具上加装隔环，防止绳类落物跑到工具上端造成卡钻。

6.2.1.4 打捞小件落物

在修井工作中经常碰到螺丝、钢球、钳牙、牙轮、撬扛等小物件落井，这会给井下作业带来一定困难。打捞这些落物时，要根据落鱼的大小、形状选择合适的工具。必要时还要根据具体情况设计、制造出相适应的工具。设计的打捞工具必须具备足够的强度而且结构简单、操作方便易捞等特点。

打捞小件落物时的钻具组合(自鱼顶向上)为：打捞工具+钻杆(油管)。根据所使用的打捞工具不同可分为：反循环打捞篮打捞管柱、一把抓打捞管柱、磁力打捞器打捞管柱。

6.2.2 电潜泵井大修技术

6.2.2.1 电潜泵大修的难点：

① 电泵与套管间隙小，套铣难度大：电潜泵井的油层套管多为Φ139.7mm，内径Φ118~124.6mm，而电泵机组外径Φ98~116mm，长度均在30m左右，套管与电泵之间的间隙只有4~5mm；井内的油层砂、电缆卡子脱落、破碎电缆堆积卡在电泵机组的周围，造成套磨铣进尺慢甚至无进尺。

② 电泵机组之间连接环节薄弱，打捞过程中容易拉断。

③ 电缆的断脱、滑脱，进而堆积成团，打捞中容易出现破碎。

④ 电泵及电机在打捞过程中容易解体，其复杂的构造和组件不易打捞。

6.2.2.2 电潜泵井大修工艺技术措施

经过对多年电泵井修井施工经验的总结、分析和研究，研制了一套切实有效的工艺措施(表6-2)，分别应用于处理不同事故类型的电潜泵井事故。

表6-2 电潜泵大修工艺措施表

工艺措施	实施内容
解卡	原管柱活动解卡，除垢剂解卡多种方式
切割	聚能切割弹切割油管、电缆
清、套、铣、冲	清理鱼顶及环空物
打捞	打捞包括电缆卡子、小落物、油管、电缆等所有井下落物
倒扣	倒管柱或电泵接头
抽	捞电泵转子与定子
定位套铣	套铣鱼顶接头、外壳

某井是一口复杂电泵事故井，油层套管为Φ139.7mm，生产管柱为Φ73mm外加厚油管、最小环空间隙仅为14.6mm。由胜利大修队上修施工，分段套铣累计40次，逐根倒扣打捞40次，逐步捞出电泵以上全部电缆、油管。然后采用螺旋套铣筒，清理净泵上碎物后，下电泵卡瓦捞筒打捞电泵，落物全获。

某井是一口复杂电泵事故井，油层套管为Φ139.7mm，经过6个月的作业处理，电机解体转大修。大修时首先用闭窗套铣捞筒等清理鱼顶碎物6次清理出碎物70kg多，然后打印证实鱼顶为电机外壳，经3次打捞，抽出电机转子与定子。然后钻磨修平电机上接头，下高强度电泵打捞母锥捞住电机，6小时活解成功，井下落物全捞获。

6.2.3 防砂管柱打捞技术

防砂管柱的打捞技术总结为“通、清、套、捞、倒”的工艺技术措施，配套闭窗捞筒、套捞一体化等专用打捞工具。防砂管柱打捞技术的应用将滤砂管和金属绕丝管等防砂管柱打捞成功率提高至98%，实现了快速打捞。

6.2.3.1 绕丝管打捞工艺

技术措施为通内腔、清砂、清理环空套铣倒扣打捞一体化，实现了可分为冲管鱼顶、绕丝鱼顶、乱绕丝鱼顶等三类绕丝管落物的快速打捞。

6.2.3.2 滤砂管打捞工艺

打捞技术措施为：通内腔、清砂、套铣、套铣打捞一体化、倒扣打捞。打捞的滤砂管类型有金属颗粒滤砂管、金属棉滤砂管、金属纤维滤砂管、双层预充填滤砂管等。

6.2.4 注水井大修技术

6.2.4.1 注水井打捞的技术难点

① 生产管柱腐蚀严重，打捞工具抓不住或抓住后上提时容易碎裂。

② 油管内外、套管壁上附着水垢严重，导致打捞工具无法打捞或水垢剥落掉入环空，埋死落物，使打捞复杂化。

③ 套管腐蚀、弯曲、漏、破裂的情况多，并且损坏的井段一般都比较长，造成反复吐砂埋管柱等复杂情况。

6.2.4.2 注水井大修工艺技术

1. 注水井事故分类及注水工具

注水井大修分为以下几种类型：水垢卡管柱、注水管柱严重腐蚀、全井套管严重腐蚀和套管破裂缩径弯曲和错断、上部套管破裂返水、砂卡注水管柱，其中部分注水井事故为几种类型的综合。

油田常用的注水管柱类型有：光油管注水管柱、各种分层注水管柱和防砂注水管柱等。

注水井井下注水配套工具主要有K344封隔器、Y341封隔器、FXY341F、FXY445F、各种配水器、补偿器、水力卡瓦、水力锚、防蠕动器、防砂管等。

2. 对五种注水井井下事故采取的工艺技术措施(表6-3)

表6-3 注水井事故大修工艺措施

工艺措施	实施内容	工艺措施	实施内容
套	套铣	少	少用磨铣
清	清理鱼顶水垢等碎物	打通道	爆炸整形、铣锥、铣棒打通道
洗	用循环洗井提高携带能力	试通	下试通管柱试通
捞	采用打捞工具打捞	补固	下小套管、补贴、加固、固井
倒	打捞后，上提合适负荷倒扣，逐段打捞	换套	浅层取套换套
套捞一体	套铣打捞组合打捞工具实现套捞一体化	侧钻	在油层上部开窗侧钻

3. 配套专用打捞工具和高效套磨铣工具

注水井专用打捞工具是根据油气田注水管柱和配套工具结构，研制、设计加工的。

① FXY445F专用打捞工具、Y341封隔器各部件打捞工具及其他不同类型配水器的专用打捞工具。

② 高强度的捞矛、捞筒、高强度公锥、母锥等专门打捞氮化油管这类表面高强度油管的打捞工具。

③ 高效修套铣锥、套铣头、高效磨鞋等套磨铣工具用于快速处理腐蚀管柱及井下碎物。

4. 注水井大修工艺技术应用情况

某井油层套管为 Φ139.7mm，油管严重腐蚀，且套管在 1423m 破裂吐砂。采取闭窗+高效套铣捞筒套捞一体化配合反循环，逐片逐块捞出全部腐蚀油管；然后分别下 Φ110～114mm 铣锥、磨鞋 20 余次反复磨铣修套井段 1420.0～1423.73m，打通道后下小套管固井，成功修复。

某井油层套管 Φ139.7mm，井内为注水封管柱(图 6-14)，该井结垢严重。下连续套铣管分段套铣、打捞，打捞出的不锈钢衬套油管内水垢几乎把油管堵死，水眼最大处不超过 10mm。套铣筒套铣反循环时，严重漏失井口不返水，经找漏换套后，捞住 Y341 封隔器后解卡无效，磨铣 Y341 封隔器，捞完全部注水管柱，施工周期 45 天。

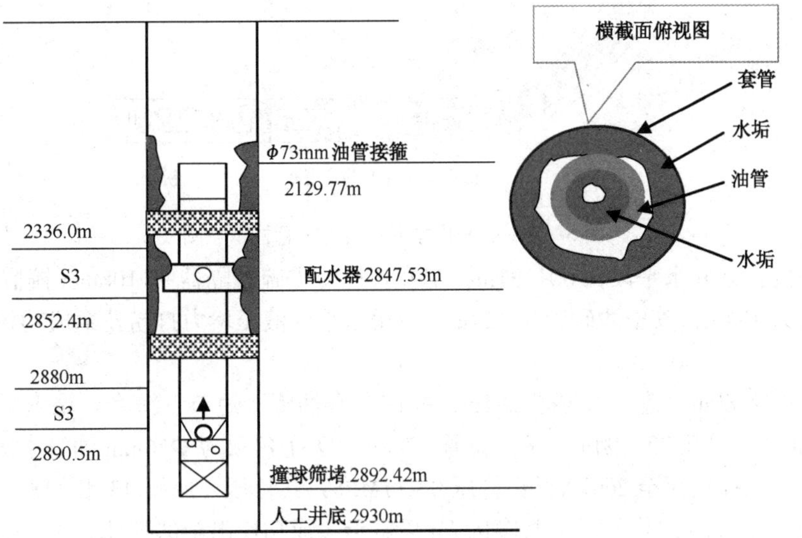

图 6-14　严重结垢的注水井井况示意图

6.2.5　大斜度及水平井大修工艺技术

大斜度及水平井大修工艺技术，包括液压增力打捞、旋转冲砂、钻铣、套铣倒扣打捞的工艺技术措施，配备大斜度及水平井专用打捞、解卡工具及配件。打捞最大井斜达 93°，最大造斜率达 50°/100m，施工最大井深 3300m。

6.2.5.1　大斜度及水平井大修工艺难点

① 井口的上提力无法有效传递到井下水平段内，同时出于保护套管的原因，在直井中普遍采用的大力上提、活动解卡等打捞工艺技术无法在水平井实施。

② 井口扭矩也无法有效传递到井下水平段，因此实施常规的套铣、倒扣等打捞工艺比较困难。

③ 一般直井防砂管柱长度只有几米至十几米，而水平井水平射孔段较长，因此滤砂管也比较长，一般长度为几十米以上，有的甚至长达 300m。每根滤砂管均带有扶正器，在扶正器处有变径，这也增加了打捞难度。

6.2.5.2 大斜度及水平井液压增力打捞工艺

该工艺通过应用井下打捞增力器来改变打捞管柱的受力方式(图 6-15)，通过液压在卡点处产生大吨位的拉力，克服井身轨迹带来的拉力传递困难，使井下落物产生移动，达到捞出井内落物的目的。应用在大斜度及水平井滤砂管和分层封隔器等采油工具的打捞作业中取得较好打捞效果。大斜度及水平井液压增力打捞工艺概括为："冲"，将井筒内的沉砂冲洗干净；"捞"，利用提放式可退捞矛捞住井下管柱，并上提一定的负荷；"松"，控制范围正打压，使井下管柱在一定的负荷下反复受力，松动防砂管柱周围沉砂；"拔"，当防砂管柱周围的沉砂松动时，使用增力器以打捞管柱和井下管柱可以承受的拉力活动，将管柱拔出。配套设计的配合打捞工具——提放式可退捞矛，可受 500~650kN 的拉力，满足打捞解卡要求，解卡不成功时可以可靠地退出捞矛，保证打捞管柱安全。

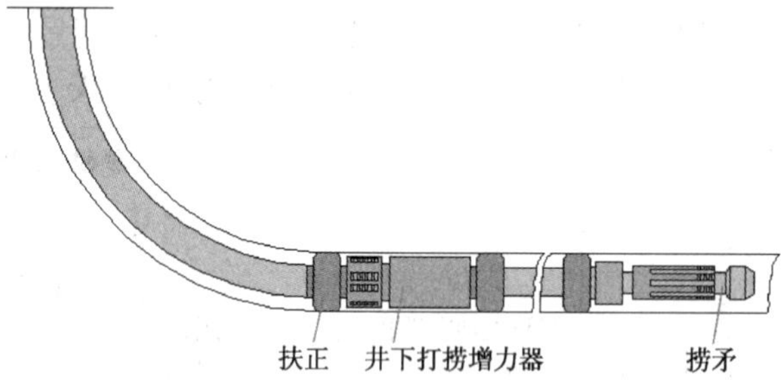

图 6-15　水平井井下打捞工艺管柱示意图

应用井例：某井水平段长 601.31m，留井管柱为皮碗封隔器+Φ108mm 镶嵌式金属棉 25 根，总长度为 184m，其中滤砂管长 127m，应用水平井液压增力打捞技术成功拔出全部防砂管柱。

某井井深 2280m，造斜点位置 281m，井内共有油管、短节、滑套、堵塞器、引鞋等计 38 件(套、根)，总长 237.94m，鱼顶位置 1788m，丢手鱼顶为 Φ76mm 油管本体。使用增力器打捞解卡，上提负荷至 260kN，正打压 0~17MPa，共打压、放压 43 组 118 次，活动管柱 135 次，时间 12 小时，井下管柱上移 9.7m 后解卡，成功捞出全部管柱。

6.2.5.3 大斜度及水平井套、磨、钻铣工艺

在有些情况下，大斜度及水平井需要实施井下套铣、磨铣井内落物，修正鱼顶、钻铣水泥塞等。

① 大斜度及水平井钻铣工艺中钻铣施工的钻具结构及钻铣工具。

钻具设计为两种类型，一种是采用井下动力钻具，一种是采用井口转盘钻具。钻铣管柱主要由钻头、滚动扶正器、动力钻具等工具组成。利用该套钻具组合可以完成水平井套管内水泥塞、可钻材料封隔器等井下工具的钻铣。

② 专用磨铣工具按照大斜度及水平井的工艺要求，在结构、形状、几何尺寸等方面进行优化设计，除满足在直井中使用的所有要求外，同时满足套管壁保护及防侧钻出套管的要求。

③ 采用动力钻具与转盘钻组合方式，使井口扭矩有效传递到井下水平段，从而实施套铣、磨铣等工艺。

该工艺已经进行了成功的应用，在胜利油田孤东、孤岛、河口等地实施了水平井井下滤砂管磨铣，单次进尺最大 6m。

6.2.5.4 大斜度及水平井套铣解卡、倒扣打捞工艺

大斜度及水平井套铣解卡、倒扣打捞技术应用于卡死或砂埋严重，依靠井下增力打捞技术无法捞出井下落物的井下事故。

套铣解卡钻具组合：套铣打捞筒+安全接头+扶正器+反扣钻杆。

打捞倒扣钻具组合：倒扣捞矛+安全接头+扶正器+反扣钻杆；

提放式捞矛+安全接头+倒扣器+反扣钻杆。

6.2.6 小套管内大修工艺技术

在内径小于或等于127mm的小套内的大修工艺技术。随着油气田生产工艺的进步，井身结构也日趋多样化，井眼微型化得到逐步发展。由于受小套管内径小的限制的和井斜影响，对配套工具和钻具、工艺技术提出了与以往修井作业不同的技术要求。

6.2.6.1 小套管内大修作业难点

① 钻具小，强度低，操作难度大。

② 现有打捞工具选择范围较小。

③ 打捞管柱强度低、结构复杂。

④ 多数小套管大修井是定向井，又具有大斜度和水平井的大修工艺特点。

6.2.6.2 小套管内的事故类型

① 管类和杆类落物：生产管柱断脱等造成Φ73mm、Φ62mm、Φ48.3mm的小直径油管或仪器、枪身等落入小套管内；储层出砂或上部套管破裂吐砂，生产管柱被砂埋。

② 小件落物：井内落入小物件，如钳牙、牙座、螺帽、碎胶皮、吊卡月牙等造成通井或下钻过程中管柱受阻、射孔时枪身遇阻、或者造成管柱遇卡等。

③ 大小套管内卡钻：生产管柱或其他落物在小套管内遇卡。

④ 尾管喇叭口变形：生产过程中，起下管柱、工具碰挂等造成该处变形。

⑤ 封堵、封串、补救固井：因固井质量差而造成串槽出水，固井时小套管外水泥返高不够，采油工艺要求封堵改层。

6.2.6.3 小套管内大修工艺技术

小套管内修井作业的主要作业内容有打捞小钻杆、小冲管、钻塞、打捞小落物、封堵等。

钻具防弯：根据实际井况采用Φ60~73mm的钻杆。

探鱼：限钻压操作，打捞工具试捞验证鱼顶。

小件落物打捞：闭窗捞筒配合反循环打捞，提高小件落物及鱼顶碎物的打捞成功率。

限力解卡、倒扣：打捞成功后，限定拉力解卡、倒扣。

套磨：设计小尺寸高效套磨铣工具，在落物没有打捞条件时，用磨铣的方法处理。

验窜、封堵：小尺寸封隔器等工具用于验窜，以及应用新的固井工艺如超细水泥等封堵。

6.2.6.4 小套管内大修工具配套

适合小套管内修井的打捞和套磨铣工具二十多种，如捞矛、小公锥、小母锥、各种小磨鞋、小尖钻头、小套铣筒、开槽倒钩套捞筒、异形落物打捞筒、修套胀管器以及打捞对扣接头等。其他如Φ95mm小尺寸封隔器；Φ89mm尾管悬挂器的密封插头；Φ127mm、Φ89mm尾管内的旋转扶正器；Φ127mm、Φ89mm尾管内的套管变形检测及整形工具；Φ127mm、

Φ89mm 尾管内的安全接头；Φ65mm 螺杆钻具等一系适应小套管内修井作业的工具。工具具有捞得住、退得出，不损害鱼顶，不损害套管，不增加新的落鱼的特点。外径与套管内径的环空间隙应保持 4~6mm，以利于工具起下和碎屑返排。

6.2.6.5 典型应用井例

① 某井最大井斜 34°，Φ177.8mm 套管侧钻后悬挂 Φ102mm（内径 Φ86mm）套管完井。该井事故为尾管内水泥固卡油管，由于注水泥塞提管洗井时油管丝扣断脱，造成 11 根 Φ48.3mm 油管固在 Φ102mm 尾管内。本井是小套管内、大斜度井处理水泥固油管事故，大修中设计加工配套工具 60 件，套铣、磨铣 80 次，将井内油管逐块逐块的清理出来，投产后日产原油 115.5t。

② 某井井身结构为复合套管三层套管 Φ177.8mm×Φ127mm×Φ114.3mm，人工井底 4228m，井下事故为砂埋油管。打捞过程中发现 Φ177.8mm 套管在 1315m 破裂出砂，严重影响打捞，采取先修套打开通径后，下 Φ127mm 无接箍套管 50m 悬挂注水泥加固（加固井段 1255~1375m）；下面砂埋的 Φ73mm 油管 2400m，分别位于 Φ127mm 和 Φ114.3mm 套管内，由于 Φ114.3mm 套管内径 98mm，现有工具规格都不能满足施工要求，因此加工特殊套铣筒等工具 93 件，优化四套钻具组合，采用磨、套打捞倒扣的方法，全部捞出井内落物，冲砂通井至井底，投产后自喷恢复日产原油 50t。

有部分井在固井时井漏，导致水泥未返至喇叭口，需要重新封堵喇叭口，先后采用插入密封插头封堵、普通注灰法用超细水泥封堵喇叭口，经两次注灰封堵后试压合格。

6.2.7 超低压气井修井作业技术

超低压气井修井作业技术是指针对地层压力系数仅为 0.2~0.3 的高产气井生产管柱打捞，配套有防喷、压井、打捞、诱喷等工艺技术。

6.2.7.1 超低压气井施工难点

① 超低压力系数、高渗透率（高达 311.0μm^2），造成施工中修井液严重漏失。

② 气井产量较高、地层遇水易膨胀，地层防污染要求高。

③ Baker 永久式封隔器的下井超过 20 年，不易打捞。

④ 井喷风险大，对井控技术要求高。

6.2.7.2 超低压气井修井作业工艺技术

1. 防喷工艺技术措施

超低压气井防喷技术主要包括 3 个方面：

① 防喷器组合控制管外空间或全封。防喷器组合顺序（由上至下）为液压万能封井器+液压双闸板防喷器+液压单闸板防喷器。

② 内防喷工具必须配备旋塞及单流凡尔控制管内。

③ 配套技术措施：包括开井防喷、起下钻防喷、空井筒防喷等措施。

2. 天然气泡沫修井液、暂堵压井技术

选择天然气作为气相，利用天然气来产生泡沫液和雾状天然气气流相间的方式，以泡沫液体作为循环介质来完成修井任务，满足低压气井修井的要求。泡沫修井液中加入复合单向压力暂堵配方的应用，使堵剂优先进入漏层，在液柱的静压下，形成致密的屏障，阻止液体漏失。有效解决低压井修井过程中的大量漏失，和维持适当液柱压力防井喷的问题。

3. 永久封隔器打捞工艺

采用工具分解打捞的技术或套捞一体工具打捞技术打捞永久封(图 6-16)。分解打捞滑套、堵塞开关、封隔器，利用电测、割刀或爆炸法、套铣解卡，捞出井内全部管柱。套捞一体工具打捞技术是用套捞一体工具，工具具有套铣并能捞住的功能，套铣完永久封隔器后即可上提活动解卡，一趟钻即可完成永久封打捞工作。

4. 不循环捞砂筒冲砂、捞砂技术

采用不循环捞砂筒冲钻、不循环捞砂，代替泡沫液循环，尽量减少液体注入污染气层，砂柱高度一般为 20~30m。不循环钻砂泵利用扭矩滑套传递扭矩，利用捞砂泵部分上提下防，捞砂与钻砂交互进行实现捞砂或清污作业。

5. 解堵、诱喷投产工艺技术

超低压气井解堵诱喷是以天然气泡沫液排液解堵诱喷的技术，是以注入天然气体和泡沫液，形成气液窜流及降低液面，气带水出井筒，激活气层，诱喷投产。

对投产气量明显下降则考虑用泡沫酸酸化技术。该技术有以下优点：

① 液体含量低，对地层污染小，处理水敏性地层尤为优越。

② 漏失量小，酸穿距离长。

③ 酸中的高压气体有助于排液，悬浮能力较强，可把固体颗粒带出地面。

6.2.7.3 超低压气井修井作业工艺技术的应用

在土库曼斯坦 Shatlyk 气田气井(图 6-17)大修施工中，在综合运用防喷、暂堵并平衡压井、Baker 封隔器打捞、泡沫循环套磨铣、不循环冲砂、解堵、泡沫液诱喷技术的基础上，结合现场地质特点，成功完成了上百口井的大修施工，投产后保持了原有气产量，平均单井日产量超过 $15\times10^4m^3$，成功率达到 100%，解决了世界级难题。

图 6-16 井内捞获的 Baker 永久封隔器

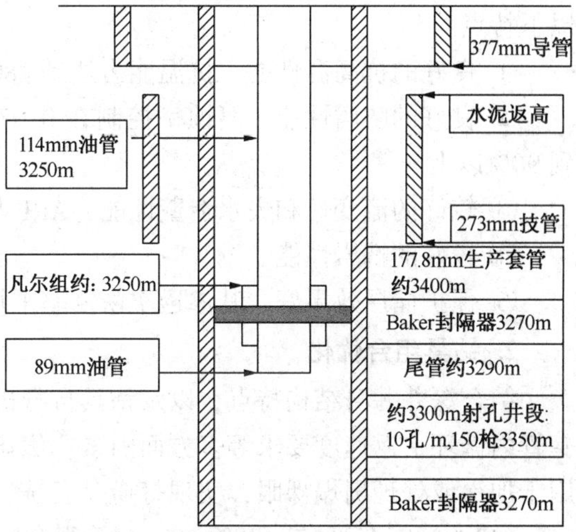

图 6-17 土库曼斯坦 Shatlyk 气田气井结构示意图

6.2.8 深井大修技术

深井大修工艺是指井深超过 4000m 的油水井大修作业技术。目前国内深井、超深井数量越来越多，主要分布在新疆西部、川东北以及胜利等油区。深井、超深井主要特点是井身结构复杂、裸眼段长、地层压力高、井下温度高、高含硫化氢等，造成深井修井施工难度大、风险大、修井周期长。

6.2.8.1 常见井身结构及工艺难点

1. 常见井身结构

（1）244.5mm 套管+177.8mm 套管+127mm 套管

（2）244.5mm 套管+177.8mm 套管+149.2mm 裸眼完井

（3）177.8mm 套管挂至井口

（4）244.5mm 套管+177.8mm 套管+127mm 套管+114.3mm 套管

2. 工艺难点

① 作业深度大，起下钻时间长，占生产时间比例大；钻具负荷重，对施工设备提升能力要求高，解卡难度大。要求修井液携带能力强，对修井液体系和地面循环设备要求高。

② 井温高，井底压力高，压井困难。对动力钻具、修井工具、修井液耐温提出很高要求。

③ 井身结构复杂，作业井段从裸眼段到小套管段、大套管段。要求钻具配套品种齐全，裸眼段施工需要解决防止裸眼坍塌问题，对修井液性能要求高。小套管段内径小，易卡管柱和工具。

④ 修井钻具、工具配套少。修井所需特殊修井工具少，高效式、组合式磨铣打捞工具少，无法满足深井修井需要。

⑤ 由于以上原因造成的深井修井周期长、风险大、修井成功率不高。

6.2.8.2 深井大修工艺技术

1. 抗高温修井液体系

抗高温低伤害有机盐修井液体系密度在 1.10～1.40g/cm^{3}范围内任意可调，该体系具有以下特点：

① 良好的抗高温性能，抗温能力达到 180℃以上。

② 良好的防腐性能，腐蚀率控制在 0.076m/a 以下，缓蚀率(相对于普通盐水体系)达到 90%以上。

③ 较好的流变性和失水造壁性能，API 失水小于 5mL。

④ 较好的携岩性能。

⑤ 保护储层效果好，其渗透率恢复率平均值达到 92.45%。

2. 钻具组合优化

结合深井井身结构特点，以及钻具自身机械性能、钻具钢级、设备提升能力、不同直径套管内循环上返速度要求等多方面因素，优化出针对三种常见井身结构的四种钻具组合，适用于加深或处理坍塌裸眼，实现打捞、套铣、倒扣、切割等深井施工。

（1）9⅝in 套管+7in 套管+5in 套管组合完井方式

组合 A：3½in 钻杆+2⅞in 钻杆+2⅞in 钻杆(正规扣)+3½in 钻铤+工具

组合 B：3½in 钻杆+2⅞in 钻杆+2⅜in 钻杆+工具

（2）9⅝in 套管+7in 套管+5⅞in 裸眼完井方式

钻具组合：3½in 钻杆+2⅞in 钻杆+3½in 加重钻杆+工具

（3）7in 套管回接至井口的完井方式

钻具组合：3½in 钻杆+2⅞in 钻杆+工具(或套铣管)

3. 高压反循环工艺

实现了深井磨铣、冲砂等作业必须进行的高压反循环，深井反循环压力一般大于15MPa以上；而井液上返速度在9⅝in与7in套管内采用Φ73mm钻杆作业的情况下分别达到正循环的15与7倍。主要通过反循环作业的关键装备——25MPa高压旋转封井器来实现高压反循环，提高了井口旋转封井器的密封压力性能，密封压力可达25MPa，可满足6500m以内深井反循环密封要求，性能指标达到国内领先水平。最高反循环泵压达到15MPa，单个胶芯使用长达66.5h，且还能继续使用。

4. 高效磨铣工艺

通过应用高效的磨铣工具、合理钻具组合、调配性能优异的循环液与高压反循环及适当的现场操作，提高了深井磨铣工艺技术水平，加快磨铣速度。主要技术措施有高效套磨铣工具配合钻铤提供足够磨铣钻压、循环时增加随钻捞杯数量，使用非标钻杆增加磨铣扭矩，钻具高温密封垫防止高压刺漏；采用具有高剪切稀释性、悬浮能力强、热稳定性好、流变性好的高温修井液体系，提高了冲砂排量、上返速度和携带岩屑的能力；控制磨铣施工时钻压、送钻方式和送钻速度的配合、及时检查铁屑形式判断磨铣情况，适时上提划眼防卡；综合应用这些配套技术措施，高效领眼磨铣进尺速度最快可达1m/h，较以往高效磨鞋磨铣进尺速度提高1.8倍，单只高效领眼磨鞋最大磨铣油管总进尺达40m以上，是以往高效磨鞋的2~3倍。大大提高了磨铣时效。解决了水泥固管柱、坍塌裸眼段、封隔器解卡、管柱打捞作业等一些施工难度大、施工周期长的难题。

某井使用高效磨鞋一次磨铣处理完成三个进口桥塞，同比减少起钻工序4个、起下钻次数3趟，节约起下钻时间就可达75小时，节约磨铣时间20小时。

5. 测卡解卡切割工艺

配套测卡、解卡、爆炸松扣、聚能切割工艺，以及水力式内外割刀在127mm、139.7mm、177.8mm套管内切割60.3mm、73mm、88.9mm被卡油管切割工艺，实现了油管分段切割与打捞一体化，解决了油管卡死无法解卡、倒扣又无法控制理想倒出根数、套铣易将油管切削出现皮子的问题，大大提高了施工效率，达到了快速修井的目的。

6. 裸眼坍塌与裸眼内管柱处理工艺

（1）裸眼坍塌处理工艺

结合岩屑不易携带、裸眼段易漏失、易卡钻等技术难点，配套长筒开窗、保径套、磨、钻工具，小径PDC钻头（图6-18）、小直径巴拉斯钻头，主要用于5000m以深地层加深或钻进。

（2）裸眼内管柱打捞工艺

采用正反冲洗清眼、扶正磨铣、套捞组合、防落鱼掉入裸眼、裸眼磨铣钻等配套工艺技术，其中冲砂打捞组合式捞筒、套铣打捞组合工具等先进工具的研制，解决了深井碎胶皮等小件落物、深井大裸眼鱼顶、裸眼坍蹋打捞油管的打捞难题。

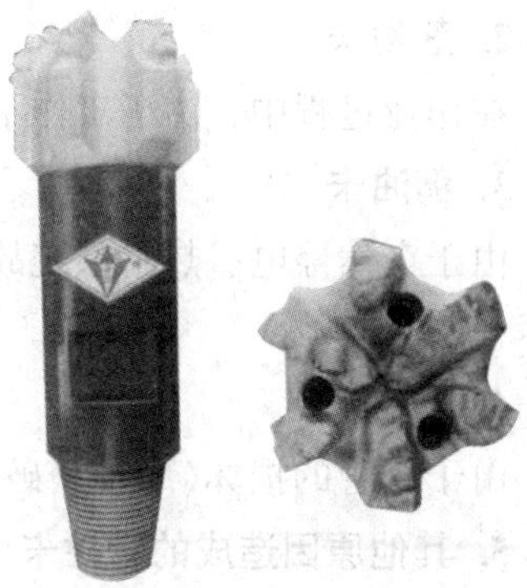

图6-18 小直径PDC钻头

（3）裸眼封隔器处理工艺

应用专用高效磨鞋、切外铣中打捞、液压增力打捞或震击解卡、组合工具套捞弹簧刚片、测圈数解决裸眼封隔器长胶筒、弹簧刚片等落物轻地面无法判断的技术难题。使用液压增力打捞或震击器解卡工艺等配套技术，解决了裸眼段封隔器卡封井深大、修井钻具重量大、解卡倒扣作业受限、地面判断不明显、易发生次生事故等打捞难题。

某井：60℃条件下原油黏度274700mPa. s，人工井底6075m，H_2S含量112ppm，井内掉有1922m连续油管，裸眼段卡有油管+PIP裸眼封隔器，封卡位置：5988. 98m，喇叭口下深6000. 34m。上修后优化洗井液，成功打捞出连续油管，套捞出全井稠油黏卡油管，研制特种套铣筒首次成功打捞出PIP裸眼封隔器，下入133. 25mm无节箍套管600. 83 m悬挂固井完井。投产后日产油110t/d。

6. 2. 8. 3 应用井例

某井井内落物：原鱼顶5744m(2004. 1. 9测)，落鱼长27. 29m：落鱼为Φ120mm钻铤3根及Φ150mm平底磨鞋一支，鱼顶为Φ120mm钻铤母扣；2005年11月电缆探得砂面井深为5756m；要求打捞、处理井筒恢复生产。

施工过程：2009年1月19日开工。起原井发现从分离器20cm处以下断裂落井。落鱼结构：分离器残体×0. 58m+保护器×3. 20m+电机×4. 53m+变扣×0. 38m+筛管×1. 08m+7in双皮碗封隔器×0. 63m+防砂管×30. 53m+丝堵×0. 13m。落鱼长：41. 06m；计算鱼顶：5703. 37m。下高强度卡瓦捞筒打捞井深4417. 22m，落物全获。1月29日下组合钻具+连续套铣筒+高效套铣头，套铣、打捞，获Φ120mm钻铤3单根。后下钻杆+扶正器+高效磨鞋，磨铣至5790m，顺利完成落物打捞。

6. 3 测卡解卡

在施工或生产过程中井下管柱在使用普通动力不能将管柱提出井口的现象叫管柱卡钻。

6. 3. 1 卡钻的类型及原因

1. 砂卡

这是最常见，发生频率最多的类型。在油水井生产过程中，由于地层出砂的原因，常常造成砂埋部分油管和下井工具。

2. 落物卡

在作业过程中，由于工作不慎，金属小物件、钢丝掉入油管与套管环形空间。

3. 稠油卡

由于突然停电、热采系统故障或其他原因，使井内原油在环形空间上部凝固也可以使管柱卡住。

4. 套变卡

由于套管的损坏〈缩径、破裂、错位、弯曲〉造成油管卡。

5. 其他原因造成的管柱卡

例如油管落井后的弯曲变形；压井作业中修井泥浆性能不稳造成的重晶石沉淀；电泵管柱中的电缆松脱；注水泥浆施工中的水泥浆固结油管事故；原油中蜡质凝析沉积；封隔器胶皮、卡瓦片不能有效收回等。

6. 3. 2 测卡

1. 卡点测定的目的

卡点是指被卡物体最上部的深度。卡点的测定就是对这一点深度的测定，测定卡点深度有如下意义：

① 确定倒扣悬重：在正常情况下被卡管柱在旋转中被倒开总是在既不受管柱自身拉力，又不受管柱自身压力的位置。这个位置称为中和点，被确定的卡点，就是在倒扣中被认定的中和点。这样就可以对管柱上提确定适当悬重，准确地将其在卡点位置倒开。从而减少下钻打捞次数。

② 确定管柱切割的准确位置：切割时保证在卡点上部 1～2m 处用切割器聚能切割或化学切割等方式将管柱切断。

③ 了解套管损坏的准确位置：由于套管变形引起的管柱卡，当卡点位置确定后，套管变形位置就确定下来了。对这一点位置的了解和掌握，不但有利于对被卡管柱的尽快处理，也有利于对套管损坏位置的修复。

④ 确定管柱被卡类型：确定卡点深度便于认定管柱被卡类型。管柱上部卡一般为套管变形或小件落物所致。如果油层为高凝油层，也应考虑到是稠油卡，尾管部位或封隔器部位卡，一般为砂卡。确定管柱被卡的类型，有利于对事故的处理。

2. 测卡方法

（1）测卡仪测卡

测卡仪由井下仪器和地面仪表组成，井下仪器由探测器(弹簧锚)和敏感元件(传感器)构成。测卡仪测卡是依据被卡管柱的卡点是整个管柱受地面应力(拉、压、旋转)的分界点，通过测量管柱在地面应力作用下的应力分布，就可将卡点准确地找出这一原理制成的。测卡仪有两个振荡器：地面振荡器和井下振荡器。地面振荡器频率可调，测卡前使地面振荡器与井下振荡器频率一致。井下振荡器主要随弹簧锚所测到应力而变化。当仪器位于管柱的卡点以上时，地面施加的应力(例如拉力)通过弹簧锚、传感器传输到地面仪表显示出来，井下振荡器的频率大于地面振荡器的频率；而当测卡仪位于管柱的卡点或卡点以下时，弹簧锚无法感受到地面应力，因而在地面的仪表就无法显示，即井下振荡器的频率与地面振荡器的频率是一致的。因此，在给管柱施加应力的情况下，通过观察地面仪表的信号(频率差)，就可以准确地找出被卡管柱的卡点深度。测卡仪测卡的优点是测出的卡点位置准确，这对于采用切割法处理被卡管柱十分必要。

（2）经验提拉法推算测卡

经验提拉法的理论依据是虎克定律，即理论法：

$$L=\frac{EF\lambda}{P} \tag{6-5}$$

式中 λ——管柱伸长量(管柱在上提负荷下 3 次平均值)，m；

P——管柱上提 3 次平均负荷，kN；

L——管柱长度，m；

E——钢材弹性模数 = 206GPa；

F——被卡管柱横截面积，m^2。

在实践中上述公式还可以简化为下列经验公式：

$$L=K\frac{\lambda}{P} \tag{6-6}$$

式中　K——常数。（Φ73mm 平式油管 K 取 2450，Φ73mm 钻杆 K 取 3800）

6.3.3 解卡

1. 活动解卡

轻微的遇卡一般都可以采用在管柱负荷允许的范围内进行。大力上提，然后下放，反复活动解卡。但这里应当注意的是小件落物造成的管柱卡要在可以活动范围内尽量上提较小的负荷，如果提较大的负荷往往会使管柱被卡得更死。

2. 套冲倒扣解卡

当活动解卡无效时，可以使用倒扣套冲的方法。这是一种使用最普遍也最有效的方法。套冲倒扣就是先在油管与套管环形空间下入适当口径的管子，这根管子称为套冲管。当洗井液通过套冲管底部时，环形空间的砂子即被冲起，缓慢下放套冲管，环空砂面即不断降低，冲起的砂子被洗井液携带出井。这样被套冲到的油管即可被解除砂埋。随后下反扣钻杆带打捞工具将被解除砂埋的油管倒出。用套冲与倒扣反复交替进行的办法，即可将处于砂卡状态的全部油管提出井口。在处理砂卡事故中套冲倒扣被大量采用。

3. 震击解卡

钻杆下部接一开式震击器，震击器下接打捞工具。捞住油管后上提下放，每重复一次，震击器便向上冲击震动一次。这对套管轻微变形和某些小件落物造成的管柱卡十分有效。

4. 憋压解卡

一般适用于光油管底部轻微砂卡。这种方法是在对油管施加一定上提负荷的同时，在油管内注入洗井液并憋起相当高的压力。这时洗井液可能通过管鞋冲开尾管部位环空砂子，使砂卡得到解除。对某些砂卡适用。

5. 内冲管解卡

适用于尾管砂卡。即在油管内下入小直径的内冲管或软油管。开泵后，在油管内形成循环。冲管下至尾管底部后开泵，并逐渐下放小冲管。这时尾管底部的砂面会不断降低，而尾管外环空的砂子会不断下落，从而达到解卡的目的 .

6. 套铣解卡

对硬卡部位下一个带套铣鞋的套铣筒，通过转盘的旋转，磨掉硬物。这对小件落物卡和套管变形卡的处理是有效的。

7. 整体磨铣解卡

当采用套铣办法有困难，如管柱靠在套管一边又被硬物挤得很死，或鱼顶严重损坏，需要修复时，也往往采取整体磨铣的方法，即在钻杆底部接一个凹底或平底磨鞋，用转盘带动旋转磨铣。

8. 水泥固油管事故的处理

这种事故的处理一般有较大的难度。对于水泥固油管事故的处理，不同情况采用不同方法。对于可以循环的，可用 5%HCl 溶液循环洗井，注意解卡后立即清水洗井，以减少对套管的酸腐蚀。对于不能循环的，可分两步进行：第一步，倒扣或爆炸松扣的办法倒至卡点或从卡点上部 1~2m 处用水力、机械割刀或化学切割切开；第二步用套铣或整体磨铣的办法处理被卡管柱。

在水泥固油管事故处理中有两点特别要注意：第一是套管保护，所使用的套铣鞋或凹底磨鞋，其硬质合金部分的外径以小于上钢体外径 1～2mm 为宜。在短工具(如平底磨鞋或凹底磨鞋)上部应尽可能接上扶正器。扶正器是一个外径与磨鞋外径基本一致的圆柱体。接上扶正器后等于加长了工具，减少或杜绝了磨铣刃在钻压的作用下碰撞套管的机会；第二是防止卡钻。长时间的套磨铣会使井底积存一定数量的铁屑，因此，要特别防止卡钻事故的发生。套磨铣时水泥车要保持足够的排量，每进尺 0.5m 左右应当上下活动一下钻具。当工作无进尺时应及时分析井下情况采取适当措施，不得盲目加大钻压。在长井段的套磨铣作业中，套磨铣工具的上部应接随钻打捞杯，以减少较大碎屑在工具附近的滞留。采用随钻打捞杯不但可以加快进尺，也可有效地减少卡钻事故的发生。

9. 爆炸解卡

测准卡点后，用爆炸方法使卡点钻具松动解卡，然后起出卡点以上管柱。

10. 切割解卡

爆炸切割是将聚能切割弹下至卡点以上位置，引爆后将管柱切割断的一种方法。在某些情况下，对腐蚀严重，紧扣时有可能扭断被卡管柱的油水井，爆炸切割起出卡点以上管柱，更切实可行。

利用机械式(液压式)内割刀或外割刀，将卡点以上管柱割断起出，再采用其他方法打捞出卡点以下管柱。

第 7 章　侧钻工艺技术

随着开发时间的延长，地质条件和井况变差，报废井及各类事故井逐年增多，油田综合含水上升。利用老井进行套管开窗侧钻，同钻新井相比，一方面可节约上部井眼(钻井、套管)费用，另一方面可减少占地及地面设施的投入，侧钻单井投资仅为钻一口新直井的½~⅓；最大的优势在于它是朝着提高采收率的高产油层、断缺油藏剩余油集中区、油层高部位打井，为报废油井、高含水油井、剩余油集中区、多断块中未钻遇油藏的挖潜和重新恢复产能，并起到保持和完善原有注采井网的作用。套管内侧钻技术即可大大降低成本，又可最大限度地挖掘地层潜力，完善注采井网，提高最终采收率，所以套管内侧钻是油田老井增储上产、降本增效的有效措施。

7.1　侧钻工具

套管内侧钻的主要工具有注灰造斜器、地锚对接造斜器、液压坐封式造斜器、段铣器、开窗铣锥、PDC 钻头、单牙轮钻头、三牙轮钻头等各种工具。

7.1.1　开窗工具

7.1.1.1　斜向器(造斜器)

斜向器是带有一定斜度和一定技术要求的斜面的半圆柱体，在侧钻中起导斜和造斜作用。斜向器按套管尺寸区分有 5½in、7in、9 ⅝in 等；斜向器结构特性是用断面形态、表面硬度、斜度、长度、尾部结构等表示。

1. 断面形状

斜向器斜面断面形状有弧面和平面两种。弧面的优点是定向性能好，开窗铣锥工作平稳，窗口比较规则。缺点是钻具负荷大，制造比较困难；平面的优缺点与弧面相反。目前定向侧钻应用较多的是平面斜向器。

2. 斜面硬度

斜向器斜面的硬度一般比套管硬度略高些，开窗时斜向器与套管均匀切削，窗口较规则。表面太硬开窗距离短，易提前外滑造成侧钻完井工作困难；表面过软则窗口长，开窗时间长，有时侧钻不出去。一般硬度为 HB260~300 较为合适。

3. 顶部厚度和斜面长度

斜向器的斜度，主要以侧钻目的和要求而定，但又受套管尺寸制约。要求井底位移大的，侧钻角度要大些(一般在 3°~4°范围内)。目前一般使用生铁、铸钢、水泥固定斜向器，斜面长度 2m，斜角 3°。

钻具刚性大，井眼小，斜向器的斜面要求长一些，以利于钻井固井工作顺利进行；反之则短一些。

4. 尾部结构

斜向器的尾部结构的主要作用是稳定斜向器。目前常用的有两种尾部结构，一种是在定向器下部接一根6~8m长的废旧钻杆或油管，在其周围焊上一些扶正块，并钻少量水眼，使水泥浆能灌入管内，以达到水泥浆把尾管结构内外固死的目的；第二种是在定向器尾部接上一套悬挂式卡瓦装置或加压式卡瓦装置，利用卡瓦卡紧套管壁，用以达到稳定斜向器的目的。它的优点是可以省去注水泥塞工序，可以在送斜向器时任意调整斜向器深度，但结构复杂，操作麻烦。

5. 固定方式

按固定斜向器方法来分有水泥固定与卡瓦固定两种，卡瓦固定又分为液压坐封式（图7-1）和加压坐封式。

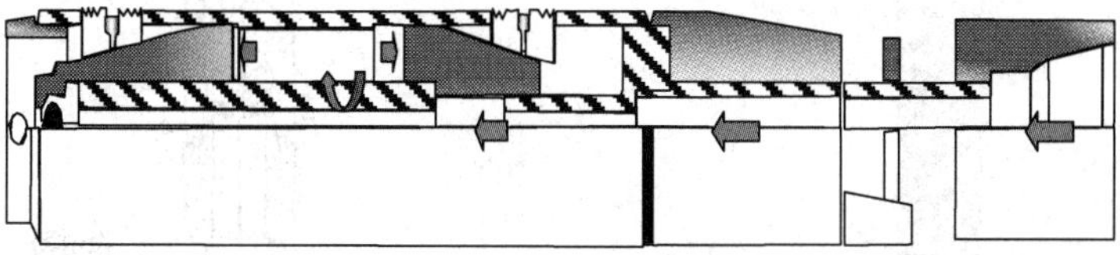

图7-1 液压斜向器

双固定式液压导斜器，得到普遍应用，改变了以往的单纯使用液压导斜器的固定方法，确保开窗口的安全率100%。

7.1.1.2 送斜器

送斜器作用是将斜向器送至预计深度，然后利用钻具重量顿断与斜向器连接的两个铜销钉，将斜向器留在井内设计深度。老式送斜器无循环通道，因此只有先注水泥塞，在水泥初凝前把斜向器送到井底。如果送斜器、斜向器均有循环通道，则下好斜向器后再注水泥塞，顿断销钉；或打压坐封斜向器，正转送斜器丢手。

7.1.1.3 铣锥

铣锥是磨铣套管开窗的工具，如图7-2所示，其作用是铣切套管形成窗口。侧钻铣锥有单式铣锥和复式铣锥。对铣锥的基本要求是：开窗快、耐磨性好、几何形态利于切削、切削的负荷小、不易卡钻、便于排屑。铣锥的最大直径尽量与裸眼钻头直径相同，以便开窗后不扩眼。

单式铣锥是在复式铣锥开出窗口后，用于继续加长窗口的工具，主要工作面是底部刀刃，侧面斜度与定向器斜面一致，侧面刀刃起扩大作用，用它可沿定向器斜面加长窗口到最大位置。

复式铣锥由四级不同锥度的锥体组成。最下一级是锥体体部切削刃，其作用是引导铣锥铣进，防止提前滑出套管；第二段锥度刀刃长度最长，是向下磨铣套管的主要段；第三段锥体斜度与定向器斜度基本相同，其作用是稳定铣锥扩大窗口；最上一段锥度为零，主要作用是修整窗口。

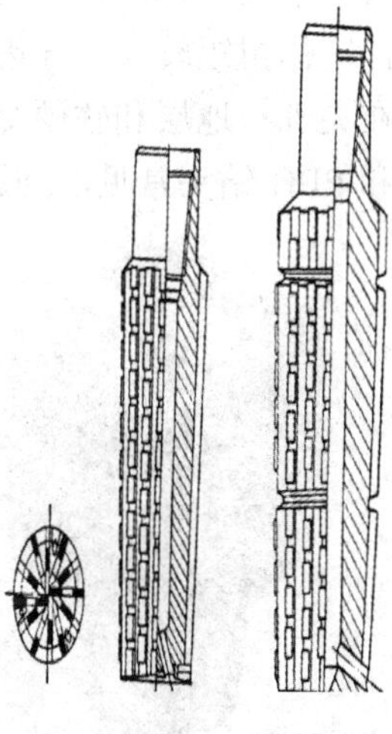

图7-2 套管开窗铣鞋

组合式开窗铣锥（图7-3），集开窗和修窗功能于一身，通过一次下井就可完成开窗和修窗施工操作，所开窗口完全可以满足日后侧钻施工需要。

机械一体式开窗造斜工具，试验应用取得成功，但应用较少，开窗时间平均5小时，在正常情况下，节省开窗时间8小时，节省一次起下钻时间15~18小时。

7.1.1.4 段铣器

段铣器主要由刀片、活塞和磨鞋体组成，如图7-4所示，其工作原理是开泵循环，在循环压力作用下，活塞压缩弹簧下行，使支撑头张开刀片，转动钻具即可切割套管；套管被切断后，刀片完全张开，泵压下降，加压磨铣套管。

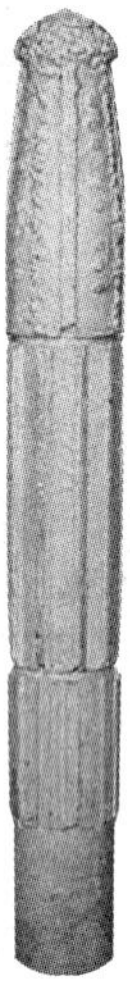

图 7-3　组合式开窗铣锥

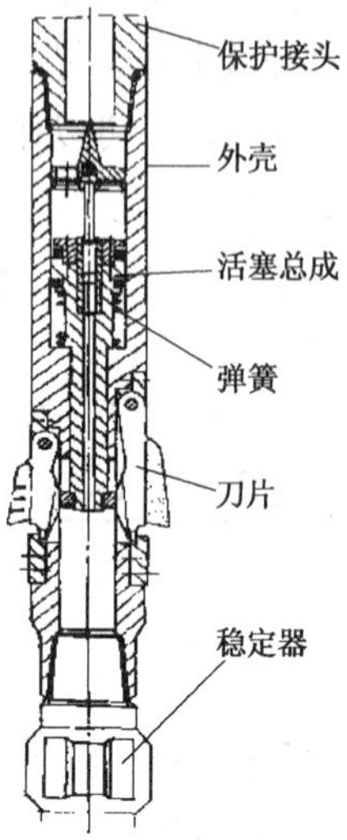

图 7-4　组合式套管段铣器

7.1.2　钻进工具

7.1.2.1　钻头

常用钻头有三牙轮钻头、PDC 钻头、单牙轮钻头，见图 7-5、图 7-6、图 7-7。三牙轮钻头一个最明显的缺点是轴承尺寸小，使用寿命短；PDC 钻头受结构和工作原理的限制，不仅工作扭矩较大，牙齿的冲洗和冷却困难，而且使得它对地层岩性的变化较为敏感，不适合在夹砾石地层和软硬交错的地层工作，极易泥包钻头。单牙轮钻头克服了小井眼三牙轮钻头和 PDC 钻头常见的问题，使综合机械钻速提高 48%，大大缩短施工周期。

图 7-5　三牙轮钻头

图 7-6　PDC 钻头

图 7-7　单牙轮钻头

7.1.2.2　螺杆钻具

螺杆钻具分为直螺杆钻具、弯螺杆钻具。弯度规格有 0°、1°、1.5°、1.75°、2°，见图 7-8。

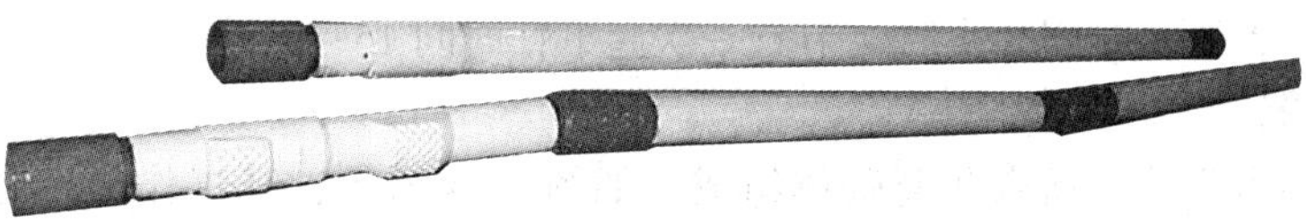

图 7-8　造斜螺杆钻具

7.1.3 固井工具

7.1.3.1 液压式尾管悬挂器

液压尾管悬挂器是利用液压作用，强行悬挂，可靠性高，可用于直井及水平井尾管固井作业。

1. 结构

尾管悬挂器主要由主体、送入工具等组成，见图 7–9。

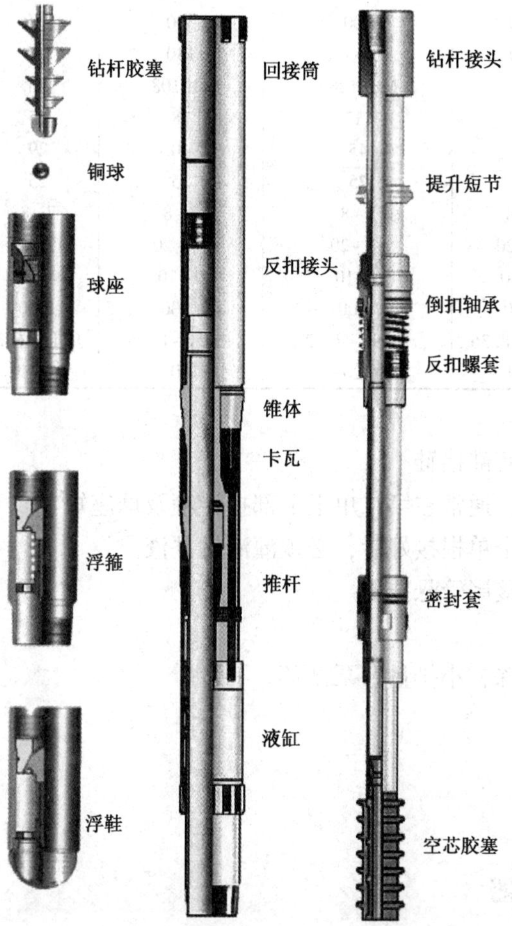

图 7–9 液压式悬挂器管串组成示意图

① 主体。主体由回接筒、反扣接头、主体管、锥套、卡瓦、推杆、液缸、剪销等组成。

② 送入工具。包括钻杆接头、提升短节、双母接头、平面轴承、花键轴、反扣螺套、中心管、密封套、空塞短节。

③ 钻杆胶塞。

④ 球座(含铜球)。

⑤ 浮箍。

⑥ 浮鞋。

2. 技术参数

见表 7-1。

表 7-1　液压尾管悬挂器主要技术参数

项　目＼规　格	$13\frac{3}{8}$in×$9\frac{5}{8}$in	$9\frac{5}{8}$in×7in($5\frac{1}{2}$in)	7in×5in($4\frac{1}{2}$in)	$5\frac{1}{2}$in×4in	$5\frac{1}{2}$in×$3\frac{3}{4}$in	$5\frac{1}{2}$in×$3\frac{1}{2}$in
工具总长/mm	4490	4140	3750	2845	2845	2845
最大外径/mm	305	214	151. 5	118. 5	118. 5	118. 5
最小内径/mm	220. 5	154. 5	108. 6	87	82	74
回接筒长度/mm	500	500	300	140	140	140
回接筒内径/mm	250	187	130	102	102	102
空芯胶塞外径/mm	230	168(128)	118(108)	96	88	83
钻杆胶塞外径/mm	112	112	78	65	65	65
铜球直径/mm	45	45	40	29	29	29
耐密封能力/MPa	25	25	25	25	25	25
液缸剪销泵压/MPa	7~8	7~8	7~8	7~8	7~8	7~8
球座剪销泵压/MPa	17~20	17~20	17~20	17~20	17~20	17~20
空芯胶塞泵压/MPa	9~10	9~10	9~10	9~10	9~10	9~10
试提高度≤/mm	1000	1000	1000	1000	1000	1000
适应套管壁厚/mm	13. 06~8. 36	11. 99~7. 92	11. 51~8. 05	9. 17~6. 2	9. 17~6. 2	9. 17~6. 2
最大悬挂负荷/t	160	120	60	30	30	30

3. 操作程序

① 在尾管的第一根底部接鞋。

② 在尾管适当位置，通常在第二单根下部接浮箍及球座短节。

③ 在尾管的最后一个单根接好后，必须灌满钻井液。

④ 在井口检查、连接尾管悬挂器。

⑤ 接下送入钻柱。

⑥ 下尾管至预定井深，小排量开泵循环。

⑦ 尾管坐挂。

⑧ 倒扣。

⑨ 固井。

⑩ 起出送入钻柱。

7.1.3.2　膨胀尾管悬挂器

1. 结构

膨胀尾管悬挂器，主要由液缸、拉杆、胀头、密封段、膨胀壳体组成，见图 7-10；技术参数为 Φ118mm×Φ108mm、Φ114mm×Φ101mm，膨胀后套管内径为 104. 5mm。

2. 优点

① 具备良好的密封悬挂功能，减少套管重叠段长度。

② 忽略开窗点附近水层的影响，可减少裸眼井段的长度。

③ 消除对上层套管造成的损伤，提供更大的悬挂力和更高的可靠性。

④ 采用一体式结构，内通径远大于常规悬挂器及配套使用的套管，见图 7-11。

⑤ 将裸眼井段与套管内完全隔离，降低水泥浆对地层的污染。

⑥ 膨胀旋转尾管悬挂器可提高水泥浆顶替效率和固井质量。

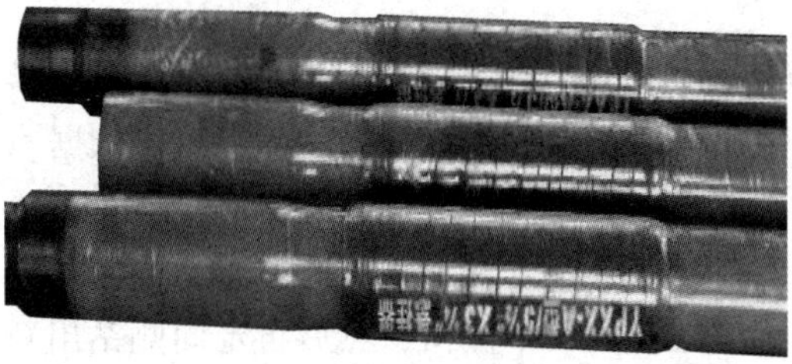

图 7-10　膨胀悬挂器

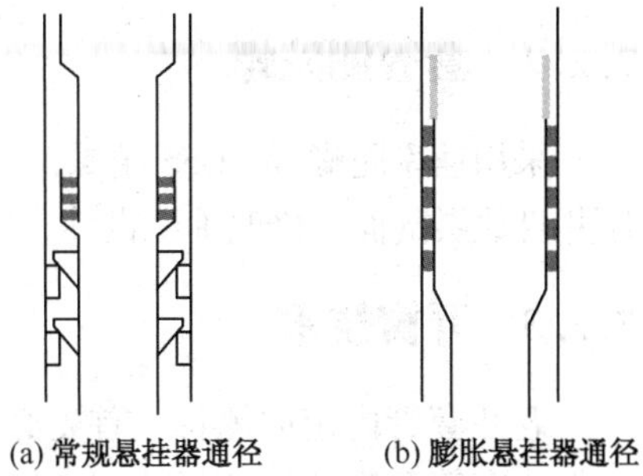

图 7-11　两种悬挂器结构对比

3. 应用案例

Y3-C87 井完井结构见图 7-12，由于裸眼井段油层位置以上存在漏失现象，固井水泥浆未能良好上返至喇叭口。应用膨胀悬挂器密封，该井生产后效果良好。

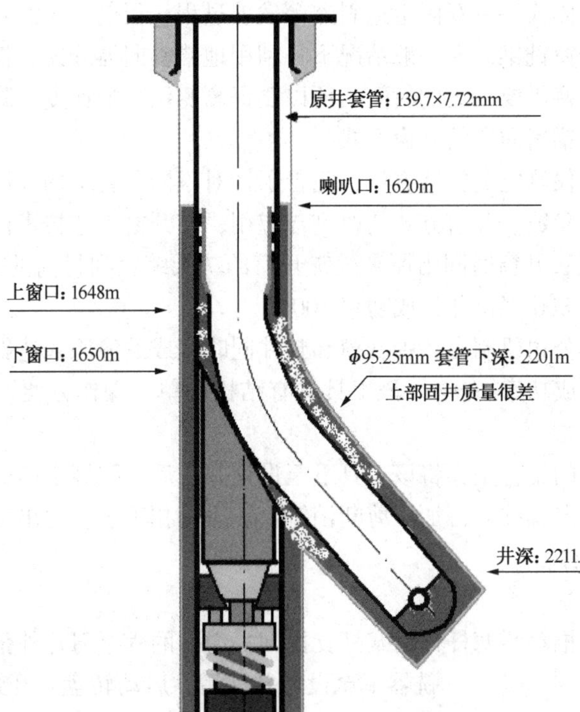

图 7-12　Y3-C87 井膨胀悬挂器悬挂尾管完井示意图

7.2　侧钻工艺

7.2.1　处理井筒

采用长度大于 3m、直径大于造斜器 3～5mm 的通井规，通井至开窗点以下；用刮管器对坐封造斜部位刮削，洗净井筒；套管试压合格，否则进行漏失段封堵。

7.2.2 套管测陀螺

采用速率陀螺或 BOSS 陀螺，对原井井斜、方位复测，计算出原井身轨迹数据，以此校核原井身地层剖面、修改油藏设计、确定靶点坐标、及开窗点位置，为钻井工程设计提供依据。

7.2.3 开窗技术

老井套管内定向侧钻，首先必须在套管内一定位置开出一个侧窗，然后再定向侧钻出新井眼。套管开窗位置选择传统的原则是：开窗点应选择在完好套管本体上；避开套管接箍、扶正器和老井眼事故井段；选择套管外固井质量良好的井段；选择在较稳定的泥岩井段。目前套管开窗方法主要有两种：固定造斜器开窗方式和套管段铣开窗方式。

7.2.3.1 造斜器开窗

胜利油田先后经历了注灰造斜器开窗——段铣开窗——锚定对接造斜器开窗——液压造斜器开窗—机械开窗一体式——双固定造斜器等发展过程，目前常用的开窗工具是双固定式液压导斜器和组合式开窗铣锥。在一般情况下，利用地锚斜向器开窗，仅需几个小时，而利用段铣器开窗及打水泥塞需要几天的时间，所以要提高侧钻井的速度，降本增效，在开窗方式选择上就势必采用地锚斜向器的开窗方式。

利用地面陀螺测斜仪测定造斜器方位，完善了针对不同套管结构、尺寸、不同开窗工艺的窗口长度与开窗技术参数。开窗方式的改进与应用，使开窗工艺技术得到了飞速发展，开窗成功率达到99%以上，开窗时间由原来段铣开窗的 7 天缩短到目前的 30 小时以内，大大缩短了建井周期。开窗 800 多口井，成功率 100%。

胜利油田井下作业公司研制出一种开窗和封井同时完成的液压式造斜器、复式铣锥，已推广使用 500 多口井，成功率 100%。该工具具有结构简单、操作方便、性能可靠、开窗速度快、窗口规则等特点。

液压式造斜器开窗的工艺是：将该工具下至设计井身后，陀螺定向造斜器方位，开泵憋压，使造斜器坐封及坐卡悬挂。再加压剪断销钉，转盘倒扣丢手，起出钻具再下入复式铣锥开窗，窗口长度 2m 左右。

7.2.3.2 段铣器开窗

段铣器是依靠水力推动活塞杆，活塞杆支撑同一截面的六个刀片外张来切割套管。将段铣器下至设计井深后，启动转盘、开泵。待泵压下降时，说明套管被割断，即可加压进行正常段铣。一般切割套管 20~25m。然后对段铣段采用注灰封固；钻水泥塞至上窗口以下；然后下造斜钻具定向钻进地层 20m。

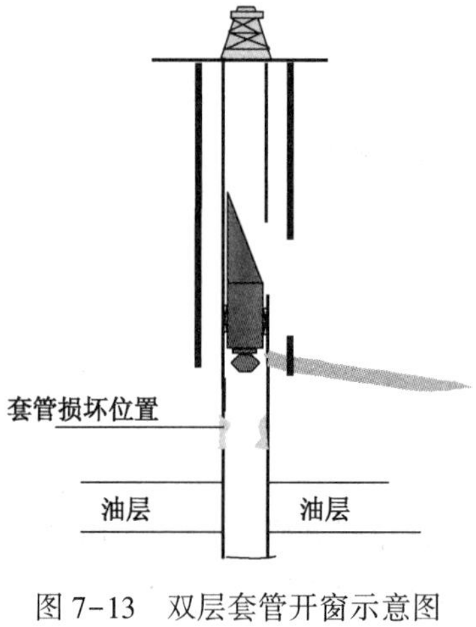

图 7-13 双层套管开窗示意图

7.2.3.3 双层套管开窗技术

双层套管的难点是第一层套管出窗到第二层套管之间易卡钻、第二层套管的开窗及开出的双窗口平滑不卡钻。按照开窗工艺要求，在铣锥结构、形状、几何尺寸等方面进行优化设计，除满足在直井中使用的所有要求外，同时满足套管壁钢级、侧钻出套管及防卡的要求。双层套管开窗见图 7-13。

7.2.4 定向钻进

7.2.4.1 定向造斜

套管内侧钻，裸眼轨迹控制原理与常规定向井基本相同，由于井眼尺寸差异，小井眼轨迹控制要比大井眼难度大。目前定向侧钻轨迹设计常采用的是直-增-稳剖面类型，原井作为直井段，从开窗点开始将裸眼段依次分为定向造斜段和稳斜段。在该井段使用钻杆+钻铤+无磁钻铤+单弯动力钻具+PDC(牙轮)钻头进行定向造斜，用 Φ35mm(或 Φ45mm)SST 有线随钻测斜仪、电子单多点测斜仪、磁性单多点测斜仪监控井底的井斜、方位，遇有变化，及时调整。目前采用的单弯动力钻具的弯曲角 γ 主要有 1°~2°几种，主要根据井眼的轨迹设计进行选定，弯曲角太大，钻具不易下井，单弯动力钻具的造斜率一般能达到30°/100m 左右。

7.2.4.2 定向稳斜

造斜达到设计方位和井斜角后，换稳斜钻具组合稳斜钻进。小井眼稳斜钻具组合与大井眼的区别是，一般不使用扶正器；原因是带扶正器的钻具在小井眼内，环空过流面积小，极易出现“粗勃子”卡钻复杂情况。常用两种稳斜钻具组合：一种是钻杆+钻铤+无磁钻铤+直动力钻具+钻头，转盘复合钻进；这种钻具结构，降斜快、成本高，但机械钻速高。另一种是钻杆+钻铤+无磁钻铤+钻头，转盘钻进，稳斜效果好，成本低，但机械钻速较慢。钻进 20~30m 用 Φ35mm(或 Φ45mm)SST 有线随钻测斜仪监控井底的井斜、方位，遇有变化，及时调整。

7.2.4.3 小井眼钻进技术

在小井眼侧钻施工中，机械钻速低一直是制约侧钻发展的技术瓶颈，在现有的小井眼钻头中，三牙轮钻头一个最明显的缺点是轴承尺寸小，使用寿命短；小尺寸 PDC 钻头受结构和工作原理的限制，不仅工作扭矩较大，牙齿的冲洗和冷却困难，而且使得它对地层岩性的变化较为敏感，不适合在夹砾石地层和软硬交错的地层工作，在钻进中极易泥包钻头。在多年的侧钻施工中，胜利油田通过多次和钻头厂家结合，先后研制了 PDC、BLZ、三牙轮、单牙轮钻头，将平均机械钻速由 1.25m/h 提高到 4.36m/h。通过应用小尺寸单牙轮钻头，克服了小井眼三牙轮钻头和 PDC 钻头常见的密封失效、牙轮掉落、牙齿早期断裂、过多的起下钻等问题。在小井眼中不断优化钻具组合，采用复合钻进技术，极大的提高了机械钻速，解决了井身质量差、井下事故多发的技术难题，有效的控制了井身轨迹。这些技术的应用与发展，使侧钻综合机械钻速提高了 48%，大大缩短侧钻井施工周期。

7.2.5 钻井液性能控制

通过不断摸索实践，优化套管内开窗侧钻钻井液体系，包括：聚磺混油钻井液体系、生物聚合物润滑钻井液体系、聚合醇抑制性钻井液。总结出了防喷、防漏、防卡、防井壁失稳等系列钻井液技术措施，合理控制泥浆固相含量，针对不同地区，不同岩性合理调整泥浆性能，确保了复杂侧钻井顺利施工。

7.2.6 电测

钻至设计井深后，边划眼边调整好完井泥浆，划眼、短起下，划至井眼上下无遇阻为宜。

完井电测曲线采用砂泥岩剖面开发测井系列曲线。一般包括：微电极、声波时差、2.5、

4.0 梯度、双侧向、自然伽玛、自然电位、井径等。

7.2.7 完井技术

7.2.7.1 尾管固井完井技术

固井是侧钻施工的最后一个工序，也是最重要的一个环节。套管内开窗侧钻井完井工艺一直以来都是国内外的技术难题，为了解决这一技术难题，在套管内开窗侧钻井完井工艺施工过程中从以下几个方面入手提高固井质量：首先在侧钻施工过程中科学钻井，为固井提供优质井筒；其次就是应用优质泥浆体系，保持泥浆性能稳定；使用液压水力扩眼器扩眼，井眼由扩前平均井径 Φ125mm，达到 Φ140mm，增加了水泥环厚度，提高了固井质量；推广应用提高小井眼固井质量的固井系列配套技术。Φ139.7mm 套管侧钻井尾管尺寸从 Φ102mm 改进到 Φ89mm，最后优化到 Φ95mm。

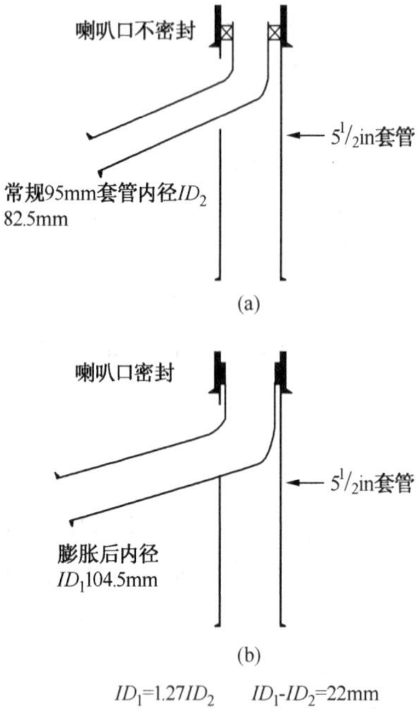

图 7-14 侧钻井膨胀套管与常规小套管完井对比

7.2.7.2 实体膨胀管完井技术

1. 优点

① 有效扩大生产套管内径，接近 Φ127mm 套管内径，见图 7-14。

② 扰动水泥浆可提高固井质量。

③ 具有悬挂及密封双重功能，使全井段具有完整的机械及水力密封性能，避免了常规悬挂器+水泥浆方式密封重叠段往往存在的窗口或浮鞋漏失现象。

④ 易于射孔、测试、修井等作业以及生产管理。

a. 可用 Φ73mm 油管进行各种修井作业，提高侧钻井寿命；

b. 便于分层开采，可下入直径为 95～100mm 的封隔器；

c. 可进行机械防砂防砂作业；

d. 可用 73～89 增效射孔枪进行射孔。

2. 侧钻井膨胀套管完井工艺

① 开窗。

② 依侧钻井设计侧钻。

③ 裸眼扩眼。

④ 通井规通井。

⑤ 膨胀管下入。

⑥ 注水泥固井。

⑦ 膨胀作业。

⑧ 测井。

3. 应用案例

某井为 Φ139.7mm 套管内侧钻，最大井斜 34.79°，将裸眼扩大为 Φ140mm，下 Φ107.95×Φ95.25mm×6.35mm 实体膨胀管完井，膨胀井段 1700.68～2308m，膨胀后套管内径为 Φ105.03mm；膨胀管总长 607.32m。如图 7-15 为实体膨胀管完井示意图。

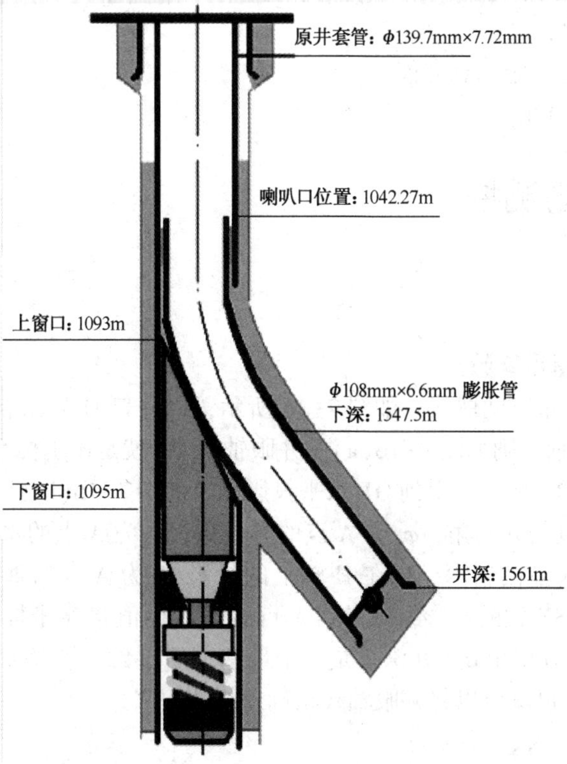

图 7-15　实体膨胀管完井示意图

7.2.7.3　尾管固井

1. 尾管串结构

由下至上：尾管引鞋+带旋流孔的套管 1 根+浮箍+套管 1 根+浮箍+短套管 1 根+球座+尾管串+悬挂器+送入钻杆

2. 套管扶正

采用刚性扶正器和弹性扶正器，斜井段每 2 根套管加 1 只弹性扶正器。

3. 注水泥

① 设计水泥返至尾管悬挂器喇叭口。

② 采用 G 级油井水泥体系。

③ 试验要求：

a. 水泥浆自由水控制量为 0，失水量小于 50mL/6.9MPa，30min。

b. 稠化时间≥注水泥时间+1h+喇叭口以上残余水泥浆返出地面所需时间。

c. 做增压稠化试验，水泥石应满足抗压强度 24h，不小于 13.8MPa 要求。

④ 水泥添加剂。包括降失水剂、分散剂(减阻剂)、消泡剂，添加剂加量必须满足试验和施工要求。

⑤ 施工程序与要求：

倒扣→注前置液→注水泥浆→投塞→替泥浆→碰压→上提中心管循环出残余水泥浆→候凝

a. 前置液配制：其特性必须对钻井液及水泥浆具有良好的相容性，并能控制滤失量，不腐蚀套管，不影响水泥环的胶结强度。

b. 水泥浆密度：领浆密度为1.60~1.65g/cm³；尾浆密度为1.85~1.90g/cm³，必须满足封固到尾管悬挂器喇叭口。

c. 压塞液必须具有一定的悬浮能力。

d. 候凝时间：36~48h。

7.3 井眼轨迹与测控

7.3.1 井眼轨迹

7.3.1.1 井眼轴线的基本参数

侧钻井眼轴线是一条空间曲线。如图7-16所示，以井口O为原点，东西(EW)、南北(SN)、垂线H为坐标轴，则如图7-16(a)的井眼轴线OT就是该坐标系中的一条空间曲线。将OT线投影到水平面EON上，得到OT′水平投影图，如图7-16(b)所示。设A为井眼轴线上的任一点，α_A为A点的井斜角，φ_A为A点的方位角，S_A为A点的水平位移，L_A是从井口到A点的实际长度即A点的斜深，L_A在H轴上的投影H_A为A点的垂深既A点H坐标值；同样A点在EW轴 和SN轴的投影，可得到A点的E坐标值和N坐标值。在以上介绍的许多参数中，井斜角α、方位角φ、井深L是三个最基本的参数。掌握了这三个参数，就掌握了井眼轴线的球坐标，也就可以将井眼轴线精确地描述出来。

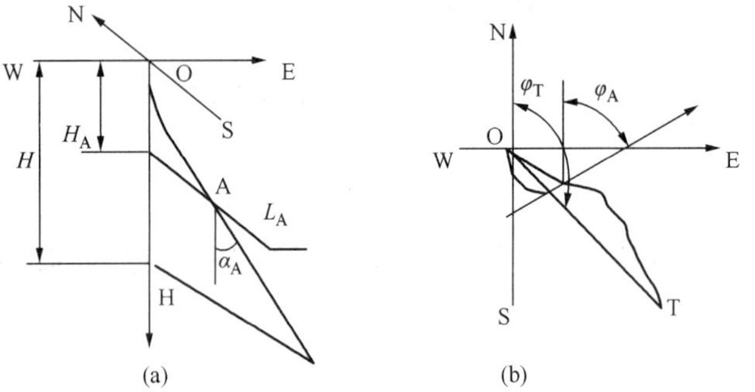

图7-16　井眼轴线的基本参数

7.3.1.2 井眼轴线的计算

实际井眼轴线的计算方法有十几种，目前国内外常用的有四种方法，平衡正切法、平均角法(角平均法)、圆柱螺旋法、最小曲率法。其中平衡正切法是最不精确的，而且两测点的角度越大，两测点相距越长，误差就越大，故一般常采用此种方法进行现场估算；角平均法比较接近实际井眼情况，但也存在两测点相距越长，误差就越大的问题，故也被现场估算时应用。最小曲率法和圆柱螺旋法具有曲率半径法的特点，能够精确确定某一给定的井眼位置，但因计算复杂，需用计算机进行计算，当今侧钻软件的计算应用程序所采用公式是这两种方法里的一种。至于各种方法的计算公式，在《钻井工艺原理》中有介绍。目前现场对实际井眼轨迹数据的计算和处理，均采用微机进行；其方法是将随钻测斜仪实测的井斜、方位数据，稳斜段投入电子单点或多点测斜仪测得某一深度的数据，首先输入计算机，进行中靶预测，二是人工绘制出设计、实钻井身垂直剖面和水平投影方位轨迹图，分析判断按此轨迹趋势打下去，能否中靶。

7.3.1.3 井身轨迹的绘制方法

空间曲线采用平面上的曲线表示时，通常采用垂直平面和水平平面两个平面即可表示清楚。所以井身轨迹通常采用井眼轴线在垂直平面和水平平面上的投影来表示。在垂直平面上，每一点的井深和井斜角与空间井眼对应点的井深和井斜角相等，在水平平面上，每一点的方位角与空间井眼对应点的方位角相等。井眼轨迹的绘制方法如下：

① 将测斜获得的井身数据整理列表。

② 将这些数据输入计算机侧钻施工指导程序中，或选定一种计算井眼轴线方法人工计算，并将计算结果列表。

③ 根据计算结果绘图。利用计算机计算时，计算出的是每一测点的坐标值，包括垂深 H、水平位移 S、东西坐标 E、南北坐标 N，前两点用于做垂直平面的剖面轨迹，后两点用于做水平平面的方位轨迹；这种绘制方法称为坐标法。利用角平均法人工计算时，计算出的是每一测段的数据，包括 ΔH、ΔS、ΔE、ΔN，根据每一测段的数据，逐段绘制出井身垂直平面和水平平面投影图，这种绘制方法称为折线法。图 7-17(a)、(b)为按坐标法做出的新 ZC6 井井身轨迹图，实线为设计轨迹，虚线为实钻轨迹。

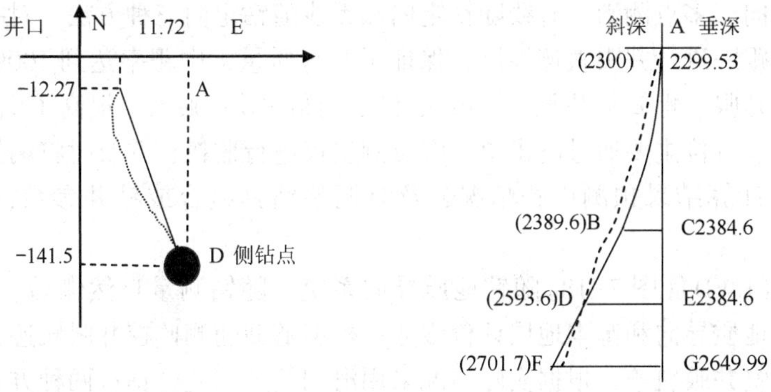

(a) 方位图　　(b) 剖面图

图 7-17　ZC6 井井身轨迹图(以井口为坐标原点)

7.3.1.4 轨道设计

侧钻井轨道的设计除了造斜点的选择与普通定向井有所不同之处，其他的设计方法基本相同，通过对胜利油田已完成的 200 多口定向侧钻井设计模式分析，确定了基本轨道类型主要有三种模式，即直-增-稳、直-增-增-稳、直-增-降-稳。根据侧钻点及目的层要求不同，每一种轨道模式都有其不同的适用范围和技术特点：

7.3.2 井眼轨迹测控

7.3.2.1 钻具组合优化技术

在开窗侧钻井中造斜段都普遍采用钻头+低造斜率的单弯马达+无线或有线随钻的钻具模式，在稳斜段均采用钻头+无磁承压钻杆+钻杆的钻具模式。鉴于复杂多变的地质结构，钻具组合优选工作应根据不同的井型和不同的地区，选择不同的动力钻具。根据设计钻穿油气层的轨迹不同，常采用 1°~2.5°螺杆钻具造斜。

7.3.2.2 钻进参数优化技术

对侧钻井参数进行合理优化的井，其机械钻速明显提高。经过反复摸索，针对不同区块的地质条件，总结出了一整套钻进参数优化方案，效果十分显著；其参数选择范围为排量

8.5L/s 左右，泵压 15～19MPa，钻压 1～6t，转盘转速 60～120r/min。通过钻井参数优化和配套技术的应用平均缩短侧钻井周期约 30%。

7.3.2.3 井眼轨迹测量技术

侧钻井裸眼井段的井眼轨迹测量技术与常规定向井、水平井的测量技术基本相同，不同之处在于井眼尺寸的差异所导致的测量工具和仪器类型的不同。应用于常规定向井、水平井中的测斜仪器，技术成熟，应用广泛，并形成了规范化的产品。而在侧钻井中，用于开窗侧钻的套管类型多为 177.8mm（7in）或 139.7mm（5 ½in）套管，采用的钻杆直径一般为 88.90mm（3½in）或 73.03mm（2⅞in），钻具组合中最小的水眼内径限制了测量仪器的最大外径，要求井下仪器总成具有小外径、高柔性的特殊结构。通过适当缩小仪器总成的外径，改造、完善井下仪器串的整体柔性，研制开发出小径有线随钻测量仪器。同时引进国际上较为先进的 ESS、RSS 电子单多点测斜仪以及湿接头和无线随钻测量仪。其常用的有限测量仪，外筒直径为 Φ45mm，探管直径为 Φ35mm。有线和无线 MWD 随钻测量仪器进行钻井施工，随钻只能得到井斜、方位和工具面等参数，只可进行几何导向。

7.3.2.4 井眼轨迹控制技术

使用单点定向、多点测斜、有线随钻定向和无线随钻定向三种方法，对井眼轨迹进行精确的控制。随钻跟踪进行井眼轨迹控制，保证了井身质量，中靶率达到 100%，避免了糖葫芦井眼、折线形井眼、螺旋形井眼、锯齿状井眼、椭圆形井眼等，提高了电测一次成功率。在稳斜段，井斜、方位主要通过电子单、多点测斜仪进行监控，并及时将测斜数据输入计算机，根据计算机计算结果预测中靶情况，及时调整钻具组合或钻井参数，确保准确钻达靶区。

采用 FEWD（LWD）（图 7-18）随钻地质导向系统，随钻测量自然伽马、电阻率、密度、中子曲线，提供地质导向和基本地层评价服务；根据随钻随测监控井眼轨迹，确定目的层顶界深度，跟踪调整井眼轨迹；根据实际情况采用滑动钻进和复合钻进两种方式施工，随时调整井斜方位。

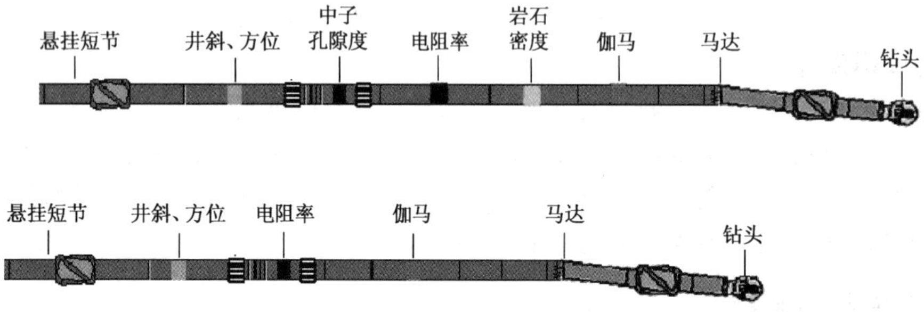

图 7-18 FEWD 井下钻具组成

7.4 钻井液

7.4.1 侧钻对钻井液性能的要求

钻井液性能也是影响侧钻井施工速度的重要因素，由于侧钻井眼尺寸小，循环空间小，排量小，岩屑的携带有一定困难。

① 携岩性能。钻井液必须有较强的悬浮携岩能力，以保证井底清洁，减少岩屑的重复破碎；

② 润滑防卡。该类井的井斜大、水平位移大、增斜稳斜段长，在钻井及其他作业中，钻具、测井仪器、套管等与井壁的接触面积大，摩擦阻力增大，因此钻井液必须具有良好的造壁性和润滑性能，以利稳定井壁，减小摩阻，使钻压能够传到井底，防止黏附卡钻事故的发生，确保钻井起下钻的顺利及完井作业的顺利施工。

③ 井眼稳定。有的井目的层在馆陶组，整个施工过程在松软地层，井眼易发生坍塌和缩径，也有的井要穿过易发生坍塌掉块的沙河街组地层，再加上注水、注汽、注聚影响，斜井眼坍塌压力提高等因素，使大位移井的井眼稳定问题更加突出。要保证井壁的稳定需要考虑：a. 钻井液的密度；b. 防塌剂的使用；c. 钻井液滤失量的控制；d. 钻井液的抑制防塌性。因此要根据地层的特点优选合理的防塌剂，确定处理剂加量与失水对钻井液抑制防塌性的影响，确保井壁的稳定。

④ 抑制防塌性。造斜段稳斜段大多处在明化镇、馆陶或东营组，地层疏松，蒙脱石含量高，再加上斜井段钻屑的反复研磨，引起造浆严重，钻井液中的无用固相增加。因此，保持钻井液有强的抑制性，不但能有效地抑制钻井液中钻屑和黏土分散，保持钻井液性能稳定，同时达到稳定井壁的目的。

⑤ 保护油气层。侧钻井的目的是有效地开发油气资源，降低开发成本，如果油气层污染严重，会直接影响到产油量和对油气层的评价，将造成很大的损失。根据地层物性及油气层损害机理，确定不同地层对钻井液性能的要求，有针对性地选择合理的钻井液性能和油气层保护材料，结合新型完井液技术，使钻井液对油层的损害降到最低。为保护油气层，一是采取近平衡压力钻井，减少压差，降低滤失量；二是采用喷射钻井技术提高钻井速度，减少油井浸泡时间；三是在钻开油气层前，加入油层屏蔽保护剂，防止泥岩遇水膨胀和井壁坍塌。

7.4.2 钻井液体系及性能

通过不断摸索实践，优化套管内开窗侧钻钻井液体系，包括：聚磺混油钻井液体系、生物聚合物润滑钻井液体系、聚合醇抑制性钻井液。钻井液要保证性能稳定，低固相，强抑制，强化防塌措施，形成优质泥饼和保持优良的润滑性，控制好流变性。归纳总结出了防喷、防漏、防卡、防井壁失稳等系列钻井液技术措施，如上部地层以聚合物低固相不分散体系为主，要具有强抑制性，适合上部地层的快速钻进；聚合醇防塌钻井液体系具有抗温、抗盐、高温高压滤失量低、造壁性好等特点，适合于深部井段的钻进。配备了除泥、除砂、平面振动筛等固相装备，控制泥浆固相含量，针对不同地区，不同岩性合理调整泥浆性能，确保了复杂侧钻井顺利施工。因此根据不同的地层，选用不同的钻井液体系，对携岩、造壁、保持井眼稳定、润滑及保护油气层起到了积极的作用。钻井液体系及性能见表 7-2、表 7-3。

表 7-2 钻井液体系

井　段	钻井液体系	井　段	钻井液体系
通井段	膨润土浆	定向井段	聚合物润滑防塌钻井液
套管开窗段	聚合物钻井液	稳斜井段	聚合物润滑防塌钻井液

表 7-3 钻井液性能表

项　　目	性能指标			
	通井段	套管开窗段	定向井段	稳斜井段
密度/(g/cm³)				
马氏漏斗黏度/s	35~45	50~70	40~50	40~60
API 失水/mL		6	<5	<4
API 泥饼/mm		0.5	0.5	0.5
静切力/Pa		3~6/5~12	1~3/2~8	2~5/3~10
pH 值		8~9	8~9	8~9
含砂量/%		<0.5	<0.3	<0.3
总固含/%		<10	<10	<10
摩阻系数			<0.1	<0.1
动切力/Pa		8~12	5~8	5~8
塑性黏度/mPa·s		15~25	10~15	12~20

注：钻进中应根据井下实际地层压力及时调整钻井液密度。

第 8 章　特殊作业工艺技术

8.1　水平井作业

8.1.1　水平井概述

20 世纪 30 年代在美国开始发展水平井。80 年代以来，世界范围内水平井技术发展与应用进入一个崭新的阶段，成本大幅度下降，使用范围可归纳为地层限制、地下要求和钻井技术需要等方面，在多种油气藏中取得明显的经济效益，其产量是常规井的 2~10 倍，成为开发油气藏的主要技术手段之一。

由于地层和地下条件的差异，水平井的类型繁衍增多，包括：大位移水平井，多底(多目标)井、丛式水平井、地面井口倾斜的浅水平井、定向井、套管开窗侧钻水平井、直井侧钻水平井、小井眼水平井。

井身剖面类型很多，不过组成各种剖面的基本井身只有四种：垂直井段、造斜井段、稳斜井段、水平段。由这四种井段组合而成的井身剖面多达 16~17 种，但最常用的只有两种：

① 三段制剖面。通常在表套套管内即达到所需的最大井倾角，以后一直稳斜钻达目的层位。

② “S”型剖面。造斜深度比较浅，稳斜钻进达到一定水平位移后降斜，使其到达油层时，井斜角符合地质要求，稳斜钻穿油层，最后采用垂直井段者也属于此类剖面。

无论什么样的水平井，井身都可以看做是由井斜角不同的多边形组成，受重力作用，井眼出现问题以后比直井要严重的多，需要在许多环节上进行技术把关，才能恢复生产。

水平井的修井与直井相比有如下特点：

① 油层砂粒更易进入井筒，形成长井段的“砂床”，严重时砂堵井眼。

② 井内管柱贴近井壁低边，长井段砂床中的管柱，受钟摆力和摩擦面积大的作用，更易形成卡钻。所以冲砂、解卡打捞成为常见的井下作业之一。

8.1.2　水平井通井

8.1.2.1　工具选择

通井时采用 Φ116mm 或 Φ118mm 的橄榄型通井规，通井规的端部为缩口，外部有一定的锥子度，下井时可防止通井规磕碰套管和悬挂器。

8.1.2.2　通井操作规程

① 通井规下至 45°拐弯处后，下放速度要小于 0. 3m/s，并采用下 1 根—提 1 根—下 1 根的方法。若上提时遇卡，负荷超过悬重 50kN，则停止作业，待定下步措施。

② 通井规进入井斜 45°井段后必须连续施工。

③ 通井规在裸眼井段停留时间不得超过 6 小时，通井至预定位置充分循环洗井干净及时起出通井规。

④ 通至井底时，加压不得超过 30kN，并上提完成在井底 2m 以上，充分反循环洗井。

⑤ 起出通井规后，详细检查，并对发现的痕迹进行描述、绘草图或拍照片记录。

8.1.3 水平井射孔技术

水平井射孔技术是水平井技术的重要组成部分，各油气田经过几年的研究和现场试验，形成了一整套中、长半径的水平井射孔工艺技术。

水平井套管井射孔完井既有利于提高产量又有利于以后进行增产措施和封堵作业。但水平井射孔井段长达几百米甚至上千米，首先要求射孔一次作业成功；其次要求向水平两边或两边以下 30°定向发射以免造成砂子沉降和底水突进；而且要求长达几百米的射孔枪顺利通过造斜段下入和起出。

8.1.3.1 水平井射孔主要特点

① 采用液压延时分段起爆方式能完成长水平段的射孔作业。

② 采用弹架旋转的内定向方式，定向精度高且与枪身旋转的外定向方式相比，在相同套管内径下可选择更大直径的水平井射孔枪。

③ 采用接头旋转扶正环和滚珠枪尾可大大减少起下射孔枪时的摩擦力。

④ 接头与枪体之间，公母接头之间采用防退扣装置，避免了落枪的可能。

⑤ 最新研制的起爆开孔装置可实现水平井的再射孔而不会将井液挤到地层中去。

⑥ 可实现全井筒氮气加压起爆方式完成水平井的射孔作业。

⑦ 可实现限流压裂的水平井射孔作业。

⑧ 利用独创的旁通传压起爆系统能完成水平井的射孔测试联作。

⑨ 采用地面监测系统能监测井下各段射孔枪的发射情况。

8.1.3.2 射孔枪主要技术参数

① 射孔枪外径：Φ89mm、Φ102mm、Φ127mm

② 最高工作压力：90MPa、105MPa、90MPa

③ 延时时间：5~7min

④ 定向方式：内旋转定向

⑤ 定向精度：±5°

⑥ 定向率：>95%

⑦ 发射率：>99%

⑧ 孔密：10~20 孔/米

⑨ 枪体抗弯能力：30°/30m。

8.1.3.3 施工工艺

1. 起爆方式

水平井射孔起爆不同于一般直井射孔，不能采用投棒起爆方式，也不同于一般斜井射孔，它属于超长井段射孔，不宜采用一个压力起爆器的起爆方式。在水平段各点压力值相等，它可以实现几个乃至几十个射孔段的同时起爆，完全满足水平井一次射孔多段的要求，将大大提高工效，目前应用最广的有三种负压起爆方式，分别是：①液垫或气垫加压力延时起爆器；②油压开孔装置加压延时起爆器；③旁通传压装置加压力起中爆器。

2. 传爆装置

因为水平井射孔多为长井射孔，所以传爆显得尤为重要。通过大量实验，我们采用导爆索加传爆管逐级接力式传爆。枪身中有传爆管扶正定位装置，对传爆管三维固定，保证传爆管间隙在5±1mm以内。传爆管殉爆参数试验，在常温空气介质中，两传爆管轴心线无偏差时，殉爆距离可达100mm，两传爆管轴心线偏差5mm，殉爆距离可达40mm。确保传爆可靠。

3. 深度定位

由于水平井井眼轨迹与直井有较大的不同，它主要由三部分组成：直井段、斜井段和水平段。采用射孔管柱实探人工井底与磁性定位器和自然伽玛仪校深相结合的方法。具体方法是：在直井段预设校深短节(校深短节至射孔枪的管柱长度要准确丈量)。实探人工井底并上提管柱到射孔位置后，在油管内测定短节深度，以完成深度定位。

4. 常用下井管柱

① 在新井(未射孔过的井)使用的管柱为多段、大跨距射孔管柱。它可分为两种：

A型：多段、大跨距油管输送式射孔管柱。起爆方式为环空加压。

这种管柱在射孔枪被送到水平段以后，在地面加压于油套环空，使多段、大跨距射孔枪同时点火，延期射孔，射孔后直接起出管柱进行下步施工。

将全部射孔枪分成若干组，每组枪首、尾各配一个起爆器，做到“双保险”，以保证每组枪的可靠起爆。另外，做到点火后延时，每隔一分钟起爆一组枪，这样可在地面判断射孔枪是否全部发射。

它主要适合于水平段多段射孔或为分流压裂提供通道，并且是该井第一次射孔(若第二次射孔不可采用环空加压方式)。

B型：多段、大跨距射孔-测试联作式管柱。

它适用于水平井的多段射孔或分流压裂提供通道，并要求取油层产量压力资料的井况。

这种类型的管柱及施工工艺是把射孔枪和地层测试器集为一体的，既能射孔又能测试。采用油管输送的方式，把射孔枪接到管柱下部，地层测试器接到管柱中部，把它们输送到预定位置。采用地面环空加压方法起爆射孔枪后，立即操作地层测试器进行开关井，求得油层产量和压力等资料，进而评价地层。这样一举两得，提高了工效。

② 在老井(水平井再射孔)使用的管柱。

水平井再射孔的成功与否，关键是否采用可靠实用的起爆方法。解决了水平井再射孔的起爆，也就解决了传统射孔技术不适应水平井再射孔的矛盾。有下述四种起爆方式来进行水平井的再射孔：

A型：压力开孔装置+压力(延时)起爆器

采用这种办法最好将套管掏空到一定深度再下管柱，以保证一定的负压值。通过控制开孔装置和压力起爆器的剪销数目，先加压起爆起爆器，再继续加压使开孔装置开孔。

B型：压差开孔装置+压差(延时)起爆

通过设定开孔装置和压差起爆器的剪切销的不同剪切值，井口加压，控制油压和套压之差，当油压大于套压一定值，起爆起爆器，再继续加压，增大压差值使开孔装置开孔。

C型：51型开孔枪+压力(延时)起爆器

井口加压到一定值时，压力起爆器起爆，起爆器首先引爆51型开孔枪，在油管上开孔形成筛管，同时通过传爆管传爆，继续引爆射孔枪，射孔弹发射，完成射孔作业。

D型：一体式压力(延时)起爆开孔装置

该方法与第三种方法一样，井口加压只需控制起爆器即可完成射孔作业，地面装配和现场使用都较方便，是水平井再射孔的新方法。

8.1.4 水平井试油测试工艺

8.1.4.1 水平井诱喷工艺

对比完钻井深相同的水平井和垂直井，水平井的完钻层位比垂直井的完钻层位浅，一般规律下地层压力要小，井筒内流体压缩系数大，油层套管相同时井筒容积相等，因此水平井的井筒储集系数要大于垂直井的井筒储集系数。

根据以上情况可知水平井排液比垂直井要克服更大的井筒储集效应，需要排出更多的井筒基液才能降低井底回压达到诱喷的目的。

氮气是一种化学性质比较稳定的气体，在井筒压力、温度条件下不会和井筒内的天然气发生化学反应，因此它应用范围广，特别适用于高油气比、产能较高的井；排液深度大，可达3000m以上；排液速度快，施工时间短，2~3h即可实现降低井筒液面的目的；使用液氮排液可以不用更换井内管柱，避免了压井作业，降低了压井液对水平井产层的伤害。

对于产能低，钻井时地层污染较为严重的水平井，利用液氮排液技术效果不太理想，液氮排液虽然速度快，但持续性较差，又不能通过大量排液来解除水平井近井地带的污染，而水力泵排液技术能够满足要求。水力泵排液可以实现连续、大量地排液，尤其是通过水力泵排液与射孔联作试油工艺的运用可以最大程度地改善水平井地层，减少措施作业时对地层所造成的二次伤害。

射孔与水力泵联作试油负压射孔工艺：

该工艺可在油层套管抗外挤允许的条件下选择合理的负压差，射孔的瞬间地层压力比井底压力大很多，地层流体流入井筒的过程中可以清洁冲刷出孔眼周围破碎压实带中的细颗粒，改善近井地层的渗透率，有利于漏失液的返排。

工艺步骤：

① 刮削套管。

② 采用汽化水降液面至设计深度。

③ 井口装防喷器，将联作工具按设计管串顺序下井至预定位置。

④ 测井校深后调整管柱，使射孔枪对准目的层，装好采油树，连接好地面流程，油管加压延时(8~10min)点火。

⑤ 不喷测液面求产，洗井落实液性后关井测压力恢复。

⑥ 把射孔枪起出水平井段，并使封隔器处于井斜小的井段，坐封封隔器，投泵芯进行水力泵排液。

⑦ 结束联作测试，提出管柱。

8.1.4.2 水平井分层试油工艺

水平井试油排液，特别是水平井分层试油排液由于受井身结构、井眼轨迹等因素影响，不能采用直井、常规井的工艺，采用ISP封隔器+环空单流阀试油排液工艺，实现了水平井选择性精细分层试油、排液的目的，具有针对性强、安全性好，工艺效果突出等特点。

1. 试油排液工艺管柱

为达到水平井分层试油目的，试油测试管柱必须将水平段有选择性地隔离，并能安全起出，且隔离后的地层必须与管柱连通。因此选择ISP封隔器、环空单流阀、安全接头以及根据分层长度要求配置的相应油管柱等工具，组配成水平井试油排液工艺管柱，依靠ISP封隔器实现层(段)的分隔，用环空单流阀沟通管柱与地层，达到分层段目的。

管柱结构自下而上依次为：丝堵+底部ISP封隔器+B型循环阀+环空单流阀+上部ISP封隔器+B型循环阀+安全接头。考虑到在水平段由于受重力作用，封隔器管柱置于底边，对封隔器胶筒磨损及坐封带来一定影响，设计管柱时，可选择在封隔器两端加刚性疏片式扶正器，以保证封隔器居中。

2. 试油排液工艺原理

利用ISP封隔器+环空单流阀+ISP封隔器+安全接头等井下工具的优化组配，组合成工艺管柱。打压坐封后，在两封隔器之间形成层段隔离，通过两封隔器之间的环空单流阀沟通管柱与地层，达到分层段目的。这两种工具的选配组合，可将地层分隔并连通管柱，进而再配合抽吸等排液工艺，实现水平井精细分层试油、排液。工作施工完一层后上提管柱重新坐封即可对另外一层试油排液，实现选择性分层试油排液。

3. 施工程序

ISP封隔器+环空单流阀试油排液工艺按照试油测试要求下入管柱，基本施工程序及操作步骤如下：

① 水平井井段通井、循环井液。通井规的外径和长度应与管柱最大工具的外径和长度一致。

② 在地面对所有的送入油管进行通径。

③ 按照设计要求，依次将工具下入井内。

④ 当管柱下到预定位置后，使两封隔器对准设计层段，然后开泵循环。

⑤ 升压到封隔器坐封压力，并稳压一段时间，使所有的封隔器坐封。

⑥ 抽吸排液求产，获取地层液性、产量等资料。

⑦ 上提管柱解封，将管柱下到另外一层使两封隔器对准设计层段，然后开泵循环。重复上述坐封、抽吸求产程序获取另一层液性、产量等资料，直至层位结束。

⑧ 解封上提管柱。需要说明的是，在下入管柱前，必须清楚水平段的油气水分布状况，找出既能满足封隔器坐封又能满足各段分层需要的位置。特别是对于多层段试油，需要重复使用该管柱卡层分层时，在下入管串前要精确确定两封隔器和滑套位置。

在水平井裸眼段，由于井眼常为椭圆形，下封隔器时井壁对封隔器胶筒的摩擦是不可忽视的，为此在管串入井前应反复通井划眼，使井眼尽量规则。选择通井规应考虑其外径和长度与井眼的配合，封隔器下入后保持平稳操作。

8.1.5 水平井测试技术

水平井的生产测试技术与传统的直井测试技术相比有着显著的不同，直井可以直接依靠仪器自身重量或带加重杆起下，而水平井必须借助外力把仪器送到目的层位。通过研制一种新型单探头或多探头存储式水平井测试仪，采用随油管测试工艺，实现温压剖面测试，从而得到全井段的温度和压力数据。

8.1.5.1 水平井测试仪简介

根据不同现场测试需求，设计了单探头和多探头两种存储式水平井高温温度压力剖面测试仪，仪器采用成熟的金属保温瓶技术隔热。隔热瓶由瓶塞、仪器腔、多层真空、吸热剂组成。压力传感器、数据采集部分、电池等置于绝热瓶内，避免高温损坏，温度传感器置于保温瓶外。

（1）单探头水平井高温温度压力测试仪

该仪器从结构上分为测量段、密封段、主体(隔热段)、保护托筒等几大部分(图 8-1)。

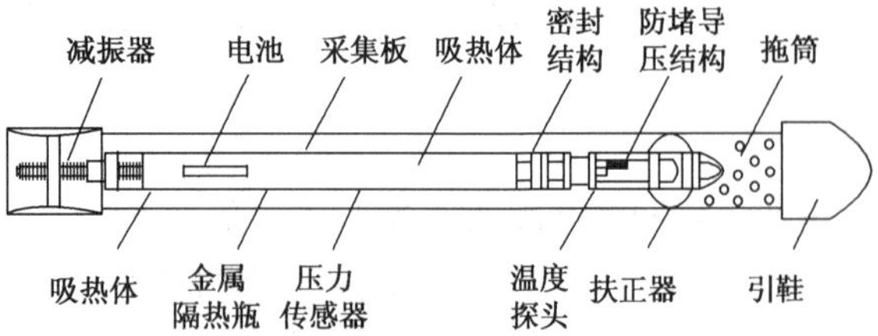

图 8-1　单探头水平井高温温度压力剖面测试仪

① 测量段：温度传感器及压力传导孔。

② 密封段：将外界高温高压介质与仪器内部隔离开。

③ 主体部分(隔热段)：从外到内依次为钛钢壳体、金属隔热瓶、仪器芯体。仪器芯体包括前吸热段、仪器腔和后吸热段，仪器腔内含有压力传感器、数据采集机芯(数据采集电路板)、电池。

④ 保护托筒：仪器下井工具，仪器装入其中，作业时与泵的尾管相联下井。其内带有扶正及减振装置，使得仪器下井时不受直接碰撞并减小震动强度。单探头水平井高温温度压力剖面测试仪用于对井温剖面测点间距要求不高的油井测试，测点间距为单根油管长度，在 8~10m 之间。

（2）多探头水平井高温温度压力测试仪

该仪器共有九组探头，由三个单独的测量短节组成，每个测量短节设计有三组温度压力探头及各自的数据采集机芯，三个数据采集机芯共用一组电池供电。测量短节之间通过接头连接，仪器结构见图 8-2。

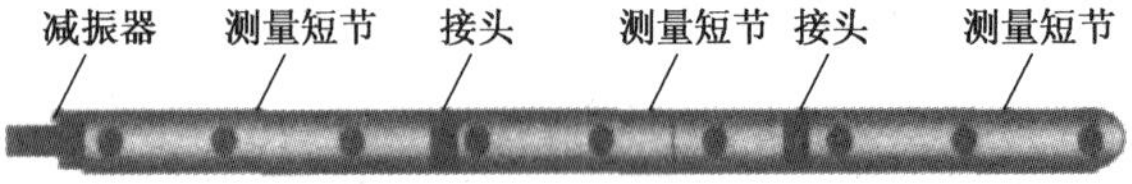

图 8-2　多探头水平井高温温度压力剖面测试仪

该仪器用于对井温剖面测点高分辨细分测量，测点间距小于 1.1m。

8.1.5.2　工艺原理

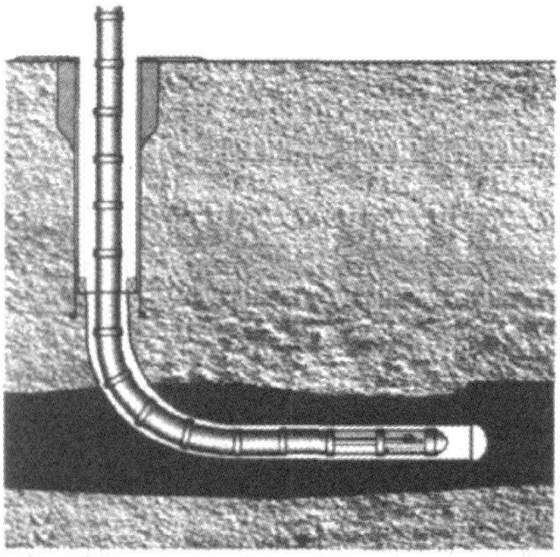

图 8-3　测试工艺示意图

温度采用成熟的铂电阻传感器测量。压力采用精度高、响应快、稳定性好的石英压力传感器测量，石英压力传感器置于金属保温瓶内，通过毛细管传导感知外界测试环境压力，如图 8-3 所示。该工艺是将高温高精度稠油水平井温度压力测试仪置于保护拖筒内，接在油管底部，采用油管拖动的方式随油管下入井内，实现定点或连续的稠油水平井全井段温度压力剖面测试。由于油管在油井作业过程中下入，能够完全下入水平段，同时，根据每根油管下入的时间和深度的对应关系，能够对测试仪所测数据进行精确地定位。分为下程和上程两种测试方式。

① 下程测试：仪器随管柱下至测试起点深度(一般为悬挂器位置)，开始进入测试程序，每下一根油管，静置一段时间停点测试，直至水平段末端，完成测试过程后，仪器随管柱提至地面。

② 上程测试：将仪器随管柱下至水平段末端，然后上提测试管柱，每起一根油管，静置一段时间停点测试，直至测试结束深度。

8.1.6 水平井的冲砂

8.1.6.1 水平井沉砂、冲砂的特点

① 在已完成试产的水平井中，沉积物是钻屑、油砂、钻井液和完井液中的固相，以及其他措施后的固相沉积。

② 地层砂随原油运动到井筒内并重新沉降形成新的沉砂床，同时在压差的作用下，沉砂床形成“固化”。

③ 已下筛管完井的井，沉积物主要是地层砂及完井液的单封、暂堵剂等残留物，由于固相颗粒很细且有部分高分子物质，因此沉积物很“顽固”。

④ 沉积时间较长，必须要有大于钻井过程中的液体能量冲起沉砂。

⑤ 同一口井中，不同井段的作业参数不同。

⑥ 冲起的砂粒在造斜井段和水平井段容易再次沉积。

⑦ 修井的水平冲砂作业往往与解卡打捞工作同时进行，作业难度增加。

8.1.6.2 冲砂洗井液

洗井液的功能与常规井不同，受多种影响因素制约，应考虑其特殊需要。应以安全快速、不损害油层、有利于钻屑运移及低成本为目标。必须具有高携砂能力、抗剪切、低摩阻和低伤害的特性。因此洗井液的选择是冲砂作业的技术关键。

① 洗井液体系的选择。石油矿场在水平井中已试验使用过多种不同类型的洗井液体系，获得了不同程度的成功，如流变性相似的油基和水基洗井液，井眼净化能力相似。因此在地质因素和设备条件达到要求后，成本就是选择洗井液类型的决定因素。

② 密度。密度是洗井液的重要参数。它应永远在一狭窄的特定的界限之内，以便保持井眼稳定并防止压裂地层。一些研究人员表明与井眼稳定的关系是随着井深及井斜角的增大，井眼对坍塌更敏感；随着井斜角增大，地层破裂梯度下降。在相同条件下，当密度低于1.6g/cm^{3}时，与井眼冲洗、井眼膨胀、扭矩、摩阻、管柱黏附有关的复杂情况会更普遍更严重，然而提高密度后，这些复杂情况大大减少。通常在增加上返速度和密度在一定程度上可改善井眼净化能力。

③ 黏度。在使用大排量冲砂时，洗井液的黏度应低一些，以发挥更大的水力效率；使用层流冲砂时，洗井液的黏度应相对高一点，以保证洗井液的悬浮能力。

8.1.6.3 冲砂方法

在水平井中，各井段受井径、井斜及井内结构的影响，在同一口井中，一个井段的最佳施工参数不一定适合另一井段，一口井的工作方法和施工参数也不全适应另一口井。根据井况，应把握0°~10°，10°~30°，30°~60°，60°~90°四个井斜段，选择最关键的井段作为施工方法和洗井液性能的依据。着重点是30°~60°井段和水平井段的冲洗。应采用水力冲洗和机械冲洗的综合措施。

1. 机械冲洗

① 在接单根及起下管柱时边循环边转动，机械冲洗与水力冲洗联合作业破坏钻屑沉积床。这是十分有效的冲洗井眼的措施。

② 转动及上下活动管柱，利用钻具接箍破坏钻屑沉积床。

③ 加强固控，及时有效的清除洗井液中的固相。

管柱如果静止在井内洗井，其偏心环空必然导致井眼底边的流速减低，不但洗不出沉砂，反而引起新的沉降，甚至造成卡钻。转动的管柱不但可以使井筒内的洗井液保持均匀的流变性，改善井眼的冲洗效果，同时可以搅动带起井眼底部的沉砂，提高冲砂效率。

管柱与洗井液之间有一定的黏结作用，运动的管柱会很快将沉砂带起并保证不再次沉积。

2. 水力冲洗

① 采用适当的水力参数和洗井液性能来提高冲洗效果。

② 增加流量达到紊流状态和降低流变性可以达到最佳效果。在水平井段采取高流速、低黏度和紊流的措施可取得较佳的井眼冲洗效果。

8.1.6.4 水平井冲砂技术

为解决水平井冲砂作业的技术难题，研制了无接箍油管、挠性接头、正循环旋流冲砂笔尖、反循环引鞋笔尖和连续冲砂装置，开发了水平井正循环连续冲砂工艺技术和双泵反循环暂堵冲砂工艺技术。

1. 水平井冲砂作业管柱

为减少水平井修井作业过程中管柱下放、上提的阻力，避免管柱卡、阻和断、脱事故，研制了无接箍油管和挠性接头。无接箍油管的结构如图 8-4 所示，选用 N80 管材的 Φ73mmUPTBG 油管，管端局部加热后墩粗，加工成 Φ60mmUPTBG 油管扣进行连接，强度完全满足水平井作业要求。挠性接头的结构如图 8-5 所示，中间的球形接头使得上、下接头之间可以发生相对转动，将其连接在无接箍油管之间，使得整个作业管柱具有挠性，便于弯曲进入、退出水平井段。

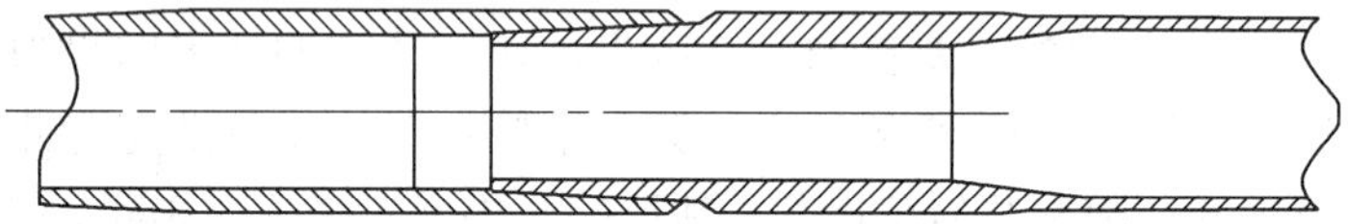

图 8-4 无接箍油管结构示意图

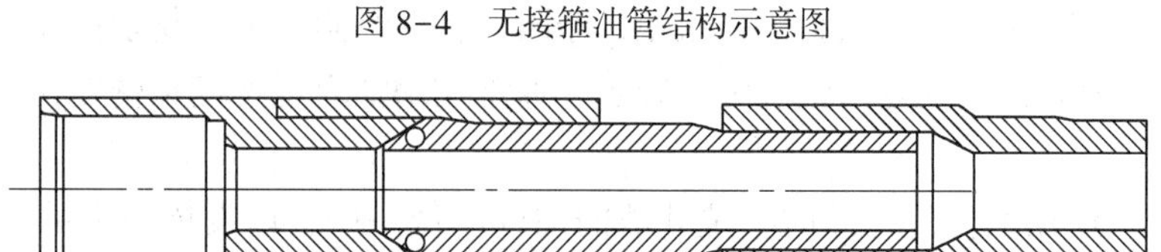

图 8-5 挠性接头结构示意图

2. 正循环连续冲砂工艺技术

对于地层压力较高，可以建立水力循环的水平井冲砂，采用正循环连续冲砂工艺技术，主要解决水平井冲砂施工过程中，由于接单根停泵砂子回落造成的砂卡管柱问题。

施工管柱结构(从下到上)：旋流冲砂笔尖+无接箍油管+挠性接头+无接箍油管。

施工参数：泵的排量满足携砂液在油管与套管环空之间的上返速度不小于最大砂粒在静

止冲砂液中自由沉降速度的两倍，泵的压力满足冲散井底沉砂和克服沿途摩阻，保证携砂液顺利返出。

3. 双泵反循环暂堵冲砂工艺技术

采用正循环冲砂，冲砂液对井底积砂的冲击力大，井底回压小，但上返速度慢，砂子易回落造成砂卡管柱，大颗粒的砂子难以携出井筒。为解决这个问题，可以采用双泵反循环暂堵冲砂工艺技术。采用双泵大排量，可以解决冲砂液从油管与套管之间的环空下去后水力冲击力不够的问题；冲砂液从油管中返出，由于过流面积小、冲砂液上返速度高，携砂能力强，可以将大颗粒砂子携带到地面。反循环冲砂井底回压高，易漏失，所以采用暂堵技术。

施工管柱结构(从下到上)：引鞋冲砂笔尖+无接箍油管+挠性接头+无接箍油管。

双泵反循环暂堵冲砂工艺：地面开双泵大排量冲砂，冲开油层后，根据需要，加入适量暂堵剂，在油层中形成一层暂堵屏障，防止冲砂液漏入地层。冲砂结束后，暂堵剂在地层中自行分解，不影响油井正常生产。

8.1.7　水平井的封堵

8.1.7.1　裸眼水平井内的封堵

1. 采用扩张式桥塞或水泥承留器进行临时性或永久性封堵

对一口从水平井段末端产出 H_2S 气体和水的水平井采取用膨胀式水泥承留器挤水泥实现了有效封堵。

步骤如下：将水泥承留器下到设计深度；在工作管柱内加压以坐封封隔器；按要求注水泥，再加上顶塞；加压使封隔器丢手，上提一段管柱，循环清洗并起出管柱。

对水平井段前端或造斜段的不重要的分支产量用可取膨胀式封隔尾管进行临时封堵。

永久性封堵工艺过程步骤如下：将衬管下至指定深度，如有衬管挂应先固定好，对工作管柱加压，打开多级注水泥工具，按要求循环和注水泥；随后使用封闭塞或刮塞，对工作管柱加压，关闭多级注水泥工具，钻掉多级注水泥工具及套管鞋。

2. 水泥塞封堵

(1) 主要技术难点

① 注水泥管柱与下井壁接触面积大，且受力复杂，局部高压差可能导致黏附卡钻，井下发生事故几率高。

② 水泥浆掺混量大，水泥面控制困难。与常规直井相比，在斜井、水平井中注水泥时，水泥浆与压井液接触面随井斜角增大而急剧增加。顶替结束后无论正洗井还是反洗井，压井液的循环都能对水泥面产生较大的干扰，造成水泥浆掺混严重。另外，在水泥浆候凝期间，水泥浆中的自由水向水泥面附近运移，造成实际水泥面位置下降。

③ 顶替效率低，水泥浆极易被污染，造成水泥塞强度降低。

a. 由于注水泥管柱居中程度差。在循环注替过程中，井眼低边的压井液因流道较窄，很难被顶替干净，压井液滞留在水泥浆中。

b. 在井内存在落物时，由于落物井段的压井液难以替出，高密度的水泥浆在低密度的压井液之上，造成水泥浆沉入压井液内。

c. 在顶替结束后上提注水泥管柱时，由于水泥浆黏滞力影响与静能量损失产生抽吸作用，致使井底压力下降，导致地层流体污染水泥浆。

d. 水泥浆与压井液之间的密度差，将发生对流现象，造成水泥面与井眼轴线不垂直，形成水泥床，其程度与水泥浆与压井液之间密度差的大小及流变性好坏、水泥浆稠化时间的长短、井斜角的大小有关。

（2）主要技术措施

① 井眼准备。在注水泥井段进行划眼，清除钻屑床及井底沉砂，划眼至目的位置后，大排量洗井至出口干净，同时调整压井液性能满足注水泥要求。

② 水泥浆性能要求。裸眼井段中注水泥时，水泥塞的抗压强度应略高于地层硬度。由于抗压强度与水泥浆密度有关，因此，通常混配高密度的水泥浆，一般将水泥浆密度控制在 $1.8 \sim 2.0g/cm^3$ 之间。为保证水泥浆在高密度下具有良好的可泵性，在水泥浆中应加入适当的分散剂、稳定剂和降失水剂。

③ 注水泥管柱。多采用钻杆与油管组合管柱，在注水泥井段使用小尺寸油管，便于增大环空间隙、降低环空流动阻力。

④ 旋转活动注水泥管柱。旋转活动注水泥管柱有利于提高压井液顶替效率，防止黏附卡钻。因此，在替注水泥浆过程中，应始终坚持旋转活动注水泥管柱，一般钻速控制在 20~30r/min 以下。

⑤ 紊流注替水泥浆，提高顶替效率。

⑥ 使用隔离液。水泥浆与压井液接触后，常在其接触面形成不易泵送的黏稠层，顶替时水泥浆通过此黏稠层上窜，从而将被污染的压井液滞留在水泥浆内，严重时可堵塞环形空间，妨碍施工。考虑到斜井段、水平井段的压井液与水泥浆接触面积较大，通常在水泥浆前后泵入的隔离液量较直井段大 2~3 倍。

⑦ 正循环洗井，憋压候凝。注水泥施工结束后，应平稳缓慢地将注水泥管脚提至洗井位置，防止抽吸造成水泥浆被污染。由于井眼尺寸小、环空摩阻大，反循环洗井极易造成局部高压差憋漏地层。因此，应采用正循环洗井控制水泥塞长度。

由于水泥浆在候凝期间有失重现象，因此，将注水泥管柱提至完好套管内后，应憋压候凝，防止地层流体侵入，污染水泥浆，一般憋压 2~3MPa。

8.1.7.2 下套管水平井的封堵

1. 概述

目前在常规直井中所进行的修井作业均可以在水平井中得以实现。套管完井的水平井井眼内的维修作业一般可用常规扩张式、压缩式、水力坐封式封隔器、可取式桥塞以及水泥承留器来完成。

2. 修井方法

如果采油管柱内径与套管内径之比是在扩张式封隔器的膨胀极限以内，许多修井作业可以用连续油管实现过油管修井。为了减少操作成本和促进封隔器胀开后尽可能迅速产液，在连续油管作业前先搬走修井机。

8.2 斜直井作业

8.2.1 斜直井定义

斜直井：顾名思义，既是斜井，又是直井，指的是用斜直钻井打出来的井。这种井从井口就开始有一定的角度，稳斜钻进，通常没有普遍定向井的造斜段。其特点是具有特定井斜，井斜和方位不随井身变化而变化，一般是依据地层规律设计的，按直井的方式打，井眼随地层倾斜一定角度。随着工艺技术的发展，除了剖面只有“斜直段”的斜直井外，又发展了“斜直段-增斜段-水平段”三段制井身剖面的斜直水平井，增大了油气藏的开采程度。

8.2.2 打斜直井的目的

① 为了减少井场占地面积或避免在低洼地、沼泽地带打井搬迁困难。通常在一个井场打多口斜直井，既节约经费，又方便管理。

② 因开采层位处于湖泊、村镇及某些建筑下面，无法采用常规直井方式达到开采层位的目的。

8.2.3 施工作业准备

1. 搬迁

按照吊装作业规定吊装地梁、“U”型基础、气动卡盘、底座等部件，组织搬迁。搬迁过程中，因设备超高、超宽，必须明确专人监护，专人指挥。

2. 抽采设备

将井口流程全部拆掉，井口池平整坚固，以摆放“U”型基础。依据井口斜度，调整斜直抽油机游梁上、下高度，确保施工时游梁前端高度不影响二层平台；必须先调整游梁高度再摆驴头，严禁摆完驴头再启动抽油机，以防驴头撞坏斜井抽油机支架。

3. 井场规格

要求井场平整、地面坚固。

4. 计算倒车距离

用斜度仪正确测量井口斜度，XXJ35 斜直井修井机可以参考以下算式计算地梁中心距井口中心距离：

倒车距离(井架后千斤基础中心与井口中心距)= $3.10\tan\alpha+0.66\cos\alpha-0.50$(m)

此式根据所测量的 XXJ35 斜直井修井机车身结构尺寸推算，不一定适用于其他型号斜直井修井机。其他型号可根据图 8-6 几何关系测量后推算：

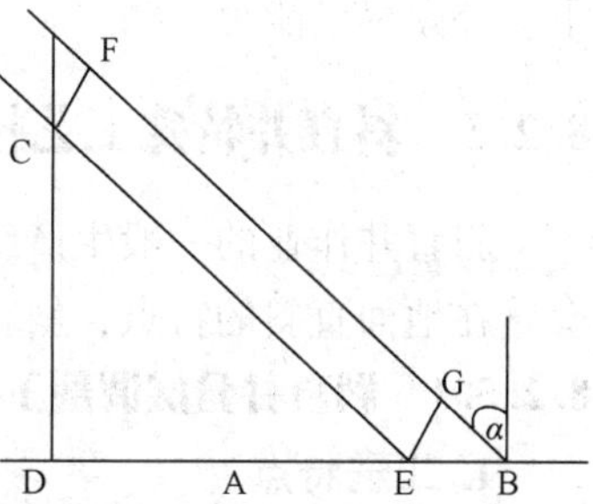

图 8-6 倒车距离计算图

① A 点为井架千斤基础中心点；

② 作业机地基中心线 DB 与井口中心交于 B 点；

③ 支架连接线中心点 C 向下引垂线，与地平面交与 D 点；

④ 井架滑轨延长线 CE 与地平面交于 E 点；

⑤ C 点向 B 点与液压钳孔中心的连线的延长线 FB 作垂线并相交于 F 点；

⑥ E 点向 FB 做垂线相交于 G 点；

⑦ CD、CF、DA 和井口斜度 α 均可经实地测量求得(XXJ35 修井机 $\overline{CD}=3.10$m，$\overline{CF}=0.66$m，$\overline{DA}=0.50$m)。

依图推算出倒车距离 $\overline{AB}=\overline{CD}\tan\alpha+\overline{CF}/\cos\alpha-\overline{DA}$

由于斜直井作业机配置有井架纵向伸缩液压缸，所以为满足调校井架需要，在现场实际倒车对井口时，倒车距离可比推算数据增大 20~30cm，但不得小于此数据。

5. 安装二层平台

将地梁就位，并根据井斜方位摆正作业机车身，正确指挥倒车至预定位置，在斜度较大井倒车时要仔细观察，及时调整和前移活动井架，避免一层平台撞驴头。

8.2.4 起下作业及其要求

① 司钻、二层平台、一层平台、井口、地面各施工岗位分工明确、密切配合、观察仔细、确保安全生产。

② 地面管杆按标准摆放，立柱下垫枕木，保证下井管杆清洁完好。

③ 起下油管前，利用绞车正确安装封井器和气动卡盘，确保中心与井口对中。检查卡盘气缸灵活性并及时更换磨损的卡瓦牙片。操作气动卡瓦时，确保在打开卡瓦前活门吊卡处于闭合状态，避免操作时油管落井事故的发生。

④ 起下油管过程中，二层平台操作工与地面操作工认真配合，将立柱依次摆放靠入二层平台各栏，保证下井顺序不乱，并对偏磨油管及时甩换。下油管过程中要确保井架斜度合适(必须在起管前试下并调校井架至合适，如待油管起完全部靠放在井架上再调井架难度会很大)，避免偏扣。斜井机液压钳系利用 YNJ-200/15 型拧扣机装配而成，起下过程中油管一直在液压钳孔内运动，司钻在起下时要平稳操作，避免游动滑车上提或下放过快撞坏液压钳。

⑤ 起下抽油杆时，一层平台操作工要扶正杆体使之斜度与井口斜度一致，避免螺纹上偏；司钻要轻提轻放、各岗配合，避免挂坏油管液压钳支撑件或壳体；井口操作工要确保下井螺纹扭矩以减少因井斜易出现的脱扣现象，并不得将偏磨严重的抽油杆和工具下入井内；地面拉送工要保证杆体清洁、螺纹完好，及时更换偏磨严重的杆体、接箍、扶正器等。

⑥ 完井光杆外露长度要结合具体油井实际情况。光杆外露过长会使井架无法立放，过短影响采油生产。因此，应根据井斜和采油树高度，在满足防冲距、冲程和悬挂高度的情况下，外露尽可能短一些。

8.2.5 斜直井特殊工艺技术

斜直井作业的一般生产组织、技术要求可以参照直井作业的制度和标准执行，但因井口套管在地面直斜的特点，斜直井作业也有其较多的特殊性。

8.2.5.1 斜直井分层调剖工艺

1. 工艺特点

相对直井而言，斜直井斜度更大，调剖主要存在以下几个难点：

① 调剖管柱紧贴套管壁，不能居中。

② 调剖过程中，经常停开泵造成管柱的不断蠕动，磨损封隔器胶筒，造成封隔器密封性能下降，甚至解封。

③ 封隔器的反洗通道有时会在一定压差下打开而不能及时关闭，直接影响了调剖效果。

2. 分层调剖管柱结构组成

斜直井调剖管柱结构由机械弹性扶正器、液压水力锚、可洗井封隔器、捞杆式连通器、验封器，底部球座组成(图 8-7)。

其中机械弹性扶正器用来保证调剖管柱的对中；液压水力锚用来防止管柱的蠕动；可洗井封隔器用来封隔目的调剖层；捞杆式连通器在一定设计压力下打开，保证调剖注水封隔器在完全密封的前提下，对目的调剖层的有效挤注；验封器用来完成测试验封仪器对调剖管柱的有效直接验封。

8.2.5.2 斜直井分层压裂工艺

1. 工艺特点

与常规井压裂相比，斜直井压裂存在以下几个方面的问题：

① 斜直井井眼轴线偏离垂线，导致下井工具始终贴井壁运动，摩擦工具，容易刮坏封隔器胶筒，造成重复起下作业。

② 压裂管柱呈倾斜状态，导致各种工具在偏心状态下工作，尤其是封隔器在井内不居中，胶筒密封性变差。

③ 倾斜状态下压裂管柱其卡段内的油套环形空间存砂严重，容易形成砂堵或砂卡管柱。

2. 斜直井分层压裂管柱结构组成

管柱结构由安全接头、水力锚、K344-116 反洗井封隔器、K344-116 导压喷砂封隔器和丝堵组成(图 8-8)。

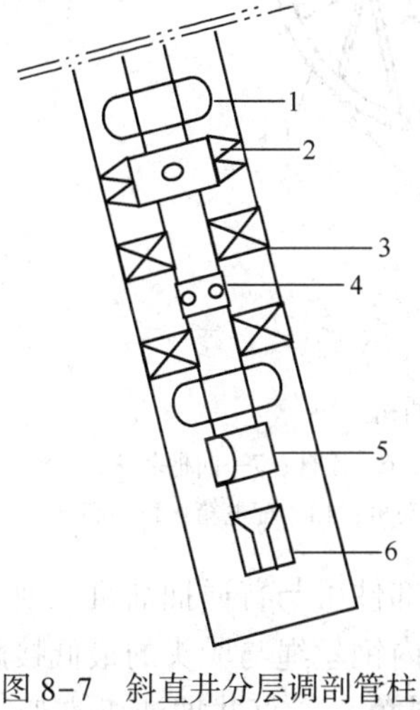

图 8-7 斜直井分层调剖管柱图

1—扶正器；2—水力锚；3—封隔器；4—连通阀；5—验封器；6—球座

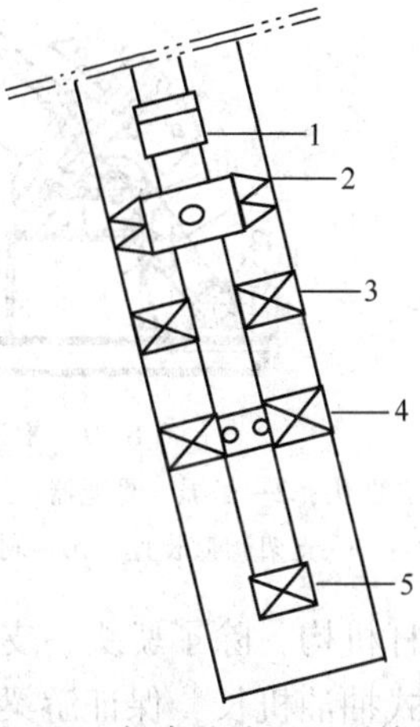

图 8-8 斜直井分层压裂管柱图

1—安全接头；2—水力锚；3—反洗井封隔器；4—导压喷 砂封隔器；5—丝堵

其中，安全接头采用投球憋压方法丢手，避免解卡时管柱与井壁间的摩擦，保证安全施工；

由于斜直井井眼轴线偏离垂线使压裂管柱偏心，不能选用上提下放的机械式封隔器，而压缩式封隔器容易中途坐封，且密封效果不好。因此选用带有反洗井通道的 K344 上封隔器和 K344 导压喷砂下封隔器，既能保证喷砂又能保证封隔器密封油套环空。与常规工具相比大大缩短卡段内环形空间反循环死区的长度，减小上提管柱的负荷，可实现大卡距安全压裂。若是发生砂堵或砂卡管柱，又可通过反洗井通进行反洗井，解除砂卡。

8.2.5.3 斜直井冲砂工艺

1. 斜直井沉砂、冲砂特点

① 冲洗液在斜直井中的携砂能力低，地层砂易沉降，停泵时很容易形成砂桥，造成冲

砂过程中砂卡事故发生。

② 返砂速度慢，冲起的砂粒很容易再次沉积，沉砂不易被清除干净。

2. 冲洗液性能(可参见 8.1.6.2)

3. 冲砂方法

针对斜直井返砂慢、沉砂快的特点，应尽可能应用反循环冲砂方式，必要时还可以用双泵车配合反冲砂，提升砂粒上返速度。

8.2.6 斜直井抽采设备及常用井下工具

8.2.6.1 斜直井抽油机

斜直井因井口套管在地面直斜的特点，常规抽油机无法满足斜直井抽采要求。因此需要一种能在 0~45°范围内任意井斜角的井上使用都能保持良好性能的斜直井抽油机，以 XCYJ10-3-37HB(0~45°)斜直机抽油机为例(图 8-9)。

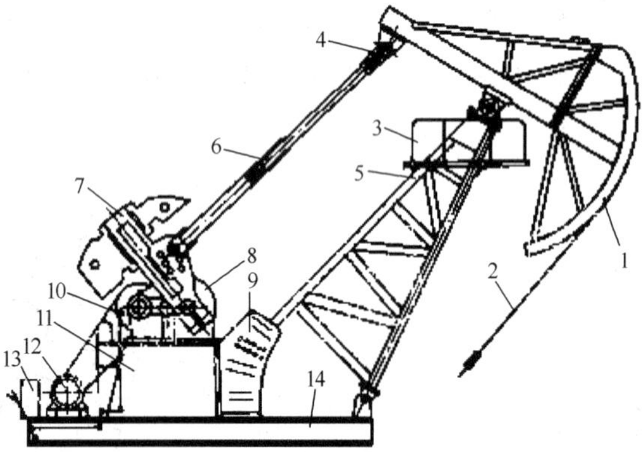

图 8-9　XCYJ10-3-37HB 斜直机抽油机

1—组合驴头；2—吊绳、悬绳器；3—平台；4—横梁；5—支架；6—连杆；7—曲柄装置；8—减速器；9—支架调整装置；10—刹车装置；11—箱座；12—电动机；13—配电箱；14—底座

其采用四连杆机构，除了驴头、支架、连杆以外，其他部件可与普通抽油机互换。驴头弧面比常规游梁式抽油机长，保证游梁在整个摆动角度范围内钢丝绳与驴头的最低接触点始终保持在弧面上；连杆长度可以改变，以适用于不同的井斜角；斜直井抽油机支架可以更换，适于 0~15°、16°~25°、26°~35°、36°~45°范围内井斜角的需要。

8.2.6.2 抽油杆扶正器

斜直井其井眼轴线对铅垂线来说是倾斜直线，有杆泵在倾斜状态下工作时，抽油杆因自重下垂并与油管壁接触，从而加剧抽油杆与油管壁的摩擦磨损。另外，抽油杆是长径比很大的杆体，工作时在其下端只要施加不大的轴向压缩载荷，就可能促使它在斜直井中发生纵向弯曲，在倾斜状态下运行的杆柱除受轴向载荷外，还受垂直于井筒轴线方向的横向载荷，所以，下冲程时抽油杆柱更易发生弯曲，从而更加剧抽油杆与油管壁的摩擦磨损。为改善抽油杆因弯曲而与油管壁间发生摩擦磨损的状况，应在抽油杆柱上安装扶正器，扶正器通过与油管壁的摩擦接触来扶正抽油杆，把抽油杆与油管壁间的摩擦转变为扶正器与油管壁间的摩擦这样既可避免抽油杆柱的磨损，也可减少油管壁的磨损。同时，杆柱上装扶正器，可使受压杆柱的有效长度减小，从而缓解杆柱弯曲。

在斜直井上的选用的抽油杆扶正器，有滚动式、滚珠式、尼龙式、滑套式4种，其优缺点见表8-1。

表8-1　4种抽油杆扶正器优缺点

型　号	滚轮式	滚珠式	尼龙式	滑套式
优点	对油管偏磨轻，使用较方便	对油管偏磨轻，使用较方便	不磨损油管，无铁屑卡泵	使用方便，不易损坏，一般无损坏件卡泵
缺点	长期使用能使滚轮偏磨，滚轮轴断，铁屑卡泵	滚珠易挤烂或脱落，并易入泵卡泵	组装困难，不耐高温、高干度热蒸汽	对油管磨损比其他3种稍严重

抽油杆接箍由于重量较集中和直径较大，易与油管壁接触而发生摩擦磨损，所以，斜直井抽油杆柱上应采用滚轮式和滚珠式扶正器(图8-10、图8-11)。

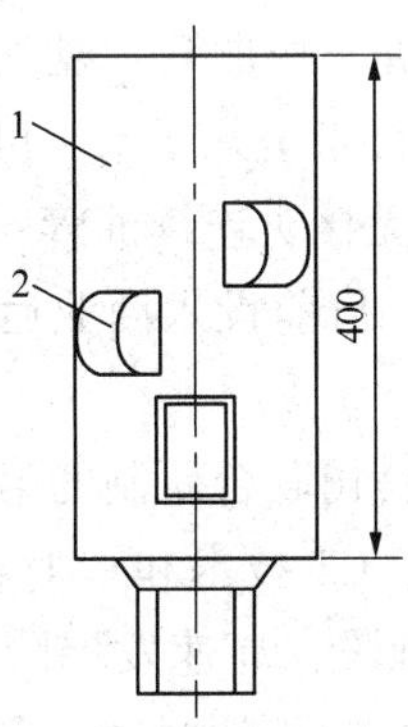

图8-10　滚轮式扶正器

1—短节；2—滚轮

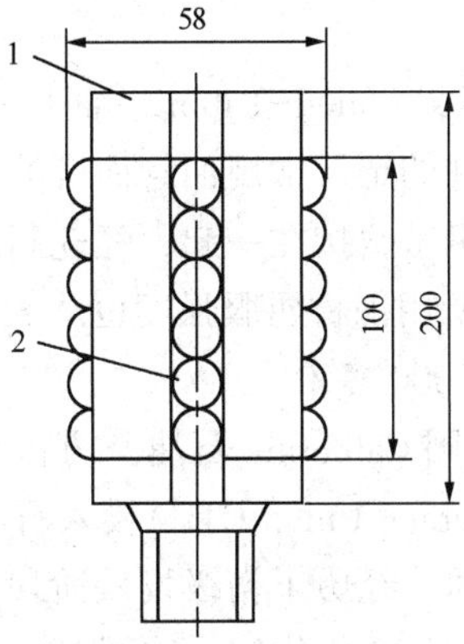

图8-11　滚珠式扶正器

1—主体；2—滚珠

8.2.6.3　抽油杆防脱器

抽油杆在上、下往复运动中，由于井斜造成的油管中心与抽油杆柱重力方向不一致，使柱塞和抽油杆柱受到附加扭矩，由于抽油杆柱运动方向的变化，这个扭矩的方向也随之改变，形成了对抽油杆柱螺纹的旋松扭矩。另外，由于抽油杆弯曲、变速引起的振动等级，都会形成冲击载荷，引起附加扭矩。抽油杆防脱器两端的短抽油杆和连接套分别与抽油杆柱的两部分相连，它们之间通过套筒和止推轴承发生转动，当抽油杆柱附加扭矩大于防脱器转动扭矩时，短抽油杆或外壳转动，消除了附加扭矩，防止了抽油杆脱扣(图8-12)。

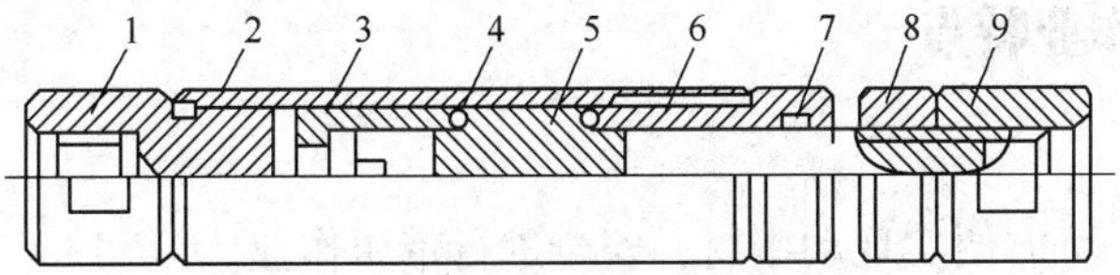

图8-12　抽油杆防脱器

1—上接头；2—外筒；3—限位帽；4—钢球；5—转动体；
6—压帽；7—“O”形圈；8—拼帽；9—下接头

8.2.6.4　加重杆

斜直井通常使用加重杆来减轻或避免下部抽油杆柱受压应力作用发生弯曲，从而改善抽油杆柱的工作状况，提高抽油杆的工作寿命和泵效。表8-2是普通抽油杆与加重杆的对比。

表 8-2 抽油杆与加重杆使用参数对比

抽油杆或加重杆规格	空气中的质量/(kg/m)	抽油杆或加重杆规格	空气中的质量/(kg/m)
Φ19mm 抽油杆	2.35	Φ25mm 抽油杆	4.091
Φ22mm 抽油杆	3.136	Φ38mm 加重杆	8.80

8.2.6.5 油管扶正器

在分层注水或分层调剖等施工的斜直井井下管柱上，为保证封隔器等井下工具与套管的同心，要在工具的两端或之间加装弹性扶正器，以确保封隔器性能。在机械堵水施工、打铅印、套铣等施工的斜直井井下管柱上，一般用普通油管扶正器。

8.3 连续油管作业

连续油管(英文 Coiled-Tubing，简称 CT)，又称挠性管、蛇形管、盘管或柔管，是相对于用螺纹连接下井的定尺常规油管而言的，长度一般达几百米至几千米，可缠绕在大直径卷筒上，由若干段钢带斜接在一起，经轧制成型焊接而成的无接头连续油管。油管的外径通常有 0.75in~5in，所用钢材屈服强度也从 55000~120000psi。目前投入商业运用的单滚筒能缠绕的最长油管达 9000 多米。

自 1962 年美国 California 石油公司和 Bowen 石油工具公司联合研制的第一台连续油管作业装置(Coiled-Tubing Unit，CTU)投入石油工业应用至今，CT 技术和 CTU 已经历了 40 多年的发展历程。其间，经历了初级发展阶段、发展“停滞”阶段、高速发展阶段和广泛应用阶段。特别是 20 世纪 90 年代初，法国 Elf 公司利用 CT 技术进行老井加深、美国 Oryx 公司利用 CT 技术侧钻水平井以及 Ensco 公司利用 CT 技术进行欠平衡钻井的试验成功，极大地推动了连续油管钻井(Coiled-Tubing Drilling，CTD)技术的发展。目前 CT 作业技术已广泛应用于钻井(小井眼、定向井、侧钻水平井、欠平衡钻井等)、完井、试油、采油、修井和集输等多个作业领域，解决了许多常规作业技术和方式难以解决的问题。

自 1962 年第一台连续油管设备作业装置问世以来，目前全球拥有的连续油管作业设备已经超过 1400 台套。从 1977 年至今，我国累计引进了近 40 台套连续油管作业机，主要分布陆地上(自走车装或大拖车装式)有大庆、胜利、中原、河南、大港、辽河、华北、四川、吉林、吐哈、塔里木等油田，海洋式(撬装式)也有少数几台。

8.3.1 连续油管作业特点

1. 优势

① 不压井作业。可方便实现动密封，安全进行带压作业。

② 不动井内管柱，保护生产油管。

③ 作业过程不停泵，连续循环介质，减少砂埋或卡钻等事故。尤其运用在水平井中，避免井下事故，可实现拖动酸化作业和分段压裂。

④ 高效率。自成一体的设备，无需钻机的支持(陆地)，节省作业时间和费用，无需压井。

⑤ 减少地层污染的可能性。特别是用于正在生产的油气井(无压井液进入地层)。

⑥ 在大斜度井和水平井中作为工具的输送媒体。

2. 缺陷

① 制造工艺复杂，对材料的要求较高。

② 需要有经验的专业技术人员才能进行熟练操作。

③ 由于卷筒容积和载重的限制，下入井内的深度有限。

④ 小型设备无法提供井下必要的重量完成磨铣作业。

⑤ 管柱无法旋转，管径小，限制排量并增加了卡钻的可能性。

⑥ 管柱一旦磨损，整盘连续油管面临报废。

8.3.2 连续油管作业系统

连续油管技术已成为石油天然气勘探开发领域中一项日益完善的新技术，连续油管技术装备被誉为“万能作业装备”。是一种可移动、液压驱动设备，它设计用来在带压状态下安全地起下连续油管进行钻完井、修井作业。连续油管尺寸范围有 Φ25.4mm、Φ31.75mm、Φ38.10mm、Φ44.45mm、Φ50.8mm、Φ60.3mm、Φ73mm、Φ88.9mm 和 Φ168.27mm。注入头的最大拉力已经达到 900kN，实现机电液一体化，自动化程度高，作业软件功能齐全，井下工具先进。

1. 连续油管设备主要组成部分

① 连续油管：一种高强度，高韧性管材。目前世界上应用的连续油管主要是高强度低合金结构钢，屈服强度由 275MPa 提高到 689MPa。

② 滚筒：由筒芯和边凸缘组成，滚筒的转动由液压马达控制，液压马达的作用是在连续油管起下时在油管上保持一定的拉力，使其紧绕在滚筒上，滚筒前上方装有排管器和计数器。

③ 注入头：提供起、下连续油管所需的动力和牵引力，其作用和通井机类似。

④ 控制室：为操作人员提供监控注入头、滚筒、防喷器等设备的场所，配置所有必需的操作控制开关和仪表。

⑤ 液压动力组：为整套连续油管设备提供液压动力源，主要由液压马达、液压阀等组成，动力装置除提供液压动力外，还装有储能设备，能在发动机停机后在一定限度操作压力控制设备，保证施工安全。

2. 连续油管作业机其他设备

包括：起重机、井控设备、井下配套工具。

① 起重机：常用于将注入头吊装到井口防喷器的顶部，然后保持吊着注入头，直至作业结束再把注入头吊下来。起重机可以安装在连续油管卡车底盘上，也可以由施工方单独提供 1 台车载起重机在连续油管作业时使用。

② 井控装置：是连续油管作业不可缺少的功能和安全设备，油气井作业所需的井口压力控制设备的结构很大程度上取决于作业类型和预料作业可能遇到的最恶劣的作业条件。典型的连续油管井控装置包括防喷器组(BOP)和防喷器上部连接的防喷盒(高压井连续油管作业通常有两个防喷盒和一个备用的 BOP)。所有这些装置在现场作业时必须考虑其压力等级和适合的温度范围。

防喷盒装有密封元件，用于隔离井筒内压力系统，通常安装在 BOP 与注入头之间，防喷盒的密封分动密封和静密封两种。防喷盒装置设计成侧门式便于连续油管在井内时更换其密封元件。

BOP 连接在防喷盒下端，也能用于控制井筒压力，根据连续油管作业要求，BOP 通常设计较为特殊，包括几对闸板，每一闸板都有特殊功能。四闸板系统是作业中最为普遍的 BOP。

8.3.3 连续油管作业工艺技术范围

连续油管技术的应用领域不断扩大，在许多方面已能完全替代常规作业，对一些常规技术难于处理的问题，运用 CT 技术便可迎刃而解。国外，连续油管作业技术涉及多个领域。

8.3.3.1 修井作业

1. 泵注作业

以一定流量或压力将流体传输至目的井深，包括：注氮气举、冲砂、隔离产层、液压冲洗管柱、增产作业(酸化)、选择性压裂、注化学剂清除有机物、切割油管、打水泥塞。

2. 机械性作业

传输工具至目的井深，起下油管执行机械性作业工艺，包括：测井、射孔、打捞、开关滑套、设置桥塞和封隔器、设置完井管串、机械清除堵塞物、切割油管(爆破、机械磨铣)。

8.3.3.2 永久性安装作业

速度生产及注入管串、连续油管完井管串、绝热同心管柱、套管及油管修复、流程管道、控制管线。

8.3.3.3 非常规作业

高压作业(压力高于 3500psi)、管道和流程内作业、连续油管压裂作业、海上井试井作业、高温作业(温度高于 350℉/177℃)。

我国引进的连续油管作业机由于管径尺寸小，设备老化，井下工具不全，软件不配套，配件供应周期长，价格高等原因，目前仅限于冲砂洗井、气举排液、解堵、酸化、打捞、射孔、压裂、测井等简单的作业中。

8.3.4 连续油管作业工艺技术

8.3.4.1 连续油管冲砂

该工艺管柱由喷头总成、旋转控制器、扶正器、安全接头以及回压阀五部分组成。

1. 工艺原理

该工艺管柱提供了一种水力自进式可调速旋转冲砂解堵装置，它改变冲砂喷头在井底的受力状态，由连续油管被动送进改为水动力主动牵引，降低摩擦力，解决连续油管钻压传递及地面有效控制问题；改变冲砂喷头在井底的运动状态，由纯滑动改为水力旋转与滑动复合型；应用高压喷射解除近井地带堵塞。

2. 工艺特点

该工艺管柱结构新颖，冲砂解堵同时进行，可大幅度降低成本，可减少油层二次损害和污染，喷头旋转及锥壳旋转射流使得井底流场呈螺纹状上升，达到高效清砂解堵，作业液经喷嘴节流加速，喷射速度大幅度提高，形成紊流，使得液体上返速度超过砂砾滑脱速度 10 倍以上，解决了地面设备排量小的情况下水平段沉砂问题。实现了水力自进、限速旋转、紊流携砂、深层解堵功能，能够解决水平井冲砂作业沉砂、携砂、钻压传递、砂堵管柱的技术难题。工具外径尺寸较小，可过 Φ88.9mm 油管进行作业。

8.3.4.2 拖动式冲击解堵酸洗

1. 工艺原理

工作液从油管通过旋转喷头与套管环空连通，并通过旋转喷头形成的节流压差坐封封隔器将油套环空进行封隔，同时节流压力推动旋转喷头转动，对井筒近井地带施以冲击清洗，液体由油套环空进入筛管外绕过两级封隔器的封隔层段从上部返出，实现解除封隔器所卡部位筛管外部近井地带堵塞的目的。

2. 工艺特点

该工艺管柱中无刚性锚定装置，降低了管柱遇卡的风险，可实现层段较长、层段较多的水平井酸洗措施作业。管柱中配套应用了旋转控制器总成，它是一套水力式可调速旋转解堵装置，其力偶喷嘴为扇形，以一定的角度沿喷头体径向安装，工作液经喷嘴节流后，喷射速度可大幅度提高，在射流作用下产生转矩，带动喷头做旋转运动，同时使液体产生强大的冲击力，径向射向炮眼或油层堵塞物，达到快速清理地层管外近井地带解堵的目的。

8.3.4.3 连续油管酸化

连续油管可应用在选择性酸化施工作业中。采用膨胀式封隔器与连续油管配合进行选择性酸化施工，是将带有膨胀式封隔器的连续油管从常规油管内下入，使其达到目的层段然后坐封封隔器进行施工。不需修井机和有关设备；在不动任何井下设备情况下，通过油管进行选择性酸化作业；并且用连续油管挤酸，效果更精确。这种方法施工比较方便，分流效果好，容易实现定位酸化，改善注液剖面。

8.3.4.4 连续油管径向水力喷射射孔

1. 技术原理

连续油管径向水力喷射射孔技术以连续油管车作为该工艺的提升设备，高压动力泵作为动力液驱动设备，连续油管为工具输送管柱及入井动力液通道，油管作为连续油管入井通道。施工前，首先下入油管+定位短节+导向器管柱到预定位置，采用磁性定位+自然伽马测井仪器确定深度和方位，然后下入连续油管带电动机+万向轴+钻头管串，通过连续油管传输流体驱动电动机，电动机带动钻头旋转进行开窗作业。完成开窗作业后，起出开窗工具，下入连续油管带喷嘴管串，喷嘴到达已开窗孔后，启动高压动力泵对油层进行径向水力喷射射孔，连续喷射射孔直至喷射钻进到设计径向深度。

2. 工艺特点

连续油管径向水力喷射射孔技术是一种具有广阔应用前景的实用前沿性技术，它可以在油层任意深度、任意方位喷射多个长度达到100m，类似分支水平井或鱼刺井的径向水平孔。一辆连续油管作业车集成了高压动力泵、小型起重机所有的动力设备，依靠自身的设备就可以实现套管开窗、喷射射孔功能，较侧钻井需动用大修设备节约成本，并且迁移便利。

8.3.4.5 连续油管打捞

传统的打捞方法是用电缆从油井和气井中回收井中落鱼。用连续油管进行打捞作业，可在连续油管下部接加重管柱，在加重管柱下方接桥塞打捞工具。与电缆相比，CT在打捞操作中有三大优点：

① 能在直井或大斜度井中产生较大的轴向力用以振动和(或)拉出对于电缆来说太重的落鱼。

② 能循环各种冲洗流体，包括氮和酸，可以高压冲洗、喷射或溶解砂子、泥垢和其他

碎屑，并将其冲离落鱼顶部。

③ 打捞所需作业周期短，打捞费用低。

8.3.4.6 连续油管喷砂射孔套管分段压裂

连续油管喷砂射孔套管分段压裂是新近发展起来的一种多级压裂技术，在美国曾经在3天时间内实现了40级的压裂作业。该技术结合了封隔器分层、套管大排量注入和连续油管精确定位的优势，对于纵向上具有多个产层的油气藏分层压裂，特别是薄互层压裂具有显著优势。

1. 工艺原理

该工艺在套管主压裂之前首先通过喷砂射孔射开套管，通过喷嘴的节流，将高压射孔液转化为高速射孔液对套管进行喷射冲蚀。施工过程中，压裂车泵送高压液体经过混砂车，石英砂通过混砂车与射孔液混合注入地层。喷砂射孔形成的孔道直径一般在25mm以上。射开套管后，套管进行主压裂，压裂液通过套管射开的孔道进入地层，在连续油管射孔过程中可能会出现射开地层压力超过封隔器上部压力的情况，因此需严格控制地面回压，防止地层压力过高使得封隔器自动解封。

2. 工艺流程

① 连续油管带机械式套管节箍定位器进行定位。

② 通过连续油管循环射孔液，达到一定排量后开始加入石英砂进行喷砂射孔。

③ 射开套管后，进行反循环洗井，此时平衡阀打开，将射孔液和石英砂洗出井口。

④ 进行该层的主压裂施工。

⑤ 施工后，上提连续油管解封封隔器，再次定位进入下一层后，下放坐封封隔器，开始进行第二层施工。完成所有层段施工后，上提连续油管出井口。

3. 工具特点

工具结构包括连续油管接头或丢手部分(发生特殊情况可进行丢手)，扶正器(扶正工具)、水力喷射工具(进行喷砂射孔)、平衡阀/反循环接头(进行反循环)、封隔器胶皮(起封隔作用)、封隔器锚定装置、机械式节箍定位器(图8-13)。工具在整个施工过程中有入井、坐封和解封状态。喷砂射孔和主压裂过程工具处于坐封状态；连续油管定位和转层过程中工具处于解封状态。

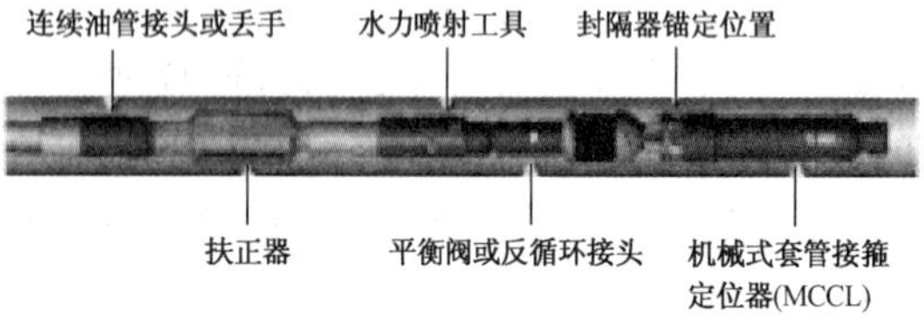

图8-13 带封隔器分层喷射工具重要部件

4. 工艺特点

该工艺是在一次施工中对多个产层进行压裂作业，并逐一进行返排。这样可减少残液与地层的接触时间，从而保持新增裂缝的高导流能力。整个作业的最大优点是修井和施工时间减少，产量提高，环境污染减少，投资回收迅速，还可减少射孔队和增产作业单位的施工量。与常规压裂技术相比，连续油管压裂可节约大量的作业时间，减少事故发生的概率，大幅度降低成本。

8.3.5 连续油管作业基本工具

8.3.5.1 震击器

当打捞或回收工具被卡时可通过震击器产生震击力使工具解卡，或解封封隔器或桥塞时需要上提连续油管，震击器的使用可减少连续油管的拉伸力。

连续油管震击器分为上击器(S. A. U)和下击器(S. A. D)(图 8-14，图 8-15)，工作是靠泵入液体的同时上提或下压管柱。震击力的大小是由工具加压或上提力的大小来决定的，适用于各种打捞作业，与常规震击器相比减少了连续油管弯曲次数，适用于无法使用震击器的长水平井段、开关滑套作业、下入或回取堵塞器，可与扩孔器连用，用来除垢。

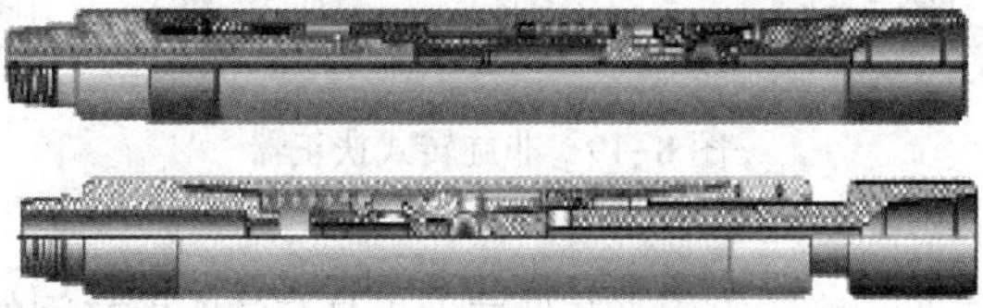

图 8-14　连续油管震击器

图 8-15　连续油管加速器

8.3.5.2　扶正器

1. 可调弹簧式滚轮扶正器

可用于高负荷扶正作用，承受负荷的扶正臂可随意调节以支撑井下工具下入大斜度井中(图 8-16)。

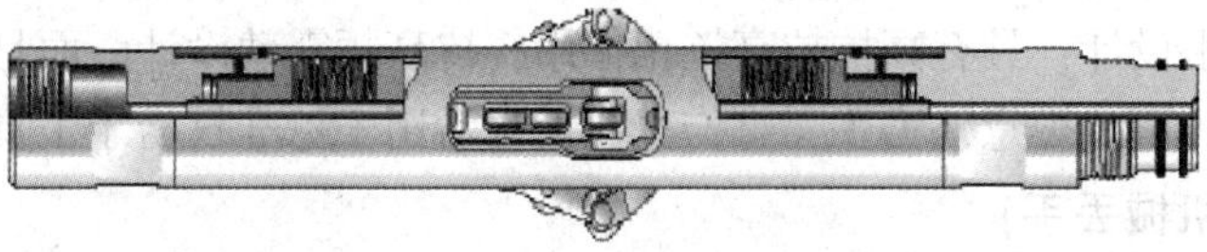

图 8-16　可调弹簧式滚轮扶正器

2. 凹槽式扶正器

当连续油管下井时保证顺利通过坐落接头、堵塞器、滑套、安全阀等(图 8-17)。

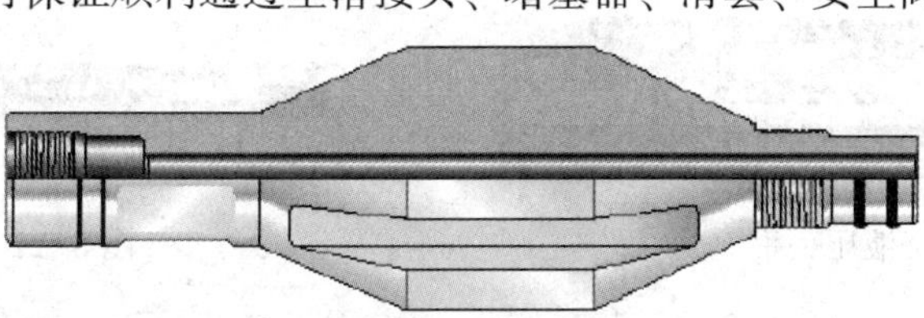

图 8-17　凹槽式扶正器

3. 弹簧弓型扶正器

可连接在井下工具总成的任何一个部位，当连续油管下井时顺利通过坐落接头、堵塞器、滑套、安全阀等(图 8-18)。

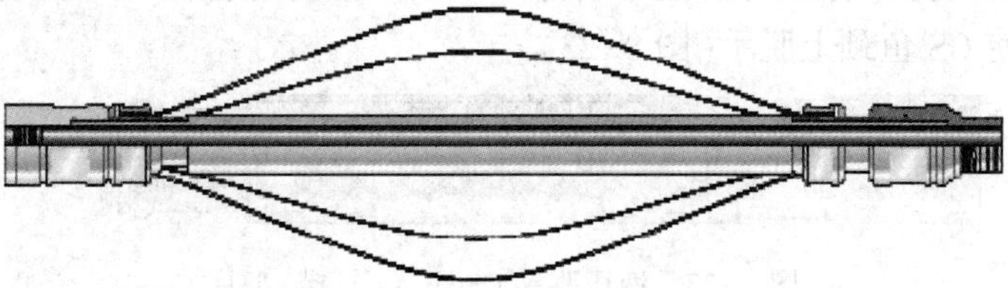

图 8-18　弹簧弓型扶正器

4. 非旋转式扶正器

用来保护井下工具总成。此工具的优点是当底部工具串旋转时其外部叶片起支撑作用，以减低工具的磨损(图 8-19)。

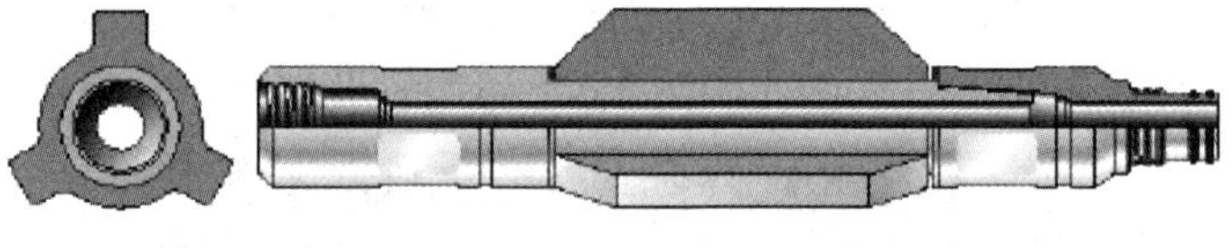

图 8-19　非旋转式扶正器

5. 滚轮式扶正器

设计用于大斜度井作业，滚轮组用来减低井下工具与油管壁之间的摩擦阻力(图 8-20)。

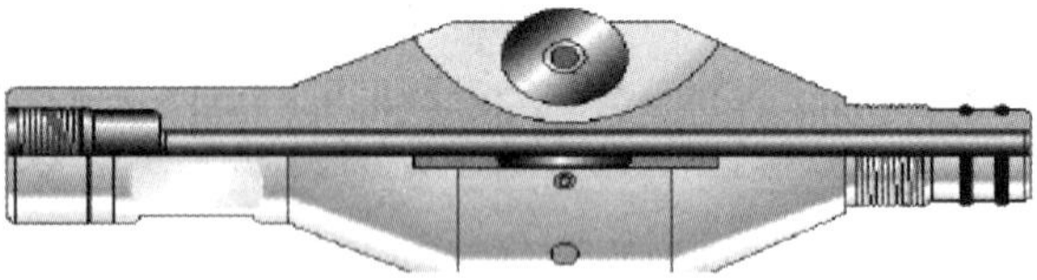

图 8-20　滚轮式扶正器

8.3.5.3　丢手工具

1. 液压丢手工具

该工具与许多下入工具或打捞头一同使用时，可通过液压作用将其下部工具串与连续油管脱开。采用投球丢手设计，具有高抗拉高抗扭作用，抗高频震动设计，而且工具长度短，球座内径可调，棘爪设计可减少意外丢手，打捞接头设计适用于标准打捞矛工具(图 8-21)。

2. 拉力丢手(机械丢手)

在大多数时候作为紧急丢手使用。当液压丢手无法脱开时，可直接上提，拉断拉力丢手，使其下部工具串与连续油管脱开。该工具结构简单，剪切力可调整，能承受扭矩，回收方便(图 8-22)。

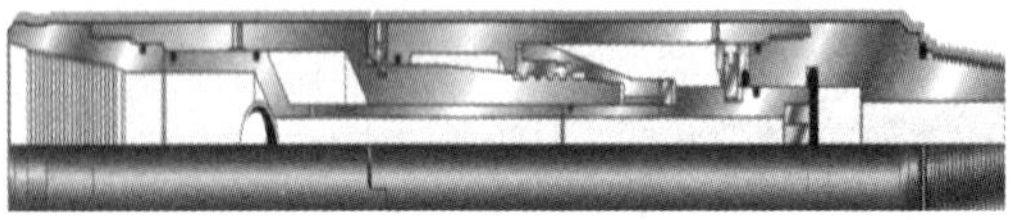

图 8-21　液压丢手

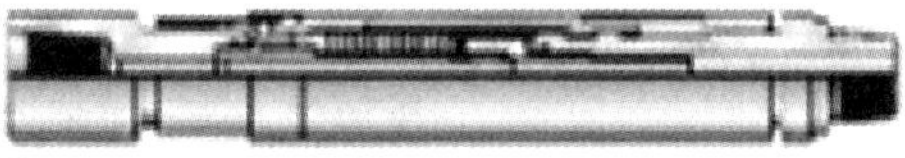

图 8-22　拉力丢手

8.3.5.4　打捞工具

打捞头是连续油管工具串的最下部工具，与落鱼打捞颈相匹配，连接后通过连续油管提到地面，根据要打捞的落鱼的形状不同，分为内卡式、外卡式、胀扣式几种。

1. 液压驱动 GS 下入(打捞)工具

设计用来下入(打捞)标准打捞鱼颈的井下工具。打捞时管柱下压自动锁住落物；连续油管内部加压可使 GS 鱼颈上脱手(图 8-23)。

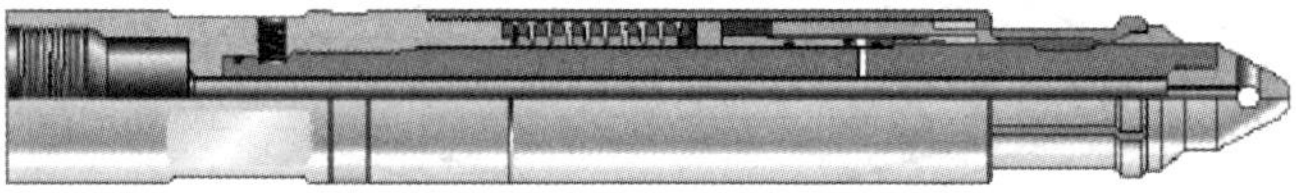

图 8-23　液压驱动 GS 下入(打捞)工具

2. 液压驱动外捞工具

设计用来下入(打捞)井下外捞鱼颈的流体控制设备(图 8-24)，液压驱动 GS 下入(打捞)工具打捞时管柱下压自动锁住落物；在锁住位置，工具的弹性爪由外筒保护，操作手可大力连续震击不用担心会剪切弹性爪。连续油管内部加压可使打捞工具从鱼颈上脱手。

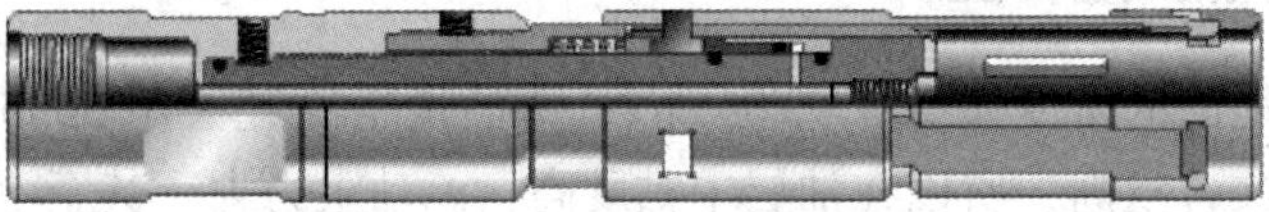

图 8-24　液压驱动外捞工具

3. 液压驱动重载型外捞工具

设计用来下入(打捞)井下外捞鱼颈的流体控制设备(图 8-25)。工具的弹性爪可获得与外捞鱼颈最大接触面积，打捞时管柱下压自动锁住落物；在锁住位置，工具的弹性爪由外筒保护，操作手可大力连续震击不用担心会剪切弹性爪。连续油管内部加压可使打捞工具从鱼颈上脱手。

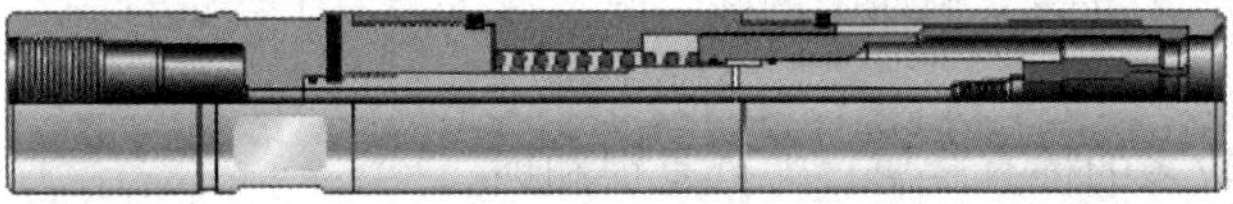

图 8-25　液压驱动重载型外捞工具

4. 液压式 GS 型回取工具

GS 型送井/回收工具用来送入和回收带有标准内打捞颈的工具，通过压力改变使键块和芯轴发生机构运动实现释放操作。可带压操作，适用范围广(图 8-26)。

5. 液压式 J 型回收工具

J 型回收工具用来送入和回收带有标准外部打捞颈的井下工具(图 8-27)，此工具设计可完全将打捞颈卡住，直接通过压力控制而不需要投球或剪切销钉。可带压作业，结构可靠。

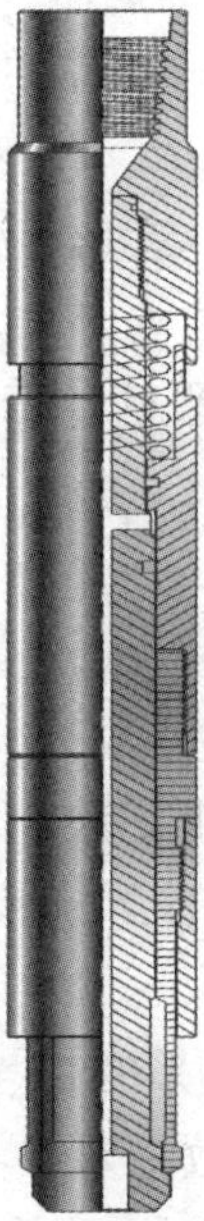

图 8-26　液压式 GS 型回取工具

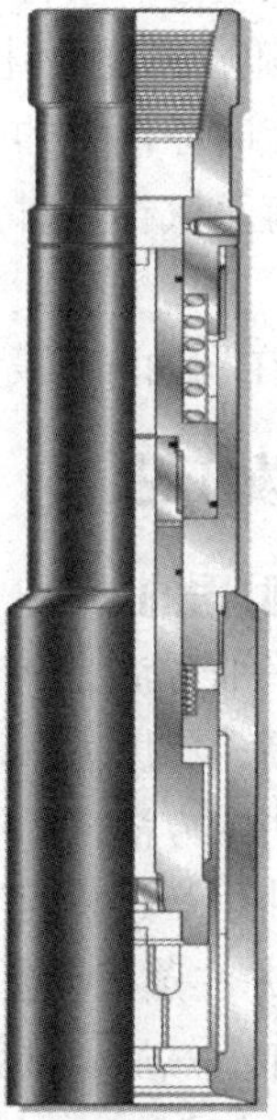

图 8-27　液压式 J 型回取工具

8.4 热采井作业

8.4.1 稠油的特点及热特性

定义：当原油地面的密度大于0.934g/cm^3，原油地下黏度大于50mPa·s时称为稠油。由于其胶质与沥青质含量高，所以在油层中黏度高，流动阻力大，甚至不能流动。

8.4.1.1 稠油的主要特点

① 稠油中胶质与沥青质含量高，含蜡量低，轻质馏分少。胶质与沥青质含量在25%~50%之间，随着胶质与沥青质含量增高，稠油的密度及黏度也增加。高黏度、高密度是稠油的主要特征。

② 稠油黏度受温度影响大。稠油黏度对温度变化非常敏感，随温度的增加，黏度急剧下降。

③ 稠油中杂原子含量高，稠油中的硫、氧、氮等杂原子含量较高，一般含硫量为0.5%左右，高可达到2%。

④ 稠油中含有较多的稀有金属，尤其是镍和钡。

8.4.1.2 稠油的热特性

① 黏度对温度的敏感性。原油黏度随温度变化而变化的曲线，称为降温曲线。稠油的黏度随温度变化十分敏感，温度升高，黏度急剧下降。

② 热膨胀性。在热力采油过程中，随着油层温度的升高，地下原油、水及岩石都将产生不同程度的膨胀，为驱动提供能量。原油的热膨胀系数最大，其次是水，岩石最小。当温度由常温升高到200℃时，原油体积将增加20%。

③ 热裂解性。当温度升高一定值时，稠油中的重质组分将会裂解成焦炭和轻质组分，热裂解生成的轻质组分对改善地下稠油的驱油效果作用很大。

④ 蒸馏性。随着温度上升，原油中开始出现气化时的温度叫做原油的初馏点。当温度大于或等于初馏点时原油中的轻质组分逐渐增多。在蒸汽驱过程中，蒸汽对原油的蒸馏过程有重要影响，即有蒸汽存在时，相同温度下的馏出量将大大增加，这是蒸汽驱提高稠油采收率的重要机理之一。

⑤ 燃烧热。在稠油和沥青的开采和炼制中，燃烧热是其能量平衡计算的重要参数之一。

8.4.2 稠油开发工艺

8.4.2.1 蒸汽吞吐采油

注蒸汽吞吐采油方法是将高温高压饱和湿蒸汽注入油层，焖井数天，加热油层中的稠油，稠油温度升高，黏度大幅度降低后开井生产。注蒸汽吞吐采油又称为周期性或循环注蒸汽法，是普遍采用的方法。

蒸汽吞吐采油生产过程可分为三个阶段：

① 注汽：油井注蒸汽前要做好注汽设备、地面注汽管线、热采井口、油井内注汽管柱和注汽等准备工作，然后按注汽设计要求进行注汽。注汽工艺参数主要有：注入压力、蒸汽干度、注汽速度、注汽强度和周期注气量等。

② 焖井：完成设计注入量或满足开发技术参数后，停止注汽、关井，也称焖井。焖井

时间一般为2~7天。目的是使注入近井地带地层蒸汽扩散，让蒸汽与地层稠油进行热交换，加热稠油。

③ 回采：注蒸汽后地层稠油被加热，黏度大大降低，油井弹性能量增加，压力较高的井，开井可以自喷生产，自喷生产一段时间，随着压力的降低，油井产量逐渐减少，直至停喷，可以进行机械采油，当产量降到经济极限产量或极限井口原油温度时，生产周期结束。应进行下一周期的注蒸汽、焖井和生产。

通常，注入蒸汽的干度越高，注汽效果越好。注入蒸汽的量按水当量计算。

8.4.2.2 蒸汽驱采油原理

蒸汽驱采油是稠油油藏经过蒸汽吞吐开采后，为了进一步提高原油采收率的热采阶段。由注汽井向油藏地层注汽，加热稠油，将其驱向注汽井周围的生产井中，在生产井采油。

蒸汽驱采油为注汽井注汽，生产井采油。生产过程可以是连续的。

8.4.2.3 HDCS技术

通过优化注采参数，明晰技术经济政策界限，合理配置降黏剂、CO_2和蒸汽用量，将胶质、沥青质团状结构分解分散，形成以胶质、沥青质为分散、原油轻质组分为连续相的分散体系。

8.4.2.4 冷采技术

采用螺杆泵将原油和砂一起采出，通过使油层大量出砂形成“蚯蚓洞”和稳定泡沫油而获得较高的原油产量。形成地层中的“蚯蚓洞”可提高油层渗透率，而形成泡沫油则为油层提供了内部驱动能量。该技术对地层原油含有溶解气的各类疏松砂岩稠油油藏具有较广泛的适用性。

8.4.2.5 添加降黏剂

乳化液在孔隙介质中的流动过程是一个复杂的随机游走过程，降低界面张力，提高毛细管数可改善稠油油藏开发效果。向生产井井底注入表面活性物质——降黏剂，它在井下与原油相混合后产生乳化或分散作用，原油以小油珠的形式分散在水溶液中，形成比较稳定的水包油型乳状液体系。在流动过程中变原油之间内摩擦力为水之间的内摩擦力，因而流动阻力大大降低，达到了降黏开采的目的。

8.4.2.6 电加热技术

采用电热采油工艺开采稠油、超稠油，在技术上是成熟的。但它的可行性是建立在电力成本低或者原油价格高的基础上。

8.4.2.7 地下燃烧技术

地下燃烧，就是我们通常所说的火烧油层。受热的通道为可流动的原油到达生产井提供流路后，随即实施油藏点火和注空气，蒸汽/燃烧法的综合应用，可在薄油藏以及持续注蒸汽无经济效益的油藏得到较高的经济效益。

8.4.2.8 SAGD技术

蒸汽辅助重力泄油(SAGD)技术是开发超稠油的一项前沿技术，该方法的主要机理是热传导与流体热对流相结合。以蒸汽为热源，依靠注入蒸汽与加热的油和水之间的密度差来实现重力泄油作用而开采稠油。利用直井+水平井组合技术，大幅度提高油井周期产量。这项技术为稠油、超稠油开采接替技术开辟了新的领域。

8.4.2.9 掺稀油开采技术

该项技术的优点是不伤害油层。它不像掺活性水降黏开采，掺水后的油水混合液要到联合站去脱水，脱下的水还要解决出路问题，增加了原油生产成本；有些区块附近无稀油源，掺稀油也比较麻烦。这项技术的可行性和合理性决定于原油的价格。

8.4.2.10 微生物驱油技术

通过细菌在油藏环境中繁殖，细菌生长代谢，对原油产生降解作用，生成的代谢产物使固-液界面性质、渗流特性、原油物化性质发生变化，从而提高了洗油效率。微生物作用可降低原油高碳链烃含量及原油黏度。

8.4.2.11 地热辅助采油技术

统计某油田 3400 个井点地层温度资料。统计结果表明，地层温度与油层埋深成正比，埋藏越深、温度越高。利用广义丰富的地热资源，包括深层高温流体(油、气、水及其混合物)，将大量的热量带入浅油层，降低原油黏度，提高原油流动能力。为减少热损失，最好不进行油、气、水分离，而且不经过地面，直接注入目的油层。胜利油田通过深化热采稠油油藏井网优化调整和水平井整体开发的技术经济政策研究，配套全过程油层保护技术、水平井均匀注汽、热化学辅助吞吐、高效井筒降黏举升等工艺技术驱动，保障了热采稠油产量的持续增长。另外，还有太阳能、风能和重力能辅助采油技术。

8.4.3 稠油热采井口

热采井口是稠油井注汽和生产过程中必不可少的控制设备。它主要由大四通、小四通、总阀、生产阀、套管阀、节流器、法兰(卡箍)短接、截止阀等零件组成。

热采井口装置型号表示方法

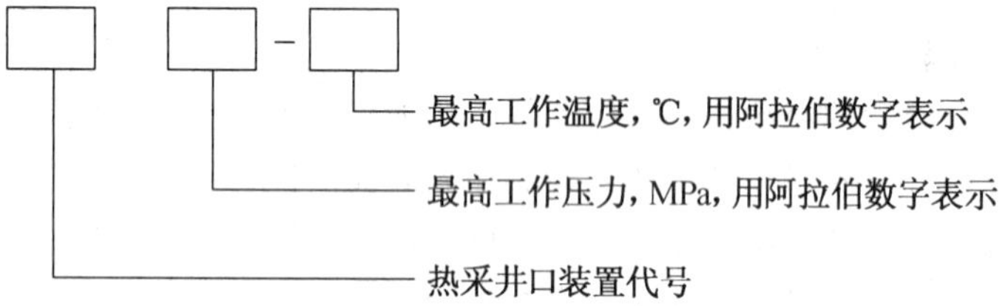

目前我国稠油油田现场应用的热采井口有三种：RC21-380 型适用于各种稠油井，KR14-340 型热采井口，KR14-335 型专用于浅层稠油井。

1. RC21-380 型热采井口

(1) 主要技术指标

公称直径：65mm

大四通直径：170mm

最大工作压力：21MPa

最高工作温度：380℃

强度试验压力：42MPa

连接形式：法兰或卡箍

外型尺寸(长×宽×高)：1580mm×690mm×1577mm

质量：1037kg

(2) 井口结构

该井口的结构示意图如图 8-28。

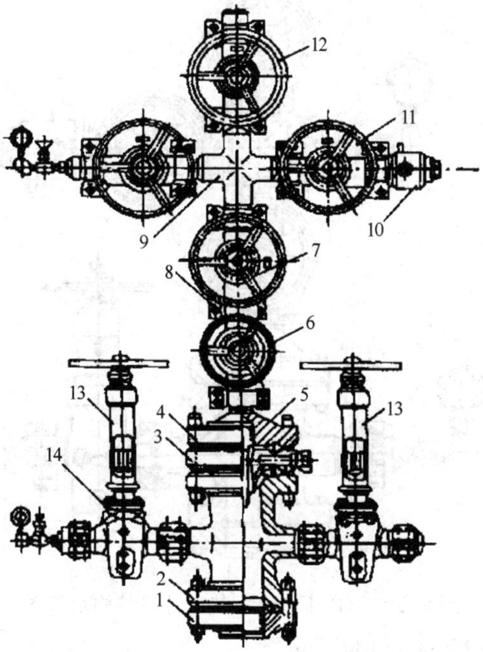

图 8-28　RC21-380 型热采井口结构示意图

1—套管法兰；2—大四通；3—中间法兰；4—油管挂法兰；5—油管短节；6—手轮；7—总阀门手轮；8—卡箍；9—小四通；10—节流器总成；11—手轮；12—手轮；13—套管阀门；14—阀体

2. KR14-340 型热采井口

（1）主要技术指标

公称直径：65mm

大四通直径：170mm

最大工作压力：14MPa

最高工作温度：340℃

强度试验压力：35MPa

连接形式：法兰或卡箍

外型尺寸(长×宽)：1516mm×1100mm

质量：467kg

（2）井口结构

该井口的结构示意图如图 8-29。

3. KR14-335 型热采井口

（1）主要技术指标

公称直径：62mm

大四通直径：170mm

最大工作压力：14MPa

最高工作温度：335℃

强度试验压力：35MPa

连接形式：法兰或卡箍

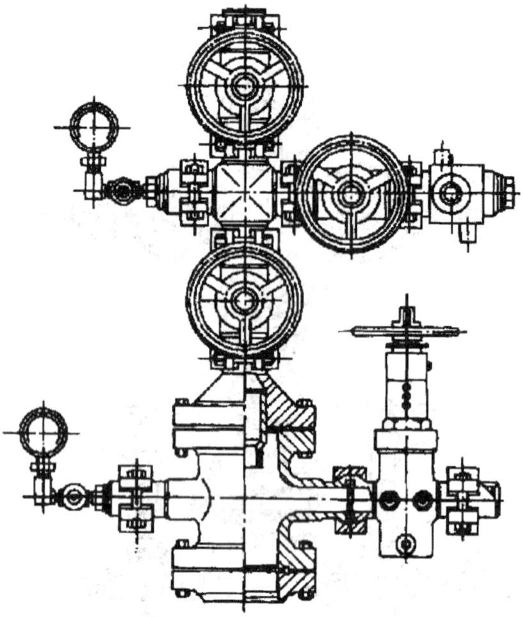

图 8-29　KR14-340 型热采井口结构示意图

外型尺寸(长×宽)：1250mm×1341mm

质量：763kg

(2) 井口结构与 KR14-340 型热采井口相似

8.4.4　注蒸汽隔热管

隔热管是注汽管柱的主要部分，起到减少井筒热损失、提高注入到油层的蒸汽干度、保护套管及套管外的水泥环的作用。我国油田由于大多数稠油井较深，注汽压力较高，都应用高质量的隔热油管。注蒸汽隔热分普通隔热管和真空隔热管，他们结构相似，由接箍、内管、扶正环、隔热层和外管等组成。真空隔热管的隔热效果要好于普通隔热管。由于隔热管的外管和内管都是由相同规格的油管制造的，它们的有些性能可参考相关油管的参数。

1. 注蒸汽隔热管具体结构如图 8-30 所示。

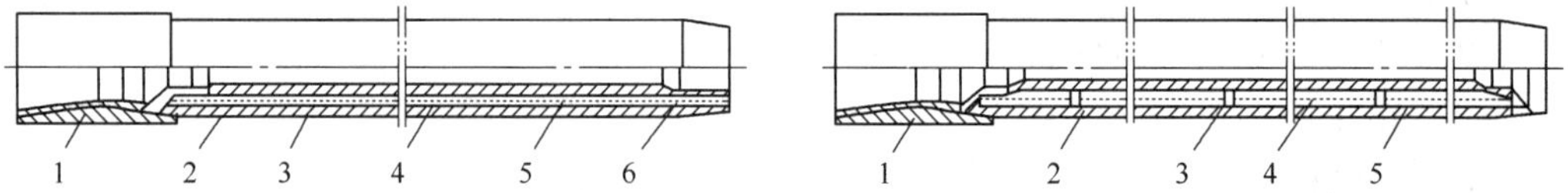

(a) 内波纹隔热油管结构　　(b) 预应力隔热油管结构

图 8-30　注蒸汽隔热管结构示意图

1—接箍；2—内管；3—扶正器；4—隔热层；5—外管；6—内波纹管

2. 国产隔热油管结构尺寸(表 8-3)

表 8-3　国产隔热油管结构尺寸

外管外径/mm	127	114	114	88.9
内管内径/mm	62.0	62.0	50.6	40.9
结构尺寸/mm×mm	127×62.0	114×62.0	114×50.6	88.9×50.6

3. 国产隔热油管机械性能(表 8-4)

表 8-4　国产隔热油管机械性能

结构尺寸/mm×mm			127×62.0	114×62.0	114×50.6	88.9×50.6	88.9×40.9
预应力隔热管	抗拉载荷/kN	20℃	820	680	560	510	500
		350℃	610	470	420	380	370
	抗内压/MPa	20℃	58	55	55	49	48
		350℃	42.8	40	40	35	36
	抗外压/MPa	20℃	37.5	28	28	45	50
		350℃	25	20	20	38	38
内波纹隔热管	抗拉载荷/kN	20℃		650	650		
		350℃		450	450		
	抗内压/MPa	20℃		40	40		
		350℃		30	30		
	抗外压/MPa	20℃		28	28		
		350℃		21	21		

8.4.5　伸缩管

伸缩管又称热力补偿器，其主要功能是用于补偿油井在注汽过程中，因温度的变化引起注汽管柱的伸长(升温)或缩短(降温)。伸缩管的伸缩距离根据预计的注汽温度和隔热管的规格计算出有效的伸缩距应大于隔热管柱的计算伸长量。国内注汽管柱伸缩管的连接位置大多放在注蒸汽封隔器以上较近的地方。伸缩管的结构示意图 8-31 所示。

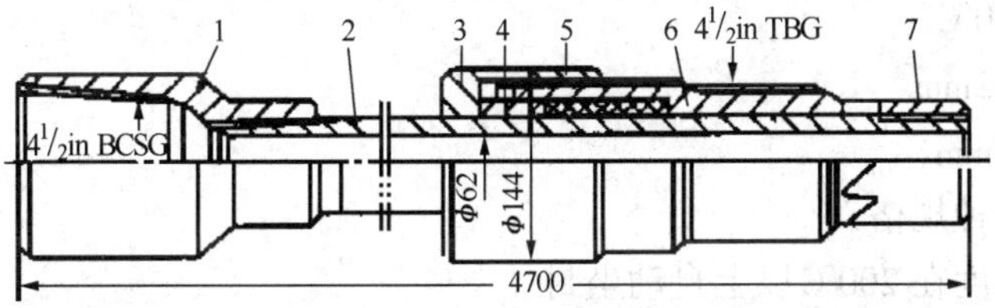

图 8-31　伸缩管结构示意图

1—变螺纹接头；2—中心管；3—压帽；4—压环；5—密封件；6—密封盒；7—承重接头

8.4.6　注蒸汽封隔器

注蒸汽封隔器是注汽管柱中的重要组成部分，对于减少注汽热损失、提高注汽干度、改善注汽效果非常重要。常用的注汽封隔器有机械座封式和热膨胀式。机械座封式和常规封隔器相似，但密封件为耐高温的，满足高温注汽的需要。热膨胀式封隔器的工作原理是依靠注汽的压力和温度使封隔器膨胀，密封油套环空，起到密封作用。

1. 辽河 R-7 型注蒸汽高温封隔器

(1) 结构(图 8-32)

(2) 主要技术参数

工作压力：20MPa

工作温度：350℃

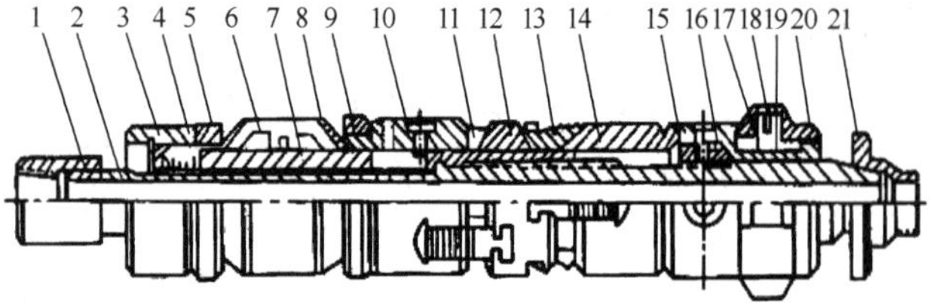

图 8-32　R-7 型注蒸汽高温封隔器结构图

1—上接头；2—中心管；3—碗状密封圈；4—密封盒；5—上标准环；6—密封筒；7—中心套；8—护罩；9—下标准环；10—上锥体；11—上卡瓦；12—卡瓦环；13—下卡瓦；14—下锥体；15—开合螺母；16—箍簧；17—扶正套；18—弹簧；19—摩擦块；20—挡环；21—下接头

最大外径：152mm

最小内径：62mm

适应套管：177.8mm

坐封方式：水力坐封

解封方式：上提或旋转

适应井深：1700m

2. K331 热敏金属膨胀式封隔器

所谓的热敏金属材料是由上下两种不同的组元层构成，即高膨胀层和低膨胀层。当温度升高时，由于两个组元层热膨胀系数不同迫使板材本身发生挠曲变化而产生变形压力。封隔器下入井内预定位置后，当注入蒸汽时，由于温度升高热敏金属开始动作，当温度达到200℃时，热敏压力也越大，保证了密封的持久性与可靠性。

主要技术参数为：

工作压力：16MPa

工作温度：350℃

最大外径：152mm

最小内径：62mm

适应套管：各种规格

坐封方式：温度在 200℃以上自动坐封

解封方式：温度在 200℃以下自动解封

适应井深：1600m

使用井斜：小于 30°

3. 铅封封隔器

（1）结构(图 8-33)

（2）工作原理

将铅封封隔器下入井下设计位置，投球，从油管加液压，当压力升至 16~18 MPa 时。丢手剪钉被剪断，活塞在液压推动下往下移动，释放锁块，实现封隔器丢手；然后向下加压10~12kN，压力经传压接头作用于挡套上，挡套带动锁紧套及锁环沿中心管向下压紧复合铅封组件，在承压接头的共同作用下压开复合铅封组件。为保证坐封可靠，重复 2 次，完成坐封。

8.4.7　热采井作业

① 热洗。由于稠油黏度高，通过热洗降低原生产管柱内的稠油黏度，从而使起出的抽

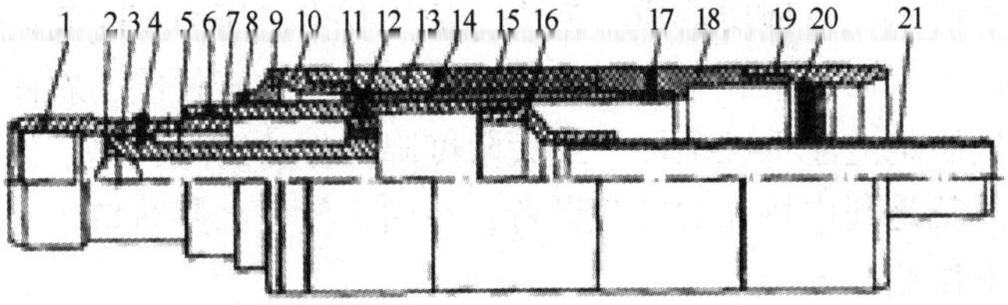

图 8-33　铅封封隔器结构示意图

1—上接头；2—压力球；3—“O”形密封圈；4—剪钉；5—活塞；6—紧定螺钉Ⅰ；7—释放短节；
8—紧定螺钉Ⅱ；9—传压接头；10—挡套；11—锁块；12—锁环；13—锁紧套；14—中心管；15—复合铅封组件；
16—导向接头；17—紧定螺钉Ⅲ；18—承压接头；19—密封套；20—卡箍；21—导向管

油杆清洁，避免污染环境。还能使油管内投撞击杆顺利打开泄油器，油管内的稠油流出油管，若不热洗则有可能使撞击杆与稠油摩擦力增大，不能打开泄油器，稠油不能顺畅从油管内流出，导致不能卸油的效果，污染环境。

② 压井。如果是两轮以上的注汽井，就需要洗压井，根据设计要求及油层压力情况，选择合适的洗压井液进行洗井或压井，防止井喷或油层伤害。然后起出井内的注汽层段以上的生产管柱及工具等。

③ 冲砂。由于稠油油藏大多出砂，特别是在多轮注汽后，应选择合理的冲砂工具和冲砂液进行冲砂，提高冲砂效率，防止卡冲砂管柱及对油层的冷伤害。

④ 刮管或通井。根据所下注汽管柱的要求进行刮管或通井，一般只下隔热管注汽的井要进行通井，而下注汽封隔器的井必须进行刮管。

⑤ 下注汽管柱。按设计要求下管柱到预定位置，下放速度为 5m/min，避开套管接箍或套管损坏处，坐封封隔器。隔热管伸缩距每 1000m 不少于 3.0m，并按要求替出井内压井液。装热采井口、油压和套压表，并连接好套管放空管线。

⑥ 地层处理。根据地层情况决定是否挤入地层处理液，挤入地层处理液的目的是保持地层原来的渗透率，做好油层保护工作。

⑦ 生产井经过注汽以后如果焖井压力较高，可进行放喷生产一段时间，当生产压力较低时就需要起出注汽管柱，下生产管柱。起出注汽管柱前，根据注汽井的压力、原油物性和油层物性，选择合适的洗井液和压井液进行洗压井。

⑧ 边起注汽管柱边往套管灌水，保持井筒液面在原液面位置，作业时不应敲击隔热管的任何部位。起隔热管时，井口必须配有与隔热管相匹配的变扣，防喷器灵活好用，井口半封封井器型号必须与隔热管型号尺寸相匹配。

⑨ 根据设计要求选择合理的管柱进行冲砂、通井或刮管，检查井下套管的状况，为下生产管柱做准备。

⑩ 根据设计要求下入生产管柱到预定位置，装好井口及地面流程，进行试抽，出液正常后交井。

8.5　带压作业

8.5.1　带压作业定义及作用

以前油田在进行带压油水井作业施工前，为保证安全生产，一定要先洗压井，再作业。

这样就增加了压井液成本，对地层造成了污染，油气井生产压力短时间内很难恢复到施工作业前的状态，严重影响了油气采收率。针对带压作业井多处于村庄、农田等环保敏感带，在施工方案审核及措施制定上注重准确性，最大限度降低作业风险，提高作业速度。

不压井带压作业就是利用特殊的修井设备，在油、气、水井井口带压的情况下实现管柱的安全、无污染起下作业。

8.5.2 带压作业原理

先用堵塞器封堵住油管内的溢流，起管柱时液控装置油管接箍感应器感应到油管接箍后，打开下环形防喷器，油管接箍通过后关闭下环形防喷器，液控装置释放上下环形防喷器之间的油套环空内的压力，打开上环形防喷器，起管柱直至油管接箍提出井口，关闭环形防喷器。

8.5.3 带压作业设备

① 井控装置：是具有防顶、防掉、防喷等性能，由卡瓦、闸板防喷器、环形或球形防喷器、举压缸、液控装置等配套设备、工具组成的控制系统。

② 液控装置：控制卡瓦、各类闸板防喷器、剪切防喷器的打开关闭、举压缸的升降。由发电机、液压泵、蓄能器、液压管线等组成是实现不压井、不防喷作业的操作平台。

③ 油管堵塞器：封堵油管内通道的专用井下工具。

④ 固定式油管堵塞器：配套堵塞器工作筒使用，作业时从井口投放堵塞器至工作筒处起到封堵油管压力作用的井下工具。

⑤ 活动式油管堵塞器：使用钢丝或电缆等投送工具投送入井，能封堵油管任意位置的井下工具。

⑥ 带压完井工具：即能密封油管，完井时又能连通生产通道的专用井下工具。注水井配套工具如：防溢流球座、定压滑套、尾管堵塞器等。采油井配套工具如：泵下封堵器、筛管堵塞器等。

⑦ 带压作业设备类型：

独立式：自成体系，无需配套修井机等提升设备，油管移动与防喷器密封之间一般无相对运动，设备庞大，常见耐压等级有21MPa、35MPa等。

辅助式(分体式)：需要与提升设备配合使用，在防喷器密封状态下，油管上下运动，防喷器密封胶件与油管在高压密封条件下相对运动，但不强行通过油管接箍，这种带压作业装置总高度在9m以下，国内外常见设备耐压等级有21MPa、35MPa、70MPa等。另一种用环形防喷器密封胶件密封油管，油管上下运动，并使油管接箍强行通过环形防喷器密封胶件，该类型设备耐压一般偏低，高度为5~7m，常见设备耐压等级有14MPa、21MPa等。

8.5.4 水井带压作业步骤

1. 通管

投油管堵塞器前需进行通管，使用钢丝投捞设备投放大于800mm实心钢体的通管规，投放时一般应遵循外径先大后小原则，投放速度不大于50m/min。

2. 油管压力封堵

① 一般通过在管柱内投堵塞器的方式封堵油管压力。采用钢丝投捞设备投放堵塞器时，

下放速度应不大于50m/min。

② 管柱中未下入工作筒时，使用活动式油管堵塞器，其规格和深度根据通管情况确定。

a. 使用钢丝绳投捞设备投放堵塞器至预计深度，完成坐封、丢手取出投放工具和钢丝。

b. 若封堵失效或管柱漏失，应使用活动式油管堵塞器逐段封堵直至井口。

c. 若油管存在结盐、结垢、结蜡等情况，导致堵塞器无法一次性投放至管柱底部的，应根据通管情况选用相应规格堵塞器进行分段堵塞。

③ 管柱中已下入工作筒时，使用固定式油管堵塞器。

a. 选择与工作筒规格尺寸相匹配的堵塞器投入油管，待堵塞器进行工作筒后，油管内增压5MPa，稳压10min后缓慢打开油管出口放空管内压力，油管溢流量不超过10L/min为合格。

b. 若采用固定式油管堵塞器无法封堵或封堵失效，应使用活动式油管堵塞器封堵。

3. 带压作业装置的安装

① 油管封堵成功后拆卸注水井口。

② 安装带压作业装置。

③ 设备检查及试压。

4. 起油管悬挂器

① 试提原井管柱。

a. 试提载荷应控制在安全范围以内。

b. 试提过程中应密切观察管柱负荷变化情况及管柱上升行程。同时，各绷绳桩处应指定专人观察，出现异常情况应立即停止试提，卸掉载荷、查明原因、处理正常后方可再次试提。

② 上提管柱，按设备操作规程倒出油管悬挂器，施工中应注意：

a. 提升油管悬挂器时不得划伤防喷器密封件。

b. 打开、关闭防喷器时两端闸板开关应一致。

c. 施工时应灵活调整防喷器装置各环节压力，防止油管接箍通过防喷装置时，造成密封件损坏。

d. 井控装置内压力过大时，可用带压作业设备“平衡系统”放压。

5. 正常起管柱

① 使用施工设备逐根起出原井管柱，当起管深度接近堵塞器预计深度前50m时，应落实堵塞器封堵的准备位置，提前做好堵塞器油管起出后防喷器准备和油管再次堵塞准备。

② 正常起管柱时应注意：

a. 随时注意指重表悬重变化及套压变化。

b. 提升操作不得顿钻、溜钻，游动滑车不得来回摆动，严禁敲击油管。

c. 井口操作台必须备有旋塞阀、安全罩、吊卡等防喷、防掉工具。

d. 油管内的废液应及时回收。

6. 加压起管柱

① 起油管

当油管有上顶显示时，调整液控压力扣紧各种卡瓦装置进行加压起油管，施工时应注意：

a. 液压缸起下行程不超过带压作业装置的冲程。

b. 加压起管时，应严格检查卡瓦装置，以防窜管。

c. 时刻注意防喷装置整体是否牢固。

d. 应有专人负责液控系统的操作。

e. 套管出口控制阀应有专人负责，不得随意放压。

f. 提油管负荷较大或遇卡时，可控制套管放压或用泵车挤水冲洗，但需严格控制冲洗排量，以免造成油管上顶力失控而顶弯或顶断液缸，造成冲出油管、井喷等事故。

② 起下工具。按设备操作规程倒出井下工具。工具起出时应注意不得划伤带压作业设备胶芯、挂碰设备卡瓦。

③ 起尾管。

7. 完井管柱配接

注水井完井管柱底部应安装有专用防溢流完井工具，如：防溢流球座、定压滑套、尾筛管堵塞器等，施工时严格按照设计要求配接。

8. 加压下管柱

① 所有下井井下工具应清洗干净，丈量准确、记录清楚。

② 下井工具，如封隔器、配水器等，上部应加 1~2m 提升短节。不能通过防喷器的工具，应考虑调整井控装置的内径、高度来满足工具的需要。

③ 封隔器或油管接箍过防喷器时，调整好液控压力以免划伤胶芯，出现喷出井液，造成污染环境等事故。

9. 正常下管柱应注意

① 不得顿钻、溜钻。

② 指重表、套压表，液控压力表发生异常时，应停止下入，查明原因并处理正常。

③ 下管柱过程中随时观察其他封井器液压油情况，严防液压油漏失影响井控或液控失灵造成事故。

10. 坐油管悬挂器

① 管柱下至设计深度后，安装并下坐油管悬挂器，上好顶丝。

② 按带压相关技术文件拆卸井控装置。

11. 坐封试注

① 按施工设计要求坐封封隔器，根据完井工具类型采用相应方式连通注水通道，试注。

② 装井口恢复注水，具体要求：

a. 井口所有连接处及闸门试压时不得有滴漏。

b. 井口安装位置方向应与施工前一致。

③ 做好井口及井场清洁工作。

第9章　常见事故的预防

9.1　井喷

9.1.1　井喷的概念

井喷是钻井或修井作业过程中地层流体(石油、天然气、水等)的压力大于井内压力而大量涌入井筒，并从井口无控制地喷出的现象。

井喷事故是一种十分有害的钻井事故，一旦出现往往产生严重后果，造成对环境和人较大的危害，必须采取严密的预防措施。

9.1.2　井喷的预防

预防井喷应做好以下工作：

① 要有比较准确的地层预告，预先了解目的层的压力、产量、物性如何，做到心中有数。

② 要有可靠的井控装置，根据地质设计确定预期的最高的地面压力，选取合适的井控设备；井控设备使用前，应及时维护、保养、试压。

③ 射孔前，井口安装防喷器，准备好压井管汇和足够的压井液；若预计气量较大，事先应将节流、压井管汇、分离器、火把连接好，并试压；射开油气层后，仔细观察井口，确保无溢流时，方可起下管柱，并随时灌满井筒，对地层保持一定的静液柱压力，同时也便于观察溢流情况。

④ 落实岗位，观察溢流，从射开油气层后，要有专人观察井口；起下钻、停工检修、停工待命，井口要始终处于有控状态。

⑤ 试油队人员特别是队干部、正副班长、井口操作工，必须经过井控培训，持证上岗。

⑥ 试油队应定期做防喷演习，要做到不漏班、不漏岗。

9.1.3　不同作业过程中的溢流显示

9.1.3.1　下管柱时的溢流显示

1. 返出的修井液体积大于下入管柱的体积

正常情况下，每一单根油管下入井筒内，都会有相当该油管体积的修井液返出，如果返出的修井液体积大于下入油管的体积，就说明有一定数量的流体侵入井内，从井口返出的修井液一般流到修井液罐中或修井池中，通过修井液罐中返出修井液体积大于下入管柱体积的增量来判断井侵情况。

2. 停止下放时井口仍外溢修井液

如果停止下放，带负荷吊卡坐在封井器上，井口仍有修井液外溢，说明井底发生了井侵。随着井侵的增加和气体的上升，溢流量会越来越大，有时还会发生井筒不停地外溢修井液的现象。下放管柱中停止下放观察溢流是最直观、最有效的方法。因此，在下放管柱的过程中需要有专人负责观察停止下放时的溢流情况，一般需要观察 10~15min。

3. 井口不返修井液，井内液面下降

如果下入太快，会产生激动压力，从而造成井漏，使修井液外溢量减小。井漏严重时，井口液面会下降，使井内修井液柱高度降低，井底压力减小。在多层位开采的井中，当井底压力小于地层压力时，有可能诱发压力较高地层的溢流。因而，在作业中，有的井井漏也是溢流的前兆。当发生井漏时，必须引起重视，防止溢流发生。

9.1.3.2 磨铣、钻塞、洗井的溢流显示

1. 修井液出口流速增大

在泵入排量不变的情况下，地层流体侵入井内后，修井液返出量增多。另外，若为天然气井侵，修井液出口流速会越来越大。当发现修井液出口流速增加时应立即停泵，并认真观察修井液静止时井口是否有外溢现象。

2. 修井液循环罐液面升高

在修井过程中，由于地层流体侵入井内，变成修井液循环系统的一部分，当整个循环系统的容积不变时，循环罐内的修井液体积就会增加，循环罐液面就会升高。修井液气侵后，循环罐液面升高速度逐渐加快。我们应该在循环罐液面缓慢升高时，就应该判断是否有溢流存在，可以利用修井液流速和停止循环修井液井口仍向外溢流来确定溢流的存在，如果存在溢流，则应立即关井。

3. 停泵后出口管修井液外溢

在磨铣、钻塞过程中，因接单根、检修设备等工作而停泵后，如果出口仍然不停的外溢修井液，则说明地层液体在侵入井内，应立即关井。

在开泵循环时，如果怀疑可能有溢流现象，停止冲洗，并检查出口是否有向外溢流修井液现象，停泵会导致井底压力降低，溢流更容易发生。如果停泵 5~15min 后没有溢流现象，表明没有发生井侵；如果有溢流现象，就应立即关井。

4. 返出修井液发生变化

当修井液中侵入油、气、水后，修井液密度会下降，气侵使修井液密度下降，导致修井液黏度上升；油侵使修井液密度下降较慢，使修井液黏度下降；水侵使修井液密度下降最少，但是较大量的盐水侵使修井液黏度大大增加。

5. 空井筒时的溢流显示

井口外溢修井液，修井液循环罐液面升高。

9.1.4 溢流的预防

1. 起管柱前的装备工作

检查井眼状况，装备好灌注工作，准备好起管柱记录，准备好安全阀及防喷工具。

2. 起管柱时的预防措施

① 连续灌注设备。使用灌液罐其他泵入设备连续灌注，当灌满时发出信号并及时停泵。

② 正确计量灌注量。如果灌注量与起出管柱体积不符，应停止起管柱，进行溢流检查，并通知负责人。

③ 溢流检查。溢流检查是在停泵状态下观察井筒情况以确定是否有井涌发生，保证有

充足的时间来判定井筒是否稳定。

④ 控制起管柱速度。尽量控制起管柱速度以减小抽吸压力，特别是带有大直径工具时。

⑤ 如果起管柱作业由于各种原因中止，应手动安装安全阀。

⑥ 起管柱完后应通过灌注设备进行循环以确保井筒充满稳定。

3. 下管柱时预防措施

① 计量排出液量。利用灌液罐或其他方式监视计量排出的井液量是否与下入管柱体积相符。

② 控制下管速度。为了减小过高激动压力的可能性，下管速度应尽量控制。

4. 循环时溢流的预防措施

① 严格执行施工设计的井液密度值。

② 及时发现地层压力变化并相应调整井液密度。

③ 及时处理井漏等复杂问题。

④ 如果发现返流速度加快、循环池液面升高、泵压下降(泵冲增加)等现象时，应及时进行溢流检查。

5. 空井筒时溢流的预防措施

① 停止作业时应有专人监视井口，发现溢流预兆及时处理。

② 长期空井时应关井。

9.1.5 常见作业过程中的预防措施

9.1.5.1 压井作业

① 压井作业前，先用针形阀控制放压。

② 在压井管汇装单流阀，节流管汇装针形阀，用符合设计要求的压井液循环压井，并控制出口排量保持与进口排量基本平衡，进出口压井液性能达到一致。

③ 观察 30min 后，无溢流显示，方可进行下步施工。

④ 循环压井中计算增减量，如果漏失严重要采取防漏措施。

9.1.5.2 拆卸采油树安装防喷器作业

① 用设计要求的压井液循环压井，进出口压井液性能达到一致。

② 开采油树油、套管闸门，观察 30min，无溢流显示。

③ 防喷器井控设备及工具准备齐全。

④ 拆卸采油树并保持连续灌入压井液至井口。

⑤ 油管悬挂器可以通过防喷器操作：卸下采油树，将带旋塞阀的提升短节连接在油管悬挂器上，吊装防喷器并上齐上紧全部螺栓，然后提出井内油管悬挂器。

⑥ 油管悬挂器不可以通过防喷器操作：卸下采油树，用带旋塞阀的提升短节将油管悬挂器提出，卸下油管悬挂器，将带旋塞阀的提升短节穿过防喷器一起吊起，并与第一根油管连接后下放提升短节，安装防喷器，上齐上紧全部螺栓。

9.1.5.3 起管柱作业

① 起管柱作业前，开井观察 30min，无溢流后，方可进行起管柱作业。

② 起管柱过程中，必须边起边灌，保持液面在井口。现场的灌注装置必须有水泥车、电潜泵、高架罐三者之一，由资料员坐岗观察，计量、灌注操作并填写坐岗记录。如有溢

流，则按程序进行关井；如有漏失则保持连续大排量灌入或停止起管作业采取防漏措施。

③ 在起封隔器等大尺寸工具时，提升速度为 0.2～0.3m/s，如果出现抽吸现象，每起 20 根要采取分段循环压井等措施。

④ 在起组合管柱和工具串管柱作业时，必须配备与防喷器闸板尺寸相符合的防喷单根和变扣接头，同时，按操作规程控制起管速度。

⑤ 起完管柱后要立即进行下步作业。

9.1.5.4 下管柱作业

① 在下管柱作业时，必须配备与防喷器闸板尺寸相符合的防喷单根和变扣接头，按操作规程控制下放速度。

② 在下管柱作业时必须连续作业，现场的灌注装置必须有水泥车、电潜泵、高架罐三者之一，由资料员进行灌注观察，并填写坐岗记录。如计量返出量大于油管体积时，则应按程序进行关井，如漏失则保持连续灌入，漏失严重则停止作业采取防漏堵漏措施。

9.1.5.5 钻塞作业

① 钻塞前用能平衡目的层地层压力的压井液进行压井。

② 钻塞作业必须在油管上安装旋塞阀，井口装闸板防喷器和自封封井器。

③ 坐岗观察计量罐的增减情况，增减量为 $1m^3$ 时则停止钻塞作业，循环洗井，出口无灰渣。如条件允许将管柱上提至原灰塞以上，按关井程序进行关井，否则直接关井。

④ 钻穿后，循环洗井一周以上，停泵观察 30min，井口无溢流方可进行下步施工。

9.1.5.6 套铣、磨铣作业

① 磨铣前用能平衡目的层地层压力的压井液进行压井。

② 作业时必须安装闸板防喷器，并按设计试压。

③ 在套铣、磨铣过程中，方钻杆以下必须安装旋塞阀。

④ 坐岗观察计量罐的增减情况，增减量为 $1m^3$ 时则停止套铣、磨铣作业，循环洗井，出口无砂、铁屑。如条件允许将管柱上提至原套铣、磨铣井段以上，按关井程序进行关井，否则直接关井。

⑤ 循环洗井一周以上，停泵观察 30min，井口无溢流方可进行下步施工。

9.1.5.7 丢手封隔器解封作业

① 解封前用能平衡目的层地层压力的压井液进行压井。

② 作业时必须安装防喷器，油管安装旋塞。

③ 丢手解封后，进行洗压井作业，观察 30min 无溢流后方可进行下步施工。

9.2 井漏

9.2.1 井漏的定义及危害

井漏是指在石油、天然气勘探开发的钻井、修井等作业过程中，井内工作流体(钻井液、修井液、固井水泥浆等)漏入地层，致使井筒液柱不断降低的一种现象，它在井下作业过程中是一种常见的现象。井漏带来的危害主要有以下几点：

① 井漏损失大量的修井液，使维修井作业无法维持。

② 井漏损失大量的修井时间。

③ 井漏消耗大量的堵漏材料。

④ 井漏会污染油层，可能造成井塌、卡钻、井喷等其他井下复杂情况和重大事故，给井下作业造成重大损失。

⑤ 如果储集层发生井漏，大量的修井液和堵漏材料进入储集层空间，造成严重储集层伤害。

9.2.2 井漏的原因

井漏的发生一般应具备以下必要条件：井筒对于地层存在正压差，即井筒中工作液的压力大于地层孔隙、裂缝或溶洞中液体的孔隙压力。并且，地层中存在着漏失通道和较大的足够容纳液体的空间，此通道的开口尺寸应大于外来工作液中固相的粒径。

因此，在修井过程中，当出现以下两种情况时均会发生井漏。第一种情况是，当地层存在天然漏失通道时，井筒中修井液作用于井壁或射开层位的动压力超过地层的漏失压力，即发生井漏；另一种情况是，当动压力大于地层的破裂压力时，先压裂地层，形成新的漏失通道，然后发生漏失。为了进一步搞清井漏发生的原因，需分析影响地层漏失压力、破裂压力和动压力的各种因素。

9.2.2.1 影响地层漏失压力的因素

漏失压力是使修井液进入地层漏失通道所需的最低压力，其值等于地层孔隙压力与修井液在地层漏失通道中发生流动的压力损耗之和。漏失压力与以下因素有关：

① 地层孔隙压力。漏失压力随地层孔隙压力的增大而增高。

② 地层天然漏失通道的大小、形态及漏层厚度。该因素直接关系到修井液在漏失通道中流动阻力的大小。

③ 修井液流变性能。修井液进入漏失通道的阻力随修井液塑性黏度、动切力的增加而增大，因而可以通过调控修井液流变性能来提高地层的漏失压力，防止井漏的发生。

9.2.2.2 影响地层破裂压力的因素

地层的破裂压力主要取决于地层的岩石力学性质和所受地应力的大小。对于地层破裂压力的起因目前有两种看法。一种看法认为地下岩石中存在着层理、节理和裂缝，井内流体只是沿着这些薄弱面侵入，使其张开，因此使裂缝张开的流体压力只需克服垂直于裂缝面的地应力；另一种看法认为井内流体压力增大会改变井壁上的应力状态，当此应力超过地层岩石的抗拉强度，地层就会发生破裂。地层破裂压力可依据下式进行计算：

$$p_f=p_p+\frac{(\sigma_z-p_p)+S_t}{1-\frac{(1-\beta)(1-2\mu)}{1-\mu}} \tag{9-1}$$

式中 p_f——地层破裂压力；

p_p——地层孔隙压；

σ_z——有效上覆岩层压力；

S_t——地层抗拉强度；

β——构造应力系数；

μ——地层的泊松比。

9.2.2.3 影响修井液动压力的因素

修井液动压力等于修井液静液柱压力、循环时的环空压耗和所产生的激动压力之和。显然，动压力的大小与以下因素有关：

① 修井液静液柱压力。此压力随修井液密度增加而增大。

② 修井液的环空压耗。动压力随修井液环空压耗增加而增大。

③ 修井液的激动压力。动压力随钻井液激动压力增加而增大，激动压力取决于开泵泵压、钻井液静切力及静止时间长短、起下钻速度等因素。

对某一口油气井，只有在全面分析上述各影响因素基础上，才能确定发生井漏的主要原因，并采取有针对性的技术对策防止漏失的发生。

9.2.3 井漏的类型

漏失在各种岩性的地层中均可能发生，如黏土岩、砂砾岩、碳酸盐岩、岩浆岩、变质岩和火成岩等。发生井漏的直接表征是修井液的损失，并且具有一定的漏失速度。但井漏的特征还与地下孔、缝的性质、地层上的漏失面积、修井液性能和压差等多种因素有关。因此，只有搞清漏层的特征，将漏层按一定方式进行分类，才能确定正确的处理方法。漏层的分类方法很多，这些方法分别从不同的侧面反映漏失的规律。

9.2.3.1 按漏速分类

按漏速可将漏失分为三类。对于孔隙型地层，其中微漏和小漏又可称为渗滤性漏失，中漏和大漏又可称为部分漏失，全部失返的情况则称为完全漏失。漏速十分容易测定，依据它可以较直观地了解漏失的严重程度。

9.2.3.2 按漏失地层通道分类

按漏失通道形成的原因可将其分为自然漏失通道和人为漏失通道两大类。按漏失通道的形状又可将其分为孔喉、裂缝、洞穴及混合型。

9.2.4 井漏的预防

对付井漏应坚持以预防为主的原则，尽可能避免因人为失误而引起的井漏。井漏的预防主要有以下几种方法。

1. 设计合理的井身结构

侧钻井所遇地层的孔隙压力、漏失压力、破裂压力会有较大的差别。如果同一裸跟井段中地层存在多压力层系，并且一组地层的孔隙压力高于另一组地层的漏失压力或破裂压力，这时为了平衡高压层的孔隙压力，必须使用高密度修井液钻井。但这样处理的结果会在低漏失压力或低破裂压力地层处发生井漏。为了解决上述矛盾，既要防喷又要防漏，则必须设计合理的井身结构，用套管封隔高压层或漏失层，才能确保侧钻井作业的顺利进行。井身结构设计必须以各种地层压力剖面为依据。

2. 降低井筒中钻井液的动压力

过高的修井液动压力是造成井漏的主要原因之一。一般可在修井过程中采取以下措施来降低修井液的动压力：选用合理的修井液密度与类型，实现近平衡压力修井；降低修井液的环空压耗；降低开泵、下油管过程中的激动压力等，泡沫液冲砂技术就是运用该方法实现的。

3. 提高地层的承压能力

地层的漏失压力主要取决于地层特性，因此可以通过采用人工方法来暂堵近井筒的漏失通道，增大修井流进入漏失层的阻力来提高地层承压能力，以达到防漏的目的，暂堵剂冲砂和投蜡球冲砂技术就是运用该原理实现的。

9.2.5 井漏的处理

9.2.5.1 堵漏原理

当修井过程中发生井漏时，为了堵住漏层，必须加入各种堵漏材料(简称堵剂)，使之在距井筒很近范围的漏失通道里建立一道堵塞隔墙，用以隔断钻井液的通道。各种堵漏材料按下述步骤在漏层建立堵塞隔墙：

① 当堵漏材料到达漏层时，其固相颗粒的形状、尺寸、浆液的流变性能等都要适应漏失通道的复杂形态，这样才能按设计的数量进入漏层。

② 堵剂进入漏层后，不能让其源源不断进入地层深处。进入地层的堵剂必须能抵御各种流体充填物的干扰。在各种流动阻力的作用下，使之在近井筒漏失通道的某处发生滞流、堆集而充满一定范围的漏失通道空间。

③ 充满一定范围漏失空间的堵剂，在高温、压差或化学反应等作用下，以机械堆砌或化学生成物的堆集方式，建立具有一定机械强度的隔墙，并与漏失通道有比较牢固的黏结强度才能有效地封堵住漏层，不致于发生暂堵现象。

9.2.5.2 处理井漏的规程

处理井漏时应按以下规程进行：

① 分析井漏发生的原因，确定漏层位置、类型及漏失严重程度。

② 施工前要进行科学的施工设计，精心施工。

③ 使用正确的堵剂注入方法，确保2/3的堵剂进入漏层近井筒处。

④ 施工完成后，各种资料必须收集整理齐全、准确。

9.2.5.3 堵漏方法

常用的堵漏方法有以下几种：

① 修井液用泡沫液。

② 暂堵法是用堵剂进行封堵的一种堵漏方法。此法主要用于封堵渗透性和微裂缝地层漏失，并能有效地减少因井漏引起的油气层损害。各油田目前已广泛采用单向压力封堵剂、易酸溶、油溶、水溶的堵剂进行堵漏。例如，除单向压力封堵剂暂堵法外，还有石灰乳-钻井液、PCC暂堵剂、盐粒、油溶性树脂等暂堵法。

9.3 砂卡

9.3.1 砂卡的定义及危害

砂卡是指油水井在生产或作业过程中，由于操作不当或某种原因造成的井下管柱或井下工具被地层砂或工程砂埋住，按正常方式不能上提的一种井下事故。由于砂卡事故，会使油水井的生产不能正常进行，严重时还会使油水井报废，给油田的生产和经济造成重大的损失。因而如何预防和及时妥善处理卡钻事故，对维护油田生产和提高作业水平是非常重要的。

砂卡有三种类型：①光油管卡；②井下工具卡；③抽油杆卡。

9.3.2 砂卡的原因及预防

9.3.2.1 砂卡的原因

① 生产过程中，地层砂随油流进入井内，随着流速变化，部分砂子逐渐沉淀，从而埋住部分管柱，造成卡钻。

② 冲砂时，泵的排量低，冲砂液携砂能力差，冲砂工作不连续，使用直径较大的其他工具代替冲砂工具等，造成冲起的砂子重新回落，并沉淀造成卡钻。

③ 光油管探砂面时，加压过大，管柱探穿砂桥，砂子回落，卡住管柱。

④ 下大直径工具至设计深度后，不上提管柱至油层以上或漏点以上，地层或漏点吐地层砂埋住管柱。

⑤ 压裂施工前不验证套管有无漏点，压裂施工时，压窜后，压裂砂从漏点处返出，埋住管柱。

⑥ 下井管柱数据交接不清，井内情况不清楚，管柱被砂埋。

⑦ 填砂前洗井不充分，油套不平衡就进行填砂施工，易形成砂桥，不及时上提管柱就易砂卡管柱。

⑧ 含气井、气井、注蒸汽井、注氮气井，上作业前放压不规范，采取套管放压，易使地层出砂埋住管柱。

⑨ 压裂、酸化施工后，放压过快，导致地层出砂，埋住管柱。

⑩ 试油管柱下过油层，或试油管柱刚好在未处理的漏点之下，抽吸排液时，地层或漏点出砂，埋住管柱。

⑪ 在绕防施工或高压充填施工中，下工具速度过快，导致工具胶筒损坏，不能达到密封效果，施工时，石英砂进入工具上部，埋住管柱。

⑫ 找漏施工前未充分洗井，发现漏点后，起下管柱时未向套管灌水，封隔器不能完全解封，起抽吸作用，导致漏点出砂，埋住管柱。

⑬ 冲砂作业，不仔细取砂样，不做分析，冲完砂就直接完井，未发现绕防砂管柱破裂，导致完井开抽很短时间内把砂子抽进泵筒，卡住抽油杆。

⑭ 用大直径工具进行冲砂作业，砂子下沉，埋住管柱。

⑮ 在冲洗打捞或打印时，不充分洗井，脏物及地层砂下沉埋住管柱。

⑯ 其他原因：修井时不及时向井内补充压井液造成井喷，注采过程中工作制度不合理等也可造成卡钻。

总之，不恰当的开发速度以及采收速度的突然变化，落后的开采技术，不合理的完井参数和工艺技术，低质量和频繁的修井作业，不科学的生产管理，都易造成地层出砂，更加大了砂卡管柱的风险。

9.3.2.2 砂卡的预防

从造成砂卡的原因来看，采取以下措施可以有效的预防砂卡的产生：

① 生产管柱各部深度下入要适当，油井中尾管下入深度应在油层以上 30m，管柱中如有封隔器，处在油层底部的封隔器要尽量接近油层底界。

② 注水井、气井、注蒸汽井等放压时一定要有所控制，且尽量从油管内放压。

③ 冲砂过程中，水泥车要保持足够的排量，接单根前要充分洗井，换单根速度要快，接好单根立即开泵，冲至井底后彻底洗井，出口无砂时再上提管柱，对于水平井，整个冲砂

过程中要边活动管柱边冲砂。

④ 打捞、打印作业中冲洗鱼顶要彻底，应将鱼顶上部砂子全部冲出井筒方可进行打捞作业。

⑤ 采用套冲管冲砂排量要大，下放速度要慢。套完一根后，洗井要充分，出口无砂后方可起钻。

⑥ 填砂施工前，洗井至油套平衡，均匀填砂，送砂出尾管后，上提管柱至预计砂面之上。关井时检查井口闸门是否关严，防止石英砂上返卡管柱。不得使用铁锹或水桶在油管与套管环形空间进行倒入法填砂。

⑦ 探砂面时，在距离预计砂面 100m 时限速下放管柱，探至砂面时加压要控制在 20kN 以内。

⑧ 井下管柱长时间未动时，放压一定要有所控制，先放油压，后放套压。

⑨ 冲砂作业一定要取砂样，仔细检查，找出问题，不能盲目完井。

⑩ 修井时应连续向井内灌入压井液。

⑪ 限速起下大直径工具，防止工具损坏以及形成的抽吸作用造成砂卡。

⑫ 严禁用大直径工具进行冲砂作业。

⑬ 压裂施工前，应验证套管有无漏点，若有漏点，则处理好漏点，才能进行下步施工。

⑭ 抽吸管柱应在油层之上，若有漏点则应先处理好漏点，方可进行下步抽吸施工。

⑮ 严格执行好交接班制度，岗对岗交接好井下数据。

9.3.3 砂卡的处理

解除砂卡可以采用活动管柱解卡、套冲倒扣法解卡、震击解卡、憋压法解卡、内冲管解卡等方法(见 6.3.3)。

9.4 盐卡

油井进入开采后期，产出油减小，含水量增大，由于地层水矿化度高，在不断被举升至地面的过程中，因温度和压力的降低，使得其中的盐分结晶并析出，沉积并长大形成盐块，堆积在井筒周围、尾管、泵入口、油管等部位，影响油层出液、抽油管柱排液，增加了生产负荷，严重时还会造成盐卡事故的发生。

9.4.1 油井结盐的机理及影响因素

9.4.1.1 油井结盐的机理

油井结盐的盐粒，在显微镜下观察为方晶体，与 NaCl 晶体类似，只是受杂质影响，立方体略有圆角，其晶体较小，盐的成分以 NaCl 为主，且含有少量 Ca^{2+}、Mg^{2+}、HCO_3^- 等离子，与地层水一致。在地层的成岩压实过程中，地层水的垂向渗水作用导致储层中含盐微晶粒的存在。油井产出水分析表明，地层水矿化度在 $(30\sim37)\times10^4$ mg/L、氯离子含量在 $(18\sim25)\times10^4$mg/L，属于饱和盐水。当地层内液体呈渗流运动时，部分盐微粒被油流带入井筒，并从油流中析出、沉淀，形成结晶微粒，逐渐沉积在炮眼及近井地带，从而造成躺井。

9.4.1.2 影响油井结盐的主要因素

一般来说，原油中含盐量和地层水矿化度越高，油井结盐越严重。进入井筒的盐晶微粒随油气流动而不断长大，并存在沉积和被继续携带两种趋势。液流速度越大，则携带作用越强、沉积作用减弱而不易结盐。在牛顿流体条件下，当液流速度大于沉降速度的 1.7 倍时，盐晶微粒为油流所携带，故不结盐。室内模拟地层水流速实验结果显示：当流速逐渐增大时，结盐量增加，当达到紊流速度时，结盐量随流速增大而减少。结盐量随流速增大是由于单位时间内油流带来的盐量增多，造成结盐量增加。而流速增加到一定程度后，油流所带的盐量增加，但带走的也增多，而且液流对管壁冲刷作用增强，使晶粒不易沉积，故结盐量减少。

9.4.2 油井结盐防治措施

结盐是一个盐晶体析出、沉淀并长大形成盐块的过程。盐晶体析出条件：

① 油井产出液中含盐量过高。

② 生产过程中液体的温度、压力下降。

③ 产出液流速变慢或停止。

针对减少“晶体析出”、“减少沉积和抑制盐块形成”；油气田采取以下几种清防盐技术来抑制油井结盐。

9.4.2.1 抑盐剂清防盐

抑盐剂清防盐机理：NaCl 晶体具有规则的立方晶体结构，在晶体形成过程中，首先是 Na^+、Cl^-在晶核上进一步有规则地吸附、堆积，形成立方晶体而析出。化学抑盐剂的机理是在盐水溶液中加入一定浓度的抑盐剂，抑盐剂在溶液中离解出对 Na^+、Cl^-有选择性的正负电荷基团，抑盐剂的正电荷基团吸附在 Cl^-上，负电荷基团吸附 Na^+上，当一定量的抑盐剂制剂分子基团吸附在 NaCl 晶体或 Na^+、Cl^-周围，并按一定次序排列时，将改变 NaCl 晶体表面的电荷分布，破坏 NaCl 晶核的产生，从而抑制 NaCl 从溶液中结晶析出。抑盐剂的作用主要表现结晶，其次是改变盐的结晶类型，使致密的立方晶体转变为疏松、细碎的絮状结构，使之容易溶解和清除并随液流带走，从而避免油井结盐或盐卡。针对加药量、加药周期不易确定，造成药剂浪费的问题，抑盐剂清防盐最好配合使用井口连续滴加装置来进行，确保井筒、管、杆、泵处于不间断的保护状态。

9.4.2.2 清(热)水洗盐

加抑盐剂虽可减缓盐块的形成，但随着油田在生产过程中能量的变化，它也不能彻底解决结盐问题，如果井液中析出盐的粉末增多到一定程度，仍然会造成抽油杆卡或泵卡，所以必需定期及时把井筒套管内壁和油管内已析出的粉末清除，阻止进一步结盐，从而避免盐卡。清除粉末盐的方法是掺水，水温在 80℃以上，为减少产量影响，可采用少量多次掺水的方法。为了尽量避免清水对油层的污染伤害，在掺入水中可适当加入添加剂、驱排剂等，降低掺入水对油层的伤害，减小井筒中液体的相对密度，有利于掺入水尽快排出。

随着油井在生产过程中能量的变化，清洗盐方式也不断变更，有以下几种：

① 中等用量、大排量循环清水洗井。适用于投产初期，油层能量高，油管或套管结盐的油井，其洗盐方式可以正洗也可以反洗。

② 中小用量、中小排量循环洗井。适用于油层压力中等，能量一般，油层套管中下部结盐的井。为使洗盐更加彻底，还可关井浸泡几个小时，其洗井方法也可正、反循环。

③ 小用量，小排量循环洗井。适用于油层压力，产量不高，井筒下部结盐的油井。

9.4.2.3 使用过桥泵加深尾管

因泵挂承载能力的限制，尾管长度也限制在100m左右，因此尾管离油层距离达1000m以上，成为“流速缓冲区”，盐晶极易积聚沉集，造成油井底部及近井地带结盐。通过采用过桥泵加深尾管，可以缩短流速缓冲区，减少甚至避免结盐，因此延长了洗盐周期，减少了洗盐井次。过桥泵是在普通泵的基础上加个外套，这样就能使原普通泵以下的尾管负荷转移到油管上，使泵不承受载荷，保证了抽油井尾管能下到油层中部，一方面消除了泵无尾管时套管的缓冲作用，另一方面也解决了洗盐时由于泵挂浅造成上部短路，不能消除井底套管及近井地带盐堵的难题，使抽油井清防盐工艺技术得到新的提高。

9.4.2.4 应用防盐泵防盐

在常规防盐工艺的基础上，针对出盐严重的油井，油田通常采用防盐泵防盐。

防盐泵有以下技术特点可以预防结盐：

① 抽油泵为长柱塞短泵筒结构，柱塞外表面采用无沟槽连续表面，消除了带沟槽柱塞的沟槽处存在液体而有盐结晶的根源。

② 对泵筒内表面镀镍处理，提高了泵筒和柱塞的表面精度和耐磨、耐腐蚀性能，使表面不易结盐，优于镀铬泵筒。

③ 球座、凡尔罩所用的材质为陶瓷材料——氧化铬，其抗盐结晶的能力高于不锈钢、碳化钨合金等材料。

9.4.2.5 应用固体抑盐器进行清防盐

油井固体抑盐器(图9-1)由金属外套和固体抑盐块组成，金属外套有上下接头、本体和过滤分流罩组成，固体抑盐块由高效抑盐剂、分散剂、构架支撑剂和溶解速度调节剂组成。高效抑盐剂和分散剂是根据油井中特殊的NaCl结晶沉积情况复配而成，耐温120℃以上；构架支撑剂是一种高分子聚合物，具有支撑药剂在井液中缓慢溶解的作用；溶解速度调节剂也是一种高分子聚合物，调整其用量可改变药剂在不同温度下的溶出速率。根据井下温度等条件将上述药品按一定比例混合，搅拌均匀，加热、加压固化成型，形成具有大孔道的固体抑盐块，再装入特制的工作筒中，便形成固体抑盐器，接在抽油泵下端，随井下液体的浸泡和冲刷缓慢溶解，连续释放高效抑盐剂和分散剂，从而有效防止油管和设备结盐。

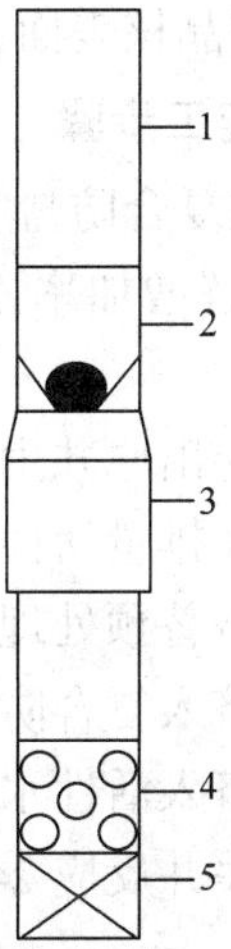

图9-1 固体抑盐器

1—油管；2—泵；3—固体抑盐器；4—筛管；5—丝堵

固体抑盐器技术参数：

① 外径Φ102mm；

② 长度4m(单节)；

③ 根据适用温度的不同，分为高温和低温两种固体抑盐器。低温适用温度为40~60℃；高温适用温度为69~120℃；

④ 综合抑盐率在80%以上，根据油井产液量、井液的含水率及NaCl的浓度选择固体抑盐器的数量(2~4节)，标定有效期为6~12月。

9.4.2.6 封堵出盐层位

通过地质资料对比分析，查找出盐层，对含水特高而出盐严重的层位及时进行封堵水。

9.4.2.7 复合防盐解堵技术

1. 复合防盐解堵技术原理

对各种地层产出水析出的盐样组分进行分析后发现：NaCl 占到盐样总质量的 95%以上。因此，研究 NaCl 在水中的溶解、析出特点，就可以找出地层产出水结盐的特性。为此，对 NaCl 溶液的特性进行了研究，NaCl 溶液存在着稳定区、亚稳定区和不定稳区等 3 个溶解区间。稳定区是指水溶液中的 NaCl 未达到饱和，NaCl 没有晶体存在。亚稳定区指水溶液中 NaCl 的含量达到饱和，这时 NaCl 的结晶与溶解处于动态平衡状态。外界条件的改变，可能使亚稳定区溶液成为过饱和溶液，但不会自发结晶，但此时将晶种放入亚稳区，NaCl 就会在晶种上进行结晶，形成盐的晶体。不稳定区是指水溶液的盐饱和度超过一定范围，溶液中的 NaCl 会自动发生结晶。此外，NaCl 在水中的溶解度也受到其他无机盐离子的影响，由于“离子效应”的作用，NaCl 在卤水中的溶解度比纯水中的低。NaCl 的特性可以归纳为三点：

① 外界条件的变化可以使不饱和溶液变为饱和溶液或过饱和溶液。

② 饱和盐溶液中晶核的存在，可以使饱和盐溶液产生结晶。

③ 溶液中其他无机盐离子的存在，可以降低 NaCl 的溶解度。

因此，把克服晶核作用、“离子效应”的影响，提高 NaCl 在地层水中的溶解度作为解决地层防盐的主要技术思路。在研究盐结晶条件的基础上，通过优选化学品室内实验发现，油田现用的抑盐剂能够使 NaCl 颗粒状晶体变为松散的树枝状，附着性与强度大大降低，并使 NaCl 的溶解度有所提高，但该产品增溶性能仍很低。经过室内的合成、复配实验，终于找到了可以使现场盐样的溶解度提高 20%以上的产品。该产品外观为无色高分子聚合物，可以吸附在晶核表面，降低晶核的聚结速度。

2. 施工步骤

新型复合防盐解堵体系，不仅改变了无机盐的结晶形状，而且使盐在水中溶解度大大增加(盐溶解增加率不小于 20%)，从而减少了盐的析出，有效提高了抑盐防卡效果。施工步骤：

① 起出原井生产管柱，下施工管柱。

② 大排量活性水洗井，清理井筒内的盐垢。

③ 挤替预处理液。

④ 挤入复合防盐解堵剂。

⑤ 挤入活性水顶替液。

⑥ 关井反应 24h，下泵生产。

9.4.3 盐卤井管柱解卡工艺

随着修井市场的不断开放，盐矿开发力度的不断加大，油田作业队规范的管理、先进的设备、完善的服务越来越受到盐矿企业的信赖，因此油田作业队伍参与盐矿修井的机会越来越多。在从事盐矿修井过程中，有些问题用常规的修井技术可以处理，但有些问题在常规修井中却很少见，因而在解决问题的同时也积累了一些经验。

盐矿井生产大都是在套管内下入 Φ89mm 或 Φ73mm 油管作为中心管，采取正(反)循环方式用热水将地层的盐溶解成卤水带出地面，然后在特定的装置内冷却结晶。盐矿开发初期都是单井循环生产，这种生产方式在循环生产一段时间后，随着生产量的增加，井下溶腔因各地区(或盐层)的不同会发生许多问题，影响正常生产，甚至采不到合格的卤水。

9.4.3.1 盐卤井管柱被卡原因分析

根据几年来的盐矿修井经验，盐卤井生产管柱被卡归纳起来主要有以下几种形式：

① 中心管弯曲变形导致生产管柱被卡。单井循环生产时，由于高压注水的原因，中心管长期在井下剧烈振动摇摆，在与套管鞋长期高频碰撞后，会导致中心管弯曲变形卡钻。

② 套管变形或错断导致生产管柱被卡。由于企业追求效益的最大化，往往进行快速建槽生产，这样就使地下生产层迅速形成巨大溶腔，导致盖层垮塌砸弯或砸扁套管，变形的套管挤压卡死中心管。

③ 不连续生产的中心管内或油套环空内卤水结晶导致生产管柱被卡。芒硝是 $NaSO_4 \cdot 10H_2O$ 的结晶物，天然产物用热水溶解，过滤，待冷析出结晶，即为其粗制的朴硝，再经煮沸、过滤、净化处理后结晶，即为芒硝。芒硝经加工处理使其失去水分，即为元明粉。由于芒硝的凝固点很低，只有 33℃，不连续生产的盐井会造成中心管或套管内盐卤结晶卡钻，造成清水注不进，卤水采不出。由此可见，除盐卤井结晶卡钻是通过管理者可以避免的外，其他两种卡钻形式都是不可避免的，只不过各地区地质构造、盐层的性质等不同，发生故障的频率和时间早晚而已。

9.4.3.2 盐井修复工艺

中心管弯曲变形被卡和因地层垮塌导致套管变形或错断而卡死中心管的情况，在盐矿生产中极为常见，这也是常规方法生产盐卤不可避免的现象，特别是高品位盐层厚、盐层间盖层薄，且正循环开采的盐井很容易出现上述问题，一般有四种解决办法：

① 大力上提或活动解卡。当发现中心管卡钻时，首先采取的就是上下活动试图解卡，如上下活动达不到解卡目的，则可采用大力上提的办法解卡，但大力上提的负荷一定要控制好，以免将中心管拔脱扣或拔断，最后下中心管至目的层开泵循环生产。

② 倒扣提出卡点以上中心管，使中心管掉落溶腔。如上下活动和大力上提均不能达到解卡目的，则采取倒扣打捞工艺将卡点以上中心管取出，将中心管下至生产层投产。

③ 爆炸切割(图 9-2)。若将卡点以上中心管取出后，被卡油管不能自由掉落，仍不能将中心管下至生产层位，就要采取爆炸切割的方法将卡点以下套管切除，以达到中心管下至生产层的目的，这种技术是目前为止最彻底的盐井修复工艺。

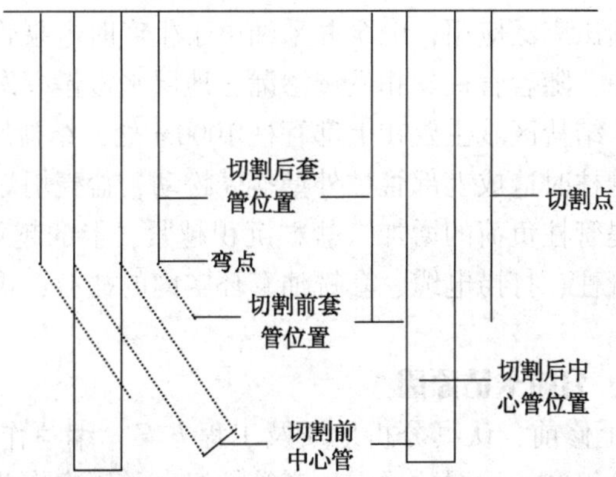

图 9-2 爆破切割示意图

④ 盐层很厚，卡点以上也能生产，则可起出中心管后，通过射孔打开上部盐层，再将中心管下至目的层进行生产。射孔前要选择合适的部位，选用油田常用的 89 型枪或 102 型

枪都可以，孔密16孔/m，一般射开5~8m，在溶腔内产生新的置换通道(图9-3)。

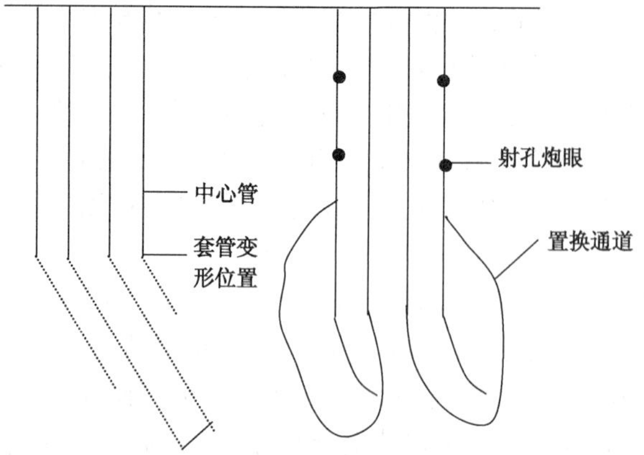

图9-3　射孔修井技术示意图

不管是中心管结晶还是中心管和套管同时结晶，这都是管理人员的人为责任，鉴于盐卤的低凝固点，在停产时应及时用清水循环洗井，就可以避免出现结晶现象。如果仅是中心管结晶，只需提出中心管，用热水疏通后重新下入井内即可。但现场生产中，往往是中心管和套管同时结晶将中心管卡死，对于这类卡钻井一般有两种方法：

① 采用常规套铣+倒扣打捞组合工艺。用与中心管匹配的倒扣捞矛、反扣钻杆、和套铣筒等，先套铣，后用倒扣捞矛抓住中心管倒扣打捞即可。这种工艺每次只能取出一根或数根油管，需要反复进行，这种工艺仅适用于中心管下部同时也被卡死的盐井。如果中心管仅是上部结晶卡钻，而下部中心管处于自由状态则不易采用此工艺解卡；上部解卡后，中心管会冲下井底，造成中心管弯曲，起钻困难。

② 采用内冲管循环工艺。一般采用小于中心管内径的电热抽杆或小油管，通过用50℃以上热水在中心管中循环将结晶物冲洗出来，将油管内腔疏通后，建立循环，使油管温度升高从而溶解油管外壁结晶物，实现管柱解卡，然后及时循环生产，从而达到解卡目的。

9.4.4　电泵井管外盐卡解卡工艺技术

电潜泵采油已经在油田广泛应用，电泵井采油由于生产时电泵管柱静止不动，检泵周期长，地层水在生产过程中，随着管柱丝扣慢慢渗漏，地层水慢慢挥发，矿物质就附着在上部油管外壁上，形成结晶，结盐区域主要在上部管柱1000m处，结盐厚度为3~10cm。上作业施工时，由于洗井或起管柱时造成上部管柱外壁盐壳松动，盐壳坍塌，卡在油套环空内造成管柱卡钻，而且随着上提管柱负荷的增加，盐粒沉积越紧，卡的越死。针对这种卡钻现象，主要采取倒扣倒出上部管柱、打捞电缆、套铣油套环空内的盐粒，再打捞管柱及电缆的方式解卡。

9.4.4.1　了解井史井况，分析卡钻原因

① 了解井史井况。上修前，认真分析地质及工程方案，编写作业施工设计。详细了解施工井的基础数据、套管组合、油层数据、生产管柱组合及历次作业情况。

② 判断卡钻原因。在施工过程中发现管柱卡钻时，要根据各种井史井况合理判断该井的卡钻原因，是套管变形卡、砂卡，还是盐卡。如果是盐卡，则制定详细的解卡方案。

9.4.4.2　盐卡解卡步骤

① 卸井口，安装封井器、压井及放喷管线，并试压合格，挖好循环池及沉淀池。

② 先进行反洗井，如反洗井能洗通且洗井泵压高，则采用小排量、低泵压的方式洗井，逐步清楚油套环空内的盐粒，达到解卡目的。

③ 如果反洗井不通，则采用套管反憋压后快速放压的方式解卡，解除盐卡后，再正洗井 100~150m，彻底清洗干净油管外壁及油套环空内盐粒后方可起管柱。

④ 如果套管反憋压解除不了盐卡，则用投杆砸开油管内泄油器，建立油管循环通道。

⑤ 泄油器砸开后，从油管内向井筒挤满清水，清水从井底向上充满油套环空，使井筒保持一定压力，油套环空的盐粒被清水从底部浸泡后，慢慢溶解，盐粒松动，逐步解除盐卡。由于大部分电泵井井漏失严重，一般需要挤入清水 150~400m 才能解卡。

⑥ 由于电泵井长时间生产，排量大，易出砂，停井后，脏物沉积在泄油器内，填塞泄油器销钉，易发生投杆打不开泄油器的情况。出现这种情况时，则需采取措施投开泄油器，再使用油管内挤清水的方式解卡。

⑦ 如投杆投入油管内，泄油器未投开，则先捞出投杆。用油管本体 3.0m，下部 10cm 处对角做两个窗舌，自制一个开窗捞筒，并将窗舌开槽处焊死，这样能将投杆本体全部装入捞筒内，即使窗舌卡不住投杆打捞头，将投杆本体全部装入捞筒后窗舌也能卡住投杆下部本体，将落物捞出。

⑧ 投杆捞出后再打压验证泄油器是否打开，如仍未打开，则用 Φ34mm 空心抽油杆本体加工一冲管，下入 Φ34mm 空心抽油杆，到达泄油器位置后冲洗并加压撞击泄油器销钉，强行撞开泄油器。

⑨ 盐卡解除，套管出水后，则大排量反洗井 100~150m，彻底清洗干净油管外壁及油套环空内盐粒后方可起管柱，执行下部工序。

9.5 井下落物

9.5.1 井下落物的定义

凡由井口掉入或从管柱、测井装置上脱落于井内的金属和其他小型物件通称井下落物。

9.5.2 井下落物的分类

井下落物通常划分为管类落物、杆类落物、绳类落物、小件落物四大类。

9.5.3 井下落物的危害

① 缩短沉砂口袋，使油井免修期缩短。

② 堵塞油层，直接影响油井正常生产。

③ 造成卡管柱事故。

④ 妨碍增产措施的进行。

⑤ 迫使油井侧钻或做报废处理。

9.5.4 井下落物的处理

井下落物的处理方法一种是原物取出，另一种是井内消灭。所谓原物取出是下各种打捞工具将落物整体或分段捞出。所谓井内消灭则是指下磨铣工具把落物磨铣掉。在下打捞工具可以奏效的情况下，尽可能采取原物取出的方法。要把落物原物取出，就要选择适合的打捞工具。适用于打捞管类落物的工具有滑块捞矛、可退式捞矛、卡瓦捞筒等工具。适用于打捞杆类落物的工具有卡瓦捞筒、内钢丝捞筒、开窗捞筒等。适用于打捞绳类落物的工具有内、外钩、老虎嘴等工具。适用于打捞小件落物的工具有磁铁打捞器、一把抓、反循环打捞篮等。

9.5.5 井下落物的预防

预防井下落物的主要措施是：

① 掌握套管完好情况，对套管情况不掌握的井，在下入完井管柱或修井管柱前，应先行对套管通径或打印，避免盲目下入大直径工具发生卡钻而造成井下落物。

② 完井管柱尾管和封隔器深度要适当，尽可能减少因砂卡造成的井下落物。

③ 下井管柱各部应上紧，避免因管柱松脱造成的井下落物。

④ 起下作业中，井口应装自封封井器，井口操作台上不得摆放与井下作业无关的小物件，避免因操作不慎造成小物件落井。

⑤ 测井、放炮等施工作业中操作手应精力集中，控制好仪器、工具的下放和上提速度，避免因遇阻遇卡造成仪器、工具落井和输送绳、缆落井的事故。

⑥ 对于下井的工具、钻具必须认真、严格地检查、并测绘草图留查。对不合格、有怀疑的工具、钻具严禁下井。

⑦ 不允许随便往油管或钻杆内存放任何东西，下钻时要逐根通径，以防管内存物掉入井内。

⑧ 注意施工过程中的情况变化，及时总结、分析，及时调整施工方案，以免造成事故。

⑨ 交接班时，负责人需详细填写记录并告知施工中的注意事项，如：再起多少根油管需拆自封，如果没有交接清楚，就极有可能导致工具落井。

⑩ 拿至井口使用的工用具应留心检查，如管钳的牙块有无松动，确定完好再拿至井口使用。

⑪ 在作业过程中，要平稳操作设备，不可溜钻、顿钻，以免造成工具脱落，造成事故。

9.6 注水泥塞“插旗杆”

在注水泥塞、挤水泥及尾管固井等特殊注水泥施工作业中，由于各种因素，导致钻具被水泥封固卡死的工程事故，称为“插旗杆”。

“插旗杆”事故轻则造成油(水)井转大修，延长修井周期；重则导致油(水)井报废，无法开采；给企业造成巨大的经济损失，事故处理会消耗大量的人、财、物和时间；破坏企业形象和声誉，给企业带来负面影响。

1. 井筒方面的因素

套管密封性未验证，存在窜漏的井筒，憋压法挤水泥浆时，使水泥浆上行至套管破损位置返出，造成卡钻。预防措施为：挤水泥前增加一趟封隔器验证套管密封性的工序，套管无窜漏才能进行下步施工。

2. 地层方面的因素

高压低渗透井、地层温度高的井、地层出盐及矿化度高的井，水泥浆进入井下后遇高温高压以及高浓度盐水后，使水泥浆性能变坏，以至于早期凝固。预防措施为：用足量的清水洗井，给井底降温、降低井筒液体含盐浓度；配水泥浆时还可以加适量的缓凝剂配合使用。

3. 材质方面的因素

水泥标号或水泥质量不符合要求，存在过期、结块现象的水泥还坚持使用；添加剂标号、作用、质量不符合施工要求，都可能使水泥浆过早稠化凝固。预防措施为：选择合适的水泥及添加剂，接受入井材料人员应严格对入井材料检查、验收，并做水泥与添加剂配合使用的初凝试验，稠化时间与安全施工时间相符方可使用。

4. 人为因素

① 洗井不彻底，油套不平衡，注水泥浆后，水泥浆上返至油套环空凝固。预防措施：清水大排量洗井，把井底的油气洗出井内。

② 未验证下井管柱是否漏失，注水泥塞施工时，水泥浆从管柱漏失处往油套环空渗漏，不洗井或洗井不充分就上提管柱关井候凝，油套环空里的水泥浆凝固，造成卡钻。预防措施：下井管柱必须逐根检查、刺通，挑选合格的管柱下井。

③ 井下数据不清楚，数据不核对，导致注水泥塞管柱下入深度与设计不相符合，水泥浆凝固住管柱。预防措施：严格执行岗对岗交接班，对井下数据核对准确，对下井管柱要严格执行“三丈量、三对口”。

④ 施工人员基本操作技能不熟练，施工时配合不到位，延长施工时间，造成卡钻。预防措施：相关人员持证上岗，能熟练操作相关技能。

⑤ 施工用水矿化度高，使水泥浆提前稠化。预防措施：施工用水必须用低矿化度的清水。

⑥ 设备出现故障或发生异常情况时，采取措施不正确，导致水泥浆凝固住管柱。预防措施：施工设备运转正常，且中途不准熄火，才能开始配水泥浆；中途出现异常情况应及时采取反洗井措施，若水泥车出现异常则应该起出管柱。

⑦ 水泥浆密度大，添加剂用量不足或过量，使水泥浆提前稠化凝固。预防措施：准确计量添加剂的使用量，且水泥浆密度符合施工要求。

⑧ 顶替量计量不准确，导致过顶，而上提管柱高度不够，油套环空的水泥浆凝固住管柱。预防措施：计量用罐必须符合标准，准确计量顶替量，防止过顶。

⑨ 在挤注水泥候凝过程中，由于井口渗漏，使水泥浆上返，造成井下管柱固封。预防措施：施工前应仔细检查井口有无损坏渗漏之处并及时更换，准备工作未做好不能操作配水泥浆施工。

⑩ 打完水泥塞后，没有及时上提管柱至预定水泥塞面以上进行反洗井或冲洗不干净，或水泥浆稠化时间与安全施工时间不相符，致使管柱与套管环隙多余水泥浆凝固而卡钻。预防措施：打水泥塞后，上提管柱至预定水泥塞面以上进行反洗井，反洗时要待残余灰浆返净，如果未返灰浆要认真核实洗井液量及出口返出量数据，确认管柱以上液面均无灰浆方可。

⑪ 在注水泥后，未等井内水泥凝固，盲目探水泥面，误认为注水泥失败，此时既不上提管柱，又不洗井，造成卡钻。预防措施：关井候凝期间，管柱最低端位置必须安全，距水泥浆面 50m 以上，如果有射孔层位或漏点，则上提管柱至其 30m 以上。若未探着水泥面，应及时洗井，洗出井内的水泥浆，上提管柱至安全距离。

第 10 章　井下作业井控与硫化氢防护

井下作业井控技术，是作业施工中最重要的工程与安全技术工作之一，是实施安全井下作业的关键和保障。对于每一种不同的作业内容、每一个施工环节，都需要高度重视井控工作。作业施工中一旦发生井喷和井喷失控事故，既威胁作业人员和设备的安全，又破坏地下油气资源，而且还对环境造成严重的破坏。

井控工作是一项系统的安全工程，涉及井位选址、地质与工程设计、设备配套、生产组织、现场施工管理等各项工作，需要设计、生产、技术、装备和安全等部门分头把关、相互配合，共同做好井控工作。

硫化氢(H_2S)是易致人死亡的有毒气体，其毒性仅次于氰化氢气体，一旦高含硫化氢井发生井喷失控，将导致灾难性的后果，不仅严重威胁人们的生命安全，而且会给企业造成巨大的损失，因此石油生产中的硫化氢防护就显得尤为重要。

10.1　井控的基本知识

井控，即井涌控制或压力控制，是指采取一定的方法控制地层孔隙压力，基本上保证井内压力平衡，保证各类石油作业的顺利进行，其实质就是用井筒系统的压力控制地层压力

10.1.1　井控的基本概念

① 井侵(Influx)：当地层压力大于井底压力时，地层孔隙中的流体(油、气、水)将侵入井内，通常称为井侵。最常见的井侵为气侵和盐水侵。

② 溢流(Overflow)：当井底压力小于地层压力时，井口返出液量大于泵入液量或停泵后井液自动外溢的现象称为溢流。

③ 井涌(Well Kick)：溢流进一步发展，井液涌出井口的现象称为井涌。

④ 井喷(Well Blowout)：当井底压力远小于地层压力时，地层流体大量涌入井筒并喷出地面的现象称为井喷。

根据井喷流体喷出的位置不同，井喷可分为地面井喷和地下井喷两种。

地面井喷：指井喷流体经井筒喷出地面的现象。

地下井喷：指井喷流体流入其他低压层，未喷出地面。

⑤ 井喷失控(Out of Control for Blowout)：井喷发生后，无法用常规方法控制井口而出现井口敞喷的现象称为井喷失控。

⑥ 井喷着火(Well Blowout and fire)：井喷失去控制后，地层流体在地面遇到火源而着火的现象。

⑦ 井控(Well Control)：油气井勘探开发全过程的油气井、注水井压力控制的简称。包括钻井、测井、录井、测试、注水(气)、井下作业和报废井弃置处理等各生产环节。

⑧ 井控的三个阶段：根据井控内容和控制地层压力程度的不同，井控作业通常可以分为三个阶段或者三级，即一级井控、二级井控、三级井控。

一级井控：指以合理的井液密度平衡地层孔隙压力，没有地层流体侵入井内，无溢流产生的井控技术(又称主井控)。

二级井控：溢流或井喷后，通过及时关井与压井重建井底压力平衡的井控技术。

三级井控：井喷失控后，重新恢复对井口控制的井控技术。

⑨ 在井控工作中的“三早”：早发现、早关井和早处理。

早发现：溢流被发现的越早，越便于关井控制、越安全。国内现场一般将溢流量控制在1～2m^3之前发现，这是安全、顺利关井的前提。

早关井：在发现溢流预兆或怀疑有溢流时，应停止正常施工作业，立即按关井程序关井。

早处理：在准确录取溢流数据和填写压井施工单后，应尽快节流循环排出溢流、进行压井作业。

在井控工作中，我们要立足于一级井控、抓好二级井控、杜绝三级井控。以下是井控工作流程：

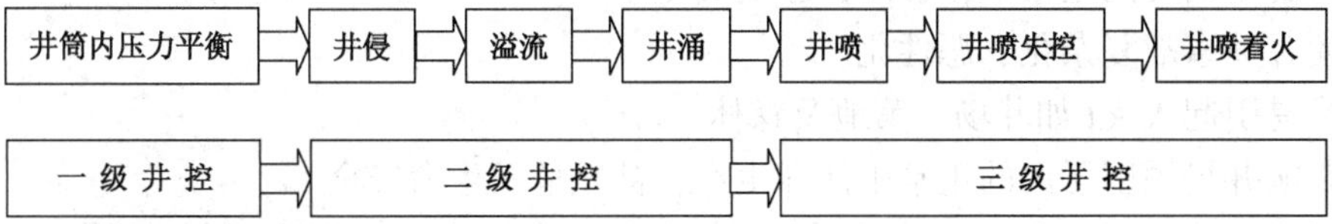

10.1.2　井喷的原因及危害

10.1.2.1　井喷的原因

井下作业过程中，井喷的直接原因大体可以归纳为以下方面：

1. 由于井控措施不当引起的井喷

① 地质、工程设计不合理，导致施工的盲目性。

② 起管柱前未按规定进行压井。

③ 未及时准确地发现溢流。

④ 发现溢流后未及时关井。

⑤ 起管柱抽吸，造成诱喷如。起打捞管柱时，封隔器将其以上环空的井液带出，造成抽吸。当管柱内液柱压力低于地层压力时将发生井喷。

⑥ 井口不安装防喷器。

⑦ 油层套管、技术套管破裂，引起井喷失控。

2. 由于测试原因造成的井喷

① 试油诱喷不当。

② 井口防喷器(射孔大闸门)安装不合格。

③ 射孔后进行调层作业，地层压力资料不准确。

④ 射孔后敞井口等待试油，造成井喷。

⑤ 负压射孔时负压差过大。

⑥ 电测解释地层压力资料不准确。

3. 井控设备安装或试压不合格造成井喷

① 套管短节螺纹不匹配，密封未达到要求。

② 防喷器与井口连接螺栓不全、紧固不够、钢圈损伤等，造成关井刺漏。

③ 防喷器橡胶件老化，不能承受额定压力。

④ 防喷设备、工具不配套。

⑤ 作业前井口装置及测试管线没有按规定的标准试压，或试压未达到试压标准。

⑥ 放喷管线固定不牢或有急转弯，放喷出口接弯头或放喷鸭嘴。

⑦ 气举、气化水作业施工时，进出口管线未用地锚固定。

4. 自然灾害等不可预见的原因。

10.1.2.2 井喷的危害

井喷失控是井下作业施工中性质严重、损失巨大的灾难性事故。在井下作业中，一旦发生井喷，就会使井下情况复杂化，无法正常作业，被迫进行压井作业，对油气层将造成不同程度的损害。同时，井喷后极易导致失控，井喷失控后，将使油气资源受到严重破坏，还易酿成火灾，造成人员伤亡，设备毁坏，甚至油气井报废，自然环境受到污染。

井喷失控的危害性可概括以下八个方面：

① 打乱全局性的正常工作程序，影响安全生产。

② 使井喷事故复杂化、恶性化。

③ 极易引起火灾(如井场、苇地及森林)。

④ 影响井场周围居民的正常生活和生产，甚至危及生命安全。

⑤ 污染环境，影响农田、水利和渔牧业生产以及交通、通讯的正常运行等。

⑥ 破坏地下油气资源。

⑦ 造成人力及物力上的巨大损失，严重时造成机毁人亡和油气井报废。

⑧ 降低企业形象，造成不良的社会影响。

10.1.3 井下作业井控的作用

井下作业过程中的井控要从其目的和一口井生产年限来考虑。既要安全、优质、高速修好井，又要有利于保护油气层，提高采收率，延长油气井寿命。目前，井下作业井控技术已从单纯的防止井喷发展成为保护油气层、防止破坏资源和保护环境等多项内容，是快速、低成本井下作业技术的主要组成部分，是实施近平衡压力井下作业的重要保证，是保证井下作业安全的关键技术。

10.2 井控设备

井控设备系指实施油气井压力控制所需的一整套设备、仪器仪表和专用工具。

井控设备在井下施工中主要作用是预防井喷，保持井底压力始终略大于地层压力，防止井喷条件的形成。对油气井进行检测，及时发现溢流，尽早发现井喷预兆，尽快采取控制措施，迅速控制井喷。溢流、井涌、井喷发生后，迅速关井，实施压井作业，对油气井重新建立压力控制。处理复杂情况。在油气井失控的情况下，进行灭火抢险，恢复井口控制等处理作业。

10.2.1 井控设备的组成

井控设备主要包括七部分，典型的井控设备见图 10-1。

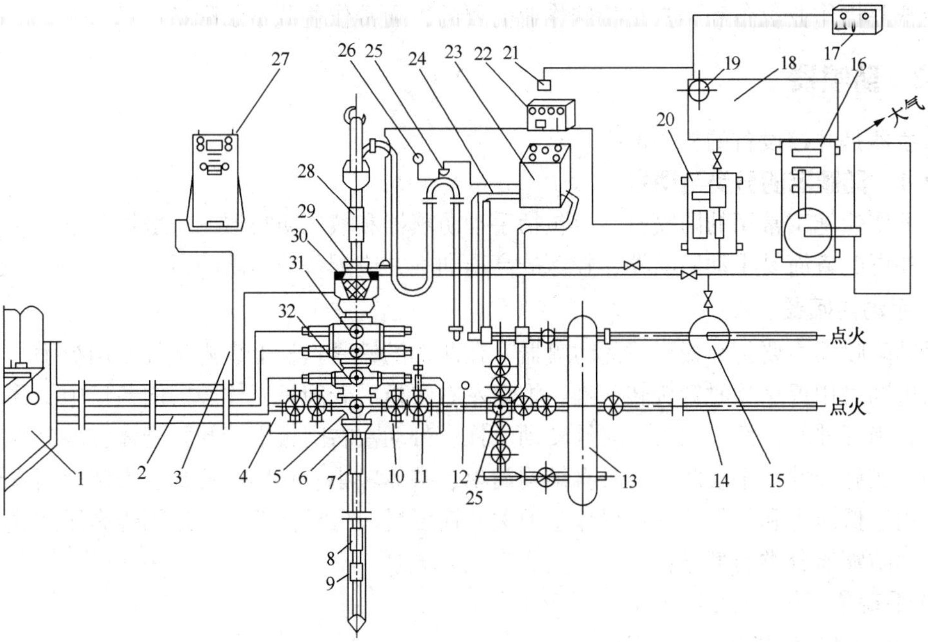

图 10-1　井控设备示意图

1—防喷器远程控制台；2—防喷器液压管线；3—防喷器气管束；4 一压井管汇；5—四通；6—套管头；7—方钻杆下旋塞；8—旁通阀；9—钻具止回阀；10—手动闸阀；11—液动闸阀；12—套管压力表；13—节流管汇；14—放喷管汇；15—井液气体分离器；16—真空除气器；17—井液池液面监测仪；18—井液罐；19—井液池液面监测装置传感器；20—自动灌井液装置；21—井液池液面报警器；22—自灌装置报警箱；23—节流管汇控制箱；24—节流管汇控制管线；25—压力传感器；26—立管压力表；27—防喷器司钻控制台；28—方钻杆上旋塞；29—溢流管；30—万能防喷器；31—双闸板防喷器；32—单闸板防喷器

① 井口装置，又称井口防喷器组。主要包括液压防喷器组、手动锁紧装置、套管头、四通、过渡法兰及相匹配的闸门等。

② 防喷器控制系统。主要包括远程控制台、司钻控制台、辅助遥控控制台等。

③ 井控管汇。主要包括节流管汇、压井管汇、放喷管线、注水管线、灭火管线、反循环管线、节流阀装置等。

④ 管柱内防喷工具。主要包括管柱旋塞阀、管柱止回阀和旁通阀等。

⑤ 井控仪器仪表。主要包括循环池液面监测报警仪、返出流量监测报警仪、有毒有害气体及易燃易爆气体检测报警仪、密度监测报警仪、返出温度监测报警仪、井筒液面监测报警仪、泵冲等参数的监测报警仪、H_2S 检测仪等。

⑥ 井液加重、除气、灌注设备。主要包括井液加重设备、气体分离器、常压式或真空式除气器、起钻自动灌井液装置。

⑦ 特殊井控作业设备和工具。主要包括自封头、旋转防喷器、强行起下装置、灭火设备、拆装井口设备及工具等。

根据井下作业装备配套标准的要求，首先应配齐的井控装置有：液压防喷器、控制系统、节流压井管汇、套管头、管柱旋塞阀、管柱止回阀、修井液除气器、灌井液装置和井液循环池液面监测装置。由于各油气田的地质条件不同，油气层压力不同以及井控技术水平不同，对所配备井控设备的完善程度也不相同。

特殊井控作业设备和工具是特殊作业需要的，通常作业队不予配备。

10.2.2 防喷器

防喷器是井控设备的核心部件。

10.2.2.1 防喷器的分类与型号

井下作业施工常用的防喷器主要包括手动防喷器和液压防喷器。一般情况下，较浅的低压油气井可配备简易手动防喷器，较深的高压油气井应配备液压防喷器。

1. 手动防喷器

手动防喷器主要是闸板形式的防喷器，在两端的锁紧丝杠上事先配好专用扳手。当关井时，两边同时用扳手顺时针旋转丝杠，推动左右闸板沿着闸板壳体腔室向井口中心移动，实施封井。当开井时，两边同时逆时针转动丝杠，带动左右闸板沿着闸板壳体腔室分别离开井口中心，实施开井。手动防喷器具有结构简单、整体轻小、辅助设备少、安装使用方便的特点。适用于低压力和低位置井口操作。但关井速度慢、可靠性差，不适用于高压油气井。

手动防喷器分类与型号：

① 手动单闸板防喷器：SFZ

② 手动双闸板防喷器：2SFZ

③ 手动三闸板防喷器：3SFZ

④ 手动半全封闸板防喷器：SBQFZ

⑤ 手动全封防喷器(井口大阀门)：SQFZ

⑥ 电缆防喷器：DFZ

2. 液压防喷器

液压防喷器利用液压油以液压方式迫使胶芯与闸板等封井元件动作，而不是采用纯机械传动的方法。液压防喷器关井速度快，闸板防喷器利用液压能在3~8s内实现关井，环形防喷器利用液压能在30s内实现关井；操作方便，液压防喷器可以在离井口25m以远的安全距离直接对井口进行控制，操作省时、省力、简便，安全可靠。液压防喷器除了可以遥控和远程控制外，还配备了手动锁紧装置，当液压控制系统操作失灵时，可以手动操作关井；液压防喷器的胶芯或闸板是封井的密封元件，拆装更换时省时、省力，井内有无钻具时都可以进行更换，现场维修方便。

液压防喷器分类与型号：

① 液压环型防喷器：FH

② 液压锥形胶芯环型防喷器：FHZ

③ 液压球形胶芯环型防喷器：FHQ

④ 液压单闸板防喷器：FZ

⑤ 液压双闸板防喷器：2FZ

⑥ 液压三闸板防喷器：3FZ

10.2.2.2 防喷器的额定工作压力与公称直径

防喷器的额定工作压力指防喷器在井口工作时所能承受的最大工作压力。分为6级，即：14MPa、21MPa、35MPa、70MPa、105MPa、140MPa。

防喷器的公称通径指防喷器能通过管柱的最大外径。分为11种，即：103mm、180mm、230mm、280mm、346mm、426mm、476mm、528mm、540mm、680mm、760mm。常用防喷

器规格系列见表 10-1。

表 10-1 防喷器规格

通径代号	公称尺寸/mm(in)	额定工作压力/MPa					
		14	21	35	70	105	140
11	103.2(4 1/16)	⊿	⊿	⊿	⊿	⊿	⊿
18	179.4(7 1/16)	⊿	⊿	⊿	⊿	⊿	⊿
23	228.6(9)	⊿	⊿	⊿	⊿	⊿	
28	279.4(11)	⊿	⊿	⊿	⊿	⊿	⊿
35	346.1(13 5/8)	⊿	⊿	⊿	⊿	⊿	⊿
43	425.4(16 3/4)	⊿	⊿	⊿	⊿		
48	476.2(18 3/4)			⊿	⊿	⊿	
53	527.0(20 3/4)		⊿				
54	539.8(21 1/4)	⊿		⊿	⊿		
68	679.5(26 3/4)	⊿	⊿				
77	762.2(30)	⊿	⊿				

注：⊿表示防喷器允许规格。

10.2.2.3 防喷器的表示方法

××××　××—××

额定工作压力，MPa

通径代号（通径规格mm，除以10后取大取整）

防喷器型号

例：2SFZ 35—21

额定工作压力: 21MPa

通径代号35: 公称通径为346.1mm

手动双闸板防喷器

用文字表述为额定工作压力为 21MPa，公称通径为 346.1mm 的手动双闸板防喷器。

FH 35—21

额定工作压力: 21MPa

通径代号35: 公称通径为346.1mm

液压环型防喷器

用文字表述为额定工作压力 21MPa，公称通径为 346.1mm 的液压环型防喷器。

10.2.3 井控管汇

在井控压井作业中，需要借助于一套装有可调节流阀的专用管汇给井内施加一定的回压，并通过管汇控制井内流体的流动或改变流动路线，这套管汇称为井控管汇。

井控管汇包括节流管汇、压井管汇、防喷管线和放喷管线。其中节流压井管汇是成功控制井涌、实施油气井压力控制的可靠和必须的设备。

10.2.3.1 节流管汇

节流管汇由节流阀、平板阀、五通、汇流管、缓冲管和压力表等组成，液动节流管汇还配有液控箱、液位变送器、气动压力变送器等。

节流管汇的作用是：

① 通过节流阀的节流作用实施压井作业，替换出井内被污染的井液。同时控制井口套管压力与立管压力，恢复液柱对井底压力的控制，制止溢流。

② 通过放喷阀的泄压作用，降低井口压力，实现"软关井"。

③ 通过放喷阀的大量泄流作用，降低井口套管压力，保护井口防喷器组。

④ 起分流放喷作用，将溢流物引出井场外，防止井场着火和人员中毒，确保各种作业施工的安全。

10.2.3.2 压井管汇

压井管汇由单流阀、平板阀、三通和压力表等组成。

压井管汇的作用是：

① 当用全封闸板全封井口时，通过压井管汇往井筒里强行吊灌或顶入重压井液，实施压井作业。

② 当已经发生井喷时，通过压井管汇往井筒里强注清水，以防燃烧起火。

③ 当已发生井喷着火时，通过压井管汇往井筒里强注灭火剂，帮助灭火。

10.2.3.3 节流压井管汇的规范

1. 最大工作压力

目前井下用节流压井管汇的压力等级与防喷器相同，分别为 14MPa、21MPa、35MPa、70MPa、105MPa。

2. 公称通径

管汇的公称通径指管线内径。井口四通与节流管汇五通间的连接管线，其公称通径一般不得小于 62mm；且必须接出井架底座以外，节流管汇的主放喷管线通径不得小于 62mm，管线连接不允许焊接。

四通至压井管汇之间的部件通径一般不得小于 62mm。

10.2.4 防喷器控制系统

根据防喷器的结构不同，防喷器控制系统分为手动控制与液压控制 2 种形式。手动控制主要是利用手轮转动闸板轴或用扳手推动闸板向井眼中心移动实现封井。液压控制主要是利用液体压力推动活塞带动闸板向井眼中心移动实现封井。

液压防喷器控制装置是控制井口防喷器组及液动节流阀、压井阀的重要设备，是钻井、修井作业中不可缺少的装置。液压控制系统主要由控制箱(台)、高压油管束及管排架组成。如有必要，还可以增设报警装置、氮气备用系统、压力补偿系统、辅助控制台。控制箱(台)位于井口侧前方的安全位置，主要由储能器组、油泵组、阀件及管汇、油箱及底座组成。

液压控制系统预先由油泵组给储能器打满和储备好足够压力、足够数量的压力油。一旦需要开关井口液压防喷器、液动放喷阀，可通过三位四通换向阀，迅速将液压油输送到相应的防喷器或管汇阀件油缸中，作用于相应活塞一端，推动闸板或胶芯进行开关，从而实现对井口的控制，确保井下作业生产的安全。液压防喷器控制流程如图 10-2 所示。

图 10-2　液压防喷器控制流程图

按井下作业方式的不同，可以将控制系统分为两种：一是适用于井下小修作业的小型控制系统——液控箱；另一种是适用于钻井、大修、测试等作业的大型控制系统——液控台。

10.2.4.1 液控箱

液控箱具有质量可靠、使用维修方便、体积小、重量轻、外形美观等，适用性强，容易现场推广的特点。

1. 液控箱的型号

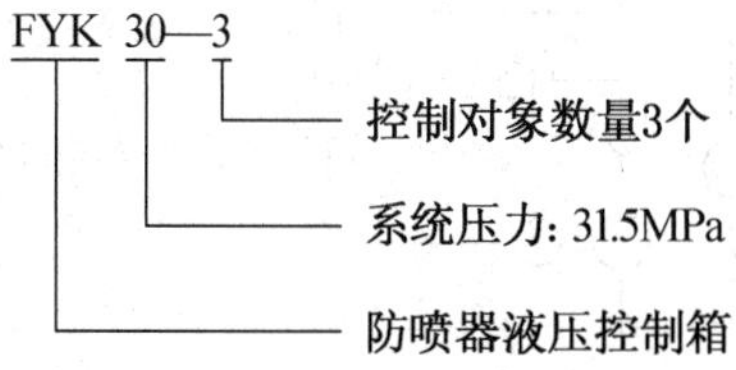

2. 液控箱的结构与工作原理

液控箱主要由箱体、油箱、蓄能器组、电动泵、手动泵、溢流阀、换向阀等组成。

3. 工作原理

集电动、液压于一体，将电能转换成液压能控制防喷器的开关。

① 配有4个16L蓄能器，可储有效油量30L。单个防喷器油缸一开一关用油量为6.2L，可保证防喷器开关三次，蓄能器压力不低于18.4MPa。

② 蓄能器压力低于18.4MPa时，电动泵自行启动补充油压，当压力达到21MPa时，电动泵自动停止。

③ 当井场发生事故停电时，可依靠蓄能器内储存的压力开关防喷器，这时也可用手动泵补充液压油。

④ 正常情况下，防喷器开关压力在8.4~10.5MPa。压力表上限一般设定在21MPa，下限设定在18MPa。当开关防喷器时，蓄能器压力下降，但还能满足防喷器开关需要的8.4~1.5MPa，开关完毕后应立即把换向阀手柄置于中位保压。

⑤ 防喷器液压关闭后，应及时进行手动锁紧，以保证防喷器较长时间关闭时，保压不漏。

⑥ 防喷器油路强度试验为31.5MPa，当发生强烈高压井喷时，可用高压关闭防喷器。此种办法只在危机情况下使用。

⑦ 控制原理如图10-3所示。此控制电路是控制系统油压保持在一个压力区间内，利用电接点压力表检测油压。当油压低于所设定的最低系统工作压力时，电接点压力表下限接点闭合，电机启动开始升压。当压力达到所设定的最高系统工作压力后，电接点压力表上限接点闭合，电动机停止。从而使系统工作压力保持在设定的工作范围内。

⑧ 所有电器元件均采用防爆式。

10.2.4.2 液控台

液控台的功用是预先制备与储存足量的液压油并控制压力的流动方向，使防喷器组及液压闸阀得以迅速开关动作；当液压油由于使用消耗，油量减少，油压低于一定程度时，控制装置将自动补充储油量，使液压油始终保持在设定的压力范围内。

液控台分遥控与非遥控两种；按司钻控制台对远程控制台上三位四通液转阀的遥控方式，又分气控、液控、电-气控、电-液控等几种类型。井下作业常用可遥控的气控型的液

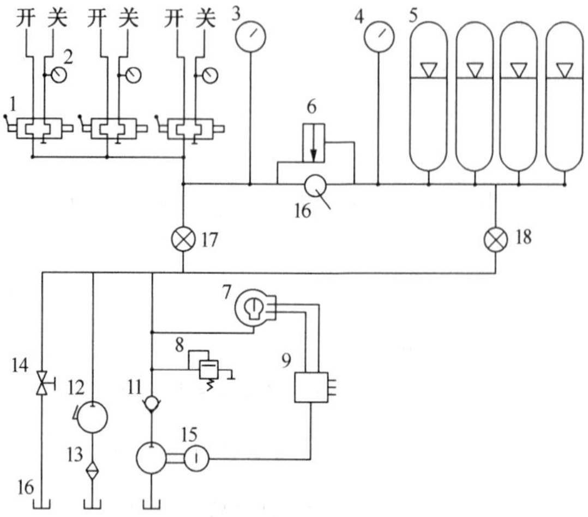

图 10-3 液控箱控制原理示意图

1—三位四通换向阀；2—压力表；3—系统压力表；4—储能器压力表；5—储能器；
6—截止阀；7—防爆电接点压力表；8—防爆磁力启动器；9—溢流阀；l0—电动泵；
11—单向阀；12—手动泵；13—滤油器；14—泄压阀；15—油箱；16—油路旁通阀；17、18—截止阀

控台。采用气控，司钻控制台上无高压液体，因此安全性能比液控控制系统高，司钻控制台与远程控制台之间用一气管缆(气管束)连接，去掉了复杂的控制油管线。安装也就较液控的方便、灵活、快速、省力、安全，操作方便，使用可靠。

可以根据要求配置辅助控制台，对远程控制台进行控制。辅助控制台采用气动控制，通过空气管缆或电缆与远程控制台连接，从而在司钻控制台或辅助控制台两处对远程控制台进行控制。

液压防喷器控制装置的型号表示方法如下：

FK □□□□

- 代表改进次数，用A，B，C，D表示
- 控制对象数量，用阿拉伯数字表示
- 蓄能器组公称总容积，L，阿拉伯数字表示
- 遥控方式，Q—气控；Y—液控；DQ—电气控；DY—电液控非遥控，不标注符号
- 代表防喷器控制装置

例如：FKQ6406B 表示气遥控、蓄能器组公称总容积为 640L、6 个控制对象，经第二次改进的地面防喷器装置。

司钻控制台型号表示方法如下：

SZ □□□□□

- 代表改进次数，用A，B，C，D表示
- 控制对象数量，用阿拉伯数字表示
- 有管汇调压阀的旁通阀用1表示，无管汇调压阀的旁通阀用0表示
- 能操纵遥控调压阀的数量，用阿拉伯数字表示，如无，用0表示
- 遥控方式，Q—气控；Y—液控；DQ—电气控；DY—电液控
- 代表司钻控制台

例如，SZQ116 表示气遥控，有一只遥控调压阀、一只管汇调压阀的旁通阀、6 个控制对象的司钻控制台。

10.2.5 管柱内防喷工具

在井下作业过程中，当地层压力超过井液液柱压力时，为防止地层压力推动井液沿管柱水眼向上喷出，需使用管柱内防喷工具。管柱内防喷工具是装在管柱串上的专用工具，用来封闭管柱的中心通孔，防止管柱内喷，与井口防喷器组配套使用。现场常用的管柱内防喷工具有旋塞阀、井下安全阀、管柱止回阀、背压阀、管柱堵塞器、防顶装置等。

10.2.5.1 旋塞阀

旋塞阀是管柱循环系统中的手动控制阀，是防止管柱内喷的有效工具之一。井液可无压降地自由流过旋塞阀。用专用扳手按指示要求转动 90°即可实现开关。为防止起下管柱过程中发生井喷，井口应备有尺寸和扣型相匹配的旋塞阀，以便及时对扣连接。

旋塞阀由本体、下球座、弹簧、操作键、球阀、开口挡圈、上球座、挡圈套、弹性挡圈及密封件、附件扳手等组成，图 10-4 所示为方钻杆旋塞阀，图 10-5 为油管旋塞阀。

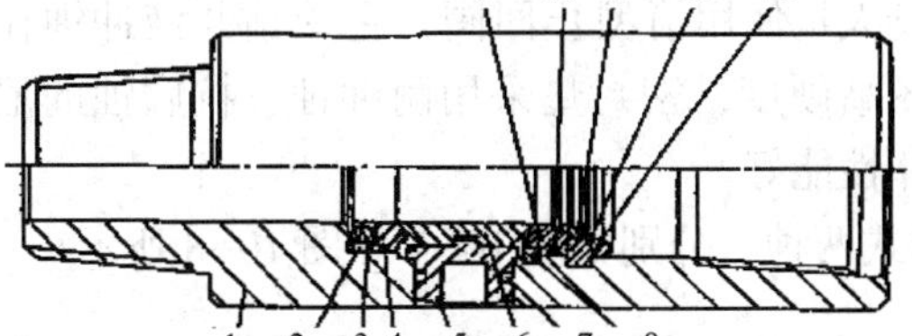

图 10-4　方钻杆旋塞阀

1—本体；2—下球座；3—弹簧；4—“O”形密封圈；5—操作键；6—球体；7—“O”形密封圈；8—开口挡圈；9—上球座；10—“O”形密封圈；11—挡圈套；12—孔用弹性挡圈；13—开口挡圈

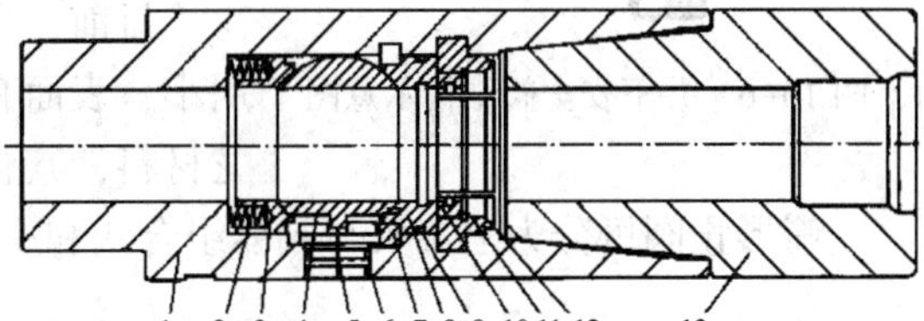

图 10-5　油管旋塞阀

1—下阀体；2—弹簧；3—下阀座；4—球体；5—旋块；6—密封圈；7—下卡套；8—上阀座；9—密封圈；10—挡圈；11—卡簧；12—上卡套；13—上阀体

旋塞阀密封原理是由弹簧支承球座将球定位，并使之有一定的预紧，球与球座的密封件紧密接触，当打开时水眼畅通，关闭时球面将水眼全部封住，内部压力作用在球体上，使球与球座处于高压密封状态。

10.2.5.2 井下安全阀

井下安全阀是连接在油管柱一定位置上的安全装置，在出现异常情况时，能够实现油管内流体阻断，以防止生产设施的破坏和保护人员安全。如图 10-6 所示。井下安全阀的打开和关闭可在地面由液压管供给的压力控制，或直接由井下的条件控制。

地面控制的井下安全阀，其控制类型有控制管线式和同心管控制式。控制管线式是用单独的控制管线，把控制信号传递给井下安全阀。同心管控制式，是利用一个同心管装置传送控制信号给井下安全阀，实现安全阀的开启。在失去液压作用时，活塞在弹簧反方向作用下，使井下安全阀关闭。

井下控制的井下安全阀直接由井内压力操纵，安全阀的工作不用液压机构控制。安全阀安装在井内是常开的，在超出正常生产状态时停止生产。这种阀不能在地面控制，如果失灵

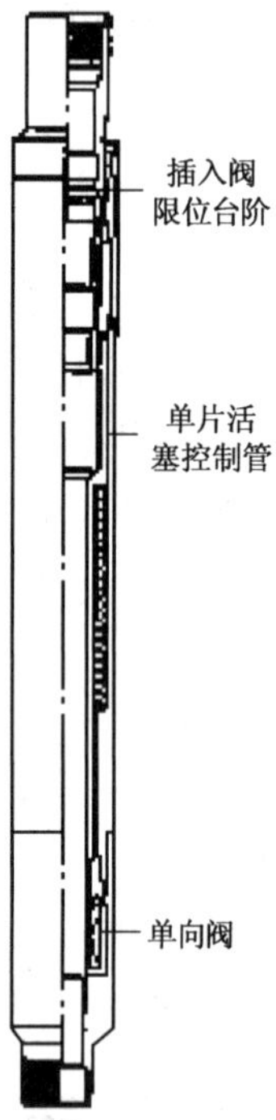

图 10-6　井下安全阀结构示意图

地面无法控制。所以目前更多地选择使用地面控制的井下安全阀。

10.2.5.3　管柱止回阀

管柱止回阀是井下作业过程中的一种重要内防喷工具，按结构形式分，管柱止回阀有碟形、浮球形、箭形、投入式等，它安装在管柱预定的部位，由于其内部结构的决定，只允许管柱内的流体自上而下流动，而不允许其向上流动，从而达到防止管柱内喷的目的。它们的使用方法也不相同，有的被连接在管柱中，有的在需要时才连接在管柱上，而有的在需要时才投入管柱中，起封堵管柱内压力的作用。在正常作业过程中通常并不装设管柱止回阀(特殊要求除外)。因为把管柱止回阀(投入式除外)长期连接在管柱上进行作业，其零部件(尤其是密封件)会因井液的冲刷、腐蚀而损坏，当发生溢流、井喷时就不能起到封堵的作用。一般情况是将管柱止回阀放在钻台上备用，需要时再连接到管柱上。

目前，现场大量使用箭型止回阀，它受钻井液冲蚀作用小，表面有较高硬度，密封垫采用耐冲蚀、抗腐蚀的尼龙材料，其整体性能好。

箭形止阀可分为上接头与阀体组合式和整体式两种，分别如图 10-7 和图 10-8 所示。

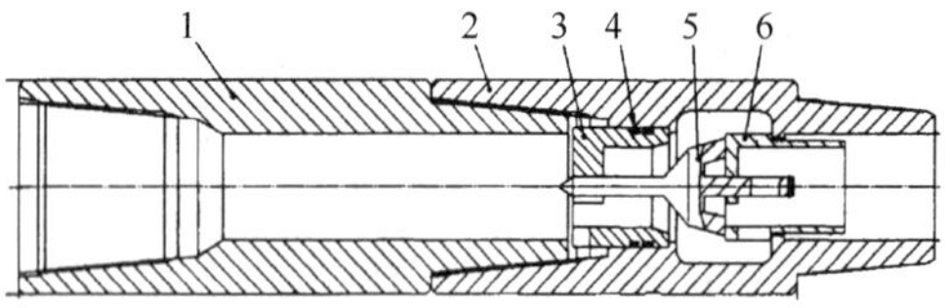

图 10-7　组合式箭形止回阀

1—上接头；2—阀体；3—密封盒；4—密封圈；5—密封箭；6—下座

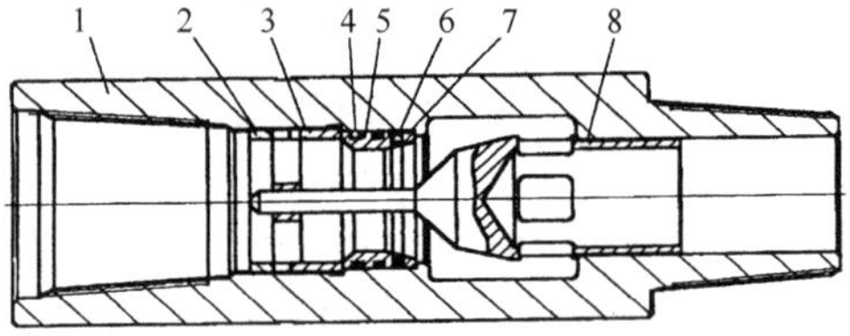

图 10-8　整体式箭形止回阀

1—阀体；2—锁紧压帽；3—压帽；4—“O”形密封圈；5—密封套；6—上密封圈；7—下密封圈；8—阀芯

10.2.5.4　背压阀

背压阀是井下作业中的专用防喷器工具。它主要由阀体、阀芯、底杆、弹簧和密封等部件组成，如图 10-9 所示。

从采油树顶部将背压阀放入井口采油树中，然后加压下放，使背压阀坐到油管挂中，左旋下入工具，使背压阀与悬挂器的丝扣连接。当确定背压阀确实连接到位后，就可以卸下取送工具，打开井口闸门放压。如果压力可迅速放掉，就说明背压阀已经密封到位。这时就可以拆卸井口采油树，安装防喷器，进行带压修理井口或进行其他修井作业。

10.2.5.5　油管堵塞器

油管堵塞器如图 10-10 所示。主要由工作筒、打捞头、轴销、支撑卡、压簧、支撑体、“O”形胶圈、密封段、导向头、密封短节等组成。用于不压井起下油管作业时封堵油管中孔。

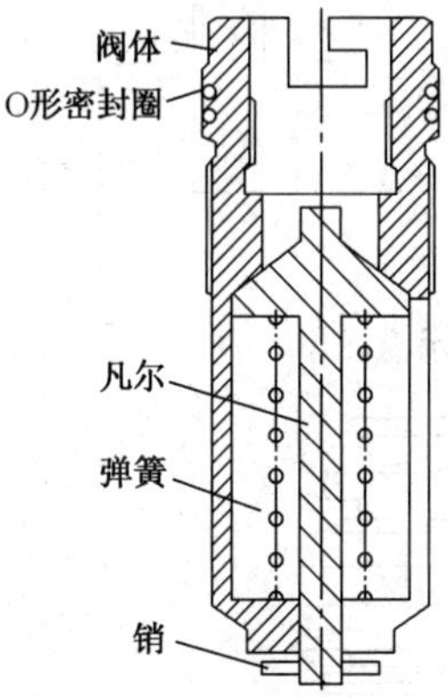

图 10-9　背压阀示意图

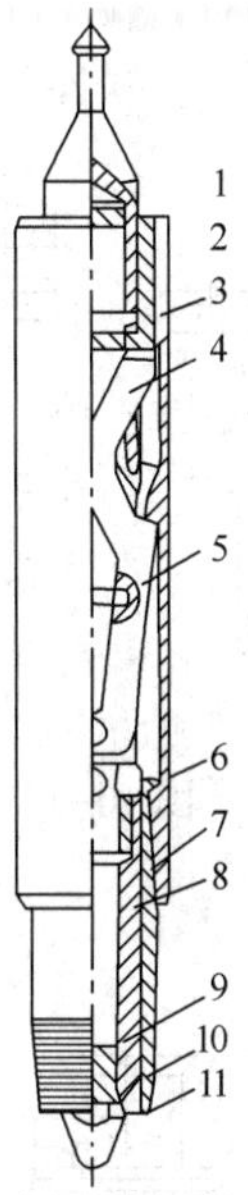

图 10-10　油管堵塞器

1—工作筒；2—打捞头；3—轴销；4—支撑卡；
5—压簧；6—支撑体；7—“O”形胶圈；8—密封段；
9—导向头；10—“O”形胶圈；11—密封短节

下油管时将堵塞器装入筛管上面的第一根油管内，并坐封好，随油管串一起下入井底，下完后在采油树上接防喷管和钢丝密封盒，用钢丝将打捞器和安全接头一起下入井底，把堵塞器取出来即可投入生产。在起油管串之前，把通井规装入专用防喷管内，然后将专用防喷管接在采油树上面，下通井规通井至井底，若不遇阻，起通井规至专用防喷管内，泄掉专用防喷管内压力，卸掉专用防喷管、卸掉通井规。装上油管堵塞器和送入器后，将专用防喷管接在采油树上面，下油管堵塞器至井底，坐封。取出下油管堵塞器用的钢丝及工具头，泄掉专用防喷管内的压力，卸掉专用防喷管。利用放喷管线放掉油管内的压力，确认油管内没有压力时再拆井口，安装不压井起下管串用的新井口后，即可进行不压井起油管串作业。

10.2.6　井下作业井控装置的配置

所有施工井均应安装相应压力级别的防喷器和井控管汇。

10.2.6.1　防喷器的配置与组合

一般维护作业井，依据设计要求，选用适合本井工作压力的手动防喷器。

高压井、含有毒有害气体的井应选用液压防喷器，可根据现场情况增加剪切防喷器；大修作业井应选用液压防喷器；安装液压防喷器时应安装远程液压控制阀，以实现远程开关控制。

防喷器组合的通径取决于井身结构设计中的套管尺寸，即必须略大于所连套管的外径。防喷器压力等级应与目前生产层或拟射地层的最高压力相匹配，并根据不同的井下情况选用不同的型号及组合形式。具体见图 10-11、图 10-12、图 10-13。

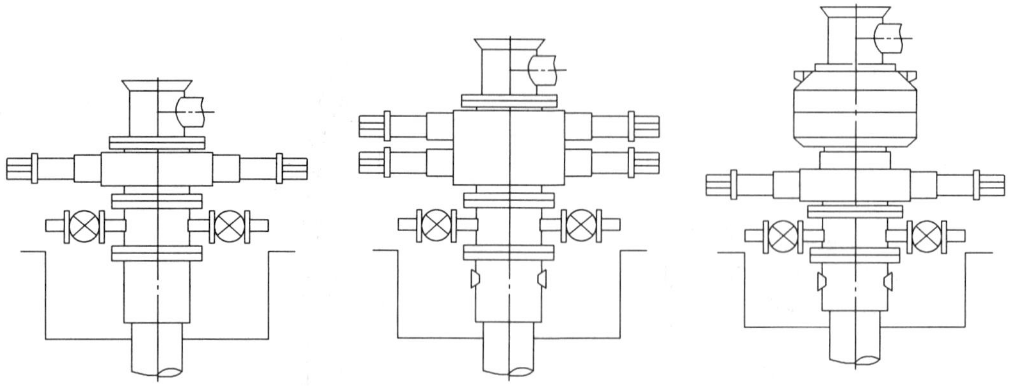

图 10-11　21MPa 的防喷器井控装置示意图

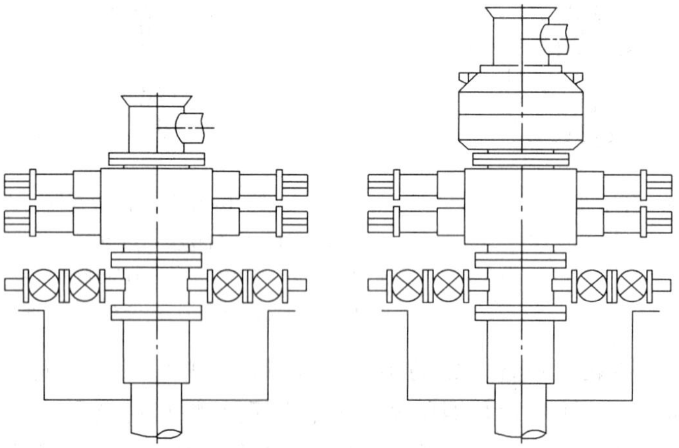

图 10-12　35MPa 的防喷器井控装置示意图

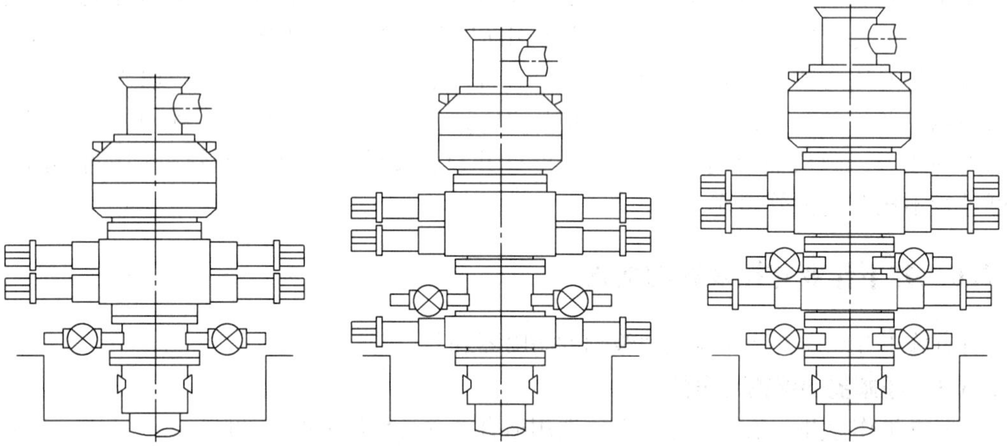

图 10-13　70MPa 和 105MPa 的防喷器井控装置示意图

10.2.6.2　井控管汇的配置与组合

井控管汇的压力级别应与防喷器压力级别相匹配，管汇内通径不小于 62mm，配备合适的耐震压力表、节流阀。放喷管线应使用钢直管线，放喷出口进储污罐。井控管汇所用管线每 10m 用地锚固定，不允许使用焊接管线或软管线，需转弯时应使用角度大于 120°的铸(锻)钢弯头。冬季施工时应采取防冻保温措施。

井控管汇压力等级应与目前生产层或拟射地层的最高压力相匹配，并根据不同的井下情况选用不同的型号及组合形式。具体见图 10-14，图 10-15，图 10-16，图 10-17。

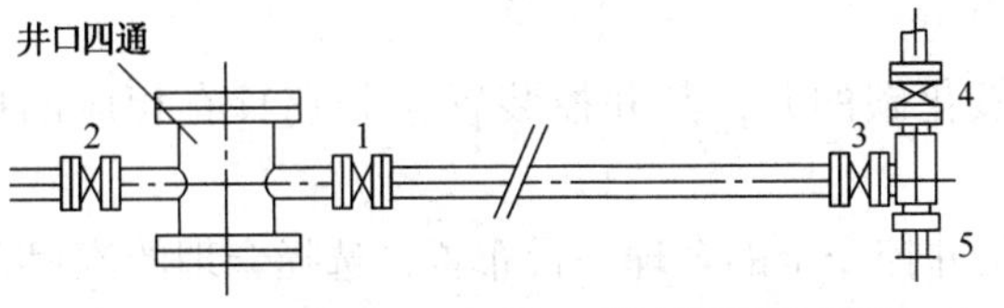

图 10-14　14MPa、21MPa 井控管汇示意图

1~4—手动平板阀；5—节流阀

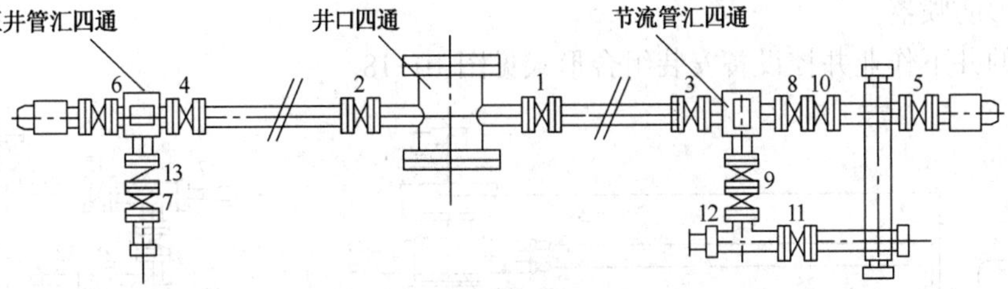

图 10-15　21MPa、35MPa 井控管汇示意图

1~11—手动平板阀；12—节流阀；13—单流阀

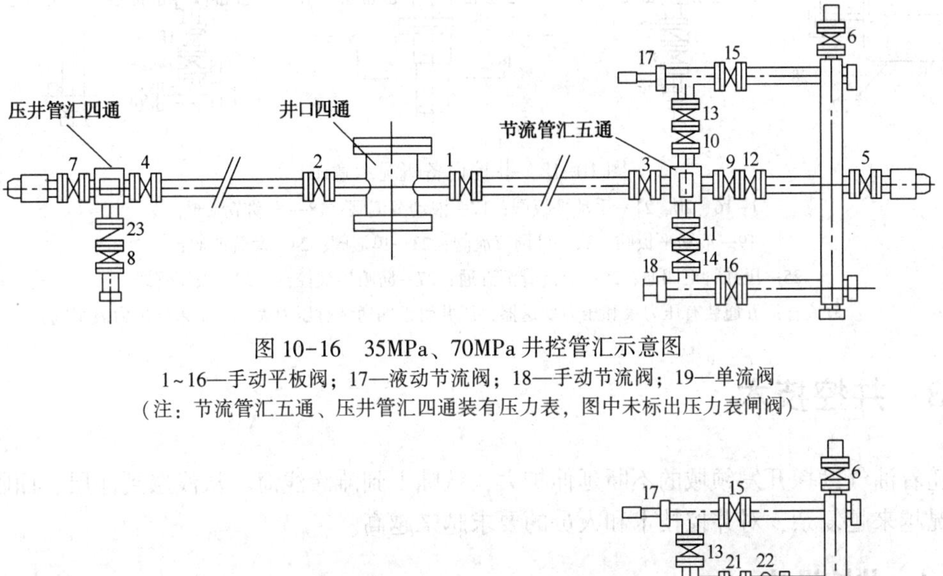

图 10-16　35MPa、70MPa 井控管汇示意图

1~16—手动平板阀；17—液动节流阀；18—手动节流阀；19—单流阀

（注：节流管汇五通、压井管汇四通装有压力表，图中未标出压力表闸阀）

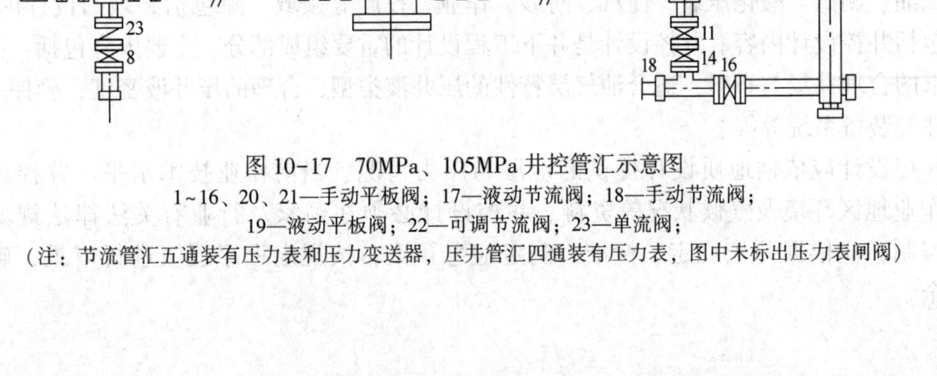

图 10-17　70MPa、105MPa 井控管汇示意图

1~16、20、21—手动平板阀；17—液动节流阀；18—手动节流阀；

19—液动平板阀；22—可调节流阀；23—单流阀；

（注：节流管汇五通装有压力表和压力变送器，压井管汇四通装有压力表，图中未标出压力表闸阀）

10.2.6.3 其他井控装置的配置

① 应根据各油田的要求，配备管内防喷工具、井控监测仪器仪表、灌注装置，满足井控技术要求。

② 含硫化氢、二氧化碳的井，其井控装置应分别具有相应的抗硫化氢、抗二氧化碳能力。

③ 海上作业应满足井控安全的合理平台布置，选择合理的流程方向。

10.2.6.4 井控装置的安装组合形式

在石油作业中，通常油气井口所安装的部件自下而上的顺序为：套管头、四通、闸板防喷器、环形防喷器。

典型的井下作业井控设备安装组合形式见图 10-18。

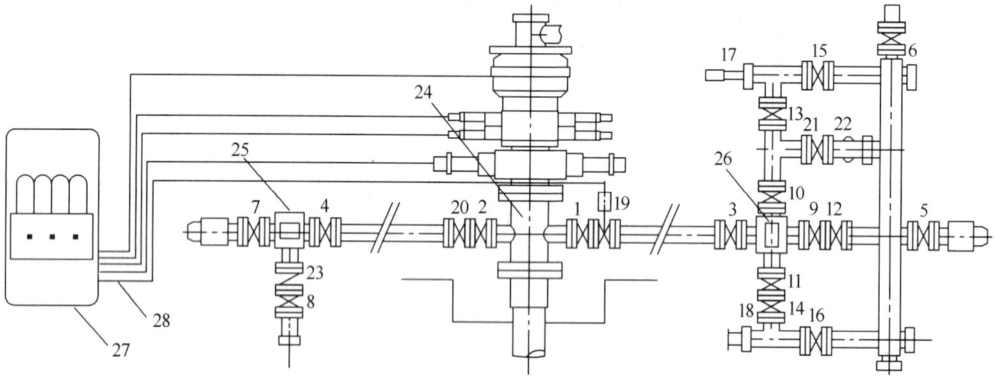

图 10-18 井控设备概况示意图

1~16、20、21—手动平板阀；17—液动节流阀；18—手动节流阀；
19—液动平板阀；22—可调节流阀；23—单流阀；24—套管四通；
25—压井管汇四通；26—节流管汇五通；27—防喷器液控台；28—液压管线
（注：节流管汇五通装有压力表和压力变送器，压井管汇四通装有压力表，图中未标出力表闸阀）

10.3 井控技术

随着油气勘探开发领域的不断延伸扩大，从陆上到滩涂浅海、从浅层到深层，面临的地质状况越来越复杂，对井控技术和人员的要求越来越高。

10.3.1 井控设计

井下作业设计包括地质设计、工程(工艺)设计、施工设计，涉及大修、侧钻、浅井钻井、试油、测试、酸化压裂、注汽、防砂、作业、投产等领域，除包括必须的设计内容外，还应包括井控设计内容。井控设计是井下工程设计的重要组成部分，主要内容包括：满足井控要求的合理井场与布置，适合油气层特性的压井液类型，合理的压井液密度，确保井控安全的井控装备系统等等。

井控设计应依据地质设计提供的地层与压力情况、当前作业技术水平、井控设备能力、作业地区环境及气候状况等资料。井控设计必须在国家及行业有关法律法规要求范围内编制，应依据井控规定、标准，制定应急预案，按规定程序逐级进行审批，确保井控安全。

10.3.1.1 地质设计应包含的井控内容

① 新井试油、裸眼测试、新井投产：应提供井场周围500m范围内的环境情况，包括井身结构资料、储层评价、钻开油气层的钻井液密度、预测地层压力、预测地层硫化氢及其他有毒有害气体含量、井温和产能等。

② 开发井作业：应提供油气水井射孔层位、压力、初期及近期产量、液性、井况、与其他井连通情况、压井液名称与密度等地质资料与井身结构资料，相关邻井的地质及产能资料、地层压力(系数)、油气比、硫化氢及其他有害气体含量等；必要时关停临近的注水(气)、采油井，并采取泄压措施。

③ 特殊井作业：对气井(层)、浅层气、高压油气井(层)、高气油比井(层)、注水采油井、伴生气井、预测有自喷能力的井、含硫化氢等有毒有害气体的井、可疑层、未解释层以及处于高危环境的井，应提供准确的高压层、地层压力及漏失层资料；要做出明确的提示；标明目前井口采油树型号、规格，射孔方式应优先采用油管传输射孔。

10.3.1.2 工程(工艺)设计应包含的井控内容

① 下井工具选择应考虑坐封压力、密封压差、适应环境工况等技术参数。

② 应提供目前井下套管的技术状况、套管规格、抗内压强度的参数。

③ 明确本井不同工况下的最大允许关井压力。

④ 根据目前地层压力确定井控装置的压力等级，确保满足关井要求。

⑤ 确定压井液的类型、性能及液量。

⑥ 根据不同井的施工类别和施工工艺要求，对采油树提出明确要求。

10.3.1.3 施工设计应包含的井控内容

① 应根据地质设计、工程(工艺)设计，选择相应压力等级的井控装置，明确组合形式和试压要求。

② 根据施工工序制定相应各个工序具体、有效的井控措施。对井口有压力的井，必须优先压井工序。

③ 对地质设计、工程(工艺)设计中涉及的工业与民用设施进行现场复核，并制定具体的井控措施。

10.3.1.4 压井液设计

要根据地层压力大小选择不同密度的压井液，密度小了压不住井，密度过大会把井压漏、压死，影响油气层生产能力和油层吸水能力。压漏也会造成当井内液柱压力小于地层压力时引发井喷事故的发生。

1. 确定压井液的原则

① 不但要保证油井不喷，而且保证对油层无损害。

② 其性能应满足本井、本区块地质要求。

③ 能满足正常作业施工要求，达到经济合理。

2. 压井液设计

(1) 压井液性能

压井液性能的好坏，直接影响着修井和起下钻安全。对于侧钻井、探井传统测量的七个钻井液性能基本能够满足钻井需要；对于作业井，常规测量的五个(密度、黏度、含气、pH值、切力)压井液性能基本能够满足需要；对于高温、高压、山前构造带、盐膏层以及含H_2S地层等复杂地层，就需要进行压井液流变参数控制，从作业与井控安全角度考虑，最重要的参数还是钻井液的密度、黏度与切力。

（2）密度计算

① 附加当量密度计算法：依靠增加井筒液柱的回压来制止井喷，要求压井液柱形成的井底压力至少与地层静压相平衡。即：

$$P = P_{液柱} + P_{s} \tag{10-1}$$

要保证井控安全，必须提高井筒液体的密度，使井口余压等于零，其密度由下式确定：

$$\rho_{m} = \frac{P - P_{s}}{10^{-3}gH} + \rho_{c} \tag{10-2}$$

式中 ρ_{m}——压井液密度，g/cm^3；

P_{s}——井口压力(油压、套压)，MPa；计算时应取 $P_{s}=0$；

P——地层压力，MPa；

g——重力加速度，m/s^2；

H——油气层深度，m；

ρ_{c}——井液密度附加值，油水井为 0.05~0.10g/cm^3，气井为 0.07~0.15g/cm^3。

② 附加压力计算法：具体方法是以最高地层压力为基准，再增加一个附加值，其密度由下式确定：

$$\rho_{m} = \frac{P - P_{s} + P_{c}}{10^{-3}gH} \tag{10-3}$$

式中 P_{c}——附加压力值，油水井为 1.5~3.5MPa，气井为 3.0~5.0MPa。

选择附加值时应考虑地层孔隙压力的大小、油水层的埋藏深度、压井液密度以及井控装置等因素。

3. 井液的储备

为满足井控的要求，应储备 1.5 倍以上井筒容积、满足设计要求的压井液。

10.3.2 作业施工前井控准备

① 按设计进行技术交底。施工单位未见到施工设计，不允许进行作业施工。

② 按设计安装井控装置，确保安全可靠、灵活好用。

③ 水井、无杆采油井、气井等，起下管柱前应安装防喷器。抽油机井应在起完抽油杆、起油管前安装防喷器。起抽油杆时，井口套管四通上应安装阀门，发生异常情况时，及时采取措施封闭井口。

④ 井控装置安装后，经试压合格后方可进行施工。

⑤ 作业施工前，应进行检查验收。每道工序、工艺施工前，应向现场施工人员进行技术交底和应急预案交底，明确职责和分工，并有相关记录。

⑥ 按照设计要求落实区块压力、含油气层位、漏失层，掌握施工井相邻注水、采油(气)井压力变化情况，必要时采取相应的泄压措施。

10.3.3 作业施工过程中的井控要求

现场施工时，井控工作以班组为主，作业过程中安排专人观察溢流，发现溢流和和井喷预兆要按正确的操作程序及时关井。关井最高压力取井控装置额定工作压力、套管抗内压强度的 80%和地层破裂压力三者中的最小值，防止憋压过高。施工时各道工序应衔接紧凑，尽量缩短施工时间，防止因停工等造成的井喷和地层伤害。注意伴有硫化氢气体井的作业。

10.3.3.1 射孔施工井控要求

① 依据地层压力(系数)预测能自喷的井，优先选用油管传输射孔，或灌注适宜的压井液进行电缆射孔。

② 安装相应的井控装置(电缆防喷器等)，做好防喷工作。

③ 按设计要求灌注压井液，确保液柱压力不低于生产层与拟射地层压力。

④ 射孔时各个岗位应有专人负责，做好防喷准备工作。

⑤ 密切观察井口油气显示，发现有井喷预兆，应根据实际情况采取果断措施，防止井喷发生。

⑥ 发现溢流时，若电缆射孔，电缆上提速度大于井筒液柱上顶速度，则起出电缆，封闭井口；电缆上提速度小于井筒液柱上顶速度，则切断电缆，关井。若无电缆射孔，则停止起下操作，关井。

10.3.3.2 测试过程井控要求

① 安装好地面测试流程，不装采油(气)树的井，管柱顶端应安装大于预测井口压力的旋塞阀及高压生产阀门。

② 采油(气)树工作压力应大于测试地层预测压力。

③ 中途测试前，按设计调整好压井液性能，保证井壁稳定和井控安全。

④ 测试放喷期间，若井口刺漏，应立即关闭测试阀，打开安全循环阀，然后用合适密度的压井液循环压井。

⑤ 若安全循环阀打不开，则打开断销式循环阀，实现油套连通，然后用合适密度的压井液循环压井。

⑥ 测试结束压井后，对高压高产气层观察 2~4 小时，对低产气层观察 6~8 小时，观察是否外溢或漏失。压井观察不漏不溢后，重新循环压井液不低于 2 周，待进出口压井液密度差不超过 $0.02g/cm^3$后方可起管柱。

⑦ 起下管柱，应有专人在井口观察是否外溢或漏失，发现异常立即进行压井，然后执行上一步的操作。

10.3.3.3 起下作业井控要求

① 起管柱前要按设计要求进行洗、压井。

② 起下管柱操作，应保持井筒常满状态，连续向井筒内灌注与井筒内液体一致的修井液。对于不能保持井筒常满状态的，保持井筒内液柱压力略大于地层压力。起下过程中要有专人负责观察井口，发现溢流或溢流增大等井喷预兆时，立即关井。

③ 备有封堵油管的井控装置，例如油管控制阀、油管旋塞等。

④ 如果发生井筒流体上顶管柱，在保证管柱畅通的情况下，关闭井口井控装置组合，再采取下一步措施。

⑤ 起下带有大直径工具的的管柱时，要控制起下速度，防止产生抽吸或压力激动。对于不能正常循环，下部管柱可能存在高压圈闭时，应在防喷装置上加装防顶卡瓦，并及时向井内灌注压井液。

10.3.3.4 冲砂作业井控要求

① 使用性能适宜的井液进行施工。

② 冲开被埋的地层时要保持循环正常，当发现出口排量大于进口排量时，应压井后再

进行下一步施工。

10.3.3.5 钻塞、磨铣施工井控要求

① 钻水泥塞、桥塞、封隔器等施工所用修井液性能要与封闭地层前所用修井液性能一致。

② 水泥塞、桥塞、封隔器钻完后要充分循环井液，用量要大于1.5倍井筒容积，停泵观察30分钟，井口无溢流时，方可进行下一步施工。

③ 钻开封堵油气层时，要保持循环正常，当发现出口排量大于进口排量时，应压井再进行下一步施工。

10.3.3.6 油气层改造施工井控要求

进行油气层改造时，施工的最高压力(未考虑液流摩阻)不能超过套管、井口等设施允许的最大抗内压值。若工艺需要油管注入泵压高于套管抗内压强度，应下入封隔器保护套管和井口。

10.3.3.7 更换井口井控要求

更换井口前要进行压井，并在施工过程中连续灌注压井液，保持液柱压力，安排专人观察井口，确认没有发现溢流或溢流增大等井喷预兆时方可继续施工。

10.3.3.8 老井恢复生产井控要求

① 安装井口防喷装置。

② 恢复井筒循环，若不能恢复的，应保持井筒常满。对于不能保持井筒常满状态的，要保持井筒内液柱压力略大于地层压力。

③ 在处理井筒的施工中，要制定配套防顶措施，配套相应装置。

10.3.3.9 取换套井控要求

进行压井或打塞封堵生产层。连续灌注压井液，保持井筒常满，保持液柱压力，安排专人观察井口，确认没有发现溢流或溢流增大等井喷预兆时方可继续施工。

10.3.3.10 打捞作业井控要求

捞获大直径落物上提管柱时，要控制起下速度，防止产生抽吸或压力激动。对于不能正常循环，下部管柱可能存在高压圈闭时，应在防喷装置上加装防顶卡瓦，并及时向井内灌注压井液。

10.3.3.11 压井、替喷作业井控要求

① 具备循环条件的井，应优先选用循环法压井；不具备循环条件的井，宜选用挤注法压井。根据情况，可选择正替喷、反替喷、一次替喷或二次替喷等方式。正替喷适用于地层压力系数小于或等于1的井。反替喷适用于地层压力系数大于1的井。根据完井方式，一次替喷能满足完井要求的井，可选用一次替喷；而一次替喷不能满足完井要求的井，可选用二次替喷，高压油(气)层应采用二次替喷方案。

② 压井、替喷、诱喷的进出口管线应使用硬管线，并用地锚或水泥预制基础固定。放喷管线出口处应装120°弯头，禁止使用90°弯头。气举诱喷时的放喷管线应根据其特殊要求安装。循环管线和管阀配件符合安全规定，管线要试压合格。

③ 压井、替喷、诱喷时，人员不准跨越、靠近高压管线及抽吸钢丝绳。

④ 用原油替喷或高压井替喷作业时，严禁夜间施工。

⑤ 严禁用潜水泵或螺杆泵给水泥车水柜供原油。

10.3.4 常规井控技术

10.3.4.1 关井

关井是井控的第一步，也是最重要的一步，是防止发生井喷的重要处理措施。发现溢流迅速关井，有利于取得井控主动权；有利于制止地层流体继续进入井内；有利于使井内保持较多的井液，保持环空液柱压力。有利于减小关井套管压力值；有利于准确计算地层压力和压井液密度。

1. 关井方法

发现溢流后关井方法有两种：一种是硬关井，是指关防喷器时，节流管汇都处于关闭状态，或者无节流管汇的井直接关防喷器；二是软关井，是指关井时先开通节流管汇，再关防喷器，最后关节流管汇的关井方法。

硬关井时，由于关井动作比软关井少，所以关井快。但硬关井时，液流通道突然关闭，将引起系统中流体动能的迅速变化而产生"水击效应"，井口装置、套管和地层所承受的压力急剧增加，甚至超过井口装置的额定工作压力、套管抗内压强度和地层的破裂压力。所以一般不提倡采取硬关井方法关井。只有在特殊情况下使用，如溢流量没有超过最大允许溢流量或四通两侧管汇存在某种问题，可采用硬关井的方法，实现迅速关井。

软关井比硬关井动作多，关井慢。但防止了"水击效应"，可在关井过程中实施软关井，操作比较安全。

2. 关井最大允许套管压力

关井时，为确保地面设备、套管和地层三方面的安全，关井的最高压力不能超过最大允许套管压力。关井允许的最大套管压力是在不破坏防喷设备、套管或地层的条件下，一口井所能承受的最大压力。最大允许关井套压应是井口装置额定工作压力、套管抗内压强度的80%和地层破裂压力所允许的关井套压值中的最小值。

（1）防喷设备的工作压力

防喷设备的工作压力一般是按预测的最高地面压力确定。预计的最高地面压力是已知的或估计的最大地层压力减去气柱压力。假若没有压力数据，可以假定一个正常的地层压力 P。预测的最高地面压力可用下式估计：

$$预测的最高地面压力=P\times 系数$$

$$系数=1-(0.018\times 深度)\div 304.8$$

防喷器工作压力，应大于计算值并符合防喷器额定值要求。

（2）套管抗内压强度

套管抗内压强度又称为内压屈服压力。它的大小取决于套管外径、壁厚与套管材料。一般要求允许的关井最大套管压力不能超过套管抗内压强度的80%。

$$套管抗内压强度=1.75\times 最小屈服强度\times 壁厚\div 外径$$

屈服强度值可在套管资料中查得。

套管抗内压强度公式计算出的数值，不包括安全系数或由于套管磨损降低工作压力所应做的调整，也不包括使额定压力增加的张力效应。有硫化氢气体存在时套管强度会大大降低，硫化氢气体会引起套管严重脆裂。高强度钢在大张力与低温下特别容易损坏。

（3）地层破裂压力

地层所能承受的关井压力取决于压力梯度、深度以及该深度的静液压力。套管鞋附近裸眼井段通常是裸眼井段承压能力最薄弱的部分。一般用破裂试验来测量压力梯度。

地层破裂压力所允许的关井套压按如下公式计算：

$$地层破裂压力所允许的关井套压=10^{-3}\times井液密度差\times最薄弱地层垂深$$

$$井液密度差=破裂压力当量密度-井液密度$$

例题：已知井液密度为 1.27g/cm^3，套管鞋深度为 1067m，破裂压力当量密度为 1.71g/cm^3，环空压力损失为 0.345MPa。求地层破裂压力所允许的关井套压和节流循环时的地层破裂压力所允许的关井套压。

解：井液密度差 = 1.71 − 1.27 = 0.44(g/cm^3)

地层破裂压力所允许的关井套压 = $10^{-3}\times0.44\times1067=4.606$(MPa)

节流循环时地层破裂压力所允许的关井套压 = 4.606 − 0.345 = 4.261(MPa)

3. 不同工况下关井程序

(1) 起下管柱时关井程序

软关井：

① 发出警报。发报警信号的目的是通报井上发生了溢流，井处在潜在的危险中，提示各岗位人员迅速就岗，按井控岗位职责迅速实现对井口的控制。大多数油田规定长鸣报警不少于 30s。

② 停止正常起下作业。

③ 抢接内防喷工具或坐悬挂器。

④ 开平板阀。

⑤ 关防喷器。

⑥ 关节流阀试关井。先关节流阀，再关节流阀前的平板阀。

⑦ 录取关井油(立)管压力、套管压力和循环池井液量。

硬关井：

① 发报警信号。

② 停止正常施工作业，上提管柱，停泵。

③ 抢接内防喷工具或坐悬挂器。

④ 关半封防喷器。

⑤ 录取关井油(立)管压力、套管压力和循环池井液增量。

(2) 起下抽油杆时发生溢流的关井程序

软关井：

① 发报警信号。

② 停止起下作业。

③ 抢装内防喷盒或把抽油杆丢入井筒。安装抽油杆防喷器可省略该程序。

④ 开平板阀。

⑤ 关防喷器，关闭抽油杆防喷器或总阀门。

⑥ 关节流阀试关井，再关节流阀前的平板阀。

⑦录取关井油(立)管压力、套管压力和循环池增量。

硬关井：

① 发报警信号。

② 停止起下作业。

③ 抢装内防喷盒或把抽油杆丢入井筒，安装抽油杆防喷器可省略该程序。
④ 关防喷器。关闭抽油杆防喷器或总阀门。
⑤ 录取关井油(立)管压力、套管压力和循环池增量。
(3) 空井时发生溢流的关井程序
软关井：
① 发报警信号。
② 停止其他作业。
③ 开平板阀。
④ 关防喷器。
⑤ 关节流阀试关井，关井后再关节流阀前的平板阀。
⑥ 录取关井套管压力。
硬关井：
① 发报警信号。
② 停止其他作业。
③ 关防喷器。
④ 关节流阀试关井，关井后再关节流阀前的平板阀。
⑤ 录取关井套管压力。
(4) 射孔绳索作业时发现溢流的关井程序
软关井：
① 发报警信号。
② 停止正常作业施工。
③ 起出或切断电缆、绳索。若电缆(绳索)上提速度大于井筒液柱上顶速度，则起出电缆(绳索)；若上提速度小于井筒液柱上顶速度，则切断电缆(绳索)。
④ 开平板阀。
⑤ 关防喷器，关闭电缆防喷器或井口防喷器。
⑥ 关节流阀试关井，再关节流阀前的平板阀。
⑦ 录取关井油(立)管压力、套管压力和循环池增量。
硬关井：
① 发报警信号。
② 停止正常作业施工。
③ 起出或切断电缆、绳索。
④ 关防喷器，关闭电缆防喷器或井口防喷器。
⑤ 录取关井油(立)管压力、套管压力和循环池增量。
(5) 钻、磨、铣、冲作业时发现溢流的关井程序
软关井：
① 发报警信号。
② 停止正常作业施工，上提管柱，停泵。
③ 安装单闸板全封防喷器时，抢坐悬挂器。
④ 开平板阀。
⑤ 关防喷器。

⑥ 关节流阀试关井。

⑦ 录取关井油(立)管压力、套管压力和循环池井液量。

硬关井:

① 发报警信号。

② 停止正常施工作业，上提管柱，停泵。

③ 安装单闸板全封防喷器时，抢坐悬挂器。

④ 关半封防喷器。

⑤ 录取关井油(立)管压力、套管压力和循环池井液增量。

4. 关井注意事项

① 合理控制井口压力，不要超过最大允许关井压力。

② 关防喷器一次到位。

③ 严禁用打开防喷器的方式泄压。

④ 长期关井要手动锁紧。

⑤ 关井后，密切关注套管压力的变化，并迅速组织压井。

5. 关井过程中各岗位职责

由于作业工况和所使用的设备不同，各岗位人员的岗位职责也不同。总的来说，关井时，各岗位人员的动作必须协调一致，配合默契。

(1) 司钻

① 发现溢流，立即发出井控报警信号。

② 按正常关井程序组织实施关井。

③ 负责刹把操作，操作司钻控制台。

④ 将溢流量、关井油(立)管压力、套管压力报告给值班干部。

⑤ 做好压井前的准备工作。

(2) 副司钻

① 听到报警信号后，迅速进入井控岗位。

② 司钻上提管柱就位后，负责停泵。

③ 密切注视钻台，接到司钻关井的指令后，负责操作远程控制台关井或指挥内外钳工(井口岗)手动关闭防喷器。

④ 检查控制对象是否操作到位。

(3) 井架工

① 作业时负责观察井口井液返出情况，做好液面变化情况记录，发现溢流及时报告司钻。

② 听到报警信号，立即到节流管汇处，负责打开节流阀和平板阀(如该阀是液动控制阀，由副司钻负责操作)。

③ 关防喷器后，慢慢关闭节流阀试关井(如该阀是液动控制阀，由副司钻负责操作)。

④ 记录关井稳定后的关井油(立)管压力、套管压力和井液池增量，并报告给司钻或值班干部。

⑤ 关井后密切监视油(立)压和套压的变化。如果超过允许的安全关井套压则要开启节流阀放压。

(4) 内外钳工

① 听到井控报警信号后，迅速进入井控岗位。

② 协助司钻进行关井。

③ 观察立管压力变化。

(5) 场地工

① 听到井控报警信号后，停止其他作业。若是夜间，开探照灯，关掉井架照明和循环系统用电。

② 协助井架工迅速打开节流管汇一侧平板阀(以便实施软关井)；

③ 做好消防设备、器材、工具的准备。

10.3.4.2 溢流处理原理

迅速关井之后，即使把井安全关住了，控制也是暂时的，在气侵井液没有循环出去、井液密度还没有平衡气侵地层之前，一级井控不能达到对井的控制，应作好溢流的处理工作，即通过压井排除气侵井液，达到二级井控的目的。

1. U 形管原理

要正确实施井底常压法压井，就必须充分了解井底压力、油(立)管压力和套管压力之间的关系，U 形管原理能够描述三者关系。

U 形管用来表示井眼内有钻具的情况时。钻杆内部用 A 侧来表示，而环空可用 B 侧表示，其底部相当于钻头的喷咀。A 侧底部的压力等于 B 侧底部的压力，该压力可被认为是井底压力。如图 10-19 所示。

在静止情况下：$P_{井底压力}=P_{液柱压力}+P_{地面压力}$

U 形管底部相连通的地方，其压力相等，即：

$$\text{A 侧：}P_{井底压力A}=P_{液柱压力A}+P_{地面压力A} \tag{10-4}$$

$$\text{B 侧：}P_{井底压力B}=P_{液柱压力B}+P_{地面压力B}$$

当 U 形管内充满同一流体时，由于两者液柱压力都相同，因而地面压力也相同。这相当于钻头在井底时开井的情况，钻柱和环空的液面都静止在井口，而立压和套压都为零。

当 U 形管的两侧分别注入不同流体时，两侧的液柱压力和地面压力都不相同，只有井底压力相同，这种情况就相当于井底发生溢流的情况。井内发生溢流是因为井底地层压力大于泥浆液柱压力，当关井后，泥浆停止流动，溢流也停止侵入。井底的欠平衡压力作为立(油)管压力表现出来。由于此时环空流体已不再是单一的泥浆，它包括一部分溢流，由于溢流密度低，使环空一侧泥浆液柱压力减少。因此，环空一侧的地面压力将高于油管一侧，即关井套压大于关井立压。如图 10-20 所示。

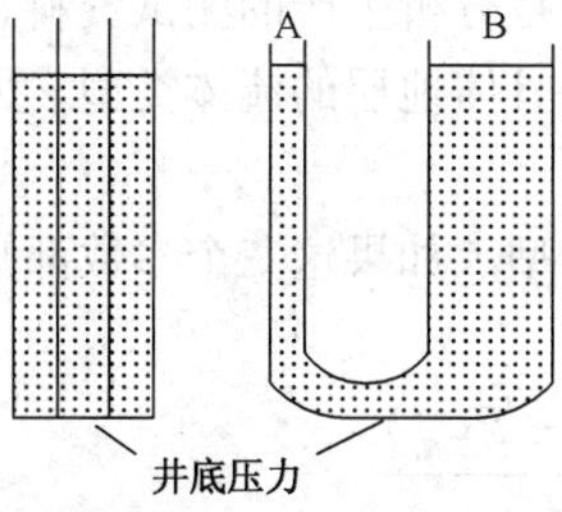

图 10-19 U 形管原理示意图

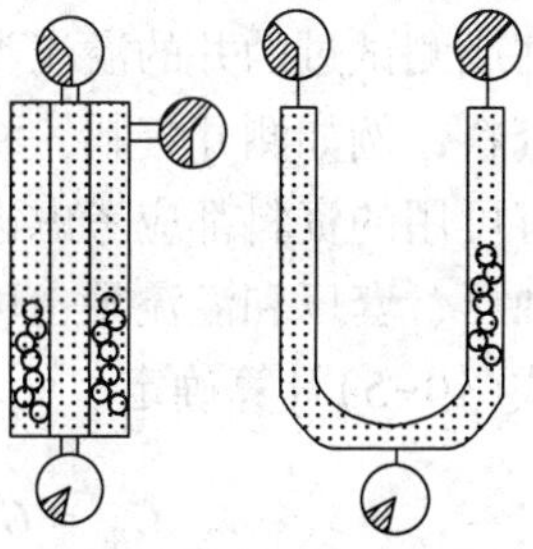

图 10-20 关井后地面压力情况

例如，一口井深3000m的井，使用1.2g/cm³的作业流体钻穿40MPa的高压地层，发生溢流$3m^3$，由于1.2g/cm³作业流体的液柱压力只有36MPa，所以关井立压为4MPa。

环空一侧的液柱压力等于环空内泥浆和溢流的液柱压力之和。假设$3m^3$溢流顶替了泥浆柱的高度130m，环空内液柱压力将比钻杆内液柱压力低1.5MPa，于是关井套压比关井立压高1.5MPa。

根据以上的关系我们可以进行地层压力和压井泥浆密度的计算。

2. 井底常压原理

二级井控有两个重要的考虑：一是要使作用在地层上的井底压力大于地层压力，防止地层流体进入井内。二是不能使井口压力过高。所以，在溢流控制过程中既要把溢流控制住，不使其发展成为井喷，又不能把地层压破导致井漏、地下井喷，也不能将套管压破或损毁井口设备。

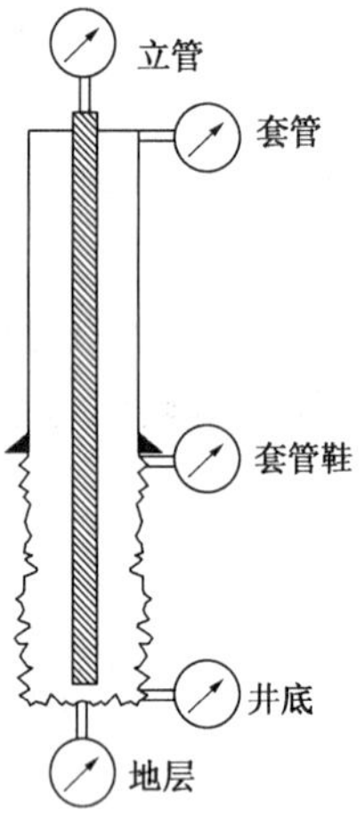

图10-21　井底常压法的压力表理想位置

任何基于以上两点的井控技术都属于井底常压法。控制一口井的正确方法是使井底压力保持恒定，这是大多数具体压井技术的基本指导原则。

为了理解上述原理，我们可以设想循环系统中装上了压力表。如图10-21所示。五个理想的压力表的位置依次为：

地层：测量即时的和连续的地层压力。井底：测量是否维持了足够的压力以防止更多的各种地层流体进入井内。

最薄弱地层处：通常是在最后一层套管的套管鞋处。这块表可以帮助我们把压裂地层的可能降至最低。

套管：位于或接近套管的顶部，或者在节流管汇上，可以帮助我们把超过地面设备压力极限的可能降至最低。立管(或油管)：监控变化着的井下条件。

在这些压力表中，只有立管压力和套管压力表可以在地面上找到。在地层中、井底与套管鞋压力表纯属想象，目前技术是无法实现的。在掌握了U形管原理和循环系统的基本压力关系的基础上，它们可以利用立管与套管压力表来监控。

3. 确定溢流性质

油、气、水溢流对井控操作的影响是不同的。压井过程中，不同溢流对套压的不同影响，气体溢流产生较高的套压，油次之、水更低。

确定生产井或测试过的井的溢流类型的方法之一是分析生产的测试资料。这些生产测试资料加上井史资料，例如测井资料，将可以帮助确定具体地层的流体类型。因此，在进行作业设计时，所有可用的资料都应考虑进去。

通过关井油压、套压和溢流量也可以确定溢流类型。如果这三个参数都知道，井内溢流的类型可用下式(10-5)计算确定。

$$G_{溢} = G_{作业流体} - \frac{(P_{关套} - P_{关油})}{H_{溢}} \tag{10-5}$$

式中　$G_{溢}$——溢流的压力梯度，MPa/m；

$G_{作业流体}$——作业流体的压力梯度，MPa/m；

$P_{关套}$——初始关井套压，MPa/m；

$P_{关油}$——初始关井油压，MPa/m；

$H_{溢}$——溢流段高度，m。

一般溢流压力梯度为：

盐水：$G_{溢}>0.01$MPa/m

盐水/油/气：0.00466MPa/m<$G_{溢}$<0.0082MPa/m

油：0.0058MPa/m<$G_{溢}$<0.0082MPa/m

油/气：0.00466MPa/m<$G_{溢}$<0.00699MPa/m

气：$G_{溢}$<0.00466MPa/m

例某井用 7in 套管，2⅞in 油管，工作流体为 1.2g/cm^3 的盐水，溢流关井油压为 2.1MPa，关井套压为 3.99MPa，溢流量为 3.2m^3，试确定溢流类型。(环空容积系数为 0.0165m^3/m)

解：

$$G_{溢} = G_{作业流体} - \frac{(P_{关套} - P_{关油})}{H_{溢}} \tag{10-6}$$

溢流在环空的高度：$H_{溢} = 3.2/0.0165 = 193(\text{m})$

则：$G_{溢} = 0.0098 \times 1.2 - \dfrac{3.99 - 2.1}{193} = 0.00196(\text{MPa/m})$

所以溢流为气体。

另一个确定气体溢流的方法是关井后监测地面压力，地面关井压力增加就说明溢流为气体，这是因为气体滑脱速度为 300~1200m/h。如果气体溢流在滑脱过程中不发生膨胀(即节流阀不打开排放流体)，它将增加整个井筒内圈闭压力，或者说地面和井底都升高。如图 10-22所示。

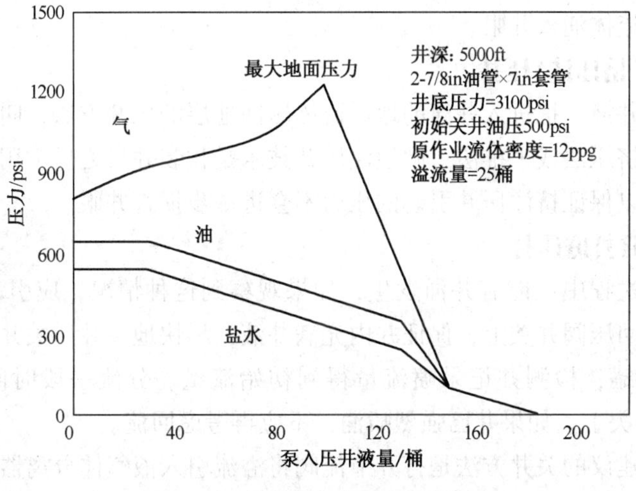

图 10-22 溢流类型对地面套压的影响

10.3.4.3 循环法压井

循环法压井是将密度合适的压井液泵入井内并进行循环，密度较小的原压井液被压井用的压井液替出井筒而达到压井的目的。

1. 司钻法压井

司钻法井控需要两个循环周，在两周的正确循环过程中，通过在地面调节节流阀，监视油压和套压来保持井底压力为常量。在司钻法的第一循环中，用发生溢流时井内的作业流体将溢流循环出井，然后在第二循环时用要求的加重流体顶替原来的作业流体。

2. 反循环司钻法压井

反循环迟到时间短，上返速度快，携砂能力强。

正循环时，当流体流经油管、井下工具等之后，大部分压力用于克服摩擦，流体从油管内下行时压力不断下降，这个压力降在流体到达井底时达到最大，而井底感觉不到这个压力的存在。反循环时，摩擦阻力的方向是相反的，而且由于环空流速小，其摩擦阻力常常可以忽略，套压加上环空液柱压力等于的井底压力，井底能感受到管柱内的摩阻。

3. 工程师法压井

工程师法压井是在关井后等待加重作业流体、压井和排除溢流在一个循环周内完成，因此也叫一次循环法或等待加重法。在整个循环过程中，要保持井底压力等于或稍大于地层压力。

10. 3. 5　非常规井控技术

在作业现场，当出现油管不在井底、井漏、油管柱堵塞或空井等等非常规情形时，因为有些情形下不能进行循环，不能用常规的循环压井方法解决井控问题。这种情况下，需要用非常规的井控技术。

10. 3. 5. 1　体积控制法

体积控制法是在不能循环的情况下实现井控，即不循环调节井内压力的方法。其要点是在维持井控时，从系统中放出井液以允许气体膨胀和运移。这种方法的实质仍是“保持井底压力恒定”的技术。其目的是在不超过地层破裂压力或设备压力极限情况下维持井底压力恒定，防止额外地层流体涌入井眼。

10. 3. 5. 2　硬顶法(挤压法)压井

从地面泵入钻井液，把进入井筒的地层流体压回地层的压井方法，叫硬顶法压井，也叫压回地层压井法，挤压法或平推法。硬顶法压井技术是扣装井口之后常用的，但是用此方法时必须特别小心，以保证挤注压井引起的压力不会进一步损害井眼。

10. 3. 5. 3　油管离开井底压井

正常起下油管过程中可能有井涌发生，如果观察到这种情况，应引起注意并停止起油管。接上旋塞阀或回压阀并关上，保证井内充满井液，尽快地关井。关井后，可通过节流阀将井涌分流回循环罐，检测并记录喷流量得到初始流量。分流一段时间以后，最大分流480~800L，应把井关上。如果井已强烈喷涌，不应再考虑回流。

发生井涌后，建议的关井方法是打开节流阀将溢流引入液气体分离器，关闭环形防喷器或闸板防喷器，然后关节流阀而关井。观察压力的变化，保证不超过最大允许套压。连接方钻杆或循环接头，测量关井油(立)管压力和关井套管压力，直到压力稳定为止。分析决定在此点压井，还是强行下管柱到井底然后压井。

如果决定在该点压井，所需的井液密度比管柱底下到井底时所需密度大，也比钻开地层所用的井液密度大。其优点是当此高密度压井液循环到管柱周围时可把井打开。缺点是井眼尽管此时处于平衡状态，而井涌仍会向上迁移(尽管其上部有超井密度压井液)，必须准备将气体循环出井或实施体积法压井。

如果井比较稳定，则可以下油管。一般的方法是先用高密度井液将井压住，使用正常的通过管柱泵送井液的方法压井。把井打开，管柱下入一段经过计算而知道地层不会破裂的距离，此时的井液密度应为原先修井时的井液密度。如果循环和降低井液密度时开始喷涌，应提高密度。如果返出有气侵，应关上防喷器，并使返出物通过液气体分离器。管柱再下入一段并降低井液密度。继续这一过程，直到管柱下到井底、井液密度降到原井液密度为止。循环井液至井眼稳定，然后起出一段管柱。在此处循环，看井液密度是否足以克服抽吸压力，然后恢复到正常的修井作业。

如果要进行强行下管柱的话，要下到管柱底端位于气泡下方或到底为止。如果管柱已抢下到井底，可以使用以前的井液密度或稍重点的井液进行循环。

10.3.5.4 井漏或层间串流压井

如发生井漏，便很难循环重井液控制住井涌。当井部分漏失时，可以采取如下做法，一是如能保持循环所需要的井液量，则继续循环，在侵入井内的气泡返至漏失层以上后，施加于漏失层的压力减小，漏失可能自行消失。二是在部分漏失的情况下循环时，把油管压力降低 0.5MPa 并等待，观察漏失是否减少。如果不减少，则再把油管压力降低 0.5MPa，继续这样做，直到把漏失减少到完全可以用配制新井液来维持循环。降低油管循环压力总量不能超过 3MPa，如果油管压力降低了 3MPa，还没解决井漏问题，则应改变做法。三是停泵关井 30min 至 4h，使漏失的裂缝自行愈合。调节节流阀，维持关井油管压力不变。如果节流阀压力上升超过 0.7MPa，则执行下一步骤。四是选择较慢的循环速度及新的初始循环压力。停泵以后，打开节流阀，开泵至新的慢泵速，关节流阀，直到套压升到关井时的压力，然后将油管压力作为新的初始循环压力。五是用有效的堵漏材料配制堵漏井液。这对硬地层比塑性地层效果好。六是配制重井液控制井涌。如果漏失层在井涌层以上，这种方法可压住较小的井涌，然后再处理井漏。七是如果井漏严重无法堵上，应采用重晶石塞封住井涌层，然后处理井漏。当井全部漏失时，要采取措施堵漏，以便能用标准的程序压井。

10.3.5.5 强行起下管柱操作

管柱不在井底发生井涌时，控制起来就很复杂。这时既要考虑压住井涌也要防止卡管柱，强行起下管柱是一个重要的选择。关井时，在井内有压力的情况下，靠管柱的自重或井控加压装置，将管柱下到井底的程序称为强行下管柱。如情况需要也能将管柱强行起出井眼。如管柱重量不够，井内压力向上顶管柱，此时必须用强力推管柱下行，称为加压下管柱。

10.3.5.6 带压作业

带压作业是在高压油气水井中施工时不压井、不放喷的密封作业，是利用一定的井口设备和工艺方法，在井底压力小于地层压力的欠平衡条件进行修井/完井作业。高压油气水井带压作业技术，以其不损害油气层，产能恢复快，节能环保，安全可靠等特点，受到修井作业市场的青睐。

10.4 硫化氢防护

硫化氢(H_2S)是硫的氢化物中最简单的一种。是一种无色、剧毒、强酸性气体。硫化氢(H_2S)分子由两个氢原子和一个硫原子组成，其分子的几何形状和水分子相似，为弯曲形，

H—S—H 键角为 92.1°，键长 133.6pm，硫化氢的结构和分子结构见图 10-23、图 10-24。

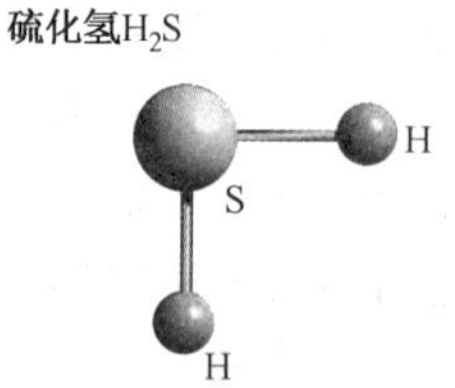

图 10-23 硫化氢的结构

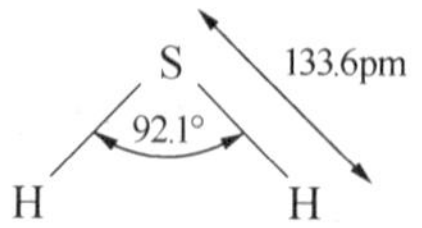

图 10-24 硫化氢分子结构

在油气田开发过程中，随着地层埋藏的加深，地层的温度越高，产生硫化氢的可能性越大，有数据表明：井深为 2600m 左右，硫化氢气体的含量为 0.1%～0.5%；井深超过 2600m，则硫化氢气体的含量为 2%～2.3%；若地层温度超过 200～250℃，将可能产生大量的、高浓度的硫化氢气体。

① 高温热作用于油层，使油层中原油所含的有机硫化物分解，产生硫化氢气体。

② 原油中的烃类和有机物通过与储层水中的硫酸盐在高温条件下，热还原作用而产生硫化氢气体。

③ 下部地层中硫酸岩层里的硫化氢气体进入井筒。

④ 某些修井液处理剂在高温热分解作用下及修井液里的细菌作用下产生硫化氢气体。

10.4.1 硫化氢的性质

硫化氢(H_2S)的物理化学性质可以从颜色、气味、密度、爆炸极限等方面描述。

① 剧毒性：它是人类所知道的剧毒性气体之一。硫化氢的毒性较一氧化碳大 5～6 倍。能引起隔神经瘫痪，隔神经的作用是将呼吸信息送入人脑并产生乳酸，乳酸将降低血液运载氧气至人脑的能力。

② 颜色：硫化氢是无色、剧毒、酸性气体，人的肉眼看不见。含水分子遇到冷空气为白色。因此用眼睛无法判别硫化氢的存在，这种气体就变得更加危险。

③ 气味：硫化氢有一种特殊的的臭鸡蛋味，低浓度的硫化氢也会麻痹人的嗅觉系统，高浓度时反而闻不到类似臭鸡蛋的气味，因此不能用嗅觉判断硫化氢的存在于否。

④ 密度：硫化氢是一种比空气重的气体，其相对密度为 1.189，因此其存在于地势低洼的地方，在硫化氢高风险地带，可能的话，都要在上风向、地势高的地方施工，不能匍匐逃生。

⑤ 易爆性：硫化氢气体与空气或氧气混合，比例在 4.3%～46%就会爆炸。因此在可能有硫化氢存在的作业场所应配备硫化氢测报仪。

⑥ 可燃性：硫化氢易燃，在空气充足时，点火可以燃烧，燃烧发出蓝色火焰。井下作业防喷燃烧时，燃烧率仅为 86%左右，会伴随产生有毒的二氧化硫气体。

⑦ 可溶性：硫化氢气体能溶于水、乙醇及甘油中，在常温常压下 1 体积水能溶解 2.6 体积的硫化氢。硫化氢能在液体中溶解，这就意味着它能存在于某些存放液体的容器中。硫化氢的溶解度与温度、气压有关。只要条件适当，轻轻振动含有硫化氢的液体，可使硫化氢气体挥发到大气中。

⑧ 沸点：液态的硫化氢的沸点很低，通常看到的是气态的硫化氢，其沸点为-60.4℃，

熔点为-85.5℃。

10.4.2 硫化氢的浓度及暴露极限

1. 硫化氢的浓度

硫化氢的浓度大小常用两种方式表示。一是体积浓度，即硫化氢在气体中的体积分数，单位为 ppm，$1ppm = 1/1000000 = 10^{-6}$；二是质量浓度，即单位气体体积中的硫化氢的质量，单位为 mg/m^3。标准状况下 $1ppm \approx 1.5mg/m^3$。

2. 硫化氢的暴露极限

硫化氢是一种剧毒气体，为了保障安全，我国在石油勘探开过程中，对硫化氢的暴露限制作了规定：

① 阈限值：$15mg/m^3$(10ppm)，几乎所有工作人员长期暴露在此浓度下都不会产生不利影响的上限值。

② 安全临界浓度：$30mg/m^3$(20ppm)，工作人员暴露 8h 可接受的硫化氢最高浓度。

③ 危险临界浓度：$150mg/m^3$(100ppm)，硫化氢达到此浓度时，对生命或健康会产生不可逆转或延迟性的影响。

④ 即时危险浓度：$450mg/m^3$(300ppm)，硫化氢达到此浓度时，会立即对生命造成威胁，或对健康造成不可逆转或滞后的不良影响，或将影响工作人员撤离危险环境的能力。

10.4.3 硫化氢的危害

1. 硫化氢对人体的危害

硫化氢的毒性，几乎与氰化氢同样剧毒，较一氧化碳的毒性大五至六倍。硫化氢中毒已成为职业中毒杀手。在我国硫化氢中毒死亡仅次于一氧化碳，占到第二位。

硫化氢是一种神经毒气，亦为窒息性和刺激性气体。其毒作用的主要靶器是中枢神经系统和呼吸系统，亦可伴有心脏等多器官损害，对中毒作用最敏感的组织是脑和黏膜接触部位。

硫化氢只有进入人体并与人体的的新陈代谢发生作用后，才能对人体造成伤害。硫化氢主要通过三个途径进入人体：通过呼吸道吸入；通过皮肤吸收；通过消化道吸收。硫化氢主要从呼吸道吸入，硫化氢被吸入人体的路径：由口腔(包括少量皮肤吸入的)吸入硫化氢进入呼吸道，经肺部渗入到血液，再由血液输送到人体各个器官。只有少量经过皮肤和胃肠进入人体。

通常，当大气中的硫化氢含量达到 0.13ppm 时，有明显的臭蛋味，随浓度的增加臭蛋味增加；当浓度超过 $30mg/m^3$(20ppm)时，由于嗅觉神经麻痹，臭味反而不易嗅到。急性中毒时多在事故现场发生昏迷，其程度因接触硫化氢的浓度和时间而异，偶可伴有或无呼吸衰竭。部分病例在脱离事故现场或转送医院途中即可复苏。到达医院时仍维持生命特征的患者，如无缺氧性脑病，多数恢复较快。昏迷时间较长者在复苏后可有头痛、头晕、视力或听力减退、定向障碍、共济失调或癫痫样抽搐等，绝大部分病人可完全恢复。

硫化氢对人体造成的主要损害主要包括：中枢神经系统损害：中枢神经对缺氧最敏感，因而首先受到损害；呼吸系统损害：可出现化学性支气管炎、肺炎、肺水肿、急性呼吸窘迫综合征等；心肌损害等。

2. 硫化氢对金属、非金属材料的腐蚀

硫化氢溶于水形成弱酸，对金属造成氢脆破坏，对金属的腐蚀形式有电化学失重腐蚀、氢脆和氢损伤，以后两者为主，一般统称为氢脆破坏。氢脆破坏往往造成井下管柱的突然断落、地面管汇和仪表的爆破，井口装置的破坏，甚至发生严重的井喷失控或着火事故。

地面设备、井口装置、井下工具中有橡胶、浸油石墨、石棉绳等非金属材料制作的密封件。它们在硫化氢环境中使用一定时间后，橡胶会产生鼓泡涨大，失去弹性；浸油石墨及石棉绳上的油被溶解而导致密封件的失效。

3. 硫化氢对修井液的污染

主要是对水基修井液有较大的污染，会使修井液性能发生很大变化，如密度下降、pH值下降、黏度上升，以至形成流不动的冻胶，颜色变为瓦灰色、墨色或墨绿色。

4. 硫化氢对环境的污染

全世界每年估计进入大气的硫化氢约1亿吨左右，人为产生每年约300万吨。硫化氢在大气中很快被氧化为SO_2，致使局部区域大气中SO_2浓度升高，对人和动植物产生伤害作用。SO_2在大气中氧化成二价硫酸根离子是形成酸雨和降低能见度的主要原因。水中含有硫化氢除了发臭外，对混凝土和金属都有侵蚀作用。水中的硫化氢含量超过0.5~1.0mL时，对鱼类有害。

10.4.4 硫化氢防护常用名词

(1) 阈限值

几乎所有工作人员长期暴露都不会产生不利影响的某种有毒物质在空气中的最大浓度。硫化氢的阈限值为10ppm；SO_2的阈限值为2ppm。

此浓度是硫化氢监测的一级报警值。

(2) 安全临界浓度

工作人员在露天安全工作可接受的某种有毒物质在空气中的最大浓度。硫化氢的安全临界浓度为20ppm，达到此浓度，现场作业人员必须佩戴正压式空气呼吸器。

此浓度是硫化氢监测的二级报警值

(3) 危险临界浓度

对生命和健康会产生不可逆转的或延迟性的影响的某种有毒物质在空气中的最大浓度。硫化氢的危险临界浓度为100ppm。达到此浓度，现场作业人员应按预案立即撤离现场。

此浓度是硫化氢监测的三级报警值

(4) 含硫化氢天然气

指天然气的总压等于或大于0.4MPa，而且该气体中硫化氢分压等于或高于0.0003MPa；或硫化氢含量大于50ppm的天然气。

(5) 呼吸区

肩部正前方直径在15.24~22.86cm的半球形区域。

(6) 硫化氢连续监测设备

能连续测量并显示大气中硫化氢浓度的设备。

(7) 封闭设施

一个至少有2/3的投影平面被密闭的三维空间，并留有足够尺寸保证人员进入。对于典型建筑物，要求2/3以上的区域有墙，天花板和地板。

(8) 就地庇护所

通过让居民待在室内直至紧急疏散人员到来或紧急情况结束，避免暴露于有毒气体或蒸汽环境中的公众保护措施。

(9) 基本人员

进行正确的、谨慎的安全操作所需要的人员以及对硫化氢和SO_2状况进行有效控制所需的人员。

(10) 不良通风

通风(自然或人工)无法有效地防止大量有毒或惰性气体聚集，从而形成危险。

(11) 现场避难所

指通过让居民呆在室内直至紧急疏散人员到来或紧急情况结束，避免暴露于有毒气体或蒸气环境中的公众保护措施。

(12) 危险性告知(员工知情权)

企业所有员工应经常了解和掌握所在环境危险性的基本情况。

业主或生产经营单位应按照硫化氢的内容发布所发生的危险情况及危险程度和要求。

(13) 公众知晓权

作业场所附近的居民对紧急情况下生产设施向环境释放有毒物质有知情权。业主或生产经营单位应按照有关的规定向政府有关部门报告。

(14) 危险废弃物处理

油气作业中，对某些危险废弃物品(如果有)的清除、处理、储存和丢弃应符合有关规范和政府法令的要求。

(15) 人员培训

涉及潜在硫化氢或SO_2的油气开采区域的生产经营单位应警示所有人员(包括雇主、服务公司和承包商)作业过程中可能出现硫化氢的大气浓度超过10ppm、SO_2的大气浓度超过2ppm的情况。在硫化氢或SO_2浓度可能会超过规定值的区域工作的所有人员在开始工作前都应接受培训。

(16) 硫化氢作业

指在油气勘探开发作业和生产工艺过程中，存在或可能产生硫化氢的作业。

(17) 硫化氢作业人员

指所有准备或已经进入含硫化氢区域施工或生产工艺的管理人员、专业技术人员、现场作业人员和现场监督等。

10.4.5 硫化氢检测与防护设备

在含硫地区作业时，一旦硫化氢气体浓度超标，将威胁施工作业人员的安全，引起人员中毒甚至死亡，早发现、早预防是做好硫化氢防护的前提，因此硫化氢监测及防护设备的配备极为重要。

1. 硫化氢检测系统

目前国际上对硫化氢气体的监测有两种方法：一是现场取样化验室测定法，该方法硫化氢浓度测定精度高，但测定程序繁琐，得到数据不及时；二是现场直接测定法，该方法测定迅速，利于现场使用，但测定误差较大。

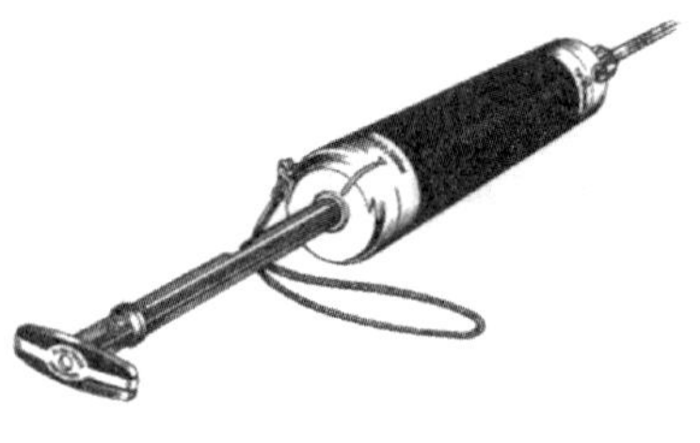

图 10-25　比长式硫化氢测定管

硫化氢监测仪分为便携式和固定式两大类。

(1) 比长式硫化氢测定管测定法

比长式硫化氢测定管(图 10-25)内装有指示胶，将要检测的气体注入测定管，硫化氢气体与指示胶起反应，产生一个变色柱或变色环，由变色柱或变色环上所指示的高度可以直接读出硫化氢气体的含量。

(2) 便携式硫化氢检测仪

便携式监测仪(图 10-26)是根据控制电位电解法原理设计的。具有声光报警、浓度显示和远距离探测的功能。监测仪上的传感器应用了定电压电解法原理，其构造是在电解池内安置了三个电极，即工作电极、对电极和参比电极，施加一定极化电压，使薄膜同外部隔开，被测气体透过此膜到达工作电极，发生氧化还原反应，传感器此时将有一输出电流，此电流与浓度成正比关系，这个电流信号经放大后，变换送至模/数转换器，将模拟量转换成数字量，然后通过液晶显示器显示出来

图 10-26　便携式硫化氢检测仪

(3) 固定式硫化氢监测仪

固定式硫化氢监测仪可以 24h 连续监测硫化氢浓度时，探头数可以根据现场气样测定点的数量来确定。监测仪探头置于现场硫化氢易泄漏区域，主机安装在司钻控制室、录井拖车、总监或平台经理室内。图 10-27 是固定式硫化氢监测示意图。

2. 呼吸保护设备

呼吸保护设备的配置原则是在硫化氢超标的环境中应使用正压式或供气式带全面罩的呼吸设备。呼吸保护设备分为过滤式和隔离式两大类。常用的硫化氢防护的呼吸保护设备有便携式正压空气呼吸器、固定式空气呼吸站和逃生瓶等。

(1) 便携式正压空气呼吸器

便携式正压空气呼吸器主要有五部分组成，如图 10-28 所示。

图 10-27　固定式硫化氢监测示意图

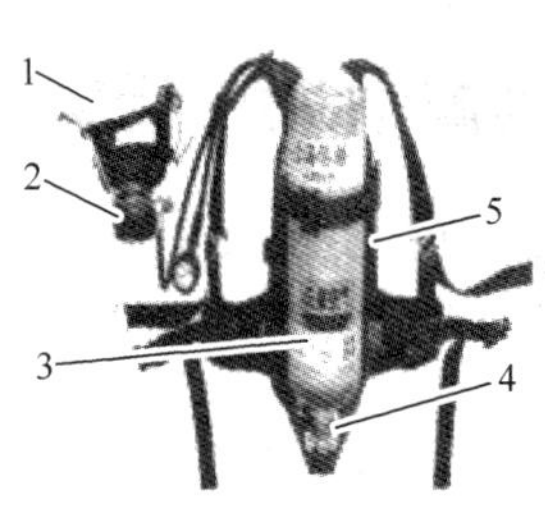

图 10-28　便携式正压空气呼吸器

1—面罩总成；2—供气阀总成；3—气瓶总成；4—减压阀总成；5—背托总成

面罩总成：由面窗、口鼻罩、头罩组件、面窗密封圈、接口、吸气阀和传声器组成。

供气阀总成：由节气开关、应急冲泻阀、插板、接口和密封垫圈组成。

气瓶总成：由瓶体、安全螺塞、安全膜片和手轮组成。

减压阀总成：由中压管、减压器手轮、安全阀、报警器和压力表组成。

背托总成：由瓶体固定带、肩带、腰带和背架组成。

使用时打开气瓶阀，充装在气瓶内的高压空气经减压阀减压，输出 0.7MPa 的中压气体，经中压管送至供气阀。吸气时供气阀自动开启。呼气时，供气阀关闭，面罩呼气阀打开。在一个呼吸循环过程中，面罩上的呼气阀和口鼻罩上的单向阀都为单方向开启，整个气流是沿着一个方向，构成一个完整的呼吸循环过程。

（2）固定式空气呼吸站与逃生瓶

固定式空气呼吸站是一个远距离空气供应装置，可以同时供多人使用。

它主要有气瓶组、空气压缩机、减压阀、拖车、空气软管、空气分配器、面罩、调节器等组成。空气通过减压阀进入管汇，多根软管与管汇连接，每根软管上带有一个面罩和与面罩相连接的逃生瓶。

用绳类背托将逃生瓶固定在使用者身体某个地方，如果主供气系统中断，逃生瓶可以提供充足的空气使使用者逃离现场。

3. 井下作业硫化氢易泄露部位及设备配置

对于含硫化氢油气井，井下作业时循环洗井、循环压井、抽吸排液、放喷排液都会释放出硫化氢气体，所以循环罐、油罐和储液罐周围有可能存在硫化氢气体超标。特别值得注意的是油罐的顶盖、计量孔盖和封闭油罐的通风管，都是硫化氢向外释放的途径。在井口、压井液、放喷管、循环泵、管线中也可能有硫化氢气体。通过修井与修井时流入的液体，硫酸盐产生的细菌可能会进入以前未被污染的地层。这些地层中的细菌的增长作为它们生命循环的一部分，将从硫酸盐中产生硫化氢。

井下作业过程中，在井口以及其他硫化氢容易泄漏的部位应设置固定式多点硫化氢监测仪探头，并在探头附近同时设置报警喇叭，主机应安装在控制室内。至少应配备 4 台便携式硫化氢监测仪。每个井场应至少有 3 个指示风向的风向标，应遵循设置标志牌的规定，在井场入口和硫化氢泄漏区域设置清晰地警示标志。

应配备正压式空气呼吸器及空气呼吸器气瓶压力相应的空气压缩机。井场应配备一定数量的备用空气瓶并充满压缩空气。

10.4.6 硫化氢中毒现场急救

掌握一定的硫化氢现场急救知识与技能，对于保证人身安全、实现安全生产具有重要的意义。

10.4.6.1 现场救护原则

一旦发生硫化氢泄漏导致中毒事故，一定要在第一时间内在保证自身安全下对中毒人员采取紧急救护，对现场进行应急处置。

① 先确定伤员是否有进一步的危险。

② 沉着、冷静、迅速地对危重病人给予优先紧急处理。

③ 对呼吸、心力衰竭或停止的病人，应清理呼吸道，立即实施心肺复苏术。

④ 控制出血。

⑤ 对于特殊环境的影响，易出现激动、痛苦和惊恐的现象，要安慰伤病员，减轻伤病员的焦虑。

⑥ 预防及抗休克处理。

⑦ 搬运伤病员之前应将骨折及创伤部位予以相应处理，对颈、腰椎骨折、开放性骨折的处置要慎重。

⑧ 尽快寻求援助或送往医疗部门。

10.4.6.2 中毒现场的救护程序

当工作场所发现有硫化氢泄漏或有人员中毒晕倒时，正确的救护程序不但可以保护自己，而且可以有效地救助他人。

(1) 离开毒气区(脱离)

首先了解硫化氢气体的来源地以及风向，确定进出线路，然后快速撤离到安全区域。如果人员在泄漏源的上风方向，就往上风方向跑；如果人员在泄漏源的下风方向，应向两侧垂直方向跑，尽可能地向高处走，避免自身中毒。

(2) 打开报警器(报警)

按动报警器，并使报警器报警。如果报警器在毒气区里，或附近没有合适的报警系统，就大声警告在毒气区的其他人。

(3) 戴好呼吸器(保护)

在安全地区，按照要求佩戴程序戴好呼吸器。

(4) 救助中毒者(救助)

估计中毒情况，根据中毒者的状态、施救人员的多少以及路况，选择一种合适的救助技术，将中毒者从毒气区转移到安全地带。

(5) 检查并实施急救(处置)

检查中毒者的中毒情况。如果呼吸、心跳停止，应立即进行心肺复苏，力争使中毒者苏醒，为进一步的医疗救助争取时间。

(6) 进行医疗救护(医护)

医护人员到达现场后，由医护人员检查受伤情况并采取必要的救护措施，并送往急救中心或医院做进一步的诊断和治疗。

10.4.6.3 中毒现场的救护技术

硫化氢中毒现场救护时，掌握一定的救护技术是提高救护效果的关键因素，心肺复苏术和转移搬运技术是两种最基本的现场救护技术。

心肺复苏是最基础的生命支持。是指患者心跳呼吸停止后，在现场实施紧急的徒手心脏胸外按压和人工呼吸技术，可以使猝死患者起死回生。

转移搬运技术是指在事故现场没有担架或现场不能使用担架的情况下，将患者转移到安全地带的徒手救护技术。

10.4.7 井下作业硫化氢防护

对含有(或怀疑含有)硫化氢井进行作业时，必须按照相关规定加强防护。

10.4.7.1 上修前技术交底与井史、井场调查

含有(或怀疑含有)有毒有害气体的油(气)井，在上修前必须做好充分的技术交底和井史、井场调查，对曾经测得的有毒有害气体含量、油层生产数据、井场周围环境等进行详细

的了解，根据掌握的具体情况制定单井应急预案。

10.4.7.2 施工方案的编制与应急预案

根据地质设计和工艺设计的施工目的，对相关的施工工序及要求进行审查。对存在的井控和有毒有害气体防护隐患，及时与甲方有关部门及人员协商，进行设计工序修改或增加有关防范措施和工序；对存在重大安全隐患的设计可暂缓上修，待甲乙双方协调好有关井控和有毒有害气体防护措施并落实后，方可上修。

作业施工的地质设计、工程设计和施工设计应有井控与防硫化氢内容，还要提供相关地质资料按规定审批。含硫油气田修井作业设计的特殊要求主要包括：在含硫地区的修井作业设计中，应注明含硫地层及其深度和预计含量；若预计硫化氢分压大于0.2kPa时，必须使用抗硫油管等管材；当井下温度高于93℃时，管柱和作业工具可不考虑抗硫性能；在含硫地层作业时，设计的修井液密度，其安全附加密度在规定的标准上选用上限值；作业队必须有足量的高密度修井液(超过在用修井液密度0.2g/cm^{3}以上)和加重材料储备，高密度修井液的储存量一般是井筒容积的1~2倍；在含硫地层作业，要求修井液的pH值控制在10以上，并选用相应的加重材料；严格限制在含硫地层用常规中途测试工具进行地层测试工作，若必须进行时，应减少修井管柱在硫化氢中的浸泡时间；必须对井场周围2km以内的居民柱宅、学校、厂矿等进行勘测，并在设计书上标明位置。在有硫化氢溢出井口的危险情况下，应通知上述单位人员迅速撤离；重点高压含硫气井井口装置应进行等压气密检验；高温、高压含硫气井应使用双四通，并且按要求在放喷管线排放口处安装自动点火装置。放喷管线和出口均应按规定固牢，距可燃物不小于50m。

根据已掌握的具体情况编制单井应急预案，主要内容包括：井场情况；紧急情况下的应急操作规程；发现有毒有害气体后各级预警浓度、各级报警方式、上报要求、应急范围以及应急措施等；现场失控情况下的人员安全撤离要求，现场情况上报内容和对象要求，以及抢险队伍到达前的前期处理措施等；现场出现人员中毒后，其他人员的紧急防护措施和对中毒人员的救助措施。

10.4.7.3 井场布置

从硫化氢安全性来看，现场的布置宜以空间的限制为基础，代表空间限制的是现场的面积和特定的环境条件。陆地现场会受有限区域、进出方式、地形、人口聚集区或者公众设施等的限制。无边缘限制的现场，可以在布置作业机时考虑到地形和主导风向等因素，而增强其安全性。作业机总成宜安装在位置为：主风可吹过作业机，其风向可以吹散来自井口、节流管汇、放空火炬或管线、井液/气体分离器、修井液罐、井液储罐和除气器等的气体，并远离任何潜在火源，例如发动机、发电机、压缩机和井队值班室以及放置个人设备的区域。不属立即需用的车辆宜位于离井口30m以远处，或该距离至少相当于井架的高度，取其中值大者；且任何时候都宜位于井架绷绳圆周以外的区域。当地形、现场或其他条件不允许满足此条件时，宜采取相对安全的措施。

井架上和安全保护区都要安装“风飘带”或风向标，以随时提供现场风向。井场上一般设置2~3处安全保护区，一个在上风处(一般为生活区方向)；另两个呈120°分布。

宜为现场设计所有通道，以便一旦出现H_2S的紧急情况，可以在预定的地方设置路障。还宜有一条备用通道，以便风向改变时不会影响从现场撤离。

井口附近、泥浆筛附近、修井液池附近以及其他可能聚集有毒有害气体的地方都要装有固定式检测仪的监测探头，随时监测有毒有害气体的浓度；在现场作业的人员应每人配备一台便携式电子监测仪。

10.4.7.4 井控设备的安装和材质

1. 安装要求

① 根据地层和压力梯度配备相应压力等级的防喷器组合及井控管汇等设备，并按要求进行安装，固定和试压。清水试压应达到预测井口关井压力1.5倍以上。

② 井口和套管的连接，每条防喷管线的高压区都不允许焊接。

③ 压井管线至少有1条在季节风的上风向，以便必要时放置其他设备(压裂车等)作压井；放喷管线应装2条，并接出井场100m以外；两条管线夹角不小于90°，以保证风向改变时至少有1条能安全使用。

④ 井控设备(和管线)在安装、使用前应进行无损探伤。

⑤ 井控设备(和管线)及其配件在储运过程中需要采取措施避免碰撞和被敲打，应注明钢级，严格分类保管，并带有产品合格证和说明书。

2. 材质要求

(1) 钢材

钢的屈服极限不大于655MPa，硬度最大为HRC22。若需使用屈服极限和硬度比上述要求高的钢材，必须经适当的热处理(如调质、固溶处理等)，并在含H_2S介质的环境中试验，证实其具有抗H_2S应力腐蚀开裂的性能后，方可采用。

(2) 非金属材料

凡密封件选用的非金属材料，应具有在H_2S环境中能长期使用而不失效的性能。

10.4.7.5 含硫化氢井井下作业的安全操作

① 对作业井进行风险评估，并制定应急预案。

② 在作业前，应对作业队进行一次防硫化氢的安全培训，并进行防硫化氢演习。

③ 在高含硫地区作业时，以及发生井涌、井喷后，应立即启动应急预案。

④ 严格按设计密度配制修井液。未经批准，不得修改设计密度。发现地层压力异常时，应及时调整修井液密度以保持井内压力平衡。

⑤ 做到及时发现溢流显示，迅速控制井口，并尽快调整修井液密度压井。

⑥ 利用除气器和除硫剂，将钻井液中硫化氢的含量控制在75mg/L以下，并随时对修井液的pH值进行监测。

⑦ 在油气层起管柱时，速度应适当控制。

⑧ 在油气层和通过油气层进行下管柱作业时，必须进行短程起下管柱。

⑨ 使用管柱等钢材的拉应力需控制在屈服极限的60%以下。

⑩ 若需动火，应执行动火作业安全规定。

⑪ 在硫化氢含量超过安全临界浓度的污染区进行必要的作业时，必须佩戴防护器具，而且至少有两人同在一起工作，以便相互救护；

⑫ 作业队在现有条件不能实施井控作业而决定放喷点火时，点火人员应佩戴防护器具，并在上风方向，离火口距离不得小于10m，用点火枪远程射击；

⑬ 控制住井喷后，应对井场各个岗位和可能积聚硫化氢的地方进行浓度检测，只有在安全临界浓度以下时，人员方能进入。

10.4.7.6 人身防护

① 装置配备：生产区与生活区配备硫化氢气体检测仪、急救装置、氧气瓶、灭火器材、

无线电通信设备等；井场上每个施工人员均应配备正压式空气呼吸器，并放置于每个人易取放的地方；在井口附近应配有35%的双氧水，防止硫化氢气体溢出伤害工作人员；试油、修井及井下作业过程中至少应配备4台便携式硫化氢监测仪；井口人员施工时应随身携带便携式硫化氢气体检测仪，随时监控井口有毒有害气体的浓度，在出现异常情况时及时报警并采取相应的措施；在含硫化氢油气井试井作业，应选用抗硫化氢工具、井口与作业车应配备1台硫化氢连续监测仪。

② 在含硫油气生产井试井作业时，如果井口硫化氢浓度大于30mg/m^3(20ppm)时，施工人员应佩戴空气呼吸器，1人关闭清蜡闸门并剪断钢丝(电缆)，1人在旁监控协助；含硫化氢井洗井作业时，在地层修井液循环至地面15min以前，施工人员应戴上防毒面具，直到其含量小于允许值；修井中发现硫化氢浓度达到安全临界浓度，应暂时停止修井，循环修井液，准备好有关措施。

③ 制定应急计划，搞好防硫化氢的安全培训，提高职工的自我防护能力和互救能力，所有人员应经过严格培训和进行紧急情况下的演习。

④ 当空气中的硫化氢含量达到安全临界浓度时，迅速戴上正压式呼吸器，非工作人员撤离到安全区。

第11章　井下作业HSE基本要求

井下作业主要特点是：野外连续作业，环境恶劣，条件艰苦；地域辽阔，流动性大，施工现场点多、面广、线长；施工过程面对的是地下情况，不确定因素多、工程复杂、工序环节交织；多工种联合作业，人员交叉、配合、协作频繁；装备、设施类型多、体积大、操作复杂；劳动强度大，作业危险性大。井下作业的特点决定了作业过程的复杂性、多变性、突发性和危险性，易发生人身伤害、财产损失和环境破坏等事故。因此安全生产是井下作业系统永恒的主题，必须坚定不移地追求“无伤害、无事故、无污染”的HSE目标。每位员工都应当学习和掌握相关的HSE基本知识，熟悉本岗位风险和危害，严格按照标准进行规范操作，最大限度地削减井喷失控、硫化氢中毒、机械伤害和物体打击等事故风险，确保员工人身安全和井下作业施工平稳运行。

11.1　HSE文化

良好的企业HSE文化氛围，是有效预防事故，保障HSE健康发展的重要基础。本章以提高员工HSE综合素质为目的，简要讲述了HSE文化基本知识。

1. HSE概述

HSE是健康(Health)、安全(Safety)和环境(Environment)管理体系的简称，HSE管理体系是将组织实施健康、安全与环境管理的组织机构、职责、做法、程序、过程和资源等要素有机构成的整体，这些要素通过先进、科学、系统的运行模式有机地融合在一起，相互关联、相互作用，形成动态管理体系。

健康是指人身体上没有疾病，在心理上(精神上)保持一种完好的状态。

安全是指在劳动生产过程中，努力改善劳动条件、克服不安全因素，使劳动生产在保证劳动者健康、企业财产不受损失、人民生命安全的前提下顺利进行。安全生产是企业一切经营活动的根本保证。

环境是指与人类密切相关的、影响人类生活和生产活动的各种自然力量或作用的总和。它不仅包括各种自然因素的组合，还包括人类与自然因素间相互形成的生态关系的组合。

企业文化主要指企业在创建和发展过程中所形成的精神财富，HSE企业文化是整个企业文化的有机组成部分。HSE文化是指人们在HSE活动创造的HSE生产、生活的观念、行为、环境、条件的总和。

人的观念、理念来源于人们对事物的认知。一旦理念形成就会塑造一种行为，培养一种习惯。而好的习惯会使人终生受益，这就是国外大的石油公司为什么抓HSE首先要从人的HSE价值观、HSE理念抓起的真正原因。

借助HSE体系的推行，实施规范化管理，营建HSE文化，体现人本管理理念，在员工中强化基本功训练，培养员工“严、细、实、狠”的工作作风，建立了良性循环、持续改进的HSE生产氛围，形成了较好的HSE文化氛围。

2. HSE 安全生产价值观

安全才能生产；安全才有效益；安全才能回家。

3. HSE 基本理念

一切事故都可以归结为管理的失误；事故发生是有规律可循的，是可以预防的；HSE管理必须遵循“法、理、情”的顺序管理原则；降低风险、控制事故首先必须规范危害识别；对险肇事件、典型问题必须按“四不放过”处理；法规范管理是削减环境风险的基本要求；提高全员环境意识是做好环保工作的前提；推行清洁生产是环保管理的重要手段；实现可持续发展是环保工作的最终目的。

4. HSE 行为准则

一切工作有标准；一切工作具备条件；一切工作按标准操作；一切工作按标准检查考核。

5. 隐患“四不放过”原则

隐患产生原因没有查清不放过；责任主体不落实不放过；整改措施不到位不放过；没有进行责任追究不放过。

11.2 危害识别

危险、有害因素存在于井下作业的各项施工中，岗位员工准确识别出作业过程的危险、有害因素，熟练掌握预防和削减措施，并正确使用和维护安全设施、防护器材，是降低各类事故发生、减少人身伤害的关键手段。

11.2.1 危险、有害因素的定义

危险因素是指能对人造成伤亡或对物造成突发性损害的因素。有害因素是指能影响人的身体健康，导致疾病，或对物造成慢性损害的因素。通常情况下，二者并不加以区分而统称为危险、有害因素。危险、有害因素主要指客观存在的危险、有害物质或能量超过一定限值的设备、设施和场所等。

11.2.2 危险、有害因素产生的原因

所有的危险、有害因素尽管其表现形式不同，但从本质上讲，之所以能造成危险、有害的后果，都可归结为两方面因素的综合作用，即存在危险有害物质和能量及危险有害物质和能量失去控制，并导致危险有害物质的泄漏、散发和能量的意外释放。

存在危险有害物质和能量及危险有害物质和能量失去控制是危险、有害因素转换为事故的根本原因；根据 GB/T 6441—1986《企业职工伤亡事故分类》标准，危险、有害因素产生的原因归纳起来主要有四个方面：

(1) 人的不安全行为

包括：操作错误(忽视安全、忽视警告)；安全装置失效(拆除安全装置)；使用不安全的设备；用手代替工具操作；物品存放不当；冒险进入危险场所；攀坐不安全位置；在起吊物体下作业、停留；机器运转时加油、修理、检查、调整、清扫等；有分散注意力(不集中)行为；不按规定佩戴防护用品；违章进行高处作业、起重作业、动火等危险作业的行

为；其他违章操作、违章指挥、违反劳动纪律的行为。

(2) 物的不安全状态

指可能导致事故发生和危害扩大的设计缺陷、工艺缺陷、设备设施缺陷、保护措施和安全装置的缺陷，包括：检测报警、消防器材、防护、保险等装置的缺陷，例如泥浆泵旋转部位无防护罩，电气系统保护接零(接地)不符合要求，天车无防碰装置或刹车不灵，井控装置不配套等；设备、设施、工具、附件有缺陷，例如起重设备的钢丝绳、吊钩达到报废标准或型号不符，野营厕所无冲洗装置，井场与高压线距离不够等；个人防护用品用具——防护服、手套、安全帽、防毒面具等缺少或有缺陷。

(3) 环境的不安全条件

包括：物理的环境，例如噪音、震动、辐射、高温、低温等；化学的环境，例如存在易燃易爆气体、有腐蚀品及化学致癌物品暴露的环境；生物因素，例如存在引起地方病、传染病的环境，有毒蛇、毒虫出没的环境等。

(4) 安全管理上的缺陷

包括安全监督检查、事故防范、应急管理、作业人员安排、防护用品配备、设备和工艺操作管理等方面存在的缺陷。

11.2.3 事故类别分类

综合考虑起因物、致害物、伤害方式等，将危险、危害因素分为20类：

① 物体打击：指落物、滚石、碎裂崩块等物体在重力或其他外力的作用下产生运动，打击人体造成砸伤等人身伤、亡事故，不包括因机械设备、车辆、起重机械、爆炸、坍塌等引发的物体打击。

② 车辆伤害：指企业机动车辆在行驶中引起的人体坠落和物体倒塌、飞落、倾覆、挤、压、撞伤亡事故，不包括起重设备提升、牵引车辆和车辆停驶时发生的事故。

③ 机械伤害：指机械设备运动(静止)部件、工具、加工件直接与人体接触引起的夹击、碰撞、剪切、卷人、绞、碾、割、刺等伤害，不包括车辆、起重机械引起的机械伤害。

④ 起重伤害：指各种起重作业(包括起重机安装、检修、试验)中发生的挤压、坠落、(吊具、吊重)物体打击和触电。

⑤ 触电：包括电击、雷击伤亡事故。

⑥ 淹溺：包括高处坠落淹溺，不包括矿山、井下透水淹溺。

⑦ 灼烫：指火焰烧伤、高温物体烫伤、化学灼伤(酸、碱、盐、有机物引起的体内外灼伤)、物理灼伤(光、放射性物质引起的体内外灼伤)，不包括电灼伤和火灾引起的烧伤。

⑧ 火灾。

⑨ 高处坠落：指在高处作业中发生坠落造成的伤亡事故，不包括触电坠落事故(包括从架子上、屋顶上以及平地坠入坑内等)。

⑩ 坍塌：指物体在外力或重力作用下，超过自身的强度极限或因结构稳定性破坏而造成的事故，如挖沟时的土石塌方、脚手架坍塌、堆置物倒塌、建筑物倒塌等。不适用于矿山冒顶片帮和车辆、起重机械、爆破引起的坍塌。

⑪ 冒顶、片帮。

⑫ 透水。

⑬ 放炮：指爆破作业中发生的伤亡事故。

⑭ 火药爆炸：指火药、炸药及其制品在生产、加工、运输、贮存中发生的爆炸事故。

⑮ 瓦斯爆炸。

⑯ 锅炉爆炸。

⑰ 容器爆炸。

⑱ 其他爆炸。

⑲ 中毒和窒息。

⑳ 其他伤害：摔伤、扭伤、跌伤、冻伤、野兽咬伤等。

在这20类危险、有害因素中，物体打击、车辆伤害、机械伤害、起重伤害、高处坠落等与我们的生产过程密切相关。

11.2.4 井下施工作业危险、有害因素

井下施工作业具有流动性大、场所不固定、施工作业过程复杂性、多变性、突发性交错，因此，在危险、有害因素辨识过程中，应重点从人、机、环、管四个方面对施工工艺、施工过程、设备设施、工作环境等全过程的危害因素进行辨识；结合油田井下作业施工的具体情况和特点，主要有以下方面：

作业施工过程中，涉及的主要物料有原油、天然气、硫化氢(气体)等，这些物料均为甲类火灾危险物质，且具有易燃、易爆危险性，同时具有毒性。因此，作业过程的危险、危害因素主要包括：

(1) 井喷

井喷是地层能量高，井口控制不及时或无控制，地层流体沿井筒喷出井口的现象。井喷事故包括井涌、井喷失控、井喷着火和爆炸，以及有害气体泄漏失控事故。一旦发生井喷，速度快、易着火、爆炸、高压伤害、人员中毒等；同时将使油气资源受到严重破坏、环境污染、地层压力下降、生产能力降低，严重时会导致油井报废，造成巨大的经济损失，人民生命安全受到极大的威胁。通常情况下，造成井喷的主要原因包括：

① 压井液密度底，井底压力小于地层压力。

② 压井液被气侵。

③ 起管柱过程中没有灌注足够的压井液。

④ 井内油层处于多层开采，地层压力系数相差大，造成井内液柱下降。

上提管柱时，井内大直径工具(封隔器释封不彻底)产生抽吸作用；

⑤ 稠油开发井还有如下原因：地层蒸气吞吐造成层间串通，一口井注气，另一口井作业，则易发生井喷；冲砂作业时，周边井注气，当冲开砂埋油层时，则易发生井喷。

(2) 火灾和爆炸

井场落地油、溢出伴生气、杂草、农作物秸秆易引发火灾。引发火灾的点火源主要包括以下几种：

① 静电火花：工作人员未按要求着装；易产生静电，设备设施没有按规定安装防静电接地装置或者失效，导致静电聚积放电，产生火花。

② 明火火源：危险区域内动火作业，违章进行用火作业，违章使用明火(如使用火柴、打火机、吸烟等)。

③ 雷击：若设备设施未做防雷接地或者防雷接地装置失效，在遭遇雷击时，容易引发火花。

④ 电气火花：如果未按要求使用防爆电气或者电气防爆失效、电器短路等原因都有可能导致电气火花。

⑤ 机械火花：使用非防爆工具或器具等敲击、碰撞、摩擦等引起火花。

⑥ 电磁辐射：在火灾爆炸危险区域使用非防爆电气或通信设备。

（3）中毒、窒息：作业过程中的中毒事故包括：由硫化氢、一氧化碳、二氧化碳、盐酸、氢氟酸等引起的中毒事故。产生的原因包括：中毒、窒息事故可能发生在井喷或酸化压裂时，如果空气中天然气、硫化氢等浓度超标，操作人员未按规定配备穿戴个体防护用品，可能发生人员中毒、窒息。

在酸化、压裂作业中，要用到添加剂、酸液、胶凝剂、降阻剂、稳泡剂、铁离子稳定剂、高效助排剂；油井水泥使用的添加剂(主要有油井水泥减阻型降失水剂、调温缓凝剂、油井水泥消泡剂、油井水泥缓凝剂)及其他化学冲洗剂；以上物质，如果使用和管理不当，可能造环境污染和人身伤害。

在修井作业生产过程中，使用的设备、设施包括4大类：一是井口设施，包括采油树、抽油机、电机、水套炉、分离器及地面油气水管网；二是井下设备及设施，包括套管、油管、隔热管、防砂管、井下仪器、工具及装置、射孔枪弹、雷管等；三是入井流体，包括压井液、洗井液、完井液、钻井液、压裂液、酸液、堵水调剖液、解堵液、清蜡液等，这些入井流体均由各种化学品配制而成。四是地面主要施工设备及设施，这些设备、设施的特点是负荷重、功率大、体积大、承压高、工作压力大，在石油修井作业生产过程中，设备、设施随施工周期而不断地运输、搬迁、装卸、安装、立放，极易造成对人伤害和设备、设施的损坏，包括以下几个方面：

① 机械伤害：可能发生在设备摆放、立放井架、起下油管、井口操作等施工作业过程中，若违反操作规程等可能造成机械伤害；设备运转时或在提升过程中，因岗位人员操作失误、站位不合理和防护不当，可能造成机械伤害；设备维修时因岗位人员误操作，容易发生设备或工具对人身造成的机械伤害。

② 物体打击：作业队在作业过程中，因固定不牢靠，可能出现修井设备构件、油管杆、钻杆、吊卡等物体的坠落，易造成落物打击，导致人员伤亡；另外，在压裂施工时，井口是高压区，在高压区作业有其特殊要求，如果违章在高压区域穿行或逗留，极易引发高压流体伤害。

③ 高空坠落：井架天车出现钢丝绳跳槽或上抽油机拔驴头销子，特别是遇大风、雨雪天气作业时，若防护栏、盘梯存在故障或人员未系安全带、保险绳，可能发生高空坠落，造成人员伤亡。

④ 车辆伤害：人员上下班、物资运输、搬迁等过程中，企业机动车辆在行驶中可能发生交通事故，造成人员伤亡和财产损失。

⑤ 触电：在搬运设备和起放井架过程中，岗位工人未发现周围有高压输电线路，可能发生触电事故。

其他危险、有害因素：

① 噪声危害：作业设备在运行过程中会产生噪声，操作人员长期处于此环境中，会引起听力损坏，严重的甚至造成职业性噪声耳聋。

② 灼烫：锅炉车在刺油管和抽油杆的过程中，如果岗位工人操作不当，可能造成灼烫。

③ 淹溺：淹溺主要发生在污油池设施中，若此处无防护栏或防护失效以及工作人员违

章操作，极易发生淹溺事故。

④ 照明不足：夜间作业时若照明达不到卫生标准要求，不仅给工作人员的视力造成伤害，而且容易引起误操作，导致事故的发生。

⑤ 异常温度：操作人员在高、低温环境中易出现操作失误，设备和装置在高、低温环境下，也容易发生故障，严重时将导致事故的发生。

⑥ 雷电影响：雷电天气对作业人员有潜在威胁，雷电是大自然的静电放电现象，会产生极大的过电压和过电流，在其波及范围内，可能直接或间接击伤人员。

⑦ 不良地质条件：地基的不均匀沉降，在作业提升过程中可能造成井架倒塌事故。

11.3 危害因素削减控制及预防措施

削减和控制危险危害因素，是预防事故发生极为重要的一个环节，通常可采取的危险危害因素削减控制措施有以下几个方面：

1. 改进生产工艺过程，实现机械化、自动化

① 生产工艺的选择具有成熟性和先进性，采用的设备、设施要力争实现本质安全，符合行业发展趋势，淘汰落后生产工艺和设备。

② 在经济许可条件下尽量采用机械化、自动化生产。设备、设施等方面的设计和布局要以人为本，符合人机工程学原理。

2. 设置安全装置

① 防护装置、保险装置、信号装置、识别标志和危险警示标志等是预防事故的有效措施。

② 对于在现有经济技术条件下必然存在的危险危害因素，可采用安全装置。

3. 预防性的机械强度试验

① 对机械设备、装置的机械强度按照法律、法规和标准，进行机械强度试验是预防事故发生的有效措施。

② 机械可靠度随着时间的推移、使用中的磨损和受到多种因素影响逐渐降低。

③ 进行预防性的机械强度试验可以及时发现事故隐患。

4. 电气安全对策

电气安全对策主要有使用具有认证标志的电气产品、采用备用电源、电线电缆穿管埋地敷设、静电接地、安装避雷装置等。

5. 机器设备的维护保养

① 由可靠性原理可知，设备进入耗损失效期以后，事故率与偶然失效期相比迅速增加，而延长设备偶然失效期的方法就是使用过程中的维护保养，也可以通过更换零部件延长设备寿命。

② 设备的维修检修是及时发现隐患，预防事故的有效措施。

6. 工作地点的布置

① 作业场所中设备设施的相对位置和空间尺寸，在符合生产工艺要求的前提下同时符合人机工程学原理。

② 作业场所整洁、整齐、有序，不仅可降低能耗、提高劳动生产率、减少作业疲劳，

也是安全生产的重要保证条件。

7. 个人防护用品

个人防护用品是防止伤害的必要手段，配备具有相应防护功能的个人防护用品，是保证劳动者安全的重要措施。如护目镜、防酸碱工作服、面罩、耳塞、手套等都属于个人防护用品。

11.4 井下作业过程中危害因素的削减控制和预防措施

根据基本的削减控制和预防措施，结合油田井下作业过程存在的危害，将目前井下作业过程中常见危害采取的控制和预防措施列举如下。

1. 井喷失控控制和预防措施

① 加强对职工的井控知识培训，提高施工人员的技能。

② 加大安全设施的配备，满足作业现场安全要求。

③ 加强施工过程的控制，具体做好如下工作：

a. 安装相应井控装置；

b. 做好地层压力监测工作；

c. 维护好压井液性能；

d. 控制起钻速度减少抽吸；

e. 按规定进行井喷应急预案演练。

2. H_2S 泄漏中毒控制和预防措施

① 加强对职工的 H_2S 知识培训，提高施工人员的技能。

② 加大检测、防护设施的配备，满足作业现场安全要求。

③ 加强施工过程的控制，具体做好如下工作：

a. 按设计要求配备固定式、便携式 H_2S 监测仪，并保证完好；

b. 按设计要求配备正压式空气呼吸器、设置风向标等气防设施，明确 H_2S 报警信号，标出逃生路线；

c. 按设计要求配备天然气、H_2S 气体燃烧装置；

d. 保证井控设备完好；

e. 按设计要求进行 H_2S 监测，值班干部随时了解掌握 H_2S 气体检测情况；

f. 坚持坐岗制度，掌握压井液灌注量及液面变化情况，发现异常及时上报，并作好记录；

g. 控制起钻速度防止抽吸；

h. 加强应急预案演练，使员工掌握 H_2S 防护知识、技能，能正确使用正压式空气呼吸器；

i. 施工时穿戴好劳动保护，作业时站在上风方向且工作时间不能太长，避免呼吸接触，工作完后洗手、洗澡，避免皮肤接触以及消化道吸收；

j. 严禁将含有硫化氢的天然气及含有其他有毒有害气体直接放空，必须放空时应当架高管线烧掉，注意观察风向；

k. 发现人员中毒，应立即使其脱离现场，移至空气新鲜处，组织现场抢救并报警；

l. 抢救中毒人员时不要盲目直接进入危险场所，应首先做好个人防护，尽可能切断发生源，佩戴好呼吸器材。

3. 机械伤害控制和预防措施

① 严格执行操作规程。

② 加强现场危害分析。

③ 落实现场安全检查。

④ 安排专人进行安全监护。

4. 物体打击控制和预防措施

① 禁止野蛮操作。

② 加强现场危害分析，提前认识存在的风险。

③ 定期更换易损配件、工用具。

④ 严格劳保用品使用管理，坚持做好“两穿三戴”。

5. 高处坠落控制和预防措施

① 严格高处作业票证审批制度。

② 作业前对工作环境和工具进行检查，消除隐患。

③ 患有禁忌症的人员禁止高处作业。

④ 遇六级以上大风、大雾、暴雨、雷电等恶劣天气时禁止高处作业。

⑤ 邻近排放有毒有害气体、粉尘超出允许浓度时禁止高处作业。

⑥ 正确穿戴、使用劳动防护用品；安全带应完好，高挂低用；工具应有保险绳。

⑦ 拆、搬、安等作业应避免垂直交叉作业，不可避免时应有防护措施。

⑧ 作业时禁止上下抛扔物件和工具。

⑨ 作业时发现异常征兆或不适等情况时，停止作业，撤离现场。

6. 车辆伤害控制和预防措施

① 做好驾驶员行车过程危害识别和风险评价工作，车队要从驾驶员、车辆、道路三个方面对行车过程中存在的风险进行认真分析，对识别出的重大风险逐一制定风险削减措施，使每一位驾驶员对行车过程中的风险做到心中有数。

② 加强车管干部、驾驶人员的学习，组织好每月一次的驾驶员例会学习，创新学习形式，注重学习效果，把让驾驶员谈体会、谈感想、谈如何做到行车安全、紧急情况应采取哪些应急处理措施等作为例会学习的重点；对交通法律法规及安全管理规章制度的学习，改变以往通篇宣读，不问效果的做法，把关键的条款摘录出来，让司机谈认识、谈感想，真正做到“装法于胸，藏爱于心，脑清眼亮，手脚沉稳”。

③ 加大监督检查力度，每月组织2~3次路检路查，对查出的违规车辆，加大处罚力度。

④ 加强车辆运输管理，每个单位明确交通主管领导和车辆调派人且明确职责，建立车辆调派台账，驾驶员必须持有效路单行车。

⑤ 加强车辆本质安全管理，组织好机动车辆年度安全技术检验，落实车辆“三检制”（出车前、行驶中、回场后检查），保证车辆无隐患。

7. 甲醇伤害的控制和防护措施

甲醇，别名：木醇，木精。无色澄清液体，有刺激性气味。微有乙醇样气味，易挥发，易流动，燃烧时无烟有蓝色火焰，能与水、醇、醚等有机溶剂互溶，能与多种化合物形成共沸混合物，能与多种化合物形成溶剂混溶，溶解性能优于乙醇，能溶解多种无机盐类，如碘化钠、氯化钙、硝酸铵、硫酸铜、硝酸银、氯化铵和氯化钠等。易燃，蒸气能与空气形成爆炸极限6.0%~36.5%(体积百分比)。有毒，一般误饮15mL可致眼睛失明。

遇有甲醇泄漏事故时，人员应迅速撤离泄漏污染区至安全区，并进行隔离，严格限制出入。切断火源。建议应急处理人员戴自给正压式呼吸器，穿防毒服。不要直接接触泄漏物。尽可能切断泄漏源，防止进入下水道、排洪沟等限制性空间。小量泄漏：用砂土或其他不燃材料吸附或吸收。也可以用大量水冲洗，洗液稀释后放入废水系统。大量泄漏：构筑围堤或挖坑收容；用泡沫覆盖，降低蒸气灾害。用防爆泵转移至槽车或专用收集器内。回收或运至废物处理场所处置。

呼吸系统防护：可能接触其蒸气时，应该佩戴过滤式防毒面罩(半面罩)。紧急事态抢救或撤离时，建议佩戴空气呼吸器。

眼睛防护：戴化学安全防护眼镜。

身体防护：穿防静电工作服。

手防护：戴橡胶手套。

皮肤接触：脱去被污染的衣着，用肥皂水和清水彻底冲洗皮肤。

眼睛接触：提起眼睑，用流动清水或生理盐水冲洗。就医。

吸入：迅速脱离现场至空气新鲜处。保持呼吸道通畅。如呼吸困难，给输氧。如呼吸停止，立即进行人工呼吸。就医。

食入：饮足量温水，催吐，用清水或1%硫代硫酸钠溶液洗胃。就医。

11.5 安全设施与防护用品的使用和维护技术

11.5.1 安全设施使用与维护

11.5.1.1 天车防碰装置的使用与维护技术

井下作业过程中，起下作业是最频繁的施工之一，由于操作人员操作不熟练、起下管柱时上提过猛或操作人员注意力不集中等各种人为因素，会造成游动滑车顶天车的恶性事故；为了增加设备的安全性能，减少或避免施工作业中人为事故的发生，起下作业用的修井机、通井机等作业设备必须安装可靠的天车防碰装置。

1. TJF-A型天车警示防碰仪使用与维护

(1) 防碰仪的结构和主要技术参数

① 结构：主要由控制器、传感器、感应器、电磁阀及连接线等组成。

② 工作原理及主要技术参数

用于井下作业起下管柱工艺时，按需要设定游动滑车离天车的安全高度，当游动滑车提升时超过报警高度，防碰仪立即发出连续的声、光报警信号，提醒应立即采取措施，报警精度≤0.3m。

用于井下作业抽吸及打捞工艺时，至钢缆末端记号离井口数米处，设定报警位置，当钢缆提升超过报警位置时，防碰仪立即发出连续的声、光报警信号，提醒应停止提升，防止作业工具撞井口，报警精度≤3m。

用于修井机(通井机)起下管柱工艺中带刹车时，另配备一套控制气阀，按需任意设定报警高度，当游动滑车提升超过报警高度，防碰仪立即发出连续的声、光报警信号，同时电磁阀动作，使作业设备上的刹车气缸动作，滚筒即刻停止转动，能及时避免碰撞事故的发生，且刹把不动，防止打伤操作人员。

（2）防碰仪的使用方法

① 开、关机：仪表安装好后，按电源【开/关】键，指示灯（红色）亮，即开机；再按【开/关】键，关机；

② 报警设定：游动滑车至所需报警高度，静止不动，然后按【清零】键、【设置】键，指示灯（绿色）亮，完成设定（注意：仪表每次开机后，必须首先设定报警高度）。

③ 报警指示及回复：作业时，一旦游动滑车超过设定高度，防碰仪立即发出连续的声、光报警信号，提醒应立即采取措施，（带刹车的同时刹车制动，使滚筒停止转动）；报警后，若游动滑车回复至设定高度以下，报警器立即停止声、光报警，又恢复正常作业施工。

（3）防碰仪的检查与维护

① 在正常工作中，当滚筒转动时，仪表上的Ⅰ、Ⅱ传感器指示灯应连续闪烁，否则为传感器发生故障，应立即更换磁片或传感器（磁片 7~8 个月更换一次）。

② 设置完报警高度后，若出现未到位或超越位置报警的现象，应检查传感器安装是否符合要求；传感器与磁片距离为 15~20mm，大传感器与感应板距离为 3~5mm。

③ 在交接班后，检查作业机防碰仪工作是否正常（检查传感器、电磁阀），并设定防碰仪的高度。

④ 若只报警不断离合，说明电磁阀需要维护，清洗时需要卸下电磁阀头的四个螺丝，取出电磁阀活塞，清洗干净加上机油，安装好即可；电磁阀需要在一个月内清洗保养一次。

⑤ 仪表应妥善保护，避免各部件损伤。

2. NNNY-1 型天车警示防碰仪使用与维护

（1）天车防碰装置的结构

主要由防碰肘阀、继气器、梭阀、防碰控制阀等组成。

（2）天车防碰装置的工作原理及操作方法

提前将安装在滚筒上的防碰肘阀阀杆调整到防碰动作位置，当游动滑车大钩上升到一定高度时，滚筒上快绳排绳到设定位置，防碰肘阀阀杆被大绳碰斜，使该常闭阀打开，主气通过防碰肘阀进入常闭继气器，并打开常闭继气器，使气包内主气进入刹车汽缸，刹车汽缸起作用，进而刹死滚筒；同时另一路控制常开继气器，切断进入司钻阀的进气，从而使滚筒离合器放气，绞车停止转动，达到天车防碰的目的。

（3）防碰装置的维护和保养

① 各阀件无损伤，无漏气现象；定期对老化的气路管线和各阀件进行更换清洗。

② 连接管线无漏气，接头牢固，刹车气缸挺杆伸缩灵活。

③ 防碰肘阀阀杆位置调整适当。

11.5.1.2 防喷装置的使用与维护技术

在井下作业过程中，一旦发生井喷失控，将使油气资源受到严重破坏，还易酿成火灾，造成人员伤亡、设备毁坏、油气井报废、自然环境污染；是作业施工中性质严重、损失巨大的灾难性事故；在日常井控管理工作中，全员的防喷意识是井喷预防的基础，而井控装置的配置是控制井喷的关键，在作业中，井喷多发生在起下钻过程中；因此，安装灵活可靠的防喷器，是有效地对井喷进行控制的最佳措施。根据河南油田井下作业的特点，结合目前各队种配备的井控装置情况，介绍几种目前生产中常用的井控装置使用方法和维护保养常识。

1. 单闸板封井器

(以 FZ18-21 型防喷器为例)

(1) 防喷器的结构

主要由壳体、上下法兰、端盖、密封闸板总成等组成。手动单闸板防喷器的壳体、侧门承压件，连接螺栓等均为合金钢锻造而成，全部金属零件均进行镍磷化学镀表面处理；壳体上的闸板室采用椭圆结构，改善了壳体受力分布，提高了壳体安全性能；闸板室内开有两条沉砂槽，在闸板向井口关闭过程中，可把泥砂等推向井口，侧门为平板式，方便更换闸板总成；闸板总成为顶密封和前密封分开形式，方便更换；闸板轴和侧门之间密封采用“Y”形圈和“O”形圈组合密封的形式，密封可靠，更换方便；紧锁轴用止推轴承定位支撑，操作方便。

(2) 防喷器的主要技术参数

① 最大工作压力：21MPa

② 上下部法兰连接尺寸：法兰外径：Φ380mm

③ 垫环槽外径：Φ211.14mm

④ 配备闸板总成：2⅞in

⑤ 外型尺寸(长×宽×高)：750mm×380mm×399mm

⑥ 质量：290kg

(3) 工作原理及操作方法

① 防喷器开关：当需要关闭防喷器时，操作手轮按顺时针方向转动(因锁紧轴传动螺纹是左旋的)，在锁紧轴的带动下闸板向井口中心移动，从而封闭井口；打开闸板时，左旋手轮，到位后手轮反转约 1/4 圈。

② 闸板的密封及特点：防喷器封闭井口，必须同时有四处密封起作用，才能达到有效的封闭。即：闸板总成上的顶密封与壳体闸板室上部密封；闸板前密封和管柱之间的密封；壳体和侧门之间的密封；侧门和闸板轴之间的密封；缺一不可。

③ 顶密封是因闸板室的高度比总成上的顶密封小，顶密封受挤压变形而密封，当井内有压力时，受向上的井压作用可以起助封作用；前密封在锁紧轴推力下，相互接触，橡胶变形而起密封作用；侧门和壳体之间用“O”形密封圈密封，侧门和闸板轴之间由“Y”形密封圈和“O”形密封圈组合形成密封。

④ 开放井口时，锁紧轴左旋到位后再右旋约 1/4 圈，这样一是保证各处有松动的间隙；二是使顶密封、前密封两侧进入壳体有较大空间，使橡胶免受长期的挤压以致损坏。

(4) 维护和保养

① 上井使用完毕的防喷器，应清除其外部的污物；再打开侧门，清洗内部污物；拆开背帽检查止推轴承处有无异物进入；清洗，加润滑脂。

② 检查锁紧轴表面，并清洗，加涂轻质润滑油，再组装起来；组装好后，先手动开关，无卡阻，再按标准试密封，合格后，擦洗干净打油备用。

③ 定期检查胶芯和其他密封件、易损件的使用情况。

2. 双闸板封井器(以 2FZ18-35 型防喷器为例)

(1) 防喷器的结构

主要由壳体、上下法兰、端盖、密封闸板总成等组成。手动双闸板防喷器的壳体、侧门承压件，连接螺栓等均为合金钢锻造而成，壳体上的闸板室分上下两层，上层内装 2⅞闸板，下层装全封闸板；全部金属零件均进行镍磷化学镀表面处理，壳体上的闸板室采用椭圆结构，改善了壳体受力分布，提高了壳体安全性能，闸板室内开有两条沉砂槽，在闸板向井口关闭过程中，可把泥砂等推向井口，侧门为平板式，方便更换闸板总成；闸板总成为顶密封和前密封分开形式，方便更换；闸板轴和侧门之间密封采用"Y"形圈和"O"形圈组合密封的形式，密封可靠，更换方便；紧锁轴用止推轴承定位支撑，操作方便。

（2）防喷器的主要技术参数

① 最大工作压力：35MPa

② 上下部法兰连接尺寸：法兰外径 Φ380mm

③ 垫环槽外径：Φ211.14mm

④ 配备闸板总成：2⅞、全封

⑤ 外型尺寸(长×宽×高)：1040mm×480mm×670mm

⑥ 质量：620kg

（3）工作原理及操作方法

① 防喷器开关：当需要关闭防喷器时，应由两人两边同时操作手轮按顺时针方向转动(因锁紧轴传动螺纹是左旋的)，在锁紧轴的带动下闸板向井口中心移动，直至两边闸板相接触，再施加一定的载荷，使闸板总成上的前密封挤压变形，从而封闭井口。闸板轴上有限位装置，不允许一边的闸板总成运动时超过井口中心位置；该防喷器上层可实现半封，下层推进全封闸板可实现全封；打开闸板时，左旋手轮，到位后手轮反转约 1/4 圈。

② 闸板的密封及特点：防喷器封闭井口，必须同时有四处密封起作用，才能达到有效的封闭。即：闸板总成上的顶密封与壳体闸板室上部密封；闸板前密封和管柱之间的密封；壳体和侧门之间的密封；侧门和闸板轴之间的密封；缺一不可；

③ 顶密封是因闸板室的高度比总成上的顶密封小，顶密封受挤压变形而密封，当井内有压力时，受向上的井压作用可以起助封作用，前密封在锁紧轴推力下，相互接触，橡胶变形而起密封作用。侧门和壳体之间用"O"形密封圈密封，侧门和闸板轴之间由"Y"形密封圈和"O"形密封圈组合形成密封；

④ 开放井口时，锁紧轴左旋到位后再右旋约 1/4 圈，这样一是保证各处有松动的间隙。二是使顶密封、前密封两侧进入壳体有较大空间，使橡胶免受长期的挤压以致损坏；

⑤ 下层全封采用合金硬密封，靠闸板与密封环平面之间的自由贴合，借助密封脂并在介质的作用下实现密封。

（4）维护和保养

① 上井使用完毕的防喷器，应清除其外部的污物；再打开侧门，清洗内部污物；拆开背帽检查止推轴承处有无异物进入；清洗，加润滑脂。

② 检查锁紧轴表面，并清洗，加涂轻质润滑油，再组装起来；组装好后，先手动开关，无卡阻，再按标准试密封，合格后，擦洗干净打油备用。

③ 定期检查胶芯和其他密封件、易损件的使用情况，确定是否更换。

3. 液压远程控制封井器

液压远程控制封井器主要是由地面防喷器控制装置和不同级别、不同型号的液控封井器组合而成；控制的核心是地面防喷器控制装置；地面防喷器控制装置(以下简称控制装置)是控制井口防喷器组以及液动节流阀、压井阀的重要设备，是钻井、修井作业中防止井喷不可缺少的装置；正确的使用和维护保养对控制装置是非常重要的。下边以 FKQ640-6G 型地面防喷器控制装置为例介绍其组成、原理、操作和保养维护。

(1) 控制装置的结构及特点

地面防喷器控制装置主要有远程控制台、司钻控制台、空气管缆、液压管线、报警装置、氮气备用系统、压力补偿装置、辅助控制台等组成。

① 远程控制台：远程控制台由底座、油箱、泵组、蓄能器组、管汇、各种阀件、仪表及电控箱等组成；主要功能：由泵组产生高压控制液，并储存在蓄能器组中；当需要开、关防喷器时，来自蓄能器的高压控制液通过管汇的三位四通转阀被分配到各个控制对象(防喷器)中。远程控制台的特点是：

a. 配有两套独立的动力源；FKQ 系列配有电动油泵和气动油泵，即使在断电的情况下，亦可保证系统正常工作。

b. 蓄能器组有足够的高压液体储备，满足关闭全部防喷器组和打开液动阀的控制要求；任一蓄能器瓶的失效，蓄能器给总液量的损失不大于 25%。

c. 电动油泵和气动油泵均带有自动启动、停止的控制装置；在正常工作中即使自动控制装置失灵，溢流阀也可以迅速溢流，保证系统安全。

d. 每个防喷器的开、关动作均由相应的三位四通转阀控制；既可直接手动换向，又可气动遥控换向。

e. 远程控制台的控制管汇上备有压力源接口，可以在需要时引入压力源，如氮气备用系统等。

f. KFQ 系列控制装置的环形防喷器控制回路可以远程气动调压，当气源突然失效时，控制压力可以自动恢复位为初始设定值。

② 司钻控制台：司钻控制台通常安装在钻台上，使司钻能够很方便的对远程控制台实现遥控。其特点是：

a. 工作介质为压缩空气，保证操作安全。

b. 各气转阀的阀芯机能均为 Y 型，并能自动复位，在任何情况下都不影响在远程控制台上对防喷器组进行操作。

c. 具有操作记忆功能，每个三位四通气转阀分别与一个显示气缸相接，当操作转阀到“开”位或“关”位时，显示窗口便同时出现“开”字或“关”字，气转阀手柄复位后，显示标牌仍保持不变，使操作人员能了解前一次在司钻台上操作的状态。

d. 为确保对防喷器组的操作可靠无误，司钻控制台的转阀均采用二级操作的方式，即首先要搬动气源转阀，接通气源，然后搬动控制气转阀，才能使相应的控制对象动作。

③ 空气管缆：空气管缆是用以连接远程控制台与司钻控制台之间的气路；空气管缆由护套及多根管芯组成，两端装有连接法兰，分别与远程控制台和司钻控制台相连，连接法兰之间用橡胶密封垫密封。

④ 液压管线：一般情况下，远程控制台与井口防喷器组之间的距离为 30m，需要用一组液压管线将它们连接起来；连接方式有硬管线连接和软管线连接。

⑤报警装置：远程控制台可以安装报警装置，对蓄能器压力、气源压力、油箱液位和电动泵的运转进行监视，当上述参数超出设定的报警极限时，可以在远程控制台和司钻控制台上给出声、光报警信号，提示操作人员采取措施；

⑥ 氮气备用系统：氮气备用系统由若干与控制管汇连接的高压氮气瓶组成，可为控制管汇提供应急辅助能量；

⑦ 压力补偿装置和辅助控制台是地面防喷器控制装置的配套设备。

(2) 控制装置的工作原理与操作方法

① 电动油泵的启、停控制：

a. 将远程控制台上电控箱的主令开关旋转到“自动”位置，整个装置便处于自动控制状态；此时，如果系统压力低于19MPa，压力控制器将自动启动电动油泵；压力油经单向阀向蓄能器组供油(在此之前必须打开蓄能器组的隔离阀)；当系统压力达到21MPa时，压力控制器自动切断电源，使电动油泵停止供油；当系统压力降至时19MPa，电动油泵会自动重新启动工作。

b. 系统处于“自动”状态时，压力控制器使蓄能器组的压力始终保持在19~21MPa，随时可供操作防喷器开启和关闭；

c. 将主令开关旋转至“手动”位置时，按下启动按钮，电动油泵将会启动工作，系统压力达到21MPa时，应当按下“停止”按钮。

② 液压系统的控制

a. 储存在蓄能器组中的压力油通过蓄能器隔离阀(高压球阀)、滤油器，再经减压溢流阀减压后，进入控制管汇，到各三位四通转阀进油口；同时来自蓄能器组的压力油经滤油器进入控制环形防喷器的减压溢流阀，减压后专供环形防喷器使用；只需扳动相应的三位四通转阀手柄，便可实现“开”、“关”防喷器的操作。

b. 三位四通转阀的换向也可通过司钻控制台遥控完成；首先扳动司钻控制台上控制气源开关的气转阀至开位，同时操作其他三位四通气转阀进行换向，压缩空气经空气管缆而进入远程控制台，控制相应的气缸，带动换向手柄，使远程控制台上相应的三位四通转阀换向；在司钻控制台上气转阀换向的同时，压缩空气使气缸的活塞移动，司钻控制台上各气转阀上的圆孔内显示出“开”或“关”的字样，表示各防喷器处于“开”或“关”的状态。

c. 控制管汇上减压溢流阀的出口压力调整范围为0~14MPa，一般情况下调整为10.5MPa；旁通阀的手柄在“开”位时，减压溢流阀将不起作用，控制管汇的压力与系统压力相同。

d. 控制环形防喷器的减压溢流阀可以是手动或气/手动减压溢流阀；系统装有气/手动减压溢流阀时，可以分别在远程控制台或司钻控制台对阀的输出压力进行气动调节；可以通过远程控制台上的分配阀，选择气动调压的位置；分配阀有两个位置：远程控制台和司钻控制台。

e. 手动调节时，旋转减压溢流阀上端的手轮，可以将输出压力调节为设定压力；向下旋入为提高输出压力，向上旋出为降低输出压力；气动调压的使用方法如下。

——在气压为零的情况下，先手动调压至输出压力为10.5MPa或所需的设定压力，锁定调节杆。

——将分配阀手柄旋至“司钻控制台”位置，在司钻控制台上旋转调节旋钮，可以调整环形防喷器的控制压力，顺时针旋转为降低控制压力。

——将分配阀手柄旋至“远程控制台”位置，在远程控制台上旋转调节旋钮，可以调整环形防喷器的控制压力，顺时针旋转为降低控制压力。

f. 远程控制台上所用的三位四通转阀(液转阀)均为“O”型机能，转阀手柄在“中”时，各腔互不相同，而当手柄处于“开”位或“关”位时，随着压力油进入防喷器中油缸的一端，另一端的油液便经三位四通转阀回油箱；使用时，转阀的手柄应保持在“开”位或“关”位。

g. 司钻控制台上各三位四通转阀(气转阀)可以自动复位(“中”位)。

③ 辅助泵的控制：控制装置另外配有一组辅助泵源，在没有电或不许用电时，系统的压力可由气动油泵或手动油泵提供。

a. 气动油泵的控制：对于配有气动油泵的控制系统，打开气源开关阀，关闭液气开关的旁通阀，压缩空气经气源处理元件进入液气开关，如果此时管汇压力低于 17.85MPa，液气开关将自动开启，压缩空气通过液气开关进入气动油泵，驱动其运转，排出的压力油经单向阀进入管汇；当系统压力升至 21MPa 左右时，在压力油的作用下，液气开关自动关闭，切断气源，气动油泵停止工作。

b. 在个别情况下，需要使用高于 21MPa 的压力油进行超压工作，只能由气动油泵供油；此时应首先关闭管路上的蓄能器组隔离阀，使压力油不能进入蓄能器组，同时将控制管汇上的减压溢流阀的旁通阀从“关”位扳至“开”位；打开液气开关的旁通阀使液气开关不起作用，压缩空气直接进入气动油泵使其运转。

c. 手动油泵的使用：对于配有手动油泵的控制系统，只要摇动手动油泵的手柄，即可对系统提供压力油；需要注意的是，系统压力较低时，可以将手动油泵上的截止阀打开，使其双缸工作，以加大排出液量；系统压力较高时，摇动手柄会很困难，此时应当关闭手动泵上的截止阀，使手动泵单缸工作，降低推动手柄的负荷。

(3) 维护与保养

① 在正常情况下，每班进行一次检查；远程控制台各转阀的手柄位置是：各防喷器处于“开”位，放喷阀处于“关”位，旁通阀处于“关”位。

② 司钻控制台转阀为二级操作，使用时应先扳动气源阀，同时扳动相应的控制转阀；由于空气管缆为细长的管线，需要一段相应时间，扳动转阀手柄后应停顿 3 秒钟以上，确保远程控制台相应转阀完成动作。

③ 控制装置与防喷器连接的液压或气管线均不得通过车辆，防止压坏。

④ 各滤油器及油箱顶部加油口内的滤网，每次上井使用后应当拆检，取出滤网，认真清洗，严防污物堵塞。

⑤ 气源处理元件中的分水滤气器，每天打开下端的放水阀一次，将积存于杯子内的污水放掉；每两周取下过滤杯与存水杯清洗一次，清洗时用汽油等矿物油滤净，压缩空气吹干，勿用丙酮、甲苯等溶液清洗，以免损坏杯子。

⑥ 气源处理元件中的油雾器，每天检查其杯中的液面，注意及时补充与更换润滑油，发现滴油不畅时应拆开清洗。

⑦ 定期检查蓄能器预充氮气的压力，最初使用时每周检查一次氮气压力，以后在正常使用过程中每月检查一次，氮气压力不足 6.3MPa 时应及时补充；检查氮气压力必须在蓄能器瓶完全泄压的情况下进行，可利用蓄能器底部带卸荷的球阀卸压。

⑧ 控制装置远距离运输时，将蓄能器内的氮气放到只剩 1MPa 左右，以免运输中出现意外。

⑨ 随时检查油箱液面，定期打开油箱底部的丝堵放水，检查箱底有无泥沙，必要时清洗箱底；应定期检测油箱内液压油的清洁度，以防止由于液压油的污浊对控制装置造成损坏。

⑩ 定期检查电动油泵、气动油泵或手动油泵的密封盘根，盘根不宜过紧，只要不明显漏油即可，遇有盘根损坏时应予更换。

—拆卸管线时，应注意勿将快换活接头的“O”形密封圈丢失，拆卸后，这些密封圈应分别收集到一起，妥善保管。

—经常擦拭远程控制台、司钻控制台表面，保持清洁，注意勿将各种标牌碰掉。

—每完工一口井后，应对压力表进行一次校验。

—在正常使用和维修条件下，控制装置的正常使用期限不宜超过 8 年。

4. 旋塞阀

旋塞阀是钻柱(管柱)循环系统中的手动控制阀，是防止井喷发生的有效内防喷工具之一；按旋塞阀的用途分为方钻杆旋塞阀和油管旋塞阀；下边以方钻杆旋塞阀为例介绍其使用方法和维护保养知识：

方钻杆旋塞阀分为上部方钻杆旋塞阀(CS 型)和下部方钻杆旋塞阀(某 S 型)，上部方钻杆旋塞阀用于水龙头接头下端和方钻杆上端之间，下部方钻杆旋塞阀用于方钻杆下端和钻杆上端或方钻杆保护接头的下端之间；用专用扳手按指示要求转动 90°即可实现开关。在大修、试油、气井起下管柱作业过程中，为避免井喷恶性事故的发生，均应在方钻杆或油管的上、下两端组接方钻杆旋塞阀。

(1) 结构与工作原理

方钻杆旋塞阀分为 A、B 型两种(A 型结构为常用结构)，均由本体、下球阀、弹簧、操作键、球、开口挡环、上球座、挡圈套、弹性挡圈及密封件、附件扳手组成；其密封原理是由弹簧支承球座使球定位，并使之有一定预紧，球与球座密封件紧密接触，当开放时，水眼畅通，关闭时，球面将水眼全部封住，内环空部分压力作用在球体上，使球与球座处于高压密封状态，实现安全保护作用。

(2) 使用方法

① 使用前先用专用扳手旋转操作键，看能否转动灵活，到位或过位。

② 接到方钻杆(油管)上、下端后，再次用专用扳手试操作键的灵活程度，灵活方可下井。

③ 在井内发生井涌或井喷时，应就近关闭方钻杆上旋塞阀或下旋塞阀。

④ 正常操作中，卸单根前先关闭下旋塞阀，可防止液体压力喷射出来。

(3) 维护和保养

① 使用后的旋塞阀应冲洗干净，送到专业部门作无损检测和压力密封试验，合格后两端螺纹涂抹防锈、防蚀脂，存放在通风干燥处备用。

② 无损检测和压力密封试验有一项不合格的旋塞阀，必须拆卸更换零件，组装后作检测和试验，合格后方可继续使用。

11.5.1.3 检测仪器的使用与维护

1. 硫化氢气体监测仪的使用与维护

硫化氢气体监测仪分固定式和便携式两种，固定式监测仪用于监测井场中硫化氢容易泄漏和积聚的场所的硫化氢浓度值；便携式监测仪用于监测不固定场所的硫化氢浓度值。

(1) 便携式硫化氢电子探测报警器使用和维护

① 报警器的使用：

a. H_2S-1 型气体探测报警器是采用控制电位电解法原理设计的一种优质微型监测报警设备；它能在硫化氢气体对人体危害出现之前，对硫化氢气体的浓度进行检测报警；该仪器具有灵敏度高、感应快、体积小、重量轻等优点。

b. H_2S-1 探测报警器，有两个浓度预警值，当浓度超过第一预警值三倍时，将发生连续声光报警，其具体浓度将由液晶数字屏上显示出来。该仪器没有照明装置，在黑暗处使用时，可按下照明按钮 7，就能在显示屏 3 上清晰读数，当浓度超过 40ppm 时，显示屏上将出现超量符号“←”，当在嘈杂环境时，可将耳塞机插入耳塞插座内监听。

c. 使用注意事项：在显示器 3 上出现超量符号“←”时，应停止使用；该仪器严禁撞击；严禁在可燃性气体达到危险值的环境中更换电池；当检查电池电压达不到要求时，应更换电池；当出现下列情况时，需要更换传感器。零位调节时调不到“0，0，0”；不能进行正常调校；显示器显示数值不稳定。

② 报警器的校验和维护：

a. 使用前应对满量程响应时间、报警响应时间、报警精度等主要参数进行测试。

b. 使用过程中要每半年校验一次；在超过满量程浓度的环境使用后应重新校验。

c. 应指定专人保管和维护监测设备。

d. 在极端湿度、温度、灰尘和其他有害环境的作业条件下，检查、校验和测试的周期应缩短。

e. 检查、校验和测试应做好记录，并妥善保存，保存期至少 1 年。

（2）固定式硫化氢探测设备

① 监测仪器的使用：固定式硫化氢探测设备装在探制室或某中心控制室，几台感应器同时与探测仪连接，这些感应器将被安放在远处工作地区周围，监测传感器至少应在下述位置安装：井口、司钻或操作员位置、循环（放喷）液出口、井场工作室、未列入进入限制空间计划的所有其他硫化氢可能聚集的区域。

② 监测仪器的校验和维护：

a. 使用前应对满量程响应时间、报警响应时间、报警精度等主要参数进行测试。

b. 使用过程中要一年校验一次；在超过满量程浓度的环境使用后应重新校验。

c. 指定专人保管和维护监测设备。

d. 在极端湿度、温度、灰尘和其他有害环境的作业条件下，检查、校验和测试的周期应缩短。

e. 检查、校验和测试应做好记录，并妥善保存，保存期至少 1 年。

2. 可燃气体报警仪的使用与维护

以某便携式可燃气体探测仪为例介绍其使用和维护

（1）报警器的使用：

① 开机：按 enter 键，听到一声规则的声音表明仪表正常工作，声音信号的间隔由厂家编程确定，伴随着声光信号，仪器进行自动测试，测试依次显示：r1.0、3TST、2TST、1TST、0TST、00%LEL；完毕后即可投入使用。

② 将仪器置于可燃气体环境，通过液晶显示器读取测量数值即为环境内可燃气体浓度值。

③ 关机：持续按 enter 键，依次显示：2OFF、1OFF、0OFF，待无显示后，松开键即可。

④ 使用注意事项：

a. 为了在黑暗区域读取测量值，按↓键可以照亮显示器，在显示器的两边各有一个发光二极管，可以照亮显示器 20 秒钟。

b. 该仪器严禁撞击。

c. 严禁在可燃性气体达到危险值的环境中更换电池。

d. 当检查电池电压达不到要求时，应及时充电。

e. 该仪器设置两个报警阈值：阈值1是可调报警阈值，通过编程模式，根据用户需要在1%~60%LEL间调整；阈值2是固定报警阈值，60%LEL是出厂时由厂家设定好，用户不能做调整；

f. 禁止用此仪器测量高浓度的可燃气体，否则，会损坏传感器，注意仪器测量范围。

(2) 报警器的校验和维护

① 维护工作必须由专业人员完成，如果使用时仪表暴露在浓度极高的气体中，或者放置一个多月没有使用，应6个月标定一次。

② 应指定专人保管和维护监测仪器。

③ 检查、校验和测试应做好记录，并妥善保存，保存期至少1年。

④ 每年更换一次用于保护传感器的过滤片。

⑤ 定时给电池充电、放电。

11.5.1.4 登高作业辅助设施的使用与维护

1. 高空防坠速差自控器

在井下作业过程中，经常要进行登高作业，其最大的危害是高空坠落伤害；高空防坠速差自控器是保证作业人员人身安全的重要防坠设施。

(1) 工作原理及结构

高空防坠速差自控器由本体、锦纶吊绳、安全钩、安全绳等组成；它是利用物体下坠的速度差进行自控；正常使用时，安全绳将随人体自由伸缩，不需经常更换悬挂位置，在器内机构的作用下，安全绳一直处于半张紧状态，一旦人体失足坠落，安全绳的拉出速度加快，器内控制系统立即自动锁止，使安全绳下坠不超过0.2m，冲击力小于2942N，确保人体不受伤害，负荷一旦解除又能恢复正常工作。

(2) 使用方法

① 固定自控器：将自控器的锦纶吊绳跨过上方坚固钝边的结构物，将安全钩扣住吊环。

② 把安全绳上的铁钩挂入使用者的安全带半圆环内即可使用。

③ 自控器悬挂在使用者上方，高挂低用。

④ 使用时切勿使钢丝绳扭曲或打结，钢丝索不能与其他绳索交叉缠绕在一起，也不能钩到别处或者与锐物干涉。

⑤ 严禁在传动机构旁边使用，以免钢丝绳卷入传动机构内而发生不必要的事故。

(3) 检查和维护保养

① 使用前检查器具钢丝索有无断股，锦纶吊索是否被锐物割破、外观有否异常(如出现裂纹等缺陷)；在正常情况下，拉出钢丝索时发出"搭搭"锁止声表示工作正常可使用。

② 锦纶吊索严禁装在锐边固定物上，以免割破吊索影响强度。

③ 雨天使用后要及时用干布擦干钢丝索，以免钢丝索加速锈蚀缩短使用寿命。

④ 每次使用完毕后，钢丝绳索必须缩回到机体内。

⑤ 在正常环境和合理使用下有效期为二年。使用次数少的器具若时间超过两年，可经专业部门检测后延期使用六个月。

2. 助力器(助爬器)

在登高作业过程中，人员在攀爬井架时，需要付出很大的力气，过多的透支体力，会发生意想不到的事故；借助助力器登高，可达到省时省力，保护操作者的目的。

(1) 结构与工作原理

由配重块、导向轮、牵引绳、滑行绳、挂钩等组成；利用物体能量平衡原理进行调速滑行，平衡架和平衡块的总重量接近登高人员的体重，通过导向滑轮的导向，人员上升时，平衡块顺滑行绳下滑；人员下降时，平衡块顺滑行绳上升。

(2) 使用方法

平时将可调配重块悬挂于逃生绳上，当需要上升或下降时，将助力器的挂钩挂在登高人员的安全带上，借助平衡块的重量进行上升或下降。

(3) 维护保养

① 定期检查钢丝绳及挂钩的使用状况，出现磨损及时更换。

② 定期对导向滑轮进行检查，打黄油保养。

③ 使用时切勿使钢丝绳扭曲或打结，钢丝索不能与其他绳索交叉缠绕在一起。

11.5.2 防护器材的使用与维护技术

11.5.2.1 空气呼吸器的使用与维护

1. 空气呼吸器的用途与原理

(1) 用途：空气呼吸器是一种自给开放式呼吸保护器具。供使用人员呼吸器官免受浓烟、毒气、刺激性气体或缺氧伤害的保护装备。空气呼吸器根据使用时面罩内压力状况，分为负压式空气呼吸器和正压式空气呼吸器；目前油田使用的均为正压式空气呼吸器。

(2) 工作原理：正压式空气呼吸器是使用压缩空气的开放式带气源的呼吸器，它依靠使用者背负的气瓶供给空气；气瓶中高压压缩空气被高压减压阀降为中压，然后通过需求阀进入呼吸面罩；无论呼吸速度如何，通过需求阀在面罩内始终保持轻微的正压，这样可阻止外部空气的进入。

2. 空气呼吸器的结构

(1) 空气呼吸器的结构

空气呼吸器由背架、高压减压阀、压力计和报警哨、需求阀、面罩、碳纤维气瓶等构成。

(2) 空气呼吸器各部件介绍

① 背架：背架由背板、背带、腰带、气瓶固定带四部分组成。用于背负气瓶，使气瓶背着舒适，各部件由阻燃材料制成。

② 高压减压阀：减压阀的使用是将高压减为稳定的中压，而不涉及气瓶所剩压力大小或呼吸的速度，工作压力为30MPa。在意外情况下，中压超过1.2MPa时，安全阀则打开。

③ 压力计和报警哨：压力计是带有帕刻度的表式压力计，可以使操作人员直接读出气瓶内所剩压力；报警哨是一个安全报警装置，当气瓶内气体压力降至4~6MPa时，发出报警声，提醒佩戴者及时撤离；操作人员以正常的呼吸速度呼吸还可以使用5min左右。

④ 需求阀：需求阀只有在与面罩连接后才会提供来自减压阀的空气，这样可使操作人员在距离危险地域尽可能接近时才使用气瓶中的空气；需求阀装有卡扣，可以快速连接面罩；装有的传感器可以自动地向面罩提供正压空气；另有一个旁路系统，按压阀中心的按钮可以大量补充面罩内的空气，该装置也可用来通气管。

⑤ 面罩：全面罩使操作人员的面部与环境空气完全隔绝，这是一种单眼窗、大视野、

双层环状片密封的正压型面罩，用橡胶压制成；它包括：视窗、口鼻罩、阀座、传声器、双层环状片密封体、头带。

⑥ 碳纤维气瓶：碳纤维复合材料气瓶是由铝合金内胆、外用碳纤维和玻璃纤维等高强度纤维制成；气瓶的气体容量根据气瓶的容积和压力大小而定：容积为 6.8L 的气瓶，充装空气压力达到 30MPa 时，可携带空气量为 2040L；气瓶使用时间根据气瓶的气体容量和操作人员的呼吸量而定：呼吸量主要取决于操作人员及其运动量大小，理论上，不同的呼吸速度及其所需呼吸量如下：

——中速，平均 40L/min，则使用时间为 51min；

——高速，平均 100L/min，则使用时间为 20min。

根据工作实践，一只容积为 6.8L 的气瓶，充装空气压力达到 30MPa，在中等运动量时，可使用 25~30min；在剧烈运动时，只能使用 15min 左右。

3. 空气呼吸器的检查与使用

（1）使用前的检查

① 检查气瓶压力和供气管高压气密性：首先打开气瓶开关，随着管路、减压系统中的压力上升，会听到警报器发出的短暂声响；气瓶开足后，检查空气储存压力，一般应在28~30MPa 之间；关闭气瓶开关，观察压力表读数，在 5min 内，压力降不大于 5MPa 为合格，否则表明供气管高压气密不好；当压力降至 4~6MPa 时，警报器应发出报警声响。

② 检查面罩的密闭性：戴好面罩后，用手捂住卡扣口，呼吸，检查面罩是否密闭，面罩应紧贴面部。

③ 注意事项：如果气瓶压力低于 10MPa，最好不要使用呼吸器；如果气瓶未完全充满，使用时间将会缩短；当打开气瓶阀时，需求阀没有空气逃出；正压是在需求阀插入面具后自动产生的。

（2）操作程序

① 提起呼吸器，使其垂直，气瓶阀朝下。

② 将肩带尽可能松开。

③ 先将左肩穿过有压力计的肩带，然后背上呼吸器。

④ 调整肩带。

⑤ 然后扣紧腰带。

⑥ 松开面罩后的松紧头带，先将面罩由下向上收进下巴。

⑦ 将面罩后的头带，调到正确位置。

⑧ 抽紧下边的头带；如有必要，调整好头顶的头带。

⑨ 将气瓶阀开到底，再查看一遍压力计，检查充气压力。

⑩ 在最接近必须使用呼吸器的地方，将需求阀插入面罩卡扣。

再检查一次面罩是否密闭，可屏住呼吸，确认听不到漏气声；如有漏气，调整面罩头带；如果仍然漏气，必须检查呼吸器。

（3）注意事项

① 操作人员必须特别注意密闭检查。

② 戴眼镜的人不要操作。

③ 当在具有腐蚀性环境中（如腐蚀性气体或溅落的液体）工作时，要在呼吸器外面再穿上防化服装。

④ 除非供气系统有故障，否则不要按压需求阀上的旁路钮，因为旁路系统将大量消耗空气。

⑤ 如果供气系统发生故障，应立即离开危险区域。

⑥ 使用后，用两手同时按压卡扣的四个钮，卸下需求阀，此时自动中断供气。

⑦ 关闭气瓶阀，卸下面罩和背架。

⑧ 按压旁路钮，释放系统内压力，此时报警哨会短暂发声；放下呼吸器，小心不要碰撞。

4. 空气呼吸器的维护与保养

(1) 使用后的处理

呼吸器使用后应及时清洗，先卸下气瓶，擦净器具上的油污；清洗时，要用不含洗涤剂和溶剂的肥皂水；面罩的视窗要用酒精擦拭；口鼻罩、呼气阀片，最好用清水擦洗，洗净的部位应自然晾干；最后按要求组装好，并检查呼气阀气密性；使用后的气瓶必须重新充气，充气压力为 28~30MPa。

(2) 维护保养

① 气瓶：气瓶应严格按《气瓶安全技术监察规程》的规定进行管理和使用，并应定期进行检验；使用时，气瓶内气体不能全部用尽，应保留不小于 0.5MPa 的余压；满瓶不允许曝晒。

② 高压减压阀：应定期用高压空气吹洗或用酒精擦洗一下减压阀外壳和"O"形密封圈，如密封圈磨损老化应更换。

③ 压力计和报警哨：出厂时已按规定压力调试好，一般不进行调试；如需调试，必须按规定的压力重新调试。

④ 全面罩：空气呼吸器不使用时，全面罩应放置在保管箱内；存放时不能处于受压迫状态，收贮在清洁、干燥的仓库内；不能受到阳光曝晒和有毒有害气体及灰尘的侵蚀；呼气阀应保持清洁，呼气阀膜片每年需要换一次，更换后应检查呼气阀气密性。

⑤ 需求阀：一般情况下严禁拆卸，如需对其维修时，可从全面罩上卸下，放松压环，打开壳体，小心地拆下膜片组等零件进行检查和清洗；在没有校验设备的条件下，要按原来位置装复，接上中压导管后，接通 0.5~0.8MPa 压力的气流，揿压 2~3 次转换开关，检查空气流量是否合适。

(3) 空气呼吸器的日常检查与管理

① 日常检查：呼吸器不使用时，要经常进行检查；主要检查警报器、气瓶储气压力及供气管路气密性。

② 定期检查：生产班组每周检查一次；车间(队)每月检查一次；二级单位每季度检查一次，且每半年定期校验一次。

11.5.2.2 消防防护服(隔热服)的使用与维护

消防防护服(隔热服)主要采用新型的阻燃材料纤维织物与镀铝薄膜复合物制成，具有抗热辐射、阻燃、隔热、防水、绝缘、轻柔、强度高及对各种酸、碱、有机溶剂等化学品都有较好的耐腐蚀性特点。下面以某 F-93 型消防员防护服为例说明其使用和维护方法。

1. 防护服的结构及主要技术性能

(1) 结构

每套防护服由头盔、头套、上装、裤子、手套、脚套、消防靴组成。

（2）主要技术性能

① 面料的反射率：波长 400～1000mm 全反射 70%、漫反射 40%。

② 面料的阻燃率：碳长<100mm；

③ 面料的撕破强力：>1000g/cm；

④ 面料的剥离强度：≥12N/50m；

⑤ 面料的防水性：在 2m 水柱压力下不渗水、不破裂；

⑥ 隔热性：在温度 850℃，距火源 1.75m 处历时 2min 服装内表面温度不大于 45℃；

⑦ 绝缘性：手套手掌部位试验电压大于 5000V；

⑧ 可见视野大于 120°；

⑨ 穿着人员身高：1.6～1.8m；

⑩ 质量 8kg。

2. 防护服的使用及保养：

① 使用前认真检查防护服有无损伤。

② 使用时按常规着装，靴子、脚套应穿在裤筒里面，扣上所有搭扣。

③ 防火隔热服具有优良的阻燃隔热性能，但不可能在所有条件下都能起到防护作用，在靠近火焰区作业时，应尽量避免使服装与火焰和熔化的金属直接接触；在有化学气体和放射性伤害的条件下使用时，均需配备相应的配件和正压式呼吸器。

④ 使用后应用软刷、中性洗涤剂洗刷表面，然后用清水冲洗干净；洗净后在通风处自然晾干，严禁用水浸泡和冲击。

⑤ 日常存放在通风干燥处，以防受潮后复合层脱落。

⑥ 使用有效期为三年，严禁超期使用。

11.5.2.3 其他个人劳动防护用品的使用与维护

劳动防护用品种类很多，从劳动安全角度，按防护部位分类，主要有：头部防护用品、呼吸器官防护用品、眼面部防护用品、听觉器官防护用品、手部防护用品、足部防护用品、躯干防护用品、防坠落用品等。

1. 个人劳动防护用品的使用与维护基本要求

① 员工应当按照规定正确佩戴个人防护用品。

② 劳动防护用品使用前，应首先作一次外观检查。检查的目的是认定用品对有害因素防护效能的程度；用品外观有无缺陷或损坏；各部件组装是否严密，启动是否灵活等。

③ 劳动防护用品必须在其性能范围内使用。

④ 劳动防护用品应按照《使用说明书》使用。

2. 几种常见的个人劳动防护用品的使用与维护

（1）头部防护用品

头部的保护一般采用安全帽；有防护物体坠落和冲击的安全帽；装卸时防止人员从高处坠落时的安全帽和电气工程等应用的耐电压安全帽等。正确的使用与维护方法如下：

① 缓冲衬垫的松紧由带子调节，帽衬与帽壳应有一定间隙；人的头项和帽体内顶部的空间≥32mm 才能使用。

② 必须系紧下颚带，不要歪戴在脑后，否则，会降低安全帽对于冲击的防护作用。

③ 安全帽不应放置在酸、碱、高温等环境下，更不可和尖硬物放在一起。

④ 由于帽子使用过程中会逐渐损坏，所以要定期进行检查，仔细检查有无龟裂、下凹、裂痕和磨损等情况，不要使用有缺陷的帽子。

⑤ 每顶安全帽上都有三项永久性标记：制造厂名称、商标、型号、检验合格证；制造年月；生产许可证编号。

（2）防坠落用品

高处作业工人预防坠落伤亡的个人防护用品主要是安全带，由带子、绳子和金属配件（锁钩）组成。在使用安全带时，应检查安全带的部件是否完整，有无损伤，金属配件的各种环不得是焊接件，边缘光滑，产品上应有“安鉴证”。安全带系于不低于腰部以上位置；高挂低用，不得挂在不牢固或有棱角的地方。每次使用完毕后，应进行清洁、保养，妥善保管。

11.5.3 灭火器材的使用与维护

11.5.3.1 灭火器的类型

（1）按操作使用方法分类

① 手提式灭火器：手提式灭火器的灭火剂充装量一般小于20kg，是能手提移动实施灭火的便携式灭火器，应用较为广泛。

② 推车式灭火器：推车式灭火器充装量较大，灭火剂充装量一般在20kg以上，其操作一般需要两人协同进行。通过其上固有的轮子可推行移动实施灭火。该灭火器灭火能力较大，特别适应于石油、化工等企业。

（2）按充装的灭火剂分类

① 水型灭火器：水型灭火器以清水灭火器为主，使用水通过冷却作用灭火。

② 泡沫型灭火器：泡沫型灭火器主要是空气泡沫灭火器，内装泡沫灭火剂，是灭火器的主要形式。

③ 干粉型灭火器：干粉灭火器是我国目前使用比较广泛的灭火器，共有两种类型：碳酸氢钠干粉灭火器，又叫BC类干粉灭火器，用于灭液体、气体和带电火灾，但要注意对固体火灾效果较差，不宜使用。磷酸铵盐干粉灭火器，又叫ABC类干粉灭火器，可灭固体、液体、气体和带电火灾，应用范围较广。

④ 二氧化碳型灭火器：二氧化碳灭火器是气体灭火器，具有对保护对象无污染的特点，但灭火能力较差，使用时要注意避免对操作者的冻伤危害。

（3）按驱动压力形式分类

① 储气瓶式灭火器：这类灭火器的动力气体储存在专用的小钢瓶内，是和灭火剂分开储存的，有外置和内置两种形式；使用时是将高压气体释放出充到灭火剂储瓶内，作为驱动灭火剂的动力气体；由于灭火器筒体不受压，有问题也不易发现，突然受压有可能出现事故。

② 储压式灭火器：储压式灭火器是将动力气体和灭火剂储存在同一个容器内，依靠这些气体或蒸气的压力驱动将灭火剂喷出。

11.5.3.2 灭火器的用途

① 普通干粉灭火器属于中断燃烧的链锁反应灭火，主要用来扑灭液体和气体火灾。

② 手提储压式ABC干粉灭火器是一种新型高效灭火器材，它适用于扑灭木材等普通固体材料和乙醇、油类等可燃液体以及电器设备等初起火灾。

③ 二氧化碳灭火器属于窒息灭火，主要用于扑救贵重设备、档案资料、仪器仪表、600V 以下的电器设备及油类等火灾；但不能扑救钾、钠、镁等轻金属火灾。

④ 泡沫灭火器能扑救一般固体物质的火灾，还能扑救油类等可燃液体火灾；但不能扑救带电设备和醇、酮、醚等有机溶剂的火灾。

11.5.3.3 灭火器的操作方法

① 推车式灭火器由车体、桶身、阀门、喷枪等构成。通常推车式灭火器由两人共同操作，一人推车，一人灭火；使用时，将灭火器推到距起火地点10m 处，一人将灭火器阀门打开，一人将胶管喷枪展开对准火源根部喷射，下面重点介绍单人使用时的方法：

a. 把干粉车推或拉到现场；

b. 右手抓着喷粉管，左手顺势展开喷粉胶管，直至平直，不能弯曲或打圈；

c. 除掉铅封，拔出保险销；

d. 用手掌使劲按下供气阀门；

e. 左手把持喷粉枪管托，右手把持枪把用手指搬动喷粉开关，对准火焰喷射，不断靠前左右摆动喷粉枪，把干粉笼罩住燃烧区，直至把火扑灭为止。

② 手持式干粉灭火器由桶身、鸭嘴阀、喷嘴等构成，一般重量较轻，由一人独立操作。

a. 右手握住压把，左手托着灭火器底部，轻轻的取下灭火器；

b. 右手握着灭火器到现场；

c. 除掉铅封，拔出保险销；

d. 左手握着喷管，右手提着压把；

e. 在距火焰 2m 的地方，右手用力压下压把，左手拿着喷管左右摆动，喷射干粉笼罩住燃烧区，直至把火扑灭为止。

11.5.3.4 灭火器的管理与检查

（1）灭火器的管理

① 灭火器应设置在位置明显和便于取用的地点。地点应干燥、通风、阴凉、无强腐蚀性；且不影响安全疏散。

② 灭火器应设置稳固，铭牌朝外。

③ 手提式灭火器宜设置在挂钩、托架上或灭火器箱内，其顶部离地面高度应小于1.5m，底部离地面高度不小于 0.15m；环境条件较好的场所，亦可将灭火器放在地面上。

④ 灭火器应指定专人检查保养，实行挂牌管理；标签上应显示检查保养人、启用日期、药剂换装时间。

⑤ 灭火器应无锈蚀，喷口畅通，喷管完好、不刺漏，零部件齐全；室外的灭火器应有防雨、防晒、防冻等防护措施。

（2）灭火器的检查与检验

① 灭火器外观检查应每月一次，检查其铅封、防腐层、零部件、保养牌是否完整；压力表指针是否在绿色区域；摆放位置是否符合要求。

② 二氧化碳灭火器每半年称重、检查一次，检查其刚性连接喷筒能否绕其轴线回转；行走机构是否灵活可靠。手提式的年泄漏量是否小于灭火剂额定充装置的 5%或 50g(取两者中的较小值)；推车式的年泄漏量是否小于灭火剂额定充装置的 5%。

③ 干粉灭火器(含干粉灭火棒)每年检查一次干粉。检查储压式灭火器压力表的指针是否在绿色区域；干粉是否结块；操作机构是否灵活，筒体密封是否可靠，器头螺母是否拧

紧；出粉管、进气管、喷管、喷嘴、喷枪是否堵塞，出粉管防潮膜、喷嘴和防潮堵是否完好。

11.5.4 高空作业逃生器的使用与维护技术

石油钻采人员在高空钻采作业中遇到紧急情况时往往需要借助高空逃生器安全回到地面，因此，必须牢固掌握逃生器的使用方法和技能。

11.5.4.1 逃生器的结构与工作原理

① 逃生器主要由本体、销子、开口销、螺栓、防松螺母、延长管、T 型座等部件组成；

② 逃生器的工作原理：逃生器采用凸轮块夹紧机构进行制动或调速滑行，当需要制动时，按铭牌所标示“紧”方向握紧刹把，减少制动块与凸轮之间的间隙即增大摩擦力，夹紧逃脱绳即可缓速或停止滑行；当需要滑行时，按铭牌所示“松”方向适当松开刹把，增大制动块与凸轮块之间的间隙即减少摩擦力，人和装置由于自重顺逃脱绳向下滑行，安全回到地面。

11.5.4.2 逃生器的操作方法

① 逃生器通常是用活绳结悬挂在高空逃脱绳上或放置在高空作业区适当地方，当发生意外紧急情况时，工作人员应立即到该处，先松开活绳结或挂上本装置，用左手握紧延长管，右手用力向朝着身体的方向抱紧刹把(注意：让手避开逃脱绳和主体的滚轮，若手在逃脱绳和主体的滚轮之间可能造成严重的伤害)。

② 两腿骑在 T 型座上，再适当松开刹把，人随装置由于自重沿着逃脱绳迅速下滑，下滑过程中头应偏向延长管的左侧(注意：脸不要正对着延长管，以免刹车过猛造成头部撞在逃生器上)。

③ 两眼注视地锚方向，以免撞在本体内的制动块，凸轮块与逃脱绳之间因摩擦而产生的青铜屑掉进眼里。用左手使你紧靠延长管，并用右手握紧刹把，控制凸轮与逃脱绳之间的摩擦力(下滑速度视具体情况自行掌握)。在接近地面时，要用右手缓缓制动刹把，把速度减下来，以防撞在地锚上或因刹车过猛而摔下。

④ 一旦到达地面，应立即从逃生器上下来，跑到一个安全的地方。

11.5.4.3 检查与维护保养

① 时常检查逃生装置，以确保它的功能完好，特别要检查制动块的磨损情况，当制动块磨损后的厚度不足 4mm 时，不得使用本装置。

② 确保刹把作用完好，滚轮转动自由、铰链、别针和夹子均保持完好，并检查 T 型座、延长管、本体。

③ 所有焊缝应保持完好、没有裂纹，并保证逃生器上没有补焊及其他结构改动，补焊或结构改动将减弱它的强度，若损坏或磨损请不要试图修理，应立即更换新逃生器。

④ 检查逃脱绳及与它相联部件的情况。应立即更换已磨损、打结及局部扭曲的逃脱绳；经常检查绳卡及其螺母的松紧；并确保逃脱绳两端连接牢固。在冬天，请不要让逃脱绳上有结冰，通常采用锤子在逃脱绳上轻敲，以除去上面的结冰。

11.5.5 防爆工具的使用与维护

在油气井维修作业或井喷抢险过程中，可能会遇到可燃气体聚集的作业环境，使用普通工具，可能和井口或管柱磨擦、碰撞而引起火花，造成火灾、爆炸事故。为了规避这一风险，必须使用防爆工具进行作业，根据井下作业的特点，我们目前配备的防爆工具主要有铜制管钳(48in、36in、24in)、铜制开口扳手、铜制榔头、铜棒等。下边简单介绍这些工具的使用方法：

① 使用管钳、扳手等防爆工具时，要确认工具完好无损，破旧和损坏的工具，可能在用力扳动时发生损坏，并导致人身伤害。

② 管钳、扳手不能当榔头使用，否则容易损坏或者伤人。

③ 使用管钳或扳手拧紧或松开螺纹时，要先确认钳牙或调节螺母处无油污，以防滑脱；在确认不打滑后再用力施加扭矩，不可施力过猛，要逐渐加力，以避免由于钳牙滑动导致摔伤和碰伤。

④ 禁止采用扳把接加力管使用。

⑤ 每次使用完毕后，应进行擦拭、清洁，将旋转部件涂上黄油，妥善存放。

11.6 事故预防与应急处置技术

11.6.1 事故性质的认定与分类

11.6.1.1 事故性质的认定

对事故性质的认定主要依据《安全生产法》、《企业职工伤亡事故报告和处理规定》、《企业职工伤亡事故调查分析规则》、《企业职工伤亡事故分类标准》等国家法律、法规和标准进行评定。事故的性质一般分为责任事故和非责任事故。

11.6.1.2 事故的分类

为了对事故进行调查和处理，必须对事故进行归纳分类，至于如何分类，由于研究的目的不同，角度不同，分类的方法也就不同。主要有以下分类方法：

① 依照造成事故的责任不同，分为责任事故和非责任事故两大类。

责任事故，指由于人们违背自然规律、违反法令、法规、条例、规程等不良行为造成的事故；非责任事故，指不可抗拒自然因素或目前科学无法预测的原因造成的事故。

② 依照事故造成的后果不同，分为伤亡事故和非伤亡事故。

造成人身伤害的事故称为伤亡事故；只造成生产中断、设备损坏或财产损失的事故称为非伤亡事故。

③ 依照事故监督管理的行业不同，分为企业职工伤亡事故、火灾事故、道路交通事故、水上交通事故、铁路交通事故、民航飞行事故、农业机械事故、渔业船舶事故等。

④ 为便于对事故进行调查与处理，在调查事故时通常按严重程度对事故进行分类。根据《企业职工伤亡事故分类标准》对企业职工伤亡事故作出的具体规定，分为：

轻伤事故：指只有轻伤(损失工作日低于105d的失能伤害)的事故。

重伤事故：指有重伤(相当于规定损失工作日等于或超过105d的失能伤害)无人员死亡的事故。

死亡事故：又分为重大伤亡事故(指一次死亡1~2人的事故)、特大伤亡事故(指一次死亡3人以上含3人的事故)。

⑤ 根据人员伤亡或者直接经济损失的级别，分为一般事故、较大事故、重大事故、特别重大事故。

11.6.2 应急处置技术

事故应急处置程序在应急救援过程中起着关键作用，它明确了在突发事故(事件)发生之前、发生过程中以及结束之后，谁负责做什么、何时做、怎么做，以及相应的办法和资源准备等。它是针对可能发生的重大事故及其影响和后果的严重程度，为应急准备和应急响应的各个方面所预先作出的详细安排，是开展及时、有序和有效的突发事件应急救援工作的行动指南。

11.6.2.1 应急处置程序

根据历年来井下作业过程中突发的重大事故(事件)，结合近几年在基层组织开展的全员岗位危害识别和风险评价结果，各基层队根据自身的工作特点和具体情况，分别建立了基层队级应急救援专项预案。下面以基层队、班组油气井防硫化氢防井喷应急处置程序为例，介绍应急程序的一般模式。

1. 应急响应程序(图 11-1)

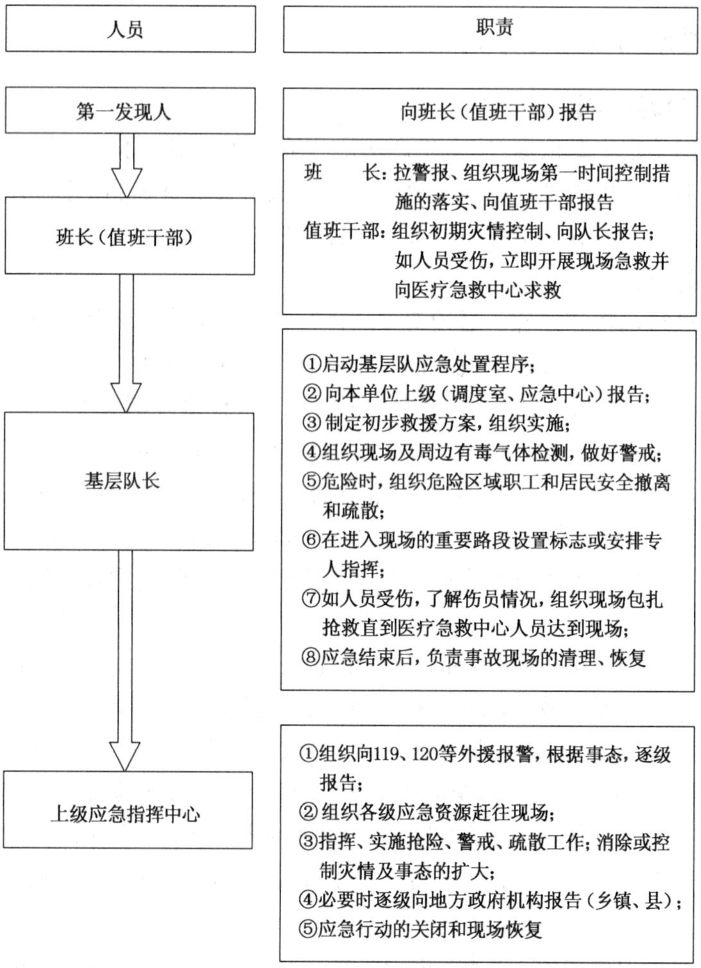

图 11-1　应急响应程序图

2. 油气井井喷及防硫化氢应急处置(表 11-1)

表 11-1　油气井井喷及防硫化氢应急处置

<table>
<tr><th>步　骤</th><th colspan="2">处　置</th><th>负　责　人</th></tr>
<tr><td>发现溢流等异常</td><td colspan="2">向班长(司钻)报告</td><td>第一发现人(井口操作)</td></tr>
<tr><td>现场确认、拉警报、处置准备</td><td colspan="2">班长(司钻)确认溢流还是井喷后拉警报，井喷时各岗位人员暂时撤离</td><td>班长(司钻)</td></tr>
<tr><td>监测</td><td colspan="2">由四岗监测外泄气体的性质及浓度，迅速向班长(司钻)汇报；如含硫化氢气体浓度达到 20ppm 或含硫化氢气体达到井喷状态时各岗位人员立即佩戴空气呼吸器</td><td>四岗</td></tr>
<tr><td>关井放喷</td><td colspan="2">按不同工况各岗位操作规程、岗位职责、规定动作操作</td><td>班长(司钻)</td></tr>
<tr><td rowspan="5">观察</td><td colspan="2">小班司机：关闭危险区域内不防爆电器</td><td rowspan="5">班长(司钻)</td></tr>
<tr><td colspan="2">二、三岗：观察、记录油、套压并向班长(司钻)报告</td></tr>
<tr><td colspan="2">副班长(副司钻)：观察、记录管汇及分离器压力并向班长(司钻)报告</td></tr>
<tr><td colspan="2">四岗：收集井下工况，管杆数据、压井液量、记录关井时间，向班长(司钻)报告</td></tr>
<tr><td colspan="2">一岗：负责监测油套管、管汇的固定及有无泄漏向班长报告</td></tr>
<tr><td>报告、报警、记录资料</td><td colspan="2">班长(司钻)向值班干部、甲方监督、队长报告；队长、甲方监督分别向甲乙方上级报告，值班干部向当地政府(乡镇、村)报告，打 119 报警</td><td>值班干部、队长、甲方工程监督、班长(司钻)</td></tr>
<tr><td rowspan="11">点火、检测、疏散、警戒、压井抢险等</td><td rowspan="3">若井口控制</td><td>放喷时先通过放喷管汇及分离器安装油嘴控制放喷
喷量小、压力低：关放空阀，打开液气分离控制阀，通过分离器回收液体，气体通过放喷口点火。
喷量大、压力高：更换油嘴或无阻流量放喷，在放喷口点火</td><td>班长(司钻)</td></tr>
<tr><td>制定压井方案、压井</td><td>队长、值班干部、技术员、甲方监督</td></tr>
<tr><td>可燃气体及 H_2S 检测：在井场、放喷点火口附近及井场周边分别检测可燃气体及 H_2S 浓度。疏散 H_2S 浓度大于 20ppm 区域内居民，熄灭井场及周边居民的用火源</td><td>生产副队长、安全副队长</td></tr>
<tr><td rowspan="8">若井口失控处置</td><td>监测喷出气体性质，如含硫化氢则井场所有救助人员佩戴空气呼吸器</td><td>四岗</td></tr>
<tr><td>打开所有放喷阀，并在其放喷口点火(根据风向在上风方向放喷口点火)</td><td>班长(司钻)</td></tr>
<tr><td>在井场及周边检测可燃气体浓度及硫化氢浓度，并及时向指导员、甲方监督报告可燃气体浓度大于 30%，H_2S 浓度大于 20ppm 的区域范围</td><td>安全副队长、生产副队长指导员</td></tr>
<tr><td>由内向外分头组织疏散可燃气体浓度大于 30%，H_2S 浓度大于 20ppm 区域的居民</td><td>指导员、生产副队长安全副队长</td></tr>
<tr><td>请示甲方、上级，或现场决策井口点火。</td><td>队长、值班干部、甲方监督</td></tr>
<tr><td>H_2S 浓度大于 50ppm 时，组织井场职工撤离现场，上级及地方救援力量赶到现场后，配合疏散、警戒</td><td>指导员、生产副队长、安全副队长</td></tr>
<tr><td>清点人员，队长清点现场人员，现场指挥部清点社会人员</td><td>队长、现场指挥部</td></tr>
<tr><td>企地联合现场指挥部研究处置方案，按程序报批，安全处置</td><td>现场指挥部</td></tr>
<tr><td>应急关闭</td><td colspan="2">通过上述应急处置，险情消除或控制后，现场总指挥发布应急关闭命令，各抢险力量有序撤离</td><td>现场总指挥</td></tr>
<tr><td>现场恢复</td><td colspan="2">基层队清理事故现场，恢复正常生产，原因分析</td><td>基层队长</td></tr>
</table>

11.6.2.2 应急培训与演练

1. 应急培训与演练的重要意义

全体员工的应急意识和自我保护能力是减少重大事故伤亡不可忽视的一个重要方面；而应急培训和演练是检验、评价和保持应急能力的一个重要手段。

通过培训，使全体员工了解潜在危险的性质和对健康的危害，掌握必要的自救知识，了解预先指定的主要及备用疏散路线、集合地点和各种警报的含义，熟悉各类应急处理和整个应急行动的程序，明确自身的职责；通过演练，可在事故真正发生前暴露预案和程序的缺陷，发现应急资源的不足(包括人力和设备等)，改善各应急部门、机构、人员之间的协调，增强员工应对突发重大事故的应急意识，提高应急人员的熟练程度和技术水平，提高整体应急反应能力；所以，基层队对应急预案的培训和演练都做出了相应的规定。

2. 应急培训的基本内容

应急培训的基本内容应该涵盖应急行动涉及的全过程。这是对参与应急行动所有相关人员应达到的最低程度的培训内容。

① 报警：使应急人员掌握使用报警工具、有效报警的方式和方法、警示标志的张贴。

② 疏散：通过演习，应急人员能根据现场情况安全、有序地疏散人员。

③ 火灾：掌握火灾类型、等级、燃烧特性；能够识别、选择、使用灭火装置；火场中的自救和自我保护等。

④ 特殊应急培训：应急队员暴露于化学、物理伤害、放射性和病菌感染等各种危险环境中的应急所需要的培训。

11.7 现场急救与紧急逃生技术

11.7.1 现场急救基础知识与技能训练

11.7.1.1 外伤急救四项基本技术

1. 止血技术

(1) 加压包扎止血法

用消毒纱布或干净的毛巾、布块折叠成比伤口稍大的垫盖住伤口，再用绷带或折成条状布带或三角巾紧紧包扎，其松紧度以能达到止血目的为宜。此种止血方法，多用于静脉出血和毛细血管出血。当伤口在肘窝、腋窝、腹股沟时，可在加垫后屈肢固定在躯干上加压包扎止血。加压包扎止血法适用于上下肢、肘、膝等部位的动脉出血，但有骨折或可疑骨折或关节脱位时，不宜使用此法。

(2) 止血带止血法

止血带止血法是快速有效的止血方法，但它只适用于不能用加压止血的四肢大动脉出血。方法是用橡皮管或布条缠绕伤口上方肌肉多的部位，其松紧度以摸不到远端动脉的搏动，伤口刚好止血为宜，过松无止血作用，过紧会影响血液循环，易损伤神经，造成肢体坏死。上止血带的伤员，必须在明显的部位标明上止血带的部位和时间；上止血带的时间超过2小时，要每隔一个小时放松一次，每次8分钟，为避免放松止血带时大量出血，放松期间可改用指压法临时止血。橡皮止血带止血法：常用一条长1m的橡皮管，先用绷带或布块垫平上止血带的部位，两手将止血带中段适当拉长，绕出血伤口上端肢体 2~3 圈后固定，借助橡皮管的弹性压迫血管而达到止血的目的。布条止血带止血法：常用三角巾、布带、毛巾、衣袖等平整地缠绕在加有布垫的肢体上，拉紧或用“木棒、筷子、笔杆”等拧紧固定。

对内出血或可疑内出血的伤员，应让伤员绝对安静不动，垫高下肢，有条件的可先输液，应迅速将伤员送到距离最近的医院进行救治。

2. 包扎技术

（1）包扎材料

三角巾：用一块边长 1m 的正方形棉布，沿其对角线剪开即为两条三角巾。将三角巾的顶角折向底边的中央，再根据包扎的实际需要折叠成一定宽度的条带。若将三角巾的顶角偏折到底边中央偏左或偏右侧，则成为燕尾巾，其夹角的大小可视实际包扎需要而定。

绷带：我国标准绷带长 6m，宽度分 3cm、4cm、5cm、6cm、8cm、10cm 6 种规格，供包扎实际需要选用。绷带的一头卷起为单头带，从两头卷起则为双头带。其长度可视包扎部位的需要而定。现场救护没有上述常规包扎材料时，可用身边的衣服、手绢、毛巾等材料进行包扎。

（2）方法

① 卷轴绷带基本包扎法。环形包扎法是绷带包扎中最基本、最常用的方法。将绷带作环形的重叠缠绕，下周将上周绷带完全遮盖，最后用胶布将带尾固定或将带尾中间剪开分成两头，打结固定。此法用于绷带包扎开始与结束时，固定带端及包扎颈、腕、胸、腹等粗细相等的部位的小伤口。

② 三角巾包扎法。三角巾制作简单、方便，分为普通三角巾和带形、燕尾式三角巾，包扎时操作简捷，且几乎能适应全身各个部位。

a. 三角巾的头面部包扎法：

三角巾帽式包扎法：先用无菌纱布覆盖伤口，然后把三角巾底边的正中点放在伤员眉间上部，顶角经头顶拉到脑后枕部，再将两底角在枕部交叉返回到额部中央打结，最后拉紧顶角并反折塞在枕部交叉处。

单眼三角巾包扎法：将三角巾折成带状，其上 1/3 处盖住伤眼，下 2/3 从耳下端绕经枕部向健侧耳上、额部并压上上端带巾，再绕经伤侧耳上，枕部至健侧耳上与带巾另一端在健耳上打结固定。

下颌、耳部、前额或颞部小范围伤口三角巾包扎法：先将无菌纱布覆盖在伤部，将带形三角巾放在下颌处，两手持带巾两底角经双耳分别向上提，长的一端绕头顶与短的一端在颞部交叉，然后将短端经枕部、对侧耳上至颞侧与长端打结固定。

b. 胸背部三角巾包扎法：

三角巾底边向下，绕过胸部以后在背后打结，其顶角放在伤侧肩上，系带穿过三角巾底边并打结固定。如为背部受伤，包扎方向相同，只要在前后面交换位置即可。若为锁骨骨折，则用两条带形三角巾分别包绕两个肩关节，在后背打结固定，再将三角巾的底角向背后拉紧，在两肩过度后张的情况下，在背部打结。

c. 上肢三角巾包扎法：

先将三角巾平铺于伤员胸前，顶角对着肘关节稍外侧，与肘部平行，屈曲伤肢，并压住三角巾，然后将三角巾下端提起，两端绕到颈后打结。顶角反折用别针扣住。

（3）几种特殊伤的包扎法

① 开放性颅脑伤。开放性颅脑伤包扎法：颅脑伤有脑组织膨出时，以等渗盐水浸湿了的大块无菌敷料覆盖后，再扣以无菌换药碗，以阻止脑组织进一步脱出，然后再进行包扎固定。同时将伤员取侧卧位，并清除其口腔内的分泌物、黏液或血块，保持呼吸道通畅。

② 开放性气胸。开放性气胸包扎法：在胸部贯通伤、开放性气胸时，应立即以大块无菌敷料堵塞封闭伤口，既帮助止血，更重要的是可将开放性气胸变为闭合性气胸，防止纵隔扑动和血流动力学的严重改变，危及生命。在转送医院的途中，伤员最好取半卧位。

3. 固定技术

外伤急救四项基本技术之一的固定术主要用于骨折的时候，因此，在学习固定方法之前要先了解骨折的症状和急救要点，才能正确地使用固定方法。

（1）骨折的分类

人体骨骼因外伤发生完全或不完全的断裂时叫骨折。由于致伤外力的不同，可造成不同类型的骨折，骨折断端与外界直接相通的叫开放性骨折，未与外界相通的叫闭合性骨折。根据骨折的程度不同，又可分为完全性骨折，不完全性骨折。依骨折线的走向不同，可分为横行骨折、斜行骨折、粉碎性骨折、压缩性骨折等。还可按骨骼的名称分为股骨骨折、尺骨骨折、桡骨骨折等。不同类型的骨折其治疗处理的方法不尽相同。

（2）骨折的主要症状

骨折的类型和部位不同其症状不完全相同，但骨折的局部症状主要有：

疼痛：骨折部位疼痛，活动时疼痛加剧，局部有明显压痛，可有骨摩擦音。

肿胀：骨折端小血管的损伤和软组织损伤水肿，故骨折部位可出现肿胀。

畸形：由于骨折端的错位，肢体常发生弯曲、旋转、缩短等畸形，当骨折完全断离时，还可出现假关节样的异常活动。

功能障碍：骨折断后，肢体原有的骨骼杠杆支持功能丧失，如上肢骨折时不能拿、提，下肢骨折时不能行走、站立。

大出血：当骨折端刺破大血管时，伤员往往发生大出血，出现休克。大出血多见于骨盆骨折。

（3）骨折的急救要点

骨折的临时固定，是对伤处加以稳定不使活动，使伤员在运送过程中不因搬运、颠簸时断骨刺伤血管、神经，免遭额外损伤，减轻伤员痛苦，其要点是：

止血：要注意伤口和全身状况，如伤口出血，应先止血，后包扎固定。

加垫：为使固定妥贴稳当和防止突出部位的皮肤磨损，在骨突处要用棉花或布块等软物垫好，要使夹板等固定材料不直接接触皮肤。

不乱动骨折的部位：为防止骨断端刺伤神经、血管，在固定时不应随意搬动；外露的断骨不能送回伤口内，以免增加污染。

固定、捆绑的松紧要适度，过松容易滑脱，失去固定作用，过紧会影响血液循环。

（4）骨折固定的材料

夹板：用于扶托固定伤肢，其长度宽度要与伤肢相适应，长度一般要跨伤处上下两个关节。没有夹板时可用健侧肢体、树枝、竹片、厚纸板、报纸卷等代替；

敷料：用于垫衬的如棉花、布块、衣服等；用于包扎捆绑夹板的可用三角巾，绷带、腰带、头巾、绳子等，但不能用铁丝、电线。

(5) 骨折固定的方法

前臂骨折的固定方法：用夹板时，可把两块夹板分别置放在前臂的掌侧和背侧，可在伤员患侧掌心放一团棉花，让伤员握住掌侧夹板的一端，使腕关节稍向背屈，然后固定，再用三角巾将前臂悬挂于胸前。无夹板时，可将伤侧前臂屈曲，手端略高，用三角巾悬挂于胸前，再用一条三角巾将伤臂固定于胸前。

上臂骨折的固定方法：有夹板时，可将伤肢屈曲贴在胸前，在伤臂外侧放一块夹板，垫好后用两条布带将骨折上下两端固定并吊于胸前，然后用三角巾(或布带)将上臂固定在胸部。无夹板时，可将上臂自然下垂用三角巾固定在胸侧，用另一条三角巾将前臂挂在胸前；亦可先将前臂吊挂在胸前，用另一三角巾将上臂固定在胸部。

小腿骨折的固定方法：有夹板时，将夹板置于小腿外侧，其长度应从大腿中段到脚跟，在膝、踝关节垫好后用绷带分段固定，再将两下肢并拢上下固定，并在脚部用"8"字形绷带固定，使脚掌与小腿成直角。无夹板时，可将两下肢并列对齐，在膝、踝部垫好后用绷带分段将两腿固定，再用"8"字形绷带固定脚部，使脚掌与小腿成直角。

大腿骨折的固定方法：将夹板置于伤肢外侧，其长度应从腋下至脚跟，两下肢并列对齐，垫好膝、踝关节后用绷带分段固定。用"8"字形绷带固定脚部，使脚掌与小腿成直角。无夹板时亦可用健肢固定法。

锁骨骨折的固定方法：让病人坐直挺胸，包扎固定人员用一膝顶在病人背部两肩胛骨之间，两手把病人的肩逐渐往后拉，使胸尽量前挺，然后作固定。方法是在伤者两腋下垫棉垫，用两条三角巾分别在两肩关节紧绕两周在肩部中央打结，打结时应将三角巾用力拉紧，使两肩稍后张，打结后将患者两肘关节屈曲，两腕在胸前交叉，用另一条三角巾在平肘处绕过胸廓，在胸前打结固定上肢。亦可用绷带在挺胸、两肩后张下作"8"字形固定。

脊椎骨折的固定方法：脊椎骨折抢救过程中，最重要的是防止脊椎弯曲和扭转，不得用软担架和徒手搬运。如有脑脊液流出的开放性骨折，应先加压包扎。固定时，由4~6人用手分别扶托伤员的头、肩、背、臀、下肢，动作一致将伤员抬到硬木板上。颈椎骨折时，伤员应仰卧，尽快给伤员上颈托，无颈托时可用砂袋或衣服填塞头、颈部两侧，防止头左右摇晃，再用布条固定。胸椎骨折时应平卧，腰椎骨折时应俯卧于硬木板上，用衣服等垫塞颈、腰部，用布条将伤员固定在木板上。

4. 搬运技术

伤员经过现场初步急救处理后，要尽快用合适的方法和震动小的交通工具将伤员送到医院去作进一步的诊治。搬运过程中要随时注意观察伤员的伤情变化。常用搬运方法有徒手搬运和担架搬运法。

担架搬运法：用于病情较重，路途较远又不适合徒手搬运的伤员。常用搬运工具有帆布担架、绳络担架、被服担架、门板、床板以及铲式、包裹式、充气式担架。伤员上担架时，要由3~4人分别用手托伤员的头、胸、骨盆和腿，动作一致地将伤员平放到担架上，并加以固定。

徒手搬运法：病情轻、路途近又找不到担架时用。可用背负、抱持、托举等方法搬运。

11.7.1.2 常见意外伤害急救要点

1. 高处坠落急救

坠落在地的伤员，应初步检查伤情，不要搬动摇晃；立即呼叫"120"急救医生前来救治；采取初步急救措施：止血、包扎、固定；注意固定颈部、胸腰部脊椎，搬运时保持动作一致平稳，避免脊柱弯曲扭动加重伤情。

2. 中暑急救

立即将伤者移到通风、阴凉、干爽的地方；尽快冷却降温：冷敷头颈部、腋下，或用温水、酒精进行全身擦浴；饮服绿豆汤或淡盐水、西瓜水解暑；服用人丹等药物；应尽快送往医院救治。

3. 触电急救

① 迅速关闭开关，切断电源。

② 用绝缘物品挑开或切断触电者身上的电线、灯、插座等带电物品。

③ 保持呼吸道畅通。

④ 呼吸心跳骤停，立即进行心肺复苏，并长时间进行。

⑤ 立即呼叫“120”急救服务。

⑥ 妥善处理局部电烧伤的伤口。

4. 车祸急救

车祸发生时，除了确保伤者安全外，别忘了联络“120”和报告交通部门，以防引发其他车祸。车祸时无论伤者受伤程度如何，均需送医就诊。

① 向旁人请求支援。

② 车祸时可能引起各种程度不一的伤害。

③ 车祸时无论伤势如何一定要让医生彻头彻尾检查一遍。

5. 颅脑损伤急救

① 头部受伤引起严重的外出血，立即进行加压包扎止血。

② 如有血性液体从耳、鼻中流出，严禁用水冲洗；严禁用棉花堵塞耳、鼻。

③ 昏迷的伤者重点是畅通呼吸道，运送途中应平卧、头侧位，以免呕吐物误吸进入呼吸道。

④ 在医务人员监护下送医院，注意固定伤者的头部，避免摇晃和震动。

6. 烧伤急救

① 电灼伤，火焰烧伤或高温气，水烫伤均应保持伤口清洁。伤员的衣服鞋袜用剪刀剪开后除去。伤口全部用清洁布覆盖，防止污染。四肢烧伤时，先用清洁冷水冲洗，然后用清洁布片或消毒纱布覆盖送医院。

② 强酸或碱灼伤应立即用大量清水彻底冲洗，迅速将被侵蚀的衣物剪去。为防止酸、碱残留在伤口内，冲洗时间一般不少于 10min。

③ 未经医务人员同意，灼伤人员不宜用药物。

④ 送医院途中，可给伤员多次少量口服凉盐水。

7. 淹溺急救

溺水是人淹没水中，水进入气道而窒息缺氧。溺者全身冰冷，面色青紫，上腹膨隆，两眼通红。

① 要迅速将溺者头部抬出水面并拖上岸，迅速清除溺者口、鼻腔的异物(如淤泥、杂草等)，保持呼吸道畅通。

② 平卧位头侧向一侧，或俯卧位面朝下，迅速倒出溺者肺、胃内的水，但不强调“控水”，以免延误抢救时机。方法是：伏膝倒水法，抢救者应左脚跪地将溺者腹部置于抢救者

右大腿上，使其头部及上肢下垂，抢救者左手将溺水者头部稍抬起使脸朝地面，右手轻拍溺水者腰背部。

③ 呼吸心跳骤停，立即实施心肺复苏，同时呼叫急救人员前来救援。

8. 冻伤急救

① 冻伤使肌内僵直，严重者深及骨骼，在救护搬运过程中动作要轻柔，不要强使其肢体弯曲活动，以免加重损伤，应使用担架，平卧，抬至温暖室内救治。

② 将伤员身上潮湿的衣服剪去后用干燥柔软的衣物覆盖，不得烤火或搓雪。

③ 全身冻伤者呼吸和心跳有时十分微弱，不应误认为死亡，应立即实施心肺复苏。

9. 有害气体中毒急救

① 气体中毒开始时有流泪、眼痛、呛咳、咽部干燥等症状，应引起警惕，稍重时头良气促、胸闷、眩晕，严重时会引起惊厥昏迷。

② 怀疑可能存在有害气体时，应即将人员撤离现场，转移到通风良好处休息。抢救人员进入险区必须佩戴正压式空气呼吸器。

③ 已昏迷病员应保持气道通畅，有条件时给予氧气呼入。呼吸心跳骤停者，按心肺复苏法抢救，并联系急救部门或医院。

④ 迅速查明有害气体的名称，供医院及早对症治疗。

10. 异物阻塞气道急救

造成气道阻塞的原因很多，昏迷时舌后坠造成气道阻塞，假牙呕吐食物和大块嚼不烂食物阻塞气道，头面部外伤，也可造成血凝块阻塞气道，异物可造成部分阻塞气道。如果是一个清醒的患者常会用手指抓住自己的脖子或指咽喉部表示气道有部分阻塞，这时候可要求他尽量反复用力咳嗽，异物被咳出。气道阻塞清醒患者可将胸部快速按压在坚硬的椅背、桌边或栏杆上，用力按压，可能使气道异物清除出来。

昏迷者气道阻塞的处理：迅速将患者仰卧平放于坚实的地面上，采用心肺复苏法中胸外按压方法进行，直至异物排出。

11. 刃器刺伤急救

① 刺伤的刃器如还留在身体上，切忌立即拔出，以免引起大出血。应将其固定好，一并送医院。

② 腹部刺伤肠管脱出不可送回腹腔内，先用消毒纱布覆盖伤口，然后用干净碗扣住肠管，再包扎、固定。

③ 胸背部刺伤造成开放性气胸，应先封闭伤口。

④ 刺伤须注意预防破伤风，注射破伤风抗毒素。

12. 食物中毒急救

① 急救原则：快速、及时地设法使毒物排出体外或对症治疗解毒。

②主要措施：

催吐：对无明显呕吐者可用手指、筷子等刺激舌根部以引起呕吐，也可取温水一碗，放食盐 0.5~1 汤匙，连饮数碗，饮后再刺激舌根部诱发呕吐，反复数次。洗胃：催吐后用温水反复洗胃。

导泄：加速毒物从大便中排出，但严重腹泻者禁用。可于洗胃后灌入蓖麻油 30~60mL 或硫酸镁 20~30g 溶于 1 杯水中服用。

利尿：加速已吸收的毒物从小便中排出，可用车前草30g，水煎服用。

经上述处理后中毒症状未见好转或逐渐加重者应及时送医院抢救。并要完成下列工作：向当地疾病预防控制中心报告；保留好剩余的食物，包括食物所接触的餐具、炊具。尽可能保存病人的呕吐物及大便，以供检验。

11.7.2 紧急逃生知识

11.7.2.1 高处作业的紧急逃生

在井下作业施工中，特别是起下油管、钻杆过程中，如果突然发生井喷、火灾或硫化氢气体泄漏，地面工作人员可以很快采取紧急避让措施而脱离危险，但在二层平台上工作的人员就非常危险；所以，掌握二层平台的逃生方法极其重要。

险情发生后，首先不要惊慌，必须冷静的判断险情的状态；若发生井喷处于初级阶段且确定无硫化氢等有毒气体时，二层平台人员应立即解开安全带，挂上高空防坠速差自控器，迅速顺梯子返回地面；若井喷无法控制或已经着火，或确定有硫化氢等有毒气体，从梯子无法正常下来时，二层平台人员应立即解开安全带，迅速到二层平台后面，乘坐逃生器顺着逃生绳索寻求逃生。

11.7.2.2 火灾现场的紧急逃生

① 要熟悉营区的环境：平日要多注意观察，做到对营区的通道、大门和紧急出口等了如指掌，对有没有平台、天窗、临时避难层(间)胸中有数。这样一旦发生火灾等险情时，就不会慌了手脚，盲目乱闯。

② 要保持沉着冷静；面对熊熊大火，只有保持沉着和冷静，才能采取迅速果断的措施，保护自身和别人的安全，将财产损失减少到最低程度。

③ 要警惕烟毒的侵害。在火灾中，最大的“杀手”并非大火本身，而是在焚烧时所产生的大量有毒烟雾。因此尽可能用湿毛巾将鼻子和嘴捂住，尽快撤离火场。火势过大过猛烈时，可用湿棉被为掩护弯腰快跑，或者贴近地面爬行。由于有毒烟气飘浮在房屋空间的上部，因此绝对不能以直立的姿势去跑。

④ 选择逃生通道自救：发生火灾时，利用烟气不浓或大火尚未烧着疏散通道进行逃生。如遇上过道或通道已经被大火或有毒烟雾封锁后，应该及时利用绳子(或者把窗帘、床单撕扯成较粗的长条结成的长带子)，将其一端牢牢地系在能负载体重的物体上，另一端高处下垂至地面，然后沿着绳子下滑，逃离火场。倘若自已被大火封锁在室内，一切逃生之路都已切断，那就得暂时退到房内，关闭通向火区的门窗。可向门窗浇水，以减缓火势的蔓延；与此同时，通过呼喊、招手、打亮手电筒、抛掷物品等，发出求救信号，等待消防队员的救援。

⑤ 不贪恋财物。火灾来势极快，10分钟后便可进入猛烈阶段。因此，遇上火灾时，必须迅速疏散逃生，切莫贪恋财物；更不能在脱离火场后，为了财物而重返火场。

11.7.2.3 有毒环境的紧急逃生(硫化氢环境)

① 搞清楚硫化氢的来源，对自己所处的环境有个预先的认识。

硫化氢是由硫和氢结合而成的气体，在井下作业过程中硫化氢有如下几个方面的来源：

a. 某些修井液处理剂高温热分解产生硫化氢；

b. 酸化施工作业中，产生化学反应而产生；

c. 射开含硫化氢地层、地层流体侵入修井液，这是修井液中硫化氢的主要来源；

d. 发生井涌、井喷事故，喷出物中携带。

② 牢记硫化氢的特性，及早发现和识别。

硫化氢是可燃性无色气体，有极其难闻的臭鸡蛋味，低浓度时容易辨别出，能很快造成嗅觉疲劳和麻痹；它比空气略重，相对密度 1.19，容易在低洼地带积聚。

③ 掌握硫化氢检测的基本知识，明白报警的含义。在井下作业过程中，我们对可能涉及硫化氢的工作环境，都安装有检测、报警仪器，掌握这些检测仪器的使用，明白报警的含义，对我们及时发现硫化氢，脱离硫化氢危险环境极为重要。

当空气中硫化氢含量超过阈限值时[15mg/m^3(10ppm)]，监测仪自动报警，我们称之为第一级报警值；提示现场作业人员硫化氢的浓度超过阈限值，应采取措施(阈限值：是指工作人员长期暴露都不会产生不利影响的最大浓度。也就是说硫化氢在大气中的一个浓度，在此浓度下，几乎所有工人可日复一日重复暴露于此物质中而不会有不良影响)。

当空气中硫化氢含量超过安全临界浓度[硫化氢含量 30mg/m^3(20ppm)]时，监测仪自动报警，我们称之为第二级报警值，达到此浓度时，现场作业人员应佩戴正压式空气呼吸器，并采取相应措施(安全临界浓度：是指工作人员在露天安全工作可接受的硫化氢最高浓度，硫化氢的安全临界浓度)。

当空气中硫化氢含量超过危险临界浓度[硫化氢含量 150mg/m^3(100ppm)]时，监测仪自动报警，我们称之为第三级报警值，达到此浓度时，报警信号与二级报警信号有明显区别，警示立即组织现场人员撤离，并采取应急措施(危险临界浓度：达到此浓度时，对生命和健康会产生不可逆转的或延迟性的影响；在此浓度暴露 3~15min 就会出现咳嗽，眼睛受刺激和失去嗅觉。并使人感到轻微头痛、恶心及脉搏加快；长时间可以使人的眼睛和咽喉受到毁坏，接触 4 小时以上可能导致死亡)。

④ 选择正确逃生方向。如果在施工作业中，嗅到有臭鸡蛋性气味或硫化氢气体检测仪报警，不要惊慌，如身边有正压式空气呼吸器，要迅速背上；如果没有，要先根据井场风向标的指示，确定现场风向，用湿毛巾或衣服将鼻子和嘴捂住，向上风方向撤离，撤离时注意不要被物体绊倒，不要向低洼地带跑。

⑤ 了解硫化氢的中毒症状，熟练掌握救援技术和急救方法，对困境人员及时施救。

慢性中毒：如果人暴露在低硫化氢浓度的环境中(50~200ppm)，硫化氢将对人体产生慢性中毒，主要是眼睛感觉剧痛，连续咳嗽，胸闷和皮肤过敏等。

急性中毒：人吸入高浓度的硫化氢气体会导致气喘，脸色苍白，肌肉痉挛，瘫痪。当硫化氢浓度达到 700ppm 以上时，很快失去知觉，几秒钟后就可能出现窒息，呼吸和心跳停止。如果没有外来人员及时采取措施抢救，中毒者一般无法自救，最终由于呼吸和心跳停止而迅速死亡。当遇到硫化氢浓度在 2000ppm 以上的毒气时，仅吸一口气，就可能死亡，一般很难抢救。

硫化氢中毒的早期抢救方法：戴上防毒面具或空气呼吸器，把中毒者从硫化氢分布的现场抬到空气新鲜的地方，如果中毒者已经停止呼吸和心跳，应立即不停地进行人工呼吸和胸外心脏按压，直致呼吸和心跳恢复或者医生到达；如果中毒者没有停止呼吸，保持中毒者处于休息状态，有条件的可给予输氧，在等待救援或送往医院途中应注意保持中毒者的体温。

11.8 环境保护技术

11.8.1 井下作业过程主要污染物

1. 固体污染物

① 油泥砂：主要是指新井替浆时替出的泥浆及冲砂、压裂放喷等施工时带出井口的油泥、砂。

② 蜡：主要是指起油管、抽油杆时带出的蜡。

③ 粉尘：主要是打塞、超细水泥封堵等作业施工过程在空气中飘浮的水泥、重晶石等施工原料的粉尘。

④ 工业垃圾：主要是废弃的包装袋、化工料等。

⑤ 生活垃圾：主要是作业人员现场活动遗留的废弃物。

2. 液体污染物

① 落地油：主要是井喷或压井、洗井、冲砂及起下管柱时带出的原油。

② 污水：主要是洗井、压井、冲砂、套铣等施工时产生的污水。

③ 残酸：主要是指酸化、酸压后排出的酸液。

④ 废压裂液：主要是指压裂施工后剩余的液体和压裂设备、设施的清洗废水、压裂放喷出来的残液。

⑤ 废压井液：主要指使用后的盐水、废泥浆等液体。

3. 气体污染物

① 伴生气：主要是作业施工过程中井口挥发的伴生气体。

② 尾气：主要是通井机、修井机、压裂车、酸化车等施工设备排放的尾气。

③ 硫化氢：主要是油、气井作业时逸出、水井酸化、管线酸洗时产生的剧毒 H_2S 气体。

4. 噪声污染

① 车辆噪声：主要指通井机、修井机、压裂车、酸化车等施工车辆产生的噪声。

② 施工噪声：主要是指大型施工(如压裂、酸化)以及起下钻具等施工时钻具碰撞产生的噪声。

5. 放射性污染

① 压裂车密度计上的铯(Cs^{137})产生的放射性。

② 测井施工过程中产生的放射性同位素污染。

11.8.2 井下作业施工过程污染防治

1. 井下作业中的污染防治原则

① “三不施工”原则：地质工程方案设计没有环境保护措施不施工；没有防污染施工设计不施工；没有防污染装备设施不施工。

② “三不交井”原则：井场污染清理不彻底不准交井；井场达不到防止污染标准不准交井；没有专(兼)职环境保护员现场验收签字不准交井。

2. 施工过程中污染控制措施和方法

① 严格执行“三不施工”、“三不交井”的原则，即地质方案不清、没有施工设计、没有环境保护措施不施工；井场污染清理不彻底、达不到工完料净、无环境保护员现场验收签字不准交井。

② 在森林、草原、山地、沙漠、养殖区、沟塘、饮用水源地、自然保护区、风景名胜区、重要渔业养殖区、盐业生产区等需要特别保护的区域施工，必须符合当地政府环保规定。

③ 实行压井液进干线。在油井作业时先不拆井口，用水泥车把压井液从套管闸门挤入，把井筒内原油经油管压入集输干线。如当地层压力大于压井液压力时，安装井口或用高压软管线将井口与干线相联，进行重复压井，使井内液体都进入干线，污染物不外排。

④ 油井管柱安装泄油器。泄油器是井内油管与套管之间的通道开关。是防止作业上提油管时液体污染的有效装置，油井作业(包括电泵井作业)工程设计必须选配安装泄油器。

⑤ 起下抽油杆使用自封器。利用橡胶制成的自封器，把抽油杆上提时带出的原油刮入井内，下抽油杆时可防止抽油杆上的污物进入井内，做到“上提无外溢，入井无杂物”。

⑥ 起下油管使用自封。利用油管自封的胶皮芯子，将上提油管时黏附的原油刮在井内，下油管时防止油管外的污物进入油井，做到既不污染环境，又保护了地层。

⑦ 水井溢流进回水流程。作业施工，先对水井控制放压，把井内污水排入回收管线进站；打开井口，溢流水做到进罐回收；大修作业安装简易井口，使套管溢流水进罐；起下油管安装溢流控制器进罐；其他溢流采取防渗措施后回收进罐。

⑧ 油水井冲砂(套铣、磨铣)安装单流阀，使用循环水冲砂罐。油水井作业采取冲砂、套铣、磨铣时，油管必须安装单流阀，避免油管内的高压污油污水喷到地面，冲砂(套铣、磨铣)时使用循环冲砂罐，冲砂液实现重复利用，把井内冲出的油砂沉积在罐内，施工完毕把污水打入干线，油砂回收统一处置。

⑨ 高压放喷使用半密闭罐。压裂放喷、射孔放喷、混气水排液、液氮排液、气举排液，应使用半密闭罐，确保返出液体不落地。

⑩ 新井投产组织泥浆回收处理。新井作业施工和投产替出的泥浆应打入罐车拉到泥浆站回收利用或进行现场无害化处理。

⑪ 刺洗油管杆时使用遮挡器。防止污油水乱流污染井场和农田。

⑫ 起油管时使用接水桶。减少污油水外漏乱流污染井场和农田。

⑬ 井场铺垫防渗薄膜，使用井场围堰。铺垫防渗薄布、使用井场围堰，可以有效地控制落地油、污水对现场的污染。

⑭ 使用垃圾回收箱。将施工现场的生活垃圾、工业垃圾等污染物进行统一回收。

⑮ 工完料净场地清。作业施工结束，立即组织回收井场器材、清理井场，做到无污染、无遗留物、恢复原地貌。

11.9 井下作业施工过程控制技术

11.9.1 搬迁(修井机运移)过程控制重点

① 驾驶员必须持准驾证。

② 驾驶员接到任务后，应对需要移运的作业设备进行仔细的巡回检查，重点检查灯光系统、转向系统、刹车系统是否灵活可靠，消防器材是否齐全，井架固定是否可靠。

③ 按设备操作规程检查发动机、油、水情况，确认都符合标准后，起动车辆，做好行车准备。

④ 驾驶员在道路上行使时，要严格遵守交通规则。

⑤ 主机在正常道路行驶时，只采用 10×4 驱动。

⑥ 在泥泞道路行驶时，可根据需要同时挂上前、后桥，但是要在挂上后桥之后再挂上前桥。

⑦ 在公路上行驶时，载车轮胎气压保持正常压力；在沙漠地区行驶时，可根据需要将轮胎气压保持在 $4.2kg/cm^2$，以便使轮胎与地面间有更大的附着力，低气压只能低速行驶。

⑧ 在冻雪、泥泞或沙漠地区行驶时，如果车轮打滑可采用接合差速锁的方法通过。

⑨ 当有高度限制的情况下，需派专人观察、指挥。

⑩ 整机在移运过程中，不得熄灭发动机滑行。

11.9.2 现场标准化布置控制重点

① 井场必须设置以下安全标志：a. 必须戴安全帽；b. 禁止烟火；c. 必须系安全带；d. 当心触电；e. 当心机械伤人。

② 值班房、工具房距井口和土油池的距离不小于 20m。

③ 油管、抽油杆必须用完好的桥座支起，高度不低于 300mm，且排列整齐、平稳，每 10 根一出头；二层桥架必须用不小于 ϕ12mm 的麻绳捆扎结实。

④ 井场安全通道必须保持畅通。油管架、抽油杆架之间的距离不小于 1.5m，油管架、抽油杆架与抽油机或流程之间的距离不小于 1m，且不得堆放杂物。

⑤ 井场有工具台(架)，工具摆放整齐、清洁。

⑥ 井场有明确的队伍标志，四周有醒目的安全警戒带，井场入口有详细的安全告知。

11.9.3 立、放井架过程控制重点

① 检查井架上有无异物，井架上紧固件不允许松动；同时检查游动系统大绳和液压小绞车钢丝绳，应无挂、连、卡、阻等现象。

② 将快绳及死绳从井架上的挂钩内移出。

③ 井架起、放和伸、缩前，均须摘开井架照明电路防爆开关。

④ 井架起、放前应对液、气路进行检测，确保无渗漏现象；操作方法为：挂合带泵箱，对管路及部分液缸进行憋压，当压力表显示系统压力为 14MPa 时，保压 5min，不允许有压降和渗漏；气路系统在气动元件充气情况下，当气压在 0.7~0.8MPa 时，保压 5min，压降不得大于 0.03MPa。

⑤ 井架在起、放和伸、缩前，应对液压系统进行排气，只有在确认液压缸中无气体时，才能起、放和伸、缩井架。

⑥ 井架起升到位时，在井架与 Y 型支架之间必须上紧锁死螺栓后，绷好井架的防风绷绳。

⑦ 井架上体伸出时，游车大钩应尽量接近修井机钻台面，井架放倒时，游车大钩应平放在大钩托架上；井架上体伸出后，打紧两根载荷绷绳，四根防风绷绳和两根二层台绷绳。

11.9.4 起、下管柱过程控制重点

① 起下管柱时井口要有防掉、防喷装置，严防井下落物，防井喷事故；作业时应安装经检定合格、符合要求的指重表(或拉力计)。

② 下井工具和管柱均应经地面检验合格；严禁用锚头绳上卸油管螺纹，禁用榔头敲击油管。

③ 修井机防碰装置保证完好、有效，停用时必须打好滚筒死刹车。

④ 作业施工中吊卡手柄或活门应锁紧，吊卡销插牢；起下油管要操作平稳，避免顿钻、斜扣；禁止挂单吊环操作。

⑤ 在管桥上提放管柱时应使吊卡开口朝上，操作者站在侧面，用小滑车拉送；操作人员应嘹望吊卡。

⑥ 起下重载荷时必须有专人指挥，专人观察井架、基础、地锚、绷绳、指重表等；发现问题立即停车处理，待正常后才能继续施工；遇卡时应慢慢上下活动，分析原因，进行妥善处理，不许硬拔猛提。

⑦ 施工前必须有防触电、防火、防爆措施，按规定配备消防器材。

⑧ 施工人员各负其责，有统一规定的手势和动作，紧密配合，服从专人指挥。

⑨ 遇有六级以上大风、能见度小于井架高度的浓雾天气、暴雨雷电天气，应停止作业。

11.9.5 交通管理工作控制重点

① 车辆运行必须持有效行驶路单；长途车辆严格执行《长途车辆审批制度》。

② 车辆行驶严格遵守车辆行驶规定；在矿区内行驶最高时速大型车辆不得超过 30km/h，小型车辆不得超过 40km/h，拖拉机不得超过 20km/h，学校附近不得超过 15km/h；不得乱停乱放。

③ 特种车辆的非载客位置严禁站人(修井机、吊车、运管车、值班房等平台)。

④ 坚持出车前、行车中、回场后检查，及时发现和消除隐患，做好车辆检查记录。

⑤ 驾驶员按时参加月度例会学习。

⑥ 不准将车辆交给无驾驶证、企内准驾证人员驾驶。

⑦ 不准驾驶不符合装载规定的车辆和安全附件不符合要求或机件失灵的车辆。

⑧ 不准酒后驾车、不准强超抢会、不开英雄车或霸王车。

11.9.6 环境保护工作控制重点

① 全面开展绿色基层队创建工作。

② 严把清洁生产审核关。

③ 做好作业现场污染防治工作。

11.9.7 特殊施工作业管理

1. 酸化施工

① 现场施工负责人应根据《酸化施工工程设计》和《酸化施工 HSE 作业指导书》要求，召开所有施工作业人员参加的安全、人员分工、技术交底会，明确施工安全技术要求。

② 施工作业现场应设置明显的安全告知牌和警示标志，围好安全警戒带，严禁非工作

人员入内；施工作业人员进入施工作业现场必须穿戴相应的劳动安全防护用品。

③ 编制完善的单井突发事件应急预案，针对本井施工过程中可能出现的各种异常情况，制定相应的防范措施；明确现场施工负责人以及消防、救护人员的责任。

④ 所选酸化井口的耐压强度应大于设计施工最高井口压力；酸化井口要装齐全部螺栓，螺丝对称上紧，以确保耐压；阀门应开关灵活，井口用钢丝绳固定绷紧；开工前，由现场安全主管进行开工前的安全技术验收，验收合格开具《开工验收报告》，经负责现场施工的主管领导审核同意并签字，方可开工；验收不合格，不得开工。

⑤ 配液站或现场配酸人员操作时，要求站在上风头，搬酸、倒酸操作时要穿戴好安全防护服、防酸手套、防护镜、口罩或防毒面具等；桶盖开启要小心，动作要慢，严禁桶口对准自己和旁人；现场需准备好苏打水或蒸馏水，以便人身沾上酸液时清洗使用，防止酸液灼伤人体和衣服。

⑥ 替酸前，必须先用清水对地面管线及井口流程进行试压，试压值为酸化设计上规定的压力值。

⑦ 酸化施工过程中，所有操作人员应坚守岗位，注意力集中；高压作业区内不允许人员来往走动，禁止跨越高压管线；非施工人员应远离施工现场。

⑧ 挤酸时，严格按设计程序进行施工，未经现场施工负责人的许可不得变更；如泵压超过试验压力，应立即停泵检查，核对井下管柱，严禁盲目施工，防止造成事故；若设备、高压管汇、管线、井口装置等部位发生刺漏，必须停泵、关好总闸门、放压后才能进行处理，不允许带压整改作业。

⑨ 施工结束后，必须先关好井口闸门，放空泄压后才能卸管线，严禁带压砸卸管线。

⑩ 排残酸过程中，排酸管线一律用硬管线连接，分段用地锚固定牢固，两固定点间距不大于 10m，管线末端处弯头的角度应不小于 120°，且不得有变形；从井内排出的残酸液要妥善处理，全部排进排污池；排污池应设在下风方向，距井口 20m 以外；严禁排入附近农田、生产区、民用水道、农田灌溉水渠等，以防伤害人畜、污染环境。

⑪ 在气井或有特殊要求的油井施工作业时，酸化压裂车组发动机和其他进入施工现场车辆、设备的排气管均应装有阻火器。

2. 压裂施工

① 现场施工负责人应根据《压裂施工工程设计》和《压裂施工 HSE 作业指导书》要求，召开所有施工作业人员参加的安全、人员分工、技术交底会，明确最高限压指标及施工安全技术要求。

② 施工作业现场应设置明显的安全告知牌和警示标志，围好安全警戒带，严禁非工作人员入内；施工作业人员进入施工作业现场必须穿戴相应的劳动安全防护用品。

③ 编制完善的单井突发事件应急预案，针对本井施工过程中可能出现的各种异常情况，制定相应的防范措施；明确现场施工负责人以及消防、救护人员的责任。

④ 施工现场严禁吸烟，严禁进行明火作业；所有施工作业车辆、发动机组的排气管均应装有阻火器，摆放在井口上风方向，且摆放合理、整齐，保持间距；现场应配备救护车和消防车待命；压裂车应配备超压保护装置，超压保护装置应在规定压力下开启，其静开启压力偏差不得超过±0.5MPa；其他车辆应停放在上风方向距井口 20m 以外。

⑤ 所选压裂井口的耐压强度应大于设计施工最高井口压力；压裂井口要装齐全部螺栓，螺丝对称上紧，以确保耐压；阀门应开关灵活，井口用钢丝绳固定绷紧；开工前，由现场安

全主管进行开工前的安全技术验收，验收合格开具《开工验收报告》，经负责现场施工的主管领导审核同意并签字，方可开工；验收不合格，不得开工。

⑥ 正式开压前，应进行循环运转，检查管线是否畅通，仪表是否正常；必须先用压裂液对地面管线及井口流程进行试压，试压值为压裂设计上规定的压力值。

⑦ 压裂施工过程中，所有操作人员应坚守岗位，佩戴无绳耳机、送话器，注意力集中，及时传递信息；高压作业区内不允许人员来往走动，禁止跨越高压管线；非施工人员应远离施工现场。

⑧ 压裂时，严格按设计程序进行施工，未经现场施工负责人的许可不得变更；如泵压超过试验压力，应立即停泵检查，核对井下管柱，严禁盲目施工，防止造成事故；若设备、高压管汇、管线、井口装置等部位发生刺漏，必须停泵、关好总闸门、放压后才能进行处理，不允许带压整改作业。

⑨ 施工结束后，必须先关好井口闸门，放空泄压后才能卸管线，严禁带压砸卸管线。

⑩ 放喷过程中，放喷管线一律用硬管线连接，分段用地锚固定牢固，两固定点间距不大于10m，管线末端处弯头的角度应不小于120°，且不得有变形；从井内排出的压裂液要妥善处理，全部排进排污池；排污池应设在下风方向，距井口20m以外；严禁排入附近农田、生产区、民用水道、农田灌溉水渠等，以防污染环境；若需燃烧放喷，天然气出口点火位置应在下风方向，距井口50m以外。

3. 射孔施工

① 射孔前现场施工负责人应根据《射孔施工工程设计》要求，召开所有施工作业人员参加的安全、人员分工、技术交底会，明确射孔施工安全技术要求；并进行现场防喷应急预案演练；对含硫化氢的井，还要进行防硫化氢中毒应急演练。

② 射孔前，现场施工负责人必须结合设计要求，逐项落实防喷(装防喷器、自封等)、防掉、防卡、防火、防硫化氢等安全措施，填写《打开封闭油层安全措施确认书》，经现场施工安全主管审批后，方可施工。

③ 射孔过程中，班组人员不得离开现场，必须派专人观察井口，密切观察井口油气显示情况，发现外溢或有井喷预兆时应立即停止射孔，快速提出射孔枪及电缆，并立即抢下油管或关闭井口防喷装置；一旦发生井喷，首要的任务是控制井喷，确保安全撤离现场；射孔队应立即起出井内电缆与射孔枪，如果在抢起过程中，井喷将电缆喷出井口时，为及时抢关井口，要立即剁断电缆，让作业人员抢关井口闸门；射孔人员迅速将设备、射孔器材撤离现场，以便让作业人员及时处理。

④ 射孔后，密切观察井口溢流情况，并迅速下入油管或地层测试工具，进行地层测试或替喷、诱喷作业，中途不得无故停工。

⑤ 对油管传输负压射孔井，要求射孔枪与油管的每个连接部位都密封不漏。下井速度要平稳、均匀，不能过快，以防发生撞击、溜钻、顿钻事故。

4. 取换套施工

大修施工的技术方法包括：井下故障诊断、复杂落物打捞、解卡、套管扩胀、套管整形、套管补贴及加固、换取套管、套管内的钻、磨、铣、打通道、钻水泥塞、查封窜、找堵漏、挤灰封存层等；在这些施工中，取换套施工的安全风险最大，重点控制环节包括：

① 取换套施工前，必须对井筒进行严格的控制，循环洗压井后打封堵桥塞，并试压合格，保证井下油层绝对封闭。

② 套铣工作液池(罐)距井口不应超过 20m。

③ 泥浆泵及备用泵应摆放在工作液池的远离井口端。

④ 锅炉应远离井口 50m 以外，且居下风头；油水池应背离井口。

⑤ 管桥搭摆应平稳，离井口最近的一桥不超过 3m。

⑥ 井场应设有安全通道。

⑦ 井场或值班房内应备有符合规定的消防器材、防喷抢险用具。

11.9.8 安全附件管理

① 安全阀、压力表、指重计、防碰装置等安全附件，应处于完好状态，由安全副队长负责建立台账并定期检验。

② 有毒、有害危险作业场所，使用安全及气防器具时，要严格执行使用规程；监测气体时，人员要站在上风方向；呼吸器具应放置在便于取出的位置，所有附件符合要求，便于穿戴，保障其气密性和充装压力；每次使用后要及时进行消毒、维护、保养处理。

11.10 HSE 事故案例警示篇

“前车辙，后车鉴”，事故及由此产生的教训，从某种意义上讲，是一种财富。吸取教训深刻剖析事故发生的内在原因、机理，从中把握事故发生的规律，对于保障企业生产安全有序，持续开展具有前瞻性、现实性意义。本篇列举了几类发生在我们身边的典型事故案例，并结合实际情况对事故案例进行了深入细致的分析，有针对性地提出了纠正和预防措施。

11.10.1 井喷失控和硫化氢中毒事故案例分析

1. 某油田“6.19”井喷失控事故

① 事故经过：某作业队在某井进行补孔、下电泵作业，当第一枪射孔后，起电缆的过程中，发现电缆有失重现象，随即井内电缆和射孔枪被油气冲出，撞击抽油机驴头产生火花，引燃油气发生火灾。经过近 11h 的紧急处理，扑灭了火灾，成功实施了压井和换装井口作业。事故中没有人员伤亡。

② 原因分析：事故主要原因是对复杂油气地层认识不够，制定的射孔方案和井控设施与油层不符，加之甲方监督不到位，乙方应急处置不力，导致了井喷事故发生。

2. 某油田“10.1”井喷事故

(1) 事故经过

某作业队承担施工的某气井压裂、投产、试气施工结束后，按设计要求，需进行压井、起换管柱、钻水泥塞合采作业施工；该队于 9 月 30 日 9:30 按设计要求用 2% 的氯化钾溶液 $60m^3$ 进行了反循环压井；压井合格后，于 15:30 开始起井中的压裂管柱；10 月 1 日 14:45，当起出第 262 根油管后，出现井涌，虽经两次抢装井口，但未能奏效，发生了井喷失控的重大责任事故。

(2) 原因分析

① 向井内补充压井液不及时，以及起管柱作业占时过长，导致井内压井液气侵加剧，是导致此次事故发生的直接原因。根据该井的施工安全操作要求，每起出 10 根油管，都应

该向井筒内补充压井液，以保持井筒液柱压力；但在该井施工过程中，由于现场人员井控意识淡薄，加之对气井井口溢流量判断不准，灌液回注补充液不足，造成井筒内液量严重不足，井筒内液柱压力不能平衡地层压力，导致事故发生。

② 未按气井作业操作规程安装封井器，防喷措施不落实，是导致事故发生的主要原因。凭主观经验，思想麻痹，未装封井器，对低孔低渗油层可能出现井喷的情况判断不足，导致井喷后井口处于失控状态。

③ 井涌发生后，在启动井控应急措施，进行抢装井口闸门控制井涌的操作过程中，出现配合失误，致使井控闸门掉入井口方井内，打捞用时二十多分钟，失去了控制井喷的最佳时机，是造成事故的重要原因。

④ 在调查此次事故时，还发现安全管理上其他问题。如：执行井控标准、井控制度不严格；危害识别不到位，进入新工区施工后，没有重新进行全面的危害识别；编制的井喷预案及预案演练没有针对性；安全监督不到位，职能科室未对该工区组织专门的安全检查，导致安全防范意识弱化。

(3) 事故性质

根据事故的原因分析，事故调查组认定这是一起重大责任事故。

(4) 事故责任追究

① 某某，该队技术员、当班带班干部，对事故的发生负有直接责任，免去技术员职务。

——作为该井带班干部，不按设计方案安装封井器，工作严重失职。

② 某某，该队当班班长，对压井液灌注不及时负有直接责任，属事故直接责任人，给予通报批评，并经济处罚。

——违反《井控实施细则》压井液灌注规定，造成液柱压力下降。

③ 某某、某某、某某，均为某队当班员工，在发生井涌后操作失误，延误了控制井喷的最佳时机，对事故的最终发生负有直接责任，均给予通报批评，并经济处罚。

——在没有安装封井器的情况下违章冒险作业，出现井涌后操作失误。

④ 某某，安全副队长，对事故的发生负监督管理责任，给予行政警告处分，并经济处罚。

——对该队存在的事故隐患和风险，未能及时消除，对现场的违章行为严重失察。

⑤ 某某，队长，对事故的发生负有组织领导责任，免去队长职务。

——对起压裂管柱这一特殊作业工序没有调配足够的人力，对作业过程中断及井上违章行为监督不力。

⑥ 某某，支部书记，对事故的发生负有主要领导责任，给予行政记过处分。

——对职工安全教育不到位、现场劳动组织不当，没有履行监督职责。

⑦ 某某，项目部副经理，项目部安全生产主管责任者，对事故的发生负有直接领导责任，免去项目部副经理职务。

——对项目部执行施工方案、井控规定和相关安全制度，履行职责不到位。

——未组织制定适合工区实际的井控实施细则。

⑧ 某某，项目部经理，项目部安全生产第一责任者，对事故的发生负有主要领导责任，降为项目部副经理。

——未组织制定项目部针对性井控应急预案，也未督促组织演练。

⑨ 某某，项目部安全主管，对事故的发生负有监督管理责任，给予通报批评，并经济

处罚。

——未对现场进行开工检查，事故发生后未按规定程序履行逐级上报职责。

⑩ 公司经理、副经理、副总工程师、工程所、人力资源部、安全环保部等 8 名负责人分别受到相应的处理。

3. 某油田“5. 14”井喷爆燃事故

（1）事故经过

某作业队在某井进行起油管作业施工，倒扣起抽油杆 244 根；17 :30 左右开始起油管；23 :50 左右，当起出油管 88 根时，油套环形空间溢流出水。当班班长向队长报告后，队长当即通知当班人员安装井口，做压井准备。5 月 14 日 0 :10，在安装井口过程中，当悬挂井口刚装到第三根螺丝时，井口突然涌出油气水混合物，现场人员在撤离过程中，井场突然发生爆燃；现场施工人员某某、某某被烧伤致死，某某、某某及在井场强行拾落地油的 4 名当地村民和在附近房屋的 1 名当地村民被不同程度烧伤。

（2）事故原因

① 在起油管过程中，未按照施工设计要求安装防喷器；未向井筒内灌注合适的压井液，使井内喷出物中天然气遇到修井机高温刹车片引起爆燃，是造成事故的直接原因。

② 村民在井场周围强行建房，在施工现场强行拾落地油，是导致事故受伤人员增加的直接原因。

③ 开工验收不严格，没有及时纠正未装防喷器的违章行为；制订的应急预案缺乏针对性，预见性不强；应急处置不当，当高含天然气的油气水混合物喷出时，在没有安全保障条件下抢装井口，是造成事故的主要原因。

④ 地质设计没有提供本井原始地层压力、油气比、产气量等数据；工程设计没有提出动管柱前洗井工序；没有给施工作业单位提供符合安全条件的作业场所，开工验收把关不严，是造成事故的重要原因。

⑤ 上级相关职能部门及主管领导监督管理存在一定薄弱环节，对作业场所监督不到位，对各项井控、防火防爆制度、标准、规程落实不力，是造成事故发生的原因之一。

（3）事故性质

根据事故的原因分析，事故调查组认定这是一起违章责任事故；事故造成 2 人死亡、3 人重伤、4 人轻伤。

（4）责任追究

① 某某，班长，是施工现场第一责任人，负责班组井控和安全管理工作，没有按要求安装封井器，对事故发生负有直接责任，鉴于其在事故中死亡，建议不予追究。

② 某某，副队长，负责本队井控和安全生产工作，没有及时纠正和制止违章，对事故发生负有直接责任，建议给予其开除厂籍、留厂察看一年处分。

③ 某某，队长，全面负责本队井控和安全生产工作，是本队井控和安全生产第一责任人，没有及时发现和制止违章施工现象，对事故发生负有直接责任，建议给予其开除厂籍、留厂察看一年的处分。

④ 某某，副大队长，负责本单位井控和安全生产管理工作，是本单位井控和安全生产直接负责人，在完善应急预案、现场井控设备安装、防火防爆监督工作中存在漏洞，对事故发生负有直接管理责任，建议撤销其作业大队副大队长职务。

⑤ 某某，大队书记，作为单位的主要领导，在开展职工安全教育、提高全员安全意识、

落实安全生产责任制等方面监督不到位，对事故的发生负有直接监管责任，建议撤销其作业大队书记职务，降职使用。

⑥ 某某，大队长，全面负责本单位井控和安全生产工作，是本单位井控和安全生产第一责任人，没有严格落实井控和安全生产规章制度，对事故的发生负有直接领导和管理责任，建议责令其引咎辞职。

⑦ 某某，副经理，作为主管井控和安全生产的领导，落实井控和安全生产规章制度不到位，对事故的发生负主要领导责任，建议给予其行政降职处分。

⑧ 某某，党委书记，作为单位主要领导，在安全教育、提高全员安全意识、落实安全生产责任制等方面监督不力，对事故发生负有次要领导责任，建议给予其行政记过处分。

⑨ 某某，经理，作为本单位井控和安全生产第一责任人，落实全员安全生产责任制不到位，对事故的发生负有重要领导责任，建议给予其行政记大过处分。

⑩ 自勘探局至油田生产管理处、采油厂、地质研究所、工艺研究所，作业监督等各级负责人共10人分别受到相应的处理。

11.10.2 机械伤害与物体打击事故案例分析

1. 某油田“1.27”机械伤害事故

(1) 事故经过

某作业队在某井下泵完井过程中，技术员回房子计算数据，司钻回房子喝水，现场有安全副队长、副司钻、一岗某某及四岗某某。18:05安全副队长某某(替班长某某)操作通井机、副司钻某某和一岗某某站井口、四岗某某拉油管，当副司钻某某左手拉液压钳，右手推操作手柄试图让液压钳开口齿轮咬住第9根油管紧扣时，左手大拇指被转动的齿轮挤住，大拇指末端进入钳体被挤碎。

(2) 事故原因

① 当班副司钻违反液压管钳操作规程，是造成此次事故的直接原因。

② 现场带班干部乱岗代替司钻操作通井机，导致现场监护不到位，是造成此次事故的主要原因。

③ 由于节日临近，外出员工急于干完活返回，情绪不稳定，施工操作过程相互协调配合不当是造成此次事故的客观原因。

2. 某油田“10.25”物体打击事故

(1) 事故经过

某作业队于当日上午9:40左右搬迁到某井，准备进行传输测压施工。11:50分左右，完成准备工作，午饭后拆井口，开始做起抽油杆准备，在光杆上部卡好方卡子，然后小班司机上提光杆约10公分，班长开始用管钳拆下边的方卡子。正在拆的过程中，上边的方卡子突然滑脱，顺光杆掉下来，正好砸在卸方卡子的班长左手食指末端，造成骨折。

(2) 事故原因

① 对拆下的原井方卡子钳牙没有进行仔细检查(原井方卡子钳牙磨损严重)，就进行施工。

② 施工人员对该井井下负荷认识不足(井深：2532m，抽油杆：209根)，造成多次重复使用的方卡子无法承受拉力。

③ 未对方卡子采取防坠落保护措施。

11.10.3 起重伤害、高处坠落事故案例分析

1. 某石油局“5.28”起重伤害事故

（1）事故经过

某作业队，从某井搬迁至某井时安装沙漠公寓。在调整水源房和洗漱房的过程中，吊车司机未接到指令就先伸了爬杆、开始起绳，造成定位杆突然滑动，将现场作业的某某挤在水源房和洗漱房之间，所戴安全帽被挤破，头部被挤伤，鼻、口、耳等部位出血，经抢救无效死亡。

（2）事故原因：

① 吊车操作人员违反起重作业安全规定，是导致事故发生的直接原因。

② 大队没有认真审查吊车车主的经营资格，雇用了没有法人资格的吊车，在吊车作业前，没有进行危害识别和风险评价，还沿袭该队指挥吊车的习惯做法，在经营活动和生产组织中管理不力，是导致此次事故发生的主要原因。

③ 沙漠公寓本身在设计上有缺陷，在安装过程中，两栋房之间的定位杆要靠人力托起扶正，容易造成人员伤害，是导致此次事故发生的重要原因。

④ 某某本人自我保护能力和安全意识不强，没有充分认识到作业过程中存在的危害性、采取防范措施，这是导致事故发生的又一重要原因。

2. 某建设公司“3.3”高处坠落事故

某年某月某日上午，某公司管道安装专业公司管工某某等3人，在某建设工地某平台（标高12m）安装管托，当时天下小雨。10:30左右雨突然下大，某某欲从管廊斜梯下至地面避雨。因斜梯尚未完工，少一块钢格板，留下孔洞。某某失足从孔洞处坠落至地面，头部受伤，抢救无效死亡。

事故主要原因是现场管理不善，斜梯施工未完，楼梯拐角处存在孔洞而没有采取相应的封堵措施。

11.10.4 交通（车辆伤害）事故案例分析

某公司“3·11”交通事故

（1）事故经过

某年某月某日5:10左右，作业某队驾驶员某驾驶某五十铃值班车从某井接当班工人回队途中，行至国道某线某村路段时，与对面一大型车辆会车过程中，因对方车辆占道行驶，与五十铃车相挂，造成车辆侧翻，车上乘坐人员某受重伤，经医院抢救无效死亡；另外，乘坐人员某某颈部受伤，乘坐人员某某锁骨骨折。

（2）事故原因

① 作业某队三班零点班中途完井后，未经队值班干部批准直接通知司机接人回队，未执行零点班不能中途接班规定；司机未请示队值班干部擅自接人是造成这次事故发生的直接原因。

② 虽然健全了相关制度、规定，也进行了教育及路查路检工作，但还是放松了对夜间车辆的监督管理，是这起事故发生的管理原因。

③ 作业队交通安全管理松懈，制度执行不严，对驾驶员教育、管理不够是事故发生的间接原因。

④ 驾驶员安全意识淡薄，驾驶车辆速度太高，是该事故发生的主要原因。

⑤ 驾驶员思想素质低、驾驶技能差，会车中自我防范意识不强，处理紧急情况不当是造成这起事故的又一原因。

⑥ 前方车辆占道行驶，刮擦车辆是造成事故的主要客观原因。

⑦ 安全环保部负责人某某和交通岗某某通报批评。

11.10.5 环境污染事故案例分析

某油田某井"7.23"环境污染事故

（1）事故经过

某井为稠油注汽开采井，某修井队接到该井作业的通知，即搬上该井，因井口有压力，带班干部安排井口放喷，打开油管和套管闸门，都未发现异常，即卸井口螺丝，上提解封，上提高度120cm时，井口突然冒出蒸气，过了约10min，油污伴随蒸气大量喷出，历时4小时49分钟，井口得到控制。此次事故造成约4亩农田被毁，300棵树木被污染。

（2）事故原因分析

① 客观原因：管柱下面带着大直径工具，在向上提时，造成抽吸效果，导致井底压力比地层压力低；井底砂卡导致井底压力得不到释放。

② 井控培训不到位和井控演练不落实是该井发生井喷污染的主要原因。

③ 操作规程和规章制度缺乏针对性和实用性是这次发生事故的重要原因。目前执行的修井作业的操作规程是国家行业标准SY/T 5587.1、SY/T 5587.20及SY/T《蒸气吞吐作业规程》，这些标准对常规修井过程可以适用，但没有对稠油井的解封和斜井作业进行明确规定，导致操作人员在对这些特殊井施工操作时只能是靠经验，没有规范的动作和要领。

④ 规章制度执行不严格，防喷措施不落实。根据《井控技术实施细则》第七章第7条第二款：井控装置试压、防喷演习、处理溢流、井喷及井下复杂情况，值班干部应在现场组织指挥。该井解封应是属于复杂情况处理，但在该井解封时，干部不在现场，由作业队班长自行实施解封作业；该井在解封时存在井喷可能，但在经过队长开工验收批准后，井场没有防止井喷实施反加压的钢丝绳，直到井场人员通知发生井喷队长才从住地拿绳套到井场抢险。

⑤ 井控意识不强，井控重视程度不够是导致此次事故发生的又一重要原因。生产组长在事先得到该井的地质方案，就该井放喷时间短，又有沙卡，地层存在着一定量的注入蒸气，存在井喷可能性就这一情况与甲方进行了沟通，但没有向基层队进行技术交底；基层队干部得到该井的施工方案后，也知道存在着井喷的可能，但没有向当班工人进行技术交底，对是否会发生井喷没有向当班工人讲明，在拆井口，解封等可能发生井喷的关键施工环节，现场没有干部。

⑥ 井控装备不足是导致事故扩大的原因之一。在该井抢险过程中，因为作业队和作业部没有防护服只能向甲方求援，从16:00左右开始向甲方求援到18:50拿到防护服用时将近三个小时导致近三个小时无法开展抢险工作。

11.10.6 其他典型事故案例分析

1. 某油田"7.15"触电死亡事故

（1）事故经过

某油田盐硝厂维修钳工某某在检修完码垛机返回维修工房途中，经过硝包装生产线时，停在电风扇前吹风降温。在用双手握住电风扇立杆准备调整风扇方向时，发生触电，仰面倒地，电风扇随之倒下并压在其身上。附近其他职工发现后，立即断开电扇电源，迅速进行现场抢救并送医院救治。13:20 抢救无效死亡。

（2）事故原因

① 该电风扇原来长期在盐库使用，由于密封不严，盐粉尘微粒进入电风扇电机内，加上雨前空气湿度较大，使电机绕组与电机外壳通过潮湿的盐尘形成回路，导致电风扇外壳带电。

② 某某刚工作完，身体出汗多，在用双手握住风扇立杆的瞬间，遭受电击摔倒，电风扇随其倒下，压在胸前，瞬时大量电流通过心脏，导致呼吸心跳骤停死亡。

③ 企业管理不到位，安装移动式电风扇时没有装设接地线和漏电保护器，电风扇没有定期检查，存在安全隐患等是造成事故的主要原因。

2. 某油田“9.15”试压事故

（1）事故经过

某油田某公司某工程项目部在某施工地，对管线进行水压强度试验过程中，试压短节母管与排空管连接处焊缝撕裂，近距离观察压力表的项目负责人某某被高压水流击中，造成面部骨骼开裂而死亡。

（2）事故原因

① 在试压过程中因接头渗漏、更换密封圈后，没有对管线内是否存气进行检查确认。

② 该试压短节于 2005 年 3 月 20 日制作完成，只对焊缝表面进行了探伤检查，没有对焊缝内部进行无损探伤，此次使用前也没有进行全面检查，没有发现焊缝处存在的隐患。

③ 非试压作业人员擅自进入试压作业区等也是事故发生的重要原因。

3. 某石油局“1.6”取暖中毒事故

（1）事故经过

某队在某油田进行搬迁作业，由于当天搬迁未完，安排 4 人留守。次日 11 时 30 分左右，其他人员赶到井场后发现留守的 3 人身体僵硬、无呼吸，另外 1 人经抢救基本恢复健康。

（2）事故原因

① 4 名留守人员违反《中国石化集团公司西部工区冬季安全施工推荐作法》中“人员长期在房内取暖时应注意通风换气”的规定，擅自将未燃尽的木炭装进废弃的桶内（割去半截的 180kg 标准油桶），并抬到居住的密封良好的野营房内取暖。经模拟试验证明，在底部无通风的桶内，燃烧未尽的木炭极易产生一氧化碳。由于野营房密闭良好，无烟囱等排烟装置，一氧化碳大量聚集，造成人员中毒事故。

② 企业对员工安全教育不到位、冬季施工防寒保暖措施不落实等也是事故发生的主要原因。

附录1　井下作业常用计算公式

1. 面积公式

正方形：$S=a^2$

S—正方形的面积

a—正方形的边长

长方形：$S=ab$

S—长方形的面积

a—长方形的长

b—长方形的宽

三角形：$S=ah/2$

S—三角形面积

a—三角形的底

h—三角形的高

梯形：$S=(a+b)h/2$

S—梯形的面积

a—梯形的上底

b—梯形的下底

h—梯形的高

圆形：$S=\pi r^2$

S—圆形的面积

r—圆形的半径

π—圆周率

圆环：$S=(R^2-r^2)/2$

S—圆环的面积

R—大圆的半径

r—小圆的半径

2. 体积公式

正方体：$V=a^3$

V—正方体的体积

a—正方体的边长

长方体：$V=abh$

V—长方体的体积

a—长方体的长

b—长方体的宽

h—长方体的高

圆柱体：$V=\pi r^2 h$

V—圆柱体的体积

r—圆柱体的地面圆半径

h—圆柱体的高

空心圆柱体：$v=\pi R^2 h-\pi r^2 h=\pi(R^2-r^2)h$

V—空心圆柱体的体积

R—大圆的半径

r—小圆的半径

h—圆柱体的高

球形体：$V=4\pi r^3/3$

V—球形的体积

r—球形半径

圆锥体：$V=\pi r^2 h/3$

V—圆锥体的体积

r—圆锥体底面圆半径

h—圆锥体的高

3. 重力公式：$G=mg$

G—重力

m—质量

g—重力加速度

4. 浮力计算公式：$F=\rho gV$

ρ—液体密度

g—重力加速度

V—排出液体体积

5. 卡点计算

$\Delta L=HP/ES$

$H=\Delta LES/P$

H—卡点深度

E—材料弹性模量系数，油管用钢的弹性系数为2.1×10^6kg/cm^2

S—油管截面积，cm^2

P—上提拉力，kg

ΔL—油管受拉伸长量，cm

经验公式：

$H=K\Delta L/P$

H—卡点深度，m

K—计算系数

P—上提平均拉力，10kN

ΔL—在拉力 P 的作用下，管柱平均伸长量，cm

注：上式中计算系数 K 见附表 1-1

6. 配水泥浆计算公式

干水泥用量：

$G=Vr_1(r_2-r)/(r_1-r)$

G—所需干水泥的总重量，kg

V—需配水泥浆的数量，L

r_2—需配水泥浆的密度，kg/L

r_1—干水泥的密度，一般取 3.15kg/L

r—水的密度，取 1kg/L

清水用量：

$Q=V-G/r_1$

Q—清水用量，L

水泥浆用量：

$V=V_0(H_1-H_2)K$

V—水泥浆用量，L

V_0—每米管柱内容积，L

H_1—注水泥塞管柱深度，m

H_2—反洗井深度，m

K—附加系数，一般取 1.5

顶替量计算：

$V_{顶}=(H_1-V/V')V_0+V_{附}$

$V_{顶}$—顶替量，L

V'—每米油套环空与油管内容积之和，L

$V_{附}$—地面流程管线容积，L

（注：配 $1m^3$ 水泥浆需干水泥和清水量见附表 1-2）

7. 压力的计算公式

$P=F/S$

P—压力，Pa

F—垂直力，N

S—面积，m^2

8. 井液柱压力

$P=10^{-3}\rho gH$

P—井液柱压力，MPa

g—重力加速度，9.8m/s^2

ρ—液体密度，g/cm^3

H—液柱深度，m

9. 压力梯度

$G=P/H=\rho g$

G—压力梯度，MPa/m

P—压力，MPa

H—深度，m

ρ—液体密度，g/cm^3

g—重力加速度，9.8m/s^2

10. 关井时的油管压力计算

$P_{地层}=P_{井底}$

$P=P_{地层}-10^{-3}\rho_{原井液}gH$

P—油管压力，MPa

$P_{地层}$—地层压力，MPa

$P_{井底}$—井底压力，MPa

$\rho_{原井液}$—原井液密度，g/cm^3

H—井的垂直深度，m

g—重力加速度，9.8m/s^2

11. 关井时的套管压力计算

$P_{地层}=P_{井底}$

$P=P_{井底}-10^{-3}\rho_{原井液}g(H-h)-10^{-3}\rho_{溢流}gh$

P—套管压力，MPa

$\rho_{原井液}$—原井液密度，g/cm^3

$\rho_{溢流}$—溢流液密度，g/cm^3

H—井的垂直深度，m

h—溢流高度，m

g—重力加速度，9.8m/s^2

判断侵入流体性质的经验值，当 $\rho_{溢流}=0.12\sim0.36$g/cm^{3}为气体；当 $\rho_{溢流}=0.36\sim0.60$g/cm^{3}为油气或气水混合物；$\rho_{溢流}=0.60\sim0.84$g/cm^{3}为油、水或油水混合物。

12. 压井液的密度计算（以地层压力来确定）

$\rho_{压井液}=102P_{油层}/H+\rho_e$

$\rho_{压井液}$—压井液密度，g/cm^3

$P_{油层}$—油层压力，MPa

ρ_e—附加值（取 0.05~0.10g/cm^3）

H—油层深度，m

13. 压井液的密度计算（以地层压力来确定）

$\rho_{压井液}=102P_{关油}/H+\rho_{原}$

$\rho_{压井液}$—压井液密度，g/cm^3

$P_{关油}$—油层压力，MPa

$\rho_{原}$—原井液密度，g/cm^3

H—井深，m

14. 流体速度

$v=Q/t$

v—流体速度，m^3/s

Q—流量，m^3

t—时间，s

15. 冲砂时，砂子上返地面的最低速度

$v_{min}=2v_d$

v_{min}—上返时的最低速度，m/s

v_d—砂子在静止冲砂液中的自由下沉速度，m/s

16. 冲砂时所需要的最低排量

$Q_{min}=3600Av_{min}$

Q_{min}—冲砂要求的最低排量，m^3/h

A—冲砂液上返流动截面积，m^2

v_{min}—上返时的最低速度，m/s

17. 冲砂从井底上升到地面时所需的时间

$t=H/v_s$

$v_s=v_t-v_d$

H—井深，m

t—砂粒从井底上升到地面时所需的时间，s

v_s—砂粒上升速度，m/s

v_t—冲砂液上升速度，m/s

v_d—砂子在静止冲砂液中的自由下沉速度，m/s

附表 1-1　常用管材的计算系数 *K* 表

管类	外径/mm	壁厚/mm	*K*	管类	外径/mm	壁厚/mm	*K*
钻杆	73	9	3800	油管	73	5.5	2450
钻杆	89	9	4750	油管	89	6.5	3750
钻杆	89	11	5650	油管	60	5	1820

附表 1-2　配 1m^{3}水泥浆需干水泥和清水量表

水泥浆相对密度	干水泥用量/袋	清水用量/m^3	水泥浆相对密度	干水泥用量/袋	清水用量/m^3
1.61	17.87	0.72	1.76	22.27	0.65
1.62	18.17	0.71	1.77	22.56	0.64
1.63	18.46	0.71	1.78	22.85	0.63
1.64	18.75	0.70	1.79	23.15	0.63
1.65	19.05	0.70	1.80	23.44	0.62
1.66	19.34	0.69	1.81	23.70	0.62
1.67	19.63	0.69	1.82	24.00	0.62
1.68	19.92	0.68	1.83	24.32	0.61
1.69	20.22	0.68	1.84	24.61	0.61
1.70	20.51	0.68	1.85	24.91	0.60
1.71	20.80	0.67	1.86	25.20	0.60
1.72	21.10	0.67	1.87	25.49	0.60
1.73	21.39	0.67	1.88	25.78	0.59
1.74	21.68	0.66	1.89	26.08	0.59
1.75	21.98	0.65	1.90	26.37	0.58

续表

水泥浆相对密度	干水泥用量/袋	清水用量/m^3	水泥浆相对密度	干水泥用量/袋	清水用量/m^3
1.91	26.66	0.58	2.01	29.59	0.53
1.92	26.96	0.57	2.02	29.89	0.53
1.93	27.25	0.57	2.03	30.18	0.52
1.94	27.54	0.56	2.04	30.47	0.52
1.95	27.84	0.56	2.05	30.77	0.51
1.96	28.13	0.55	2.06	31.06	0.51
1.97	28.42	0.55	2.07	31.35	0.50
1.98	28.71	0.54	2.08	31.64	0.50
1.99	29.01	0.54	2.09	31.94	0.50
2.00	29.30	0.54	2.10	32.23	0.49

附表 1-3　密度为 2.65g/cm^3的石英砂在水中自由沉降速度

平均颗粒大小/mm	在水中下降速度/(m/s)	平均颗粒大小/mm	在水中下降速度/(m/s)	平均颗粒大小/mm	在水中下降速度/(m/s)
11.9	0.393	1.85	0.147	0.200	0.0244
10.3	0.361	1.55	0.127	0.156	0.0172
7.3	0.303	1.19	0.105	0.126	0.0120
6.4	0.289	1.04	0.094	0.116	0.0085
5.5	0.260	0.76	0.077	0.112	0.0071
4.6	0.240	0.51	0.053	0.08	0.0042
3.5	0.209	0.37	0.041	0.055	0.0021
2.8	0.191	0.30	0.034	0.032	0.0007
2.3	0.167	0.23	0.0285	0.001	0.0001

附录 2 常用套管、钻杆、钻铤、油管、抽油杆、抽油泵、螺杆钻规范

附表 2-1 常用套管数据规范

英寸/in	外径/mm	壁厚/mm	内径/mm	每米内容积/L
4	101.6	8	86	5.805
4½	114.3	5.21	103.9	8.475
4½	114.3	5.69	102.9	8.319
4½	114.3	6.35	101.6	8.107
4½	114.3	7.37	99.6	7.785
5	127.0	5.59	115.8	10.536
5	127.0	6.43	114.1	10.232
5	127.0	7.52	112.0	9.845
5	127.0	9.19	108.6	9.266
5½	139.7	6.20	127.3	12.728
5½	139.7	6.98	125.7	12.418
5½	139.7	7.72	124.3	12.127
5½	139.7	9.17	121.4	11.568
5½	139.7	10.54	118.6	11.051
6⅝	168.3	7.32	153.7	18.544
6⅝	168.3	8.94	150.4	17.771
6⅝	168.3	10.59	147.1	16.999
6⅝	168.3	12.06	144.2	16.327
7	177.8	5.87	166.1	21.658
7	177.8	6.91	164.0	21.119
7	177.8	8.05	161.7	20.536
7	177.8	9.19	159.4	19.961
7	177.8	10.36	157.1	19.379
7	177.8	11.51	154.8	18.816
7	177.8	12.65	152.5	18.265
7	177.8	13.72	150.4	17.756
9⅝	244.5	11.05	222.4	38.847
9⅝	244.5	11.99	220.5	38.166
13⅜	339.7	9.65	320.4	80.626

附表 2-2　常用钻杆数据(内平)

英寸/in	直径/mm	壁厚/mm	内径/mm	质量/(kg/m)	接头外径/mm	公接头长度/mm	母接头长度/mm	每米内容积/L
2⅜	60.3	7.11	46.08	9.9	86	269	218	1.67
2⅞	73.0	9.19	54.62	15.5	105	281	243	2.37
3½	88.9	9.35	70.1	19.8	121	319	281	3.85
		11.4	66.1	23.1				3.42

附表 2-3　钻铤的尺寸规格

钻铤螺纹型号	外径 D		内径 d		长度 L/mm	台肩倒角直径 D_F/mm	参考的弯曲强度比
	mm	in	mm	in			
NC23-31	79.4	3⅛	31.8	1¼	9150	76.2	2.57：1
NC26-35	88.9	3½	38.1	1½	9150	82.9	2.42：1
NC31-41	101.8	4⅛	50.8	2	9150	100.4	2.43：1
NC35-47	120.7	4¾	50.8	2	9150	114.7	2.58：1
NC38-50	127.0	5	57.2	2¼	9150	121.0	2.38：1

附表 2-4　常用油管数据规范

规范外径		质量/(kg/m)			壁厚/mm	容积/(L/m)
英寸	mm	不加厚	外加厚	整体接头		
1.050	26.7	1.698	1.787		2.87	0.345
1.050	26.7	2.204	2.294		3.91	0.280
1.315	33.4	2.532	2.681	2.562	3.38	0.557
1.315	33.4	3.262	3.336		4.55	0.464
1.660	42.2	3.426	3.575	3.471	3.56	0.967
1.660	42.2	4.513	4.573		4.85	0.830
1.900	48.3	4.096	4.320	4.111	3.68	1.316
1.900	48.3	5.437	5.556		5.08	1.142
1.900	48.3	6.584			6.35	0.995
1.900	48.3	7.671			7.62	0.858
2⅜	60.3	5.958			4.24	2.109
2⅜	60.3	6.852	7.001		4.83	2.014
2⅜	60.3	8.639	8.863		6.45	1.765
2⅜	60.3	9.831			7.49	1.613
2⅜	60.3	10.948	11.097		8.53	1.468
2⅞	73.0	9.533	9.682		5.51	3.017
2⅞	73.0	11.618	11.767		7.01	2.732
2⅞	73.0	12.810	12.959		7.82	2.584
2⅞	73.0	13.927	14.076		8.64	2.438
2⅞	73.0	15.640			9.96	2.213
3½	88.9	17.129			11.18	2.014

续表

规范外径		质量/(kg/m)			壁厚/mm	容积/(L/m)
英寸	mm	不加厚	外加厚	整体接头		
3½	88.9	11.469			5.49	4.769
3½	88.9	13.703	13.852		6.45	4.536
3½	88.9	15.193			7.34	4.326
3½	88.9	18.917	19.289		9.52	3.833
3½	88.9	21.300			10.92	3.532
3½	88.9	23.087			12.09	3.290
3½	88.9	25.322			13.46	3.017
4	101.6	14.150			5.74	6.379
4	101.6		16.385		6.65	6.124
4	101.6	19.661			8.38	5.653
4	101.6	23.981			10.54	5.092
4	101.6	28.152			12.7	4.560
4	101.6	33.067			15.49	3.917
4½	114.3	18.768	18.991		6.88	7.939
4½	114.3	22.640			8.56	7.417
4½	114.3	25.322			9.65	7.088
4½	114.3	28.152			10.92	6.714
4½	114.3	32.024			12.70	6.207
4½	114.3	35.301			14.22	5.790
4½	114.3	38.876			16.00	5.320

附表 2-5　API 油管性能表

外径/mm	钢级	壁厚/mm	抗外挤/(kg/cm^2)	抗内压/(kg/cm^2)		抗滑扣/t	
				平式	加厚	平式	加厚
26.7	J-55	2.87	742	728		3.968	8.304
	N-80		1081	1059		5.770	12.081
33.4	J-55	3.38	703	684		6.837	12.331
	N-80		1023	995		9.947	17.938
42.2	J-55	3.56	598	571		9.697	16.694
	N-80		869	830		14.101	24.280
48.3	J-55	3.68	545	517		11.918	19.962
	N-80		793	751		17.334	29.038
60.3	J-55	4.24	505.46	476		18.81	
	J-55	4.83	569.43	541	541	22.45	32.57
	N-80	4.24	701.59	692		27.36	
	N-80	4.83	828.13	787	787	32.66	47.37
	N-80	6.45	1074.18	1052	1047	46.76	61.47
	P-105	4.83	1086.84	1033	1033	42.86	62.17
	P-105	6.45	1410.22	1381	1374	61.37	80.68

续表

外径/mm	钢级	壁厚/mm	抗外挤/(kg/cm²)	抗内压/(kg/cm²)		抗滑扣/t	
				平式	加厚	平式	加厚
73.0	J-55	5.51	539.90	510	510	32.95	45.25
	N-80	5.51	784.55	743	743	47.93	65.81
	N-80	7.82	1075.59	1055	1050	72.33	90.21
	P-105	5.51	984.90	975	975	62.91	86.38
	P-105	7.28	1412.33	1384	1397	94.93	118.41
88.9	J-55	5.49	420	418		40.62	
	J-55	6.45	520	491	491	49.65	64.68
	J-55	7.34	586	559		57.77	
	N-80	5.49	553	607		59.08	
	N-80	6.45	740	714	714	72.23	94.08
	N-80	7.34	852	813		84.04	
	N-80	9.53	1076	1055	1054	111.86	133.72
	P-105	6.45	917	937	937	94.79	123.47
	P-105	9.53	1412	1384	1384	146.82	175.50
101.6	J-55	5.74	359	382		44.95	
	J-55	6.65	463	443	443		76.83
	N-80	5.74	463	556		65.38	
	N-80	6.65	619	645	645		111.75
114.3	J-55	6.88	402	408	408	65.15	89.91
	N-80	6.88	527	593	593	94.16	130.77

附表 2-6　常用抽油杆及接箍规范

公称直径/in			⅝	¾	⅞	1
抽油杆	直径/mm		16	19	22	25
	截面积/cm²		2.01	2.84	3.80	4.91
	长度/mm		8000	8000	8000	8000
	质量(不带接箍)/kg		12.93	18.29	24.50	31.65
	质量(带接箍)/(kg/m)		1.665	2.350	3.136	4.091
	丝扣/mm	长度	29	35	35	45
		每英寸丝扣数	10	10	10	10
	方形段/mm	方形边长	22	27	27	32
		长度	38	38	38	46
	加大过渡部分/mm	加大长	22	22	22	28
接箍	外径/mm		38±0.4	42±0.4	46±0.4	55±0.4
	长度/mm		80±1	80±1	80±1	100±1
	质量/(kg/个)		0.44	0.53	0.62	1.12

附表 2-7 常用抽油泵参数

基本型式	泵径/mm	冲程长度/mm	柱塞长度/mm	泵筒型式	连接油管外径/mm	连接抽油杆直径/mm	泵常数/(m^2/min)	防冲距/mm
杆式泵	32	1200~3300	1200	有衬套	48. 3(60. 3)	16	1. 14	600
	38	1200~5100			60. 3(73. 0)	19	1. 642	540
	44	1200~6000			73. 0	19	2. 235	600
	56	1200~6000		无衬套	88. 9	19	3. 694	600
管式泵	32	1200~6000	1200	有衬套与无衬套	60. 3(73. 0)	16	1. 14	
	38				60. 3(73. 0)	22	1. 642	
	44				60. 3(73. 0)	22	2. 235	
	56				73. 0	22	3. 694	
	70				88. 9	22	5. 518	
	83			无衬套	101. 6	22	7. 707	
	95				114. 3	25	10. 261	

附表 2-8 常用螺杆钻参数表

钻具型号	外径尺寸/mm	钻头水眼压降/MPa	马达压降/MPa	工作扭矩/N·m	最大扭矩/N·m	推荐钻压/kN	最大钻压/kN	马达流量/(L/s)	钻头转速/(r/min)
5LZ65×3. 5	65	1. 0~3. 4	2. 4	180	240	4	7	1~2	150~250
5LZ73(78)×3. 5	73(78)	1. 0~3. 4	2. 4	320	500	6	8	2~4	125~220
5LZ90×3. 5	90	1. 0~3. 4	2. 8	600	800	10	15	3~8	100~180
5LZ95×3. 5	95	1. 0~3. 4	2. 8	650	980	10	15	4~10	100~220
7LZ95×3. 5	95	1. 0~3. 4	2. 8	750	1250	10	15	4~11	80~195
9LZ100×3. 5Ⅱ	100	1. 0~3. 4	2. 4	800	1100	10	15	6~12	80~165
9LZ100×3. 5Ⅲ	100	1. 0~3. 4	3. 6	1100	1600	20	25	7~13	80~180
5LZ120×3. 5	120	1. 0~3. 4	2. 8	1200	1900	20	25	9~14	100~180
5LZ127×3. 5	127	1. 0~3. 4	2. 8	1200	2000	20	25	9~14	100~180
5LZ90×7. 0	90	1. 4~6. 9	2. 4	900	1500	20	30	4~9	90~200
5LZ95×7. 0	95	1. 4~6. 9	2. 4	1000	1800	20	30	4~10	90~200
7LZ95×7. 0	95	1. 4~6. 9	2. 4	1300	2100	20	30	4~12	80~200
5LZ100×7. 0	100	1. 4~6. 9	3. 2	1300	2200	25	30	6~13	100~220
5LZ120(127)×7. 0	120(127)	1. 4~6. 9	2. 8	1400	2300	30	40	9~16	90~200
5LZ165×7. 0	165	1. 4~6. 9	2. 4	3000	3800	80	120	16~28	90~160
5LZ165×7. 0Ⅱ	165	1. 4~6. 9	4. 0	4500	6200	80	120	20~28	90~160
5LZ172×7. 0	172	1. 4~6. 9	2. 4	3800	4800	80	160	25~35	90~160
5LZ197×7. 0	197	1. 4~6. 9	2. 4	6500	8500	150	220	25~39	80~150
5LZ244×7. 0	244	1. 4~6. 9	2. 4	8000	12000	180	280	40~65	60~140

参 考 文 献

1 杨川东主编．采气工程．北京：石油工业出版社．1987

2 杨继盛．采气工艺基础．北京：石油工业出版社．1995

3 朱仲义，李延军．CO_2驱提高原油采收率研究进展[J]．内蒙古石油化工．2008

4 孙业恒，吕广忠，王延芳，等。确定CO_2最小混相压力的状态方程法[J]．油气地质与采收率，2006

5 文浩．试油作业工艺技术．北京：石油工业出版社．2002.4

6 冀东石油勘探开发公司井下作业公司编写组．井下作业与试油技术实用手册．北京：石油工业出版社，2003.6

7 张琪．采油工程原理与设计．东营：石油大学出版社，2002

8 万仁溥．采油工程手册．北京：石油工业出版社，2003

9 万仁溥．采油技术手册．北京：石油工业出版社，2005

10 李颖川．采油工程．北京：石油工业出版社，2001

11 聂海光，王新河．油气田井下作业修井工程．石油工业出版社，2002.2

12 陈俊国．斜直井调剖工艺管柱研究和应用[J]．河南油田，2005.28(6)：69-71

13 吴奇．井下作业大修技术交流会论文集．石油工业出版社，2009

14 张燕娜等．连续油管的应用与发展．西部探矿工程，2010，1：93-95

15 钱斌等．连续油管喷砂射孔套管分段压裂新技术的现场应用．天然气工业，2011，31(5)：67-69

16 中国石油天然气总公司劳资局主编．井下作业工．北京：石油工业出版社 1996 年 11 月

17 吴奇．井下作业监督．北京：石油工业出版社，2003 年 3 月

18 李文华．采油工程．北京：中国石化出版社，2004 年 6 月

19 SY/T 5328—1996．中华人民共和国石油天然气行业标准，热采井口装置

20 沈琛．井下作业工程监督．北京：石油工业出版社，2005 年 8 月

21 王林等．井下作业井控技术．北京：石油工业出版社，2007

22 杨庆理等．石油天然气井下作业井控．北京：石油工业出版社，2008

23 林辉．对严重复杂井漏处理及预防的探讨．内蒙古石油化工，2011(4)

24 马光长．井漏综合分类及其堵漏方法的选择．钻采工艺．1993(4)

25 林传礼．井下作业工．北京：石油工业出版社，1996

26 孙树强．井下作业．北京：石油工业出版社，2006 年 9 月

27 中国石油天然气股份有限公司勘探与生产工程监督中心主编．井下作业监督案例汇编．北京：石油工业出版社，2010 年 5 月

28 中国石油天然气总公司劳资局编写．井下作业工．北京：石油工业出版社，1996 年 11 月